Das Universum

Ein Reiseführer

Inhalt

Ein Stern wird wegen seiner Nähe zu einem supermassereichen Schwarzen Loch in der Mitte einer Galaxie verzerrt.

Willkommen im Universum

Bill Nye

© DESIGN PICS INC / ALAMY STOCK PHOTO

Unsere Existenz ist eigentlich ein verblüffender Zufall. *Das Universum* von Lonely Planet vermittelt andere, oft atemberaubende Perspektiven zu diesem Zufall, weitere, oft tiefe Einsichten und wenig bekannte Fakten. Einfach gesagt: Die Abfolge kosmischer Ereignisse, die eintreten mussten, damit wir auf dieser Erde leben und Bücher wie das vorliegende veröffentlichen können, ist schon erstaunlich. Einmalig in diesem Buch sind die Vergleiche der Erde mit anderen Planeten in unserem Sonnensystem und selbst mit jenen Exoplaneten, die andere Sonnen umkreisen. So wird die Idee anschaulich, dass wir alle und alles um uns herum aus dem Staub bestehen, der von explodierenden alten Sonnen durch den Weltraum geschleudert wurde. Aus Sternenstaub und Gaswolken entstand schließlich das Leben, darunter auch die Art, der wir alle angehören. Wir sind eine der Möglichkeiten, durch die der Kosmos von sich selbst weiß. Und diese unglaubliche Idee erfüllt mich mit Ehrfurcht.

Dieses Buch schaut über das Alltagsgeschehen hinaus. Von der Erdoberfläche aus beobachteten einst unsere Vorfahren unseren Planeten in Relation zum Nachthimmel und zur Sonne. Sie lernten, wo sie leben und wie sie überleben konnten. Aus der eisigen Schwärze des Weltraums nehmen heute Raumfahrzeuge, gebaut von den besten Wissenschaftlern und Ingenieuren, weitere Beobachtungen vor, die immer wieder zeigen, dass die Erde keinem anderen Ort im Sonnensystem gleicht und der einzige Ort ist, wo wir leben können. Wenn wir die Veränderungen begreifen, die sich hier in den letzten 1000 Jahren vollzogen haben, müssen wir einsehen, dass wir unsere Umwelt bewahren müssen, wenn wir weiterhin gedeihen wollen. Sonst werden wir aussterben wie 90 % der Arten, die auf der Erde ihre Chance hatten, ehe wir Menschen auf den Plan traten.

Diese kosmische Perspektive verleitet uns, die Erde mit den anderen Planeten da draußen zu vergleichen. Die Erde ist ziemlich groß, besonders wenn man versucht, sie zu Fuß zu umrunden. Doch das relativiert sich, wenn man weiß, dass 1300 Erden in eine Kugel von der Größe des Jupiters passen würden. Die sichtbaren – sozusagen „qualitativen“ – Unterschiede der Planeten würdigen wir meist, doch dieses Buch hilft, sie auch zahlenmäßig – also quantitativ – zu verstehen: Wie verschieden nicht nur die Planeten (und Exoplaneten!), sondern auch unsere Sonne und die unzähligen sichtbaren und unsichtbaren Sterne doch sind! Hier werden die Unterschiede benannt und zahlenmäßig erfasst.

Balkenspiralgalaxie NGC 1300

Mars, Venus und Merkur sind in ihrer Zusammensetzung aus Gestein und Metallen der Erde sehr ähnlich, aber was drumherum ist, ist völlig verschieden. Warum das so ist, erklärt dieses Buch in Text und Bild. Auch die chemischen Zusammensetzungen der Felsen, Krater und Sande der anderen Planeten sind buchstäblich nicht von dieser Welt. All dieses Elemente zusammen erzeugen absolut verschiedene Oberflächentemperaturen auf Mars und Venus. Unsere Entdeckungen auf anderen Himmelskörpern erteilen uns eine planetengroße Lektion über die Bedeutung des Treibhauseffekts, lehren uns, wie die Erde bewohnbar wurde und wie die Biochemie des Lebens die Zusammensetzung der Atmosphäre und des Meeres veränderte.

Die riesigen Gasplaneten Jupiter und Saturn weiter draußen scheinen noch nicht einmal echte Oberflächen zu besitzen. Es gibt keinen Ort, auf dem man stehen könnte - aber wegen der Planetenmasse würde einen die Schwerkraft ohnehin zerdrücken. Noch weiter von der Sonne entfernt kreisen Uranus und Neptun. Sie sind sehr groß, sehr kalt und haben eisige Sturmsysteme. All diese Planeten liegen in unserem Sonnensystem, alle sind sehr verschieden, sehr interessant und - außer der Erde - lebensfeindlich.

Beim Lesen dieses Buches wird deutlich, dass es unseres Wissens nach nirgendwo einen Planeten gibt, auf dem wir auch nur Atem schöpfen oder einen Schluck trinkbares Wasser finden, geschweige denn leben und gedeihen könnten. Die Erde ist einzigartig, erstaunlich und unser Zuhause.

Aus kosmischer Perspektive betrachtet, haben wir es ziemlich weit gebracht. Wir haben das Klima eines ganzen Planeten verändert. Die Zahlen sprechen für sich. Der Klimawandel ist menschengemacht. Wenn wir es in dieser Welt noch weiterbringen wollen, müssen wir einiges rückgängig machen. Genau jetzt haben wir die Chance, etwas zu verändern. Im Kosmos ist die Erde nur ein Staubkorn. Aber sie ist unser Staubkorn, und je mehr wir sie kennen und schätzen, umso größer sind die Chancen, sie für Spezies wie die unsere bewohnbar zu erhalten.

Das Universum: eine Einführung

Unser Universum umfasst schätzungsweise 2 Billionen Galaxien und unzählige Sterne, Exoplaneten, Schwarze Löcher, Nebel, Galaxienhaufen und vieles mehr, was Wissenschaftler eingehend studieren.

Das Universum entstand in einer gewaltigen Explosion, dem Urknall, vor rund 13,7 Mrd. Jahren. Man weiß dies aus der Beobachtung von Licht, das zeitlich und räumlich große Entfernungen zurückgelegt hat und uns heute erreicht: Die NASA-Sonde Wilkinson Anisotropy Microwave Probe (WMAP) entdeckte Mikrowellenstrahlung aus einer sehr frühen Zeit rund 400 000 Jahre nach dem Urknall.

Auf den Urknall folgte eine Periode der Dunkelheit, bis einige hundert Millionen Jahre später die ersten Objekte Licht ins Universum brachten. Die ersten Sterne waren viel größer und heller als alle, die sich heute in unserer Nähe befinden; ihre Masse betrug rund das Tausendfache der Masse der Sonne. Diese Sterne gruppierten sich zunächst zu Minigalaxien; das Hubble-Weltraumteleskop hat faszinierende Bilder von jenen frühen Galaxien aufgenommen, die 10 Mrd. Lichtjahre entfernt sind, deren Licht also vor 10 Mrd. Jahren ausgesandt wurde.

Einige Milliarden Jahre nach dem Urknall verschmolzen die Minigalaxien zu größeren Galaxien, u. a. zu Spiralnebeln wie der Milchstraße. Das Weltall dehnt sich gemäß der Hubble-Konstante weiter aus. Heute, 13,7 Mrd. Jahre nach dem Urknall, kreist die Erde um einen Stern mittleren Alters in einem Arm einer Galaxie mit einem supermassiven Schwarzen Loch in der Mitte. Unser Sonnensystem umkreist das Zentrum der Milchstraße, die wiederum durch den Raum rast.

Unter der Milchstraße (San Pedro de Atacama, Chile)

Die Größe des Universums

Im Laufe der Geschichte haben die Menschen mit verschiedenen Techniken und Methoden versucht, die Fragen „Wie weit entfernt?“ und „Wie groß?“ zu beantworten. Generationen von Forschern und Entdeckern blickten immer tiefer in die Weiten des Universums. Auch heute noch werden neue Methoden entwickelt und immer neue Entdeckungen gemacht.

Im 3. Jh. v. Chr. fragte Aristarch von Samos, wie weit der Mond entfernt sei. Er konnte die Entfernung messen, indem er während einer Mondfinsternis den Schatten der Erde auf dem Mond beobachtete.

Edmund Halley, der die Rückkehr des Kometen vorhersagte, der seinen Namen trägt (S. 344), fand vor 300 Jahren einen Weg, die Entfernung zur Sonne und zur Venus zu messen. Er wusste, dass die Venus nur sehr selten – alle 121 Jahre – direkt zwischen Erde und Sonne steht. Die scheinbare Position des Planeten im Verhältnis zu der dahinter befindlichen Sonnenscheibe verschiebt sich je nach Beobachtungsstandort auf der Erde. Wie unterschiedlich diese Verschiebung ausfällt, hängt von der Entfernung sowohl der Venus als auch der Sonne von der Erde ab. Dieses seltene Ereignis, der Venustransit, ereignete sich zuletzt am 8. Juni 2004. Durch ihn konnte die Entfernung der Erde von der Sonne berechnet werden – der Weg war geebnet, um die Abmessungen des gesamten Sonnensystems zu ermitteln.

Die Sonne mit ihren Planeten ist nur ein kleiner Teil unserer Galaxie. Die Milchstraße ist wie eine riesige Sternenstadt, so groß, dass man bei Lichtgeschwindigkeit 100 000 Jahre brauchte, um sie zu durchqueren. All die Sterne am Nachthimmel und auch unsere Sonne sind nur einige der „Anwohner“

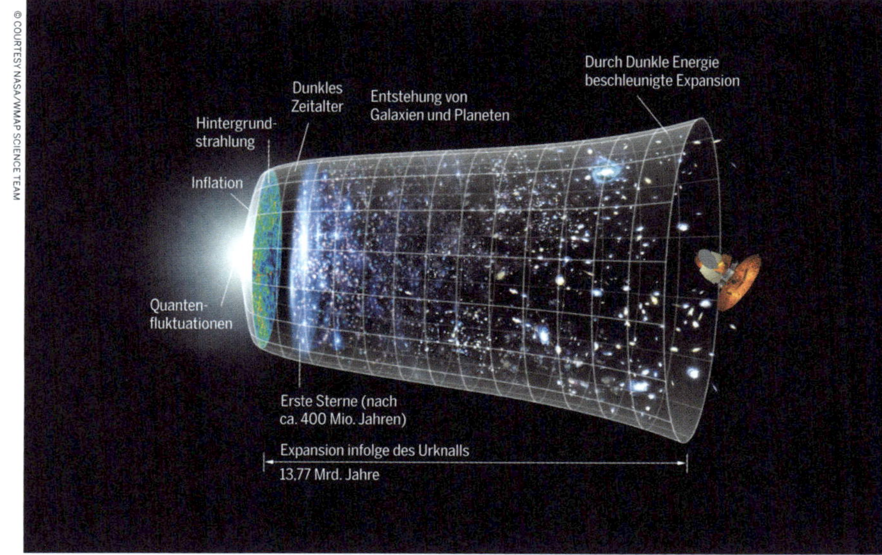

Zeitlinie des Universums seit dem Urknall

Das Bild des Hubble-Teleskops zeigt den durch dunkle Materie bewirkten Gravitationslinseneffekt in einem Galaxienhaufen.

dieser Galaxie – neben Millionen weiterer Sterne, die zu schwach leuchten, um gesehen werden zu können.

Je weiter entfernt ein Stern ist, umso schwächer erscheint sein Licht. Astronomen verwenden das als einen Schlüssel zur Ermittlung der Entfernung zu sehr weit entfernten Sternen. Aber wie weiß man, dass der Stern wirklich weit entfernt ist und nicht einfach nur schwach leuchtet? Dieses Problem wurde 1908 gelöst, als es Henrietta Leavitt gelang, die Leuchtkraft bestimmter pulsierender Sterne anhand ihrer Pulsationsrate zu berechnen. Damit war es möglich, die Entfernungen über die gesamte Milchstraße zu berechnen.

Jenseits unserer eigenen Galaxie liegt ein weiterer Bereich voller Galaxien. Je tiefer wir in den Raum schauen, umso mehr Galaxien entdecken wir. Es gibt Milliarden! Die fernsten sind so weit weg, dass das Licht, welches heute die Erde erreicht, vor Milliarden von Jahren abgestrahlt wurde. Wir sehen diese Galaxien also nicht, wie sie heute sind, sondern so, wie sie zu einer Zeit aussahen, als es noch kein Leben auf der Erde gab.

Die Entfernung dieser sehr fernen Galaxien festzustellen, ist eine Herausforderung, aber Astronomen können sie bestimmen, indem sie hell explodierende Sterne, sogenannte Supernovae, beobachten. Einige Arten explodierender Sterne haben eine bekannte absolute Helligkeit, daher kann man anhand der Helligkeit, mit der sie erscheinen, berechnen, wie weit sie und ihre Heimatgalaxien entfernt sind. Man bezeichnet diese Sterne als „Standardkerzen“.

Wie groß ist nun also das Universum? Niemand weiß, ob das Universum unendlich groß ist und ob unseres das einzige Universum ist. Sehr weit entfernte Teile des Universums könnten sich sehr von den uns näher liegenden Bereichen unterscheiden. Zur Zeit der Veröffentlichung dieses Buches schätzen Wissenschaftler die gegenwärtige Größe des ständig expandierenden Universums auf rund 46 Mrd. Lichtjahre. Das ist fast unermesslich groß, und man hat bislang nur einen kleinen Teil beobachtet – nach Schätzungen von Astronomen gerade einmal rund 4 % des bekannten Universums.

Moderne Beobachtungs-methoden

Im Jahr 1609 richtete der italienische Physiker und Astronom Galileo Galilei als erster Mensch ein Teleskop gen Himmel. Obwohl das Teleskop klein war und nur unscharfe Bilder lieferte, konnte Galilei Berge und Krater auf dem Mond sowie ein diffuses Lichtband am Himmel ausmachen, die Milchstraße. Nach Galilei und Sir Isaac Newton blühte die Astronomie dank größerer, komplexerer Teleskope auf. Mithilfe verbesserter Technik entdeckten die Astronomen viele lichtschwache Sterne und berechneten Entfernungen. Im 19. Jh. gelang es den Astronomen dank des neu erfundenen Spektroskops, Infor-

© ALEXANDER CASPARI/SHUTTERSTOCK

Heutige Observatorien verwenden Teleskope mit viel größeren Blendenöffnungen, als sie die einfachen Teleskope zu Galileis Zeiten besaßen, aber das Prinzip ist das gleiche geblieben.

© JÜRGEN FALCHLE/ALAMY STOCK PHOTO

Das Hubble-Weltraumteleskop in der Umlaufbahn

mationen über die chemische Zusammensetzung und die Bewegungen der Himmelskörper zu sammeln.

Die Astronomen des 20. Jhs. entwickelten immer größere Teleskope und spezielle Instrumente, mit denen sie in ferne Bereiche von Raum und Zeit spähen konnten. Schließlich war der Punkt erreicht, an dem durch eine Vergrößerung der Teleskope keine besseren Ergebnisse mehr gewonnen werden konnten, weil die Atmosphäre, die das Leben auf Erden ermöglicht, beträchtliche Verzerrungen hervorruft und die Möglichkeiten einschränkt, ferne Himmelsobjekte von der Erde aus deutlich zu beobachten.

Aus diesem Grund träumten die Astronomen auf der ganzen Welt von einem Observatorium im Weltraum – eine Idee, die erstmals in den 1940er-Jahren von dem Astronomen Lyman Spitzer vorgeschlagen wurde. Von einer Position oberhalb der Erdatmosphäre aus könnte ein Teleskop Licht von Sternen, Galaxien und anderen Objekten im Weltraum entdecken, bevor es von der Atmosphäre absorbiert oder verzerrt wird. Die Sicht wäre also viel schärfer als durch das allergrößte Teleskop auf dem Erdboden.

In den 1970er-Jahren begannen die Europäische Weltraumorganisation (ESA) und die US-amerikanische National Aeronautics and Space Administration (NASA) mit der gemeinsamen Entwicklung des Hubble-Weltraumteleskops. Am 25. April 1990 setzten die fünf Astronauten des Space-Shuttles *Discovery* das Teleskop in einer Umlaufbahn rund 600 km über der Erdoberfläche aus. Die unvergleichlichen Bilder, die das Hubble-Teleskop dann lieferte, waren die Erfüllung eines 50-jährigen Traums und von mehr als 20 Jahren der Zusammenarbeit zwischen Wissenschaftlern, Ingenieuren, Unternehmen und Institutionen aus aller Welt.

Seit das Hubble-Teleskop arbeitet, wurde eine Reihe weiterer Weltraumteleskope erfolgreich in die Umlaufbahn gebracht, die die Kenntnisse über das Universum vermehren sollen. Dazu gehört auch das Spitzer-Weltraumteleskop, das nach dem Mann benannt ist, dessen Idee ein neues Zeitalter der Teleskope und der Weltraumbeobachtung einläutete.

Heutige Teleskope

In aller Welt arbeiten Astronomen, Weltraumwissenschaftler und Astrophysiker, die die Tiefen des Universums erkunden, in einer Reihe wissenschaftlicher Disziplinen wie Physik, Chemie oder Biologie daran, das Wissen über das Universum zu vermehren. Ihre Arbeit basiert zu großen Teilen auf Daten von Teleskopen, die Himmelskörper beobachten. Diese Teleskope stehen teils auf dem Erdboden, teils befinden sie sich in einer Erdumlaufbahn.

Die Teleskope auf der Erde finden sich in der Regel an Orten, die bestimmte Beobachtungsbedingungen erfüllen. Grob gesagt, handelt es sich dabei um Standorte mit guter Luftqualität und geringer Lichtverschmutzung, häufig in großer Höhe, wo die Auswirkungen der Atmo-

Amateur-Astronomen können mit dem Zeiss-Teleskop des Griffith Observatory in Kalifornien den Blick in den Himmel richten.

Lowell Observatory, Arizona

sphäre auf die Beobachtungen weniger groß sind. In aller Regel sind die Spitzenobservatorien der Erde auf Bergen, in Wüsten und/oder auf Inseln zu finden – manchmal trifft auch alles gleichzeitig zu. Bekannte Standorte mit mehreren Teleskopen auf der Erde sind u. a. der Mauna Kea auf Hawaii, die chilenische Atacama-Wüste und die Kanarischen Inseln.

Weltraumteleskope befinden sich, wie die Bezeichnung schon verrät, außerhalb der Erdatmosphäre in Umlaufbahnen um die Erde. Aus diesem Grund können sie oft viel besser – weil von der Erdatmosphäre unbeeinträchtigt – Bilder von Himmelsobjekten in großer Auflösung einfangen. Zu den bekanntesten Weltraumteleskopen zählen das Hubble- und das Spitzer-Weltraumteleskop, die beide vom Jet Propulsion Lab (JPL) der NASA in Kalifornien betrieben werden. Weitere Weltraumteleskope sind der Transiting Exoplanet Survey Satellite (TESS) und das James-Webb-Weltraumteleskop, das 2021 gestartet werden und das Hubble-Weltraumteleskop ablösen soll.

Verschiedene Teleskope

Astronomen gewinnen Erkenntnisse, indem sie das gesamte Frequenzspektrum des Lichts betrachten. Dies geschieht mit optischen und Radioteleskopen. Die Instrumente zur Datensammlung kämmen das ganze elektromagnetische Spektrum durch. Sichtbare Lichtstrahlen (das, was man sieht, wenn man mit bloßem Auge zu den Sternen blickt) sind nur ein kleiner Teil dieses Spektrums: Auch Radiowellen, Infrarot-, Ultraviolett-, Röntgen- und Gammastrahlung werden untersucht, um Informationen über weit entfernte Objekte zu gewinnen.

Die Observatorien auf der Erde konzentrieren sich häufig auf Radiowellen, die mit Antennen aufgefangen werden können, sowie auf sichtbares und infrarotes Licht, das von großen optischen Teleskopen empfangen wird. Die Technik der Spektroskopie kann genutzt werden, um die Informationen in dieser Strahlung aufzuschlüsseln. Andere elektromagnetische Wellen wie Röntgenstrahlung lassen sich besser im Weltraum empfangen. Sie werden daher von den Teleskopen in der Erdumlaufbahn gemessen.

Anleitung zur Benutzung dieses Buchs

In diesem Buch geht es um etwas sehr Großes, entsprechend umfangreich ist es – und dabei notwendigerweise genauso unvollständig wie unser Wissen über das Universum. Astronomen erforschen nach wie vor mit sich ständig verbessernder Technologie das Universum und decken zuvor unbekannte Geheimnisse und Wunder auf. Leser erfahren in diesem Buch sicher allerhand, was sie noch nicht wussten, und sollen zu Fragen und Hypothesen hinsichtlich dessen, was als Nächstes entdeckt wird, angeregt werden.

Das Buch ist so aufgebaut, dass es thematisch von unserer Heimat, der Erde, weg in die Weiten des Sonnensystems führt, dann zu benachbarten Sternen und Planetensystemen und schließlich hinaus in die übrige Galaxie und das ganze Universum. Es werden sorgfältig ausgewählte Beispiele bekannter Exoplaneten, Sterne, Nebel und Galaxien sowie noch exotische-

Diese künstlerische Darstellung gibt einen Eindruck davon, wie zahlreich Planeten sind, die die Sterne innerhalb der Milchstraße umkreisen.

Künstlerische Darstellung der Milchstraßengalaxie

re Objekte im fernen Raum vorgestellt. Das Buch erläutert, was wir über unsere Nachbarn im All und unseren Platz darin wissen. Außer um die Planeten und Monde geht es um die Sonne, den Asteroiden- und den Kuipergürtel und darum, was sich jenseits davon im interstellaren Raum befindet.

Außerhalb des Sonnensystems deckt dieses Buch einige bemerkenswerte benachbarte Sterne, Sternsysteme und einige Exoplaneten ab, die entdeckt wurden. Man erfährt, wie nach Planeten gesucht wird, auf denen Leben existieren könnte, und nach den Sternen, um die diese Planeten kreisen. Manche liegen innerhalb der Milchstraße, andere lassen sich von der Erde aus beobachten, obwohl sie sich weit außerhalb der Grenzen unserer Galaxie befinden.

Im letzten Abschnitt des Buches steht der Rand jenes Teils des Universums im Fokus, den man mit heute verfügbaren Technologien beobachten kann. Es geht um die Struktur der Milchstraße und um Nachbargalaxien wie die Andromedagalaxie, die von der Erde aus sichtbar ist. Die Reise wird fortgesetzt zu anderen galaktischen Formationen und zu Galaxienhaufen und Supergalaxienhaufen. Am Ende des Buches hat man einen Eindruck von der Struktur des gesamten Universums und von einigen der großen Fragen erhalten, die sich noch immer stellen. Natürlich helfen die Informationen über Planeten, Monde, Exoplaneten und faszinierende Nebel nicht bei der Planung des nächsten Urlaubs – dafür hat man bei der Lektüre dieses Buches jedoch reichlich Gelegenheit zum Staunen.

Namensgebung

In diesem Buch werden Objekte beschrieben, die verschiedene Namen und Bezeichnungen tragen. Einige kennt man, andere wirken wie in einer Geheimsprache verschlüsselt. Die Benennung von Himmelserscheinungen war lange ein kontroverses Thema. Bei ihrer ersten Versammlung 1922 in Rom normierte die Internationale Astronomische Union (IAU) die Namen und Abkürzungen für 88 Sternbilder. Mehr als die Hälfte der Namen geht auf Ptolemäus zurück, die übrigen wurden später hinzugefügt. Auch für andere astronomische Objekte legte die IAU Namen fest, diese setzen sich aber im allgemeinen Sprachgebrauch nicht immer sofort durch.

Weitere Komplikationen erwachsen aus den Unterschieden zwischen dem Namen ei-

© GIULIO ERCOLANI/ALAMY STOCK PHOTO

© GL ARCHIVE/ALAMY STOCK PHOTO

Porträt des Astronomen Charles Messier

© SCIENCE HISTORY IMAGES / ALAMY STOCK PHOTO

Darstellung des Sternbilds Andromeda von 1661

Helixnebel, auch bezeichnet als NGC 7293

nes Objekts und seiner offiziellen Bezeichnung. Der Name eines Himmelskörpers wird im Allgemeinen alltagssprachlich verwendet, die offizielle Bezeichnung hingegen ist alphanumerisch und wird fast ausschließlich in offiziellen Sternenkatalogen und im Wissenschaftsbereich gebraucht.

Die Katalogisierung der Sterne hat eine lange Geschichte. Seit der Vorgeschichte haben Zivilisationen in aller Welt den hellsten Sternen am Himmel Namen gegeben. Als sich im Lauf der Jahrhunderte die Astronomie entwickelte, entstand das Bedürfnis nach einem verbindlichen System, nach dem die Sterne einheitlich bezeichnet werden konnten, ungeachtet dessen, aus welchem Land die Astronomen stammten.

Um dieses Problem zu lösen, versuchten die Astronomen der Renaissance, nach bestimmten Regeln erarbeitete Sternenkataloge und Himmelsatlanten zu verfassen. Das früheste bekannte Beispiel ist die *Uranometria* Johann Bayers aus dem Jahr 1603. Bayer benannte die Sterne in jedem Sternbild mit griechischen Kleinbuchstaben in der ungefähren Reihenfolge ihrer (scheinbaren) Helligkeit, gefolgt vom Genitiv des lateinischen Namens des Sternbilds (z. B. α Tauri).

Mehr als 100 Jahre nach der Einführung der Bayer-Bezeichnungen mit griechischen Kleinbuchstaben kam ein weiteres bekanntes System auf, die nach dem ersten britischen Hofastronomen John Flamsteed benannten Flamsteed-Bezeichnungen. Hierbei wurden die sichtbaren Sterne jedes Sternbilds in der Reihenfolge ihrer Rektaszension nummeriert, wiederum gefolgt vom Genitiv des lateinischen Sternbildnamens (z. B. 61 Cygni). Weitere Bezeichnungsschemata für helle Sterne wurden verwendet, fanden aber nicht den gleichen Grad an Akzeptanz, etwa das Schema des Amerikaners Benjamin Gould von 1879. Heute werden nur noch wenige Sterne gelegentlich mit der Gould-Bezeichnung benannt (z. B. 38G Puppis).

Die Sterne, die in neuerer Zeit entdeckt wurden, leuchten schwächer als die unter der Bayer- oder der Flamsteed-Bezeichnung katalogisierten, sie konnten auch nur mithilfe leistungsstärkerer Teleskope bestimmt werden. Wenn Astronomen neue Sterne entdecken, versehen sie sie mit einer alphanumerischen Bezeichnung. Das ist praktisch, weil Sternenkataloge Milliarden Objekte verzeichnen. Es gibt besondere Regeln für Doppel- und Mehrfachsterne, veränderliche Sterne, Novae und Supernovae. All diese Ansätze bauen auf dem ersten derartigen System auf, Messiers 1771 veröffentlichtem Katalog von Objekten am Himmel, die keine Sterne, Planeten oder Kometen sind und seinerzeit „Nebel" genannt wurden. Der 1888 veröffentlichte New General Catalogue (NGC) von John Louis Emil Dreyer fügte die klassifizierten Objekte hinzu, die die Mitglieder der Familie Herschel entdeckt hatten, von Sternenhaufen und Nebeln bis hin zu Galaxien. Die Präfixe „M" und „NGC" bezeichnen Objekte aus den beiden Katalogen, und viele Objekte im All tragen sowohl Zahlen als auch einen Namen.

In diesem Buch wird sowohl der Name als auch die offizielle Katalogbezeichnung verwendet. Wird nur Letztere genannt, bedeutet dies, dass das Objekt keinen anderen Namen hat. Mit diesem Wissen steht einer Entdeckungsreise nichts mehr im Weg, ob nun erst einmal in die nähere Umgebung der Erde oder gleich tief ins All.

Highlights

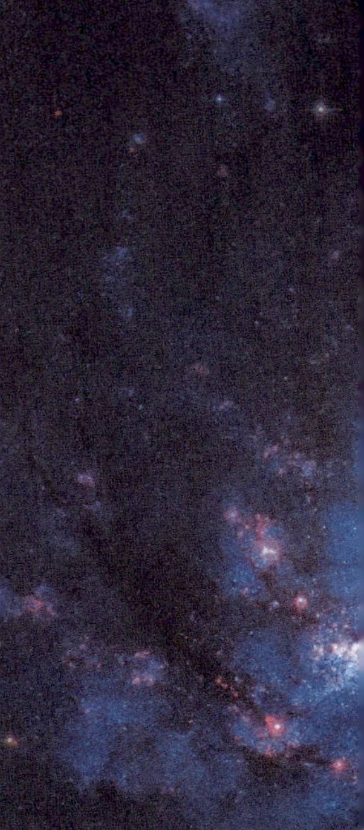

Die Sonne

1 Im Universum mag die Sonne weder etwas Einmaliges noch etwas Besonderes sein, doch für Erdbewohner ist sie äußerst wichtig. Dieses Buch informiert über die Sonne und über das, was unterhalb ihrer Korona geschieht. Außerdem beleuchtet es die aktuellen Forschungen zu dem Stern, von dem das Leben auf der Erde abhängt.

Mars – vielleicht unsere nächste Heimat?

2 Erdnachbar Mars steht im Zentrum der Hoffnungen auf einen Lebensraum außerhalb der Erde. Es lohnt sich, zu ergründen, warum der Mars ein so faszinierendes Ziel für die Menschheit ist und warum er sich von einem Zustand, der vielleicht einst erdähnlich war, zu dem Planeten gewandelt hat, der er heute ist.

Andere Objekte im Sonnensystem

3 Auch der bekannte Pluto und andere oft übersehene Zwergplaneten sind einen näheren Blick wert, ebenso die Asteroiden und Kometen unseres Sonnensystems. Denn hierin befinden sich neben der Sonne, den acht Planeten

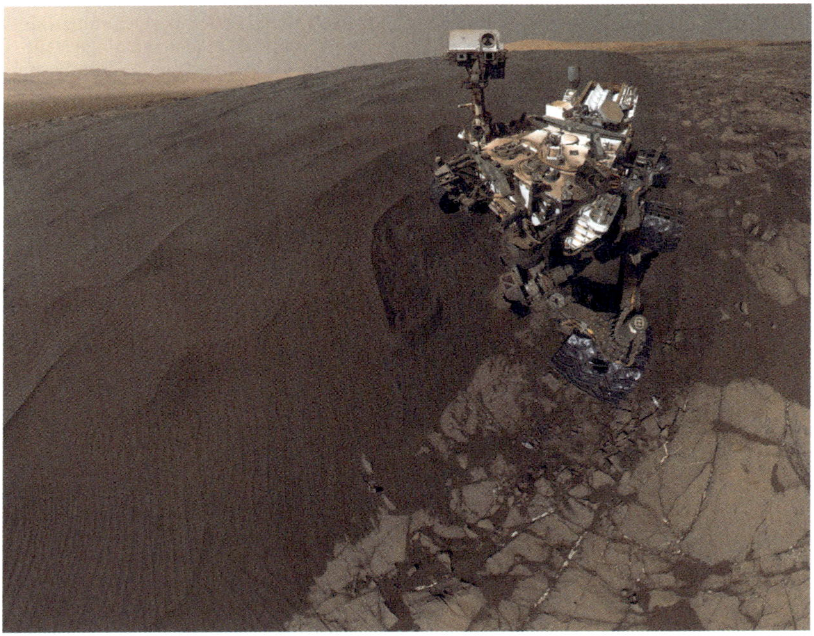

© COURTESY NASA/JPL-CALTECH/MSSS

Der Rover *Curiosity* bei der Namib-Düne auf dem Mars

Koloriertes Bild der Balkenspiralgalaxie NGC 1672; in ihren Armen entstehen neue Sterne.

und den 193 bekannten Monden noch unzählige andere Objekte.

Erdähnliche Exoplaneten

4 Tief im Universum finden sich Planetensysteme wie TRAPPIST-1 oder Kepler-22, deren Zentralgestirne von Exoplaneten im Bereich der „habitablen Zone" umkreist werden. Wissenschaftler glauben, dass auf einigen dieser Exoplaneten ähnliche Bedingungen wie auf der Erde herrschen könnten – Bedingungen, die einst die Entwicklung von Leben ermöglichten.

Der nächstgelegene Stern

5 Proxima Centauri ist der Stern, der der Sonne mit gerade einmal 4,243 Lichtjahren Entfernung am nächsten ist. Mit seinen Nachbarsternen Alpha Centauri und Beta Centauri und einem möglicherweise erdähnlichen Exoplaneten ist Proxima Centauri ein gutes Beispiel für die Vielfalt der Planetensysteme innerhalb der Galaxis.

Supernovae & Quasare mit Schwarzen Löchern

6 Es gibt noch mehr Arten von Sternen als den Gelben Zwerg, mit dem Erdbewohner am besten vertraut sind (weil die Sonne einer ist). Spektakuläre Explosionen wie Keplers Supernova hinterlassen fantastische Nebel. ULAS J1120+0641 ist ein ferner Quasar, dessen supermassereiches Schwarzes Loch eine intensive Strahlung emittiert.

Die Milchstraße

7 Das Sonnensystem hat seinen Platz im Orionarm der spiralförmigen Milchstraßengalaxie. Aus dieser Perspektive betrachtet, wird begreifbar, welche Teile der Galaxis sichtbar sind und was für Geheimnisse sie noch immer birgt.

Interaktionen der Galaxien

8 Bei noch weiterer Perspektive zeigen sich die Unterschiede der verschiedenen galaktischen Formationen im Universum. An der Spitze stehen gewaltige Haufen aus Tausenden durch die Gravitation miteinander verbundenen Galaxien.

SONNENSYSTEM

Highlights

Leben auf der Erde

1 Unser Universum ist voller Wunder, und das größte davon ist uns am nächsten. Soweit wir derzeit wissen, ist die Erde der einzige Himmelskörper auf dem sich Leben in den unterschiedlichsten Formen und Arten entwickelt hat. So ist die größte Erkenntnis einer Reise ins Universum die, dass die Erde ein besonderer Planet ist.

Den „Aufgang der Erde" vom Mond aus beobachten

2 Es gibt jede Menge beeindruckender Weltraumbilder, doch nur wenige sind so bewegend wie der Anblick des „Aufgangs der Erde" – der Augenblick, in dem unser Planet am Horizont des Mondes auftaucht. Dann erscheint die blaue Erdkugel inmitten der Schwärze des Weltalls wie ein – sehr fragiles – Wunder.

Auf Armstrongs Spuren

3 Jedes Kind weiß mittlerweile, dass die Raumfähre von Apollo 11 im Mare Tranquillitatis (Meer der Ruhe) landete, und dass dort Neil Armstrong und Buzz Aldrin „ein kleiner Schritt für einen Menschen, aber ein großer Schritt für die Menschheit" gelang . Aufgrund der fehlenden Atmosphäre auf dem Mond werden die Fußabdrücke der ersten Menschen auf dem Mond für immer erhalten bleiben – unglaublich, oder?

Den Olympus Mons auf dem Mars besteigen

4 Mit der dreifachen Höhe des Mount Everest und einer Ausdehnung von der Größe Arizonas ist der Olympus Mons der größte Vulkan auf dem Mars und wohl auch der größte des Sonnensystems. Dabei ist er nicht besonders steil. Die Steigung beträgt gerade einmal 5 % und wäre ohne große Anstrengung zu bewältigen. So könnte die Besteigung des Vulkans eines Tages das Highlight jeder Reise zum Mars werden.

In den Valles Marineris des Mars wandern

5 Der Grand Canyon ist zwar groß, aber lange nicht so groß wie dieses gigantische Tal auf dem Mars. Es ist gut fünfmal so lang wie der Grand Canyon und viermal so tief. Damit erstreckt es sich über ein Fünftel des Marsumfangs. Das Tal ist die größte Schlucht des Sonnensystems. Die Wanderung unterhalb seiner rotbraunen Klippen wird ein unvergessliches Erlebnis sein.

Den stürmischen Großen Roten Fleck des Jupiters erleben

6 Selbst die stärksten Stürme und Tornados der Erde sind nichts im Vergleich zum Großen Roten Fleck des Jupiters. Der gigantische Sturm tobt seit Jahrhunderten, und ein Ende ist nicht in Sicht. Tatsächlich ist der Fleck rund doppelt so groß wie die Erde.

Durch die Ringe des Saturns schweben

7 Die sieben gut sichtbaren Ringe des Saturns sind eines der größten Spektakel des Sonnensystems. Die Ringe sind bis zu 282 000 km von dem Planeten entfernt und bestehen aus Eis, Felsgestein sowie Staub. Von der Erde aus sind sie schon mit einem guten Fernglas zu sehen. Wie unglaublich muss ihr Anblick dann erst aus einem vorbeischwebenden Raumschiff sein!

Einen Sonnenbrand auf dem Merkur bekommen

8 Der gleißend helle Planet ist der kleinste des Sonnensystems und der Sonne am nächsten. Deshalb eignet er sich auch kaum für einen längeren Aufenthalt. Das Licht der Sonne ist hier elfmal so hell wie auf der Erde, und tagsüber ist es so heiß wie in einem Backofen. Wer also richtig braun werden möchte, sollte Urlaub auf dem Merkur machen.

Auf der Venus einen umgekehrten Sonnenaufgang sehen

9 Trotz des verlockend schönen Namens ist die Venus ein äußerst unwirtlicher Planet. Der enorme Treibhauseffekt erzeugt eine höllisch heiße Atmosphäre, in der selbst Blei schmelzen würde – für einen Aufenthalt nicht wirklich zu empfehlen. Doch es gibt zumindest einen Grund für die Reise zur Venus: Aufgrund ihrer der Erde

Aufgang der Erde vom Mond aus gesehen

entgegengesetzten Rotation scheint die Sonne hier im Westen auf- und im Osten unterzugehen.

Die faszinierende Aurora des Uranus beobachten

10 Genau wie auf der Erde gibt es auch auf dem Uranus Polarlichter. Verursacht werden die spektakulären Lichteffekte von elektrisch geladenen Teilchen, die mit den Gasen in der Atmosphäre des Planeten interagieren. Viele Wissenschaftler glauben aber, dass diese Aurora wesentlich spektakulärer ist als die Polarlichter der Erde, denn das Magnetfeld des Uranus ist äußerst ungewöhnlich geformt und der Planet dreht sich zudem quasi liegend um die Sonne.

Von den Wirbeln des Neptuns aufgesaugt werden

11 Wie der Jupiter ist auch der Neptun ein „Gasriese" mit einer Atmosphäre aus Wasserstoff, Helium und Methan. In dieser stürmischen Atmosphäre toben gewaltige Zyklone. Dabei können um ein Vielfaches höhere Windgeschwindigkeiten als auf der Erde erreicht werden, in Einzelfällen bis zu 2400 km/h. Einer dieser Wirbelstürme war 1989 von der Raumsonde Voyager 2 entdeckt und „Großer Dunkler Fleck" getauft worden. Obwohl er bis 1994 wieder verschwunden war, wurden seitdem viele weitere derartige Zyklone entdeckt.

Im verborgenen Ozean von Europa abtauchen

12 Von allen Monden unseres Sonnensystems könnte der Europa der Erde am ähnlichsten sein. Unter der eisigen Oberfläche des Monds vermutet man ein riesiges Salzwassermeer mit vulkanischen oder hydrothermalen Strömungen. Damit würden hier die gleichen Bedingungen wie auf der Erde herrschen, als das Leben auf ihr seinen Anfang nahm.

Die gigantischen Eisgeysire des Enceladus bewundern

13 Der Enceladus ist zwar nur der sechstgrößte Mond des Saturns, doch in vielerlei Hinsicht der interessanteste. Das hellste Objekt des Sonnensystems ist von einer dicken Eisschicht umgeben – die Temperatur auf seiner Oberfläche beträgt −201°C! Weitere Merkmale sind die gewaltigen, geheimnisvollen Eisgeysire, die am Südpol ständig aus dem Boden schießen.

Die Lavaströme auf dem Io beobachten

14 Bisher wurden mehr als 150 Vulkane auf dem winzigen Mond Io entdeckt – wahrscheinlich gibt es aber noch viel mehr. Der von den Gravitationskräften des Jupiters durchgeknetete Mond ist das geologisch aktivste Objekt des Sonnensystems und ein Muss für alle Vulkanologen.

Wie wär's mit ...

Auf dem aus Einzelbildern zusammengesetzten Marspanorama sind die Valles Marineris gut zu erkennen.

WUNDER DER GEOLOGIE

Mount Everest Mit 8848 m ist der Everest der höchste Berg der Erde.
Valles Marineris, Mars Das gewaltige, 4000 km lange Tal auf dem Mars ist mehr als viermal so tief wie der Grand Canyon.
Verona Rupes Die mehr als 10 km hoch aufragenden Steilwände auf dem Uranusmond Miranda gehören zu den höchsten Klippen des Sonnensystems.
Caloris-Becken, Merkur Das riesige Becken mit einem Durchmesser von 1545 km entstand durch einen Meteoriteneinschlag.
Enceladus Am Südpol dieses Saturnmondes schießen spektakuläre Eisgeysire aus dem Boden.
Die Methanseen des Titans Der Saturnmond Titan ist vermutlich voller Seen und Flüsse aus flüssigem Methan.

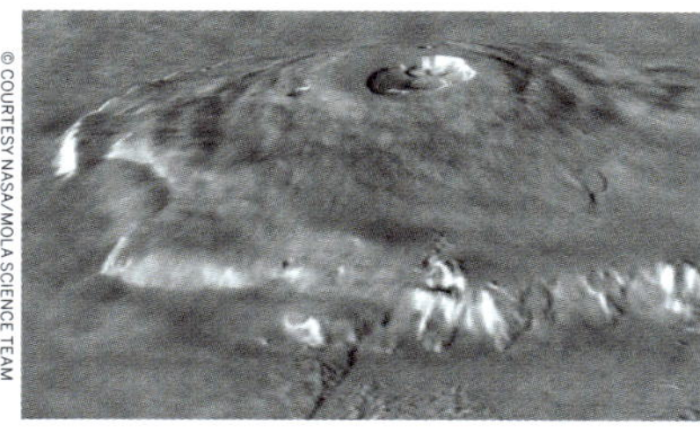

Der Olympus Mons auf dem Mars.

VULKANE

Kilauea Einer der aktivsten Vulkane der Erde befindet sich auf der Hawaii-Insel Big Island.
Olympus Mons, Mars Der schlafende Riese ist der größte Vulkan (und Berg) unseres Sonnensystems. Er ist unglaubliche 22 km hoch und hat einen Durchmesser von 600 km.
Überall auf Io Auf dem Jupitermond stehen Hunderte von aktiven Vulkanen zur Auswahl.
Maat Mons, Venus Der gewaltige, 8 km hohe Schildvulkan ist der zweithöchste Berg der Venus.
Triton Neben Venus, Io und der Erde gibt es auf dem Neptunmond Triton die meisten aktiven Vulkane.
Titan Die „Kryovulkane" des Saturnmonds spucken kein Feuer, sondern Eis.

Treibeis in der Wilhemina Bay

EIS

Antarktis Im Eiskontinent der Erde sind etwa 90 % des Süßwassers unseres Planeten gespeichert.
Uranus Die Oberfläche eines der beiden „Eisriesen" des Sonnensystems besteht aus flüssigen Eiswirbeln.
Neptun ist der zweite Eisriese im Sonnensystem. Er besteht zu mehr als 80 % aus einem flüssigen Gemisch aus Eiswasser, Methan und Ammoniak.
Ganymed Der Jupitermond Ganymed ist der größte Mond unseres Sonnensystems. Seine Eishülle ist von Bergrücken und Furchen, den sogenannten Sulci, durchzogen.
Europa Der Jupitermond ist vollständig von einer Hülle aus Eis umgeben. Darunter befindet sich ein riesiger, geheimnisvoller Ozean.
Triton Die Eisvulkane des Tritons spucken flüssigen Stickstoff, Methan und eine Art Staub aus, der als Schnee auf den Neptunmond niedergeht.

Blick aus dem Weltall auf den Indischen Ozean

MEERE & OZEANE

Erde Die Erdoberfläche ist zu erstaunlichen 70 % von Meerwasser bedeckt.
Europa Der Ozean unter der eisigen Oberfläche des Mondes ist ca. 60–150 km tief.
Titan Die Oberfläche des Titans ist von riesigen Meeren aus Methan bedeckt – die bestimmte Formen des Lebens enthalten könnten.
Callisto Wie auf seinem Brudermond Europa befindet sich unter der eisigen Oberfläche des Callistos wahrscheinlich ein Ozean mit Salzwasser.

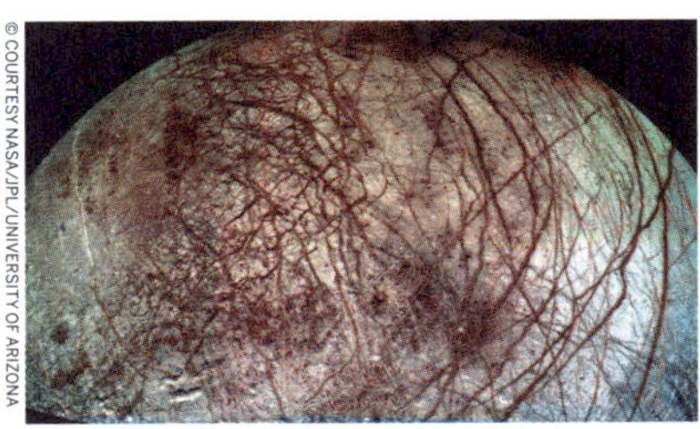

Die eisige Oberfläche Europas ist von Rissen durchzogen.

MERKWÜRDIGE LANDSCHAFTEN

Utopia Planitia, Mars Der riesige Krater mit einem Durchmesser von 3300 km ist der größte des Sonnensystems.
Die Runzeln des Europas Die Oberfläche des frostigen Jupitermonds ist über und über bedeckt mit riesigen Furchen, Wülsten und Spalten, die teilweise Hunderte von Kilometern lang sind.
Yin und Yang auf dem Iapetus Der Saturnmond ist äußerst ungewöhnlich, denn die eine Hälfte ist schwarz, die andere weiß.
Die Canyons Mirandas Die stark zerfurchte Oberfläche des Uranusmondes ist von gewaltigen Canyons durchzogen, die teilweise zwölfmal so tief wie der Grand Canyon sind.
Der „Todesstern"-Mond Dank eines riesigen Meteoritenkraters ähnelt der Saturnmond Mimas Darth Vaders Raumstation.
Der Eisberg von Ceres Ein Berg aus Eis ragt einsam aus der Oberfläche des Zwergplaneten Ceres heraus.

Der C-Ring des Saturns ist nur einer von vielen.

RINGE

Saturn Die sieben großen Ringe des Saturns sind mehrere Tausend Kilometer lang, aber nur rund 10 m dick.
Uranus Neben dem Saturn hat der Uranus die eindrucksvollsten Ringe: Insgesamt 13, die sich in drei voneinander getrennten Bereichen befinden.
Neptun Die Ringe des Neptuns sind so dünn, dass sie praktisch unsichtbar sind.

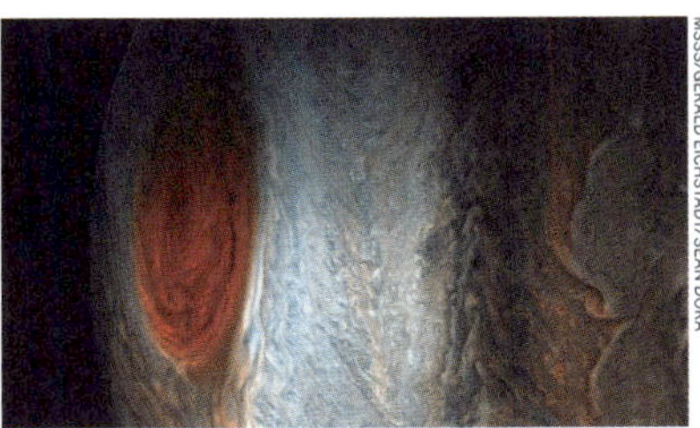

Der Große Rote Fleck auf dem Jupiter ist der (unerreichbare) Traum eines jedes „Sturmjägers".

STÜRME

Tornado Alley, Erde Dieser Landstrich im Süden der USA wird von den stärksten Stürmen der Erde heimgesucht.
Der Große Rote Fleck, Jupiter Dagegen sind die Stürme auf dem Jupiter von einer ganz anderen Kategorie: teilweise sind sie so groß, dass sie einen ganzen Planeten verschlingen könnten.
Die Zyklone des Neptuns Wie auf dem Jupiter toben auch auf dem Neptun wahrlich apokalyptische Winde und Stürme.

Durchgänge & Finsternisse

Von der Erde aus betrachtet ist das Sonnensystem nicht ganz einfach zu verstehen. Wir glauben, ganz ruhig in einer festen Position im Weltall zu stehen – obwohl wir tatsächlich mit einer Geschwindigkeit von mehreren Tausend Kilometern pro Stunde zwischen anderen Planeten rund um die Sonne kreisen. Aufgrund der großen Entfernungen und Geschwindigkeiten ist es nicht einfach zu erkennen, dass sich auch die Positionen der anderen Sterne und Planeten ständig verändern. Deshalb erscheint auch der Nachthimmel immer ein bisschen anders.

Es gibt jedoch Ereignisse, bei denen uns auch auf der Erde die ständigen Bewegungen innerhalb des Sonnensystems deutlich vor Augen geführt werden: Bei Finsternissen können wir die Bewegungen anderer Himmelskörpers sehr gut beobachten.

Von diesem spektakulären Phänomen gibt es zwei Arten, die Mond- und die Sonnenfinsternis. Bei einer Mondfinsternis schiebt sich die Erde zwischen die Sonne und den Mond. Die Erde verdeckt die Sonne und wirft ihren Schatten auf die Oberfläche des Mondes. Eine Mondfinsternis kann partiell sein, sodass nur ein Teil des Erdschattens auf den Mond fällt, oder total, wenn der Mond, die Erde und die Sonne genau in einer Linie stehen und der Erdschatten den Mond komplett bedeckt. Bei einer totalen Mondfinsternis

Totale Sonnenfinsternis

dringt der blaue Anteil des Sonnenlichts nicht mehr durch die Erdatmosphäre, sodass der Mond blutrot erscheint. Eine totale Mondfinsternis ist selten, doch mindestens zweimal jährlich kommt es zu einer partiellen Mondfinsternis, die jeweils mehrere Stunden andauert.

Wesentlich spektakulärer ist eine Sonnenfinsternis. Dabei schiebt sich der Mond zwischen die Sonne und die Erde. Auch eine Sonnenfinsternis kann partiell oder total sein. Bei einer partiellen Sonnenfinsternis stehen Sonne, Mond und Erde nicht exakt in einer Linie, sodass nur ein Teil der Sonne vom Mond verdeckt wird.

Bei einer totalen Sonnenfinsternis schiebt sich der Mond direkt vor die Sonne, sodass sie von der Erde aus nicht mehr zu sehen ist. Der Mond erscheint zunächst sichelförmig auf der Sonnenscheibe, schiebt sich dann komplett vor die Sonne und verdunkelt sie bis auf einen schmalen Lichtring, die Korona. Wo der Mondschatten auf die Erde fällt, verdunkelt sich der Himmel und es wird mitten am Tag dunkel. Eine totale Sonnenfinsternis ist immer nur von einem kleinen Teil der Erde aus zu sehen. Dort, wo der Kernschatten (Umbra) des Mondes auf die Erde fällt, ist die totale Finsternis zu beobachten. Außerhalb dieses Bereichs (Penumbra) ist nur eine partielle Sonnenfinsternis zu sehen. Im Gegensatz zu einer Mondfinsternis dauert eine Sonnenfinsternis nur wenige Minuten.

Außerdem gibt es noch das Phänomen der ringförmigen Sonnenfinsternis. Sie kann entstehen, wenn der

Mond am weitesten von der Erde entfernt ist. Dann ist die scheinbare Größe der Mondscheibe kleiner als die der Sonne, wodurch sie diese nicht ganz bedeckt. Der Mond scheint wie eine kleine dunkle Scheibe auf der großen Sonnenscheibe zu liegen und ist von einem hellen Ring umgeben.

Finsternisse entstehen aber nicht nur im Zusammenspiel von Erde, Mond und Sonne. Das gleiche Phänomen tritt als „Durchgang" (oft auch Transit genannt) ebenso bei anderen Planeten und Monden auf. Genau wie bei einer Finsternis schiebt sich bei einem Durchgang ein Himmelskörper an einem anderen vorbei. Dabei erscheint der vordere Körper aber nicht groß genug, um den hinteren völlig zu verdecken. Stattdessen schiebt sich nur ein kleiner dunkler Schatten vor dem weiter entfernten Planet oder Stern vorbei. Ein solches Ereignis kann z. B. mit einem Teleskop gelegentlich von der Erde aus oder mithilfe eines Satelliten beobachtet werden.

2012 schob sich z. B. die Venus an der Sonne vorbei. Im Laufe unserer Geschichte konnten schon mehrere Venusdurchgänge beobachtet, obwohl sie selten auftreten: nur alle ca. 120 Jahre kommt es zu jeweils zwei Durchgängen der Venus mit etwa 8 Jahren Abstand voneinander.

Die einzigen Durchgänge, die wir von der Erde aus beobachten können, sind die der Venus und des Merkurs. Die nächsten Durchgänge des Merkurs werden am 13. November 2032 und am 7. November 2039 stattfinden. Die nächsten Durchgänge der Venus erst am 11. Dezember 2117 und 8. Dezember 2125 – also nicht mehr zu unseren Lebzeiten.

Die vielleicht berühmteste Beobachtung eines Venusdurchgangs fand im Rahmen der Expedition von James Cook zum Pazifik 1769 statt. Cook sollte dabei den Durchgang von der neu entdeckten Insel Tahiti aus beobachten. Die damaligen Astronomen hofften, mit Cooks Daten endlich die Größe des Sonnensystems berechnen zu können. Doch nachdem Cook den Durchgang beobachtet hatte, erhielt er einen anderen Auftrag: Er sollte das sagenhafte „Terra Australis Incognita", das unbekannte Land am südlichen Rand des Pazifiks finden. Leider konnte er es aber nicht finden, weil es dieses „südliche Land" gar nicht gab. Stattdessen entdeckte er Australien und Neuseeland …

Heute ist die Beobachtung dieser Phänomene viel einfacher – vor allem die von Sonnenfinsternissen: Die nächste (ringförmige) Sonnenfinsternis wird am 21. Juni 2020 in Afrika und Teilen Europas zu sehen sein. Danach folgen u. a. Finsternisse in der Antarktis (4. Dezember 2021) in Westaustralien und Westpapua (20. April 2023), in Nordamerika (8. April 2024) und über Teilen Europas (12. August 2026). Obwohl viele dieser Finsternisse nur in einem kleinen Teil der Erde beobachtet werden können, lohnt sich die Reise zu einer totalen Sonnenfinsternis immer. Eine Mondfinsternis ist dagegen öfter und leichter zu beobachten.

Warum sich die NASA für Finsternisse interessiert

Als die Menschen vor Hunderten von Jahren eine Mondfinsternis beobachteten, schlossen sie daraus, dass die Erde eine Kugel ist. Selbst heute ziehen Wissenschaftler noch wichtige Schlüsse aus einer Mondfinsternis. So wurde im Dezember 2011 mithilfe des Lunar Reconnaissance Orbiter der NASA geklärt, wie schnell sich die Tagseite des Mondes (also die ständig der Erde zugewandte Seite) während einer Mondfinsternis abkühlt. Auf dieser Grundlage konnte die NASA die Beschaffenheit der Mondoberfläche ermitteln. Da eine ebene Oberfläche im Vergleich zu einer rauen schneller abkühlt, fanden die Wissenschaftler heraus, welche Bereiche des Mondes eine raue, felsige Oberfläche haben und welche eben sind.

Die NASA erforscht aber auch Sonnenfinsternisse. Sie ermöglichen den Wissenschaftlern wichtige Rückschlüsse auf die Korona (äußerste Atmosphärenschicht) der Sonne. Während ringförmiger Sonnenfinsternisse beobachtet die NASA daher mithilfe von Instrumenten auf der Erde und im Weltraum die Korona, wenn der Mond die Sonne verdeckt.

Die Planeten des Sonnensystems

Verglichen mit den 4,5 Mrd. Jahren seit der Entstehung des Sonnensystems gibt es den Menschen erst seit sehr kurzer Zeit. Und die Erforschung der Erdnachbarn im Sonnensystem hat praktisch gerade erst angefangen.

Künstlerische Darstellung der Planeten (plus Pluto) aus der Erdperspektive

Schon seit den Megalithkulturen vor 10 000 bis 11 000 Jahren zeichnen die Menschen den Lauf von Sonne und Mond auf. Die Sumerer hatten bereits einen Mondkalender. In den folgenden Jahrhunderten machten Himmelsforscher auf der ganzen Welt mit einfachsten Mitteln erstaunliche Entdeckungen. Alle waren getrieben von unbändigem Forschergeist, und manche besaßen ein ausgeprägtes mathematisches Verständnis. Dank der Erfindung des Fernrohrs im 17. Jh. konnten Gelehrte wie Galileo Galilei Planeten mit eigenen Augen beobachten. Der erste Mensch im Weltraum war 1963 Juri Gagarin. 1969 war Neil Armstrong als erster Mensch auf dem Mond und machte den ersten Schritt eines Menschen auf der Oberfläche eines anderen Himmelskörpers. Doch noch hat kein Mensch einen Fuß auf einen anderen Planeten gesetzt. Im Folgenden ist alles Wissenswerte zu den Planeten des Sonnensystems, geordnet nach ihrer Entfernung zur Sonne, nachzulesen.

Merkur

Namensgeber

Merkur, der geflügelte Götterbote

Größe ist nicht alles

Der kleinste Planet in unserem Sonnensystem liegt zugleich mit 0,4 Astronomischen Einheiten (AE) Abstand der Sonne am nächsten. Er ist ihr so nah, dass das Sonnenlicht auf dem Merkur (je nach Entfernung zur Sonne) sieben- bis elfmal heller ist als auf der Erde. Weil der Merkur aber keine Atmosphäre hat, ist nicht er der heißeste Planet des Sonnensystems, sondern die Venus. Allerdings ist der Merkur der schnellste aller Planeten: Mit einer rasenden Geschwindigkeit von durchschnittlich 170 505 km/h umrundet er auf einer elliptischen Umlaufbahn, deren sonnennächster und sonnenfernster Punkt um 24 Mio. km differieren, in nur 88 Tagen die Sonne. Insofern ist ein Erdenjahr länger als vier Merkurjahre.

Entdeckungsgeschichte

Der Merkur ist mit bloßem Auge zu erkennen und sieht aus wie ein heller Satellit. Das nicht feststehende Objekt am Himmel kannte man bereits in der Antike. Schon die Griechen definierten den Merkur als Planeten (was bei ihnen aber nicht genau das Gleiche bedeutete), und auch die Babylonier wussten von ihm. 1631 gab es dank der Erfindung des Fernrohrs die ersten Beobachtungen des Merkurs – gleichzeitig durch den englischen Astronomen Thomas Harriot und den italienischen Gelehrten Galileo Galilei. Im selben Jahr wurde auch der Merkurtransit vor der Sonne beobachtet.

Faszinierendes

Merkur gilt zwar als heißer, sich schnell bewegender Himmelskörper, doch neuere Beobachtungen zeigen, dass er ein Planet der Gegensätze ist. So liegt das Innere der tiefen Krater an Merkurs Nord- und Südpol in ständigem Schatten, während überall sonst Temperaturen von bis zu 427°C herrschen. Nach Beobachtungen der MESSENGER-Mission von 2012 könnte es in den Kratern gefrorenes Wasser geben.

Besondere Merkmale

Ein auffälliges Merkmal auf der Oberfläche des Merkurs sind die interessanten Gräben der Pantheon Fossae. Der 40 km große Apollodorus-Krater in der Mitte wurde 2008 während des ersten Vorbeiflugs der Raumsonde MESSENGER entdeckt und liegt in der Caloris Planitia, der „Hitze-Ebene" im Norden des Merkurs. Das Grabennetz verdankt seinen Namen dem römischen Pantheon, der Krater in der Mitte ist nach Apollodoros von Damaskus benannt, der das Dach des römischen „Tempels aller Götter" konstruierte. Wie vom Okulus in der Mitte der Rundkuppel das Licht nach allen Seiten ausstrahlt, so scheinen vom Apollodorus-Krater die langen, schmalen Gräben der Pantheon Fossae auszugehen. Die Erscheinung dieser tektonischen Verwerfungslinien trug der gesamten Formation den Spitznamen „Spinne" ein.

Monde/Ringe

Der kleine Merkur ist ganz allein auf seiner Umlaufbahn um die Sonne, hat also weder Monde noch Ringe.

Mögliche Existenz von Leben

Die Umweltbedingungen auf dem Merkur sind nicht geeignet für Leben in der uns bekannten Form. Der Merkur ist der Hitze der Sonne ausgeliefert und hat keine Atmosphäre, die ihn vor dem Sonnenwind oder Meteoriteneinschlägen schützen könnte. Daher rechnet niemand mit Existenz von Leben auf dem heißen Merkur.

Merkur in der Kultur

Angesichts des weitgehenden Fehlens von genauen Informationen als Ausgangsmaterial beruhte das Erscheinungsbild des Merkurs in der Popkultur auf einer Mischung aus Spekulation und künstlerischer Freiheit. Isaac Asimov z. B. war fasziniert von der Seltsamkeit des Merkurs und wählte ihn als Schauplatz für seinen berühmten Antihelden in *Ich, der Robot*. Die Geschichte handelt von einem Roboter, der dank seines Schutzmantels auch extremer Sonnenstrahlung widerstehen kann (nicht zu verwechseln mit Sonny, dem Roboter aus dem Film *I, Robot* von 2004 mit Will Smith). Dann wäre noch Farrokh Bulsara zu erwähnen, der den Namen des Planeten angenommen und so der Welt Freddie Mercury geschenkt hat. In der TV-Serie *Invader Zim* wird der Planet in ein Raumschiff verwandelt.

Wichtige Erkundungsmissionen

In jüngster Vergangenheit hat die Raumsonde MESSENGER bei ihren Vorbeiflügen an Merkur den Wissenschaftlern eine Fülle von Daten über die Zusammensetzung des Planeten geliefert: Der große Metallkern macht etwa 85% des Radius des Merkurs aus. Auf den Bildern, die MESSENGER von der Planetenoberfläche geschossen hat, sind „Strahlenkrater" zu erkennen, durch Meteoriteneinschläge entstandene Krater mit strahlenförmigen Ablagerungen ausgeworfenen Materials. 2015 wurde die Sonde auf dem Merkur zum Absturz gebracht.

Wissenschaftliche Aufgaben

Die nächste Mission zum Merkur, von der sich die Wissenschaftler noch mehr Informationen erhoffen, ist bereits unterwegs. Die 2018 von der Europäischen Weltraumorganisation ESA gestartete Merkursonde BepiColombo soll mehrere Fly-by-Manöver machen und schließlich in eine Umlaufbahn um den Planeten einschwenken – was, falls alles nach Plan läuft, aber erst im Dezember 2025 geschieht. Die Mission, bei der auch Einsteins Relativitätstheorie getestet werden soll, ist für die ESA wahrlich ein heißes Eisen – zumal sie das erste Mal eine Sonde in einen so heißen Teil des Sonnensystems entsendet. Auf jeden Fall ist die Mission eine große Herausforderung – nicht zuletzt wegen der starken Gravitation der Sonne. Zur Mission gehören zwei Orbiter. Von der Japanischen Raumfahrtbehörde (JAXA) stammt der Magnetosphärenorbiter zur Untersuchung des Magnetfelds. Der Fernerkundungsorbiter der ESA soll die Planetenoberfläche und die innere Beschaffenheit untersuchen.

Venus

Namensgeber

Die Göttin der Liebe

Das Treibhaus

Viele Jahre lang hielten die Wissenschaftler die Venus für eine Art Schwesterplaneten der Erde. Die zwei Himmelskörper ähneln sich in Größe und Struktur und haben – nach astronomischen Maßstäben – in etwa die gleiche Entfernung zur Sonne: Die Erde liegt 1 AE von der Sonne entfernt und die Venus, der der Sonne zweitnächste Planet, 0,72 AE. Aufgrund der Tatsache, dass die Venus der Sonne näher ist als die Erde, nahm man an, dass auf dem Planeten ähnliche Bedingungen herrschen könnten wie in den tropischen Regionen der Erde. Neuere Erkenntnisse haben jedoch die Hypothese einer mehr oder weniger tropischen Umwelt widerlegt. Weil die Atmosphäre der Venus einen extrem hohen Kohlendioxidgehalt hat und auf der Oberfläche kein Wasser vorhanden ist, kann der Planet seine Temperatur nicht regulieren. Kurz: Es wird immer heißer. Das ist das perfekte Beispiel für den Treibhauseffekt. Man weiß also, dass die Venus der heißeste Planet im Sonnensystem ist, auf dem die Temperaturen an der Oberfläche auf bis zu 470 °C ansteigen können.

Entdeckungsgeschichte

In der Geschichte der Astronomie sticht die Venus deutlich heraus. Das liegt – zumindest teilweise – an ihren Transiten: Alle 100 Jahre zieht die Venus auf spektakuläre Weise vor der Sonne vorbei. Bereits 650 v. Chr. zeichneten die Astronomen der

Maya die Bewegungen der Venus auf, um einen Planetenkalender zu erstellen, der sich als sehr genau erwies.

Faszinierendes

Die Venus ist zwar bekannt für ihre extrem hohen Temperaturen, doch das ist missverständlich. Das gilt nämlich nur für ihre Oberfläche. Erreicht man die Höhe, in der sich Wolken bilden, also etwa 48 km in der Atmosphäre, sinkt die Temperatur deutlich – und zwar in etwa auf die Temperatur wie auf der Oberfläche der Erde. Aufgrund der hohen Konzentration von Kohlendioxid in der Atmosphäre der Venus bestehen die Wolken aus Schwefelsäure. Diese wiederum rasen über die Planetenoberfläche und umrunden den Planeten mit Geschwindigkeiten von bis zu 354 km/h. Für die gesamte Umrundung brauchen die Wolken vier Tage – auf der Erde dauert die entsprechende „Wolkenreise" viermal so lang.

Besondere Merkmale

Bei der Modellierung der Oberfläche der Venus spielt Hitze die entscheidende Rolle. Da gibt es den langen, gewundenen Lavakanal Baltis Vallis, den längsten seiner Art im gesamten Sonnensystem. Entdeckt wurde er 1983 von den Orbitern der sowjetischen Venera-Mission: Die beiden Raumsonden kartierten fast 1000 km des Baltis Vallis. Aktuellen Messungen zufolge ist der Lavafluss rund 7000 km lang und 1 bis stellenweise 3 km breit. Da die Enden heute wegen darüberliegender Felsen nicht sichtbar sind, könnte das Baltis Vallis sogar noch länger sein. Auf jeden Fall ist es länger als der Nil, der es nur auf 6650 km bringt.

Monde/Ringe

Wie der Merkur hat auch die Venus weder Monde noch Ringe.

Mögliche Existenz von Leben

Die Venus ist viel zu heiß, als dass es auf der Oberfläche Leben geben könnte. Einige Wissenschaftler spekulieren jedoch, dass in der mäßiger temperierten Atmosphäre widerstandsfähige Bakterien existieren könnten. Diese könnten den Organismen ähnlich sein, die auf der Erde in hydrothermalen Tiefseequellen vorkommen. Zu einem früheren Zeitpunkt der Planetengeschichte könnte es auf der Venus auch robustere Lebensformen gegeben haben, ehe sich der Planet aufheizte und seine (hypothetischen) Meere verlor.

Venus in der Kultur

„Männer sind vom Mars, Frauen von der Venus", dozierte der Paartherapeut John Gray. Schon immer galt der Planet als feminin; nur drei Gebilde auf der Venus sind nicht nach Frauen benannt (eines, der Vulkan Maxwell Montes, ist nach einem Mann benannt, die anderen zwei nach griechischen Buchstaben). In der Musik kleidete Lou Reed sie in seinem Song *Venus in Furs* in Pelz. Die Autoren von Pulp-Comics der 1950er hatten die gleiche Idee, bevölkerten die Venus mit halbnackten „Amazonen" und schufen ein sehr erfolgreiches, wenn auch fragwürdiges Genre.

Wichtige Erkundungsmissionen

Nach ihrem Start im Mai 1989 brauchte die Raumsonde Magellan 15 Monate, bis sie ihre Umlaufbahn um die Venus erreichte. Das Warten hat sich gelohnt. Das hochauflösende Radar an Bord begann ab September 1990, detaillierte Bilder der Oberfläche des geheimnisvollen Planeten zu senden. Der Name der Mission war passend: Ferdinand Magellan, der portugiesische Weltumsegler aus dem 16. Jh., ist ein Symbol für die Kartografie, da er für viele Meere der Welt die ersten Seekarten lieferte. Die Sonde hat so viele Bilder geschossen, dass nach Abschluss der Mission fast 85 % der Venusoberfläche erfasst worden sind.

Wissenschaftliche Aufgaben

Die Theorie der Venus als erdähnlicher Schwesterplanet wurde zwar widerlegt, doch jüngeren Forschungsergebnissen zufolge können in der Urgeschichte der Venus für Leben geeignete Bedingungen geherrscht haben. Modelle des Goddard Institute for Space Studies (GISS) der NASA legen nahe, dass es auf der Oberfläche bis zu 2 Mrd. Jahre lang einen flachen Ozean und erdähnliche Temperaturen gegeben haben könnte. Die Forschungsergebnisse des GISS haben vermutlich Folgen für zukünftige NASA-Missionen, die bewohnbare Planeten suchen und deren Atmosphäre erforschen. Dazu gehören auch der Transiting Exoplanet Survey Satellite und das James-Webb-Weltraumteleskop.

Erde

Planet des Lebens

Die Erde könnte der einzige Planet im Sonnensystem sein, auf dessen Oberfläche es Ozeane gibt. Dennoch ist ihr Name abgeleitet von „Erdboden". Die Erde ist der Planet, mit dem alle anderen verglichen werden. Sie ist genau 1 AE von der Sonne entfernt, eine durchschnittliche Entfernung von 150 Mio. km. Der fünftgrößte Planet im Sonnensystem ist vielleicht auch der einzige, auf dem Leben existiert. Das ist wiederum gänzlich von der Sonne abhängig: Sie hält warm, ermöglicht Pflanzen die Photosynthese und gibt Licht. Allerdings macht sich nicht nur das Licht auf die achtminütige Reise von der Sonne zur Erde. Von der Sonne geht auch der mit gefährlicher Strahlung beladene Sonnenwind aus. Zum Glück wirkt die Atmosphäre der Erde wie ein Schutzschild gegen Strahlung und Meteoriteneinschläge. Allerdings werden wir die enge Beziehung zur Sonne noch sehr bedauern, denn in 5 Mrd. Jahren wird die Sonne auf 100-fache Größe angewachsen sein, wodurch die Erde als der Planet mit der höchsten Dichte in unserem Sonnensystem verdunsten wird.

Entdeckungsgeschichte

Die Entdeckungen unserer Vorfahren haben ein paar interessante Vorstellungen über die Erde und deren Lage im Universum hervorgebracht. Es ist ein verbreiteter Irrglaube, dass bis zum Mittelalter viele Leute dachten, die Erde wäre flach. Tatsächlich weiß man seit mehr als zwei Jahrtausenden, dass die Erde rund ist: So berechneten schon die alten Griechen ihren Umfang, indem sie während der Sommersonnenwende die Schatten maßen. Aristoteles stellte bei seinen Beobachtungen fest, dass die Sterne in Ägypten anders erscheinen als in Griechenland und folgerte, dass die Oberfläche des Planeten gekrümmt sein müsste. Zum selben Schluss kamen die römischen Seefahrer, die bemerkten, dass aus der Ferne nur höher liegendes Gelände sichtbar ist. Und schon im 6. Jh. berechnete der indische Gelehrte Aryabhata den Umfang der Erde. Er vertat sich nur um 107 km.

Faszinierendes

Etwa 70 % der Erde sind von Meeren bedeckt, in denen es von Leben wimmelt. Mit einer Tiefe von durchschnittlich 4 km fungieren die Ozeane als Reservoir für fast 97% des gesamten Wassers des Planeten. In den Meeren liegen auch einige der imposantesten Geländeformationen: Der Mittelozeanische Rücken z. B. ist der längste Gebirgszug der Erde und liegt zwischen dem Nordpolarmeer und dem Atlantik weit unter dem Meeresspiegel. Mit einer Länge von 65 000 km ist er länger als die Anden, die Rocky Mountains und der Himalaja zusammen.

Monde/Ringe

Die Erde hat einen Mond. Er ist der einzige weitere Himmelskörper, auf den der Mensch je einen Fuß gesetzt hat – bislang. Zudem verursacht der Mond die Gezeiten.

Besondere Merkmale

Nirgendwo sind die natürlichen Merkmale der Erde besser erkennbar als in ihren Extremen. Der höchste Punkt ist der 8848 m über dem Meeresspiegel gelegene Mt. Everest. Rund 800 Menschen stellen sich pro Jahr dem mit Lebensgefahr behafteten Aufstieg auf den Gipfel. Der niedrigste Punkt ist das Challengertief im Marianengraben im Pazifik. Wie tief genau es ist, muss noch ermittelt werden – doch nach derzeitigem Kenntnisstand sind es mindestens 10 994 m. Der Wasserdruck in dieser Tiefe ist 1000-mal größer als auf Höhe des Meeresspiegels. Mehr als 1,24 t wirken auf jeden Quadratzentimeter – das ist, als würde man 50 Jumbojets vom Boden heben wollen. Dann gibt es noch das Great Barrier Reef vor der Nordwestküste Australiens, eines der wenigen Naturgebilde, die vom All aus zu sehen sind. In diesem Teil der Erde wachsen seit 25 Mio. Jahren Korallen. Das Riff auf einer Fläche von rund 344 400 km² ist 2300 km lang.

Erkundungsmissionen

Man kennt die NASA vor allem wegen ihrer Raumfahrtprojekte, doch in Zukunft werden sich einige ihrer wichtigsten Projekte auf die Erde konzentrieren. Die NASA Earth Science ist eine Abteilung, die sich der Beobachtung unseres Luftraums, des Bodens und der Meere widmet. Ein anstehendes Projekt ist u. a. die Satellitenmission Surface Water and Ocean Topography (SWOT). Nach dem Start im September 2021 soll SWOT die erste globale Vermessung der Wasseroberfläche der Erde vornehmen, damit man besser versteht, wie sich die Gewässer verändern. Eine weitere wichtige Mission ist TEMPO (Tropospheric Emissions: Monitoring Pollution), ein Instrument, das von einem geostationären Punkt in 35 400 km Höhe die Luftverschmutzung in Nordamerika messen soll.

Wissenschaftliche Aufgaben

In vielerlei Hinsicht steht dem Leben auf der Erde eine unsichere Zukunft bevor. Die Erderwärmung hat in den letzten Jahrzehnten schneller zugenommen als in den vorherigen 2000 Jahren. Die Paläoklimaforschung, die sich auf Hinweise aus den Jahresringen der Bäume, aus den Sedimenten der Meere und den Polareiskappen stützt, legt nahe, dass der Planet sich zehnmal schneller erwärmt als vermutet – und zwar hauptsächlich durch menschliche Einwirkung. Als Folge schmilzt das Packeis in den Meeren. Die Meere werden wärmer, und überall auf der Welt treten extreme Wetterereignisse häufiger auf. Die Erderwärmung ist aber nicht die einzige Gefahr: Auch die beschleunigte Entwaldung – nicht nur im brasilianischen Amazonasbecken – hat ernste Konsequenzen. Eine kürzlich beendete Zweijahresstudie kam zu dem Ergebnis, dass im Amazonasbecken zwar fast jeden Tag eine neue Pflanzen- oder Tierart entdeckt wird, wegen der schnellen Entwaldung aber viele Arten aussterben, noch bevor sie entdeckt werden. Das aktuelle geologische Zeitalter wird als Anthropozän bezeichnet: Denn der Mensch ist heute der vorherrschende Einflussfaktor.

Mars

Namensgeber

Der Gott des Krieges

Der Rote Planet

Mit 1,52 AE ist der Mars der viertnächste Planet zur Sonne. Sein Spitzname „roter Planet“ ist alles andere als neu: Vor mehr als 4000 Jahren nannten ihn die Ägypter *har decher*, „Der Rote“. Das liegt an den Eisenmineralen im Marsboden – wenn diese mit Sauerstoff in Berührung kommen, oxidieren sie und verleihen der Marsoberfläche die rostrote Farbe. Der Mars ist derzeit Gastgeber für den NASA-Lander InSight, der im November 2018 auf der Oberfläche des Mars abgesetzt wurde. InSight ist die jüngste einer Reihe von Missionen, die herausfinden sollen, ob der Mars sich eines Tages für die menschliche Besiedelung eignen könnte. Derzeit sind die Bedingungen alles andere als ideal: Die Durchschnittstemperaturen liegen weit unter dem Gefrierpunkt, starke Stürme hüllen die Oberfläche in Staub, und die dünne Atmosphäre bietet wenig Schutz vor Trümmerteilchen. Hinzu kommt, dass es auf der Oberfläche kein Wasser in flüssiger Form gibt. Andererseits weisen die Ergebnisse der letzten Marsmissionen auf eine Planetengeschichte hin, die nahelegt, dass es in der Vergangenheit auf dem Mars Fluten und nachweislich salines Grundwasser gegeben hat.

Entdeckungsgeschichte

1877 war ein wichtiges Jahr in der Marsbeobachtung. Im August jenes Jahres entdeckte der amerikanische Astronom Asaph Hall, dass der Mars nicht nur einen, sondern zwei Monde besitzt. Er benannte sie nach den Söhnen von Ares, dem griechischen Gott des Krieges, Phobos und Deimos. Zudem glaubte der Italiener Giovanni Schiaparelli ein deutlich sichtbares Netz von Gräben auf der Oberfläche des roten Planeten zu erkennen. Als er seine Entdeckung veröffentlichte, kam es zu einem folgenschweren Übersetzungsfehler: Aus den italienischen *canali* (Gräben) wurden auf Englisch *canals* (Kanäle), was an Bauten außerirdischer Ingenieure und nicht an geologische Formationen denken ließ.

Faszinierendes

Der Marsianer hatte Recht: Man kann (zumindest theoretisch) auf dem Mars Kartoffeln anbauen. Man arbeitet derzeit daran, die für den Anbau von Nahrungsmitteln im All erforderlichen Kenntnisse zu erlangen. Auf der Internationalen Raumstation wird derzeit im Rahmen der Experimentenreihe „Veggie" versucht, unter Kunstlicht in einem kleinen Gewächshaus Salat und andere Feldfrüchte anzubauen. Diese Technik hat sich auf der Erde als sehr effektiv erwiesen. In Ländern mit wenig Anbauflächen, z. B. den Niederlanden, wird Gemüse unter LED-Licht angebaut. Im Vergleich zu konventionellen Anbaumethoden werden dabei weniger Hitze und CO_2 emittiert.

Besondere Merkmale

Der Mars ist berühmt für seine dunklen Flecken, die man einst für Meere hielt. Der größte ist Syrtis Major Planum, benannt nach der Großen Syrte (Golf von Sidra vor der Küste Libyens). Syrtis Major war das erste Oberflächenmerkmal des Mars, das von der Erde aus verzeichnet wurde (1659 von Christiaan Huygens). Es erstreckt sich vom Marsäquator 1500 km nach Norden und dann 1000 km von West nach Ost. Die dunkle Farbe des Flecks ist auf Basalt zurückzuführen. Die Struktur ist besonders gut sichtbar, weil die Luft in dieser Region – für Mars-Verhältnisse – staubarm ist. Syrtis Major Planum war bereits auf einer frühen Karte des Planeten verzeichnet, die im Jahr 1877 geschaffen wurde, als der Mars der Erde besonders nahe kam. Wegen der klaren Sicht gilt die Region als möglicher Landeplatz für künftige Marsmissionen.

Mars in der Kultur

Geht es in der Popkultur um Außerirdische, dann sind es meist Marsianer. Irgendwie scheinen Venusianer oder Neptunianer nicht so gut anzukommen. Weil die 1938 im Radio gesendete Hörspielversion des Romans *Krieg der Welten* wie Radionachrichten klang, glaubten viele Amerikaner, die Handlung sei wahr. Ob die Nachricht von marodierenden Plutoniern wohl eine ähnliche Panik ausgelöst hätte? Im aufgeheizten politischen Klima der 1950er-Jahre schienen die Marsmenschen die perfekten Großleinwand-Bösewichter zu sein: skrupellos und versessen darauf, die Weltherrschaft zu erlangen.

Wichtige Erkundungsmissionen

Die Marsmission InSight soll etwas bewerkstelligen, was zuvor nie versucht wurde: Sie soll einen kompletten Check-up eines anderen Planeten machen. Seit der Landung auf der Oberfläche 2018 sammelt InSight Informationen und führt mit einer Reihe von Instrumenten Experimente auf dem Mars durch, um effektiv seine Temperatur zu messen, seinen Puls zu nehmen und seine Reflexe zu testen. Die Untersuchungen sollen aktuelle Daten zur Zusammensetzung des Planeten liefern, damit man Rückschlüsse zur Entstehung ähnlicher Gesteinsplaneten innerhalb des Sonnensystems ziehen kann. Die von InSight gelieferten Daten könnten vielleicht auch etwas über den Ursprung der Exoplaneten, also der planetaren Himmelskörper, die um Sterne außerhalb des Sonnensystems kreisen, verraten.

Wissenschaftliche Aufgaben

Derzeit testet die NASA das Raumschiff Orion (Multi-Purpose Crew Vehicle, MPCV), das Astronauten auf den Mars bringen soll. Einst war es zum Transport von Fracht und Personen zur Internationalen Raumstation konzipiert. 2018 stellte die NASA den Plan für das Lunar Orbital Platform-Gateway vor, eine Raumstation, die den Mond umkreisen soll. Sie soll als Zwischenstation für Missionen des Raumschiffs Orion insbesondere zum Mars dienen. Orion wird dem Raumschiff Apollo ähneln, aber von moderneren Technologien profitieren. Sechs Astronauten können mitfliegen. Wenn alles nach Plan läuft, werden die Komponenten für das Gateway in den frühen 2020ern ins All gebracht. Bemannte Weltraummissionen mit der Orion sollen gegen Ende jenes Jahrzehnts beginnen.

Jupiter

Namensgeber
König der Götter

Der Riese
Der Gasriese Jupiter ist der größte Planet im Sonnensystem. Er ist elfmal so groß wie die Erde. Über seiner Oberfläche liegen auffällige Wolkenbänder, die erstmals im 17. Jh. von Galilei beobachtet wurden. Später fanden die Forscher heraus, dass diese aus Wasser und Ammoniak bestehenden Wolken in tiefere Schichten hineinreichen. Jupiters Atmosphäre ist reich an Wasserstoff, der zusammen mit dem ebenfalls vorhandenen Helium auch zur Geburt eines Sterns hätte führen können. Die Bedingungen auf dem Jupiter lassen allerdings eher an das Ende als an den Anfang einer Welt denken. Gewaltige Winde fegen über den Planeten; am bekanntesten ist der Große Rote Fleck, ein Wirbelsturm, der vielleicht schon vor 300 Jahren begann.

Entdeckungsgeschichte
Erste Aufzeichnungen von Sichtungen des nach dem Vater der olympischen Götter benannten Jupiter wurden schon im 8. Jh. v. Chr. von babylonischen Astronomen gemacht. Erste detaillierte Beobachtungen des Planeten durch das Teleskop stellte 1610 Galileo Galilei an. Dabei entdeckte er die ersten vier Monde des Jupiters, von denen zwei den Merkur an Größe übertreffen.

Faszinierendes
Wegen seiner riesigen Größe besitzt der Jupiter eine äußerst starke Schwerkraft. Sie

ist so stark, dass sie den Planeten zusammenzieht. Dabei wird die Materie im Inneren komprimiert, was gewaltige Reibung und Hitze verursacht. Tatsächlich strahlt der Jupiter mehr Wärme ab, als er von der Sonne empfängt.

Besondere Merkmale

Io, der drittgrößte der 79 bekannten Monde des Jupiters, ist der Himmelskörper mit der stärksten vulkanischen Aktivität im Sonnensystem. Es gibt hier Hunderte Vulkane (von denen man weiß), die Lava mehr als 10 km in die Höhe speien. Nach Ansicht der Forscher besteht diese Lava hauptsächlich aus geschmolzenem Schwefel und Silikaten und die sehr dünne Atmosphäre des Mondes hauptsächlich aus Schwefeldioxid. Io könnte einen Eisenkern besitzen, der groß genug ist, um dem Mond ein eigenes Magnetfeld zu geben. Die Umlaufbahn des Mondes Io führt durch das Magnetfeld des Jupiters (welches 20-mal stärker ist als das der Erde), wobei elektrische Spannungen von 400 000 Volt entstehen.

Monde/Ringe

Jupiter besitzt nicht nur die vier riesigen Galileischen Monde, sondern (mindestens) noch 75 weitere. Voyager 1 sorgte 1979 für eine Überraschung, als die Sonde ein Ringsystem um den Jupiter entdeckte, das dritte, welches im Sonnensystem festgestellt wurde. Jupiters Ringe sind allerdings sehr schwach, kaum sichtbar und bestehen hauptsächlich aus Staub.

Mögliche Existenz von Leben

Angesichts seines starken Magnetfelds und des Fehlens einer eigentlichen Oberfläche ist der Gasriese Jupiter selbst kein Kandidat für mögliches Leben. Mit seinen Monden verhält es sich allerdings anders. Mit möglichen Ozeanen unter der Eiskruste und stabilen Umlaufbahnen stehen die Monde Ganymed, Europa und Kallisto, die alle auch über eine schwache Atmosphäre verfügen, ganz oben auf der Liste der Himmelskörper des Sonnensystems mit möglichem Leben.

Jupiter in der Kultur

Mit seiner gigantischen Größe und seinen zahlreichen Monden hat der Jupiter schon unzählige Schriftsteller und Künstler inspiriert. Im 2019 erschienenen Netflix-Spielfilm *Io* ist der namensgebende Mond das Ziel von Menschen, die von einer hoffnungslos verschmutzten Erde fliehen. Der Planet selbst war Schauplatz im Film *Jupiter Ascending*, der 2015 veröffentlichten „Space Opera" der Geschwister Wachowski. In seinem 2004 veröffentlichten Roman *Der Wolkenatlas*, der in die Auswahl für den Booker Prize kam und später ebenfalls von den Geschwistern Wachowski verfilmt wurde, schickt David Mitchell seine Figuren auf andere Jupitermonde.

Wichtige Erkundungsmissionen

Jupiter wird zwar schon seit Jahrhunderten beobachtet, aber erst seit kurzer Zeit entwickeln wir ein näheres Verständnis für die auf die Planeten herrschenden Bedingungen. Im Jahr 2000 gelang es der Sonde Cassini auf ihrem Weg zum Saturn aus fast 10 Mio. km Entfernung Echtfarbenbilder des Jupiters als Fotomosaik zu senden. Diese Entfernung ist vergleichsweise klein: Der Mindestabstand der Erde zum Jupiter beträgt 587 Mio. km. Im Jahr 2016 kam die NASA-Sonde Juno dann viel näher an den Gasriesen heran. Die 2011 gestartete Raumsonde umkreist immer noch den Jupiter und sendet detaillierte Daten über den Aufbau und die Merkmale des Planeten.

Wissenschaftliche Aufgaben

Bei Jupiters Monden hat man eine große Auswahl – schließlich besitzt er mindestens 79 davon, mehr als jeder andere Planet im Sonnensystem. Zwölf neue Monde wurden erst 2018 von Forschern entdeckt, die nach Objekten im tiefen Weltraum spähten, vor allem nach einem hypothetischen Himmelskörper weit jenseits des Pluto, dem sogenannten „Planet X". Genauere Untersuchungen der faszinierenden (und zahlreichen) Monde des Jupiters lassen die Forscher glauben, dass einige die Bedingungen für Leben bieten könnten. Ganz oben auf der Liste der Kandidaten steht Europa, wo sich ein großer Ozean unter der vereisten Oberfläche befinden könnte. Die Europa-Clipper-Mission der NASA, deren Start für die 2020er-Jahre geplant ist, soll nach Gewässern unter der Oberfläche des Mondes suchen und damit diese Frage ein für alle Mal klären.

Saturn

Namensgeber

Gott der Aussaat

Herr der Ringe

Das auffälligste Merkmal des Saturns sind seine sieben Ringe. Sie bestehen aus Eis und Staub und sind mit einem Fernrohr sogar von der Erde aus zu erkennen. Weniger offensichtlich ist die Tatsache, dass die Ringe des Saturns zwar Tausende Kilometer weit, aber im Durchschnitt nur etwa 10 m dick sind. Wie der Jupiter ist auch der Saturn ein Gasriese. Er hat zwar einen Gesteinskern, der aus Metallen wie Eisen und Nickel besteht, aber keine richtige Oberfläche. Stattdessen ist der Saturn von wirbelnden Gasen – hauptsächlich Wasserstoff und Helium – bedeckt. Für menschliche Augen erscheint die „Oberfläche" des Saturns gestreift – dieser Effekt wird von den extremen Winden und Stürmen verursacht.

Entdeckungsgeschichte

Die ältesten dokumentierten Beobachtungen des Saturns stellten um 700 v. Chr. assyrische Astronomen im Nahen Osten an. Sie beschrieben einen Ringplaneten, den sie zu Ehren einer assyrischen Sonnengottheit „Stern von Ninib" nannten. Den mit bloßem Auge sichtbaren Planeten erwähnt auch Ptolemäus (um 150 n. Chr.) in seinen astronomischen Schriften. Galileo Galilei beobachtete 1610 als Erster das merkwürdige Aussehen des Planeten, konnte aber keine Erklärung dafür finden. Im Jahr 1659 gelang es dem Astronomen Christiaan Huygens schließlich, die seltsamen Objekte als ein Ringsystem zu identifizieren.

Faszinierendes
Auf dem Saturn findet sich ein im Sonnensystem einzigartiges Wetterphänomen: Der Nordpol des Planeten ist Mittelpunkt eines Polarwirbels mit der stabilen Form eines Sechsecks, der von der Sonde Voyager I aufgenommen wurde. Anhand der später von der Saturnsonde Cassini übermittelten Bilder konnten Wissenschaftler seine Größe bestimmen: Demnach hat das Hexagon mit dem Wirbelsturm im Zentrum einen Durchmesser von 32 000 km und erreicht Geschwindigkeiten von bis zu 320 km/h.

Besondere Merkmale
Die Monde des Saturns sind faszinierend: Mimas, einer der kleineren Monde, hat einen Durchmesser von nur 396 km; bis zur Ankunft der Voyager-Sonden in den 1980er-Jahren erschien er nur als Punkt vor der Oberfläche des Planeten. Mimas ist vor allem wegen seiner Ähnlichkeit mit dem Todesstern, der Geißel der Rebellenallianz in den *Star-Wars*-Filmen, bekannt. Die Oberfläche von Mimas ist geprägt von zahlreichen Einschlagkratern. Der größte ist der Krater Herschel, der etwa ein Drittel des Durchmessers von Mimas einnimmt.

Monde/Ringe
Mit vier Hauptringen und drei Gruppen aus schwächeren und schmaleren Ringen ist der Saturn der König aller Ringplaneten. Manche der Ringe bestehen aus Partikeln so groß wie ein Haus, aber alle sind relativ schmal. Was ihnen an Höhe fehlt, machen sie in der Breite wett: Vom Planeten bis zum Außenrand der Ringe sind es 80 000 km. Der Saturn hat auch 62 bisher bekannte Monde – von winzigen Minimonden bis hin zum riesigen Titan, der größer ist als der Merkur. Die Ringe und Monde interagieren insofern miteinander, als die Monde Staub und Partikel aus den Ringen anziehen und dadurch an Masse zunehmen. Der E-Ring wiederum wird von dem Eis gebildet, das der Mond Enceladus auswirft.

Mögliche Existenz von Leben
Der Saturn ist zu windig und der Druck zu hoch, als dass auf dem Planeten Leben möglich wäre. Bei den Monden sieht das jedoch anders aus. Sollte es auf Enceladus einen flüssigen Ozean unter der Oberfläche geben, wäre er vielleicht ein Kandidat.

Saturn in der Kultur
Der Saturn kommt in der Popkultur in unterschiedlichster Form vor. In W.G. Sebalds *Die Ringe des Saturn* hält der Planet Wacht, während der Erzähler bei einer Wanderung durch die englische Grafschaft Suffolk über das Wesen von Zeit und Erinnerung nachdenkt. Autoren wie Arthur C. Clarke und Isaac Asimov lassen Geschichten auf den Saturnmonden spielen. In der klassischen Musik widmet Gustav Holst in seinem Orchesterwerk *Die Planeten* jedem Planeten außer der Erde einen Satz. Den Satz *Saturn* schätzte er selbst besonders.

Wichtige Erkundungsmissionen
Mit der Ankunft der Cassini-Sonde der NASA im Jahr 2004 beginnen sich die Geheimnisse der Saturnmonde zu lüften. Im Rahmen der nach Giovanni Cassini, einem italienischen Astronomen des 17. Jhs., benannten Mission umkreiste die Raumsonde Cassini zwischen der Ankunft im Orbit und dem Ende der Mission 2017 den Gasriesen fast 300-mal und spürte eine Reihe von Monden auf, auf denen es Wasser und damit eine Grundbedingung für Leben gibt.

Wissenschaftliche Aufgaben
Der besonders dunkle Mond Phoebe könnte ein Fenster in die Vergangenheit des Sonnensystems sein. Er ist ein Beispiel für ein eingefangenes Objekt, einen kleineren Himmelskörper, der in den Sog des Gravitationsfelds eines größeren Planeten gelangte, so wie der Marsmond Phobos. Das dunkle Material, aus dem Phoebe besteht, ist in den äußeren Bereichen des Sonnensystems verbreitet. Das legt nahe, dass Phoebe aus der Zeit der Entstehung des Systems stammt und wegen ihrer Randlage nicht in das Schwerefeld geriet, aus dem die verschiedenen Planeten entstanden. Damit unterlag Phoebe auch nicht der Aufheizung, die während der Entstehung der Planeten erfolgte. Deshalb könnte sich die chemische Zusammensetzung Phoebes seit Milliarden Jahren nicht verändert haben. In diesem Fall könnte Phoebe Hinweise auf die Entstehung der Milchstraße geben. Auch der Titan ist von großem Interesse, weil er der einzige bekannte Mond mit einer stark ausgeprägten Atmosphäre ist. Nach dem Jupitermond Ganymed ist Titan der zweitgrößte Mond im Sonnensystem.

Uranus

Namensgeber

Der Vater der Titanen

Der Eisriese

Als drittgrößter Planet des Sonnensystems ist der „Eisriese“ Uranus viermal so groß wie die Erde. Er wurde nach dem griechischen Himmelsgott Uranos benannt. Wissenschaftler spekulieren, dass sich der Planet näher bei der Sonne bildete und erst später ins äußere Sonnensystem migrierte. Heute läuft der Uranus an siebenter Stelle um die Sonne. Die charakteristische blau-grüne Farbe des Planeten wird von Methanwolken verursacht, die über die Oberfläche des Uranus ziehen, auf der Temperaturen von eisigen –200 °C herrschen. Die Atmosphäre des Uranus besteht hauptsächlich aus Helium und Wasserstoff, ähnlich wie bei Saturn und Jupiter, ist aber dünner. Der Planet umkreist in 84 Erdenjahren einmal die Sonne. Seine Umlaufbahn ist 2,5 bis 3 Mrd. km von der Sonne entfernt.

Entdeckungsgeschichte

Der Uranus wurde für einen Planeten erst relativ spät entdeckt. Uranus war der erste Planet, von dem die antiken Zivilisationen nichts wussten. Erstmals beobachtet wurde er 1781 von dem britischen Astronomen William Herschel, der sechs Jahre später auch Oberon und Titania, die beiden größten Monde des Uranus, entdeckte. Bei sehr guten Sichtverhältnissen ist der Planet auch mit bloßem Auge zu sehen, wenn man weiß, wo man nach ihm suchen muss.

Faszinierendes

Obwohl die Wissenschaftler den Uranus schon viele Jahrzehnte erforschen, konnte das Geheimnis der Zusammensetzung seiner auffällig blauen Wolkendecke erst 2017 gelüftet werden. Bei großen Planeten, die die Sonne näher umkreisen, enthalten die Wolken hohe Konzentrationen von Ammoniak. Die Wolken des Uranus hingegen enthalten hochgiftigen Schwefelwasserstoff.

Besondere Merkmale

Wie die Venus rotiert der Uranus in Ost-West-Richtung – anders als die meisten anderen Planeten. Uranus ist darin einmalig, dass seine Rotationsachse nahezu in der Bahnebene verläuft, er also in ihr fast wie ein Ball rollt. Die Ursache für diese extreme Neigung ist einer Theorie zufolge der Zusammenprall des Uranus mit einem großen Objekt – möglicherweise so groß wie die Erde –, der dem Planeten seine Schieflage verpasste. Daher besitzt der Uranus interessante saisonale Besonderheiten: Am Nordpol bringt der Winter 21 Jahre Dunkelheit, der Sommer 21 Jahre Tageslicht. Frühjahr und Herbst fallen mit je 42 Jahren Licht bzw. Dunkel noch länger aus.

Monde/Ringe

Der Uranus besitzt fünf größere Monde, die nach Shakespeare-Figuren benannt sind. Alles in allem sind heute 27 Monde des Uranus bekannt, von denen die meisten erst im Raumfahrtzeitalter entdeckt wurden. Einige von ihnen könnten Überbleibsel der hypothetischen Kollision des Planeten mit einem anderen Himmelskörper sein, die bei dem Zusammenprall weggeschleudert und in Umlaufbahnen um den Planeten eingefangen wurden. Der Eisriese besitzt auch ein eigenes, relativ junges System aus 13 Ringen. Diese sind alle sehr schwach und dunkel und bestehen aus Feinstaub und größeren Partikeln. Sie wurden erst 1977 entdeckt und gelten als Produkt von Zusammenstößen. Die Staubbänder haben eine kurze Lebensdauer von 100 bis 1000 Jahren, sofern ihnen kein neues Material zugeführt wird. Einige Monde agieren vielleicht als „Schäfer" für die Ringe.

Mögliche Existenz von Leben

Der Eisriese Uranus empfängt nur schwaches Licht von der Sonne und besitzt wegen seiner Rotationsachse ungeheuer lange Jahreszeiten. Auch die Windgeschwindigkeiten sind problematisch: Die Winde wehen in umgekehrter Richtung der Rotation mit bis zu 900 km/h. Das alles besagt, dass der Uranus nicht gerade einen Spitzenplatz auf der Liste der Orte für mögliches Leben einnimmt. Seine großen Monde könnten in dieser Hinsicht Potenzial haben; es wird aber noch beträchtliche Zeit vergehen, ehe genauere Aussagen über sie möglich sind.

Uranus in der Kultur

In der Kinderbuchserie *Captain Underpants* hat der Uranus einen prominenten Platz und taucht in Klassikern wie *Captain Underpants and the Attack of the Talking Toilets* und *Captain Underpants and the Perilous Plot of Professor Poopypants* auf. Der Planet kommt auch in diversen Comic-Reihen des Marvel-Universums vor und wird regelmäßig von Dr. Who, dem berühmtesten Zeitreisenden, aufgesucht. In der Musik gibt's im Pink-Floyd-Song *Astronomy Domine* von 1967 eine Anspielung auf den Uranusmond Titania. Gustav Holst gab dem Uranus-Satz seines Orchesterwerks *Die Planeten* den Untertitel *Der Magier*.

Wichtige Erkundungsmissionen

Angesichts der gewaltigen Entfernung von 2,6 Mrd. km von der Erde hat es bislang noch keine Orbitalmissionen um den Uranus gegeben. Die am 20. August 1977 gestartete NASA-Sonde Voyager 2 ist die einzige, die am Uranus vorbeigeflogen ist. Nach einer Reisezeit von mehr als neun Jahren näherte sich Voyager 2 am 24. Januar 1986 dem großen Eisriesen bis auf 80 000 km. In einem Zeitfenster von nur sechs Stunden konnte die Raumsonde die ersten Daten über den Planeten sammeln, darunter Nahaufnahmen seiner Ringe und Monde.

Wissenschaftliche Aufgaben

Aufgrund der Entfernung des Uranus zur Erde ist es wirklich schwer, seine „Minimonde" – von denen manche gerade mal einen Durchmesser von 12 km haben – eingehender zu erforschen. Wissenschaftler der University of Idaho glauben dennoch, zwei neue winzige Monde entdeckt zu haben, die den Planeten irgendwo nahe den äußeren Ringen umkreisen.

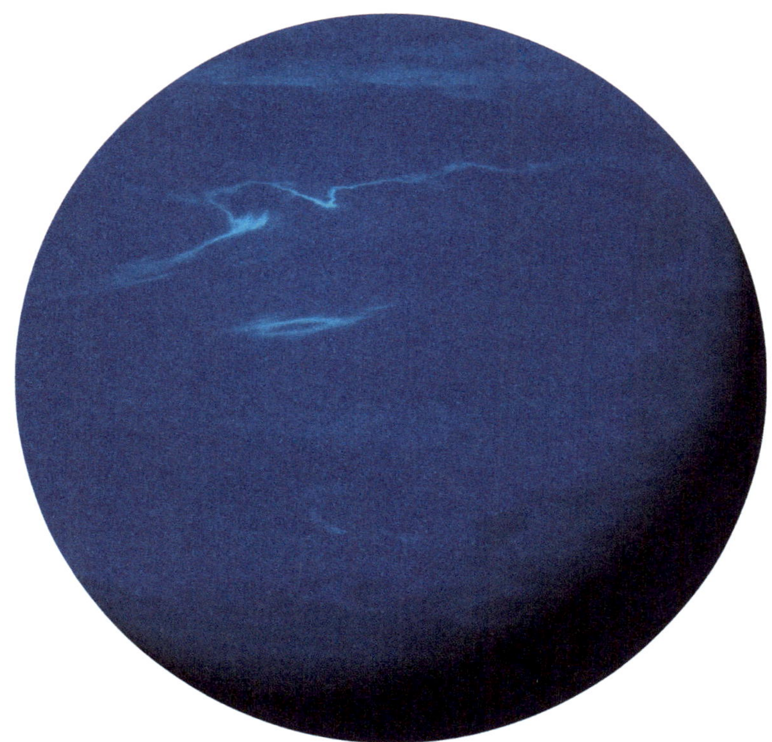

© DOTTED YETI/SHUTTERSTOCK

Neptun

Namensgeber

Der Gott des Meeres

Der blauste Planet

Mit einer Entfernung von niemals weniger als 4,3 Mrd. km zur Erde ist der Neptun der einzige Planet im Sonnensystem, der mit bloßem Auge nicht sichtbar ist. Und es ist keine Überraschung, dass der Eisriese als sonnenfernster Planet trüb und kalt ist. Tatsächlich ist der Neptun 30-mal weiter von der Sonne entfernt als die Erde, sodass die Sonne hier 900-mal schwächer strahlt, als auf der Erde. Auf dem Neptun wird es also nie wirklich hell und bei Durchschnittstemperaturen von rund –200 °C auch nie wirklich warm. Die Pole bilden eine gewisse Ausnahme: Da ein Jahr auf dem Neptun 165 Erdenjahre dauert, umfassen die Sommer und Winter jeweils 40 Erdenjahre. Weil die Pole im Sommer mehr Sonnenlicht abbekommen, kann in dieser Zeit die Temperatur am Nord- oder am Südpol um bescheidene zehn Grad steigen, sodass das gefrorene Methangas auftaut und aus der dichten Atmosphäre austritt. Auf alle Fälle sieht Neptun aus der Ferne sehr schön aus – seine Oberfläche erstrahlt in einem Blau, mit dem sich die blauesten Meere der Erde nicht messen können.

Entdeckungsgeschichte

Der Neptun wurde 1846 von dem deutschen Astronomen Johann Gottfried Galle entdeckt, der sich auf eine Theorie des französischen Mathematikers Urbain Joseph Le Verrier stützte. Beide Forscher glaubten, dass ein noch unentdeckter Planet die Umlaufbahn des nahe gelegenen Uranus beeinflusste. Allein aufgrund ihrer Berechnungen konnten sie die Existenz des Neptuns und seine Lage genau voraussagen.

Faszinierendes

Kälte und Dunkelheit würden alle Neptun-Besucher vor Probleme stellen – um die sie sich allerdings nicht sorgen müssten, da sie gleich bei der Ankunft von den starken Stürmen davongeweht würden. Mit eisigen und erstaunlichen 1930 km/h sind die Windgeschwindigkeiten auf dem Neptun viermal so hoch wie bei den stärksten Stürmen auf der Erde.

Besondere Merkmale

Der nach dem Sohn des Poseidon benannte Neptunmond Triton enthält 99,5 % der Masse, die den Neptun umkreist und ist eines der kältesten Objekte im Sonnensystem. Während eines Vorbeiflugs im Jahr 1989 registrierte die Raumsonde Voyager 2 auf diesem eiskalten Mond Temperaturen, die noch unter denen auf dem Neptun lagen. Fast der gesamte Mond ist von Eis bedeckt, das aus gefrorenem Stickstoff besteht. Die Eisoberfläche von Triton reflektiert zwar drei Viertel des auftreffenden Sonnenlichts, wegen der gewaltigen Entfernung von der Sonne erscheint der Mond trotzdem relativ dunkel.

Monde/Ringe

Der Neptun besitzt 14 Monde, von denen nur zwei von der Erde aus mit Teleskopen entdeckt wurden. Der Mond Triton wurde ganze 17 Tage nach der ersten Sichtung des Planeten durch Galle entdeckt, aber es dauerte bis 1949, ehe Nereid als nächster Neptunmond identifiziert wurde. Alle übrigen verdanken ihre Entdeckung Voyager 2 oder dem Weltraumteleskop Hubble. Der Neptun war der vierte Planet, bei dem Ringe festgestellt wurden (1984). Er hat fünf dunkle, überwiegend schwache Staubringe, die in ihrer Zusammensetzung eher den Ringen des Jupiters als denen des Saturns ähneln.

Mögliche Existenz von Leben

Der kalte, stürmische Planet ohne feste Oberfläche ist für Leben eher ungeeignet, doch der Mond Triton könnte ein passender Ort für eine Weltraumkolonie sein.

Neptun in der Kultur

Der Planet dient als Kulisse in dem 1997 erschienenen Sci-Fi-Horrorfilm *Event Horizon – Am Rande des Universums*, in dem Laurence Fishburne (noch vor *Matrix*) ausgesendet wird, um nach einem Raumschiff zu suchen, das in der Umlaufbahn um den Neptun verschwunden ist. In H. G. Wells' Kurzgeschichte *The Star* (1897) wird der Neptun bei einer interplanetaren Kollision zerstört. In der Fernsehwiederauflage *Star Trek: Enterprise* von 2001 können Raumschiffe in nur sechs Minuten von der Erde zum Neptun und wieder zurück fliegen.

Wichtige Erkundungsmissionen

Fast 150 Jahre, nachdem der Neptun erstmals (in einer Berliner Sternwarte) gesichtet wurde, erhielt die NASA-Sonde Voyager 2 1989 die Gelegenheit, den Neptun aus größerer Nähe zu untersuchen. Bis heute ist diese Sonde die einzige, die den Neptun genauer erkundet und neue Erkenntnisse über seinen Aufbau und seine Monde geliefert hat. Seither müssen die Wissenschaftler zur Beobachtung des Eisriesen auf das Weltraumteleskop Hubble zurückgreifen. Der Neptun ist einfach zu weit entfernt, um schnell mal eine Sonde loszuschicken.

Wissenschaftliche Aufgaben

Der Neptun bleibt fern und rätselhaft. Sein launisches Wetter lässt vermuten, dass es auf ihm gewaltige und langanhaltende Stürme – vergleichbar mit dem fast 300 Jahre alten Großen Roten Fleck auf dem Jupiter – gibt. Eine dunkle Zone im Süden des Neptuns, die etwa so groß ist wie die Erde, wurde von Voyager 2 aufgespürt und wird als Großer Dunkler Fleck bezeichnet. Spätere Versuche, diese Zone wiederzufinden, führten zu keinen schlüssigen Resultaten. Dafür hat Hubble in der Zwischenzeit einen anderen Fleck im Norden des Planeten entdeckt. Am Rand des Flecks scheint sich in die Atmosphäre geschleudertes Methangas abgekühlt und zu Eiskristallwolken verdichtet zu haben. Eine klare Zone ungefähr in der Mitte des Flecks könnte ein Fenster zu anderen Wolkenformationen bilden, die näher an der Oberfläche des Neptuns liegen. Inzwischen wurden sechs Stürme auf dem Neptun beobachtet, einige bei ihrer Entstehung. Sie scheinen gewaltig zu toben, ehe sie sich auflösen.

Bemannte Raumfahrt

Wettlauf ins All

Den Traum, das Weltall zu erkunden, hegt der Mensch schon fast so lange, wie er hoch zu den Sternen schaut. Doch bis tatsächlich Astronauten ins All gelangen konnten, vergingen Jahrhunderte mit Forschung, Planung und wissenschaftlichem Fortschritt. Der Wettlauf, einen Menschen in den Weltraum zu bringen, war nicht nur eine wissenschaftliche Aufgabe: Als in den 1950er- und '60er-Jahren der Kalte Krieg zwischen den USA und der UdSSR herrschte, wurde der Kampf um die Kontrolle des Weltraums zu einem wichtigen Teil des Strebens, mit Waffen und Informationen die Vorherrschaft zu erringen.

Nach dem Zweiten Weltkrieg pumpten sowohl die UdSSR als auch die USA viel Geld und Expertenwissen in ihre Raumfahrtprogramme. Dabei bauten sie auf der Raketenträgertechnologie auf, die während des Krieges mit dem Ziel entwickelt worden war, Interkontinentalwaffen zu schaffen. Es ist schon etwas ironisch, dass diese Kriegswaffen zugleich die Mittel für das wohl größte friedliche Abenteuer lieferten – und zwar, den Menschen ins All zu befördern.

Anfangs konzentrierten sich die Amerikaner auf die Entwicklung von Düsenflugzeugen, die auch in den Orbit gelangen können sollten, doch die technologischen (und körperlichen) Anforderungen waren zu groß. Dann

Sowjetische Postkarte zum Jahrestag des Raumflugs von Juri Gagarin

Ausgestellte Sputnik I

Maßstabgetreue Nachbildung der Trägerrakete von Wostok 1, mit der Juri Gagarin als erster Mensch in den Weltraum gelangte.

setzten die USA und die UdSSR auf etwas Einfacheres: Sie wollten eine kleine Kapsel auf eine große Rakete setzen und diese ins All schießen. Die Rakete würde den erforderlichen Schub liefern, um der Schwerkraft der Erde zu entfliehen, und sich, nachdem sie ausgebrannt war, von der Kapsel lösen. In der Umlaufbahn angekommen, würde die Kapsel dann die Erde umrunden. Schließlich würden Bremsraketen die Kapsel für den Wiedereintritt in die Erdatmosphäre verlangsamen, sodass die Piloten landen könnten. So die Theorie, der Praxistest folgte später.

Erst 1957 gelang es einem Land, den Weltraum zu erreichen. Zwar hatten die USA aufgrund ihres weiter entwickelten Atomprogramms die Nase vorn, doch die Sowjets schafften es zuerst in den Weltraum. Am 4. Oktober 1957 entsandte die UdSSR den ersten künstlichen Satelliten, Sputnik 1, ins All. Er kreiste fast drei Monate um die Erde, ehe er beim Wiedereintritt in die Erdatmosphäre verglühte. Im November desselben Jahres wurde ein zweiter Satellit, Sputnik 2, gestartet. An Bord waren wissenschaftliche Instrumente und die Hündin Laika, das erste Lebewesen, das vom Menschen gezielt ins All befördert wurde. Die USA lagen nicht weit zurück: Am 31. Januar 1958 entsandten sie den ersten Satelliten, Explorer 1. Am 15. Mai 1958, startete dann der dritte Sputnik.

Doch das Rennen darum, wer als Erster einen Menschen ins All befördern (und heil wieder zurückbringen) würde, ging weiter. Am 12. April 1961 gewannen die Sowjets erneut: Mit der Wostok 1 wurde Juri Gagarin offiziell zum ersten Menschen im Weltraum. Er umrundete in 89 Minuten einmal die Erde und erreichte eine Höhe von 327 km. Die Siege der UdSSR verfehlten ihre psychologische Wirkung nicht, zumal der Kalte Krieg in vollem Gange war.

In der Tat war es ein knappes Rennen: Am 5. Mai 1961 gelangte Alan Shepard an Bord der Freedom 7 als erster Amerikaner ins All.

Wettlauf zum Mond

© COURTESY NASA/MARSHALL SPACE FLIGHT CENTER

Die Astronauten Neil Armstrong, Michael Collins und Edwin (Buzz) Aldrin (v. l. n. r.)

Frustriert über den Vorsprung des sowjetischen Raumprogramms entschieden sich die Amerikaner für einen Quantensprung. Nur 20 Tage nach dem ersten bemannten Raumflug der USA verblüffte Präsident John F. Kennedy am 25. Mai 1961 die Nation mit der Ankündigung, bis zum Ende des Jahrzehnts Amerikaner auf dem Mond landen zu lassen. Das ambitionierte, fast unmögliche Ziel sollte dem Land neue Hoffnung geben.

Zu diesem Zweck entwickelte die NASA ihr Apollo-Programm. Der Plan war, Teams aus je drei Astronauten in kleinen Kommandokapseln ins All zu schicken. Diese sollten oben auf leistungsstarke Saturn-Raketen montiert werden, deren Entwürfe vom Raketenwissenschaftler Wernher von Braun stammten. Zur Unterstützung der Apollo-Missionen wurde parallel das Gemini-Projekt gestartet. Die Zwei-Mann-Teams dieses Programms sollten Flugtechniken testen, die für die Mondmission nötig waren.

Befeuert wurden die Hoffnungen der Amerikaner durch einen weiteren Erfolg, als es John Glenn in der Friendship 7 am 20. Februar 1962 endlich gelang, mit Gagarin gleichzuziehen und die Erde zu umrunden. Doch die Sowjets legten wiederum im März 1965 eine nächste Premiere hin, als Alexei Leonow erstmalig einen Spaziergang im Weltraum machte. Zehn Minuten verbrachte er außerhalb seiner Raumkapsel Woschod 2, nur mit einer Leine gesichert, schwebend im All. Fast drei Monate später zogen die USA mit Ed White nach, der die Raumkapsel Gemini 4 verließ und als zweiter Mensch einen Raumspaziergang machte. Etwa 20 Jahre später war die sowjetische Kosmonautin Swetlana Sawizkaja die erste Frau, die einen Weltraumausstieg unternahm.

Im Gegenzug verdoppelten die Teams des Apollo-Raumfahrtprogramms ihre Bemühungen, und die Entwicklungen gingen schnell voran, jedoch nicht ohne Verluste. Fast sechs Jahre nach Kennedys Ankündigung sollte am 21. Februar 1967 der erste Test in erdnaher Umlaufbahn mit dem Apollo-Kommando- und Versorgungsmodul stattfinden. Dazu kam es aber nicht, denn am 27. Januar brach bei Bodentests ein Feuer in der Kommandokapsel der Apollo 1 aus und drei Astronauten, darunter Ed White, kamen ums Leben. Nach diesem Rückschlag stand das Raumfahrtprogramm unter Druck und absolvierte in den nächsten 18 Monaten mehrere erfolgreiche Starts. Am Weihnachtsabend 1968 wurden die Astronauten Frank Borman, Bill Anders und Jim Lovell an Bord der Apollo 8 zu den ersten Menschen, die den Mond umrundeten. Nach zwei weiteren Apollo-Sondierungsmissionen war man bereit für die Mondlandung.

Am 21. Juli schaute die ganze Welt gebannt zu, als die Crew der Apollo 11 das scheinbar Unmögliche vollbrachte. Während Michael Collins in der Kommandokapsel blieb, steuerten Neil Armstrong und Buzz Aldrin die Mondlandefähre Eagle zur Oberfläche des Erdtrabanten. Die Landung im Mare Tranquillitatis verlief nach Lehrbuch. Ein paar Minuten später verließ Neil Armstrong die Fähre und äußerte die unsterblich gewordenen Worte „Das ist ein kleiner Schritt für einen Menschen, aber ein großer Sprung für die Menschheit!"

Diesen bedeutenden Moment in der Geschichte wird niemand jemals vergessen, der ihn mitverfolgt hat.

Das Shuttle-Programm

Das Apollo-Programm wurde bis 1972 fortgesetzt. Insgesamt gab es sechs Mondlandungen, und zwölf Astronauten betraten die Mondoberfläche. Die Kosten der Apollo-Missionen lagen bei 25,4 Mrd. US$, was einem heutigen Wert von etwa 150 Mrd. US$ entspricht. Die Summe ist enorm und höher als die Gesamtkosten des Marshall-Plans für den Wiederaufbau Europas nach dem Zweiten Weltkrieg.

Um die Kosten der bemannten Raumfahrt zu decken, verschob die NASA ihren Schwerpunkt auf die Entwicklung einer wiederverwendbaren Raumfähre, die für viele Missionen eingesetzt werden konnte.

Das Space Shuttle, offiziell Space Transportation System (STS) genannt, begann seine Flugkarriere am 12. April 1981 mit dem Start der Columbia vom NASA-Weltraumbahnhof Kennedy Space Center in Florida.

Der Orbiter, der meist als Space Shuttle bezeichnet wurde, war der einzige Teil des „Aufbaus", das die Reise in die Umlaufbahn unternahm. Die Feststoffraketen wurden abgetrennt und in den Atlantik gelenkt, wo sie zur Wiederverwendung geborgen wurden. Der Außentank war als Einziges nicht zur Wiederverwendung vorgesehen; er sollte beim Wiedereintritt verglühen. Entscheidend war, dass das Shuttle anders als die Apollo-Kapseln für die Rückkehr keine Fallschirme benötigte, sondern mit Flügeln wie ein Flugzeug landen konnte.

Zwischen dem ersten Start 1981 und der letzten Landung 2011 flog die Space-Shuttle-Flotte der NASA – bestehend aus den Raumfähren Columbia, Challenger, Discovery, Atlantis und Endeavour – 135 Einsätze, bei denen Raumspaziergänge unternommen, Satelliten ausgesetzt, geborgen und repariert und moderne Forschungsprojekte verwirklicht wurden. Im All wurde die bislang größte Konstruktion, die Internationale Raumstation, errichtet. Aber es kam auch zu Katastrophen: Am 28. Januar 1986 zerbarst die Challenger kurz nach dem Start, und die sieben Astronauten an Bord wurden getötet; am 1. Februar 2003 wurde die Columbia beim Wiederein-

Die Shuttle-Astronauten

Mit den Space Shuttles der NASA sind 355 Menschen aus 16 Ländern geflogen, davon 306 Männer und 49 Frauen. Story Musgrave ist der einzige Astronaut, der mit allen fünf Fähren geflogen ist, während die Astronauten Jerry Ross und Franklin Chang-Diaz die meisten Shuttle-Einsätze flogen (je sieben). Der älteste Mensch im All war John Glenn, der mit 77 Jahren 1998 an der Mission STS-95 der Discovery teilnahm, 36 Jahre, nachdem er als erster US-Amerikaner eine Erdumrundung absolviert hatte.

Start des Space Shuttles Atlantis vom Kennedy Space Center

tritt zerstört, wobei alle Besatzungsmitglieder starben.

Das Shuttle-Programm war ein weiterer großer Fortschritt in der Geschichte des Raumflugs, aber auch hier waren die Kosten exorbitant: Jede einzelne Shuttle-Mission im Jahr 2010 kostete ca. 775 Mio. US$. Trotz vieler Erfolge erwies es sich am Ende als zu teuer. Die letzte Space-Shuttle-Mission, STS-135, wurde mit der Raumfähre Atlantis durchgeführt und landete am 21. Juli 2011. Insgesamt hatten die NASA-Space-Shuttles 872 906 379 km zurückgelegt und dabei 21152-mal die Erde umrundet. Das gesamte Programm verschlang Schätzungen zufolge rund 113,7 Mrd. US$ – ähnlich viel, wenn nicht gar mehr als die Apollo-Mondflüge. Aber auch die wissenschaftlichen Fortschritte waren enorm, und viele Alltagstechnologien wie Rettungsdecken, angereicherte Babynahrung, Prothesen, Laserbehandlung des Auges, Digitalkameras, Solarpaneele und Handstaubsauger sind Nebenprodukte des Verlangens, das All zu erkunden.

Die Raumfahrt heute

Heute sind Russland und die USA nicht länger die einzigen Länder, die Schritte ins All unternehmen: die EU, Indien, Japan und die VR China haben eigene Raumfahrtprogramme. 2019 konnte China den ersten Raumfahrtrekord aufstellen, als die Sonde Chang'e 4 als erstes Raumfahrzeug auf der dunklen Seite des Mondes landete.

Gleichzeitig befassen sich auch eine Reihe von Privatunternehmen mit Raumfahrtprojekten, darunter Richard Bransons Virgin Galactic, das Weltraumflüge für Traveller anbieten will, und Elon Musks SpaceX, das an dem nächsten großen Schritt, einer Mission zum Mars, arbeitet.

Über eine Landung auf dem Mars wird seit dem Apollo-Programm gesprochen. Zwar sind die damit verbundenen technologischen Herausforderungen immens, aber mehrere Raumfahrtorganisationen und Privatunternehmen entwickeln derzeit Mars-Missionen. Die NASA gab an, in den 2030er-Jahren Menschen auf den Mars zu bringen, aber dieser Termin ist nicht in Stein gemeißelt.

Elon Musk bei einer SpaceX-Veranstaltung

Richard Branson von Virgin Galactic stellt das Raumflugzeug SpaceShip Two VSS Unity vor.

Die Internationale Raumstation

Der erste Vorschlag einer bemannten Raumstation stammt von 1869, als der Autor Edward Everett in seiner Novelle *Brick Moon* von einem künstlichen, der Schiffsnavigation dienenden Satelliten in der Erdumlaufbahn erzählte. 1923 sprach Hermann Oberth als Erster von einer „Raumstation", einer radartigen Konstruktion, die als Sprungbrett für Reisen des Menschen zum Mond und zum Mars dienen sollte. 1952 veröffentlichte Wernher von Braun sein Konzept einer Raumstation in der Zeitschrift *Colliers*. Sie sollte einen Durchmesser von 76 m haben, in einer Umlaufbahn von 1600 km über der Erde kreisen und sich drehen, um durch die Zentrifugalkraft künstliche Schwerkraft zu generieren.

Die Sowjetunion startete 1971 mit Saljut 1 die erste Raumstation der Welt – ein Jahrzehnt, nachdem sie den ersten Menschen ins All geschickt hatte. Die USA brachten 1973 ihre erste Raumstation, das größere Skylab, in die Umlaufbahn; es beherbergte drei Crews, ehe es 1974 aufgegeben wurde. Russland konzentrierte sich weiterhin auf Raumfahrtmissionen von langer Dauer und schickte 1986 die ersten Module der Raumstation Mir ins All.

1998 wurden die ersten beiden Module der Internationalen Raumstation (ISS) gestartet und in der Umlaufbahn miteinander verbunden. Weitere Module folgten bald darauf, und die erste Besatzung zog 2000 ein.

Die Station ist seit November 2000 ständig bewohnt. Eine internationale Besatzung von drei bis sechs Personen lebt und arbeitet hier bei einer Reisegeschwindigkeit von 8 km/s, bei der die Station die Erde etwa alle 90 Minuten umrundet. In 24 Stunden umkreist sie die Erde 16-mal und zieht ihre Bahn über 16 Sonnenaufgänge und Sonnenuntergänge. Die Station ist vom Boden aus mit bloßem Auge sichtbar. Die Astronauten und Kosmonauten haben bislang seit Dezember 1998 216 Weltraumspaziergänge zum Aufbau, der Wartung, der Reparatur und der technischen Aufrüstung der Station absolviert.

Die ISS hat eine Gesamtlänge von 109 m – nur etwas kürzer als ein Football-Spielfeld. Der Wohn- und Arbeitsbereich ist größer als ein Haus mit sechs Schlafzimmern (und umfasst sechs Schlafräume, zwei Bäder, einen Fitnessraum und ein Fenster mit Panoramablick). Um dem Abbau von Muskel- und Knochenmasse aufgrund der Schwerelosigkeit entgegenzuwirken, trainiert die Besatzung täglich mindestens zwei Stunden. Mit 665 Tagen stellte Peggy Whitson am 2. September 2017 den Rekord auf, die längste Lebens- und Arbeitszeit im All verbracht zu haben.

Die Astronautinnen Anne McClain und Serena Auñón-Chancellor bei der Arbeit auf der ISS

SONNE

ART DES HIMMELSKÖRPERS
Gelber Zwerg

RADIUS IM VERGLEICH ZUR ERDE
109-fach

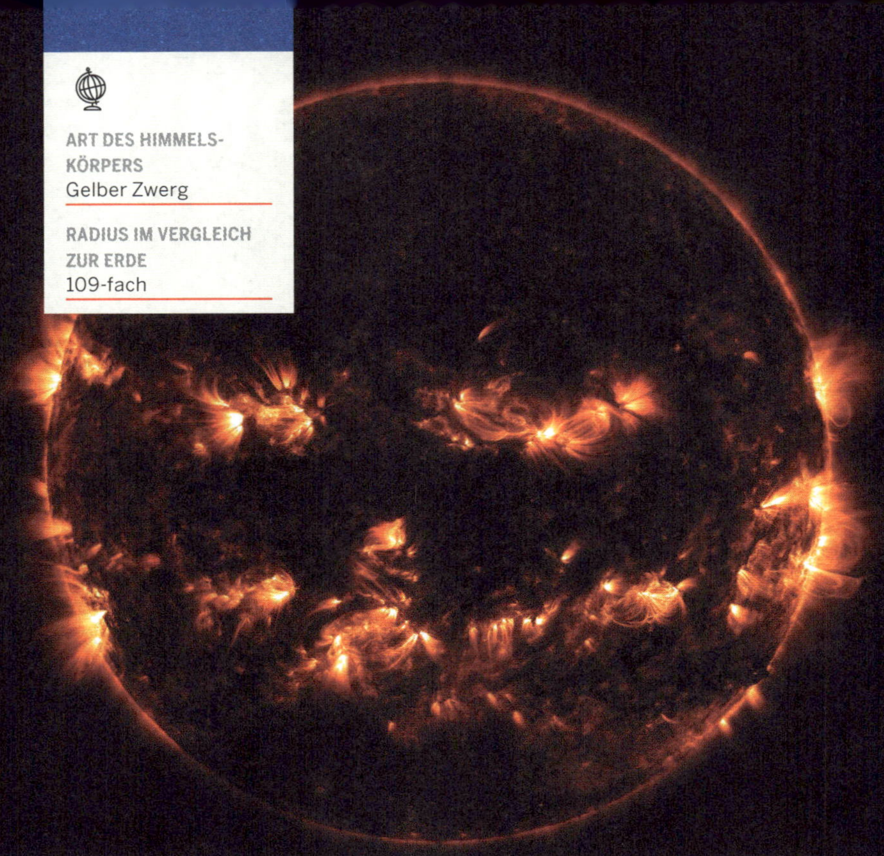

Aufnahme der Sonnenkorona

Überblick

Die Sonne ist ein „gelber Zwergstern", eine Kugel aus glühenden Gasen, die das Zentrum des Sonnensystems bildet und die Quelle des Lebens auf der Erde ist.

Die Gravitation der Sonne hält das Sonnensystem zusammen und sorgt dafür, dass alles, vom größten Planeten bis zum winzigsten Teilchen in seiner Umlaufbahn bleibt. Elektrische Ströme auf der Sonne erzeugen ein Magnetfeld, das vom Sonnenwind durch das gesamte Sonnensystem befördert wird. Der Sonnenwind besteht aus elektrisch geladenen Gasen, die von der Sonne in alle Richtungen ausgestoßen werden. Sonne und Erde sind eng miteinander verbunden. Dank der Sonne entstehen die Jahreszeiten, Meeresströmungen, das Wetter, Klima, Strahlengürtel und Polarlichter. Ohne die gewaltige Energie der Sonne wäre auf der Erde kein Leben möglich.

Die Sonne ist der Mittelpunkt des Sonnensystems und vereint 99,8 % seiner Masse in sich. Sie hat weder Monde noch Ringe, wird aber von acht Planeten, mindestens fünf Zwergplaneten und Zehntausenden Asteroiden umkreist. Hinzu kommen noch 3 Billionen Kometen, die sich alle im Griff ihrer Gravitation befinden. Die Sonne hat zwar eine besondere Bedeutung für die Erde doch in der Milchstraße gibt es Milliarden von Sterne, die ihr sehr ähneln.

Im November 2018 kam die NASA-Sonnensonde Parker Solar Probe der Sonne mit einem Abstand von 24 Mio. km so nah wie keine Sonde zuvor. Parker wird in der weiteren Mission mehrfach den Geschwindigkeitsrekord für Raumsonden brechen, und am Ende bis zu 690 000 km/h schnell werden. Ein spezielles Hitzeschild schützt die Sonde vor der Sonneneinstrahlung, die dadurch auf der der Sonne zugewandten Seite Temperaturen von über 1400 °C standhalten kann. Dazu verfügt sie über autonome Systeme, die ihre Sicherheit garantieren, wie z. B. Sonnenkollektoren, die in Sonnennähe automatisch weggeschwenkt oder eingefahren werden.

Start der Sonnensonde Parker

DURCHSCHNITTLICHE ENTFERNUNG VON DER ERDE
1 AE

ENTFERNUNG VOM ZENTRUM DER MILCHSTRASSE
26 000 Lichtjahre

IN DER NÄHE DES
Orionarms

DAUER EINER UMDREHUNG
25 Erdentage am Äquator, 31 Erdentage an den Polen

ATMOSPHÄRE
Wasserstoff, Helium

Top-Tipp

Keinen Schmuck tragen. An der Oberfläche kann es zwar um fast 15 Mio. °C kälter sein als im Inneren, aber mit rund 5500 °C ist es immer noch so heiß, dass Diamanten schmelzen können.

An- & Weiterreise

Für die Reise zur Sonne mit konventionellen Transportmitteln muss der Begriff „Langstreckenflug" neu definiert werden. Mit einer durchschnittlichen Fluggeschwindigkeit von 885 km/h würde ein modernes Flugzeug 19 Jahre brauchen, um den äußeren Rand der Sonne zu erreichen. Dann würde es im Inneren des Flugzeugs aber ziemlich heiß werden, um es vorsichtig auszudrücken.

© YULIIA MARKOVA/SHUTTERSTOCK

Die Sonne im Vergleich mit den Planeten des Sonnensystems

Orientierung

Die Sonne ist kein besonders großer Stern. Viele andere Sterne sind wesentlich größer, einige von ihnen lassen unsere Sonne sogar winzig erscheinen: Der größte bisher bekannte Stern, VY Canis Majoris, ist 2000-mal so groß. Die Sonne ist aber trotzdem beeindruckend: Im Vergleich zu unserem Planeten ist sie ein Schwergewicht. Ihre Masse entspricht genau 332 946 Erden, ihr Volumen sogar 1,3 Mio. Die Entfernung von der Erde zur Sonne (150 Mio. km) diente als Festlegung eines Längenmaßes, der „astronomischen Einheit" (AE).

Der nächstgelegene stellare Nachbar der Sonne ist das Doppelsternsystem Alpha Centauri, das von dem Roten Zwerg Proxima Centauri umkreist wird, mit dem zusammen es also ein Dreifachsternsystem bildet. Dabei ist Proxima Centauri 4,24 Lichtjahre entfernt und die beiden Sterne Alpha Centauri A und B jeweils 4,37 Lichtjahre. Ein Lichtjahr ist die Entfernung, die das Licht in einem Jahr zurücklegt, also 9,3 Billionen km.

Die Sonne mit all den Himmelskörpern, die sie umkreisen, gehört zur Milchstraße. Genauer gesagt befindet sie sich in einem „Spiralarm" der Galaxis, dem sogenannten Orionarm, der von Sagittarius A* wegführt, einem Schwarzen Loch, das sich im Zentrum der Milchstraße befindet. Unser Sonnensystem umkreist dieses Zentrum, und obwohl es sich mit einer Durchschnittsgeschwindigkeit von 724 000 km/h bewegt, benötigt es doch 230 Mio. Jahre für eine komplette Umrundung der Milchstraße.

Während sie um das Zentrum der Galaxis kreist, dreht sich die Sonne auch noch um sich selbst – bezogen auf die Ekliptikebene der Planeten mit einer Neigung von 7,25°. Da die Sonne kein massiver Körper ist, drehen sich einzelne Teile zudem mit unterschiedlicher Geschwindigkeit. An ihrem Äquator dauert eine Umdrehung der Sonne 25 Erdentage, an den Polen 36.

Die Sonne *im Verhältnis zur* Erde

-- Radius --
109-fache
DER ERDE

-- Masse --
333 000-fache
DER ERDE

-- Volumen --
1,3-millionen-fache
DER ERDE

-- Schwerkraft --
28-fache
DER ERDE

-- Durchschnitts-temperatur --
171-fache
DER ERDE

-- Oberfläche --
11,917-fache
DER ERDE

-- Oberflächendruck --
1/1000-fache
DER ERDE

-- Dichte --
25 %
DER ERDE

-- Orbital-geschwindigkeit --
55-fache
DER ERDE

Wie alle anderen Sterne ist die Sonne eine Gaskugel. Dieses Gas besteht zu 91 % aus Wasserstoff und zu 8,9 % aus Helium. Auf die Masse bezogen besteht die Sonne aus 70,6 % Wasserstoff und 27,4 % Helium.

Die enorme Masse der Sonne wird von der Gravitation zusammengehalten. Deshalb herrschen im Inneren auch ein extrem hoher Druck und hohe Temperaturen. Die Sonne besteht aus sechs Zonen, von denen sich drei in ihrem Inneren befinden: von innen nach außen sind dies der Kern, die Strahlungs- und die Konvektionszone. Die drei äußeren Zonen, die die sichtbare Oberfläche bilden, sind die Photosphäre, Chromosphäre und Korona.

Die Temperatur im Kern beträgt 15 Mio. °C und gewährleistet damit eine permanente thermonukleare Fusion. Dabei verschmelzen leichte Atome zu schwereren, wobei riesige Energiemengen freigesetzt werden. Im Kern der Sonne verschmelzen vor allem Wasserstoffatome zu Helium.

Die dabei erzeugte Energie gibt die Sonne in Form von Wärme und Licht wieder ab. Der Transport der Energie (in Form von Strahlung) vom Kern durch die Strahlungszone bis zur Konvektionszone dauert 170 000 Jahre. In der Konvektionszone, wo die Temperatur auf unter 2 Mio °C sinkt, steigt heißes Plasma (eine Flüssigkeit aus ionisierten Atomen) nach oben. An der sichtbaren Oberfläche der Sonne beträgt die Temperatur noch rund 5500 °C – die Temperatur ist aber nicht überall gleich. Auf der sichtbare Oberfläche lassen sich manchmal dunkle Sonnenflecken beobachten. Dabei handelt es sich um Zonen mit extrem starken Magnetfeldern, die zu gewaltigen Sonneneruptionen führen können.

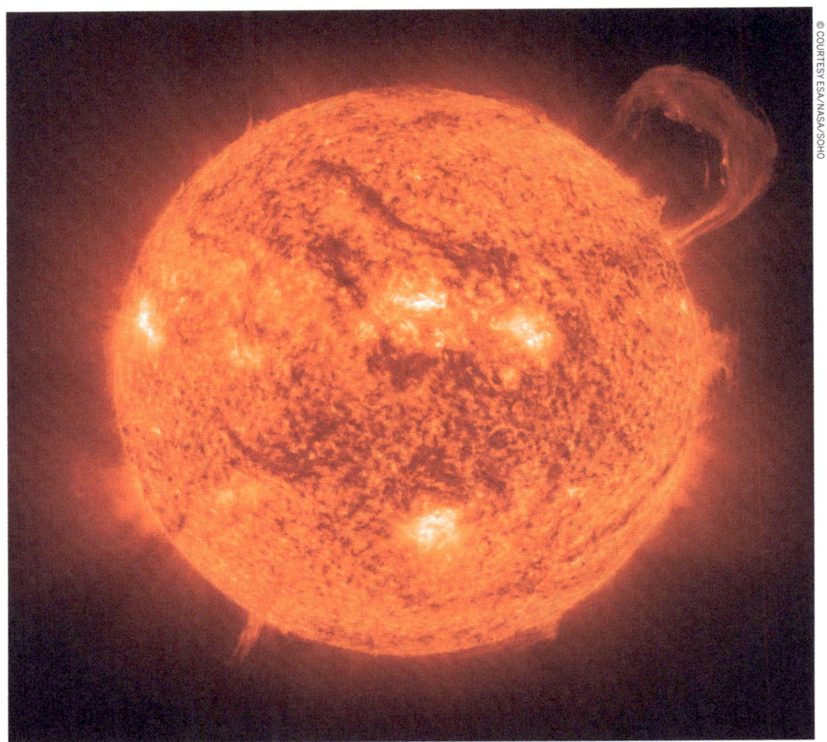

Eine Protuberanz aus relativ kühlem Plasma steigt über der Sonnenkorona auf.

Atmosphäre

Im Gegensatz zu den inneren terrestrischen Planeten hat die Sonne keine feste Oberfläche und damit auch keine Atmosphäre. Die Oberfläche der Sonne wird von der etwa 483 km dicken Photosphäre gebildet. Aus ihr dringt die Strahlung der Sonne heraus, die mit zunehmender Höhe heißer wird. Die Strahlung aus der Photosphäre erreicht nach acht Minuten die Erde in Form des für uns sichtbaren Sonnenlichts. Über der Photosphäre liegen die Chromosphäre und die Korona (Krone), die alle zusammen die relativ dünne Atmosphäre der Sonne bilden. In dieser Zone sind auch die Sonnenflecken und Sonneneruptionen zu beobachten.

Wenn bei einer totalen Sonnenfinsternis der Mond die Photosphäre bedeckt, erscheint die Chromosphäre als rote Umrandung der Sonne. Die Korona ist dann als weiße Krone zu sehen, in der das nach außen strömende Plasma wie Blütenblätter wirkt.

Erstaunlicherweise nimmt die Temperatur in der Sonnenatmosphäre mit zunehmender Höhe zu, obwohl die Entfernung zum Kern immer größer wird. So kann die Temperatur des Gases in der Korona ein paar Millionen K betragen. Welche Prozesse es so stark aufheizen, ist unklar.

Der Stoff des Lebens

Während ein Leben auf der Sonne völlig unmöglich ist, wäre das Leben anderswo ohne die Energie der Sonne nicht möglich. Das Licht der Sonne ist lebenswichtig für zahllose Organismen der Erde, die wiederum am Anfang der Nahrungskette stehen.

© COURTESY NASA/JPL-CALTECH/GSFC

Auf diesem NuSTAR-Foto der NASA sind die von der Sonne abgehenden Röntgenstrahlen gut zu erkennen.

Die Heliosphäre

Die elektrischen Ströme in der Sonne erzeugen ein komplexes Magnetfeld, das ins All hinausreicht. Der vom Magnetfeld der Sonne kontrollierte Teil des Weltraums wird als Heliosphäre bezeichnet.

Das Magnetfeld der Sonne wird durch den Sonnenwind ins Sonnensystem „hinaustransportiert". Dieser Sonnenwind besteht aus elektrisch geladenen Gasen, die von der Sonne in alle Richtungen ausgestoßen werden. Durch die Drehung der Sonne wird das Magnetfeld zu einer riesigen, rotierenden Spirale verwirbelt, der sogenannten Parkerspirale (nach dem Astrophysiker Eugene Parker, der den Sonnenwind entdeckte).

Die Prozesse auf der Sonne laufen nicht immer gleich ab, sondern in Phasen eines Zyklus. Etwa alle elf Jahre ändert sich die magnetische Polarität der Sonnenpole. Während dieser Umpolung verändern sich auch Photosphäre, Chromosphäre und Korona. Waren sie zuvor ruhig, geraten sie nun in heftige Unruhe. Im Höhepunkt der Sonnenaktivität, dem „Sonnenmaximum" kommt es zu Sonnenstürmen, die sich grob in die Kategorien Sonnenflecken, Sonneneruptionen und koronale Massenauswürfe einteilen lassen. Die Stürme entstehen durch Unregelmäßigkeiten im Magnetfeld der Sonne und können riesige Mengen an Energie und Partikel freisetzen, die teils bis zur Erde gelangen. Bei einem solchen „Weltraumwetter" können u. a. Satelliten zerstört sowie Stromnetze beeinträchtigt werden.

Zeit für eine Pause

Die Heliosphäre erstreckt sich bis zu 17,7 Mrd. km um die Sonne. Sie ist grob kugelförmig, hat aber möglicherweise eine Art „Helioschweif". Die äußerste Grenze der Heliosphäre wird als Heliopause bezeichnet.

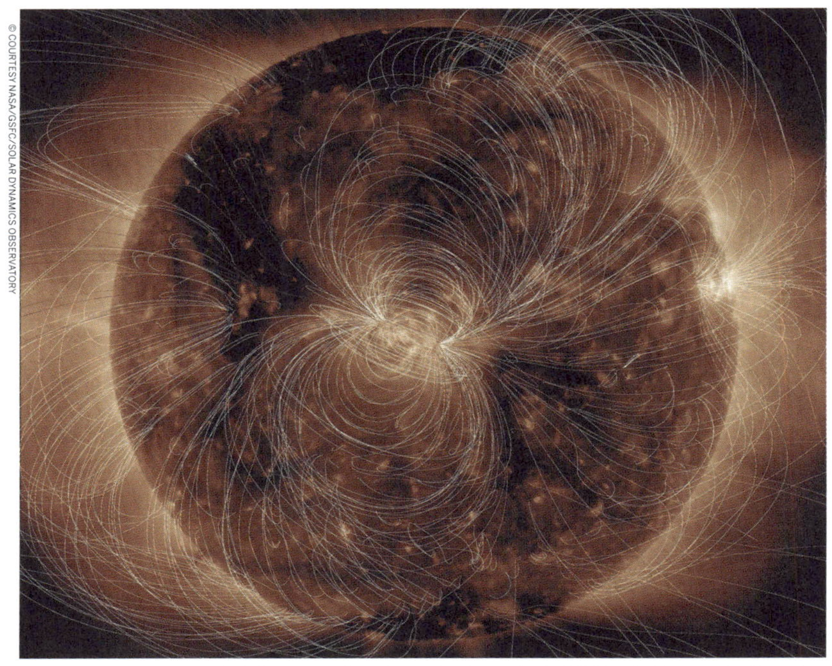

Die Heliosphäre der Sonne basierend auf den Daten der NASA-Sonde Solar Dynamics Observatory

Sonneneruptionen und was sich dahinter verbirgt

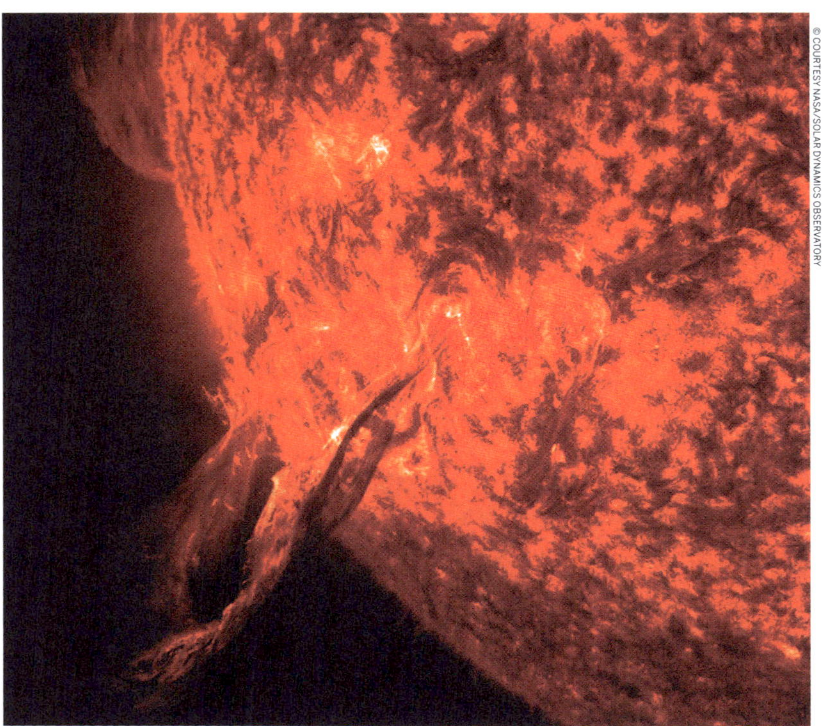

Die Supereruption am 1. November 2014 dauerte drei Stunden lang.

Sonneneruptionen sind gewaltige Explosionen auf der Sonne, bei denen Energie, Licht und sehr schnelle Teilchen ins All geschleudert werden. Die Eruptionen stehen oft im Zusammenhang mit magnetischen Stürmen, den „koronalen Massenauswürfen“. Neben diesen recht häufigen Ereignissen kann die Sonne auch Ströme von extrem schnellen Protonen ausstoßen, was fachsprachlich als SEP-Event (von *solar energetic particle*) bezeichnet wird. Eine weitere Störung des Sonnenwinds kommt dadurch zustande, dass sich an Stellen, an denen unterschiedlich schnelle Bereiche des Sonnenwinds sich überschneiden, Druckwellen entstehen (CIRs). Solche Sonnenaktivitäten können den Kurzwellenverkehr, GPS-Systeme und Stromnetze auf der Erde stören.

Die Nationale Ozean- und Atmosphärenbehörde der USA (NOAA) hat ein Klassifizierungssystem für Sonneneruptionen eingeführt, vergleichbar der Richter-Skala für Erdbeben. Dabei werden die Ereignisse nach ihrer Stärke eingeteilt, und die Buchstaben A, B, C, M und X stehen jeweils für die zehnfache Zunahme des Energieausstoßes. Eine Sonneneruption der Klasse X ist also zehnmal so stark wie eine der Klasse M. Innerhalb der einzelnen Klassen gibt es nochmals eine Skala von eins bis neun.

Klassen der Sonneneruptionen

A und B

Die schwächsten Eruptionen verursachen keinerlei Probleme auf der Erde und sind folglich auch kaum zu sehen.

C

Eruptionen der Klasse C sind zwar wesentlich stärker als die der Klassen A und B, aber immer noch zu schwach, um sich auf der Erde auszuwirken.

M

Jetzt wird's langsam ernst. Sonneneruptionen der Klasse M führen zu kurzen Funkausfällen an den Polen und zu kleineren magnetischen Stürmen. Sie können auch eine Gefahr für Astronauten darstellen.

X

Diese Eruptionen sind wirklich gefährlich. Unter den stärksten Eruptionen sind manche noch mehr als zehnmal stärker als X1. Deshalb reicht die Skala der Klasse X auch weiter als nur bis neun.

Die stärkste, je gemessene Sonneneruption war während eines Sonnenmaximums 2003. Sie war so stark, dass die Messsensoren wegen Überlast bei X15 ausfielen. Wissenschaftler schätzen, dass es eine Eruption der Klasse X45 gewesen sein könnte. Derartige Eruptionen sind die stärksten Explosionen im Sonnensystem und ein furchterregender Anblick. Durch die ständige Überkreuzung und Neuverbindung von Magnetfeldern entstehen auf der Sonne riesige Schleifen, die bis zu zehnmal so groß wie die Erde sind. Bei derartigen Superereignissen wird die Energie von 1 Mrd. Wasserstoffbomben frei.

Eine mittelgroße Eruption der Klasse M5 in einem aktiven Bereich der Sonne

Geschichte

Die Sonne und das gesamte Sonnensystem entstanden vor 4,5 Mrd. Jahren aus dem „Sonnennebel“, einer riesigen rotierenden Wolke aus Gas und Staub. Als sich dieser Nebel aufgrund der eigenen Schwerkraft zusammenzog und verdichtete, drehte er sich jedoch umso schneller, bis er zu einer flachen Scheibe geworden war. Der Großteil der Materie wurde in die Mitte der Scheibe gezogen und bildete die Sonne, die jedoch 99,8 % der Gesamtmasse des Sonnensystems ausmacht. Die Wissenschaftler gehen davon aus, dass die Sonne erst etwas weniger als die Hälfte ihrer Lebendauer erreicht hat und sich in den letzten 4 Mrd. Jahren

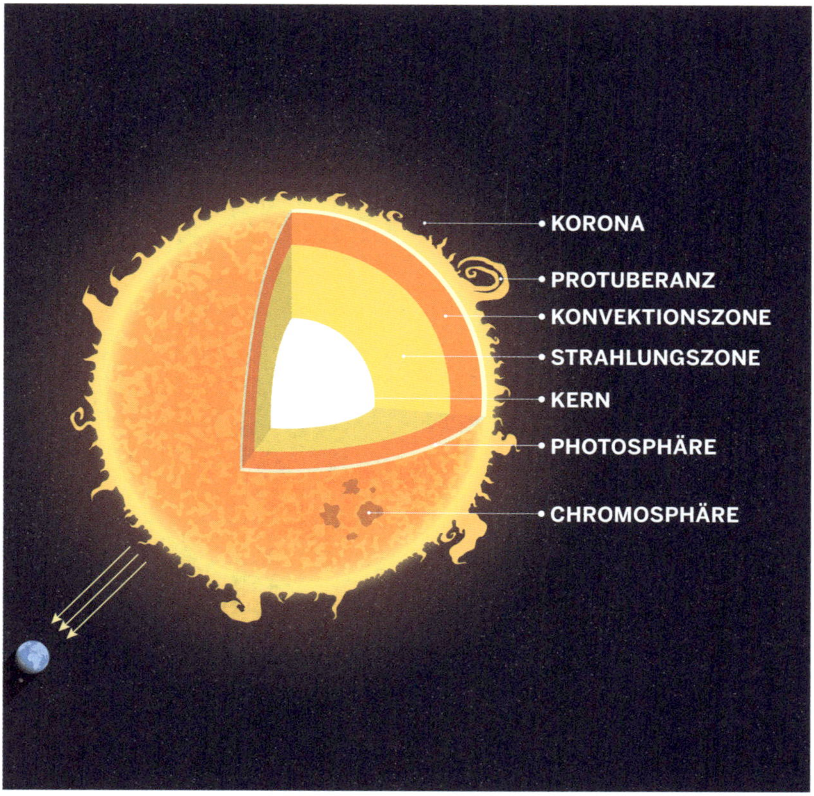

Die Schichten der Sonne – vom unter hohem Druck stehenden Kern bis zur aktiven Korona.

nicht wesentlich verändert hat. Seit ihrer Entstehung ist die Sonne das Kraftwerk für das gesamte Sonnensystem. Dennoch ist die Energie, die sie produziert, für uns noch immer unvorstellbar groß, wenn auch für einen Stern ganz normal.

Im Prinzip ist sie ein Fusionsreaktor, das knapp 544 Mio. t Wasserstoff pro Sekunde zu Helium verschmilzt. Dabei werden 3,6 Mio. t Materie in Energie umgewandelt, die die Sonne als Licht und Wärme abstrahlt. Die Wasserstofffusion im Kern der Sonne geht jedoch langsam, aber sicher zurück. Die Wissenschaftler gehen davon aus, dass in den nächsten 5 Mrd. Jahren sowohl die Temperatur als auch die Dichte im Kern der Sonne dramatisch zunimmt. Die äußeren Schichten werden sich ausdehnen und die Sonne in einen Roten Riesen verwandeln. Das wäre eine Katastrophe für einige ihrer Planeten, denn die Sonne würde dann Merkur und Venus und vielleicht auch die Erde verschlucken. Ganz am Ende ihrer Entwicklung wird die Sonne nur noch ein Weißer Zwerg sein, ein kalter dichter Stern, der zwar keine Energie mehr produziert, aber immer noch die Wärme und das Licht seiner früheren Aktivität ausstrahlt.

Die Erforschung der Sonne

467 v. Chr.

Der griechische Philosoph Anaxagoras entdeckt auf der Sonne das, was wir heute als Sonnenflecken bezeichnen.

28 v. Chr.

Astronomen im alten China berichten über Sonnenflecken.

150 n. Chr.

Der griechische Gelehrte Claudius Ptolemäus beschreibt in seiner Abhandlung *Algamest* ein Modell des Sonnensystems mit der Erde als Mittelpunkt. Diese Vorstellung hält sich bis ins 16. Jh.

1543

Nikolaus Kopernikus veröffentlicht sein Werk *Über die Umschwünge der himmlischen Kreise*, in dem er das Sonnensystem als „heliozentrisch", also mit der Sonne im Mittelpunkt, beschreibt.

Der polnische Astronom Kopernikus

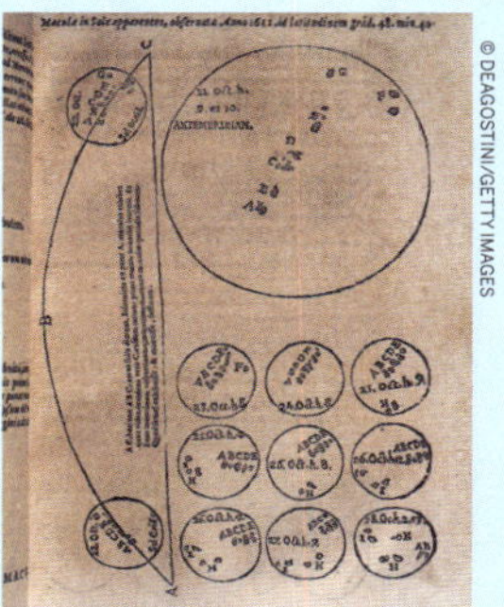

Galileos Beobachtungen von Sonnenflecken

1610

Unabhängig voneinander beobachten Galileo Galilei und der englische Mathematiker Thomas Harriot durch ihre Teleskope Sonnenflecken. Laut seinen *Briefen über Sonnenflecken* in der British Library hatte der italienische Astronom erst im Jahr davor von einem Teleskop gehört. Die berühmten Briefe schrieb Galileo allerdings erst 1611, nachdem er von den Beobachtungen des jesuitischen Mathematikers Christoph Scheiner erfahren hatte. 1612 behauptete Scheiner aber, die Sonnenflecken wären in Wirklichkeit Satelliten der Sonne. Galileo widersprach und folgerte nach weiteren Beobachtungen 1613 völlig korrekt, dass sich die Sonnenflecken auf der Oberfläche der Sonne selbst befinden.

Galileo bestätigte auch, dass sich die Sonne um sich selbst drehen musste, da sich die Position der Sonnenflecken ständig veränderte. Dank moderner Techniken wissen die Astronomen heute, dass das zyklische Auftreten der Sonnenflecken über kurze oder lange Zeiträume von Veränderungen der magnetischen Aktivität abhängig ist.

Die Sonne in der Kultur

Viele alte Kulturen beruhten auf der Verehrung der Sonne: Die Maya z. B. errichteten von 1200 bis 1000 v. Chr. die Kukulkán-Pyramide im mexikanischen El Castillo. Das 25 m hohe Bauwerk spielte eine zentrale Rolle bei einer Art Schatten- und Licht-Schau zur Tagundnachtgleiche im Frühjahr und Herbst. Die nordwestliche und südwestliche Ecke der Pyramide sind zum Sonnenaufgang bei der Sommersonnenwende bzw. Sonnenuntergang bei der Wintersonnenwende ausgerichtet. In New Mexico erscheint ein „Sonnendolch" auf einer Felszeichnung, wenn das Sonnenlicht zu bestimmten Zeiten auf den Felsen Fajada Butte fällt. Die frühen Pueblo-Indianer Nordamerikas waren in der Lage, mithilfe einer ausgeklügelten Spiralzeichnung im Felsen den jährlichen Lauf der Sonne zu verfolgen. Die Sommersonnwende ist auch der Schlüssel zu Stonehenge. Nach diesem Vorbild wird in New York zweimal im Jahr „Manhattanhenge" gefeiert, wenn das Sonne so steht, dass sie auf das Straßenraster der Stadt ausgerichtet ist.

Für die alten Ägypter war der Sonnengott Ra die höchste Gottheit und verantwortlich für die gesamte Schöpfung. Im Tempel von Karnak sind die Säulen deshalb genau nach der Sonne ausgerichtet. In jüngerer Zeit wird die Sonne in Kunst und Kultur als Metapher für fast alle Aspekte des Lebens verwendet. In der Literatur wird die Sonne zum Thema oder Titel unzähliger Romane und Gedichte. In der Musik hat sie Künstler aller Art von Edvard Grieg bis Jim Morrison inspiriert.

Im Film ist das gelbe Licht der Sonne seit 1941 (3 Jahre nach dem Start der DC-Comics) die Quelle der übernatürlichen Kraft von Superman. In fast allen Filmen, die im Weltraum spielen, steht die Sonne für Wärme. Nicht jedoch in Danny Boyles *Sunshine* (2007). Dort droht die erlöschende Sonne die Erde für immer einzufrieren. Um die Menschheit zu retten, soll eine Gruppe von Astronauten die Sonne wieder „anzünden" – und zwar mit einer Bombe. Auch von Werbeagenturen auf der ganzen Welt wird die Sonne gern benutzt, um für die unterschiedlichsten Dinge zu werben.

© IRAKLI SHAVGULIDZE/SHUTTERSTOCK

Der Tempel des Sonnengotts Ra in Karnak war auf die Wintersonnwende ausgerichtet.

© MIHAI ANDRITOIU/GETTY IMAGES

New York beim Sonnenuntergang über „Manhattanhenge".

Die Sonne in der Moderne

In der Kultur spielen viele Werke ganz unbekümmert mit der Rolle der Sonne als ultimativer Quelle des Lebens und vernachlässigen dabei völlig die komplexe Natur des gelben Zwergsterns. Die folgenden Beispiele zeigen dies sehr deutlich.

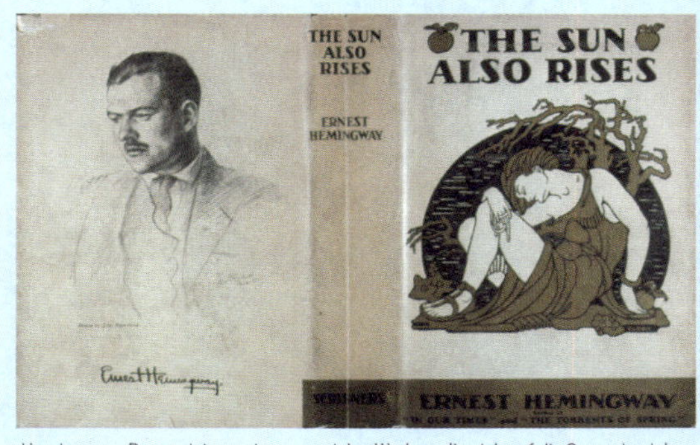

Hemingways Roman ist nur eines von vielen Werken, die sich auf die Sonne beziehen.

Ernest Hemingway: Fiesta

Der Originaltitel des im Jahr 1926 erschienen Romans lautete *The Sun also rises*, denn die Sonne spielt darin immer wieder eine entscheidende Rolle, z. B. während einer heißen Busfahrt. Eher indirekt kommt sie in den örtlichen Weinen vor, die zu fast jeder Mahlzeit getrunken werden.

The Doors: Waiting for the Sun

Diesen Namen trug das dritte Album der Band, auf dem sich so bekannte Songs wie *Five to One* und *The Unknown Soldier* befinden. Später erschien der Titel als Song auf dem Album *Morrison Hotel*. Das letztgenannte Album ist voller Verweise auf die Sonne und beschreibt insbesondere das Wissen der alten Kulturen um ihre lebensspendende Kraft. Auch die Zeile „Can you feel it, now that spring has come / It's time to live in the scattered sun" verherrlicht das Wiederauftauchen der Sonne im Frühjahr.

A-ha: The Sun Always Shines on TV

Der eingängige Welthit der norwegischen Superband der 1980er-Jahre folgte direkt auf ihren ersten Hit *Take on Me*. In dem Song geht es um die schwierige Beziehung zwischen einer jungen Frau und einem jungen Mann, denn sie ist ein Mensch und er eine Comicfigur. „Glaube mir", sang der Sänger Morten Harket, „im Fernsehen scheint immer die Sonne." Mehr Sonne geht nun wirklich nicht.

Chimamanda Ngozi Adichie: Die Hälfte der Sonne

Das Buch über den Biafra-Krieg in Nigeria in den 1960er-Jahren ist eine starke und umfassende Kritik am kolonialen Afrika. Die Kombination aus scharfsinniger politischer Analyse und menschlichem Leid wurde mehrfach ausgezeichnet, beispielsweise mit dem Orange Prize for Fiction 2007. Der Titel bezieht sich auf die Nationalflagge von Biafra.

Kay Nielsen: Östlich der Sonne und westlich des Monds

Die im Jahr 1914 erschienene Sammlung nordischer Volkssagen mit Illustrationen von Kay Nielsen gilt als Höhepunkt des goldenen Zeitalters der Buchillustrationen. Die Titelgeschichte handelt von einem Prinzen, der in einem Schloss „östlich der Sonne und westlich des Monds" eingesperrt ist und von einem Bauernmädchen gerettet wird, das ihn auch von seiner bösen Stiefmutter befreit. Die Geschichte ist ein schönes Beispiel dafür, wie die Sicht des einfachen Volkes auf die Himmelskörper in die Mythen der Welt eingingen.

Die halbe Sonne auf der Flagge von Biafra

MERKUR

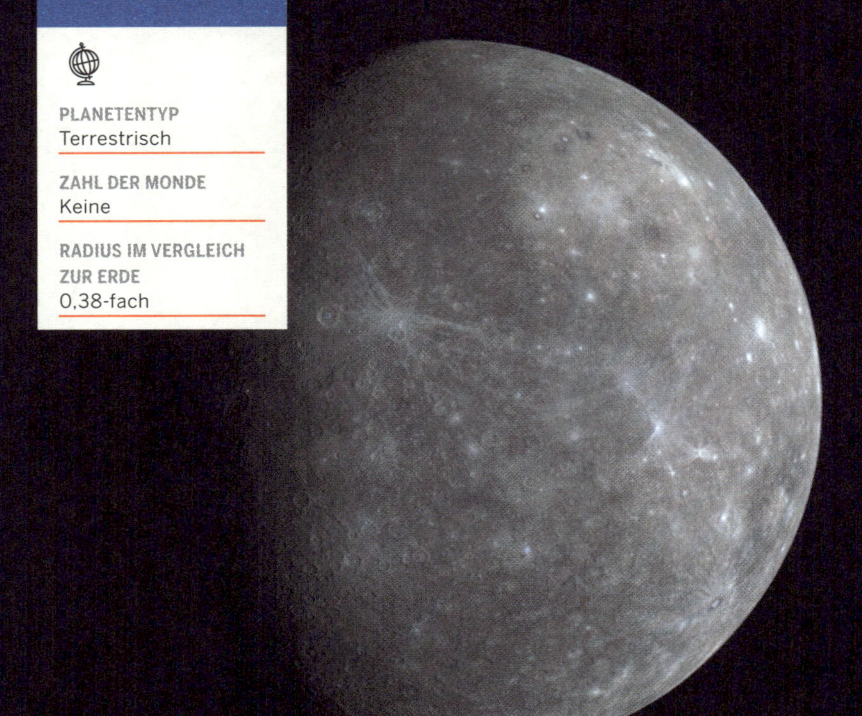

Die Oberfläche des Merkurs ist mit Kratern von Meteoriteneinschlägen übersät.

Überblick

Der kleinste und der Sonne am nächsten gelegene Planet in unserem Sonnensystem ist nur etwas größer als der Mond der Erde. Er ist auch der schnellste Planet: Der Merkur umkreist die Sonne in nur 88 Erdentagen. Dabei reist er mit einer Geschwindigkeit von nahezu 47 km/s durch den Weltraum.

Nomen est omen: Der Merkur ist – sehr treffend – nach dem schnellsten der römischen Götter benannt. Sein Radius von 2440 km entspricht knapp 40 % von dem der Erde. Mit einer durchschnittlichen Sonnenentfernung von 58 Mio. km befindet sich der Merkur 0,4 Astronomische Einheiten entfernt von unserem Stern (eine Astronomische Einheit, kurz „AE“, entspricht der Entfernung von der Sonne zur Erde, also 150 Mio. km). Bei dieser Entfernung braucht das Sonnenlicht 3,2 Minuten, um von der Sonne zum Merkur zu gelangen. Von der Oberfläche des Merkurs aus betrachtet, erscheint die Sonne mehr als dreimal so groß und ihr Licht elfmal heller als von der Erde aus betrachtet. Der Merkur hat außerdem eine extrem exzentrische, elliptische Umlaufbahn: Der Planet kommt bis auf 47 Mio. km an die Sonne heran, während sein größter Abstand zur Sonne 70 Mio. km beträgt. Das entspricht weniger als der Hälfte der Durchschnittsentfernung der Umlaufbahn der Erde. Trotz seiner Nähe zur Sonne sorgt seine dünne Atmosphäre dafür, dass der Merkur nicht der heißeste Planet in unserem Sonnensystem ist – das ist sein Nachbar Venus.

MESSENGER nahm dieses Bild des Merkurs mithilfe seines GRNS-Instruments auf.

ENTFERNUNG ZUR SONNE
0,4 AE

LICHTLAUFZEIT ZUR SONNE
3,2 Minuten

TAGESLÄNGE
59 Erdentage

UMLAUFZEIT
88 Erdentage

ATMOSPHÄRE
Veränderliche Mengen an Natrium, Wasserstoff, Helium, Kalium und Sauerstoff

Top-Tipp

Merkurreisende müssen sich keine Gedanken um die richtige Kleidung machen: Es gibt nämlich keine Jahreszeiten. Der Merkur dreht sich fast senkrecht um seine eigene Achse, die Rotationsachse ist um gerade einmal 2 ° geneigt. Dadurch gibt es auf der Planetenoberfläche keine saisonale Klimaveränderungen.

An- & Weiterreise

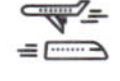

Der anspruchsvolle Merkur-Liebhaber hat mehrere Optionen für die Anreise: Eine 1.-Klasse-Reise mit der New-Horizons-Sonde, dem schnellsten Vehikel, das – wenn auch in die entgegengesetzte Richtung – je die Erde verlassen hat, würde Besucher in 40 Tagen zum Merkur bringen. Die deutlich ungemütlichere Budget-Katapult-Variante bietet MESSENGER, einschließlich orbitaler Vorbeiflüge. Das Ganze würde nur unwesentlich länger dauern, nämlich rund 1220 Tage.

Eine künstlerische Darstellung des Sonnenaufgangs von der Oberfläche des Merkurs aus

Orientierung

Der Merkur hat die zweitgrößte Dichte im Sonnensystem, nur die Erde weist eine höhere Dichte auf. Der Planet besitzt einen großen Metallkern, der ca. 85 % des gesamten Radius des Planeten ausmacht. Es gibt Belege dafür, dass dieser große Kern teilweise geschmolzen bzw. flüssig ist. Wie bei der Erde besteht die äußere Hülle des Merkurs aus einem Mantel und einer Kruste; sie ist nur rund 400 km dick. Da ihn keine schützende Atmosphäre umgibt, ähnelt die Oberfläche des Merkurs der des Mondes unserer Erde: Seine Oberfläche ist von vielen Einschlagskratern gezeichnet, die Meteoroiden und Asteroiden hinterlassen haben.

Auf der Merkuroberfläche gibt es kein Wasser. Sie ist mit einer brüchigen, stark eisenhaltigen Kruste überzogen und erscheint dem menschlichen Auge graubraun. Die hellen Streifen, Strahlen genannt, stammen von Weltraumobjekten, die auf den Planeten einschlugen. Die enorme Energie, die bei einem solchen Einschlag freigesetzt wird, erzeugt nicht nur einen Krater. Zerstörtes Gestein wird weit vom Krater hinweg geschleudert und fällt dann strahlenförmig auf die Oberfläche. Die feinen Partikel der Strahlen reflektieren Licht besser als ihre Umgebung, weshalb sie heller erscheinen.

Genauso eigenartig wie die Oberflächeneigenschaften des Merkurs ist auch deren Nomenklatur. Die Krater tragen keine lateinische Namen, sondern wurden nach Künstlern wie dem Kinderbuchautor Dr. Seuss oder dem Tanzpionier Alvin Ailey benannt.

Der Merkur weist eine weitere Besonderheit auf: Wenn er in seiner elliptischen Umlaufbahn um die Sonne am schnellsten ist,

Der Merkur *im Verhältnis zur* Erde

-- Radius --
38 %
DER ERDE

-- Masse --
5,5 %
DER ERDE

-- Volumen --
5,6 %
DER ERDE

-- Schwerkraft --
38 %
DER ERDE

-- Durchschnittstemperatur --
134,2°C
HÖHER ALS AUF DER **ERDE**

-- Oberfläche --
14,5%
DER ERDE

-- Oberflächendruck --
1 Billiardstel
DER ERDE

-- Dichte --
98%
DER ERDE

-- Orbitalgeschwindigkeit --
1,6-fache
DER ERDE

-- Abstand zur Sonne --
39%
DER ERDE

ist nicht jede Rotation von einem Sonnenaufgang und einem Sonnenuntergang begleitet. Die Morgensonne scheint – von einigen Stellen der Oberfläche aus betrachtet – kurz aufzugehen, unterzugehen und wieder aufzugehen. Von anderen Stellen der Oberfläche aus gesehen passiert dasselbe bei Sonnenuntergang, nur in umgekehrter Reihenfolge. Dadurch dauert der Merkurtag (d. h. ein vollständiger Tag-Nacht-Rotationszyklus an einem beliebigen Punkt) 176 Erdentage. Der 88-tägige Umlauf des Merkurs um die Sonne bedeutet effektiv, dass ein Tag auf dem Merkur zwei Planetenjahren entspricht.

Magnetosphäre

Der Äquator des Magnetfelds des Merkurs liegt gegenüber dem geografischen Äquator rund 500 km nördlich – der Grund dieser Anomalie ist unbekannt. Das Magnetfeld an der Oberfläche des Merkurs weist nur 1 % der Stärke des Magnetfelds der Erde auf. Es interagiert gelegentlich mit den aufgeladenen Partikeln des Sonnenwindes und erzeugt magnetische Tornados, die das Sonnenwindplasma hinunter auf die Oberfläche des Planeten kanalisieren. Wenn die Ionen die Oberfläche berühren, schleudern sie neutrale Atome hoch in den Himmel.

Eine Nahaufnahme der Oberflächenkrater des Merkurs in der südlichen Hemisphäre

Exosphäre

Anstelle einer Atmosphäre hat der Merkur eine dünne „Exosphäre", eine transiente Schicht aus Atomen, die durch den Sonnenwind und Meteoriteneinschläge aus der Oberfläche weggesprengt werden. Die Exosphäre des Merkurs besteht zum Großteil aus Sauerstoff, Natrium, Wasserstoff, Helium und Kalium.

Extreme

Die Temperaturen an der Oberfläche des Merkurs sind extrem, sowohl die Hitze wie auch die Kälte. Tagsüber können die Temperaturen auf bis zu 430 °C klettern. Da der Planet nur eine Exosphäre, also einen fließenden Übergang zum interplanetaren Raum besitzt, hält sich die Hitze jedoch nicht nach Sonnenuntergang. So fallen die Temperaturen nachts auf bis zu –180 °C.

Land aus Eis und Feuer

In den tiefen Kratern an den Nord- und Südpolen des Planeten befindet sich möglicherweise Wassereis, jedoch nur in Regionen, die im ewigen Schatten liegen. Falls genug Schatten vorhanden ist, ist es vielleicht kalt genug, um dieses Eis trotz der extrem hohen Temperaturen in den sonnigen Teilen des Planeten zu erhalten. Nachweise für Wassereis in den Polarkratern des Merkurs wurden bei Radarbeobachtungen vom Arecibo-Observatorium in Puerto Rico gefunden.

Geschichte

Wie alle anderen Planeten entstand der Merkur vor rund 4,5 Mrd. Jahren, als sich Gas und Staub mithilfe der Anziehungskraft zu diesem kleinen Planeten vereinigten. Wie die anderen erdähnlichen Planeten besitzt der Merkur einen Kern, einen Mantel und eine feste Kruste. Sehr große Einschlagsbecken (z. B. Caloris und Rachmaninoff) wurden früh in der Geschichte des Sonnensystems durch Asteroideneinschläge geschaffen. Während die Oberfläche weite Teile von ebenem Gelände aufweist, gibt es auch Steilwände. Diese „gelappten Böschungen" entstanden, als sich Merkurs Kruste während der Abkühlung des Planeten zusammenzog, und wuchsen über Jahrmilliarden auf eine Höhe von bis zu 2 km an.

Der Merkur ist der Planet mit der zweitgrößten Dichte im Sonnensystem. Würde man jedoch den Effekt der Schwerkraft abziehen, würde der Merkur wahrscheinlich eine höhere Dichte aufweisen als die Erde.

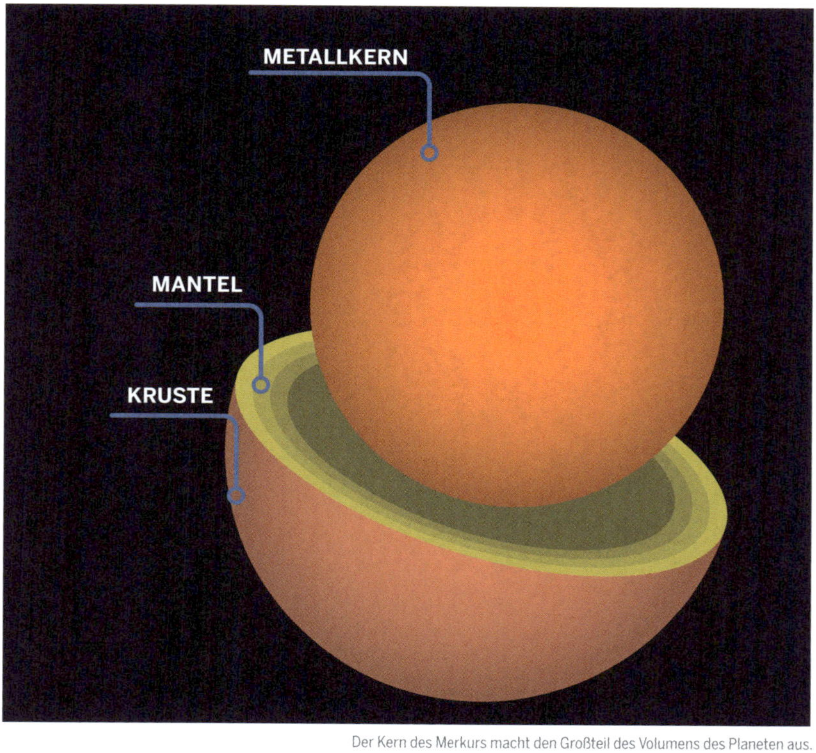

METALLKERN
MANTEL
KRUSTE

© MEVAN/SHUTTERSTOCK

Der Kern des Merkurs macht den Großteil des Volumens des Planeten aus.

Dies gibt Wissenschaftlern wichtige Informationen darüber, aus welchen Bestandteilen der Kern des Merkurs besteht. Dieser macht mehr als die Hälfte des Volumens des Planeten aus, nämlich 55 % (der Kern der Erde macht nur rund 17 % ihres Volumens aus). Wenn man nun den sehr geringen Gravitationsdruck berücksichtigt, bedeutet dies, dass der Kern des Merkurs aus sehr dichten Bestandteilen geformt wurde, darunter riesige Mengen Eisens. Trotz der unterschiedlichen Beschaffenheit ihrer Kerne haben Merkur und Erde eine etwa gleich dicke Kruste.

Die Erforschung des Merkurs

Merkurs Nähe zur Sonne macht es schwer, den Planeten direkt von der Erde aus zu beobachten. Die besten Zeiten sind die Morgen- und die Abenddämmerung, wenn der Merkur nicht von der Helligkeit der Sonne überstrahlt wird. 13- oder 14-mal pro Jahrhundert ist ein Merkurtransit zu beobachten, also ein Vorbeiziehen des Merkurs vor der Sonne – ein Höhepunkt für viele Amateurastronomen.

Das erste Weltraumfahrzeug, das den Merkur besuchte, war Mariner 10. Die Sonde erfasste fotografisch rund 45 % der Oberfläche des Planeten. Die MESSENGER-Sonde flog seit 2008 dreimal am Merkur vorbei. Sie umrundete den Planeten vier Jahr lang und bildete den Rest der Oberfläche ab, ehe sie 2015 wegen Treibstoffmangels auf die Oberfläche des Merkurs abstürzte.

Die Erforschung des Merkurs

1610
Der Engländer Thomas Harriot und – getrennt von ihm – der Italiener Galileo Galilei beobachten den Merkur durch ein Teleskop. Der Merkur war jedoch bereits im Altertum als Wandelstern bekannt. Bereits im 14. Jh. v. Chr. – lange vor den Griechen – zeichneten assyrische Astronomen Beobachtungen des Merkurs auf.

1631
Der Franzose Pierre Gassendi beobachtet durch ein Teleskop als erster Mensch einen Merkurtransit.

1965
Mittels Radar entdecken Astronomen, dass der Merkur während zwei Umrundung dreimal um die eigene Achse dreht. Zuvor glaubte man, dass nur eine Seite des Merkurs der Sonne zugewendet ist.

1974–1975
Auf drei Vorbeiflügen fotografiert Mariner 10 knapp die Hälfte der Oberfläche des Merkurs.

1991
Mittels Radar weisen Wissenschaftler Spuren von Wassereis in den Kratern der Polarregionen nach, die im Dauerschatten liegen.

2008–2009
MESSENGER fotografiert den Merkur auf drei Vorbeiflügen.

2011
MESSENGER beginnt seine Erkundung aus dem Merkurorbit. In der Folge überträgt die Sonde einen wahren Schatz aus Bildern, Daten über seine Zusammensetzung und wissenschaftlichen Entdeckungen an die Erde.

2015
Nachdem der Treibstoff der Sonde aufgebraucht ist, endet die Mission von MESSENGER mit einem gezielten Absturz auf dem Merkur.

Eine künstlerische Darstellung von MESSENGER, im Hintergrund Merkur

Eine Darstellung zeigt den Moment als sich BepiColombo von seiner Ariane 5 Trägerrakete trennt.

Gestatten: BepiColombo

Im Oktober 2018 begann BepiColombo, eine Merkur-Mission der europäischen Weltraumorganisation (ESA) in Zusammenarbeit mit der japanischen Weltraumagentur (JAXA). Die Mission wurde nach Professor Giuseppe (Bepi) Colombo (1920–1984) der Universität Padua in Italien benannt. Er sagte u. a. als Erster die eigentümliche Rotation des Merkurs vorher, bei der sich der Planet bei zwei Sonnenumläufen dreimal um die eigene Achse dreht. Die Wissenschaftler bezeichnen die Mission als eines der anspruchsvollsten astronomischen Projekte, da die Nähe des Merkurs zur Sonne es Sonden schwer macht, nahe an ihn heranzukommen. Sonden müssen während ihrer Reise mit dem viel größeren Gravitationsfeld der Sonne und mit der Sonnenstrahlung zurechtkommen.

Wenn BepiColombo Ende 2025 beim Merkur ankommt, muss die Sonde während ihrer ein- oder zweijährigen Mission Temperaturen von bis zu 350 °C standhalten. Die gesammelten Daten werden wertvolle Hinweise auf die Entstehung unseres Sonnen-systems geben.

Die Informationen werden nicht nur mehr Licht auf die Zusammensetzung und Geschichte des Merkurs werfen, sondern auch auf die Geschichte und Entstehung der inneren Planeten im Allgemeinen. Die Mission besteht aus zwei separaten Raumsonden, die um den Planeten kreisen werden. Die ESA hat eine davon gebaut, den Mercury Planetary Orbiter (MPO), die JAXA war für die Entwicklung des Mercury Magnetospheric Orbiter (MMO) verantwortlich. Der MPO wird die Oberfläche und innere Zusammensetzung des Planeten erforschen, während sich der MMO die Magnetosphäre des Merkurs widmen wird, also das Raumgebiet um einen Planeten, das von seinem Magnetfeld dominiert wird.

Auf der (sehr) langen Reise wird die rund 1,8 Mrd. € teure BepiColombo-Mission mehrere Swing-by-Manöver unternehmen, darunter an der Venus und an der Erde. Die Reise der Sonde wird eine längere freie Flugphase umfassen, um ihr dabei zu helfen, der Anziehungskraft der Sonne zu widerstehen und einen stabilen Umlauf um den Merkur zu erreichen. BepiColombo soll auch Einsteins Relativitätstheorie testen, die zum Teil auf der Umlaufbahn des Merkurs gründete, die sich – so die Theorie – aufgrund der Raum-Zeit-Krümmung änderte.

Der Merkur in der Kultur

Der kleinste Planet unseres Sonnensystems spielt eine wichtige Rolle in unserer kollektiven Vorstellungskraft. Historisch gesehen wurde der Gott Merkur, das römische Pendant zum griechischen Hermes, als Bote mit Flügelschuhen dargestellt. Der englische Name „mercury" bezeichnet zudem das Metall Quecksilber (im Periodensystem das Symbol Hg). Viele Jahre lang war es ein Hauptbestandteil von Thermometern – was angesichts der Nähe des Planeten zur Sonne nur angemessen erscheint. Unzählige Science-Fiction-Autoren wurden vom Merkur inspiriert. Der Planet tritt mehrmals in der Arbeiten von Isaac Asimov in Erscheinung, vor allem in *Ich, der Roboter*, der Geschichte eines Roboters, der extremer Sonnenstrahlung widerstehen kann. Der Merkur erscheint auch in den Arbeiten von Ray Bradbury, C. S. Lewis, Arthur C. Clarke und H. P. Lovecraft.

Fernseh- und Filmautoren haben den Planeten ebenfalls als Schauplatz für ihre Geschichten genutzt, vor allem wegen seiner Nähe zur Sonne. In der Zeichentrickserie *Invader Zim* (2001) wird der Merkur von Marsianern in den Prototyp eines gigantischen Raumschiffes verwandelt. Und in dem Film *Sunshine* aus dem Jahr 2007 begibt sich das Raumschiff *Icarus II* in die Umlaufbahn um den Merkur, um auf seinen Vorgänger *Icarus I* zu stoßen.

In einem kurzen Segment der Orchestersuite *Die Planeten* des britische Komponist Gustav Holst kommt der Merkur für die Dauer von rund vier Minuten vor (das Vivace entspricht dem schnellen Umlauf um die Sonne). In Bill Wattersons Comic *Calvin und Hobbes* geben Calvin und seine Kameradin Susie eine Präsentation über den Merkur, in dem Calvin auf witzige Weise so manches ein wenig durcheinanderbringt. Merkur, so Calvin, sei der Gott der Blumen und Blumensträuße gewesen, weshalb er heute ein eingetragenes Warenzeichen des US-amerikanischen Blumenlieferdienstes FTD sei. Warum sie einen Planeten nach diesem Typ benannt hätten, könne er sich aber nicht vorstellen.

Vielleicht verstand es Farrokh Bulsara? Er nahm den Namen des Planeten in sein Pseudonym auf und wurde so zu „Freddie Mercury".

Freddie Mercury von Queen bei einem Konzert 1985 in Rio de Janeiro

Highlights

Caloris Planitia

1 Das rund 3,8 Mrd. Jahre alte Becken ist einer der größten Einschlagkrater im Sonnensystem. Sein volles Ausmaß wie auch die spektakulären Lavaflüsse, die durch austretendes Magma beim Einschlag entstanden, ist erst seit Kurzem bekannt. Wissenschaftler vermuten, dass der Asteroid, der das Caloris-Becken hinterließ, einen Durchmesser von mindestens 100 km hatte.

Pantheon Fossae

2 Die nach dem Pantheon im alten Rom benannte Einsenkung wurde aufgrund der dünnen Gräben, die von ihr ausgehen, ursprünglich als „Spinnenkrater" bezeichnet.

Raditladi-Becken

3 Eines der jüngeren Phänomene auf dem Merkur ist dieses Becken, das mit 263 km Durchmesser nach planetaren Standards nicht riesig ist, aber einige einzigartige Felsformationen aufweist.

Rachmaninoff-Krater

4 Der niedrigste Punkt auf dem Merkur ist nach dem russischen Komponisten Sergej Rachmaninoff benannt. Er ist eine Region, die Wissenschaftler sehr interessiert, da er Hinweise auf die vulkanische Vergangenheit des Merkurs gibt.

Caloris Montes

5 Die zerklüfteten Bergmassive, die sogenannten „Hitzeberge", verdanken ihre Existenz tektonischer Aktivität, aber ihre knorrige Struktur aufschlagender Materie aus dem Weltraum. Sie befinden sich am Rand des Einschlagkraters Caloris Planitia.

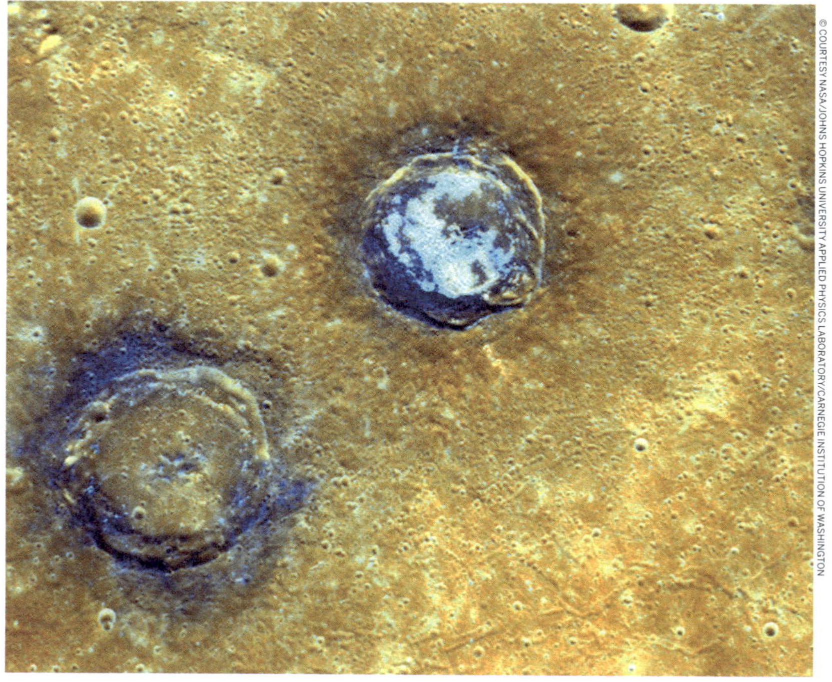

Dieses aufbereitete Farbmosaik zeigt (v. l. n. r.) den Munch-, Sander- und Poe-Krater im Nordwesten der Caloris Planitia.

Die Caloris Planitia von MESSENGER aus gesehen.

Caloris Planitia

Die durch ein interplanetarisches Techtelmechtel geformten, uralten Ebenen werden regelmäßig von der vorbeiziehenden Sonne gebacken. Berge und Lavaformationen bietet viel Interessantes für Geologie-Fans.

Die rund 1545 km breiten, riesigen Ebenen der Caloris Planitia wurden 1974 von Mariner 10 entdeckt. Am sonnennächsten Punkt (Perihel) des Merkurs zieht die Sonne direkt über sie hinweg, weshalb die Ebenen *calor* (lat. für „Hitze“) genannt werden. Der Boden des Beckens zeigt spektakuläre Lavaflüsse, die von der Erde aus wie dunkle Schatten aussehen und den „Seen“ auf dem Mond ähneln. Die von den Kämmen der Caloris Montes eingerahmte Caloris Planitia wurde durch einen Asteroideneinschlag geschaffen. Da es in der Gegend nur relativ wenige andere Krater gibt, geht man davon aus, dass die Ebenen vor rund 3,8 Mrd. Jahren entstanden, vielleicht nach der hypothetischen Phase des „Großen Bombardements“.

Das Caloris-Beckens wurde erstmals gesichtet, als sich die Region in der Dämmerung befand, weshalb Astronomen seine Größe massiv unterschätzten. Es handelt sich jedoch um den größten bekannten Einschlagskrater im Sonnensystem.

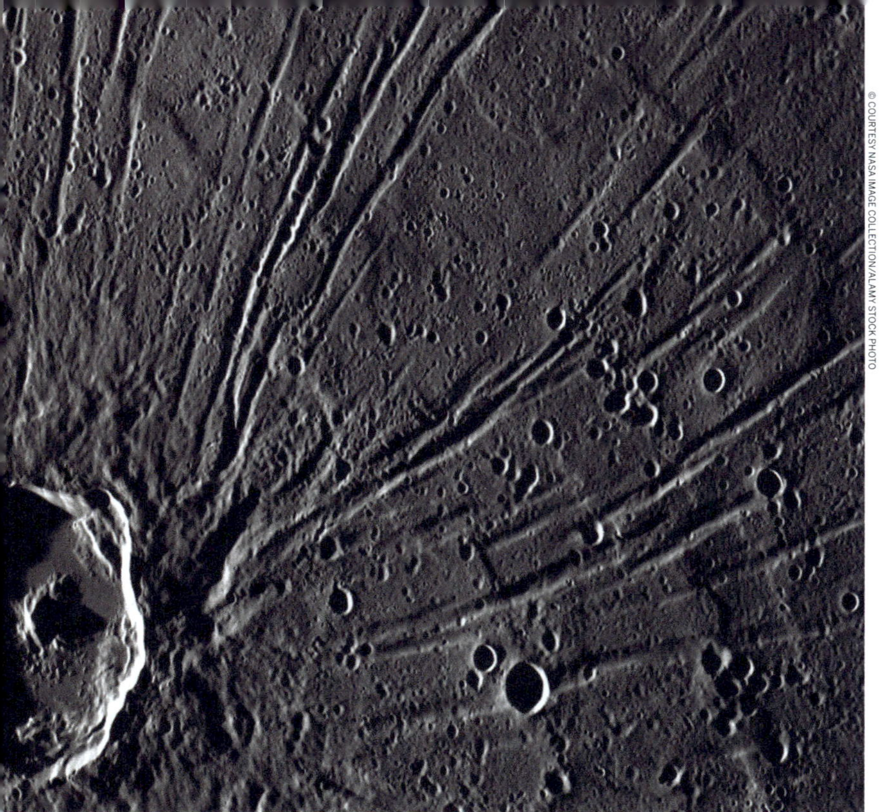

Der Krater Apollodor und die Pantheon Fossae

Pantheon Fossae

Dieser gespenstische, intergalaktische „Arachnid“ ist ein einzigartiges Phänomen auf der Oberfläche des Merkurs.

Die faszinierende Struktur befindet sich im Zentrum der Caloris Planitia. Sie besteht aus einem 40 km breiten Krater, von dem lange Ausläufer strahlenförmig ausgehen. Wissenschaftler vermuten, dass es sich hierbei um die Bruchlinien in der Kruste Merkurs handelt. Wegen ihres Aussehens wurde die Struktur ursprünglich als „Spinnenkrater“ bezeichnet. Erst als die MESSENGER-Mission 2008 einen detaillierten Blick erlaubte, kam das viel größere Pantheon Fossae ins Blickfeld.

Heute sind die Gräben (lat. „fossae“) nach dem Pantheon im alten Rom benannt. Dessen Kuppeldach ist in Abschnitte unterteilt, die vom Mittelpunkt strahlenförmig nach außen verlaufen. Der antike Tempel soll das Werk des Apollodorus von Damaskus gewesen sein, eines berühmten griechischen Ingenieurs, weshalb der zentrale Krater der Pantheon Fossae als Apollodorus-Krater bekannt ist.

Es waren die ersten „fossae“, die – während des ersten Vorbeiflugs von MESSENGER – auf dem Merkur entdeckt wurden. Noch heute, da seine gesamte Oberfläche fotografiert wurde, bleiben die Pantheon Fossae einzigartig auf dem Planeten.

© COURTESY NASA/JOHNS HOPKINS UNIVERSITY APPLIED PHYSICS LABORATORY/CARNEGIE INSTITUTION OF WASHINGTON

Das Raditladi-Becken ist einer der kleineren Krater des Merkurs.

Raditladi-Becken

Merkurs eigene Kunstgalerie, deren Blautöne und Farbschattierungen Picasso beeindrucken würden, ist nach einem berühmten afrikanischen Dramatiker benannt und eines der jüngsten Phänomene des Planeten.

Vor „nur" 1 Mrd. Jahren entstand das Raditladi-Becken, eines der jüngeren Phänomene des Merkurs. Es liegt im Westen der Caloris Planitia und ist nach Leetile Disang Raditladi, einem berühmten botswanischen Dramatiker, benannt. Der Raditladi ist ein Gipfelringkrater. Trotz dieser Bezeichnung hat er jedoch keine zentrale Spitze, sondern eher ein ringförmiges Plateau, das sich aus dem Zentrum des Kraterbodens in die Höhe schraubt.

Mit einem Durchmesser von 263 km ist der Krater eher klein, zumindest wenn man ihn mit einigen der gigantischen Pendants andernorts im Sonnensystem vergleicht. Und doch weist das Raditladi-Becken einige faszinierende Merkmale auf: So könnte man sagen, dass es Merkurs „blaue Periode" repräsentiert. Die Massive, die sich um den Beckenrand erheben, sind von einem faszinierenden blauen, felsigen Material übersät, ebenso die zahlreichen Hügel, die den Kraterboden bedecken.

MESSENGER vor dem Rachmaninoff-Krater auf der Oberfläche des Merkurs

Rachmaninoff-Krater

Ein Tiefpunkt – aber einer von den guten. Die niedrigste Erhebung auf dem Merkur bietet Nachweise für die geologischen Prozesse und, in der Nähe, die Chance einen Schneemann aus Feuer zu bauen.

Der Rachmaninoff-Krater liegt 5,3 km unter dem Planetendurchschnitt und ist damit der niedrigste Punkt auf dem Merkur. Dem nach dem russischen Komponisten Sergei Rachmaninoff benannten Krater gilt seit seiner Entdeckung während des dritten MESSENGER-Vorbeifluges das besondere Interesse von Wissenschaftlern. Das Zentrum des Kraters markiert ein 130 km durchmessender Gipfelring mit hellen, roten Abschnitten, die von recht jungen Lavaflüssen zeugen. Diese sind eine Ausnahme auf diesem Planeten, der nur wenig vulkanische Aktivität aufweist.

Ein Komplex aus vulkanischen Schloten unmittelbar nordöstlich des Rachmaninoff-Kraters liefert weitere Hinweise auf die explosive Geschichte der Region. Teile der Ausbruchkanäle sind von feinkörnigem Material bedeckt. Dabei handelt es sich vermutlich um pyroklastische Partikel, wie sie von Vulkanen ausgespuckt werden. Diese ähneln zwar Schnee, dürften aber sehr feurig und heiß sein …

Die Bilder, aus denen dieses Mosaik der Caloris Montes besteht, beruhen auf Mariner-Daten.

Caloris Montes

Die Caloris Montes vulgo „Hitzeberge" erinnern ein wenig an James Camerons Avatar. *Es handelt sich hierbei um eine Reihe von hohen Bergmassiven, die über eine gewisse Zeit hinweg durch Einschläge entstanden sind.*

Die sehr treffend benannten, bis zu 2 km hohen „Hitzeberge" befinden sich am Rand des Caloris-Beckens. Es sind eine Reihe von Massiven, nicht eine einzige Bergkette; jedes ist zwischen 10 und 50 km lang. Die Ursache ihrer Entstehung ist unklar, es wird jedoch vermutet, dass sie auch einen Bruch in der Kruste des Merkurs umfassen und möglicherweise das Ergebnis vulkanischer Aktivität sind.

An der Oberfläche sind die Massive extrem zerklüftet. Daraus schließt man auf weitere Einschläge, die dem das Caloris-Becken schaffenden Einschlag folgten. Eine ähnliche Theorie hat man für die Entstehung der sogenannten Imbrium-Skulptur auf dem Mond der Erde formuliert. Ein Rätsel, das die Wissenschaft noch lösen muss, ist die Ursache für die große Lücke im südlichen Teil der Caloris Montes, die bisher noch keinem der Prozesse zugeschrieben werden konnte, die ähnliche Phänomene in anderen Planetenbergen geschaffen haben.

VENUS

Blick auf die Venus, aufgenommen bei der Magellan-Mission

Überblick

Die Venus, der der Sonne zweitnächste Planet, ist fast genauso groß wie die Erde. Mit ihrer extremen Hitze und der hohen vulkanischen Aktivität ist sie quasi ein gigantischer Dampfdrucktopf. Hauptbestandteil der giftigen, heißen Atmosphäre ist Kohlendioxid, die Wolken bestehen aus Schwefelsäure.

Die Venus, nach der römischen Göttin der Liebe und Schönheit benannt, gilt historisch als „weiblich“. Heute ist sie der einzige Planet auf der Höhe der Zeit, denn fast alle geografischen Merkmale tragen die Namen bemerkenswerter Frauen. Ein Vulkankrater ist nach Sacajawa benannt, der Ureinwohnerin, die Lewis und Clark bei ihrer Erkundung des amerikanischen Westens half, und ein tiefer Canyon trägt den Namen der römischen Göttin Diana.

In Größe und Struktur gleicht die Venus der Erde, was Forscher einst glauben ließ, sie sei ein „Schwesterplanet“. Weil ihre Umlaufbahn so nah an der Sonne liegt, vermuteten einige, dass das Klima dem der Tropen der Erde ähnelt, andere sagten einen Treibhauseffekt voraus. 1958 zeigten

Messungen jedoch eine Temperatur von fast 300 °C.

Als die Raumsonde Mariner 2 1962 an der Venus vorüberflog, wurden Oberflächentemperaturen zwischen 150 und 200 °C und ein Luftdruck gemessen, der 20-mal höher war als der der Erde. Spätere Sonden ermittelten aber weit höhere Temperaturen und Drucke. Die Mariner 2 fand auch heraus, dass die Venus kein nennenswertes Magnetfeld hat. Daher kann sie keine Teilchen abfangen, um ihre Oberfläche zu schützen und ist unablässig kosmischer Strahlung ausgesetzt. Auch in anderer Hinsicht ist die Venus besonders: Sie dreht sich, verglichen mit den meisten anderen Planeten, in entgegengesetzter Richtung um ihre Achse und zudem extrem langsam. Ihr Sterntag ist länger als ihre Umlaufzeit, also das Venusjahr! Die Venus benötigt 243 Erdentage, um sich einmal vollständig um sich selbst zu drehen; dieser sogenannte Sterntag ist die Zeitspanne, bis ein weit entfernter Fixstern wieder an einem bestimmten Fixpunkt im Himmel eines Planeten erscheint. Weil die Venus der Sonne so nah ist, geht ein Venusjahr schnell vorüber: Es dauert 225 Erdentage. Wenn man „Tag" hört, denkt man normalerweise an einen Zyklus von Tag und Nacht, einen Sonnentag. Auf der Venus dauert ein Tag-Nacht-Zyklus knapp 117 Erdentage.

Der Planet ist fast ständig in Wolken gehüllt. Auf der Venusoberfläche gibt es Vulkane und Berge. Von der Erde aus gesehen, ist die Venus einer der hellsten Punkte am Firmament, wenn sie auf- und untergeht – daher wird sie auch Morgen- bzw. Abendstern genannt.

Wolken auf der Venus, beobachtet vom Hubble-Weltraumteleskop

ENTFERNUNG ZUR SONNE
0,7 AE

LICHTLAUFZEIT ZUR SONNE
6 Minuten

TAGESLÄNGE
243 Erdentage (Sterntag); 116,75 Erdentage (Sonnentag)

UMLAUFZEIT
224,7 Erdentage

ATMOSPHÄRE
Kohlendioxid, Stickstoff

Top-Tipp

Wer auf der Suche nach einem Partyplaneten ist, ist hier genau richtig! Die Venus rotiert von Ost nach West, entgegengesetzt zur Richtung, in der sie sich um die Sonne dreht – daher geht die Sonne niemals auf oder unter, und es gibt nie einen Grund, nach Hause zu gehen.

An- & Weiterreise

Die Venus ist durchschnittlich 108,2 Mio. km von der Erde entfernt, alle 584 Tage ist die Entfernung zur Venus besonders kurz (38,9 Mio. km). Den heißesten Planeten des Sonnensystems kann man in drei Monaten erreichen. So lange benötigte zumindest die NASA-Raumsonde Mariner 2 in den 1960er-Jahren. Ein größeres Problem dürfte der Fahrpreis sein. Die NASA schätzt die Kosten einer ausgewachsenen Flagship-Mission zur Venus auf schlappe 3 Mrd. US$.

Orientierung

Die feste Venusoberfläche ist eine Vulkanlandschaft mit Ebenen, Bergen, Lavaflüssen und großen, zerklüfteten Hochplateaus. Mit einem Radius von 6052 km ist die Venus fast so groß wie die Erde, der Unterschied beträgt nur 5 %. Die Venus ist durchschnittlich 108,2 Mio. km bzw. 0,7 AE von der Sonne entfernt, das Sonnenlicht erreicht die Venus in nur 6 Minuten.

Sowohl die Umlaufbahn als auch die Rotation der Venus sind ungewöhnlich. Neben dem Uranus ist die Venus der einzige Planet, der von Ost nach West rotiert, also „rückwärts". Die Venus dreht sich in 243 Erdentagen einmal um ihre eigene Achse, dies ist ihr siderischer Tag, auch Sterntag genannt. Es ist der längste Tag aller Planeten unseres Sonnensystems. Dagegen beträgt die Umlaufzeit um die Sonne nur 225 Erdentage – ein Sterntag auf der Venus ist also länger als ein Venusjahr.

Um Besucher von der Erde noch mehr zu verwirren, geht die Sonne auf der Venus nicht jeden Tag auf und unter wie auf den meisten anderen Planeten, weil die Venus in entgegengesetzter Richtung zu ihrer Umlaufbahn um die Sonne rotiert. Darum ist ein Sonnentag (ein Tag-Nacht-Zyklus) auf der Venus 117 Erdentage lang. Die Venus hat eine geringe Achsenneigung von nur 3 %, dreht sich also um eine fast senkrechte Achse. Darum gibt es auch keine markanten Jahreszeiten, und die Temperatur ist konstant hoch. Die Umlaufbahn der Venus um die Sonne ist die rundeste aller Planeten – sie ist fast kreisrund. Die Umlaufbahnen der anderen Planeten sind hingegen ellipsenförmig oder oval.

Ein weiterer Blick auf die Venus, aufgenommen von den Instrumenten der Magellan-Mission

Die Venus
im Verhältnis zur
Erde

-- Radius --
95 %
DER ERDE

-- Masse --
81 %
DER ERDE

-- Volumen --
85,7 %
DER ERDE

-- Schwerkraft --
90,5 %
DER ERDE

-- Durchschnittstemperatur --
455 °C
HÖHER ALS AUF
DER ERDE

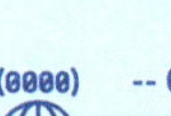

-- Oberfläche --
90 %
DER ERDE

-- Oberflächendruck --
92-fache
DER ERDE

-- Dichte --
95 %
DER ERDE

-- Orbitalgeschwindigkeit --
117 %
DER ERDE

-- Abstand zur Sonne --
72 %
DER ERDE

Künstlerische Impression der Venusoberfläche

Während sich die Oberflächenbedingungen auf der Venus stark von denen auf der Erde unterscheiden (immerhin ist ihre Oberfläche so heiß, dass Blei schmilzt), ähneln sich beide Planeten strukturell. Die Venus hat einen Eisenkern mit einem Radius von ca. 3200 km, der Radius des Erdkerns beträgt 1220 km. Der Kern der Venus ist von einem Mantel aus heißem Gestein umgeben, der sich wegen der Hitze im Inneren des Planeten langsam bewegt. Man schätzt, dass die Temperatur des Venuskerns der des Erdkerns an der Grenze zum Mantel ähnelt und bei ca. 4000 °C liegt.

Die Oberfläche der Venus besteht aus einer dünnen Gesteinskruste, die sich mit den Bewegungen des Venusmantels verschiebt. So entstehen oft Vulkane, von denen es auf der Venus Zehntausende gibt. Der höchste Berg, Maxwell Montes, erhebt sich 11 km über dem mittleren Planetenradius und ist höher als der Mt. Everest. Anders als auf der Erde ist die Landschaft auf der Venus staubig und trocken, die Durchschnittstemperatur beträgt 471 °C, und es kann noch heißer werden – doch wer würde da beim Sonnenbaden einen Unterschied von zehn Grad noch bemerken?

Von Weltall aus wirkt die Venus ausgesprochen romantisch. Dank der dicken Wolken, die das Sonnenlicht reflektieren, erscheint sie leuchtend weiß. An der Oberfläche hat das Gestein wie auf der Erde unterschiedliche Grautöne. Die schwere, dicke Atmosphäre filtert das Sonnenlicht, sodass das Gestein auf der Venus orange wirkt. Der Planet ist mit Kratern bedeckt, von denen der kleinste einen Durchmesser von 1,6 km hat. Kleine Meteoriten verglühen in der Atmosphäre, darum schaffen es nur große Meteoriten bis auf die Venusoberfläche, wo sie große Krater bilden.

Atmosphäre

Künstlerische Darstellung von Blitzen auf der Venus: eine turbulente Atmosphäre

Die Atmosphäre der Venus besteht überwiegend aus Kohlendioxid, die Wolken sind aus Schwefelsäure. Die Atmosphäre fängt die Hitze der Sonne ein, sodass die Temperaturen an der Oberfläche 471 °C und mehr betragen. In den Schichten der Atmosphäre herrschen jeweils unterschiedliche Temperaturen und Bedingungen. Auf Wolkenhöhe, etwa 48 km über der Oberfläche des Planeten, ist die Temperatur so hoch wie auf der Erdoberfläche.

Die höchsten Wolken werden von hurrikanartigen Winden mit ca. 360 km/h getrieben und rasen in vier Erdentagen um die Venus. (Auf der Erde würde eine vergleichbare Luftmasse ca. zwei Wochen benötigen, um den Globus zu umrunden.) Wegen der langsamen Drehgeschwindigkeit der Venus zirkulieren die Winde mit der 20-fachen Geschwindigkeit der Venusrotation – die schnellsten Winde auf der Erde sind höchstens 20 % schneller, als der Planet rotiert.

Atmosphärische Entladungen, die die schnell ziehenden Wolken beleuchten, lassen die Venus noch dramatischer wirken. Nähert man sich aus dem All der Oberfläche, lässt die Aufregung wieder nach. Mit der Höhe nimmt auch die Windgeschwindigkeit ab, und man schätzt, dass die Windgeschwindigkeit auf der Oberfläche nur noch Schritttempo beträgt. Am Boden sieht es dann wahrscheinlich aus wie an einem diesigen, bedeckten Tag auf der Erde. Die Atmosphäre ist so schwer, dass der Druck sich anfühlen würde wie der 910 m unter Wasser. Obwohl die Venus fast so groß ist wie die Erde und einen ähnlichen Eisenkern hat, ist das Magnetfeld wegen der langsamen Eigenrotation viel schwächer.

Merkwürdig sind auch die Löcher, die gelegentlich in der Ionosphäre der Venus beobachtet werden; sie könnten daher stammen, dass die Magnetfeldlinien der Sonne zur Venus durchdringen. Ein Grund mehr, für die Erde und ihr stabiles Magnetfeld dankbar zu sein!

Geschichte

Die Venus ist der Hitzkopf unseres Sonnensystems. Wie die anderen terrestrischen Planeten entstand sie vor etwa 4,5 Mrd. Jahren, als das Sonnensystem zu seiner jetzigen Form fand. Der Schlüssel hierzu war die Gravitation, die Gas- und Staubwolken zusammenzog, aus denen feste Planeten entstanden. Die Venus, der der Sonne zweitnächste Planet, besteht aus einem inneren Kern, einem steinernen Mantel und einer festen Kruste. Man nimmt an, dass die Venus in der Zeit vor 300 bis vor 500 Mio. Jahren durch Vulkanaktivitäten vollkommen umgestaltet wurde. Tatsächlich gibt es auf der Venus mehr Vulkanaktivitäten als auf jedem anderen Planeten. Auf ihrer Oberfläche wurden bis heute über 1600 größere Vulka-

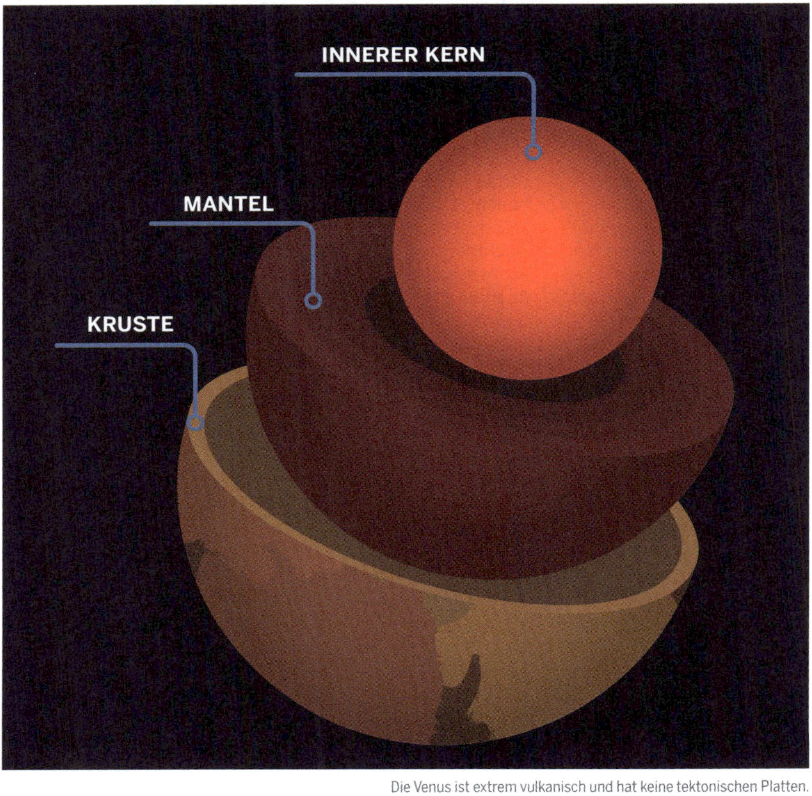

Die Venus ist extrem vulkanisch und hat keine tektonischen Platten. Man nimmt an, dass die Kruste aus einer einzigen Oberfläche besteht.

ne kartiert, und man schätzt, dass es insgesamt zwischen 10 000 und vielen Millionen sind.

Die Venus hat zwei große Hochländer, Ishtar und Aphrodite Terra. Ishtar Terra, das in der nördlichen Polarregion liegt, ist etwa so groß wie Australien. Aphrodite Terra, das fast 1000 km lang ist und sich entlang des Äquators der Venus erstreckt, hat etwa die Größe Südamerikas.

Wegen der Bedingungen an der Oberfläche hat noch kein Mensch die Venus betreten, und die Raumsonden, die auf die Venus geschickt wurden, haben auch nicht lange durchgehalten. Die extreme Oberflächentemperatur würde die Elektronik eines Raumschiffs schnell überhitzen, daher scheint es unwahrscheinlich, dass ein Mensch lange auf der Venus überleben könnte. Jüngste Observationen sowie Simulationen eines JAXA-Forschungsteams legen nahe, dass bei den Wolkenschichten der Erde und der Venus ähnliche Mechanismen wirken, und dass sich in hohen Breiten Jetstreams bilden könnten, die die Wolkenschichten beeinflussen.

Die jetzigen Bedingungen auf der Venus könnten sich extrem von jenen unterscheiden, die vor Millionen Jahren herrschten, damals war es dort wahrscheinlich viel milder. Die Möglichkeit, dass auf der Venus einst Leben existierte, wurde 2016 durch ein Modell gestützt, das zeigt, dass es dort Ozeane gegeben haben könnte und dass es sehr viel kühler war, ehe ein ungezügelter Treibhauseffekt einsetzte.

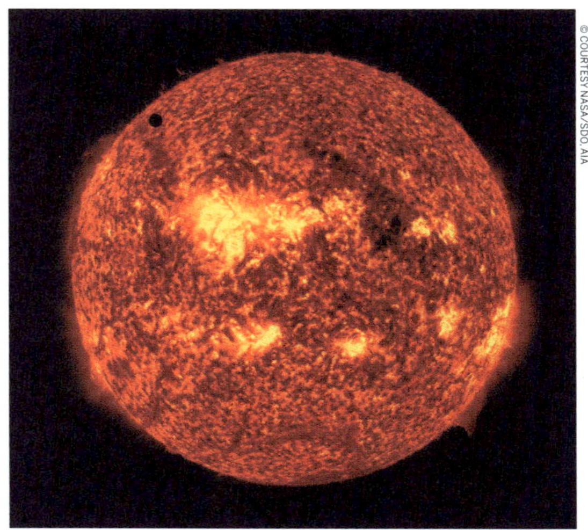

Venustransit über die Sonne im Jahr 2012

Erkundung der Venus

Die Venus wird seit Jahrtausenden von der Erde aus beobachtet. Sie ist nach dem Mond das hellste Objekt am Nachthimmel. Etwa alle 100 Jahre bewegt sich die Venus über die Oberfläche der Sonne, ein seltenes Phänomen, das Transit genannt wird. Die Beobachtung solcher Venustransite half Astronomen, den Planeten zu studieren und das Sonnensystem besser zu verstehen. Venustransite treten paarweise auf: Zwei Transite ereignen sich im Abstand von acht Jahren, dann gibt es eine Pause von etwa 100 Jahren bis zum nächsten Transitpaar. Die Transite wurden 1631 und 1639 sowie 1761 und 1769, 1874 und 1882 und zuletzt 2004 und 2012 dokumentiert.

Einst wurden die Venustransite mystisch oder spirituell interpretiert. Die moderne Wissenschaft verfolgt einen stärker empirisch geprägten Ansatz. Die nächsten Venustransite werden am 11. Dezember 2117 und am 8. Dezember 2125 stattfinden. Zu den langen Pausen zwischen den Transiten kommt es, weil die Umlaufbahnen der Erde und der Venus um die Sonne unterschiedlich geneigt sind – die Venus steht zwar häufig zwischen Erde und Sonne, dieser Transit führt aber nur selten direkt über die Sonnenscheibe.

Mehrere Nationen haben Raumflugkörper zur Venus geschickt, darunter waren auch die Venera- und Vega-Serien der Sowjetunion mit insgesamt 16 Missionen. Die US-amerikanische Magellan-Mission (1990–1994) konnte mit Radar 98 % der Oberfläche kartieren. Zuletzt hat die seit 2015 laufende Akatsuki-Mission der japanischen Raumfahrtbehörde JAXA von einer Umlaufbahn aus die Atmosphäre der Venus erforscht.

Die Erforschung der Venus

650 v. Chr.
Astronomen der Maya beobachten die Bewegungen der Venus genau und schaffen einen höchst akkuraten astronomischen Kalender.

1610
Galileo dokumentiert die Phasen der Venus in seiner Schrift *Sidereus Nuncius* (Nachricht von den Sternen). Die siderale Zeit oder Sternzeit ist das System, das Astronomen nutzen, um Himmelskörper auf der Basis der Erdrotation und in Bezug auf Fixsterne zu lokalisieren.

1639
Der erste vorhergesagte Venustransit wird in England von Jeremiah Horrocks und William Crabtree beobachtet.

1761–1769
1769 werden zwei europäische Expeditionen – eine britische (unter Kapitän James Cook) und eine schwedische – nach Tahiti unternommen, um den Transit der Venus zu beobachten. Die ermittelten Daten führen zu ersten realistischen Schätzungen der Entfernung der Sonne von der Erde.

1961
Mithilfe von Radarechos von der Venus kann die exakte Entfernung der Sonne von der Erde bestimmt werden. Die Ergebnisse, die ein Jahr später veröffentlicht werden, sind genauer als alle früheren.

1962
Die NASA-Raumsonde Mariner 2 erreicht die Venus und misst bei ihrem ersten Vorbeiflug am 14. Dezember die extreme Oberflächentemperatur des Planeten. Mariner 2 ist der erste Raumflugkörper, der Infos aus der Umlaufbahn eines anderen Planeten zurücksendet.

1962–1983
Venera, eine Serie von Raumsonden, die die Sowjetunion zur Venus sendet, erlebt während der Dauer des Programms mehrere erfolgreiche Missionen. Die an die Erde gesendeten Informationen sind die ersten Daten, die aus der Atmosphäre eines anderen Planeten übermittelt werden.

1990–1994
Die NASA-Raumsonde Magellan, die in einer Umlaufbahn um die Venus kreist, nutzt Radar, um 98 % der Oberfläche des Planeten zu kartieren.

2005–2014
Die Europäische Weltraumorganisation (European Space Agency; ESA) startet die Raumsonde Venus Express, eine Mission zur Untersuchung der Atmosphäre und Oberfläche des Planeten. Die Raumsonde erreicht die Venus im April 2006 und beobachtet die Venus bis Ende 2014.

2015
Nach dem Start der Raumsonde Akatsuki – Akatsuki bedeutet „Morgendämmerung" – im Jahr 2010 erreicht diese ihre Umlaufbahn um die Venus. Es ist die erste Venus-Mission der Japanese Aerospace Exploration Agency (JAXA), der japanischen Raumfahrtbehörde.

Mariner 2, hier abgebildet, war das erste von Menschen geschaffene Objekt, das an einem anderen Planeten vorbeiflog.

Botticellis *Die Geburt der Venus*

Die Venus in der Kultur

Großen Anteil an der Idee einer weiblichen Venus hat Botticellis Meisterwerk *Die Geburt der Venus* aus dem 15. Jh. Die Venus, die nach der Göttin der Liebe und Schönheit benannt ist, galt lange als Symbol für alles Feminine – „Männer sind vom Mars, Frauen von der Venus", wie es das berühmte Ratgeberbuch ausdrückt.

Im 20. Jh. erfreute sich der Planet bei Science-Fiction-Fans jedenfalls großer Beliebtheit. Bevor man wusste, was sich unter der Wolkendecke der Venus verbarg, ernährte diese eine ganze Branche der Trivialliteratur und Künstler, die darüber spekulierten, was Besucher auf der Venus erwarten würde. Für die einen waren es menschenfressende Riesenameisen, für viele Comic-Künstler war sie die Heimat leicht bekleideter Amazonen. Nachdem die Erforschung gezeigt hatte, dass die Venus unbewohnbar war, war sie für Groschenromanautoren nicht mehr interessant und wurde zur Spielwiese anspruchsvollerer Künstler wie der Schriftsteller Ray Bradbury und Isaac Asimov.

Die unterstellte feurige Natur der Venus war in den 1870ern das Thema zumindest einer erotischen Novelle, *Venus im Pelz* von Leopold von Sacher-Masoch. Zur den Fans des Autors zählte auch Lou Reed, der sich 1967 inspirieren ließ, für seine Band Velvet Underground den gleichnamigen Song zu schreiben.

Matthew Broderick spielte in dem von der Venus inspirierten Stück *The Starry Messenger* von Kenneth Lonergan über einen frustrierten Astronomen mit. Die Venus diente in Videospielen wie *Transhuman Space* und *Battlezone* als Kulisse. Und im Disney-Animationsfilm *Küss den Frosch* verliebt sich das Glühwürmchen Ray in den Abendstern Venus, als er den Planeten mit einem weiblichen Glühwürmchen verwechselt.

Gestatten: Mariner

Der Vorüberflug von Mariner 2 an der Venus schrieb 1962 Wissenschaftsgeschichte: Es war die erste Beobachtung eines anderen Planeten aus der Nähe. Die Mariner-Venus-Mission beinhaltete zwei Raumsonden. Doch Mariner 1 schaffte es nicht einmal aus der Erdatmosphäre hinaus. Fast von Anfang an ging alles schief: Die Trägerrakete Atlas-Agena kam gefährlich weit vom Kurs ab und musste daher wenige Minuten nach dem Start zerstört werden. Der Grund dafür war so einfach, dass es schon fast wehtut – ein fehlender Überstrich bei der Programmierung der Software der Raumsonde soll schuld gewesen sein.

Nur einen guten Monat später, am 27. August, folgte Mariner 2, und diesmal war der Start erfolgreich. Das der NASA angegliederte Jet Propulsion Laboratory (JPL) in Pasadena hatte die erste Venus-Mission in nur einem guten Jahr geplant und vorbereitet. Die 202 kg schwere Mariner 2 hatte sechs wissenschaftliche Instrumente an Bord, die zusätzliche 18 kg wogen. Sie waren speziell für die Erkundung der Atmosphäre und Temperatur der Venus entwickelt worden und sollten nach einem Magnetfeld suchen und die kosmische Strahlung untersuchen.

Während der 108 Tage dauernden Reise sendete Mariner 2 wertvolle Informationen über die interplanetare Umgebung, die die Existenz von Sonnenwinden bestätigten, einen Strom geladener Teilchen von der Sonne. Der Weg zur Venus war nicht leicht. Von den vielen Hardware-Problemen der Raumsonde reparierten sich einige unerklärlicherweise selbst. Doch als Mariner 2 sich der Venus näherte, war eines der Solarpanels nicht mehr voll funktionsfähig, und der Raumflugkörper lief Gefahr zu überhitzen. Am 14. Dezember passierte Mariner 2 die Venus in einer Entfernung von 34 704 km und sendete mit einer zu damaligen Zeit atemberaubenden Geschwindigkeit von etwa 8 Mbit pro Sekunde Daten zurück an die Erde. Am 3. Januar 1963 sendete die Raumsonde zum letzten Mal, dann brach der Kontakt ab. Für das Jet Propulsion Laboratory war Mariner 2 die erste von Dutzenden JPL-Missionen, die vom Mars bis zum Neptun verschiedene Planeten untersuchten. Diese Mission war sozusagen die Blaupause für alle späteren Missionen.

Künstlerische Darstellung des bahnbrechenden Mariner 2

Gestatten: Magellan

Die Raumsonde Magellan vor dem Start in ihrem Reinraum

Start: 4. Mai 1989
Eintritt in die Umlaufbahn: 10. August 1990

Die Magellan-Mission der NASA ist nach Ferdinand Magellan benannt, dem portugiesischen Seefahrer des 16. Jhs., dessen Name für bahnbrechende Entdeckungsreisen steht. Seine Touren führten zur ersten vollständigen Weltumrundung. Seine Fähigkeiten als Navigator waren so herausragend, dass sein Name auch im All häufig anzutreffen ist. Für die USA war die Magellan-Mission die erste Raumsonde in den erdfernen Weltraum seit fast elf

Jahren. Zudem war Magellan die erste Sonde, die von einer Raumfähre gestartet wurde: vom Space-Shuttle Atlantis. Die Sonde war für die Erkundung des Planeten aus der Nähe entwickelt worden und nutzte ein Radar für 3D-Aufnahmen, um die Oberfläche der Venus mit einer Auflösung von 120 bis 300 m zu kartieren.

Magellan wurde am 5. Mai 1989, einen Tag nach dem Start, von der Atlantis ausgesetzt. Danach zündete die Sonde ihre Triebwerke und ging auf Kurs. Am 10. August 1990 erreichte sie die Umlaufbahn um die Venus. Sechs Tage später kam es zu einem Kommunikationsausfall, der 15 Stunden dauerte. Nach einer zweiten, 17-stündigen Unterbrechung schickte die NASA neue Software hinauf, um die Systeme der Sonde zurückzusetzen.

Die wieder voll funktionsfähige Sonde begann am 15. September 1990 mit der Radarbeobachtung und sandte bald Aufnahmen des Terrains der Venus. Sie zeigten Beweise für vulkanische Aktivitäten und tektonische Bewegungen.

Magellan beendete den ersten 243-Tage-Zyklus (die Zeit, die die Venus benötigte, um sich unter der Umlaufbahn von Magellan einmal um ihre Achse zu drehen) der Radarkartierung am 1. Mai 1991. Diese Aufnahmen, die die ersten klaren Bilder der Oberfläche des Planeten lieferten, deckten 83,7 % der Oberfläche ab. Insgesamt sendete die Sonde erstaunliche 1200 Gbit Daten, 1,8 Gbit bei jeder Umkreisung. Damals betrug die auf allen vorherigen Planetenmissionen der NASA gesammelte Datenmenge 900 Gbit!

Der zweite Kartierungszyklus der Sonde, die die ursprünglichen Ziele der Mission schon längst übertroffen hatte, endete am 15. Januar 1992 und erhöhte den Anteil der kartierten Venusoberfläche auf 96 %. Mit Ende des dritten Zyklus am 15. September desselben Jahres waren 98 % der Venus kartiert.

Magellan fand heraus, dass mindestens 85 % der Venus mit Lavaflüssen bedeckt sind. Trotz der sehr hohen Oberflächentemperatur und des hohen Atmosphärendrucks (92 bar) ist Erosion auf der Venus wegen des Fehlens von Wasser ein extrem langsamer Prozess. Daher können Oberflächenmerkmale Hunderte Millionen Jahre erhalten bleiben. Der Kontakt mit Magellan brach am 13. Oktober 1994 ab, nachdem die Raumsonde zur Datensammlung in die Atmosphäre der Venus geschickt wurde. Mehrere Stunden später schmolz sie – damit endete eine der erfolgreichsten NASA-Missionen im Weltraum.

Der großartige Navigator: die Erfolge von Magellan

» Magellan kartierte 98 % der Venusoberfläche mit einer Auflösung von 75 m pro Pixel.

» Mit der Synthetic Aperture Radar (SAR), einer Technik, die die Leistung einer viel größeren Radarantenne simuliert, fand Magellan heraus, das 85 % der Venusoberfläche mit Vulkanflüssen bedeckt sind.

» Die Sonde fand Zeugnisse für tektonische Bewegungen, turbulente Oberflächenwinde, Lavakanäle und sogenannte *pancake domes* („Pfannkuchenkuppeln"; flache, kreisrunde Vulkankuppeln).

» Magellan erfasste hochauflösende Gravitationsdaten für 95 % der Venus und testete ein Manöver, das Aerobraking (Atmosphärenbremsung) genannt wird und den Widerstand der Atmosphärenschichten nutzt, um die Umlaufbahn eines Raumflugkörpers zu justieren.

Magellan-Daten schufen diese 3D-Perspektive von Lavinia Planitia auf der Venus.

© COURTESY NASA

Diese Verteilung von Landflächen und Ozeanen ist ein mögliches Modell der Venusoberfläche in der fernen Vergangenheit.

Zeichen von Leben:

Eine bewohnbare Venus?

Wegen der ähnlichen Größe und Struktur von Venus und Erde und der Nähe der beiden Planeten mutmaßte man lange, dass die Venus ein tropischer Schwesterplanet sein könnte. Die Venus-Missionen ließen diese Idee zwar platzen, doch andere Forschungsergebnisse legen nahe, dass auf der Venus vor langer Zeit Bedingungen herrschten, unter denen Leben möglich war.

Mit Modellverfahren zur Vorhersage des Klimawandels auf der Erde fand das Goddard Institute for Space Studies (GISS) der NASA heraus, dass es in der Frühgeschichte der Venus bis zu 2 Mrd. Jahre lang einen flachen Ozean mit flüssigem Wasser und lebensfreundliche Temperaturen gegeben haben könnte. „Viele der Werkzeuge, die wir nutzen, um Modelle des Klimawandels auf der Erde zu erstellen, können modifiziert werden, um das Klima auf anderen Planeten zu untersuchen", sagt Michael Way, ein Forscher am GISS. „Die Ergebnisse zeigen, dass die alte Venus ein ganz anderer

Planet gewesen sein könnte." Heute ist die Venus eine Hölle mit einer Kohlendioxid-Atmosphäre (90-mal so dick wie die der Erde), kaum Wasserdampf und durchschnittlich 471°C.

Untersuchungen haben gezeigt, dass die Geschwindigkeit, mit der sich ein Planet um seine Achse dreht, der entscheidende Faktor für ein lebensfreundliches Klima ist. Die Venus hat mit 117 Erdentagen einen sehr langen Sonnentag. Bis vor Kurzem nahm man an, dass eine dicke Atmosphäre wie die der heutigen Venus die Ursache für die langsame Rotationsgeschwindigkeit war. Neue Forschungen haben jedoch gezeigt, dass die Rotationsgeschwindigkeit der Venus auch bei einer dünnen Atmosphäre die gleiche wäre. Ein weiterer Faktor, der das Klima beeinflusst, ist die Topographie. Das GISS-Team nahm an, dass es auf der frühen Venus mehr trockenes Land gegeben hat als auf der Erde. Das hätte die Menge des Wassers begrenzt, das aus den Ozeanen verdunstet – damit wäre auch der Treibhauseffekt durch Wasserdampf geringer gewesen.

Dies scheint der ideale Oberflächentyp für bewohnbare Planeten zu sein: Es hätte genug Wasser gegeben, um vielfältige Lebensformen zu ermöglichen, aber auch so viel Land, dass der Planet wenig anfällig für Veränderungen durch die Sonneneinstrahlung gewesen wäre.

In Übereinstimmung mit frühen Daten aus den Pioneer-Missionen der NASA (s. Kasten) simulierten GISS-Wissenschaftler die Bedingungen auf einer hypothetischen frühen Venus mit einer mit der der Erde vergleichbaren Atmosphäre, einer Tageslänge wie auf der heutigen Venus und einem Ozean. Sie fügten Daten über die Topografie der Venus hinzu und füllten das Tiefland mit Wasser, das Hochland bildete Kontinente. Zudem nahm man eine junge Sonne in das Modell auf, die um 30 % weniger hell war als heute. Dennoch erhielt die alte Venus noch 40 % mehr Sonnenlicht als die heutige Erde.

„In der Simulation ist die ‚Tagesseite' der Venus fast zwei Monate der Sonne ausgesetzt", erklärt Anthony Del Genio, ein Wissenschaftler des GISS. „Das erwärmt die Oberfläche und produziert eine Wolkenschicht, die die Oberfläche wie ein Schirm vor der Sonne schützt. Das Resultat sind Temperaturen, die sogar etwas kühler sind als die heutigen Temperaturen auf der Erde." Diese Ergebnisse habe Auswirkungen auf zukünftige NASA-Missionen wie das Weltraumteleskop Transiting Exoplanet Survey Satellite und das James-Webb-Weltraumteleskop, die versuchen werden, mögliche bewohnbare Planeten zu entdecken.

Wie man einen Ozean kocht

Die Venus hat zwar eine ähnliche Gestalt wie die Erde, nahm aber eine andere Entwicklung. Messungen während der Pioneer-Missionen legten nahe, dass es auf der Venus einst einen Ozean gegeben haben könnte. Die Venus befindet sich jedoch näher an der Sonne als die Erde und erhält daher viel mehr Sonnenlicht. Darum würden Wasserdampfmoleküle durch ultraviolette Strahlung aufgebrochen, und der Wasserstoff würde ins All flüchten. Ohne Wasser auf der Oberfläche würde sich in der Atmosphäre Kohlendioxid aufbauen. Dies würde zu dem unkontrollierten Treibhauseffekt führen, der die heutigen Bedingungen auf der Venus geschaffen hat.

Highlights

Baltis Vallis

1 Dieser lange, kurvige Kanal ist mit einer Länge von 6800 km einzigartig im Sonnensystem. Der kochende Fluss, der einst hindurchfloss, hätte auch das robusteste Solarboot zum Schmelzen gebracht.

Maat Mons

2 Der höchste Vulkan ist nach Maat, der antiken ägyptischen Göttin der Gerechtigkeit und Wahrheit benannt, die in ihrer Freizeit noch dafür sorgte, dass die Sterne ordentlich angeordnet und die Planeten an ihrem richtigen Platz sind.

Alpha Regio

3 Die Felsformationen sind das schönste Beispiel für die kachelförmigen Tessera der Venus und würden jedem Planeten eine stilvolle Note geben.

Maxwell Montes

4 Auf dem höchsten Punkt der Venus ist es nicht ganz so heiß wie unten, und der Druck ist nicht ganz so extrem. Es mag der kühlste Ort der Venus sein, doch auch dort würden Menschen keine zwei Minuten überleben.

Aphrodite Terra

5 Der größte Hochland-„Kontinent“ der Venus ist eine Landmasse voller vulkanischer Wunder. Er ist in zwei Regionen unterteilt: Ovda Regio und Thetis Regio.

Einer von vielen Vulkanen auf der Venus

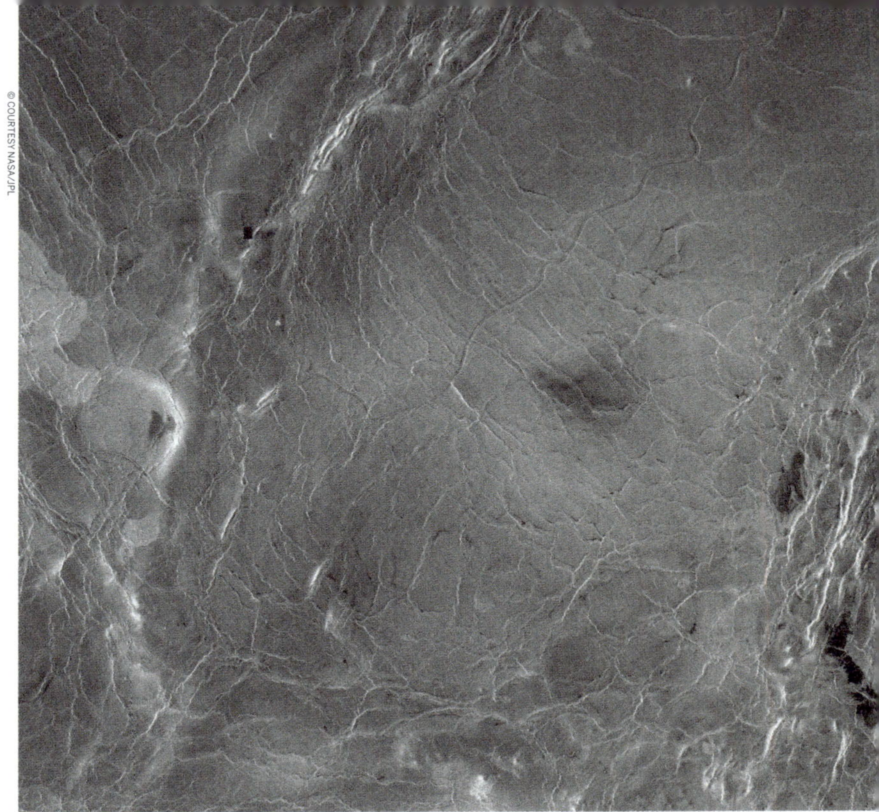

© COURTESY NASA/JPL

Aufnahme eines Sektors von Baltis Vallis

Baltis Vallis

Durch den längsten Kanal des Sonnensystems, der länger ist als der irdische Nil, könnte einst ein wilder, aufgewühlter Lavafluss geströmt sein. Wissenschaftler beginnen gerade erst, seine Formationen zu verstehen.

Dieser großartige, kurvenreiche Kanal ist der längste derartige im gesamten Sonnensystem. Er wurde 1983 von den sowjetischen Raumsonden Venera 15 und Venera 16 entdeckt. Trotz der damals noch sehr unausgereiften Technologie – Bilddarstellungen waren nur mit einer Auflösung von mindestens 1 km möglich – gelang es diesen frühen Raumsonden, 1000 km des gigantischen Kanals grafisch darzustellen. Der Kanal ist 6800 km lang – länger als der Nil – und zwischen 1 und 3 km breit, und es ist durchaus möglich, dass er einst sogar noch länger war. Beide Enden des Kanals liegen heute unter später entstandenen Gesteinsformationen, darum nehmen Wissenschaftler an, dass ein Lavafluss einst den im Durchschnitt 100 m tiefen Kanal schuf. Dass einige Abschnitte so aussehen, als wäre die Lava bergauf geflossen, deutet darauf hin, dass es zu verschiedenen Zeitpunkten in der Vergangenheit bedeutende tektonische Hebungen gegeben haben könnte.

3D-Bild des hoch aufragenden Maat Mons

Maat Mons

Der höchste Vulkan der Venus ist gerade zwar nicht aktiv, doch davon darf man sich nicht täuschen lassen. Forschungen weisen darauf hin, dass er vor gar nicht allzu langer Zeit noch sehr viel mehr als Dampf gespuckt hat.

Der gewaltige Schildvulkan ist der höchste der Venus, er ragt 8 km über dem mittleren Planetenradius auf. Auf dem Gipfel befanden sich einst ein großer, etwa 31 km breiter Krater und mindestens fünf kleinere Krater, die bei Einstürzen entstanden. Benannt ist der Vulkan nach Maat, der ägyptischen Göttin der Gerechtigkeit, der man auch die Anordnung der Sterne und die Aufrechterhaltung der Weltordnung zuschreibt. Belege deuten darauf hin, dass auf großen Teilen der Venus gegenwärtig vulkanische Aktivitäten stattfinden. Die Magellan-Mission (1990–1994) fand in der Nähe des Gipfels Ascheflüsse, die nahelegen, dass der Maat Mons vor nicht allzu langer Zeit aktiv war. Die Raumsonden der Pioneer-Mission, die in den späten 1970ern Daten sammelten, fanden in der oberen Atmosphäre der Venus zudem hohe Konzentrationen von Schwefeldioxid und Methan. Sie könnten bei Eruptionen des Maat Mons entstanden sein, bei denen Gase hoch in die Luft gespuckt wurden.

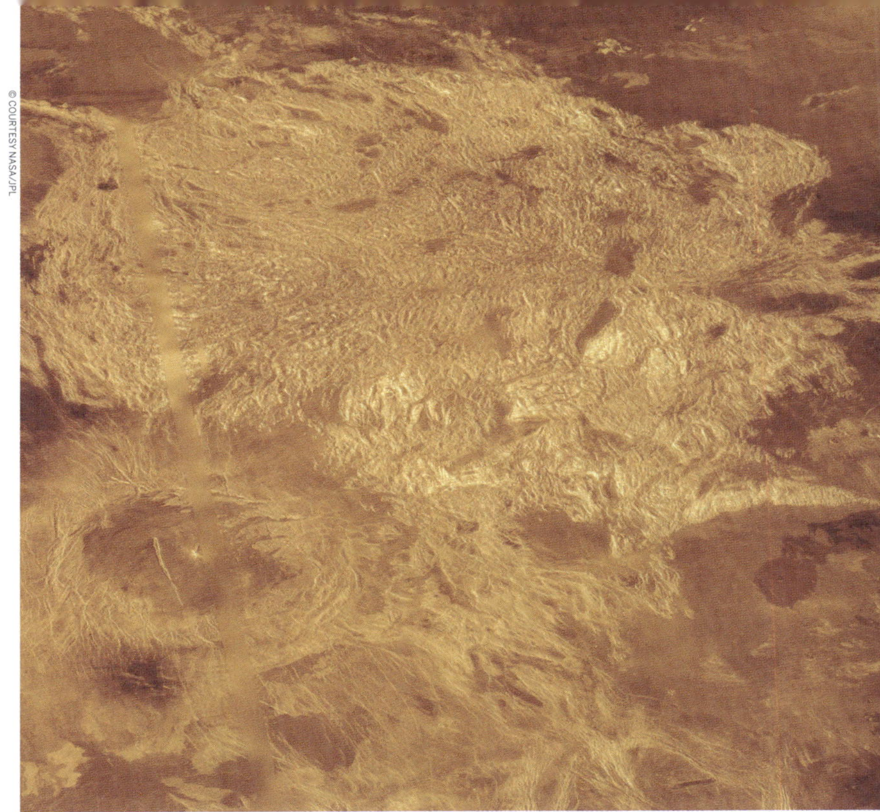

3D-Aufnahme von Alpha Regio

Alpha Regio

Die mysteriösen Gesteinsformationen des Hochlands Alpha Regio, das 1000 bis 2000 m über die umliegenden Vulkanebenen aufragt, wurden wegen ihrer an Kacheln erinnernden Gestalt mit einem himmlischen Parkett verglichen.

Das 1963 entdeckte Alpha Regio ist das vielleicht beste Beispiel der Venus für die Tessera genannte Landschaftsform. Das Wort leitet sich vom griechischen Wort für „gekachelt“ ab. Die Bilder der sowjetischen Raumsonden Venera 15 und Venera 16 machen diesen Begriff am besten verständlich: Die schartigen, harmonikaartigen Gesteinsformationen des Plateaus ähneln einem Parkettboden. Die Raumsonde Venus Express half bei ihrer Venus-Mission 2006 bei der Erstellung der ersten Infrarotkarten des Planeten. Sie zeigen, dass das Gestein von Alpha Regio heller ist als das des restlichen Planeten. Dies ist ein Anzeichen für Verwitterung und deutet darauf hin, dass dieses Gestein beträchtlich älter ist als das, was anderswo auf der Venus gefunden wurde. Alpha Regio ist eines von nur drei geografischen Merkmalen der Venus, die nicht nach einer Frau oder Göttin benannt sind, die anderen beiden sind die benachbarten Tesserae Beta Regio und Maxwell Montes.

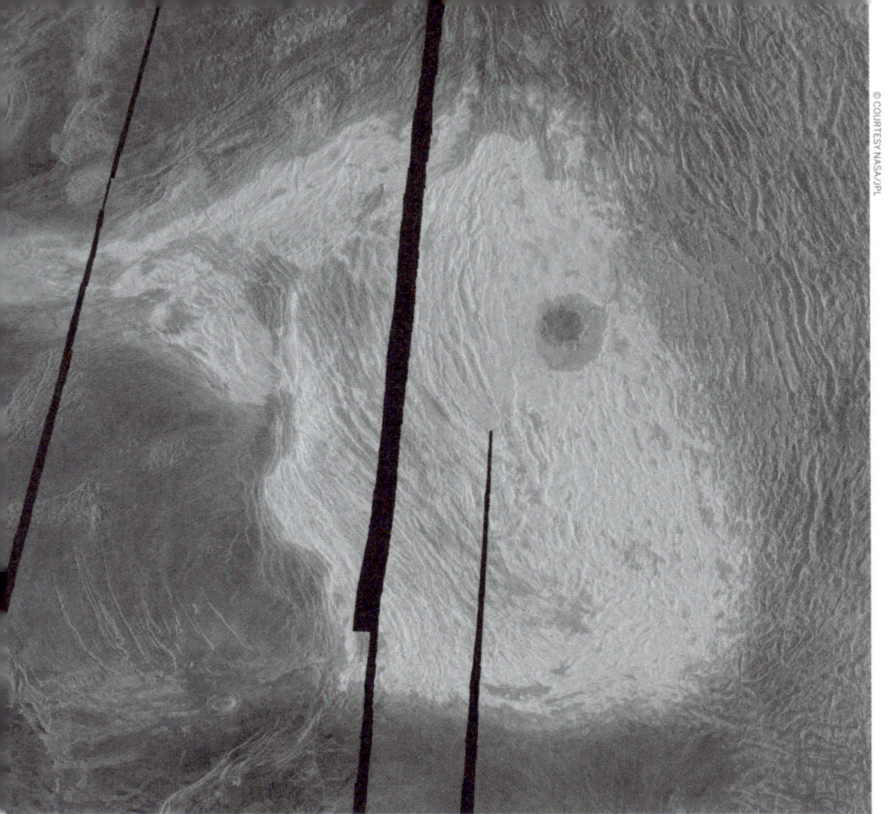

© COURTESY NASA/JPL

Blick aus dem All auf das breite Bergmassiv Maxwell Montes und den nahen Krater Cleopatra

Maxwell Montes

Das gewaltige Bergmassiv ist buchstäblich der coolste Ort, um auf der Venus abzuhängen. Wer Glück hat, kommt zur rechten Zeit, um den Metall-„Schnee" auf seinen Höhen zu erleben.

Das höchste Gebiet auf der Venusoberfläche, das Bergmassiv Maxwell Montes, befindet sich im Hochland Ishtar Terra. Mit einer maximalen Höhe von 11 km über dem mittleren Planetenradius ist dies der kälteste Ort des Planeten – allerdings steigen die Temperaturen auf dem heißesten Planeten des Sonnensystems selbst am kühlsten Ort noch auf etwa 380 °C, und auch der Atmosphärendruck, der ebenfalls der geringste der Venus ist, beträgt immer noch erdrückende 45 bar. Maxwell Montes wurde nach dem Mathematiker und Physiker James Clerk Maxwell benannt, der die Radiowellen entdeckte. Das Bergmassiv wurde 1967 mit dem Arecibo-Radioteleskop entdeckt. Über zehn Jahre später bestätigte die Raumsonde Venus 1 der Pioneer-Mission, dass Maxwell Montes der höchste Punkt der Venus ist. Untersuchungen haben kräftige Farben gezeigt, möglicherweise aufgrund von Mineralien, die sich nach Meinung von Wissenschaftlern in einer Art Metall-Schnee abgelagert haben.

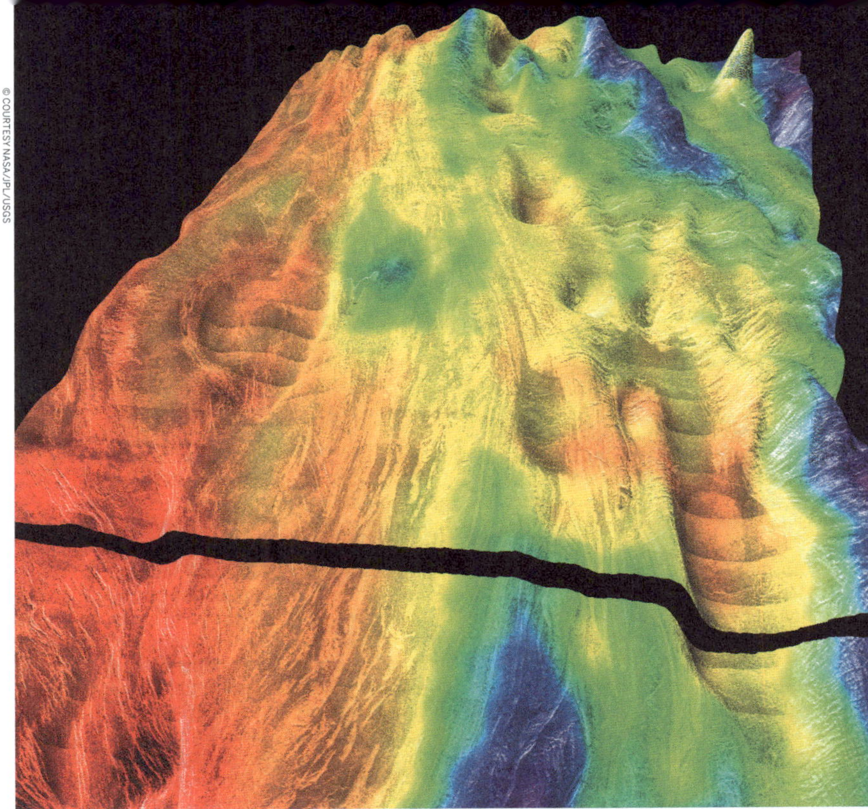

Blick von Magellan auf Ovda Regio, den westlichen Bereich von Aphrodite Terra

Aphrodite Terra

Der zweite und größte „Kontinent" auf der Venus, das Hochland Aphrodite Terra, birgt am Venus-Äquator einzigartige und faszinierende vulkanische Schätze.

Aphrodite Terra, der zweite der beiden „Kontinente" der Venus (der erste ist die Hochlandregion Ishtar Terra) trägt den Namen von Aphrodite, der griechischen Göttin der Liebe. Eigentlich sollte es jede Göttin verunsichern, dass nur ein Kontinent und nicht der ganze Planet nach ihr benannt ist. Doch dieser Kontinent kann sich sehen lassen – seine Größe liegt zwischen der Südamerikas und Afrikas.

Aphrodite Terra ist zwar zweifellos nicht so dramatisch wie die hohen Berge von Ishtar Terra mit dem majestätischen Bergmassiv Maxwell Montes, doch es hat seine eigenen vulkanischen Juwelen aufzuweisen. Bemerkenswert ist das raue, unordentliche Terrain, auf dem mehrere Lavaflüsse Rückschlüsse auf die explosive Entstehung nahe legen. Aphrodite Terra wird in zwei Teile unterteilt: Ovda Regio im Westen und Thetis Regio, das Gegenstück im Osten. Das markantere Ovda Regio prägen zahlreiche Scharten – tiefe, grabenartige Täler, die einander kreuzen.

ERDE

Die Erde vom Weltall aus gesehen

Überblick

Es gibt zwar viele Planeten, gar nicht zu reden von den Universen, die nach Meinung von Astrophysikern und Astronomen existieren könnten, doch eines ist sicher: Die Erde ist der einzige uns bekannte Planet, auf dem Leben existiert.

Das Wort „Erde" ist mindestens 1000 Jahre alt und ist ein Amalgam aus dem sächsischen „Ertha", dem niederländischen „Aerde" und dem germanischen „Erda", die alle „Grund" bedeuten. Die Erde ist der der Sonne drittnächste Planet und der fünftgrößte des Sonnensystems. Wenn die Sonne die Größe einer Zimmertür hätte, dann wäre die Erde so groß wie eine Münze. Die Erde kreist in 150 Mio. km Entfernung um die Sonne und ist der einzige Planet unseres Sonnensystems, auf dessen Oberfläche es flüssiges Wasser gibt. Sie besteht ebenso wie einige andere Planeten aus einem geschmolzenen Kern, einem Gesteinsmantel und einer festen Kruste. Die Erde hat nur einen Mond und keine Ringe; vor sich nähernden (kleineren) Meteoriten schützt sie die Atmosphäre, in der diese zerbrechen und verglühen.

Der erste Erdenbewohner, der seine Heimat vom Weltall aus sah, war ein Terrier namens Laika, der den Planeten 1957 an Bord von Sputnik 2 umkreiste. Er überlebte die Reise ins All zwar nicht, doch 1960 wurden zwei sowjetische Weltraumhunde – Belka und Strelka – die ersten Lebewesen, die lebend aus dem All zurückkamen. Die populäre Kultur hat viele alternative Versionen der Erde geschaffen, bei denen der Planet und seine Bewohner von allem Möglichen, von Affen bis zu einem steinernen Monolithen, regiert werden. Doch wie lange wir noch auf der Erde überleben können, steht im Zentrum einer hitzigen Debatte.

Das Schicksal der Erde ist untrennbar mit dem der Sonne verbunden. Modelle sagen voraus, dass die Sonne in ca. 5 Mrd. Jahren zum Roten Riesen werden wird. Sie wird dann 100-mal so groß sein wie heute, die Lichtstärke wird das 2000-fache des heutigen Niveaus erreichen und die Erde verdampfen lassen. Doch bis dahin ist noch viel Zeit, sich an den Wundern der Erde zu erfreuen: Meere, Berge, Wüsten und Dschungel, in denen es von Leben wimmelt – etwas, das im gesamten bekannten Universum nirgends sonst vorkommt.

An Laika, den ersten Hund im Erdorbit, wird auf vielerlei Arten erinnert.

ENTFERNUNG VON DER SONNE
1 AE

LICHTLAUFZEIT ZUR SONNE
8,25 Minuten

TAGESLÄNGE
24 Std.

UMLAUFZEIT
365,25 Tage

ATMOSPHÄRE
Stickstoff, Sauerstoff, Spurengase

Top-Tipp

Besucher der Erde sollten sich mit der Reiseplanung ein wenig beeilen. Venedig versinkt, der Machu Picchu ist durch Erdrutsche gefährdet und zwei Drittel des Kongobeckens könnten bis 2040 verschwunden sein. Zudem sterben nach Aussage von Experten jeden Tag 27 Arten aus. Dass im Amazonas und in der Tiefsee regelmäßig zahlreiche neue Arten entdeckt werden, tröstet kaum darüber hinweg.

An- & Weiterreise

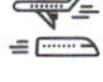

Die kommerzielle Raumfahrt ist im Aufkommen, man sollte aber wissen, worauf man sich einlässt. Den Erdmond kann man in drei Tagen erreichen, suborbitale Flüge dauern möglicherweise nicht einmal eine Stunde. Doch für die Reise zum Pluto benötigte die 2006 gestartete Raumsonde New Horizons, die schnellste Raumsonde aller Zeiten, neuneinhalb Jahre. Derzeit ist es nur einigen wenigen Menschen vorbehalten, unseren Heimatplaneten zu verlassen.

Die Jahreszeiten der Erde

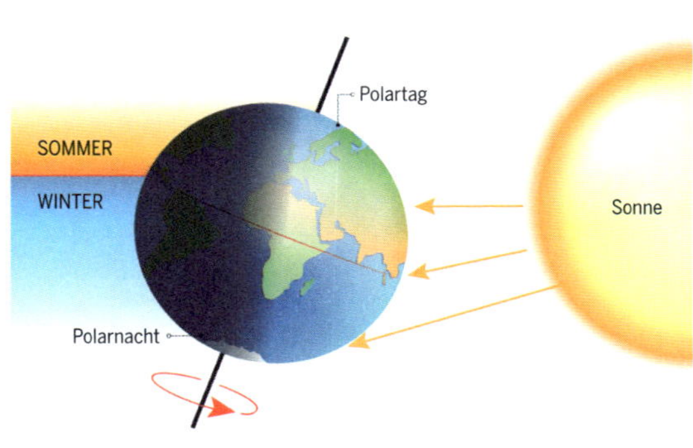

Die Erdachse bestimmt den Wandel der Jahreszeiten im Lauf des Jahres.

Orientierung

Wenn da draußen jemand wäre, was würde er beim Blick auf die Erde sehen? Einen Planeten, der mit einem Radius von 6371 km der größte der terrestrischen Planeten und der fünftgrößte überhaupt ist. Mit einer durchschnittlichen Entfernung von 150 Mio. km ist die Erde genau eine Astronomische Einheit (AE) von der Sonne entfernt, denn eine AE entspricht der Entfernung zwischen Sonne und Erde. Licht benötigt ca. acht Minuten, um von der Sonne zur Erde zu gelangen.

Während die Erde die Sonne umkreist, rotiert sie alle 23,9 Stunden einmal um ihre eigene Achse. Der Umlauf um die Sonne dauert 365,25 Tage. Der extra Vierteltag stellt für unser Kalendersystem, das von einer Jahreslänge von 365 Tagen ausgeht, ein Problem dar. Damit die jährlichen Kalender im Einklang mit dem Erdumlauf um die Sonne bleibt, wird alle vier Jahre ein um einen Tag längeres „Schaltjahr" eingefügt.

Tatsächlich nimmt die Tageslänge der Erde zu. Als die Erde vor 4,6 Mrd. Jahren entstand, dauerte ein Tag nur etwa 6 Stunden. Heute ist der Tag ca. 24 Stunden lang, doch noch immer nimmt die Tageslänge jedes Jahr um etwa 1,7 Millisekunden zu. Schuld daran ist der Mond. Seine Gravitation verlangsamt die Erdrotation durch die Gezeiten, die er mit verursacht: Das Meerwasser wird durch die Gravitation angehoben und bewegt sich im Bezug zur Erdoberfläche. Die dabei entstehende Reibung bremst die Erdumdrehung.

Die Erdachse kann man sich als einen imaginären Stab vorstellen, der von oben nach unten durch die Mitte des Planeten führt. Um diesen Stab rotiert die Erde und vollführt an einem Tag eine komplette Dre-

Die Erde *im Verhältnis zu* den Planeten

-- Radius --
11 × kleiner
ALS JUPITER

-- Masse --
17 × geringer
ALS NEPTUN

-- Volumen --
1321 × kleiner
ALS JUPITER

-- Schwerkraft --
2,5 × geringer
ALS JUPITER

-- Durchschnittstemperatur --
466 °C kälter
ALS VENUS

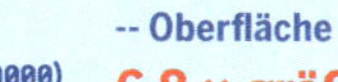

-- Oberfläche --
6,8 × größer
ALS MERKUR

-- Oberflächendruck --
92 × geringer
ALS VENUS

-- Dichte --
8 × dichter
ALS SATURN

-- Tageslänge --
1,41 × länger
ALS URANUS

-- Umlaufzeit --
53 % kürzer
ALS MARS

hung, weshalb es Tag und Nacht gibt. Als die Erde noch jung war, wurde sie, so vermutet man, von etwas Großem getroffen und dadurch aus dem Gleichgewicht gebracht. Deshalb rotiert sie nicht um eine senkrecht zur Bahnebene stehende Achse, sondern um eine leicht geneigte. Während die Erde um die Sonne kreist, zeigt die geneigte Achse immer in dieselbe Richtung. Das bedeutet, dass im Lauf des Jahres verschiedene Teile der Erde direkt von der Sonne bestrahlt werden. Diese Achsneigung verursacht den Kreislauf der Jahreszeiten.

Grob gesprochen ist zwischen April und September die nördliche Hemisphäre der Sonne zugeneigt, während ihr die südliche Hemisphäre abgewandt ist. Die Sonne steht höher am Himmel, die direkte Wärmestrahlung der Sonne ist größer, sodass sommerliche Bedingungen entstehen. Sechs Monate später ist die Situation umgekehrt. Zu Beginn des Frühlings und des Herbstes erhalten beide Hemisphären etwa gleich viel Wärme von der Sonne. Heute ist die Erdachse zur Umlaufbahn um die Sonne um 23,5°geneigt. Doch dieser Neigungsgrad ändert sich. Im Verlauf eines Zyklus von ca. 40 000 Jahren variiert die Achsenneigung zwischen 22,1 und 24,5°. Wenn die Erdneigung zunimmt, werden die Jahreszeiten, so wie wir sie kennen, extremer.

Die Entfernung der Erde von der Sonne hat auf die Ausprägung der Jahreszeiten jedoch keinen Einfluss. Der Unterschied zwischen dem Perihel (der sonnennächste Punkt der Erdumlaufbahn um die Sonne) und dem Aphel (der sonnenfernste Punkt der Erdumlaufbahn) beträgt nur 4,8 Mio. km, verglichen mit der Gesamtentfernung der Erde von der Sonne macht das nicht allzu viel aus und hat auch keinen spürbaren Einfluss auf die Veränderungen des Wetters im Lauf des Jahres. Der andere wichtige Faktor, der das Klima und das kurzfristige lokale Wetter beeinflusst, ist die eigene Atmosphäre der Erde.

Interessanter Fakt: Besuch von oben

Im November 2018 entdeckten Gletscherforscher der NASA ein ausgezeichnetes Beispiele dafür, was geschehen kann, wenn ein Meteorit auf die Erde trifft: einen großen Einschlagkrater, der sich im Nordwesten Grönlands unter einer über 800 m dicken Eisschicht versteckte. Der Krater unter dem Hiawatha-Gletscher entstand geschätzt vor mindestens 12 000 Jahren durch einen Meteoriteneinschlag. Er ist 300 m tief und hat einen Durchmesser von 31 km. Die NASA-Operation Icebridge entdeckte den Krater mithilfe von Radardaten, die auf Polarflügen gesammelt wurden.

Der Hiawatha-Gletscher in Grönland auf einem Foto der NASA

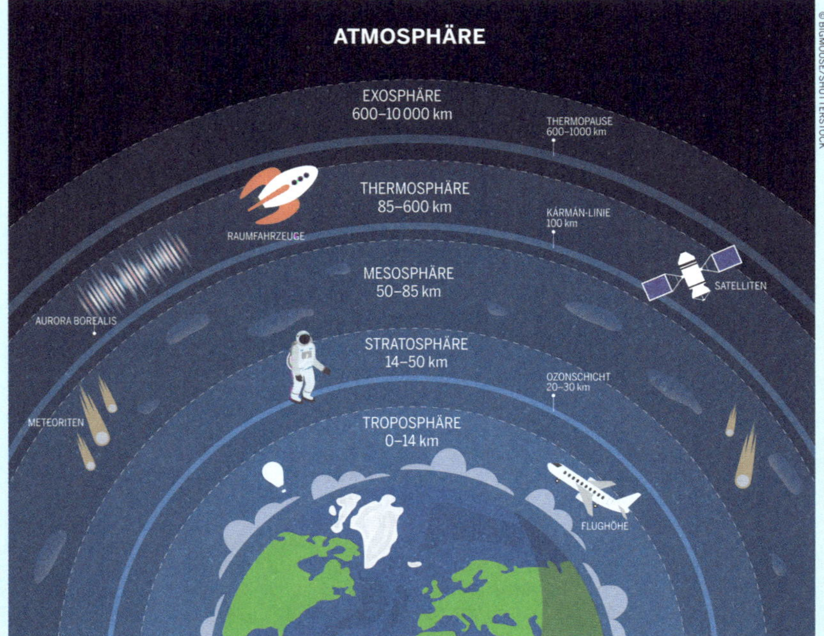

Die Schichten der Atmosphäre

Troposphäre

Diese Schicht ist der dichteste Teil der Atmosphäre. Sie beginnt an der Erdoberfläche und erreicht eine Höhe von bis zu 14 km. Hier spielen sich auch die Wetterphänomene ab.

Stratosphäre

Oberhalb der Troposphäre erstreckt sich die Stratosphäre bis in 50 km Höhe. Diese Region, in der sich die wichtige Ozonschicht befindet, absorbiert die schädliche UV-Strahlung aus dem Sonnenlicht und wandelt sie in Wärme um.

Mesosphäre

Dieser Schicht, die sich vom Rand der Stratosphäre bis in 85 km Höhe erstreckt, ist es zu verdanken, dass Meteoriten nicht öfter in der Erde einschlagen, denn die meisten verglühen in der Mesosphäre.

Ionosphäre

In der Ionosphäre, die sich durch alle Schichten der Atmosphäre oberhalb der Stratosphäre zieht, wimmelt es von ionisierten Atomen und Molekülen. Sie beginnt etwa 50 km oberhalb der Erde und reicht bis zum Rand des Weltalls, das in ca. 600 km Höhe beginnt. Dieser dynamische Teil der Atmosphäre dehnt sich aus oder zieht sich zusammen – abhängig von den jeweils herrschenden Bedigungen. Die Ionosphäre bildet eine Art Schutzschild gegen den Sonnenwind und ermöglicht auch die Kommunikation mittels Radiowellen, da die Radiosignale des Senders von der großen Menge von Ionen und Elektronen „reflektiert" werden und so den Empfänger erreichen.

Thermosphäre

In dieser Region, die über der Mesosphäre beginnt und bis in 600 km Höhe reicht, treten die Polarlichter auf, das Nordlicht (Auroa borealis) und das Südlicht (Aurora australis). In dieser Schicht umrunden auch die meisten Satelliten die Erde.

Exosphäre

Die äußerste Schicht der Erdatmosphäre reicht bis zu 10 000 km über die Erdoberfläche.

Die Magnetosphäre

Die Magnetosphäre wird vom Magnetfeld gebildet, das die Erde komplett umgibt. Andere Planeten des Sonnensystems haben ebenfalls eine Magnetosphäre, die der Erde ist jedoch die stärkste der Gesteinsplaneten. Sie ist eine riesige Blase, die bei der Bewohnbarkeit unseres Planeten eine entscheidende Rolle spielt. Der Sonnenwind bombardiert die Erde ständig mit Teilchen, was die der Sonne zugewandte Seite des Magnetfelds zusammendrückt. Auf der Sonnenseite (Tagseite) beträgt die Ausdehnung des Magnetfelds das Sechs- bis Zehnfache des Erdradius. Auf der der Sonne abgewandten Seite der Magnetosphäre (Nachtseite), läuft das Magnetfeld in einem Schweif aus, dessen Länge schwankt und Hunderte von Erdradien betragen kann.

Die Magnetosphäre entsteht durch die Rotation der Erde und durch ihren flüssigen Eisen-Nickel-Kern. Wie die Atmosphäre schützt auch die Magnetosphäre die Erde, besonders vor dem Sonnenwind, einem Strom geladener Teilchen, die von der Sonne wegströmen. Die Magnetosphäre lenkt die meisten Partikel von der Erde ab. Wenn geladene Teilchen im Erdmagnetfeld gefangen werden, können sie oberhalb der Magnetpole der Erde auf Luftmoleküle treffen – so entsteht das Polarlicht.

Das Magnetfeld ist der Grund dafür, dass die Kompassnadel immer zum Nordpol zeigt. Doch die Polarität des Erdmagnetfelds kann sich ändern, dann wechselt das Magnetfeld seine Richtung. Geologische Befunde lassen vermuten, dass dies im Durchschnitt alle 200 000 bis 400 000 Jahre geschieht, aber in unregelmäßigen Abständen. Der Grund dafür ist immer noch unbekannt.

Nach allem, was wir wissen, ist eine Polumkehr für das Leben auf der Erde harmlos, zudem wird sich die nächste vermutlich frühestens in 1000 Jahren ereignen. Während der Umstellung werden die Kompassnadeln jahrhundertelang in völlig verschiedene Richtungen weisen. Nach der Polumkehr werden die Nadeln dann alle nach Süden und nicht mehr nach Norden zeigen.

Die für uns unsichtbare Magnetosphäre verhindert, dass geladene Teilchen aus dem All die Oberfläche der Erde erreichen.

Die Erde entstand ursprünglich aus wirbelnden Gasen und Staub, die von der Gravitation zu einer Wolke zusammengezogen wurden. Die Erde besteht aus vier Hauptschichten: einem inneren Kern im Zentrum, einem äußeren Kern, einem Gesteinsmantel und schließlich einer festen Kruste.

Der innere, 5400 °C heiße Kern ist fest, hat einen Radius von etwa 1221 km und besteht aus Eisen und Nickel. Der äußere Kern umgibt den inneren Kern. Er ist ca. 2300 km dick und besteht aus flüssigem Eisen und Nickel. Zwischen dem Kern und der Kruste liegt die dickste Schicht, der Mantel. Der heiße, dickflüssige Mantel ist etwa 2900 km dick und hat die Konsistenz von Karamell.

Die Erde ist relativ dünnhäutig. Die äußerste Schicht, die Kruste, ist an Land nur etwa 30 km dick. Auf dem Grund des Ozeans ist sie noch dünner: Der Bereich zwischen dem Meeresboden und dem äußersten Rand des Erdmantels heißt Astenosphäre und ist nur etwa 5 km dick.

Auf der Erde gibt es wie auf dem Mars und der Venus Vulkane, Berge und Täler. Die

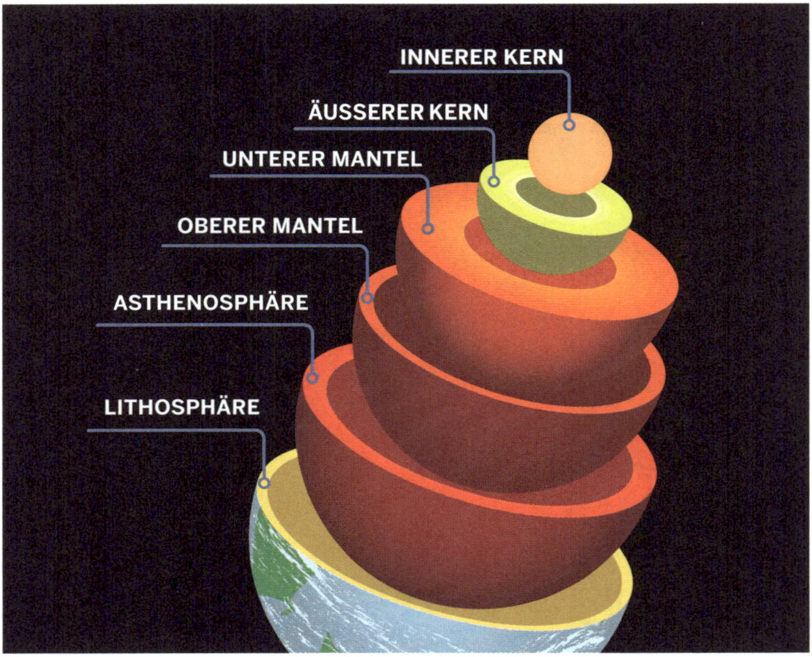

INNERER KERN
ÄUSSERER KERN
UNTERER MANTEL
OBERER MANTEL
ASTHENOSPHÄRE
LITHOSPHÄRE

Das Diagramm zeigt den inneren Aufbau der Erde.

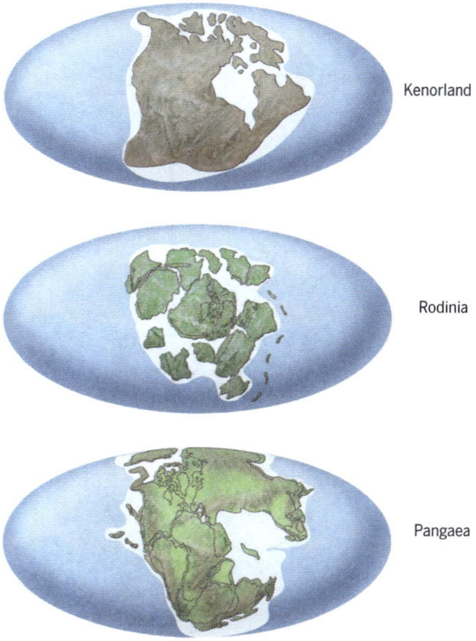

Kenorland

Rodinia

Pangaea

Die Lithosphärenplatten fügen sich immer wieder zu Superkontinenten zusammen.

Unterwassergebirge

Die Ozeane der Erde, die fast 70 % der Erdoberfläche bedecken, sind durchschnittlich 4000 m tief und enthalten 97 % des Wassers des Planeten. Fast alle Vulkane der Erde verbergen sich im Meer. Der Mauna Kea auf Hawaii ist über 10 000 m hoch und damit höher als der Mount Everest, doch der größte Teil davon liegt unter Wasser.

Die längste Bergkette der Erde, der Mittelozeanische Rücken, liegt auf dem Grund des Arktischen und des Atlantischen Ozeans. Er erstreckt sich über 65 000 km und ist damit viermal länger als die Anden, die Rocky Mountains und der Himalaja zusammen.

Lithosphäre der Erde, die aus der kontinentalen und ozeanischen Schicht sowie dem oberen Mantel besteht, ist in riesige Platten unterteilt, die in ständiger Bewegung sind. Die Nordamerikanische Platte bewegt sich z. B. nach Westen über den Pazifik, etwa so schnell wie ein Fingernagel wächst. Zu Erdbeben kommt es, wenn Platten aneinander vorbeigleiten oder sich übereinander schieben. Wenn Platten zusammenstoßen, entstehen Gebirge.

Die Lithosphärenplatten durchlaufen einen Hunderte Millionen Jahre dauernden Zyklus aufeinanderfolgender Superkontinente – die Platten fügen sich zusammen und trennen sich dann wieder. Der älteste derzeit vermutete Superkontinent war Kenorland (vor 2 Mrd. Jahren), gefolgt von Nuna (vor 1,8 Mrd. Jahren). Danach folgte vor etwa 1 Mrd. Jahren Rodinia, der bis vor 800 Mio. Jahren existiert haben könnte. Das Zentrum Rodinias bildete das heutige Nordamerika. Wissenschaftler können nur schätzen, wann Rodinia auseinanderbrach, doch einige der vielen Teile, in die es zerbrach, stießen vor 250 bis 500 Mio. Jahren wieder zusammen und schufen die Appalachen in Nordamerika und den Ural in Russland und Kasachstan. Etwa zu dieser Zeit kamen die Kontinente wieder zusammen und bildeten Pangaea, der wie Rodinia von einem einzigen globalen Ozean umgeben war. 50 Mio. Jahre später zerbrach auch Pangaea wieder – in die Landmassen Gondwanaland und Laurasia, die später weiter zerfielen, wobei die heutigen Kontinente entstanden. In der Zeit zwischen den Superkontinenten bewegten sich Kontinente und kleinere Landmassen chaotisch über die Erdoberfläche. Wissenschaftler leisten in dieser Sache Detektivarbeit: Durch die Analyse von eisenhaltigen magnetischen Mineralien, anhand der sich erkennen lässt, wo sich das Gestein befand, als es erstmals abkühlte, können Wissenschaftler Modelle der Erde in der Vergangenheit erstellen. Für die Zukunft vermutet man, dass die Plattentektonik zur Auslöschung des Karibischen Meers und des Arktischen Ozeans sowie der Entstehung des neuen Superkontinents Amasia auf der Nordhalbkugel führen wird.

Schneeball Erde

In den letzten 650 000 Jahren hat es sieben Zyklen gegeben, bei denen Gletscher zuerst vorstießen und sich dann zurückzogen. Wissenschaftler glauben, dass es mehrmals so kalt wurde, dass die Erde komplett zufror (Schneeball Erde). Es könnte vier solcher Perioden des abwechselnden Frierens und Tauens gegeben haben, die durch die Reduktion von Treibhausgasen wie Methan und Kohlendioxid (CO_2) ausgelöst wurden. In diesen Perioden muss die Erde von Pol zu Pol mit Gletschereis überzogen gewesen sein. Der größte Teil des Sonnenlichtes wurde zurück ins All reflektiert und die Durchschnittstemperatur lag bei ca. –50 °C.

Das abrupte Ende der letzten Eiszeit vor ca. 7000 Jahren markiert den Beginn der modernen Klima-Ära und der menschlichen Zivilisation. Die meisten vorherigen Klimaänderungen wurden auf kleine Veränderungen der Umlaufbahn der Erde zurückgeführt, die die Menge der Sonnenenergie, die der Planet erhielt, veränderten. Der gegenwärtige Trend der Klimaerwärmung ist das Ergebnis menschlicher Aktivität. Im Lauf weniger Jahrzehnte ist diese Erwärmung schneller vorangeschritten als Klimaerwärmungen in der Vergangenheit, die sich im Laufe Tausender Jahre vollzogen.

„Eiskerne", die in der Antarktis und in Grönland gewonnen wurden, enthalten Informationen über das Niveau des CO_2 in der Vergangenheit. Weitere Zeugnisse finden sich in Baumringen, Ozeansedimenten, Korallenriffen und Sedimentschichten. Diese „Paläoklima"-Daten zeigen, dass das Tempo der derzeitigen Erwärmung zehnmal schneller ist als das durchschnittliche Tempo der Erwärmung nach den Eiszeiten.

Die „wärmeeinsperrende" Eigenschaft von CO_2 und anderen Gasen wurde schon Mitte des 19. Jhs. demonstriert, sie wird Treibhauseffekt genannt. Der Anstieg von CO_2 in der Atmosphäre mag zwar klein scheinen, doch er kann zu großen Veränderungen führen.

Seit dem späten 19. Jh. ist die durchschnittliche Temperatur auf der Erde um 0,9 °C gestiegen, eine Veränderung, die vor allem auf den CO_2-Anstieg und andere von Menschen verursachte Emissionen zurückgeht. Der Löwenanteil dieser Erwärmung fand in den letzten 35 Jahren statt; nach 2010 gab es die fünf wärmsten Jahre seit Beginn der Wetteraufzeichnungen. Das wärmste Jahr war bisher 2016, dieser Rekord wird aber wahrscheinlich nicht allzu lange Bestand haben.

Der Yakutat-Gletscher in Alaska ist infolge der Klimaerwärmung auf dem Rückzug.

Die Menschheit gegen die Erde

Satelliten und andere technische Errungenschaften ermöglichen es, die Erde im großen Zusammenhang zu sehen und Belege dafür zu sammeln, wie die menschliche Aktivität zur rasanten globalen Klimaerwärmung beigetragen hat.

1) Erwärmung der Meere

Die Meere absorbierten einen Großteil der durch den Klimawandel gestiegenen Wärme. 2019 kamen Wissenschaftler zu dem Schluss, dass die Erwärmung der Ozeane Schätzungen des Weltklimarats IPCC um 40 % übertroffen hat.

2) Rückgang der Eisschilde

Zwischen 2002 und 2017 verlor Grönland jährlich durchschnittlich 286 Mrd. t Eis pro Jahr. Die Antarktis verlor in diesem Zeitraum etwa 127 Mrd. t Eis pro Jahr. Die Rate des Eisverlusts in der Antarktis hat sich im letzten Jahrzehnt verdreifacht.

3) Wetterextreme

Seit 1950 nimmt die Zahl der Wetterereignisse mit Rekord-Höchsttemperaturen weltweit zu, während die Zahl der Wetterereignisse mit Rekord-Tiefsttemperaturen abnimmt. Hitzewellen haben in Europa, Australien, Asien und auf dem amerikanischen Doppelkontinent Todesfälle und häufigere und stärkere Waldbrände verursacht. Auch extreme Regenfälle haben zugenommen, ebenso wie Dürrejahre.

Erde und Mond aus dem Orbit gesehen

4) Anstieg des Meeresspiegels

Der Meeresspiegel ist im letzten Jahrhundert weltweit um etwa 20 cm gestiegen. Das Tempo des Anstiegs hat sich jedoch in den vergangenen beiden Jahrzehnten im Vergleich dazu fast verdoppelt und beschleunigt sich jedes Jahr.

5) Rückgang des arktischen Meereises

Das arktische Meereis ist in den vergangenen Jahren rapide zurückgegangen, sowohl was seine Ausdehnung als auch seine Dicke betrifft. 2012 war das Seeeisminimum (wenn das Eis am Ende der jährlichen Eisschmelze seine geringste Ausdehnung hat, ungefähr im September) das geringste je verzeichnete. Noch in diesem Jahrhundert könnte die Erde im Sommer einen eisfreien Nordpol erleben, was für die Schifffahrt und die mögliche Kommerzialisierung ganz neue Bereiche eröffnet.

6) Rückzug der Gletscher

Anhand der Gletscher, die vom Weltraum aus überwacht werden, kann man erkennen, dass diese sich in fast jedem Gebirge der Welt rasch zurückziehen, so auch in den Alpen, im Himalaja, in den Anden, in den Rocky Mountains und am Kilimandscharo.

7) Versauerung der Meere

Seit der industriellen Revolution ist die Versauerung der Meere um ungefähr 30 % gestiegen und die pH-Werte sind weltweit gesunken. Dies ist eine Folge der gestiegenen Kohlendioxidemissionen in die Atmosphäre. Die Menge des Kohlendioxids, das von den oberen Schichten der Ozeane aufgenommen wird, steigt jedes Jahr um etwa 2 Mrd. t. Das Sinken des pH-Werts ist eine Ursache der Korallenbleiche und trägt auch zur aggressiven Algenblüte bei.

© TANAKORN KHATIYASONTORN/SHUTTERSTOCK

Der Mond während einer Mondfinsternis – ein Phänomen, das eindeutig beweist, dass die Erde eine Kugel ist.

Der Mythos der flachen Erde

Dass unsere Vorfahren im Mittelalter glaubten, die Erde sei flach, könnte ein ebenso großer Mythos sein wie diese Idee selbst. An der Vorstellung von der Erde als Scheibe hat die Kunst einen ebenso großen Anteil wie die Wissenschaft, z. B. Maler wie Hieronymus Bosch, dessen im 15. Jh. entstandenes Triptychon *Der Garten der Lüste* auf den Außenflügeln eine flache Erde in einer Sphäre zeigt.

Tatsächlich wissen wir schon seit über 2000 Jahren, dass die Erde rund ist. Die alten Griechen maßen während der Sommersonnenwende Schatten und berechneten so den Erdumfang. Sie nutzten die Positionen und Konstellationen der Sterne, um Entfernung auf der Oberfläche der Erde zu schätzen und dokumentierten, dass sie während einer Mondfinsternis den runden Schatten der Erde vor dem Mond gesehen hatten. Heute nutzen Wissenschaftler die Geodäsie, die Wissenschaft von der Messung der Form, Gravitation und Rotation der Erde. Die Geodäsie liefert Messdaten, die beweisen, dass die Erde kugelförmig ist. Mithilfe von GPS können Wissenschaftler die Größe und Form der Erde heute zentimetergenau messen. Auch Bilder aus dem All zeigen, dass die Erde rund ist, genau wie ihr Mond.

Die noch immer zahlreichen Anhänger der Flache-Erde-Theorie haben zumindest in einem Punkt nicht ganz unrecht: Eine perfekte Kugel ist die Erde nicht. Am Äquator ist sie um 0,3 % ausgebuchtet: Vom Nord- zum Südpol gemessen beträgt der Durchmesser der Erde 12 714 km, quer durch den Äquator aber 12 756 km. Das ist ein Unterschied von 42,78 km, was nur ein Dreihundertstel des Erddurchmessers ausmacht. Diese Abweichung ist zu klein, als dass man sie auf Bildern der Erde vom Weltraum aus erkennen könnte, daher nimmt das Auge den Planeten als rund wahr. Jüngste Forschungsergebnisse des Jet Propulsion Laboratory der NASA deuten darauf hin, dass auch die schmelzenden Gletscher dazu beitragen, dass die „Taille" der Erde dicker wird.

Die Form der Erde: ein historischer Überblick

1) Antikes Griechenland

Seit etwa dem 6. Jh. v. Chr. glaubten die griechischen Kosmologen einmütig, dass die Erde rund sei. Aristoteles bemerkte, dass man von Ägypten aus andere Sterne sah als von Zypern aus und vertrat die Theorie, dass die Oberfläche gekrümmt sei.

2) Römisches Reich

Zur Zeit von Cicero und Plinius dem Älteren, etwa um 50 v. Chr., war es akzeptiert, dass die Erde rund ist. Römische Geographen wie Strabon trieben die Theorien voran, die auf Zeugnissen von Seefahrern beruhten, die beobachtet hatten, dass hohes Gelände aus einer bestimmten Entfernung sichtbar war, flaches Gelände aber nicht. Strabo kam zu dem Schluss, dass dies nur möglich sein konnte, wenn die Erde gekrümmt war.

3) Indien

Im 6. Jh. n. Chr. kamen Astronomen wie der Gelehrte Aryabhata heutigen Erkenntnissen schon sehr nah. In seinem Hauptwerk, bescheiden das *Aryabhatiya* genannt, wird der Erdumfang mit 4967 *yojana* angegeben (39 968 km). Der tatsächliche Erdumfang am Äquator beträgt 40 075 km.

4) Mittelalter

Der Bischof und spätere Heilige Isidor von Sevilla predigte, dass die Erde rund sei. Seine Neigung, obskure lateinische Begriffe zu benutzen, führte aber dazu, dass einige glaubten, er meinte, die Erde sei scheibenförmig. Unsere mittelalterlichen Vorfahren glaubten vielleicht nicht, dass die Erde flach sei, doch sie bezweifelten, dass es für Menschen möglich sei, auf der Südhalbkugel zu leben.

5) Islamische Astronomie

Um von jedem beliebigen Punkt auf der Erde die Entfernung nach Mekka berechnen zu können, gewannen islamische Mathematiker bahnbrechende Erkenntnisse in der sphärischen Trigonometrie. Im 10. und 11. Jh. entwickelte der Gelehrte Abu Rayhan al-Biruni die Prinzipien der Triangulation, die ihm ermöglichten, den Radius der Erde fast exakt zu messen. Eine derartig genaue Berechnung dieses Wertes gelang in der westlichen Welt erst im 16. Jh.

6) China

Chinesischen Astronomen akzeptierten die Idee einer kugelförmigen Erde vollständig erst verhältnismäßig spät. Erst als sie im 17. Jh. beobachteten, dass Schiffe, die mehr oder weniger genau auf einer geraden Linie fuhren, an ihren Ausgangshafen zurückkehren konnten, waren sie wirklich völlig davon überzeugt, dass die Erde eine Kugel ist.

Illustration des Konzepts der flachen Erde

Die Beobachtung der Erde durch Satelliten: zehn NASA-Missionen, die zum besseren Verständnis des Planeten beitragen

NASA Earth Science ist ein großes Programm zur Beobachtung der Veränderungen auf unserem Planeten. Diese Beobachtungen werden mit hochsensiblen Instrumenten vorgenommen und tragen zu einem immer genaueren Verständnis der Interaktionen zwischen den Ozeanen, der Luft, dem Land und dem Leben auf der Erde bei. NASA-Satelliten helfen dabei, das Wetter, Dürren, die Luftverschmutzung, den Klimawandel und viele andere Phänomene zu untersuchen und Vorhersagen zu treffen. Hier einige der derzeitigen Missionen – weitere sind geplant.

1) Landsat

Start (als Earth Resources Technology Satellite-1): Juli 1972

Seit dem ersten Start im Jahr 1972 haben die Daten von Landsat, wie der erste Satellit später benannt wurde, dabei geholfen, Entwaldung und den Rückzug der Gebirgsgletscher zu beobachten. Wasserbehörden haben die Bewässerung von Anbauflächen im amerikanischen Westen überwacht, und Bevölkerungswissenschaftler beobachteten das Wachstum der Städte in der ganzen Welt. Ein weiterer Satellit des Programms, Landsat 9, soll im Dezember 2020 starten.

2) Gravity Recovery and Climate Experiment (GRACE)

Start: März 2002

GRACE beobachtete Veränderungen in den Wasserreservoirs der Erde – Seen, Eisschilde, Gletscher – und überwachte den Anstieg des Wasserspiegels der Meere. Im Mai 2018 wurde der „Nachfolger“ GRACE-FO gestartet. Die Informationen, die die beiden Satelliten liefern, werden genutzt, um Karten des Gravitationsfeldes der Erde zu erstellen, die genaueren Aufschluss darüber geben, wie sich Massen, insbesondere Wasser, um den Planeten bewegen.

3) Solar Radiation and Climate Experiment (SORCE)

Start: Januar 2003

SORCE misst die von der Sonne produzierte elektromagnetische Strahlung und ihre Auswirkungen auf die Erdoberfläche. Einer der größten Erfolge von SORCE war die tägliche Aufzeichnung der Gesamt-Sonneneinstrahlung oberhalb der Erdatmosphäre (*Total Solar Irradiance*; TSI). Da die Energie von der Sonne das Klima und die Wettersysteme der Erde beeinflusst, ist sie eine wichtige Größe.

4) Suomi National Polar-orbiting Partnership (Suomi NPP)

Start: Oktober 2011

Der nach dem Meteorologen Verner Suomi benannte Satellit kartiert Landmassen sowie Veränderungen in der Produktivität der Vegetation. Außerdem überwacht er atmosphärisches Ozon und Aerosole, Oberflächentemperaturen auf dem Meer und an Land und Naturkatastrophen wie Vulkanausbrüche und Überflutungen.

Landsat umkreist die Erde.

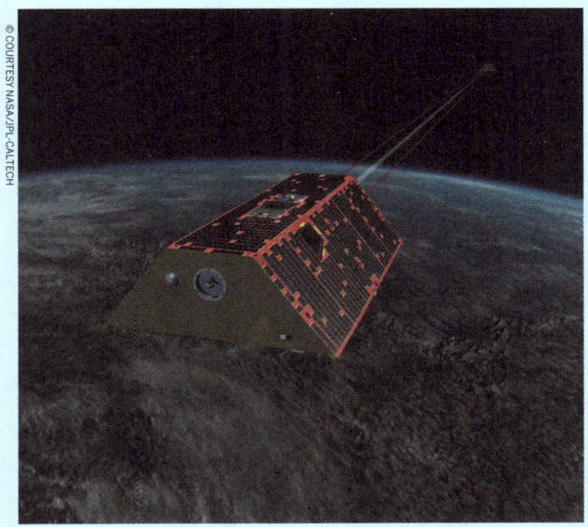

Künstlerische Darstellung des Doppelsatelliten von GRACE-FO

5) Soil Moisture Active Passive (SMAP)

Start: Januar 2015

Dieser Beobachtungssatellit in der Erdumlaufbahn misst den Wassergehalt in der obersten Schicht des Erdbodens. Seine Daten zur Bodenfeuchte haben zum Verständnis des Wasser- sowie des Kohlenstoffkreislaufs beigetragen. Die Daten zur Bodenfeuchte sind der Schlüssel zum Verständnis dafür, wie Wasser und Wärmeenergie das Klima beeinflussen.

6) Ice, Cloud and Land Elevation Satellite-2 (ICESat-2)

Start: September 2018

Das Lasersystem des ICESat-2 erlaubt es Wissenschaftlern, mittels der reflektierten Photonen das Höhenprofil von Eisschilden, Gletschern und Meereis genau zu messen. Der Satellit untersucht, warum und wie sich die Kryosphäre, die gefrorenen Bereiche des Planeten, verändert. ICESat-2 misst auch Temperaturen und untersucht die tropischen Regionen und die Dicke der Vegetationsbedeckung.

7) Earth Observing System (EOS)

Start: Dezember 1999 (Terra); Mai 2002 (Aqua); Juli 2004 (Aura)

Zum Earth Observing System (EOS) der NASA gehören mehrere Satelliten, die zusammenarbeiten, um ein umfassendes Bild des Klimas der Erde zu erstellen. *Terra* hilft dabei, den Einfluss von menschlichen Aktivitäten und Naturkatastrophen kartographisch zu erfassen, *Aqua* sammelt Daten über den Wasserkreislauf und *Aura* misst Ozon und Gase in der Atmosphäre.

8) GPM (Global Precipitation Measurement)

Start: Februar 2014

Der Satellit GPM Core Observatory ist eine internationale NASA-Mission in Zusammenarbeit mit der japanischen Raumfahrtbehörde JAXA und soll durch die Beobachtung von Regen und Schnee weltweit rund um den Globus zukünftige Klimaereignisse vorhersagen. Ziel der Mission, die alle drei Stunden Daten sendet, ist es, durch ein Netzwerk von Partnersatelliten die Daten von Niederschlagsmessungen auf der ganzen Welt zusammenzuführen.

9) Surface Water and Ocean Topography (SWOT)

Geplanter Start: September 2021

Bei dieser Satelliten-Mission arbeiten US-amerikanische und französische Meeresforscher und Hydrologen bei der ersten weltweiten Untersuchung des Oberflächenwassers der Erde zusammen. Sie beobachten genaue Einzelheiten der Oberflächentopografie der Meere und messen, wie sich Gewässer im Lauf der Zeit verändern.

10) Tropospheric Emissions: Monitoring Pollution (TEMPO)

Geplanter Start: 2022

Das erste Instrument, das wichtige Luftschadstoffe in Nordamerika vom All aus messen wird, wird in einer Umlaufbahn über dem Äquator fliegen. Von dort wird TEMPO die täglichen Veränderungen des Gehalts an Ozon, Stickstoffdioxiden und anderen Luftschadstoffen überwachen.

Highlights

Auf den folgenden Seiten sind die Extreme und die Naturwunder zu finden, die jeder Besucher der Erde auf dem Plan haben sollte, von trockenen Wüsten über faszinierende Berge bis zu Gewässern voller Leben.

Mount Everest

1 Der Gipfel des Mount Everest ist mit 8848 m über dem Meeresspiegel der höchste Punkt der Erde. Er liegt an der Grenze von Tibet und Nepal.

Challengertief

2 Das Challengertief am Südende des Marianengrabens, der sich im Pazifik befindet, gilt mit einer Maximaltiefe von ca. 10 900 m als die tiefste Stelle der Meere.

Atacama-Wüste

3 Die Atacama-Wüste ist der trockenste Ort der Erde. Sie liegt im Norden Chiles, neben dem größten Gewässer der Erde, dem Pazifik.

Mauna Kea

4 Mauna Kea, ein schlafender Vulkan auf Hawaii, ist 1 Mio. Jahre alt. Sein Gipfel ragt 4207 m über dem Meeresspiegel empor, doch sein unter Wasser liegender Fuß ist über 6000 m hoch – damit ist er der höchste Berg der Erde.

Chicxulub-Krater

5 Der größte bisher gefundene erhaltene Einschlagkrater befindet sich in Mexiko. Er entstand, als vor 66 Mio. Jahren ein Asteroid mit einem geschätzten Durchmesser von 10 bis 15 km auf der Erde einschlug.

Silfra-Spalte

6 Die Silfra-Spalte im isländischen Nationalpark Thingvellir ist eine spaltenförmige Verwerfung zwischen der Nordamerikanischen und der Eurasischen Platte. Das Wasser hier ist das klarste der Welt, die Sichtweite beträgt über 100 m – ein Paradies für Taucher.

Death Valley

7 Das „Tal des Todes" liegt im Osten der kalifornischen Mojave-Wüste. Hier wurde die höchste je auf der Erde gemessene Temperatur verzeichnet: glutheiße 56,7 °C.

In der Antarktis, die für die meisten Lebensformen zu unwirtlich ist, leben sieben verschiedene Pinguinarten.

Sonnenuntergang über einem Krater im gespenstischen Terrain des Valle de Luna („Tal des Mondes“) in der Atacama-Wüste

Antarktis

8 Am kältesten Ort der Erde herrschen im Winter Durchschnittstemperaturen von –50 °C, doch die Antarktis bietet eine reiche Tier- und Pflanzenwelt und spektakuläre geographische Merkmale, die angesichts der Bedrohung durch den Klimawandel umso überwältigender sind.

Great Barrier Reef

9 Das mit einer Länge von 2300 km größte Korallenriff der Erde ist zugleich die größte Struktur, die von lebenden Organismen geschaffen wurde. Es ist sogar vom Weltraum aus sichtbar!

Amazonas-Regenwald

10 Im 5,5 Mio. km² großen brasilianischen Amazonas-Regenwald leben 390 Mrd. Bäume, ein Fünftel aller Vogelarten, 2,5 Mio. Insektenarten. Und das ist noch längst nicht alles!

Ngorongoro-Krater

11 Das Naturschutzgebiet Ngorongoro ist ein beliebtes Ziel von Safaris, denn hier leben die sogenannten Big Five: Elefanten, Löwen, Nashörner, Afrikanische Büffel und Leoparden.

Chinesische Mauer

12 Die „Große Mauer“ in China ist mit einer Länge von 21 000 km sogar vom Weltall aus erkennbar – allerdings nicht mit dem bloßen Auge.

Der Mount Everest vom Kala Patthar aus gesehen, auf dem Weg zum Everest-Basislager, Sagarmatha National Park, Nepal

Mount Everest

Der Mount Everest, der erstmals 1953 von Edmund Hillary und Tenzing Norgay bestiegen wurde, ist mit 8848 m Höhe der berühmteste Berg der Erde. In der Hauptsaison (April & Mai) stehen Bergsteiger am Gipfelaufstieg Schlange.

Der Mount Everest ist der höchste der 15 „Achttausender" der Erde. Basislager, die als Ausgangspunkt für die beiden Hauptrouten zum Gipfel dienen, liegen in Nepal auf der Südseite und in Tibet auf der Nordseite. Jedes Jahr versuchen mehr als 800 Menschen, den Everest zu besteigen und zahlen für dieses Privileg Geld. Der Berg gilt zwar nicht als der technisch anspruchsvollste, der K2 ist z. B. viel schwieriger, dennoch sind Bergsteiger vielen Risiken ausgesetzt, darunter Höhenkrankheit, Wetterwechsel und Lawinen. In Nepal befindet sich die größte Gefahr, der sich ständige bewegende Khumbu-Eisbruch, am Fuß des Aufstiegs, in Tibet ist der lange Nordostkamm in Gipfelnähe am gefährlichsten. Die ersten Versuche, den Berg zu besteigen, gab es in den 1920er-Jahren. Am berühmtesten ist der Versuch von George Mallory und Sandy Irvine, die im Juni 1924 verschwanden. Bei dem Versuch, den Berg zu besteigen, sind schon fast 300 Menschen ums Leben gekommen.

Sehenswertes

Tenzing-Hillary Airport (Nepal)

1 Er gilt als gefährlichster Flughafen der Welt. Der Flug von Katmandu ist schon ein Abenteuer für sich, doch er ist nicht annähernd so aufregend wie die Landung auf der Landebahn direkt vor dem Abgrund.

Pang La

2 Der „Wiesenpass" ist der letzte Pass auf der tibetischen Straße zum Mount Everest. Von hier sind fünf mächtige Gipfel sichtbar: Makalu, Cho Oyu, Shishapangma, Kanchenjunga und Mount Everest.

Khumbu-Eisbruch (Nepal)

3 Dieser spektakuläre Eisfluss ist von Gletscherspalten durchzogen und von vielen Lawinen bedroht. 25 % der Todesfälle auf der nepalesischen Seite des Mount Everest ereigneten sich am Eisbruch. Eine schreckliche Schönheit!

Namche Bazaar

4 Die bei Trekkern beliebte Bergstadt liegt auf 340 m Höhe und ist damit eine ausgezeichnete Basis für die Akklimatisierung an große Höhen. Hier kann man auch noch Ausrüstungsteile kaufen.

Rongpu-Kloster (Tibet)

5 Vom letzten Stopp vor dem Basislager auf der tibetischen Seite bietet sich ein toller Blick auf den Berg. Die Bedeutung des Klosters ist enorm, seine Mönche segnen noch heute viele Sherpas, die die Expeditionen begleiten.

Ein Flugzeug auf der Startbahn des Tenzing-Hillary Airport in Nepal

Was bedeutet der Name?

Die Ureinwohner der Himalaja-Region verehren den Mount Everest. Der nepalesische Name ist Sagarmatha, der tibetische Chomolungma. Am bekanntesten ist jedoch der Name, den die Royal Geographical Society 1865 dem Berg gab, Mount Everest, nach Sir George Everest, einem britischen Geodäten.

Vermessungswettstreit

Der Mount Everest ist auch das Objekt einer kleinlichen Grenzstreitigkeit. Der Himalaja entstand durch den Zusammenstoß der Indischen und der Eurasischen Platte. China, dem der halbe Gipfel gehört, besteht darauf, dass die maximale Höhe 8844 m beträgt: Dies ist die Höhe des höchsten Gipfels am Fels. Nepal, dem die andere Hälfte des Gipfels gehört, beharrt darauf, dass der Berg mit der Schneedecke vermessen wird, was ca. 8848 m ergibt. Unabhängige Geologen haben zudem ein Höhenwachstum von ca. 6 cm pro Jahr dokumentiert. Grund dafür ist, dass sich die Indische Platte nach wie vor unter die Eurasische Platte schiebt. Durch Verwitterung kann die Höhe aber auch abnehmen. Nepal hat 2019 mit einer neuen, exakteren Vermessung begonnen. Doch egal, ob 8844 oder 8848 m – die Dichte der Luft auf dem Gipfel des Mount Everest beträgt nur etwa ein Drittel der Dichte der Luft auf Meereshöhe.

Diese Röhrenwürmer gedeihen nahe der Unterwasservulkane der Marianenregion.

Challengertief

Das Challengertief ist nach der HMS Challenger benannt, die 1872 hier erstmals die Tiefe maß. Moderne Tauchboote haben Tiefen von 10 898 bis 10 916 Metern gemessen. Sonar-Untersuchungen deuten auf noch größere Tiefen hin.

Der Marianengraben, in dem das Challengertief liegt, entstand durch Subduktion. Zu diesem Prozess kommt es beim Zusammenstoß zweier tektonischer Platten: Wenn die leichtere Platte unter die schwerere gezogen wird, kann ein tiefer Graben entsteht. Das Challengertief entstand, als die Pazifische Platte an die Philippinische Platte stieß. Seine Tiefe fasziniert Wissenschaftler bis heute. Die US National Oceanic and Atmospheric Administration (NOAA) vermaß das Challengertief 2010 mit Sonargeräten und kam auf eine nicht verifizierte Tiefe von 10 994 m. Regisseur James Cameron unternahm zwei Jahre später eine eigene Expedition und erreichte allein in einem Tauchboot eine Tiefe von 10 898 m; er war davon überzeugt, dass er noch tiefer hätte tauchen können. 2014 veröffentlichten Wissenschaftler der University of New Hampshire eine Meeresbodenkartierung, bei der das Challengertief 10 984 m unter dem Meeresspiegel lag – noch tiefer, als bisher angenommen.

Top-Fakten

Tief und schmal

1 Der Marianengraben ist 2542 km lang, mehr als fünfmal so lang wie der Grand Canyon. Seine Breite beträgt im Durchschnitt aber nur 69 km.

(Relativ) rund

2 Die Erde ist keine perfekte Kugel. Wissenschaftlich betrachtet ist sie ein abgeplattetes Rotationsellipsoid – am Äquator ist sie etwas dicker und an den Polen leicht abgeflacht. Daher ist der Radius der Erde an den Polen gemessen auch kleiner als am Äquator. Diese leicht deformierte Kugelform führt dazu, dass der Meeresboden der Arktis etwas näher am Zentrum der Erde liegt als das Challengertief, obwohl er durchschnittlich nur 1083 m unter dem Meeresspiegel liegt.

Druckkochtopf

3 Der Wasserdruck am Boden des Challengertiefs beträgt 1,2 t pro 1 cm², mehr als tausendmal so viel wie an der Wasseroberfläche; das entspricht dem Gewicht von vier Jumbo-Jets. Der Regisseur und Unterwasserentdecker James Cameron benötigte 2012 bei seinem Tauchgang in den Marianengraben ein Tauchboot mit einer 64 mm dicken Stahlhülle, um diesen Druck zu überstehen.

White Smokers

4 Im Challengertief befinden sich einige seltene Unterwasservulkane. Der submarine Vulkan Eifuku stößt z. B. flüssiges, 103 °C heißes Kohlendioxid aus. Diese blubbernden Quellen werden „weiße Raucher" genannt.

Der Mount Everest im Challengertief

5 Wenn der Mount Everest auf dem Boden des Challengertiefs stehen würde, würde sich der Gipfel immer noch fast 2 km unter der Wasseroberfläche befinden.

Die NASA will auf dem Titan ein ähnliches Tauchboot einsetzen wie im Challengertief.

Schutzgebiet Marianen

Die Inselgruppe der Marianen ist ein US-amerikanisches Außengebiet, daher liegen sowohl der Marianengraben als auch das Challengertief im Hoheitsgebiet der USA. Im Jahr 2009 gründeten die USA das Meeresschutzgebiet Mariana Trench Marine National Monument, um den Meeresboden und die Gewässer zu schützen.

Fremde Wesen im Ozean

Wir wissen mehr über einige Regionen des Weltraums als über unsere tiefsten Ozeane. Obwohl die Menschheit die Ozeane unvermindert ausbeutet und verschmutzt, sind sie noch immer voller Leben. Schätzungen zufolge leben 80 % aller Organismen der Erde in den Meeren, doch bisher konnten Wissenschaftler gerade einmal 225 000 Arten identifizieren. Das bedeutet, dass dort geschätzte 750 000 bis 25 Mio. weitere Arten noch auf ihre Entdeckung warten. Anhand von Schlammproben haben Wissenschaftler allein im Challengertief mehr als 200 verschiedene Mikroorganismen identifiziert. 2017 wurde der scheue Fisch *Pseudoliparis swirei* aus der Familie der Scheibenbäuche, der in einer Tiefe von 8000 m lebt, als Spitzenprädator (Art, die an der Spitze der Nahrungspyramide steht) des Marianengraben identifiziert.

Geysire des El Tation am Rande der Atacama-Wüste, Chile

Atacama-Wüste

Die 105 000 km² große Atacama-Wüste in Chile ist eine trockene Region mit Geysiren, Salzpfannen und gespenstischen, fast marsähnlichen Landschaften.

Verantwortlich für die Trockenheit der Atacama-Wüste, den trockensten Ort der Erde, ist ihre Lage zwischen den mächtigen Anden und dem Küstengebirge Cordillera de la Costa, die beide hoch genug sind, um fast alle Feuchtigkeit aus dem Regenwald und vom Pazifik abzuhalten. Doppeltes Pech für die Atacama-Wüste – sie liegt zu beiden Seiten im Regenschatten.

Forschungsergebnisse legen nahe, dass es in der Atacama-Wüste als Ganzes in den letzten 400 Jahren keinen nennenswerten Regen gegeben hat, und in einigen Teilen hat es sogar überhaupt noch nie geregnet. Die jährliche Niederschlagshöhe beträgt 1 mm, „feuchtere" Gebiete der Wüste bringen es aber immerhin auf bis zu 3 mm – doch selbst das ist nicht einmal ein halber Zentimeter! Die Trockenheit hat aber auch ihre Vorteile, z. B. die faszinierende Landschaft und das Salz (riesige Mengen davon). In der Atacama-Region befinden sich die weltweit größten natürlichen Vorräte an Natriumnitrat und Lithium, die beide die Grundlagen lebenswichtiger Wirtschaftszweige in der Region bilden.

Sehenswertes

Valle de la Luna („Tal des Mondes“)

1 Das Tal liegt in der Reserva Nacional los Flamencos und ist das Highlight der außerirdisch wirkenden Landschaft der Atacama-Wüste. Hier gibt es Windskulpturen, die aussehen, als seien sie von Menschen geschaffen worden.

Museo Arqueológico San Miguel de Azapa

2 Die älteste ägyptische Mumie stammt aus der Zeit um 3000 v. Chr., doch die Chinchorro-Mumien, die hier gezeigt werden, sind mehr als 4000 Jahre älter. Der Mangel an Feuchtigkeit trug entscheidend zu ihrer Konservierung bei.

El Tatio

3 Der Vulkan El Tatio liegt 4320 m über dem Meeresspiegel. Hier liegt das größte Geysirfeld der Südhalbkugel. Es ist Teil des Vulkankomplexes Altiplano-Puna. Ein explosiver Ausflug ist garantiert!

Piedras Rojas

4 Das rote Gestein, das dem Plateau seinen Namen gab, garantiert für einen grandiosen Anblick, angesichts der Höhe von 4000 m sollte man die Wanderung dort hin aber besser etwas langsamer angehen lassen.

Salar de Atacama

5 Chiles größte Salzebene beherbergt die Laguna Cejar, einen See mit einer so hohen Salzkonzentration – bis zu 28 % –, dass Menschen auf der Oberfläche treiben können, genau wie im Toten Meer.

Die Salzebene Salar de Talar in den chilenischen Anden

Radio Erde

Klarer Himmel an über 300 Tagen im Jahr, keine Lichtverschmutzung und die hohe Lage machen die Atacama-Wüste zu einem der besten Orte, um Sterne zu beobachten. Daher ist die Wüste perfekt für das Observatorium Atacama Large Millimeter/sub-millimeter Array (ALMA), das die Sterne mithilfe von 66 Radioteleskopen untersucht.

Von der Atacama-Wüste zum Mars

NASA-Untersuchungen von Gestein und Mineralien deuten darauf hin, dass die Atacama-Wüste schon seit mindestens 10 Mio. Jahren so trocken ist. Diese Tatsache, kombiniert mit der UV-Strahlung der Sonne, bedeutet, dass das wenige Leben hier in Form von Mikroben existiert, die unter der Erde und im Gestein leben. Ähnlich wäre es auf dem Mars, wenn es dort Leben gäbe oder je gegeben hätte: Wegen der Trockenheit der Marsoberfläche und wegen der Strahlenbelastung würde sich das Leben wahrscheinlich unter die Oberfläche zurückziehen. Dies macht die Atacama zu einem entscheidenden Ort für die erdbasierte Forschung zum Leben auf dem Roten Planeten. 2016 nutzte die NASA in Vorbereitung auf eine mögliche Mars-Mission das trockene Zentrum der Wüste in der Nähe der Estación Yungay, um den Prototypen des Rovers KREX-2 und diverse Instrumente zur Entdeckung von Leben zu testen.

Beobachtungsteleskop auf dem Mauna Kea

Mauna Kea

Der Mauna Kea, übersetzt „Weißer Berg", ist nach dem Schnee benannt, der den Gipfel dieses riesigen Vulkans bedeckt, ein erstaunliches und ungewöhnliches Phänomen im tropischen Pazifik.

Der Mauna Kea befindet sich auf Big Island in Hawaii und erhebt sich direkt vom Meeresboden. Seine Entstehung verdankt er demselben vulkanischen Hotspot, aus dem die ganze Inselgruppe hervorging. Über der Erde ragt er fast 4207 m in die Höhe, doch der größte Teil des höchsten Berges der Erde liegt unter dem Meeresspiegel. Vom Fuß bis zum Gipfel misst er 10 000 m und weist daher mehrere Ökosysteme auf. Der Gipfel ist eine alpine Zone, die von winzigen Raubtieren bewohnt wird, etwa dem Wēkiu-Käfer, dessen Blut eine Art Antifrostmittel enthält. Im Wasser an den Ausläufern des Vulkans tummeln sich Meerestiere wie das Bartmännchen, eine Fischart, die in größeren Tiefen lebt als jeder andere bekannte Fisch. Zwischen diesen Extremen findet man Bergwald, in dem Hawaiis einziges einheimisches Säugetier, die Eisgraue Fledermaus, lebt, aber auch dicht mit Büschen bewachsenes Tiefland und zahlreiche Meeresökosysteme.

Sehenswertes

Gipfel und Sterne

1 Das offizielle Observatorium des Mauna Kea, das MKO, ist weltbekannt. In der Mauna Kea Visitor Information Station (MKVIS) bieten einheimische Astronomen ein kostenloses Sternenbeobachtungsprogramm für Besucher an.

Walbeobachtung

2 Die „Sonnenlichtzone", die von der Oberfläche des Meeres bis in 396 m Tiefe reicht, wird von vielen Meerestieren frequentiert, darunter von Dezember bis April auch Buckelwale.

Surfen

3 Auf Big Island gibt es vielleicht nicht die vier Stockwerke hohen Wellen, die Surfer an die Nordküsten anderer Inseln des Archipels zieht, doch im Winter rollen beständige, bis zu 4,5 m hohe Brecher heran, auch am Mauna Kea Beach.

Lake Waiau

4 Der Legende nach verbindet dieser Bergsee Himmel und Erde. Gebürtige Hawaiianer legen die Nabelschnur ihrer neugeborenen Kinder in den See, um eine Verbindung zu den Göttern zu schaffen.

Der härteste Straßenanstieg der Welt

5 Vom Waikoloa Beach geht es 4192 Höhenmeter nach oben. Diese Radtour ist 92 km lang, und es geht fast nur bergauf, wobei die Steigung bis zu 20 % betragen kann.

Erloschene Vulkankrater und ein Observatorium auf dem Gipfel des Mauna Kea

Lebendige Lava

Der Mauna Kea brach vor 4500 Jahren zum letzten Mal aus, doch sein Potential für erneute Aktivität ist hoch. Der benachbarte Mauna Loa, der Teil desselben geothermischen Systems ist, ist seit 1843 33-mal ausgebrochen.

Ein heiliger Schildvulkan

Man schätzt, dass der Mauna Kea vor 800 000 Jahren die Meeresoberfläche durchbrach und sich danach ein Schildvulkan aufbaute. Nachdem diese aktive Phase vor ca. 200 000 Jahren endete, entstanden auf seinen Flanken Schlackekegel. Bei späteren Eruptionen wurde die zentrale Caldera begraben, der Mauna Kea brach immer wieder aus, selbst als er eisbedeckt war. Heute ist er jedoch in Gefahr. Jedes Jahr bewegt sich die Pazifische Platte ca. 8 cm von dem vulkanischen Hotspot weg, der ihn quasi anfeuert. Wenn keine neue Lava mehr entsteht, könnte der Mauna Kea einbrechen und ins Meer stürzen. Er ist einer der fünf Schildvulkane, die Big Island bilden und derzeit der höchste Berg der Hawaii-Emperor-Kette. Kein Wunder, dass er für die Einheimischen heilig ist, Wohnsitz der Götter, der einst nur Priestern und Angehörigen der Königsfamilie zugänglich war. Heute heißt der Berg Mauna Kea, doch früher trug er den Namen Mauna o Wakea, nach dem Himmelsvater Wākea, der die Erdmutter Papahānaumoku heiratete.

Künstlerische Darstellung des Einschlags des Chicxulub-Asteroiden

Chicxulub-Krater

Der über 150 km breite Einschlagkrager Chicxulub ist vermutlich durch einen Asteroideneinschlag entstanden, in dessen Folge die Dinosaurier ausstarben.

Noch bis 1978 blieb der Chicxulub-Krater auf der mexikanischen Halbinsel Yucatán unentdeckt. Er verbirgt sich unter einer 1000 m dicken Schicht aus jüngerem Gestein und Sedimenten. Bei den meisten Wissenschaftlern gilt er als Zeugnis eines Asteroiden oder Kometen mit einem geschätzten Durchmesser zwischen 11 und 81 km, der vor 65 Mio. Jahren auf die Erde stürzte. Die folgende Klimaveränderung führte zum Aussterben von ca. 70 % aller Tier- und Pflanzenarten, darunter auch die Dinosaurier. Die wirkliche Größe des Kraters ist nur vom Weltraum aus zu erkennen. An der Nordspitze Yucatans gibt es viele Sinkhöhlen (Cenoten). Daten zum Magnetismus und zur Gravitation aus der Region zeigen eine große, runde Struktur. Das könnte bedeuten, dass die Cenoten durch Brüche im unter der Erdoberfläche begrabenen Kraterrand entstanden.

Analysen der Auswurfmaterialien und der Schmelzkügelchen, die man selbst in Hawaii noch fand, trugen zur Überzeugung bei, dass der Chicxulub-Krater durch einen Einschlag entstand, in dessen Folge sich das Leben in eine neue Richtung entwickelte – hin zum Zeitalter der Säugetiere.

Schnorcheln in der Silfra-Spalte

Silfra-Spalte

Kristallklares Wasser lockt im isländischen Thingvellir-Nationalpark, wo zwei tektonische Platten auseinanderdriften.

Die Silfra-Spalte im isländischen Thingvellir-Nationalpark (gleich außerhalb der Hauptstadt Reykjavik) ist eine spaltenförmige Verwerfung zwischen der Nordamerikanischen und der Eurasischen Platte, die hier pro Jahr um etwa 2 cm auseinanderdriften. Mit einer Tiefe von 63 m ist sie die tiefste Spalte im Thingvellir-Nationalparkt.

Der See, zu dem die Silfra-Spalte gehört, wird von natürlichen Quellen an seinem Grund und von Schmelzwasser des Langjökull, des zweitgrößten Gletschers Islands, gespeist. Die Silfra-Spalte ist ein Magnet für Taucher aus aller Welt, die nicht nur von der seltenen Möglichkeit angelockt werden, zwischen den Kontinentalplatten zu tauchen, sondern auch von der schönen Geologie und der großartigen Sicht – an den wichtigsten Tauchspots beträgt die Sichtweite selten weniger als 70–80 m, und viele Taucher berichten von Sichtweiten bis 100 m. Es gibt drei Tauchspots: die Silfra-Halle, die Silfra-Kathedrale und die Silfra-Lagune. Am spektakulärsten ist die Kathedrale, eine lichterfüllte Schlucht, in der man von einem Ende bis zum anderen sehen kann!

Wandernde Felsen und ihre Spuren auf dem Boden der Racetrack Playa im kalifornischen Death Valley National Park

Death Valley

Der heißeste Ort der Erde ist keine gottverlassene Einöde. Im Gegenteil, er ist ein über 13 000 km² großer Nationalpark und die Hauptattraktion des Mojave and Colorado Deserts Biosphere Reserve der UNESCO.

Das Death Valley („Tal des Todes") liegt im Badwater Basin, dem mit 86 m unter dem Meeresspiegel tiefsten Punkt Nordamerikas. Im Sommer erreichen die Temperaturen hier im Schnitt 47 °C, doch weltweite Aufmerksamkeit erregte das Gebiet am 10. Juli 1913, als das Thermometer in der Siedlung Furnace Creek auf 56,7 °C stieg. Am Boden wird es noch heißer als in der Luft: Am 15. Juli 1972 wurde in Furnace Creek eine Bodentemperatur von 93,9 °C gemessen. Und doch findet das Leben einen Weg!

Laut dem National Park Service, der den Park betreibt, leben hier mehr als Tausend Pflanzen- und Tierarten, darunter die Josua-Palmlilie, der Kreosotbusch und die Wüstenpflanze *Atriplex hymenelytra*. Auch Rotluchse, Kojoten und Adler sind hier zu Hause. Im Winter fällt auf den Gipfeln der umliegenden Berge Schnee, und wenn es regnet, was nur selten geschieht, erblühen die Wildblumenwiesen in berauschenden Farben. Für Besucher gibt es mehrere Campingplätze im Park.

Sehenswertes

Der Ultramarathon Badwater 135

1 Bei Durchschnittstemperaturen von 54 °C legen die Teilnehmer des Ultramarathons Badwater 135 im Juli 217 km (135 Meilen) zurück. Der Lauf führt vom Badwater Basin, 86 m unter dem Meeresspiegel, zum Whitney Portal auf einer Höhe von 2500 m.

Bighorn Gorge

2 Ambitionierte Wanderer finden in der Bighorn Gorge Wege mit Höhenunterschieden von über 1500 m. Die Entfernungsangaben klingen zwar kurz, doch ein früher Start ist ein Muss, denn unterwegs gibt's kein Wasser.

West Side Road

3 Diese 64 km lange Piste, die südlich vom Hwy 190 beginnt, gehört zu den schwierigeren Routen. Die Straße ist meist eben, hat aber eine zerfurchte Schotteroberfläche. Wie immer: Wasser mitnehmen!

Zabriskie Point/ Dante's View

4 Wer den Inbegriff der kalifornischen Wüste erleben will, sollte einen dieser beiden Orte besuchen, damit macht man garantiert nichts falsch. Besonders spektakulär sind die Sonnenuntergänge.

Scotty's Castle

5 Ein architektonisches Kuriosum nahe Stovepipe Wells. Die Villa im spanischen Kolonialstil ist das Werk des Impressarios und Betrügers Walter Scott und hat eine faszinierende Geschichte.

Scotty's Castle in den Grapevine Mountains im Death Valley National Park

Licht, Kamera, Action!

Das Death Valley verkörpert oft außerirdische Landschaften. Viele der Wüstenszenen der ersten *Star-Wars*-Trilogie wurden hier gedreht, besonders für Episode IV & V. Hier trieb sich Luke Skywalker herum, ehe er von den Sandleuten angegriffen wurde. Zudem lag das Versteck des mörderischen Sektenführers Charles Manson, die Baker Ranch, in einer entlegenen Ecke der Gegend.

Wetterrekorde

Als wäre es nicht genug, dass das Death Valley den Rekord für den heißesten Tag hält – 2018 setzte es noch einen drauf und übertraf seine eigene Marke für den heißesten Monat. Im Juli lag die Durchschnittstemperatur bei 42,28 °C, fast 0,5 °C mehr als der bisherige Rekord, den das Death Valley im Juli 2017 aufstellte. Bis dahin war der Rekord für den heißesten Monat über ein Jahrhundert nicht übertroffen worden. 2018 gab es zudem vier aufeinanderfolgende Tage, an denen die Tageshöchsttemperatur 52,7 °C betrug und die Nachttemperatur nicht unter 38 °C sank. Die Regeln für die Messung der Lufttemperatur legt die Word Meteorological Organization (WMO) fest: Die Messung muss 1,5 m über dem Boden erfolgen und außerhalb des direkten Sonnenlichts. Satellitenmessungen der Temperatur sind vermutlich weniger zuverlässig.

Ein Zodiac-Schlauchboot erkundet die Eisberge der Antarktis.

Antarktis

Die Antarktis ist der kälteste, trockenste und windigste Kontinent der Erde. Im Winter ist sie praktisch unbewohnbar, doch im Sommer bietet sich eine faszinierende Meereslandschaft mit vielfältigem Leben.

Fast 99% der Antarktis sind von einer Eisschicht bedeckt, die durchschnittlich etwa 2 km dick ist. Die niedrigste je gemessene Temperatur wurde 1983 hier an der Wostok-Station registriert: –89,6 °C. Die durchschnittliche Temperatur im Winter ist mit –49 °C etwas erträglicher, allerdings kann die Windgeschwindigkeit 320 km/h erreichen. Um in die Antarktis zu kommen, muss man den Südlichen Ozean durchqueren, das tückischste Meer der Welt. Die Antarktis ist zwar als Wüste klassifiziert, denn der jährliche Niederschlag beträgt nur 200 mm, aber sie hat dennoch eine vielfältige Flora und Fauna, auch seltene Robben- und Pinguinarten leben hier. Ebenso wie die Arktis, ihr Gegenstück im Norden, ist die Antarktis zunehmend vom Klimawandel bedroht. Wissenschaftler berichten immer wieder vom Rückgang des antarktischen Eises als Folge des Treibhauseffektes, was Auswirkungen auf die Pflanzen- und Tierwelt und auf den weltweiten Meeresspiegel hat.

Sehenswertes

Tierra del Fuego

1 Ushuaia, die Stadt am Ende der Welt ist der Ausgangspunkt der meisten Expeditionen. Schiffe verlassen sie über den Beagle-Kanal, der nach dem Schiff benannt ist, mit dem Darwin 1831 seine Reise nach Südamerika machte.

Südgeorgien

2 Eine der entlegenen Südlichen Sandwichinseln und letzte Ruhestätte des englischen Polarforschers Sir Ernest Shackleton. Königspinguine und See-Elefanten bieten einen Vorgeschmack auf die vielfältige Flora und Fauna.

Rossmeer und Rossinsel

3 Auf dem Eisschild locken viele Gletscher und auf der Rossinsel ist Shackletons Hütte bei Kap Royds ein Muss. Die Insel ist nur ein paar Monate im Jahr erreichbar, wenn das Packeis den Weg freigibt.

Drake-Passage

4 Die Durchfahrung der Drake-Passage dauert meist zwei Tage und schlägt wohl jedem außer den wettererprobtesten Seebären mächtig auf den Magen. Ein faszinierender Teil des Ozeans – zur Ablenkung kann man die majestätischen Großalbatrosse beobachten.

Palmer-Archipel

5 Auf den kleinen Inseln vor der Haupthalbinsel wimmelt es von Leben: Eselspinguine, Krabbenfresser (Robbenart), Braune Skua (Möwenart), Buckelwale, Orcas – es sind zu viele, um hier alle zu nennen.

Ein Orca in der Antarktis, in der etwa 70 % aller Killerwale der Welt leben.

Der Weg zum Südpol

Die Entdeckung des Südpols, des südlichsten Punkts der Erde, war eine der großen Leistungen des goldenen Zeitalters der Entdecker der Extreme der Erde im 19. und 20. Jh. Der erste Mensch, der den Südpol erreichte, war am 14. Dezember 1911 der norwegische Forscher Roald Amundsen.

Eisberg ahoi!

Im Oktober 2018 veröffentlichte die NASA ein Foto von einem Eisberg, das im arktischen Wedell-Meer aufgenommen wurde. Der Eisberg war perfekt rechteckig und ca. 1600 m breit. Die Form des Eisbergs ließ vermuten, dass dieser sich kurz zuvor von einem Eisschild gelöst hatte. „Tafeleisberge" sind zwar nichts Ungewöhnliches, doch die Entdeckung eines so großen Exemplars in so unberührtem Zustand ist extrem selten. Wie bei allen Eisbergen macht der sichtbare Teil über der Wasseroberfläche nur einen Bruchteil der Eismasse aus. Die NASA schätzt, dass in diesem Fall 90 % des Eisbergs im Wasser verborgen waren. Eisberge können mit anderen Eisbergen und mit Landmassen zusammenstoßen, während sie dem Antarktischen Zirkumpolarstrom folgen, einer Wasserströmung, die den gesamten Erdball umrundet. Er wurde erstmals vom britischen Astronomen Edmond Halley entdeckt, nach dem die Halley-Station, eine britische Forschungsstation in der Antarktis, benannt ist.

Steinkorallenkolonie und Soldatenfische im australischen Great Barrier Reef

Great Barrier Reef

Das Great Barrier Reef versteckt sich nicht im Wasser, sondern erregt schon von oben Aufmerksamkeit (es ist sogar vom Weltraum aus sichtbar), denn es ist die größte von lebenden Organismen geschaffene Struktur der Welt.

Das australische Great Barrier Reef erstreckt sich vor der Küste von Queensland. Es ist 2300 km lang und nimmt ein Fläche von 344 000 km² ein. In diesem Teil der Welt wachsen schon seit 25 Mio. Jahren Korallen, australische Meereswissenschaftler gehen aber davon aus, dass das Riff „erst" 20 000 Jahre alt ist. Korallen werden von Polypen gebildet. Die kleinen Organismen verbinden sich mithilfe von Kalk und bilden so Skelette mit schuppiger Textur. Für das Überleben der Korallen ist es entscheidend, dass das Wasser flach genug ist, um Sonnenlicht einzulassen, das für die Photosynthese benötigt wird.

Die größte Attraktion des Great Barrier Reef sind die Meerestiere, die in dem klaren Wasser beheimatet sind: 1500 Fischarten, 134 Haiarten und 30 Säugetierarten sowie seltene Schildkröten. Der gesamte Riffbereich, der zu einer UNESCO-Welterbestätte erklärt wurde, umfasst 20 „Bioregionen", von denen viele stark lokale Korallenarten beherbergen.

Sehenswertes

Whitehaven Beach

1 Beliebt ist die Ankunft mit dem Wasserflugzeug: Das Flugzeug überfliegt die Whitsunday Islands und landet dann in der Lagune. Nach einem Spaziergang am weißen Strand geht's dann sofort schnorcheln!

Schiffswrack der *Yongala*

2 Das Wrack des Dampfschiffes *Yongala*, einer der besten Tauchspots der Welt, liegt vor der Küste von Townsville. Hier tummeln sich Seeschlangen, Riesen-Stachelmakrelen, Zackenbarsche, Rochen, Haie und unzählige tropische Fische.

Low Isles

3 Dies ist einer der am geschütztesten liegenden Schnorchelspots des Riffs. Von Port Douglas fahren täglich Boote, auch Glasbodenboote für Faulpelze.

Schildkrötenbeobachtung bei Mon Repos

4 Von November bis Januar kann man beobachten, wie die gefährdeten Unechten Karettschildkröten nachts am Strand ihre Eier ablegen. Zwischen Januar und März verlassen die Schlüpflinge ihr Nest und begeben sich ins Meer.

Mit Walen schwimmen

5 Im Juni und Juli besuchen Zwergwale das Great Barrier Reef. Einfach ins Wasser springen, sich an einem Seil zur Wasseroberfläche festhalten und warten! Die neugierigen Tiere kommen fast sicher.

Prächtige Farben im Great Barrier Reef

Korallenbleiche

Auch das Great Barrier Reef ist von der globalen Erwärmung bedroht. Die optimale Wassertemperatur für dieses Ökosystem liegt zwischen 23 und 29 °C. Wenn das Wasser wärmer wird, droht die Korallenbleiche. 2016 erlebte das Great Barrier Reef sein schlimmstes Korallensterben: Fast die Hälfte der Korallen wurde in einer Hitzewelle geschädigt.

Die Sammlung von Daten zur Situation von Riffen

Hilfe naht! 2016 startete das Coral Reef Airborne Laboratory (CORAL) der NASA eine dreijährige Mission, die neueste Luftbildtechnik mit der Forschung im Wasser verbindet. Die Mission wird wertvolle Daten für die Analyse von Riff-Ökosystemen liefern. CORAL sammelt Daten von großen exemplarischen Riffen im Pazifik und in Australien. Dort werden mindestens sechs Bereiche des Great Barrier Riff untersucht, von den Inselgruppen Capricorn Group und Bunker Group bis zur Torres-Straße. Wissenschaftler werden diese Daten dann nutzen, um nach übereinstimmenden Trends bei den Korallenriffen zu suchen und die natürlichen und von Menschen verursachten biologischen und Umweltfaktoren zu untersuchen, die die Riffe beeinflussen.

Luftbild eines Flusses, der sich durch den Amazonas-Regenwald schlängelt.

Amazonas-Regenwald

Der größte Regenwald der Welt erstreckt sich über 5,5 Mio. km². Wegen der Fähigkeit des Waldes, Kohlendioxid in lebensspendenden Sauerstoff zu verwandeln, trägt er den Beinamen „grüne Lunge des Planeten“.

Der größte Teil des Amazonas-Regenwaldes, nämlich 60 %, liegt in Brasilien, doch auch acht andere Länder verfügen über Teile dieses wilden, grünen Wunderlands. Der Regenwald entstand vor 50 Mio. Jahren während des Eozäns. Damals waren große Teile der Erde in ein dichtes Blätterdach gehüllt. Wegen der Abholzung, die seitdem erfolgt ist, bildet der Amazonas-Regenwald heute ein wichtiges Bollwerk, denn er beherbergt über die Hälfte des verbliebenen Regenwaldes der Welt.

Das warme, aber sehr sauerstoffreiche Klima macht den Amazonas-Regenwald zu einem idealen Brutkasten für Leben. Schätzungen zufolge finden sich hier ein Drittel aller Arten der Welt, u. a. 2000 Vogelarten, Säugetiere und Reptilien. Und in den 1100 Nebenflüssen des Amazonas sind ähnlich viele Fischarten beheimatet. Hier erreicht die Artenvielfalt zudem die größte Konzentration auf unserem Planeten – allein 16 000 Baumarten wachsen im Regenwald.

Sehenswertes

Erkundung von oben

1 Angeschnallt und hinauf aufs Blätterdach! Die zehn Stockwerke hohen Baumkronen sind ein Treibhaus, in dem Bromelien und Orchideen gedeihen. Kapuzineraffen und Brüllaffen leisten ihnen Gesellschaft.

Zwei Flüsse

2 In der Region gibt es nicht nur einen, sondern gleich zwei mächtige Flüsse. Bei Manaus fließt der Rio Negro in den Amazonas. Sein dunkles Wasser vermischt sich in Strudeln mit dem hellen Wasser des Amazonas.

Anavilhanas-Archipel

3 In diesem Archipel, der über 400 Inseln im brasilianischen Rio Negro umfasst, kommen Amazonasdelfine und Manatis (Seekühe) vor. Der Weißflügel-Potoo und der Pompadourkotinga locken Vogelbeobachter an.

Nachtwanderung

4 Die nachtaktiven Tiere wie Baumfrösche und Riesenheuschrecken kann man am besten bei einer Nachtwanderung sehen. Wer wieder zurück nach Hause finden möchte, sollte mit einem renommierten Veranstalter aufbrechen.

Oper im Dschungel

5 Warum nicht im Dschungel in die Oper gehen? Das Teatro Amazonas, ein luxuriöses Opernhaus, vermittelt eine Vorstellung von der einstigen Pracht der Kolonialzeit. Es wurde im späten 19. Jh. auf dem Höhepunkt des Kautschukbooms gebaut.

Ein Roter Brüllaffe (*Alouatta seniculus*) im Tambopata National Reserve in Peru

Neue Arten

2017 fand eine zweijährige Studie des World Wildlife Fund (WWF) heraus, dass im Amazonasgebiet im Durchschnitt an jedem zweiten Tag eine neue Pflanzen- oder Tierart entdeckt wird. Verschiedene Forschungsgruppen zählten 381 neue Arten in 24 Monaten, darunter 216 Pflanzenarten, 93 Fischarten, 32 Amphibienarten, 20 Säugetierarten und eine Vogelart.

Die Entdeckung neuer Arten – die Uhr tickt!

Während die Entdeckung neuer Arten die Biologen begeistert, gibt es zugleich Grund zur Sorge, dass andere Arten noch vor ihrer Entdeckung aussterben könnten. Auf Bildern der Landsat-Satelliten der NASA ist das Ausmaß der Entwaldung seit 1975 festgehalten. In einer Amazonasregion, in Rondônia, ist eine Art „Fischgräten"-Muster zu erkennen. Es entsteht durch Hauptstraßen, die tief in den Wald hineinschneiden und von denen im rechten Winkel Nebenstraßen abgehen. Der Wald zwischen diesen Nebenstraßen wird dann abgeholzt, sodass ein einziges großes, entwaldetes Gebiet entsteht. Der World Wildlife Fund (WWF) schätzt, dass bis 2030 ein Viertel der Amazonasregion entwaldet sein wird.

Grasende Wildtiere im Ngorongoro-Krater

Ngorongoro-Krater

Die dramatische Caldera des Ngorongoro im Kraterhochland von Tansania, zwischen dem Großen Afrikanischen Grabenbruch und den Ebenen der Serengeti, ist ein Paradies für Tierbeobachter.

Was die aufregende Tierwelt angeht, so können es nur wenige Orte weltweit mit dem Ngorongoro-Krater aufnehmen. Die bewaldeten Hänge des Kraters sind vom Fuß bis zum Kraterrand 600 m hoch. Hier wimmelt es von Tieren, darunter die „Big Five" (Büffel, Nashorn, Löwe, Leopard und Elefant) und viele andere Arten. Besonders gesund ist die Hyänenpopulation. Auf der Grassavanne tummeln sich zahlreiche Zebras und Antilopen. Auch die über 1,7 Mio. Gnus, die auf dem Weg von der Serengeti zur Masai Mara in Kenia sind, kommen auf ihrer jährlichen Wanderung – einem der großartigsten Naturschauspiele der Welt – durch die Gegend. Der Krater ist ein perfektes Amphitheater, und von seinen Logenplätzen bietet sich immer ein spektakulärer Blick. In der Region gibt es zudem Natronseen, die Lebensraum der Rosaflamingos sind. Der aktive Vulkan, dessen Gipfel vor 2,5 Mio. Jahren einstürzte und so diesen Krater bildete, hinterließ eine äußerst vitale Umwelt.

Sehenswertes

Magadisee

1 Das salzhaltige Wasser des flachen, algenreichen Natronsees im kenianischen Großen Afrikanischen Grabenbruch zieht das ganze Jahr über Rosaflamingos an.

Die große Tierwanderung

2 Dieses außergewöhnliche Zusammentreffen von Huftieren spielt sich von Dezember bis März auch am Lake Ndutu ab: Über 1 Mio. Gnus sowie Steppen- und Thomson-Gazellen sind bei der jährlichen Wanderung unterwegs.

Nächte im Krater

3 Die Tiere sind hier die Hauptattraktion, doch die Unterkünfte folgen dicht dahinter. Wer in einer Boutique-Lodge am Kraterrand übernachtet, kann die schier unendliche Weite in Ruhe aufnehmen.

Spitzmaulnashorn

4 Das Spitzmaulnashorn, das schon vom Aussterben bedroht war, hat sich dank unermüdlicher Tierschutzarbeit wieder erholt. 50 der 5000 Spitzmaulnashörner der Welt leben auf den Hängen des Kraters.

Empakaai

5 Der Ngorongoro-Krater ist zweifellos ein Touristenmagnet, doch der Schwesterkrater Empakaai ist autofrei und hat einen eigenen See, der ein Paradies für Vögel aller Art ist, von Trogonen bis zu Kronenadlern. Eine gute Alternative für alle, die keine Lust auf Gedränge haben.

Ein Löwenmännchen, das sich im Ngorongoro-Krater ausruht.

Die Evolution des Menschen

Die andere Art, die in dieser Region eine Hauptrolle spielt, ist der Mensch. Nur wenige Kilometer vom Ngorongoro-Krater liegt die Olduvai-Schlucht. Hier entdeckten die Paläoanthropologen Louis und Mary Leakey 1959 fossile Überreste des *Homo habilis*, der vor 1,7 Mio. Jahren lebte und als unser ältester Vorfahr gilt.

Große Landrutsche

Man nimmt an, dass der Ngorongoro-Krater vor 2,5 Mio. Jahren entstand. Luftaufnahmen der NASA des Kraterhochlands zeigen nicht nur, wie hoch dieses über den angrenzenden Savannen aufragt, sondern auch die ständigen geologischen Veränderungen. Besonders deutlich wird dies am Westhang des nahen Berges Loolmalasin, auf dessen steilem Vulkankegel Spuren eines gigantischen Landrutsches, eines viel jüngeren Phänomens, zu erkennen sind. Seine Ablagerungen erstrecken sich 10 km Richtung Osten über den Boden des Großen Afrikanischen Grabenbruchs. Eine sich so weit erstreckende Ablagerung von Material ist auf der Erde ungewöhnlich. Und abgesehen vom geologischen Phänomen ist da noch die Aussicht. Den Superlativ wähle jeder selbst: fantastisch, unglaublich, atemberaubend ... – jeder dieser Begriffe passt auf die faszinierende, ätherische grün-blaue Landschaft des Ngorongoro-Kraters mit seinen zahlreichen Tieren.

Chinas „Große Mauer" ist schätzungsweise bis zu 21000 km lang.

Chinesische Mauer

Das längste je von Menschen geschaffene Bauwerk erstreckt sich von Hushan im Osten Chinas bis zum Jiayu-Pass im Westen und lädt zu gemütlichen Spaziergängen ebenso wie zu langen Wanderungen ein.

Insgesamt 19 verschiedene Bauwerke haben Anspruch auf den Titel „Chinesische Mauer" erhoben. Schon im 7. Jh. v. Chr. war der Bau und Neubau des gigantischen Bauwerks ein Prestigeprojekt mehrerer aufeinanderfolgender chinesischer Dynastien. Am bekanntesten, zumindest innerhalb Chinas, war die Mauer, die Qin Shihuangdi, der erste Kaiser Chinas, etwa um 200 v. Chr. bauen ließ. Sie wurde weiter nördlich als die heute noch stehende Mauer errichtet und ist fast ganz verschwunden, teils wegen Vernachlässigung, teils aber auch, weil sich diebische Besucher an ihren Steinen bedient haben.

Die Mauer, die man heute noch besuchen kann, wurde erbaut, um die reiche Ming-Dynastie vor Angreifern aus dem Norden zu schützen. Sie ist 15 m hoch und 9 m breit und hat 7000 Wachtürme. Sie dürfte eines der beliebtesten Reiseziele der Welt sein – wer etwas gegen Menschenmassen hat, sollte einen weit von Peking entfernten Abschnitt wählen, z. B. in Jinshanling.

Sehenswertes

Simatai

1 Dieser steile, dramatische Abschnitt liegt nur eine Stunde von Peking entfernt und ist der einzige Teil der Mauer, den man nachts besuchen kann.

Der längste Friedhof der Welt?

2 Von den eine Million Arbeitern kamen schätzungsweise 400 000 beim Bau der Mauer ums Leben. Der Legende zufolge wurden einige von ihnen in der Mauer begraben, bisher hat man aber noch keine Knochen gefunden.

Juyonggan

3 Eine der am besten erhaltenen Mauerfestungen. Hier befindet sich auch die „Wolkenterrasse" aus weißem Marmor. Dschingis Khan kam bei der mongolischen Invasion in China im 12. Jh. über den nahen Juyong-Pass.

Die Geschichte macht eine Pause

4 An Stellen, wo natürliche Hindernisse wie Berge oder Flüsse die Funktion der Steine übernehmen, gibt es zahlreiche Lücken in der Mauer.

Ein Schatz, der verschwindet

5 In der Gobi-Region sind Abschnitte der Mauer wegen der sich ausdehnenden Wüste in schlechtem Zustand. In den Provinzen Gansu und Ningxia könnten Abschnitte der Mauer innerhalb der nächsten 20 Jahre völlig verschwinden.

Die Chinesische Mauer besteht aus Steinen, Ziegeln, gestampfter Erde und Holz.

Mangelhafte Verteidigung

Wenn die Mauer gebaut wurde, um Angreifer zu stoppen, dann könnte man sie das größte gescheiterte Bauprojekt der Welt nennen. Sie wurde mehrfach durchbrochen. In der Ming-Dynastie fielen 1449 die Mongolen ein. Und als 1644 ein verräterischer Ming-General ein Tor öffnete, konnten die Mandschu eindringen.

Aus dem All zu sehen! Oder doch nicht?

Dass sie vom All aus zu sehen ist, dürfte der bekannteste Fakt über die Chinesische Mauer sein – es sei denn, man ist ein Astronaut. Auf Radarbildern der NASA war die Mauer zwar gelegentlich zu sehen, doch kein Geringerer als Neil Armstrong versicherte, sie sei mit dem bloßen Auge nicht sichtbar. Armstrongs Landsmann William Pogue, ein Veteran des Apollo-Programms der 1960er- und des Skylab-Programms der 1970er-Jahre behauptete, er habe die Mauer sehen können – aber nur mithilfe von Ferngläsern und aus nur etwa 300 km Höhe. Und auch der chinesische Astronaut Yang Liwei erklärte, dass er das historische Bauwerk nicht erspähen konnte. Nachdem Leroy Chiao von der ISS Fotos mit einer Digitalkamera mit 180-mm-Objektiv gemacht hatte, kam das Thema wieder auf: Auf den Fotos waren Abschnitte der Mauer in der Inneren Mongolei, ca. 320 km nördlich von Peking, zu erkennen.

MOND

Die helle und die dunkle Seite des Mondes sind durch den Terminator voneinander getrennt.

Überblick

Der fünftgrößte Mond des Sonnensystems ist der einzige Himmelskörper außer der Erde, den ein Mensch bis jetzt betreten hat.

„Der große Schritt für die Menschheit" war am 20. Juli 1969, als die Apollo 11-Raumfähre auf dem Mond landete. Das gebräuchliche Adjektiv „lunar" kommt vom lateinischen Wort „Luna" für Mond. Vor der ersten Mondlandung wurden schon 118 Raumschiffe zum Mond gestartet. Bei ihrer Rückkehr brachten die Apollo-Astronauten 382 kg Gestein vom Mond mit – noch heute sind die Wissenschaftler der NASA mit der Untersuchung beschäftigt.

Der Erdmond ist der fünftgrößte Mond des Sonnensystems (nach Ganymede, Titan, Callisto und Io). Warum aber heißt nur der Mond „Mond"? Bevor Galileo Galilei die ersten vier Monde des Jupiters entdeckte, kannten die Menschen nur einen Mond.

Als hellster und größter Körper am Nachthimmel der Erde trägt auch der Mond dazu bei, dass Leben auf der Erde möglich ist. Indem er die „wacklige" Rotation der Erde ausgleicht, sorgt er für ein relativ stabiles Klima auf unserem Planeten. Die Anziehungskraft des Mondes ist verantwortlich für die Gezeiten, was sich besonders bei Voll- und Neumond zeigt, wenn sie am stärksten ausgeprägt sind. Dagegen hat der Vollmond, wie oft behauptet wird, nichts mit Werwölfen zu tun. Gleichwohl hat er einen gewissen Einfluss auf die Biologie der großen und kleinen Lebewesen auf der Erde.

Als ständiger Begleiter der Erde bestimmt der Mond seit Tausenden von Jahren den Rhythmus des Lebens auf der Erde. Der Mond selbst hat nur eine sehr dünne, schwache Atmosphäre, die Exosphäre. Aufgrund dieser Atmosphäre und dem Fehlen von Wasser und Atemluft ist ein Leben auf dem Mond unmöglich. Die Atmosphäre trägt dazu bei, dass die Astronauten auf dem Mond wie Gummibälle herumhüpfen können. Wegen der geringen Masse und der fehlenden Atmosphäre beträgt das Gewicht auf dem Mond nur 16,5% des Gewichts auf der Erde.

ENTFERNUNG ZUR SONNE
1 AE

LICHTLAUFZEIT ZUR SONNE
8,3 Minuten

TAGESLÄNGE
29,5 Erdentage

UMLAUFZEIT
27,3 Erdentage

ATMOSPHÄRE
Spuren von Helium, Argon und Neon

Ein Astronaut von Apollo 17 im Dezember 1972 auf dem Mond

Top-Tipp

Bei genauem Hinsehen sind noch einige Hinterlassenschaften der NASA auf dem Mond zu finden: mehrere US-Flaggen und sogar eine Kamera. Außerdem beträgt die Schwerkraft auf dem Mond nur ein Sechstel der Schwerkraft auf der Erde. Das erklärt den berühmten „Moonwalk" – natürlich von Neil Armstrong, nicht von Michael Jackson –, bei dem dieser wie ein Gummiball hin- und herhüpfte.

An- & Weiterreise

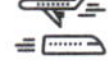

Der Mond ist das einfachste Reiseziel im Universum, zumindest relativ betrachtet. Die Reise von der Erde zum Mond dauert eigentlich nur drei Tage, doch der Eintritt in die Umlaufbahn des Mondes ist nur an bestimmten Tagen möglich. Apollo 11 erreichte die Umlaufbahn in 76 Stunden, benötigte dann aber noch einen ganzen Tag zur Vorbereitung der Landung.

Orientierung

Aufgrund der Mondlandungen in den 1960er- und '70er-Jahren glauben viele, der Mond sei uns ganz nahe. Tatsächlich ist er im Durchschnitt 384 400 km von der Erde entfernt. Das entspricht dem 30-fachen Durchmesser der Erde. Zudem entfernt sich der Mond langsam immer weiter von der Erde, derzeit um ca. 2,5 cm pro Jahr. Mit einem Radius von 1738 km ist der Mond nur etwa ein Drittel so groß wie die Erde.

Er dreht sich mit derselben Geschwindigkeit um sich selbst, wie er sich um die Erde dreht. Dieses Phänomen wird gebundene Rotation genannt. Dadurch ist von der Erde aus immer dieselbe Hemisphäre des Mondes zu sehen. Die erdabgewandte, unsichtbare Hemisphäre wird oft als „die dunkle Seite" bezeichnet, obwohl es korrekter wäre, sie einfach als „Rückseite" zu beschreiben. Auf seiner Umlaufbahn um die Erde werden immer wieder andere Teile der Mondoberfläche von der Sonne angestrahlt. Dieser Wechsel von hell und dunkel erscheint von der Erde so, als ob der Mond diverse Phasen durchlaufe. Bei Vollmond wird die von der Erde sichtbare Hemisphäre des Mondes von der Sonne angestrahlt. Bei Neumond wird die Mondrückseite angeleuchtet und die der Erde zugewandte Seite liegt im Dunkeln.

Der Mond umrundet die Erde in 27 Tagen und dreht sich in dieser Zeit einmal um sich selbst. Die Erde bewegt sich ebenfalls und dreht sich auf ihrem Weg um die Sonne einmal um sich selbst. Deshalb scheint der Mond von der Erde aus in 29 Tagen um sie zu kreisen.

Der Mond besteht aus einem Kern, einem Mantel und einer Kruste. Der Mondkern ist kleiner als der Kern anderer terrestrischer Pla-

Die Mondphasen von Neu- zu Vollmond und wieder zurück

Der Mond *im Verhältnis zur* Erde

-- Radius --
27 %
DER ERDE

-- Masse --
1,2 %
DER ERDE

-- Volumen --
2 %
DER ERDE

-- Schwerkraft --
16,3 %
DER ERDE

-- Durchschnittstemperatur --
–35 °C
KÄLTER ALS AUF
DER ERDE

-- Oberfläche --
7,4 %
DER ERDE

-- Oberflächendruck --
0 %
DER ERDE

-- Dichte --
60 %
DER ERDE

-- Orbitalgeschwindigkeit --
3,4 %
DER ERDE

-- Abstand zur Sonne --
1 AE

Größenvergleich zwischen Erde und Mond

Atmosphäre

Der Mond hat nur eine sehr dünne, schwache Atmosphäre, die sogenannte Exosphäre. Sie bietet keinerlei Schutz vor der Sonnenstrahlung oder einschlagenden Meteoriten.

Magnetosphäre

In einem frühen Stadium seiner Entwicklung könnte auf dem Mond eine Art interner Dynamo entstanden sein, der globale Magnetfelder für andere Planeten erzeugte. Heute verfügt der Mond nur noch über ein sehr schwaches Magnetfeld, das tausende Male schwächer als das der Erde ist.

neten. Der Radius des massiven, eisenreichen Kerns beträgt nur 240 km, ein Fünftel des Radius des Erdkerns. Rund um diesen inneren Kern befindet sich eine 90 km dicke Schale aus flüssigem Eisen. Der gesamte Eisenkern ist von einer 150 km dicken Schicht aus teils geschmolzener Materie umgeben. Zwischen dieser Schicht und der Kruste befindet sich der Mantel. Er besteht wohl aus Mineralien wie Olivin und Pyroxen, die Magnesium, Eisen, Silizium und Sauerstoff enthalten.

Die Kruste auf der der Erde zugewandten Hemisphäre ist 69 km dick, die auf der Rückseite sogar 150 km. Sie setzt sich aus Sauerstoff, Silizium, Magnesium, Eisen, Kalzium und Aluminium zusammen. Außerdem enthält sie geringe Mengen an Titan, Uran, Thorium, Kalium und Wasserstoff. In der Vergangenheit waren auf dem Mond auch Vulkane aktiv, doch die letzten Eruptionen liegen Millionen Jahre zurück. Rund um seine Pole gibt es auch Reste von Wassereis.

Bei den gut sichtbaren hellen Bereichen des Mondes handelt es sich um Gebirge. Die dunklen Bereiche werden als „maria" (lateinisch für „Meere") bezeichnet. Es sind riesige Krater, die sich vor 4,2 bis 1,2 Mrd. Jahren mit Lava füllten. Die hellen und dunklen Bereiche bestehen aus Felsen unterschiedlicher Zusammensetzung und diversen Alters. Sie zeigen die Entstehung der Kruste durch die Kristallisierung flüssiger Magma. Auch wenn sie heute viel kühler als früher ist, kann die Mondoberfläche bei voller Sonneneinstrahlung immer noch eine Temperatur von 127 °C erreichen; bei Dunkelheit ist sie –173 °C kalt.

Als Galilei 1611 die vier Monde des Jupiters entdeckte, änderte dies grundlegend die Sicht auf unseren eigenen natürlichen Satelliten. Bis dahin war man davon ausgegangen, dass die Erde als einziger Planet von einem anderen Himmelskörper umkreist wurde. Mittlerweile sind sich die Wissenschaftler sicher, dass Monde auf unterschiedliche Weise entstehen können. Einige, wie Phobos und Deimos, die Zwillingsmonde des Mars, sind nur kleine Felsbrocken, die vom Roten Planeten eingefangen wurden. Dagegen entstand der Erdmond wahrscheinlich durch eine Kollision vor Milliarden von Jahren. Als die Erde noch jung war, krachte vermutlich ein Stück Felsen von der Größe des Mars auf die Erde und riss einen Teil des Erdinneren heraus. Die herausgerissene Materie fügte sich zum Mond zusammen.

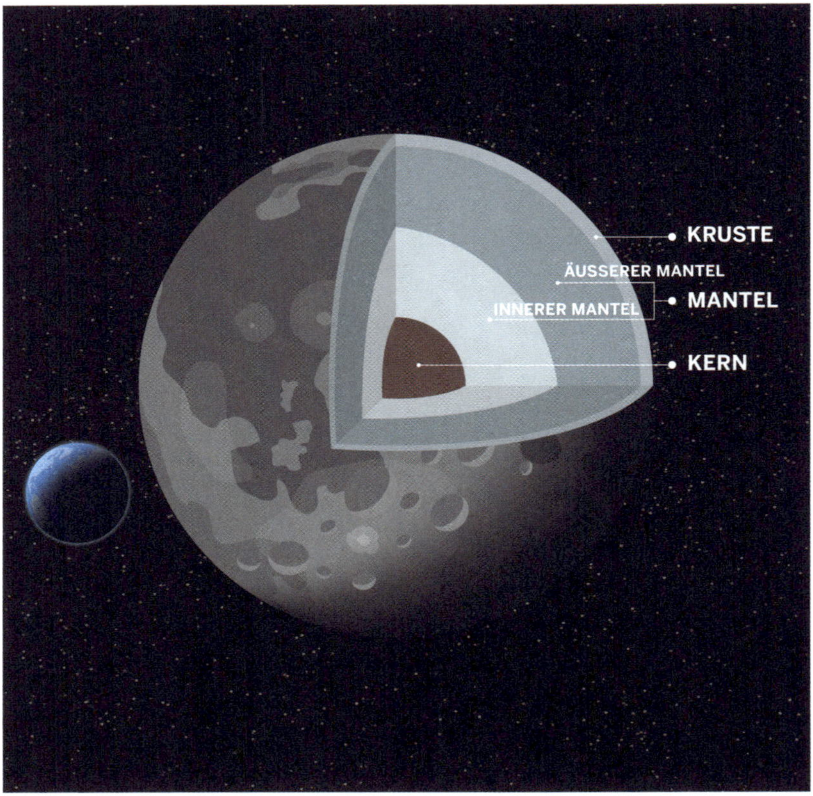

Querschnitt durch das Innere des Mondes

Seitdem schlagen auf der Oberfläche des Mondes ständig Asteroiden, Meteoroiden und Kometen ein und hinterlassen die charakteristischen Krater. Der Tycho-Krater im Süden der erdzugewandten Hemisphäre hat einen Durchmesser von über 83 km. Unter dem mit geschätzten 108 Mio. Jahren noch relativ jungen Krater liegen mehrere ältere Krater. So ist die Oberfläche des Mondes voller Narben, die niemals heilen, weil sie immer wieder aufgerissen werden.

Die vielen Einschläge auf dem Mond lassen auch wichtige Rückschlüsse auf die Geschichte der Erde zu. Auf der Erde sind solche uralten Einschläge und Krater zumeist schwer nachzuweisen, da sich die Oberfläche des Planeten ständig durch geologische, chemische und physikalische Prozesse verändert. Da die uralten Krater auf der Erde mit der Zeit verschwinden, untersuchen die Wissenschaftler nun die Einschläge auf dem Mond, um eine zeitliche Einschätzung auch für die Erde vornehmen zu können.

Die in Milliarden von Jahren geformte Oberfläche des Mondes besteht aus unterschiedlich großen Erhebungen – von riesigen Felsbrocken bis hin zu kleinen Staubhaufen. Der größte Teil der Mondoberfläche ist mit Regolith bedeckt, einer Mischung aus Gesteinstrümmern und holzkohleähnlichem Staub. Unter dem Regolith befindet sich eine Schicht gebrochenen Grundgesteins, das sogenannte Megaregolith.

Die Gesteinsproben, die die Astronauten vom Mond mitbrachten, führten zur Theorie des Großen Bombardements (nach dem englischen Late Heavy Bombardment, „LHB"), derzufolge die Erde und das gesamte innere Sonnensystem vor ca. 4 Mrd. Jahren von einem heftigen Asteroidenhagel getroffen wurden.

Mit dieser Theorie lässt sich die Entstehung unseres Planeten und mit Hilfe der Astrobiologie auch die Entwicklung des Lebens auf der Erde erklären. Die Wissenschaftler gehen davon aus, dass durch die Größe und Häufigkeit der Einschläge des LHB das Wasser der Erdoberfläche verdunstet und jedes Leben auf dem Planeten unmöglich geworden sein müsste. Aus diesem Grund konnte sich das Leben auf der Erde erst nach Ende des Bombardements entwickeln.

Für viele Astrobiologen ließ sich damit der Zeitpunkt des Entstehens von Leben auf der Erde recht gut bestimmen. In letzter Zeit wird die Theorie des Großen Bombardements aber immer öfter in Frage gestellt. Einige Wissenschaftler meinen, dass die Zeit der großen Einschläge nur recht kurz wäre. Andere bezweifeln, dass es diesen Masseneinschlag vor 3,9 Mrd. Jahren überhaupt gab. Stattdessen könnte es vor 4,2 bis 3,4 Mrd. Jahren über einen längeren Zeitraum immer wieder zu Einschlägen auf dem Mond gekommen sein. Diese neue Interpretation der Monddaten könnte auch neue Erkenntnisse über den Zustand der Erde zur Zeit der Entstehung des Lebens liefern. Die fehlende Plattentektonik macht den Mond zum idealen Testlabor der LHB-Theorie und des späteren Nizza-Modells, das auf der Instabilität der Umlaufbahnen von Kometen beruht.

Die Vertiefungen und Erhebungen des Tycho-Kraters sind die Folge von Einschlägen.

Die Erforschung des Mondes

Die Mondlandung des US-Raumschiffs von Apollo 11 war bei Weitem nicht der erste Versuch, den Erdsatelliten zu erreichen. Bei der Vorgängermission Apollo 8 umkreiste 1968 das erste bemannte Raumfahrzeug den Mond. Insgesamt wurden bis heute 118 Mondflüge von verschiedenen Nationen durchgeführt.

4. Januar 1959

Die sowjetische Raumsonde Lunik 1 fliegt zum ersten Mal in einer Entfernung von 6000 km am Mond vorbei. Bei den sieben Missionen, die die Sowjetunion und die USA zuvor durchführten, kam es immer zu Fehlstarts.

13. September 1959

Die Lunik 2 ist das erste Flugobjekt, das eine andere Welt erreicht, als es auf dem Mond aufschlägt.

7. Oktober 1959

Die Lunik 3 liefert erstmals Bilder von der „dunklen" Rückseite des Mondes.

12. April 1961

Juri Gagarin fliegt an Bord der Wostok-Rakete als erster Mensch in den Weltraum und begründet damit die späteren Mondflüge.

31. Juli 1964

Mit der Ranger 7 gelangt das erste Mal eine Raumsonde der USA auf den Mond. Nach 13 Fehlstarts lässt man die Ranger 7 mit Absicht in die Oberfläche des Mondes krachen. 15 Minuten vor dem Aufprall beginnt sie mit der Übermittlung spektakulärer Bilder von der Mondoberfläche.

24. März 1965

Die Bilder der in den Alphonsus-Krater stürzenden Ranger 9 werden live im Fernsehen gesendet.

2. Juni 1966

Dem US-Roboter Surveyor 1 gelingt die erste Landung auf dem Mond. Er sendet mehr als 11 000 Bilder und liefert Informationen über die Bodenbeschaffenheit, die Radarreflexion und die Temperatur.

24. August 1966

Die NASA-Sonde Lunar Orbiter 1 beginnt mit der Kartografierung des Mondes vom Weltraum aus.

21.–27. Dezember 1968

Mit der Apollo 8 fliegen die ersten Menschen zum Mond. Als sie sich auf der Rückseite des Mondes befinden, beobachten die Astronauten zum ersten Mal den „Erdaufgang" – die Erde erschien am Horizont des Mondes.

Der Astronaut James B. Irwin arbeitet am Mount Hadley mit dem Mondmodul von Apollo 15.

© COURTESY NASA

Die unbemannte Raumsonde Ranger lieferte die ersten Nahaufnahmen des Mondes.

21. Juli 1969

Die Astronauten Neil Armstrong und Buzz Aldrin betreten als erste Menschen den Mond. Bis zum Ende des Apolloprogramms 1972 gelingt dies noch weiteren zehn Astronauten.

1970 & 1973

Der sowjetische Lunochod 1 erkundet den Mond. Insgesamt gibt es zwei dieser Mond-Rover mit jeweils acht Rädern, wobei die Rekordlaufzeit des zweiten erst 2014 durch den Mars-Rover Opportunity übertroffen wird.

1994 & 1998–1999

Die „Eissonden" Lunar Prospector und Clementine liefern Hinweise auf Eismeere an den Polen des Mondes.

2003–2006

Die Mondsonde SMART 1 der Europäischen Weltraumorganisation ESA entdeckt wichtige chemische Elemente.

2007–2008

Japan schickt sein zweites Raumfahrzeug Kaguya, China sein erstes Chang'e 1 zum Mond. Schon bald folgt mit Chandrayaan-1 das erste Mondfahrzeug Indiens.

2009

Mit dem Doppelstart der Sonden LRO und LCROSS nimmt die NASA die Erkundung des Mondes wieder auf. Im Oktober 2010 stürzt die LCROSS gezielt in einer Schattenregion des Mondes ab und bestätigt damit die Existenz eines Eismeers.

2011

Das Zwillingsraumschiff GRAIL beginnt mit der Kartografierung des Mondes von der Kruste bis zum Kern. Gleichzeitig bringt die NASA die Sonde ARTEMIS in die Umlaufbahn des Mondes, um die Beschaffenheit des Inneren und der Oberfläche zu erforschen.

2019

Chinas Chang'e 4 landet im Südpol-Aitken-Krater auf der (dunklen) Rückseite des Mondes.

Der Mond in der Kultur

Seit die Menschen erstmals die „löchrige" graue Oberfläche des Mondes sahen, gab es unzählige Erklärungsversuche. Einige glaubten, menschliche Gesichtszüge erkennen zu können und wiesen sie dem „Mann im Mond" zu. Andere verglichen die Krater mit den Löchern im Käse.

Jules Vernes Roman *Von der Erde zum Mond* von 1865 hat angeblich Raumfahrtpioniere wie Robert H. Goddard und Hermann Oberth inspiriert. Oberth trug zunächst zum erfolgreichen Abschuss der V2-Rakete unter Hitler bei und setzte sein Wissen dann bei der US-amerikanischen Weltraumfahrt ein. Der Roman ist natürlich reine Science Fiction, doch Jules Verne hat einige Dinge sehr klar vorausgesehen.

Das Raumschiff Columbia von Apollo 11 ähnelte 1969 in Größe und Form sehr stark der Raumfähre, die Jules Verne beschrieben hatte. Er sagte auch voraus, dass die für die Mondlandung erforderliche Mannschaft aus drei Männern bestehen müsste, was mit Buzz Aldrin, Neil Armstrong und Michael Collins auch der Fall war. Jules Vernes Raumschiff war mit „Rückwärtsraketen" ausgestattet, die es für die Landung abbremsen sollten. Eine ähnliche Technik nutzten auch Armstrong und seine Kollegen bei ihrer historischen Mondlandung.

Auch seine Vorhersage der Schwerelosigkeit kam der Wahrheit sehr nahe, hatte aber einen entscheidenden Fehler: Für Jules Verne herrschte sie nur auf dem halben Weg zum Mond, da sich an diesem Mittelpunkt die Anziehungskraft der Erde und die des Mondes gegeneinander aufhoben. Schließlich ließ er seine Mondfahrer bei ihrer Rückkehr in den Pazifik stürzen, genau wie auch die Fahrt des Raumschiffs von Apollo 11 106 Jahre nach Veröffentlichung des Romans endete.

Jules Verne berichtet ebenfalls von einem Teleskop, mit dem sich der Mondflug beobachten ließ. Mit einem solchen Teleskop des Johnson Space Center in Houston wurde 1970 tatsächlich die Explosion an Bord eines Raumschiffs von Apollo 13 in einer Entfernung von mehr als 332 000 km von der Erde beobachtet.

Die Geschichte der Eroberung des Mondes ist auch eng mit kulturellen Symbolen verbunden. So war die Raketenbasis für Apollo 11 zwischen Florida und Texas so heiß umstritten, dass schließlich der Kongress entscheiden musste. Das Kennedy Space Center in Florida erhielt den Zuschlag für den

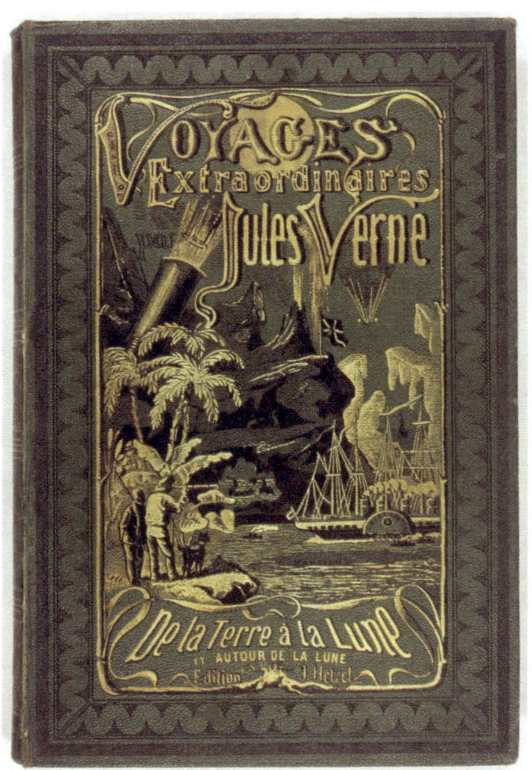

Jules Vernes Science-Fiction-Roman über die Reise zum Mond

Abschuss der Raketen, die Bodenkontrollstation wurde in einer Stadt in Texas eingerichtet. Spätestens seit dem Ausruf „Houston, wir hatten ein Problem" von Jack Swigert bei der Mission Apollo 13 ist diese Stadt weltbekannt.

Der erste Kinofilm über den Mond war der französische Stummfilm *Die Reise zum Mond* von 1902. Der bekannteste Mondfilm erschien ein Jahr vor der Mondlandung. In *2001: Odyssee im Weltraum* lebt eine Gruppe von Astronauten in einem Außenposten des Mondes und will zum Jupiter fliegen. Jahrzehnte später gilt das Meisterwerk von Stanley Kubrick immer noch als bester Science-Fiction-Film aller Zeiten. Die bösen Absichten des Bordcomputers HAL werden häufig als Warnung vor dem blinden Glauben an die Künstliche Intelligenz herangezogen.

Auch wenn derzeit noch keine Menschen ständig auf dem Mond leben, gibt es doch schon eine Menge Beweise für ihre kurze Anwesenheit dort. Sechs US-Flaggen stecken in seiner Oberfläche, aber dennoch können die USA keinen Anspruch auf den Mond erheben. Gemäß einem internationalen Abkommen von 1967 darf keine Nation der Erde das Eigentum an einem Planeten, Stern oder an anderen Himmelskörpern beanspruchen.

Der Mond bzw. seine „dunkle" Seite ist auch der Titel des achten Albums von Pink Floyd. Der Country-Sänger John Denver will sogar „über die Berge auf dem Mond tanzen". Als „Mondberge" wurden auch die Rwenzori Mountains in Uganda bezeichnet, die einst als Quelle des Nils galten. So inspirierte der Mond im Laufe der Jahrhunderte immer wieder die Menschheit.

Der Mond im französischen Film *Die Reise zum Mond* von 1902

Gestatten: Apollo 11

© COURTESY NASA

Buzz Aldrin auf dem Mond neben dem Mondmodul von Apollo 11

Das wichtigste Ziel von Apollo 11 wurde in einem Erlass des Präsidenten definiert. Am 25. Mai 1961 beauftragte Präsident John F. Kennedy die NASA mit der ersten Mondlandung: „Ich glaube, dass unsere Nation dieses Ziel vor Ende des Jahrzehnts erreichen sollte. Wir wollen es als Erste schaffen, dass ein Mensch den Mond betritt und sicher zur Erde zurückkehrt."

Der Kalte Krieg heizte sich auf. Als die Sowjetunion 1957 den Satelliten Sputnik 1 erfolgreich ins All schickte, gerieten die USA in Panik. Der Westen befürchtete, dass Russland kurz vor der Fertigstellung seiner interkontinentalen Atomraketen stünde. Die Sputnik-Krise war der Startschuss zum Wettlauf ins All. 1958 gründete Präsident Eisenhower die NASA.

Apollo 11 wurde von mehreren vorherigen Fehlschlägen überschattet. Die größte Tragödie war der verheerende Brand beim Training im Jahr 1967, bei dem alle drei Astronauten von Apollo 1 ums Leben kamen. Das Raumschiff von Apollo 11 bestand aus drei Teilen: dem Kommandomodul Columbia (CM) mit dem Cockpit der drei Astronauten, dem Servicemodul (SM) für den Antrieb und die Versorgung mit Strom, Sauerstoff und Wasser, und schließlich der Landefähre „Adler", mit der die Astronauten auf dem Mond landeten.

Am 16. Juli 1969 wurde Apollo 11 mit einer riesigen Saturn-V-Rakete von Cape Kennedy ins Weltall geschossen. An Bord waren der Kommandant Neil Armstrong, der Pilot des Kommandomoduls Michael Collins und der Pilot der Landefähre Edwin „Buzz" Aldrin. Nach Erreichen des Erdorbits und der Zündung der dritten Stufe der Saturn V erreichte Apollo 11 drei Tage später die Umlaufbahn des Mondes. Schließlich stiegen am 20. Juli Armstrong und Aldrin aus der Columbia in den Adler um. Nach Abschluss der endgültigen Überprüfungen – und einem Flug von insgesamt 100 Stunden und 12 Minuten – löste sich der Adler von der Columbia.

In der 13. Umlaufbahn hinter dem Mond zündete der Adler 30 Sekunden lang den Landemotor, um die Landefähre zum Abstieg auf den Mond abzubremsen. Dann steuerte Armstrong das Modul teils von Hand und landete im Meer der Ruhe, nur 6,4 km abseits der geplanten Landestelle.

Bei Armstrongs Bestätigung „der Adler ist gelandet" brach Jubel im Kontrollzentrum auf der Erde aus. An der Fähre war eine Gedenktafel mit den Unterschriften von Präsident Nixon und den drei Astronauten angebracht. Es dauerte aber noch knapp vier Stunden, bis Armstrong aus dem Adler kletterte und seine historischen Worte live zur Erde sprach. Seit dem Start des Adlers waren rund 109 Stunden und 42 Minuten vergangen. Aldrin betrat 20 Minuten später den Mond. Auf der Erde sahen gut 530 Mio. Menschen das Spektakel und hörten Armstrongs berühmte Worte: „Ein kleiner Schritt für einen Menschen, ein großer Schritt für die Menschheit." Eine halbe Stunde später telefonierte Präsident Nixon mit den Astronauten.

Insgesamt verbrachten Armstrong und Aldrin 21 Stunden und 36 Minuten auf dem Mond und entfernten sich dabei bis zu 91 m vom Adler, bevor sie den Adler wieder zurück in die Umlaufbahn des Mondes brachten. Als der Adler wieder an die Kommandozentrale andockte, hatte diese bereits den Mond 27-mal umkreist. In dieser Zeit hatte Collins die Columbia alleine gesteuert. Armstrong und Aldrin hinterließen verschiedene Dinge auf dem Mond: Neben der US-Flagge auch eine Reihe von Gedenkplaketten mit den Namen der drei getöteten Apollo 1-Astronauten und zweier sowjetischer Kosmonauten, die ebenfalls bei Unfällen ums Leben kamen. Zudem hinterlegten sie eine ca. 4 cm große Siliziumscheibe mit den Glückwünschen von 73 Ländern.

Am 24. Juli trat das Kommandomodul von Apollo 11 wieder in die Erdumlaufbahn ein. Nach einer Flugdauer von insgesamt 195 Stunden, 18 Minuten und 35 Sekunden – etwa 36 Minuten länger als geplant – landeten Armstrong, Aldrin und Collins im Pazifik und wurden vom 21 km entfernten US-Schiff *Hornet* an Bord genommen. Wegen des schlechten Wetters im Zielgebiet hatte die Landestelle um ca. 400 km verlegt werden müssen. Für die drei Astronauten war Apollo 11 ihr letzter Flug in den Weltraum. Mit der erfolgreichen Mission endete auch der Wettlauf ins All.

Das Kommandomodul von Apollo 11 an Bord des US-Schiffs *Hornet*

Der Lunar Orbital Gateway

2018 begann die NASA zusammen mit anderen Weltraumorganisationen mit den Vorbereitungen für eine Rückkehr zum Mond. Sie plante insbesondere eine neue Raumstation auf dem Mond. Mit Hilfe des Lunar Orbital Platform-Gateway, kurz Gateway, sollen die Astronauten die Mondoberfläche genauer untersuchen können. In der Station sollen auch wissenschaftliche Erkenntnisse gewonnen und menschliche Fertigkeiten entwickelt werden, die künftig den Erfolg bemannter Flüge in die Tiefen des Weltraums gewährleisten sollen. Dabei geht es vor allem um den Umgang mit Strahlung und Meteoriten. Von besonderem Interesse sind auch mögliche Flüge zum Mars.

Während die Internationale Raumstation ISS in einer Entfernung von nur 400 km die Erde umkreist, soll der Gateway mehrere hunderttausend Kilometer entfernt um die Erde rotieren, aber das ist das Problem. Auf seiner endgültigen Umlaufbahn befindet sich der Gateway nur noch in einer Entfernung zwischen 70 000 und 1450 km zum Mond, also mehr als fünfmal näher als der Mond von der Erde weg ist.

Für die Astronauten, die Wochen oder sogar Monate im Gateway verbringen sollen, wird es ziemlich eng werden. Die beiden Wohnmodule des Gateway verfügen nur über 55 m³. Im Vergleich dazu stehen den Besuchern der ISS gigantische 388 m³ zur Verfügung. Um die Gateway-Module tief im Weltraum platzieren zu können, müssen sie so leicht wie irgend möglich sein. Im Weltraum selbst werden sie von Raketen mit Ionenantrieb statt chemischem Antrieb bewegt. Dies bedeutet eine enorme Ersparnis an Treibstoff, aber auch eine deutlich geringere Schubkraft. Vor diesem Hintergrund wird nun eine neue Generation von Raketen mit Ionenantrieb entwickelt.

Damit der Gateway in ständigem Kontakt mit der Erde steht, darf der Mondschatten auf der sechstägigen Umlaufbahn nicht auf die Station fallen. Diese Umlaufbahn möchte die NASA als Sprungbrett für Mondlandungen oder neue Flüge in die Tiefen des Alls nutzen.

Die wichtigste Aufgabe der Gateway-Besatzungen wird die Suche nach Wasser auf dem Mond sein, das zumindest in den Polregionen in nennenswerten Mengen vorhanden sein soll. Sobald es gefunden wird, soll es vielleicht zur Erzeugung von Treibstoff für Weltraummissionen, z. B. zum Mars, genutzt werden. Dass dies möglich ist, hat die Wissenschaft bereits bewiesen. Wird Wasser in seine Bestandteile Wasserstoff und Sauerstoff zerlegt, können diese als Treibstoff verwendet werden; diese Treibstoffe wurden etwa beim Space Shuttle genutzt.

Zudem soll der Gateway als Weltraumobservatorium dienen. Von ihrer Position in der Mondumlaufbahn können die Astronauten die Niederfrequenzwellen erforschen und einen Einblick in die Entstehung des Universums vor 13,8 Mrd. Jahren gewinnen. Die Erforschung dieser Wellen auf der Erde wird zumeist durch den dichten Funkverkehr auf unserem Planeten behindert.

Die modernisierte Raumstation Gateway aus Sicht eines Künstlers

Mondfinsternis

© ANDRAMIN/SHUTTERSTOCK

Die Zeichnung zeigt den Erdschatten bei einer Mondfinsternis.

Bei einer Mondfinsternis schiebt sich die Erde zwischen die Sonne und den Mond, sodass der Mond nicht mehr von der Sonne angestrahlt wird. Es gibt zwei Arten der Mondfinsternis. Bei der totalen Finsternis stehen Mond, Erde und Sonne genau in einer Reihe, bei der partiellen Finsternis fällt nur ein Teil des Erdschattens auf den Mond. Bei einer Mondfinsternis könnte man deshalb vom Mond aus gleichzeitig den Sonnenaufgang und den Sonnenuntergang auf der Erde beobachten. Faszinierend!

Es geschieht nicht oft, dass wir den Schatten unseres Planeten sehen, doch bei einer Mondfinsternis ist dies für einen kurzen Augenblick möglich. In einigen Phasen einer Mondfinsternis, zu der es zweimal im Jahr kommt, kann der Mond auch rot leuchten. In diesem Augenblick kann das Sonnenlicht nur am Rand der Erde vorbei auf den Mond fallen und wird dabei durch die Erdatmosphäre gestreut. Der volle Mond wird sehr schnell dunkel und erstrahlt dann rot, wenn er in den Kernschatten eintritt. Deshalb wird dieser Mond auch „Blutmond“ genannt.

Eine Mondfinsternis wird manchmal auch als „Supermond“ bezeichnet. Dies ist dann der Fall, wenn der Mond sich gleichzeitig in Erdnähe befindet und uns deswegen besonders groß erscheint.

Fragen & Antworten zur Mondfinsternis

Warum gibt es nicht zweimal im Monat eine Mondfinsternis?

Das liegt daran, dass die Umlaufbahn des Mondes um die Erde gegenüber der Umlaufbahn der Erde um die Sonne etwas gekippt ist.

Warum kommt es dann überhaupt zu einer Mondfinsternis?

Die Bahn des Mondes ist zur Erdbahnebene geneigt. Beide Bahnen schneiden sich in einer Linie. Die meiste Zeit befindet sich der Mond deshalb von der Erde aus gesehen oberhalb oder unterhalb der Sonne. Nur wenn der Mond nahe der Schnittlinie ist und es gleichzeitig Vollmond ist, kommt es zu einer Mondfinsternis.

Nähert sich der Mond der Mitte des Erdschattens, dem Kernschatten, wird er immer mehr verdunkelt. Ist er komplett im Kernschatten, erscheint er rot.

Eine Mondfinsternis ist zumeist nur spät in der Nacht zu beobachten, doch es lohnt sich, Zeuge dieses seltenen Spektakels zu werden und zu erkennen, wie unglaublich lang der Schatten der Erde ist.

Highlights

Meer der Ruhe

1 Hier fand mit der Mondlandung eine der größten Errungenschaften von Wissenschaft, Technik und sogar Philosophie statt, die für ein besseres Verständnis der Erde selbst und unseres Planeten im Zusammenhang mit dem weiten Weltall sorgte.

Südpol-Aitken-Krater

2 Das riesige Monster auf der dunklen Seite des Mondes ist der zweitgrößte Krater des Sonnensystems. Mit seiner Größe liegt er zwischen den Giganten Utopia Planitia und Hellas-Krater auf dem Mars.

Kopernikus-Krater

3 Wie ein Licht im Dunkeln ist dieser helle Krater sehr gut sichtbar, selbst mit bloßem Auge von der Erde aus.

Montes Apenninus

4 Der zerklüftete Gebirgszug mit den höchsten Gipfeln des Mondes ist ein Paradies für alle Mondwanderer. Benannt ist er nach seinem irdischen Gegenstück in Italien.

Oceanus Procellarum

5 Der einzig klar benannte Ozean auf dem Mond klingt zwar wie ein Zauberspruch aus *Harry Potter*, ist aber das größte Mondmeer und beinhaltet den hellsten Krater Aristarchus.

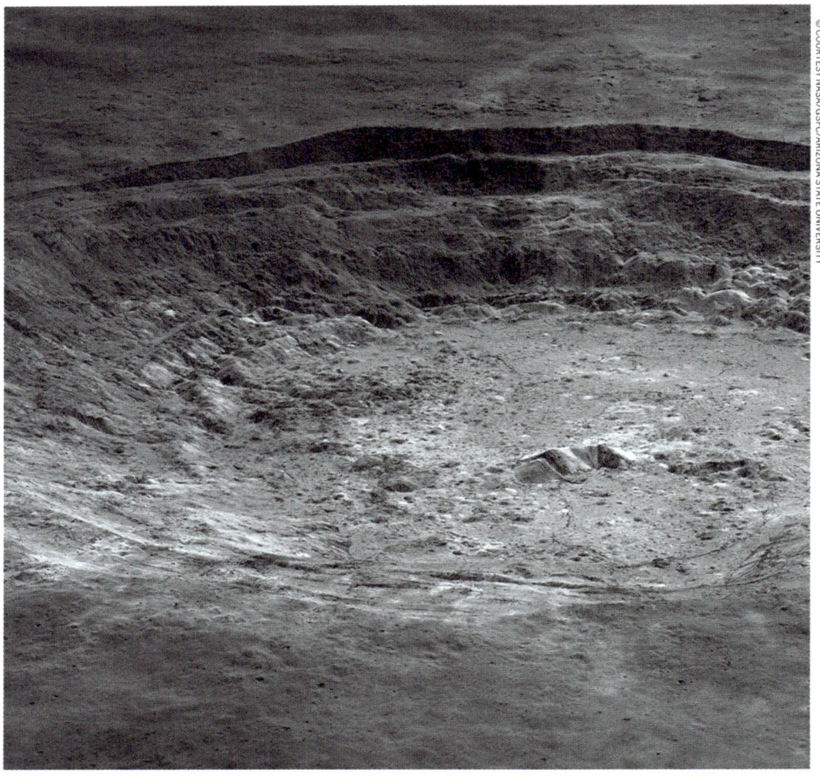

Die stufenförmigen Ufer des (aufgrund des großen Rückstrahlungsvermögens) hellen Aristarchus-Kraters im Oceanus Procellarum

Das Meer der Ruhe

Meer der Ruhe

Hier betraten die Menschen erstmals eine Welt außerhalb der Erde. Wer genau hinschaut, entdeckt die zerfetzte US-Fahne, die die Helden der Raumfahrt in den 1960er-Jahren hier in den Boden rammten.

Im wohl berühmtesten Meer des Mondes, dem Mare Tranquillitatis (Meer der Ruhe), landete die Raumfähre von Apollo 11, und dort machte Neil Armstrong den „großen Schritt für die Menschheit". Die Landestelle ist erstaunlich blau, wahrscheinlich wegen des hohen Metallgehalts der umliegenden Felsen. Das Meer stammt vermutlich aus der pränektarischen Periode, ist also 3,9 Mrd. Jahre alt. Im Gegensatz zu anderen Mondmeeren scheint das Meer der Ruhe über keine Massenkonzentration zu verfügen. Solche Massenkonzentrationen sind Anomalien, die dazu führen, dass sich die Schwerkraft im Mittelpunkt eines Mondmeers ändert.

Trotz des Namens fanden die ersten Menschen auf dem Mond keine „Ruhe" in dem Meer. Der Zeitplan für den kurzen Aufenthalt hier sah vor, dass die Astronauten sieben Stunden schlafen sollten, um neue Kraft zu schöpfen. Doch weder Aldrin noch Armstrong schliefen auch nur eine Sekunde, weil sie viel zu aufgeregt waren.

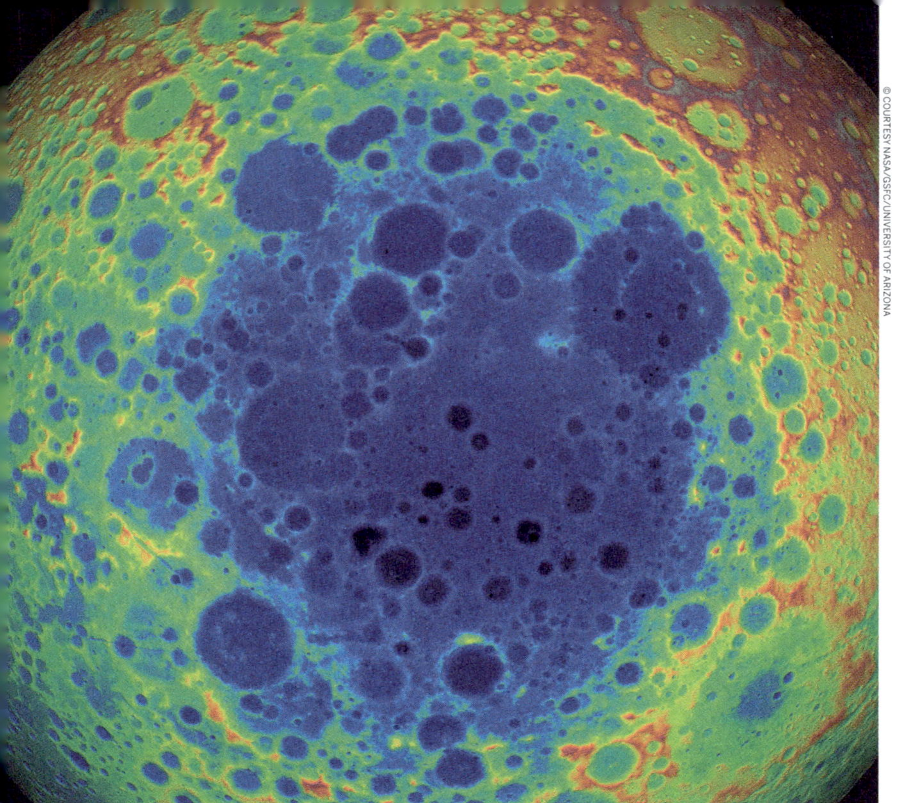

Die blau und lila eingefärbten Bereiche zeigen die unterschiedlichen Höhen des Südpol-Aitken-Kraters.

Südpol-Aitken-Krater

Das geheimnisvolle dunkle Becken sorgte für Schlagzeilen, als im Januar 2019 die chinesische Mondfähre Chang'e 4 hier landete. Es war die erste Landung auf der Rückseite des Mondes.

Der größte und tiefste Krater des Mondes hat einen Durchmesser von 2500 km und ist 13 km tief. Er ist der zweitgrößte Krater des Sonnensystems. Er liegt auf der Rückseite des Mondes und verdankt seinen Namen zwei Merkmalen auf den beiden Seiten des riesigen Beckens: ein Ende grenzt an den Südpol des Mondes, am anderen Ende liegt der Aitken-Krater als Vertiefung am nördlichen Rand. Der Südpol-Aitken-Krater wurde im Jahr 1962 entdeckt.

In den folgenden Jahren bestimmten Geologen seine Größe und andere Merkmale. Hier gibt es mit etwa 6000 m unter dem mittleren Radius die niederste Erhebung des Mondes, aber auch die höchsten Berge des Mondes, die Leibnitz-Berge (8000 m hoch) am nordöstlichen Rand. Mit 4 Mrd. Jahren ist er der älteste Mondkrater.

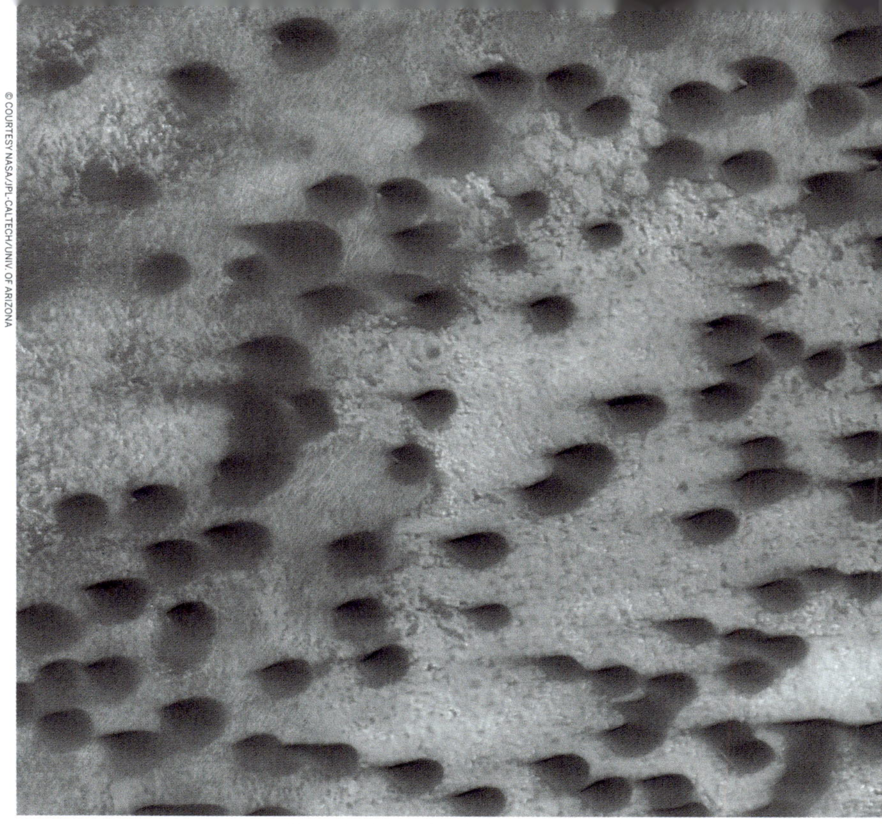

Die dunklen Flecken sehen wie Regentropfen aus, sind aber mineralhaltige Sanddünen.

Kopernikus-Krater

Der relativ junge Mondkrater ist erst 800 Mio. Jahre alt, aber dennoch einzigartig. Er bildet nämlich einen starken Kontrast zu den Meeren seiner Umgebung.

Er hat zwar nur einen Durchmesser von 107 km, ist jedoch gut zu erkennen. Mit einem einfachen Fernglas kann man den hellen Kopernikus-Krater inmitten riesiger dunkler Meere gut sehen. Aus diesem Grund ist er auch seit Generationen die am meisten beobachtete Stelle auf dem Mond. Auch der Kopernikus-Krater ist durch einen Einschlag entstanden, und er liegt im östlichen Teil des Oceanus Procellarum im Nordwesten der erdzugewandten Mondhemisphäre. Benannt ist er nach dem berühmten Astronomen Nikolaus Kopernikus. Der sehr junge Krater entstand vor 800 Mio. Jahren im Kopernikanischen Zeitalter des Mondes. Typisch für diese Periode sind Krater mit einem deutlichen Strahlensystem, Linien aus feinem „Auswurfmaterial“, die wie Speichen eines Rads vom Rand zur Mitte verlaufen. Im Gegensatz zu älteren Kratern waren sie auch nie mit Lava gefüllt. Apollo 12 landete etwas südlich des Kopernikus-Kraters, der als möglicher Landeort für Apollo 20 galt.

Fotos der LRO-Sonde zeigen die Gipfel der Montes Apenninus.

Montes Apenninus

Die Gipfel des Gebirges gehören zu den höchsten auf dem Mond und wären ein Paradies für alle Bergsteiger.

Sie bilden sowohl den nordwestlichen Rand des Hochlands Terra Nivium als auch das südliche Ufer des Mare Imbrium (Meer des Regens). Das herrliche Mondwandergebiet bietet ein weitläufiges Vorgebirge, von dem das zerklüftete Meer des Regens gut zu sehen ist. Der Gebirgszug ist nach seinem italienischen Gegenstück auf der Erde benannt, mit 595 km jedoch wesentlich kürzer – der Namensvetter auf der Erde ist etwa doppelt so lang. Aufgrund der sanften Steigung und der geringeren Schwerkraft – von einem Sechstel der Erde – schafft ein fitter Wanderer den gesamten Mondberg gut in ein paar Tagen.

Die Gipfel sind teilweise mehr als 5 km hoch. Der Mons Huygens ist mit 5500 m der höchste Berg auf dem Mond. Die beiden Berge Mons Hadley und Mons Hadley Delta sind ähnlich hoch. Sie umgeben das Tal, in dem 1971 das Mondfahrzeug von Apollo 15 landete.

Reihenbild der LRO-Sonde vom Oceanus Procellarum

Oceanus Procellarum

Mit einer Fläche von 4 Mio. km² ist dies das größte Mondmeer überhaupt. Die Landestelle von Apollo 12 trägt als einziges Meer den Namen „Ozean".

Der „Ozean der Stürme" befindet sich im Westen der Vorderseite des Mondes. Aufgrund seiner immensen Größe bezweifeln die Wissenschaftler, dass er durch einen einzigen Meteoriteneinschlag entstanden ist. An seinen Ufern gibt es zahllose Buchten und kleinere Meere, wie das Mare Nubium und Humorum. Wenn der Ozean durch einen Einschlag in der Vorzeit entstanden wäre, müsste dieser einen Durchmesser von über 3000 km erreicht haben und wäre der größte des Sonnensystems.

Nach einer anderen Theorie zufolge müsste durch einen solchen Einschlag ein zweiter kleinerer Mond auf der Rückseite entstanden sein, der einen Durchmesser von ungefähr 1200 km haben müsste. Mehrere Millionen Jahre später wären die beiden Monde miteinander kollidiert und der kleinere Mond wäre auf der Rückseite eingeschlagen. Im Oceanus Procellarum befindet sich auch der Aristarchus-Krater mit einem Durchmesser von 32 km, dem hellsten Teil des Mondes. Sein Rückstrahlungsvermögen ist doppelt so hoch wie der Rest des Mondes, weshalb der Krater auch mit bloßem Auge zu erkennen ist.

MARS

Fotomosaik der Valles-Marineris-Hemisphäre auf dem Mars

Überblick

Kein Planet fasziniert uns mehr als der Mars. Der viertnächste Planet zur Sonne besteht aus Gestein. Er liegt in der habitablen Zone der Sonne und hat manche Merkmale wie die von Eis bedeckten Polkappen mit der Erde gemein.

Mars, der zweitkleinste der (gegenwärtig anerkannten) Planeten, ist dem Menschen bekannt, seit er erstmals zu den Sternen blickte. Der „Rote Planet" verdankt seinen Spitznamen seinem einmaligen Erscheinungsbild, das von Eisenmineral im Marsboden verursacht wird. Das Eisen oxidiert und gibt dem Boden und der Atmosphäre einen warmen, rostroten Farbton. Tatsächlich aber ist der Mars ein kalter Wüstenplanet mit einer sehr dünnen Atmosphäre, zugleich aber auch eine dynamische Welt mit Jahreszeiten, vereisten Polkappen, erloschenen Vulkanen, gewaltigen Canyons und Wetterextremen.

Der nach dem römischen Kriegsgott Mars benannte Planet hat zur Sonne einen durchschnittlichen Abstand von rund 228 Mio. km bzw. 1,52 AE. Ein Tag auf dem Mars dauert etwas mehr als 24 Stunden – und damit ein wenig länger als auf der Erde. Ein Marsjahr dauert 687 Erdentage.

Der Mars ist ein Gesteinsplanet, dessen Oberfläche von Vulkanen, Einschlägen, Winden, Bewegungen seiner Kruste und chemischen Reaktionen verändert wird. Die Atmosphäre auf dem Mars ist dünner als die auf der Erde und besteht hauptsächlich aus Kohlendioxid, Argon und Wasserstoff sowie kleinen Anteilen von Sauerstoff und Wasserdampf. Der Planet wird von zwei Monden, Phobos und Deimos, umkreist und hat schon diverse Besucher gehabt: Raumsonden und Mars-Rovers, die auf seiner Oberfläche landeten. Die erste erfolgreiche Mars-Mission war der Vorbeiflug von Mariner 4 im Jahr 1965.

Die aktuellen Missionen der NASA, darunter der Lander InSight, sollen herausfinden, ob Leben auf dem Mars möglich ist. Derzeit wird dies verneint: Wasser kommt nur als vereister Schmutz oder in den dünnen Wolken vor. Es gibt jedoch Hinweise auf frühere Ströme auf dem Mars und – an einigen Hügelhängen – auf flüssiges, salzhaltiges Wasser im Boden. Es finden sich zudem Hinweise darauf, dass der Mars vor Milliarden von Jahren feuchter und wärmer war und eine dichtere Atmosphäre besaß. Die Wissenschaftler untersuchen jetzt, was mit jener Atmosphäre geschah und ob der Planet potenziell als Vorposten für die Menschheit geeignet ist.

Künstlerische Darstellung des Lander InSight bei der Untersuchung der Marsoberfläche

ENTFERNUNG ZUR SONNE
1,524 AE

LICHTLAUFZEIT ZUR SONNE
12,6 Minuten

TAGESLÄNGE
24,6 Stunden

UMLAUFZEIT
687 Tage

ATMOSPHÄRE
Kohlendioxid, Nitrogen, Argon, Spurengase

Top-Tipp

Angesichts der dünnen, sauerstoffarmen Atmosphäre ist ein Raumanzug auf dem Mars unverzichtbar. Auch Basketballschuhe lohnen sich: Da der Mars nur etwa 30 % der Schwerkraft der Erde besitzt, kann praktisch jeder hoch genug für einen Dunking springen.

An- & Weiterreise

Durchschnittlich sind Erde und Mars bei ihren Umkreisungen der Sonne 225 Mio. km voneinander entfernt. Alle zwei Jahre erreichen sie die geringste Distanz und nähern sich einander bis auf 54,6 Mio. km an. Im Jahr 1969 erreichte die Raumsonde Mariner 7 den Mars in 128 Tagen. Die längste Zeit für einen Hinflug benötigte mit 333 Tagen die Sonde Viking 2 im Jahr 1975. Die geschätzte Zeit für bemannte Flüge beträgt 250 bis 300 Tage. Der Start zum Mars muss einer parabolischen Bahn folgen, um die Umlaufbahn des Planeten zu erreichen.

Größenvergleich der Erde (links) mit dem Mars, der nur den halben Umfang hat

Orientierung

Wie groß der Mars in unserer Fantasie auch sein mag, er ist doch beträchtlich kleiner als die Erde. Dabei haben jedoch beide Planeten ungefähr die gleiche Landmasse, da es auf dem Mars keine Ozeane gibt.

Mit einem durchschnittlichen Abstand von 228 Mio. km ist der Mars 1,5 AE (Astronomische Einheiten; 1 AE = durchschnittlicher Abstand Sonne–Erde) von der Sonne entfernt. Das Licht der Sonne benötigt knapp 13 Minuten, um den Mars zu erreichen.

Der Mars dreht sich auf seiner Umlaufbahn um die Sonne alle 24,6 Stunden einmal um seine eigene Achse. Wie jeder Science-Fiction-Fan weiß, werden Marstage auch „Sol" genannt, eine Abkürzung für „Solartag". Ein Jahr auf dem Mars dauert 669,6 Sols, was 687 Erdentagen entspricht.

Die Rotationsachse des Mars ist um 25,2° gegen die Umlaufbahn um die Sonne geneigt (Erde: 23,4°). Damit hat der Mars wie die Erde auch vier verschiedene Jahreszeiten, die freilich jeweils länger dauern als auf der Erde – schließlich ist der Mars weiter von der Sonne entfernt und hat eine längere Umlaufzeit.

Ein weiterer Unterschied betrifft die Länge der einzelnen Jahreszeiten. Während auf der Erde die Jahreszeiten gleichmäßig je ein Viertel eines Jahres einnehmen (definiert durch die Sonnenwenden und die Tagundnachtgleichen), unterscheiden sie sich in ihrer Länge auf dem Mars wegen dessen elliptischer, eiförmiger Umlaufbahn. Das Mars-Frühjahr in der nördlichen und der Herbst in der südlichen Hemisphäre des Planeten sind mit 194 Sols die längsten Jahreszeiten; die kürzesten sind mit 142 Sols der Herbst in der nördlichen und das Frühjahr in der südlichen Hemisphäre. Die Winter und Sommer liegen dazwischen: Die Winter im Norden bzw. Sommer im Süden dauern 154 Sols, die Sommer im Norden bzw. Winter im Süden 178 Sols.

Der Mars *im Verhältnis zur* Erde

-- Radius --
53 %
DER ERDE

-- Masse --
10,7 %
DER ERDE

-- Volumen --
15 %
DER ERDE

-- Schwerkraft --
38 %
DER ERDE

-- Durchschnittstemperatur --
74 °C
KÄLTER ALS AUF
DER ERDE

-- Oberfläche --
28 %
DER ERDE

-- Oberflächendruck --
1 %
DER ERDE

-- Dichte --
71 %
DER ERDE

-- Orbitalgeschwindigkeit --
81 %
DER ERDE

-- Abstand zur Sonne --
1,5-fache
DER ERDE

Die Kartografierung des Mars: Von Meeren zu Kratern

Um den Mars zu kartografieren, unterteilt ihn der United States Geographical Survey in 30 Sektoren oder Gradfelder. Manche Regionen, z. B. Tharsis und Elysium, sind wegen auffälliger Landschaftsmerkmale bekannter als andere. Die ersten Karten, z. B. diejenigen, die der italienische Astronom Giovanni Schiaparelli im späten 19. Jh. schuf, gingen von einem Planeten voller Wasser und Vegetation aus. Mit der Erkundung durch Raumsonden, die mit den Mariner-Missionen der 1960er-Jahre begannen und durch die zehnjährige Mission (1996–2006) des Mars Global Surveyor deutlich Fahrt aufnahm, wurden hochdetaillierte topografische Karten der Planetenoberfläche möglich. Seit der Landung des ersten Mars-Rover 1997 auf dem Planeten werden diese Karten stetig verfeinert.

Die Mars-Topografie lässt sich grob in zwei Typen unterteilen. Die nördlichen Ebenen sind flach, das Werk jahrtausendelanger Lavaströme. Die südlicheren Regionen sind gebirgig und zeigen eine größere Zahl von Einschlagkratern. Zur Beschreibung von Objekten im Sonnensystem geben Astronomen häufig deren „Albedo" an, also ihr Rückstrahlvermögen bzw. ihre Fähigkeit, auftreffendes Licht zu reflektieren. Auf dem Mars ist die Albedo deutlich zweigeteilt. Die helleren Ebenen mit hoher Albedo sind reich an Eisenoxiden und wurden einst für Mars-Kontinente gehalten, weshalb sie Namen wie Amazonis Planitia oder Arabia Terra tragen. Die dunkleren Gebiete mit beträchtlich niedrigerer Albedo hielt man einst für Mars-Meere, sie tragen Namen wie Mare Erythraeum oder Mare Sirenum. Der größte dunkle Fleck auf dem Mars, die Syrtis Major Planitia, wurde erstmals 1659 in einer Skizze des niederländischen Astronomen Christiaan Huygens festgehalten.

Der Höhenunterschied zwischen dem höchsten und dem niedrigsten Punkt auf dem Mars beträgt rund 30 km. Der höchste Punkt ist der fast 25 km hohe Gipfel des Olympus Mons, eines riesigen Schildvulkans in der Tharsis-Region. Der tiefste Punkt ist der Boden des Hellas-Einschlagbeckens, der sich etwas mehr als 8 km unter dem „Nullniveau" (auf der Erde wäre das der Meeresspiegel) befindet. Auf der doppelt so großen Erde beträgt der Höhenunterschied lediglich 19 km (zwischen dem Gipfel des Mt. Everest und dem Boden des Marianengrabens). Die Oberfläche der Erde ist zwar nicht glatt, aber doch deutlich ebener als die des Mars. Daher unterscheidet sich der Radius des Mars je nachdem, ob man ihn von einem Berg oder von einem Krater aus misst.

Die steil abschüssigen Sanddünen der Nectaris Montes

Die Marsmonde Phobos und Deimos

Der Amerikaner Asaph Hall wollte in der Nacht des 16. August 1877 seine Suche nach einem Marsmond schon aufgeben, als ihn seine Frau Angeline zum Weitermachen überredete. Schon in der nächsten Nacht entdeckte er den ersten Marsmond, Deimos, sechs Nächte später den zweiten, Phobos. Hall benannte die Monde nach den Söhnen des Kriegsgottes Ares, dem griechischen Pendant des römischen Kriegsgottes Mars. Phobos bedeutet Furcht, Deimos Schrecken.

Die Monde des Mars gehören zu den kleinsten Monden im Sonnensystem. Der etwas größere Phobos umläuft den Mars in einer Höhe von nur 5954 km. Kein uns bekannter Mond hat eine niedrigere Umlaufbahn um seinen Planeten. Phobos umrundet den Mars dreimal pro Tag.

Asaph Hall beobachtet den Mars durch das Teleskop des US Naval Observatory.

Im Jahr 1971 nahm die NASA-Raumsonde Mariner 9 aus ihrer Umlaufbahn um den Mars die beiden Monde in den Blick. Sie entdeckte als vorherrschendes landschaftliches Merkmal auf Phobos einen 10 km breiten Krater, der damit fast die Hälfte des 26,8 × 22,4 × 18,4 km durchmessenden Himmelskörpers einnimmt. Der Krater erhielt nach dem Mädchennamen der Frau des Phobos-Entdeckers den Namen Stickney-Krater.

Phobos und Deimos umrunden ihren Planeten in gebundener Rotation, wenden ihm also stets die gleiche Seite zu. Von der dem Mars zugewandten Seite des Phobos aus betrachtet, würde der Mars einen großen Teil des Himmels einnehmen. In größerer Entfernung zum Mars kreist der kleinere, 14 × 11 × 10,9 km große Deimos. Er ist wie Phobos von zahlreichen Einschlagkratern übersät. Auf ihm liegt eine dicke, an manchen Stellen bis zu 100 m tiefe Regolithschicht (Staub und lockeres Gesteinsmaterial).

Da der Mars sie von der Sonne abschirmt, gelten Phobos und Deimos zu den dunkelsten Objekten im Sonnensystem. Es wird diskutiert, inwiefern einer der Marsmonde als Basis dienen könnte, von der aus Astronauten den Roten Planeten observieren; konkrete Pläne gibt es jedoch nicht. Astronauten könnten Roboter zur Marsoberfläche schicken und wären selbst durch kilometerdicke Felsen vor der kosmischen und der Sonnenstrahlung geschützt. Nichtsdestotrotz müssten die Raumfahrer mit starken Gesundheitsschäden rechnen.

Phobos: Fakten

» Phobos' Schwerkraft beträgt weniger als ein Tausendstel der irdischen; ein 68 kg schwerer Mensch würde auf Phobos nicht einmal 65 g wiegen!

» Der Marsmond bewegt sich spiralförmig auf den Mars zu und kommt ihm pro 100 Jahre rund 1,8 m näher. Innerhalb der nächsten 50 Mio. Jahre wird Phobos daher entweder auf den Mars stürzen oder zerbersten und einen Ring um den Planeten hinterlassen.

» Der Mond Phobos umkreist den Mars schneller als dieser sich um seine Achse dreht; er geht daher auf dem Mars pro Sol zweimal im Westen auf und im Osten unter.

Deimos: Fakten

» Deimos hat eine viel längere Umlaufzeit: Mit 30,3 Stunden braucht er für seine Umrundung des Mars das 3,5-fache der Zeit, die Phobos benötigt.

» Weder Deimos noch Phobos haben eine runde Form. Vor allem Deimos mag zwar nach einem Halbgott benannt sein, sieht aber eher aus wie eine Kartoffel.

» Deimos scheint wie sein größerer Bruder hauptsächlich aus kohlenstoffreichem Gestein zu bestehen. Beide Monde könnten eingefangene Asteroiden sein.

» Zwei Marsmonde werden schon in Jonathan Swifts 1726 erschienenem Roman *Gullivers Reisen* erwähnt.

» Deimos gilt als Zwischenstation zur Erkundung des Mars.

Der mit Kratern übersäte Phobos ist der größere der beiden Marsmonde.

Phobos ist der innere, Deimos der äußere Mond.

Da der Mars keine Ozeane und Kontinente hat, müssen die Mars-Kartografen auf von der Erde aus sichtbare Bezugspunkte zurückgreifen: Hochland und Tiefland, Einschlagkrater, Ebenen und Vulkane. Die Landschaftsmerkmale erhalten gemäß den von der Internationalen Astronomischen Union (IAU) festgelegten Konventionen griechische oder lateinische Namen. Landformationen und Ebenen bekommen das Präfix *terra*, *planitia* oder *planum*, Gebiete, die man einst für Meere hielt, das Präfix *mare*, Berge das Suffix *mons*. Krater – egal wie groß – gehen leer aus.

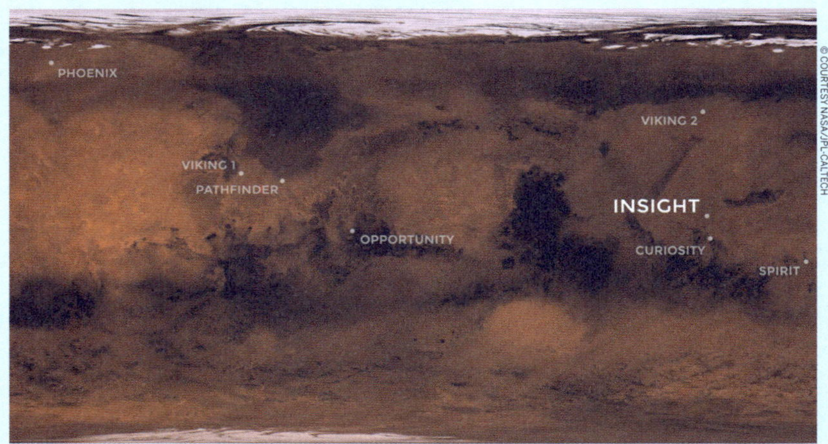

© COURTESY NASA/JPL-CALTECH

Die Landestellen der Mars-Rover zwischen den beiden Polen des Planeten

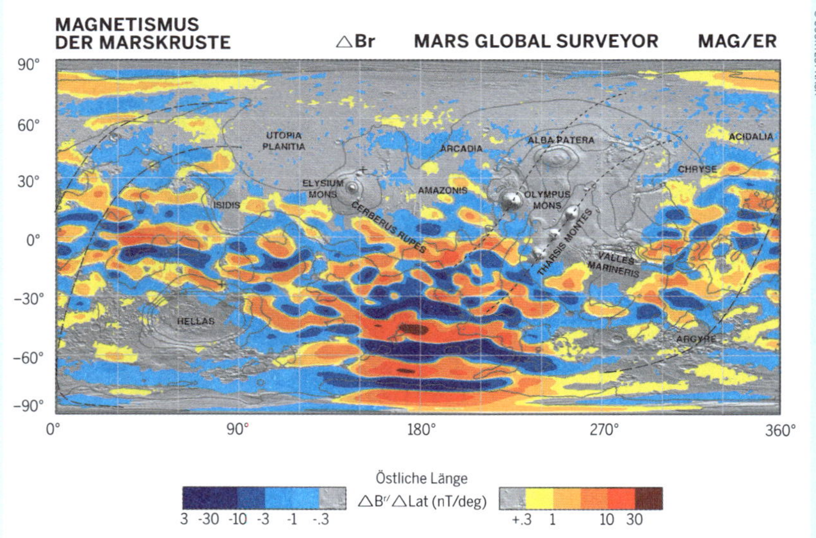

© COURTESY NASA

Obwohl der Mars kein Magnetfeld besitzt, ist die südliche Hemisphäre stark magnetisch aufgeladen.

Atmosphäre/Magnetosphäre

Auf der Marsoberfläche sind Wolken und Staubstürme zu beobachten.

Der Mars hat eine dünne Atmosphäre, die hauptsächlich aus Kohlendioxid, Wasserstoff und Argon besteht. Von der Oberfläche des Planeten gesehen wirkt der Himmel über dem Mars diesig und rötlich. Dies liegt an dem Staub in der Marsatmosphäre, der von starken Winden verwirbelt wird und den Großteil des Planeten einhüllt. Nach heftigen Stürmen kann es Monate dauern, bis sich der ganze Staub wieder gelegt hat.

Die dünne Atmosphäre erklärt auch die zahllosen Krater, die den Mars zieren. Der Rote Planet hat eine Menge einstecken müssen: Auf dem Mars finden sich 21 % der 5211 mit Namen versehenen Krater im Sonnensystem (Stand 2017).

Im Gegensatz zur Atmosphäre der Erde ist die des Mars zu schwach, um auf den Planeten treffende Weltraumtrümmer aufzuhalten. Sie bietet daher kaum Schutz gegen Objekte wie Meteoriten, Asteroiden und Kometen. Die Wissenschaftler glauben, dass der Mars in seiner Frühgeschichte eine dichtere Atmosphäre besessen haben könnte, die nach und nach vom Sonnenwind reduziert wurde.

Auch die stark schwankenden Temperaturen – eine weitere Folge der dünnen Atmosphäre – wären eine große Herausforderung für Menschen, die auf dem Mars überleben wollten. Die Temperatur auf dem Roten Planeten kann bis auf 27 °C steigen – und bis auf ca. –133 °C fallen! Und da die Atmosphäre so dünn ist, wird auch sehr wenig Sonnenwärme an der Planetenoberfläche gespeichert. Wenn man mittags am Marsäquator auf der Oberfläche stünde, herrschten an den Füßen laue 24 °C, während in Kopfhöhe schon kalte 0 °C gemessen würden!

Zu guter Letzt wäre auch die Orientierung schwierig, könnte man doch nicht auf einen Kompass vertrauen: Der Mars besitzt kein Magnetfeld, wenngleich Regionen der Marskruste auf der Südhalbkugel stark magnetisiert sind. Dies deutet auf ein Magnetfeld hin, dass es vor rund 4 Mrd. Jahren gegeben haben könnte.

Wie die anderen Gesteinsplaneten in unserem Sonnensystem formte die Schwerkraft vor rund 4,5 Mrd. Jahren aus Staub und Gasen den Mars. Heute besteht der Planet aus einem Kern, einem Gesteinsmantel und einer festen Kruste. Der Kern ist besonders dicht, hat einen Radius zwischen 1500 und 2100 km und besteht aus Eisen, Nickel und Schwefel. Den Kern umgibt ein Gesteinsmantel mit einer Dicke zwischen 1240 und 1880 km, darüber liegt die aus Eisen, Magnesium, Calcium und Kalium bestehende, zwischen 10 und 50 km dicke Kruste.

Wegen des oxidierten Eisens erscheint der Mars rot. Die Oxidation ereignet sich in dem eisenreichen Gestein namens Regolith (der „Erde“ des Mars) und im Marsstaub. Wenn der Staub in die Atmosphäre hochgewirbelt wird, erscheint der Planet überwiegend rot. Tatsächlich hat der Rote Planet viele Farben – an der Oberfläche findet man eine reiche Auswahl an Braun-, Gold- und Beigetönen.

Die Vulkane, Einschlagkrater, tektonischen Bewegungen und atmosphärischen

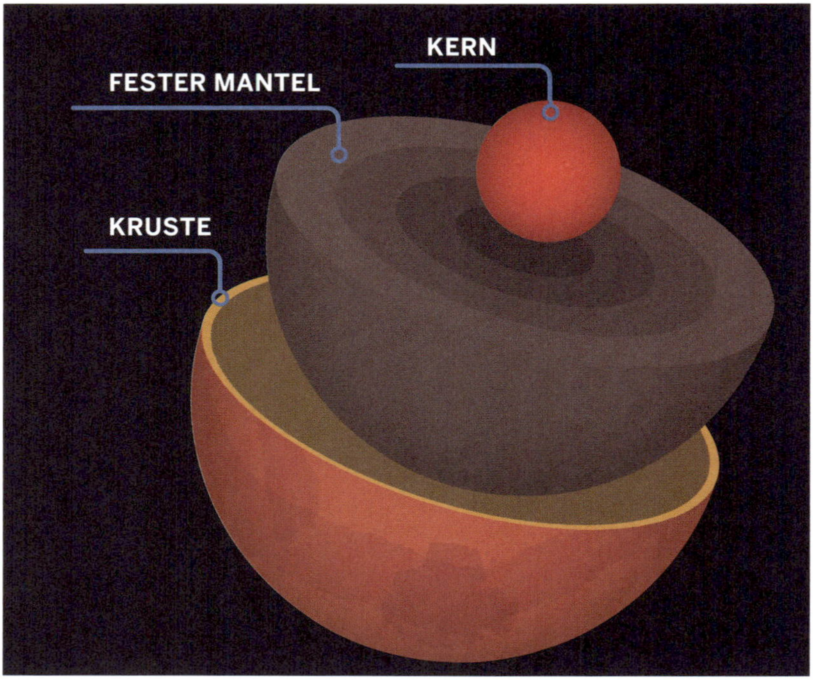

KERN

FESTER MANTEL

KRUSTE

Der Marskern hat eine geringere Dichte als der Erdkern, was darauf hinweist, dass er mehr leichtere Elemente enthält.

© COURTESY NASA/JPL/USGS

Die vereisten Polkappen des Mars bieten einen auffälligen optischen Kontrast zu seiner ansonsten roten Oberfläche.

Bedingungen (z. B. Staubstürme) haben einige der interessantesten topografischen Merkmale im Sonnensystem geschaffen. Obwohl der Mars nur halb so groß ist wie die Erde, sind diese Merkmale weit größer als ihre irdischen Pendants. Und auch wenn er nur etwa den halben Durchmesser der Erde hat, bedeckt seine Oberfläche fast die gleiche Fläche wie die Landmasse auf der Erde.

Das große Canyon-System der Valles Marineris hat eine Länge von mehr als 4800 km; das entspricht der Strecke von Kalifornien bis nach New York. Dieser große Mars-Canyon ist an der breitesten Stelle 320 km breit und erreicht eine Tiefe von 7 km – das ist rund die zehnfache Größe des Grand Canyon.

Auf dem Mars befindet sich auch der größte Vulkan des Sonnensystems, der Olympus Mons. Mit einer Höhe von nahezu 25 km ist er dreimal höher als der Mount Everest und um 60 % größer als der Mauna Kea, der größte Berg der Erde. Im Sockelumfang dieses Mars-Monsters hätte ganz Italien Platz. Aufgrund seiner geringen Hangneigung wäre seine Besteigung weniger steil als bei den meisten Gipfeln auf der Erde.

Die feuchte Vergangenheit des Mars

» Die Annahme, dass einst Wasser auf dem Mars existierte, lässt sich bis in späte 19. Jh. zurückverfolgen, als der italienische Astronom Giovanni Schiaparelli 1877 behauptete, ein sich kreuz und quer über die Oberfläche erstreckendes Netz aus Gräben gesehen zu haben. Schiaparellis Bezeichnung für dieses Landschaftsmerkmal, „canali“, wurde falsch ins Englische als „canals“ (Kanäle) übersetzt, was Anlass zu der Spekulation gab, diese seien das Werk intelligenter Erbauer.

» Gleichwohl besitzt der Mars anscheinend eine von Wasser geprägte Vergangenheit mit uralten Flusstälern, Deltas und Seebecken sowie Felsen und Mineralien an der Oberfläche, die sich nur in flüssigem Wasser gebildet haben können. Einige Merkmale deuten sogar darauf hin, dass der Mars vor rund 3,5 Mrd. Jahren gewaltige Überflutungen erlebte.

» Auch heute gibt es noch Wasser auf dem Mars, aber die Marsatmosphäre ist zu dünn, um dieses lange in flüssiger Form an der Oberfläche halten zu können. Wasser findet sich in den Polarregionen als Eis gleich unter der Oberfläche sowie als Salzwasser, das saisonal die Hügelhänge und Kraterwände hinabfließt.

Die Erforschung des Mars

Kein Planet außer der Erde wurde so intensiv erforscht wie der Mars. Die Beobachtungen des Roten Planeten reichen mehr als 4000 Jahre bis ins antike Ägypten zurück, dessen Astrologen ihn Har Decher, „den Roten", nannten. Seit jener Zeit wurde der Mars ständig beobachtet. Hier einige Schlüsselmomente:

1659

Der berühmte niederländische Physiker Christiaan Huygens skizziert als Erster das Syrtis Major Planum, einen Schildvulkan, der sich mit seiner dunklen Farbe deutlich von der roten Oberfläche des Mars abhebt.

1877

Asaph Hall entdeckt Phobos und Deimos, die beiden Monde des Mars, von denen man heute glaubt, dass es Asteroiden sind, die in Umlaufbahnen um den Planeten gerieten.

1965

Die im Vorjahr von Cape Canaveral gestartete unbemannte NASA-Sonde Mariner 4 erreicht nach acht Monaten den Mars; ihre 22 zur Erde gesendeten Bilder sind die ersten Nahaufnahmen eines Planeten jenseits der Erde.

1971

Mariner 9 umkreist als erstes Raumfahrzeug erfolgreich den Mars. Nur drei Wochen später erreichen die beiden sowjetischen Sonden Mars 2 und Mars 3 den Planeten. Nach mehreren Monaten voller Staubstürme sendet Mariner schließlich klare Bilder, die helfen, die Oberfläche des Planeten besser zu kartografieren.

1976

Mit dem Auftrag, nach Anzeichen von Leben zu suchen, landet Viking 1 erfolgreich auf dem Mars. Die Rekordmission dieser Sonde – 6,33 Jahre oder 2245 Sols – wird erst 2006 von Mars Global Surveyor übertroffen.

1996

Die am 7. November 1996 gestartete Sonde Mars Global Surveyor ist seit zwei Jahrzehnten die erste erfolgreiche Mission zum Roten Planeten. Sie stellt ihren Sendebetrieb am 2. November 2006 ein.

Christiaan Huygens beobachtete erstmals das Syrtis Major Planum.

Curiosity nahm dieses Selfie während eines Staubsturms auf der Marsoberfläche auf.

1997

Perfektes Timing: Am 4. Juli landet der Mars Pathfinder in der Region Chryse Planitia. Der abgesetzte Rover Sojourner ist das erste mit Rädern versehene Fahrzeug, das die Oberfläche eines anderen Planeten erkundet.

2002

Die im Jahr 2001 gestartete Sonde Mars Odyssey nimmt die Beobachtung des Planeten auf und entdeckt gefrorenes Wasser unter der Marsoberfläche. Die Sonde findet nicht nur ausgedehnte Vorräte an Wassereis, sie bricht 2010 auch den Rekord des am längsten arbeitenden NASA-Marserkundungsinstruments.

2004

Die beiden Mars Exploration Rovers Spirit und Opportunity finden deutliche Hinweise, dass es einst über lange Zeit flüssiges Wasser an der Marsoberfläche gab.

2006

Der Mars Reconnaissance Orbiter beginnt, bei seiner Suche nach Wasser dicht unter der Oberfläche Bilder mit hoher Auflösung zur Erde zu senden. Neuere Bilder halfen dann, eine Landestelle für die InSight-Mission auszuwählen.

2008

Phoenix findet Anzeichen für eine mögliche Bewohnbarkeit des Planeten. Zumindest zeitweise scheint flüssiges Wasser zu existieren. Außerdem erweist sich auch die chemische Zusammensetzung des Bodens teilweise als günstig.

2012

Der Marsrover Curiosity landet im Gale-Krater und entdeckt Bedingungen, die einst für mikrobielles Leben geeignet waren.

2018

Der Rover InSight landet und nimmt seine Arbeit auf.

Auf dem Crown Square in Surrey steht eine Skulptur der Außerirdischen aus *Krieg der Welten*.

Leben auf dem Mars: der Rote Planet in der Kultur

Kein anderer Planet hat unsere kollektive Fantasie so angeregt wie der Mars. Lange vor David Bowies Frage nach Leben auf dem Mars zeigten Filmemacher und Schriftsteller ihre Versionen und sorgten gleichermaßen für Unterhaltung und Grusel. Die Romanreihe rund um *John Carter vom Mars* von Edgar Rice Burroughs startete bereits 1912. In der abschließenden Geschichte aus dem Jahr 1940 erfährt man, dass John Carter per „Astralprojektion" auf den Planeten gebracht wurde. Bei seiner Ankunft entdeckt er, dass er dank der schwachen Schwerkraft des Mars Superkräfte besitzt. Der interplanetare Reiseverkehr zwischen Erde und Mars war aber natürlich keine Einbahnstraße. Bei der 1938 gesendeten Hörspielfassung *Krieg der Welten* von H. G. Wells sollen so viele Hörer an eine echte Reportage geglaubt haben, dass eine Massenpanik ausbrach. Wells' Roman wurde von Jeff Wayne 1978 zu einer Rockoper umgearbeitet. In den B-Movies der 1950er-Jahre waren Marsianer allgegenwärtig. Im Jahr 1953 schlossen sie sich im Film *Abbott and Costello Go to Mars* sogar einem US-amerikanischen Komiker-Duo an. Jahrzehnte später werden in Tim Burtons Komödie *Mars Attacks!* (1996) die Erdlinge von Mars-Aliens, die ihre Gehirne offen auf dem Kopf, tragen, vaporisiert.

Ein Einschlagkrater auf dem Mars wurde nach dem Science-Fiction-Autor Isaac Asimov benannt, während der Mars seinen Namen einem Schokoladenriegel verlieh.

In letzter Zeit machte sich eine gesteigerte Neugier bemerkbar, wann und

Der berühmte Schokoriegel trägt den Namen seines Erfinders, der zufälligerweise Forrest Mars hieß.

Krieg der Welten war einer der ersten Science-Fiction-Welterfolge.

wie Menschen schließlich diesen Planeten bevölkern werden. Die echten Herausforderungen, denen sich der Mensch auf dem Mars stellen muss – das Fehlen von Sauerstoff, Nahrung und Wasser –, wurden schon 1990 in *Die totale Erinnerung – Total Recall* behandelt, einem Film mit Arnold Schwarzenegger.

Die vielleicht plausibelste Version eines Mars-Erlebnisses erschien 2014: Andy Weirs Roman *Der Marsianer* wurde zu einem Bestseller, den Hollywood 2015 mit Matt Damon in der Rolle des Botanikers Mark Watney verfilmte. Allein auf dem Planeten gestrandet, gelingt es Watney, während er auf die Rettungsmission wartet, Kartoffeln anzubauen. Den ISS-Astronauten dürfte dies gefallen …

Technologien des Raumfahrtzeitalters

Das Know-how für den Anbau von Nahrungs auf dem Mars existiert bereits, aber was brauchen die Menschen noch, um den Mars zu erreichen und auf ihm zu überleben? Hier einige NASA-Technologien, die in Vorbereitung einer bemannten Mission zum Mars genutzt oder getestet werden:

1) Ionenantrieb

Gase wie Argon oder Xenon werden elektrisch aufgeladen und mit Geschwindigkeiten von 320 000 km/h ausgestoßen. Das Raumfahrzeug erfährt dabei eine Antriebskraft, die nicht stärker ist als eine sanfte Brise, kann aber über Jahre hinweg kontinuierlich beschleunigen. Diese Technologie ermöglichte es der NASA-Raumsonde Dawn, den Treibstoffverbrauch zu reduzieren und mehr als fünf Jahre zu beschleunigen; die gesamte Beschleunigung betrug rund 40 000 km/h.

2) Habitation

Im Johnson Space Center der NASA trainieren Besatzungen im Human Exploration Research Analog (HERA) für lange Missionen. Die autarke Umwelt simuliert eine Unterkunft im All mit Wohnräumen, Arbeitsplätzen, einem Hygiene-Modul und einer Luftschleuse. In dem Modul führen die Probanden operative Aufgaben durch und leben 14 bis 45 Tage zusammen.

3) Solarenergie

Auf der Internationalen Raumstation erzeugen vier Solarelemente 84 bis 120 kW Energie – genug für mehr als 40 Haushalte. Orion, jenes NASA-Raumschiff, das Menschen weiter denn je bringen soll, wird für künftige Missionen ebenfalls Solarenergie nutzen; mit ihr werden Lithium-Ionen-Batterien geladen.

4) Pflanzenanbau

„Veggie" („Vegetable Production System") ist ein System zur Produktion von frischem Gemüse, welches gegenwärtig an Bord der Internationalen Raumstation ISS erprobt wird. Mithilfe von rotem, blauem und grünem Licht wachsen die Pflanzen auf kleinen Kissen, deren durchbrochene Oberflächen Düngemittel enthalten. Die Astronauten nutzen das System, um Salat zu ziehen. Einige Pflanzen werden für den Verbrauch an Bord geerntet, der Rest wird zur Erde geschickt, um die Pflanzen zu analysieren.

5) Radionuklidbatterien

Die NASA verwendet Radionuklidbatterien (RTGs; Radio-

Das HERA Lab der NASA im Johnson Space Center, ein dreistöckiges Habitat, das die Bedingungen des Lebens im Weltraum simuliert.

isotope Thermoelectric Generators) schon seit 40 Jahren. Derartige Batterien lieferten schon den Apollo-Mondmissionen und dem Marsrover Curiosity Energie. Diese „Weltraumbatterien" wandeln Wärme aus dem natürlichen radioaktiven Zerfall von Plutonium in verlässlichen elektrischen Strom um. Der RTG von Curiosity erzeugte eine Leistung von 110 Watt und damit etwas mehr, als früher eine durchschnittliche Glühbirne benötigte.

6) Wasserrückgewinnung

Auf der Internationalen Raumstation wird Wasser aus allem aufgefangen und wiederaufbereitet, einschließlich Urin und Brauchwasser. Das Water Recovery System (WRS) sammelt Wasser und filtert es für die Wiederverwendung. Flüssigkeiten können im Weltraum Probleme bereiten, weil sie sich in Schwerelosigkeit anders verhalten. Der Teil des WRS, der Urin verarbeitet, benutzt zur Destillation eine Zentrifuge, weil sich Gase und Flüssigkeiten nicht wie auf der Erde trennen.

7) Sauerstofferzeugung

Das Oxygen Generation System (OGS) der NASA verwertet die Atmosphäre des Raumfahrzeugs, um atembare Luft bereitzustellen. Das System produziert Sauerstoff mittels Elektrolyse und spaltet Wassermoleküle in ihre Bestandteile Sauerstoff und Wasserstoff auf. Der Sauerstoff wird in die Luft freigesetzt, der Wasserstoff entweder in den Weltraum entsorgt oder dem Wasseraufbereitungssystem zugeführt.

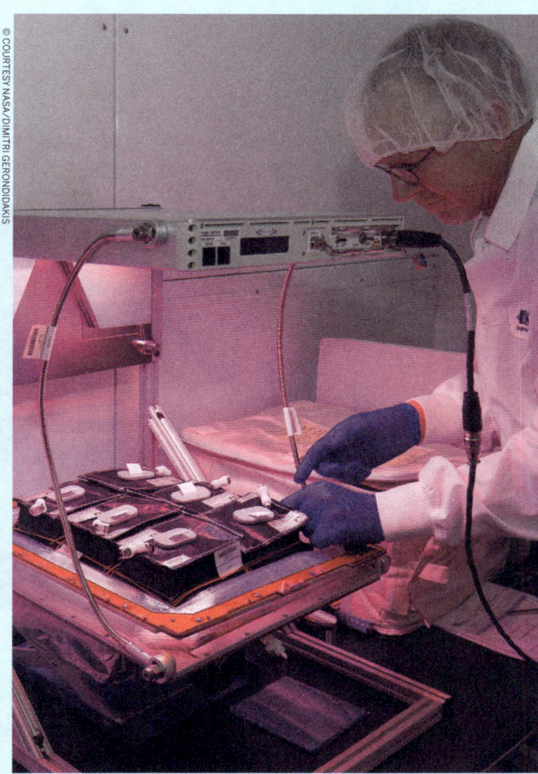

Im Veggie-Labor auf der Internationalen Raumstation wird Gemüse angebaut.

8) Raumanzüge

Auf dem Mars sind Raumanzüge für das Überleben unverzichtbar. Der Raumanzug Z-2 der NASA und der Prototype eXploration Suit setzen sich mit den Herausforderungen bei Mars-Spaziergängen auseinander, etwa mit dem Staub. Der rote Boden auf dem Mars könnte den Astronauten, aber auch den Systemen innerhalb des Habitat-Moduls zu schaffen machen. Die neuen Entwürfe sehen einen „Suitport" vor, der es Astronauten ermöglicht, schnell ins Raumfahrzeug zu gelangen, während die Außenschicht ihres Anzugs draußen bleibt.

9) Rover der nächsten Generation

Das Multi-Mission Space Exploration Vehicle (MMSEV) soll in Zukunft Missionen zu Asteroiden, zum Mars und seinen Monden und viele weitere Missionen unterstützen. Das MMSEV stellt sich dabei Herausforderungen wie verlängerter Einsatzdauer, schnellem Ein- und Aussteigen sowie Strahlenschutz. Einige Versionen des MMSEV verfügen über sechs schwenkbare Räder für verbesserte Manövrierbarkeit. Bei einem Plattfuß zieht das Fahrzeug das kaputte Rad hoch und fährt weiter.

Der 4,5 Mrd. Jahre alte Mars-Meteorit ALH84001 wurde in der Antarktis gefunden.

Der Mars als Forschungsobjekt

Eine genauere Kenntnis des Mars und seiner geologischen Prozesse sowie die Antwort auf die Frage, ob es auf ihm jemals Leben gab, hilft uns auch, die Erde besser zu verstehen. So lassen sich Parallelen zwischen der frühen Erde und dem frühen Mars feststellen und man kann bestimmen, was die Entwicklung zu ihren heutigen, so stark verschiedenen Umwelten verursachte.

Die Astrobiologie ist dabei ein nützliches Hilfsmittel. Dieses faszinierende Forschungsgebiet, das Astronomen, Biologen, Geologen und Physiker vereint, verdankt sehr viel der Entdeckung eines Felsbrockens von der Größe einer kleinen Melone: ALH84001. So heißt der älteste Mars-Meteorit, der zur Erde gelangte. Er wurde 1984 in den Allan Hills in der Antarktis gefunden. Der rund 15 cm lange Brocken ist rund 4,1 Mrd. Jahre alt und besteht aus Orthopyroxenit. In ihm finden sich Spuren von Wasser mit mineralischen Ablagerungen, die fossile Bakterien sein könnten. Die Entdeckung von Fossilien aus der Frühzeit des Mars indes würde uns verraten, dass einst Leben auf dem Roten Planet existierte. Die Hinweise auf Zellen, die in Felsgestein vom Mars erhalten sind, könnten unglaublich klein sein. Solche molekularen Fossilien oder „Biosignaturen" geben Hinweise auf die Organismen, die sie einst produzierten. Leider können nach Hunderten von Millionen Jahren alle Biosignaturen auf dem Mars zerstört oder bis zu einem Punkt umgewandelt worden sein, dass sie nicht mehr identifiziert werden können.

Um Beweise für früheres Leben zu entdecken und herauszufinden, welche Bedingungen für künftiges Leben erforderlich sind, studiert gegenwärtig eine internationale Flotte von Raumsonden den Mars aus allen Winkeln – aus dem Weltraum wie auch auf dessen Oberfläche.

1) Mars Odyssey

Start: 7. April 2001

Die NASA-Raumsonde Mars Odyssey befindet sich immer noch in der Umlaufbahn um den Mars und hat inzwischen mehr als 130 000 Bilder gemacht. Sie sendet weiterhin Informationen über die Geologie, das Klima und die Mineralogie des Planeten zur Erde. Odyssey dient auch als Relaisstation zur Kommunikation mit Mars-Landern.

2) Mars Express

Start: 2. Juni 2003

Die Sonde hat Mineralien entdeckt, die sich nur bei der Präsenz von flüssigem Wasser bilden, und damit bestätigt, dass es auf dem Mars einst feuchter war. Die Sonde entdeckte in den Polkappen Wassereis in einer Menge, mit dem sich ein den Planeten umfassender Ozean von 11 m Tiefe bilden ließe. Außerdem entdeckte die Sonde in einer Höhe von 100 km die höchsten Wolken, die je über der Oberfläche eines Planeten beobachtet wurden, und Hinweise auf Methan, ein Gas, dessen Vorkommen auf der Erde auf Vulkanismus und biochemische Prozesse zurückgeführt wird.

3) Marsrover Opportunity

Start: 8. Juli 2003

Bei seiner mehr als 5000 Sols dauernden Aktivität auf dem Mars lieferte Opportunity spektakuläre Hinweise auf feuchte Umweltbedingungen, die einst mikrobielles Leben ermöglicht haben könnten. Die Wissenschaftler glauben, dass die Landestelle des Rovers im Meridiani Planum einst das Ufer eines Salzsees bildete. Im Juli 2014 brach Opportunity mit 40 km den Rekord der längsten, von einem Fahrzeug außerhalb der Erde zurückgelegten Strecke. Die Mission wurde im Februar 2019 endgültig beendet.

Der Mars Reconnaissance Orbiter in einer künstlerischen Darstellung

4) Mars Reconnaissance Orbiter (MRO)

Start: 12. Aug. 2005

Der MRO enthüllte, dass der Mars dynamischer und vielfältiger ist als zuvor angenommen. Die Daten, die diese Sonde über „saisonale Ströme" sammelte, sind der bislang stärkste Hinweis auf flüssiges Wasser auf dem Mars. Der MRO sendet jede Woche mehr Daten zur Erde als die sechs anderen derzeit aktiven Mars-Missionen zusammen.

5) Mars Atmospheric and Volatile EvolutioN (MAVEN)

Start: 18. Nov. 2013

Bei ihrer Hauptmission, die atmosphärischen Bedingungen auf dem Mars zu erkunden, führte die Raumsonde MAVEN zehn Monate lang Beobachtungen durch und unternahm auch vier Tiefflüge in die Mars-Atmosphäre.

6) ExoMars Trace Gas Orbiter

Start: 14. März 2016

ExoMars sucht nach Spuren von Methan und anderen Gasen in der Marsatmosphäre. Das organische Gas Methan entsteht u. a. beim Stoffwechsel, bei Fäulnis- und bei geologischen Prozessen wie der Oxidation von Mineralien. ExoMars beobachtet jahreszeitliche Veränderungen der Marsatmosphäre und sucht nach Hinweisen auf Wassereis unter der Oberfläche des Planeten.

Gestatten: Curiosity

Curiosity bereitet die Bohrung in einen Felsen am Mount Sharp vor.

Start: 26. November 2011

Der sechsrädrige Rover Curiosity ist derzeit der NASA-Botschafter auf dem Roten Planeten. Er landete am 6. August 2012 an Bord des Mars Science Laboratory (MSL) auf dem Mars: Das MSL steuerte selbstständig die Marsoberfläche an und verwendete dabei die selben Methoden zur Kontrolle des Eintritts in die Marsatmosphäre wie das Space Shuttle in der Erdatmosphäre. Es flog bis zu der gewünschten Stelle über der Marsoberfläche und bremste dann mit einem Fallschirm und Rückstoßraketen. Dann setzte es den Rover auf ähnliche Weise im Gale-Krater ab, wie Hubschrauber große Objekte bewegen. Diese neue Technik ermöglichte es der NASA, das Landegebiet auf eine Zone von 6,4 × 19,2 km zu begrenzen.

Mit einer Länge von 3 m und einem Gewicht von 899 kg ist Curiosity doppelt so lang und dreimal so schwer wie die früheren Rover und besitzt daher in dem steilen Gelände rund um die Landestelle mehr Fahrstabilität. Der Rover Curiosity verfügt über eine Radionuklidbatterie, die Strom aus dem radioaktiven Zerfall von Plutonium erzeugt. Das sorgt für größere Mobilität und erlaubt es dem Rover, mehr Längen- und Breitengrade zu erkunden, als es seinen Vorgängern möglich war.

Wie Rover Spirit und Opportunity besitzt auch Curiosity sechs Räder und an einem Mast montierte Kameras. Darüber hinaus verfügt Curiosity allerdings über einen Laser, um dünne Schichten von der Felsoberfläche zu entfernen und das darunterliegende Material zu untersuchen. Mit Bohrungen können NASA-Wissenschaftler Bodenproben von diversen Stellen untersuchen. Im Fokus sind auch solche Stellen, die Anzeichen für Erosion durch Wasser aufweisen und ausgetrocknete Flussbetten sein könnten.

Seit seiner Ankunft hat Curiosity ständig Bodenproben gesammelt und sie zur chemischen Analyse in den Prüfkammern an Bord genommen. Mit seinen Instrumenten soll der Rover organische Moleküle identifizieren, die im Wesentlichen ein oder mehrere an Wasserstoff gebundene Kohlenstoffatome enthalten. Ohne diese Bausteine kann Leben nicht existieren: Ihr Vorhandensein wäre ein wichtiger Pluspunkt für eine künftige Besiedelung des Mars. Curiosity kann darüber hinaus auch nach anderen chemischen Elementen suchen, die für das Leben wichtig sind, darunter Stickstoff, Phosphor, Schwefel und Sauerstoff.

Ein von Curiosity aufgenommener Blick von der Kimberley-Formation auf dem Mars

Selbstporträt von Curiosity an der Bohrstelle „Big Sky“

Wichtigste bisherige Entdeckungen von Curiosity:

» Bei ihrer Reise zum Mars registrierten das Mars Science Laboratory und Curiosity Strahlenwerte, die für Raumfahrer ein potenzielles Gesundheitsrisiko darstellen.

» Ein wesentlicher Teil der Mission war das Testen von Landeausrüstung und -techniken, die zuvor nie auf dem Mars eingesetzt worden waren. Die sichere Landung von Curiosity auf der Mars-Oberfläche gibt den NASA-Wissenschaftlern beträchtlich größeren Freiraum zur Ausstattung von künftigen Rovern mit Instrumenten, da mehr Nutzlast mitgeführt werden kann.

» Hinweise lassen den Schluss zu, dass der Mars in der sogenannten Noachischen Periode (vor 4,1–3,7 Mrd. Jahren) die richtigen chemischen Bedingungen für die Entstehung von Mikroorganismen geboten haben könnte.

» Curiosity fand Hinweise auf ein uraltes Flussbett, in dem das Wasser einst knietief floss. Rund um die Landestelle im Gale-Krater finden sich eine Reihe unterschiedlicher Umwelten. Auch das deutet auf die Anwesenheit beträchtlicher Wassermengen irgendwann in der Vergangenheit des Planeten hin.

Gestatten: InSight – die jüngste NASA-Mission zum Mars

Start: 5. Mai 2018

Ankunft auf der Oberfläche: 26. November 2018

Mit der Untersuchung von topografischen Merkmalen wie Canyons und Vulkanen haben frühere Mars-Missionen lediglich die Oberfläche des Roten Planeten untersucht. Doch Hinweise auf die Entstehung des Planeten lassen sich nur finden, indem man tief unter der Oberfläche sondiert und die „Vitalparameter" des Planeten untersucht. InSight (Abkürzung für „Interior Exploration using Seismic Investigations, Geodesy and Heat Transport") ist ein Mars-Lander, der den Roten Planeten zum ersten Mal seit seiner Entstehung vor 4,5 Mrd. Jahren einem gründlichen Check unterziehen soll. Er ist das erste von Menschen gemachte Gerät, das die „Tiefen" des Mars, seine Kruste, seinen Mantel und seinen Kern untersuchen soll. Diese Untersuchung wird dabei helfen, Schlüsselfragen auch zur Frühgeschichte der anderen Gesteinsplaneten – Merkur, Venus und Erde – im inneren Sonnensystem sowie anderer Gesteinsplaneten außerhalb unseres Sonnensystems zu beantworten.

Die Entstehungsgeschichte des Mars ist in seinen Felsen und in seinem Boden verzeichnet. Die Existenz eines 25 km hohen Vulkans auf der Marsoberfläche ist ein verlässlicher Hinweis auf extreme geologische Aktivität in der Vergangenheit des Planeten. Ein Lander wie InSight kann helfen, das Ausmaß gegenwärtiger Aktivitäten auf dem Mars zu identifizieren, die sich wohl deutlich beruhigt haben, aber noch nicht ganz erloschen sind.

Im Gegensatz zu anderen Raumfahrzeugen drehte sich InSight bei der Reise zum Roten Planeten nicht um die eigene Achse, sondern an der Sonde angebrachte Sensoren sagten ihr, wo oben und unten, rechts und links waren. Das nennt man eine dreiachsige Stabilisierung. InSight wurde von acht Schubdüsen angetrieben, die in Abständen gezündet wurden. Die vier größeren Düsen brachten das Raumfahrzeug in die richtige Richtung, die vier kleineren hielten es stabil. Die Flugroute von InSight wurde sorgfältig geplant, um die Reisezeit zu minimieren. Ende Juli 2018, gut zwei Monate nach dem Start von InSight, erreichte der Mars auf seiner Umlaufbahn den erdnächsten Punkt. Das geschieht ungefähr alle 26 Monate. Der Start von InSight wurde so terminiert, dass die Sonde weniger als einen halben Sonnenumlauf zurücklegen musste, um den Mars zu erreichen.

Blick auf InSights Verdeck

Startphase

Am 5. Mai 2018 hob InSight mit einer sehr leistungsstarken Einwegrakete vom Typ Atlas V-401 von der Vandenberg Air Force Base ab. Quasi im Huckepack führte die Sonde als viel versprechendes technologisches Experiment zwei würfelförmige, CubeSats genannte Minisatelliten mit, die jeweils nicht größer sind als ein Aktenkoffer. Mit ihnen sollen neue Kommunikationstechnologien für den Weltraum getestet werden. Bei ihrer Ankunft am Mars übermittelten die beiden Sonden (MarCOs; Mars CubeSat One) erfolgreich Daten von InSight bei dessen Eintritt in die Marsatmosphäre und seiner Landung zur Erde. Mit dem ersten erfolgreichen Test der miniaturisierten CubeSat-Technologie in der Umlaufbahn um einen anderen Planeten hoffen die Forscher auf eine verbesserte Kommunikation bei künftigen Missionen.

Missionsverlauf

InSight verließ die Erde mit einer Geschwindigkeit von 10 000 km/h. Die Strecke zum Mars betrug ca. 485 Mio. km. Nach dem Start wurde InSight permanent von den Navigatoren auf der Erde überwacht. Das Kontrollteam korrigierte mehrmals während der Reisephase InSights Flugbahn, wofür an Bord mehrere Hilfsmittel zur Verfügung standen.

1) Star Tracker

Der Tracker hielt die Position von InSight zu den Sternen am Nachthimmel fest, um den Navigatoren auf der Erde mitzuteilen, wie die Raumsonde ausgerichtet war. Das funktionierte ähnlich wie in der antiken Seefahrt, als die Seeleute zu den Sternen schauten, um ihren Route auf dem Meer zu halten.

2) Trägheitsnavigation

Zusammen mit dem an Bord befindlichen Gyroskop lieferte das Instrument Informationen über die Reiserichtung und -geschwindigkeit von InSight.

3) Sonnensensoren

Die Sensoren halfen dabei, die Position in Relation zur Sonne beizubehalten.

Die künstlerische Darstellung zeigt, wie der Lander InSight seinen Seismometer und seine Wärmesonde einsetzt.

InSight verfügt über Wetterbeobachtungsinstrumente, die der Lander auf dem Mars einsetzen kann.

Landung auf dem Mars

Geschützt durch einen Hitzeschild tauchte der Lander InSight am 26. November 2018 in die dünne Marsatmosphäre ein. Wie Curiosity sechs Jahre zuvor, verwendete die Sonde einen Fallschirm zum Abbremsen, ehe die Bremsraketen zum endgültigen Abstieg auf das flache Gelände der Elysium Planitia gezündet wurden. Der Landeplatz musste mehreren Voraussetzungen genügen. Zunächst einmal musste ein niedrig gelegener Landeplatz gewählt werden, weil nur dort ausreichend Atmosphäre vorhanden ist, um sie zum Abbremsen der Sonde nutzen zu können. Zum zweiten musste ein Landeplatz nahe dem Äquator gewählt werden, um sicherzustellen, dass die Solaranlage des Landers ganzjährig Strom liefern würde und der Lander nicht zu kalten Temperaturen ausgesetzt wäre.

InSights Erfolg hing von der Landung in einem ebenen Gebiet ab. Diese Sonde verfügt nicht über die Mobilität eines Rovers; bei einem steilen Hang kann der Roboterarm nicht genügend Terrain erreichen. Eine Neigung in die falsche Richtung könnte die Leistungsstärke der Solaranlage beeinträchtigen, und ein großer Felsen könnte verhindern, dass sich die Solarkollektoren öffnen.

Die Wärmeflusssonde von InSight musste zudem in den Boden eindringen können, der hierfür nicht aus Felsen bestehen darf. Das Wärmebildsystem (THEMIS; Thermal Imaging System) an Bord des NASA-Orbiters Mars Odyssey lieferte hierzu die notwendigen Informationen zur Bodenbeschaffenheit.

Gesundheitscheck eines Planeten

Die Ziele der InSight-Mission unterscheiden sich deutlich von denen der früheren Lander und Rover – sie sind eher mit denen eines Marathonläufers als mit denen eines Sprinters zu vergleichen. Dies wirkt sich auf die Ausstattung der Sonde aus: InSight verfügt über drei besondere Instrumente, die jeweils eigene Aspekte analysieren sollen. Die Instrumente tauchen tief unter die Oberfläche und suchen die Spuren der Prozesse, die die Gesteinsplaneten formten. Dazu messen sie die „Vitalparameter" des Planeten: seinen „Puls" (Seismologie), seine „Temperatur" (Wärmefluss) und seine „Reflexe" (Planetenrotation).

1) Puls

SEIS (Seismic Experiment for Interior Structure) heißt InSights Seismometer. Das Instrument, das den Herzschlag des Planeten messen soll, wird auf dem Marsboden abgesetzt, wo es seismische Vibrationen registriert. Die Messungen bieten einen Einblick in die Aktivität im Innern des Mars. Seismische Wellen werden von Marsbeben und von Meteoriteneinschlägen erzeugt. Eine Reihe von Sensoren – für Wind, Luftdruck, Temperatur und magnetische Felder – sorgen für die Feinabstimmungen der Messungen. SEIS kann selbst Vibrationen an der Oberfläche wahrnehmen, die vom Wetter hervorgerufen werden, z. B. von Staubstürmen und -tromben oder anderen Turbulenzen in der Atmosphäre. Mithilfe der Messungen von SEIS ist es letztlich vielleicht möglich herauszufinden, ob es unter der Marsoberfläche Vorkommen von flüssigem Wasser und Hinweise auf aktive Vulkane gibt.

Künstlerische Darstellung des Mars Reconnaissance Orbiter

2) Temperatur

Um zu sehen, welche Temperaturen unter der Marsoberfläche herrschen, entwickelte das Deutsche Zentrum für Luft- und Raumfahrt das HP3 (Heat Flow and Physical Properties Probe), eine Sonde, die fast 5 m und damit tiefer als jedes frühere Instrument in den Boden eindringen kann. Ein Rammkopf am Ende der Sonde, der „Maulwurf", arbeitet sich in den Boden vor und gibt dabei Wärmeimpulse ab. Die Sonde misst dann die Ausbreitungsgeschwindigkeit der Wärme, also die sogenannte Wärmeleitfähigkeit. Während die Sonde ins Innere vordringt, erzeugt eine hämmernde Bewegung Vibrationen. Die Wissenschaftler können dann das Seismometer nutzen, um „Reflexionen" – z. B. durch Lavaströme – aufzuspüren, wenn die Vibrationswellen von tieferen Schichten reflektiert werden. So ergibt sich ein Querschnittsbild des Planeteninneren. Indem die Forscher berechnen, wie viel Hitze erzeugt wird und was deren Quelle ist, können sie ermitteln, ob der Mars aus den gleichen Stoffen gebildet ist wie Erde und Mond.

3) Reflexe

Während der Mars die Sonne umkreist, verfolgt das RISE (Rotation and Interior Structure Experiment), ein Aufbau von Radioantennen von InSight, die genaue Position des Landers. Täglich funkt RISE ungefähr eine Stunde Daten zur Erde. Indem die Forscher daraus ablesen, wie sehr der Planet auf seiner Achse schwankt, bekommen sie Rückschlüsse über die Größe des eisenreichen Kerns des Planeten. Und es lässt sich ermitteln, ob der gesamte Kern flüssig ist und welche Elemente außer Eisen in ihm vorhanden sind.

4) Rückmeldung

InSight nimmt normalerweise einmal pro Marstag (Sol) Verbindung mit der Erde auf, wobei der Mars Reconnaissance Orbiter (MRO), Mars Odyssey, MAVEN oder der Trace Gas Orbiter der ESA als Relaisstationen dienen. In den ersten kritischen Wochen nach der Landung erfolgte die Kontaktaufnahme zweimal täglich. Der MRO hatte quasi die Funktion der Blackbox in einem Flugzeug, besonders in der entscheidenden Landephase.

Reise zum Mars – der Wagen wartet

Das Orion Multi-Purpose Crew Vehicle (MPCV) ist das Raumfahrzeug der NASA, das Astronauten in den Weltraum und über eine Umlaufbahn um die Erde hinausbefördern soll. Im Dezember 2014 begannen die Tests mit Orion, die ersten bemannten Missionen sind für die Mitte der 2020er-Jahre geplant.

Dem Apollo-Raumschiff ähnelnd, soll Orion bis zu sechs Astronauten zu Zielen wie dem Mond oder dem Mars bringen. Im Gegensatz zu seinem Vorgänger ist das Raumschiff wesentlich größer. Und auch die Bordinstrumente sind natürlich viel moderner als jene, die die Apollo-Besatzungen für ihre Mondflüge nutzten.

Orion wurde ursprünglich für das Constellation-Programm der NASA konzipiert, das vorsah, Menschen zur Internationalen Raumstation und schließlich zum Mars zu bringen. Heute ist es einer der zentralen Bausteine im neuen NASA-Konzept „Moon to Mars", bei dem die Wissenschaftler unseren Mond als Sprungbrett zu Vorstößen in den Weltraum nutzen wollen.

Orion ist modular aufgebaut und besteht aus einer tropfenförmigen Astronautenkapsel neben einer Servicemodul, die verschiedenes lebensnotwendiges Equipment aufnimmt. Klaustrophobisch veranlagt sollten die Astronauten besser nicht sein: Der „bewohnbare" Raum in Orion ist nur 9 m^3 groß – was aber ungefähr das Anderthalbfache dessen ist, was im Apollo-Raumschiff zur Verfügung stand. Das Servicemodul ist mit Solarkollektoren zur Erzeugung von Strom, Sauerstoff für die Crew und Triebwerken ausgerüstet, die die Kapsel bewegen. Eines der ersten Ziele der Orion wird gewiss das Lunar Orbital Platform-Gateway der NASA sein, eine geplante Station in der Mondumlaufbahn, die als nicht dauerhaft besetztes Resort für Raumfahrer dienen soll. Kommerzielle Raumfahrtunternehmen planen übrigens den Bau von modularen „Hotels" in Umlaufbahnen um die Erde.

Eine ULA-Rakete vom Typ Delta IV startet in Cape Canaveral mit dem NASA-Raumschiff Orion.

Highlights

Aus Curiosity-Aufnahmen zusammengestelltes Bildmosaik der Yellowknife Bay

Mit seinen anspruchsvollen Bedingungen ist der Mars nur etwas für hartgesottene Traveller: Wer majestätische Ebenen, riesige Gipfel und zauberhafte Dünen liebt, für den lohnt sich jedoch das Warten auf eine Reise zu dem Roten Planeten.

Vereiste Polkappen

1 Der Mars besitzt zwei ständig vereiste Polkappen: das Planum Boreum am Nordpol und das Planum Australe am Südpol.

Tharsis Montes

2 Hoch über ein großes Gebirgsplateau ragt eine der berühmtesten Attraktionen auf dem Mars: die größten Vulkane, die es in unserem gesamten Sonnensystem gibt.

Olympus Mons

3 Der unumstrittene Meister aller Klassen unter den Mars-Vulkanen ragt 25 km über dem Marsboden auf; sein Durchmesser von rund 600 km entspricht ungefähr der Luftlinie zwischen Hamburg und München.

Valles Marineris

4 Was vor rund 1 Mrd. Jahre als eine kleine Spalte begann, ist heute ein gewaltiger Canyon mit einer Länge von rund 4000 km, einer Breite von 500 km und einer Tiefe von 6 km.

Hellas Planitia

5 Der Asteroid, der dieses 2253 km durchmessende Einschlagbecken schuf, muss zweifellos riesig gewesen sein. Die weiten Ebenen des Hellas-Beckens sind einer der größten sichtbaren Einschlagkrater auf dem Mars.

Bagnold-Dünenfeld

6 Die von Curiosity 2015 aufgespürten Sicheldünen zeigen auf der windabgewandten Seite eine ausgeprägt konvexe Form.

Gale-Krater

7 Der Krater wurde erstmals im 19. Jh. von Walter Frederick Gale gesichtet. Neuere Beobachtungen von markanten Abflussrinnen lassen Wissenschaftler spekulieren, dass dieses geologisch interessante Gebiet einst ein See war.

Elysium Planitia

8 Die zweitgrößte Vulkanregion des Mars mag nicht so monströs wie die Tharsis Montes sein – die drei Hauptgipfel Hecates Tholus, Albor Tholus und Elysium Mons sind dennoch keine Mauerblümchen.

Syrtis Major Planum

9 Die größte der berühmten dunklen Stellen auf dem Mars verdankt ihre Färbung dem Umstand, dass hier relativ wenig Staub exisitiert und dunkles Basaltgestein dominiert.

Utopia Planitia

10 Der größte Einschlagkrater im Sonnensystem ist weniger deutlich abgegrenzt als die Hellas Planitia. Ihre Topografie scheint, als hätte jemand mit einem riesigen Löffel das Gelände ausgehöhlt.

Vastitas Borealis

11 Die weiten Ebenen im spektakulären nördlichen Tiefland des Roten Planeten sind ein stimmungsvolles Ödland, das vielleicht einst ein tiefer Ozean war.

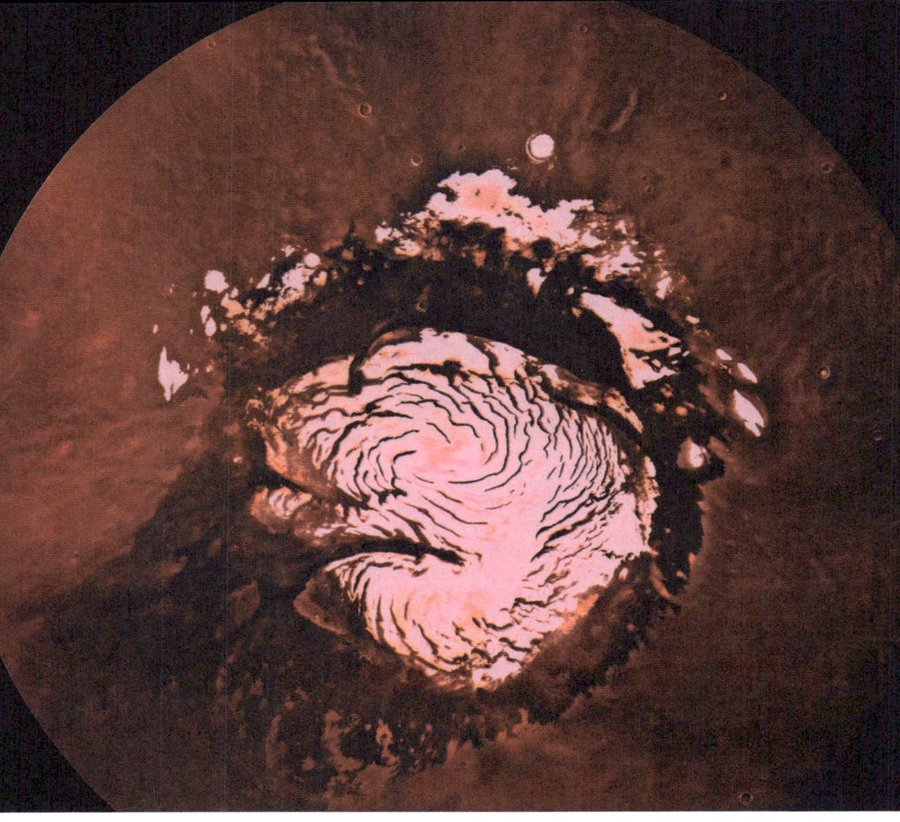

Das Planum Boerum, die vereiste nördliche Polkappe des Mars

Polkappen

Mit ihrem mysteriösen Klima und einmaligen geologischen Formationen sind der Nord- und der Südpol des Planeten so öde wie schön.

Das Planum Boreum, die nördliche Polkappe, ist eineinhalbmal so groß wie Texas und hauptsächlich von Wassereis bedeckt. Der MRO der NASA hat allerdings entdeckt, dass sich im Winter eine dicke Schicht aus Kohlendioxideis über die Rinne lagert. Das sogenannte Trockeneis kommt auf der Erde in der Natur nicht vor, ist hingegen auf dem Mars reichlich vorhanden. Die ersten Berichte von aktiven Schmelzrinnen auf dem Mars sorgten 2000 für Begeisterung, da sie auf die Anwesenheit von flüssigem Wasser auf dem Mars hindeuteten. Auf dem Mars gibt es Wasserdampf und reichlich Wasser in gefrorener Form, das Vorhandensein von flüssigem Wasser konnte bislang aber noch nicht bestätigt werden.

Das Planum Australe, die südliche Polkappe, ist von ähnlicher Größe wie die nördliche, erhebt sich aber 6,4 km über dem Nullniveau. Auch die Südkappe ist von Wassereis bedeckt; das darüber liegende Trockeneis schmilzt jedoch im Süden auch im Sommer nicht. Veränderungen in der Neigung und Umlaufbahn des Mars hatten mehrere Eiszeiten zur Folge. Die letzte endete vermutlich vor 400 000 Jahren.

Sehenswertes

Planum Boreum

Chasma Boreale

1 Der 100 km breite und 1,9 km tiefe Canyon ist das hervorstechendste Merkmal am Marsnordpol. Hier finden sich auffällige rote Klippen, die sich zum Teil dadurch bildeten, dass Staubstürme Partikel in die Klippenwände scheuerten.

Olympia Undae

2 Die größte „Sanddüne", die die nördliche Polkappe umfasst, bietet Wellenformationen, soweit das Auge reicht.

Ringwolke

3 Die auffällige Ringwolke, ein Leckerbissen für Sturmjäger, bildet sich morgens über dem Planum Boreum und löst sich nachmittags wieder auf. Sie hat einen Durchmesser von etwa 1600 km und ein 320 km breites „Auge". Die Wettererscheinung erinnert an einen Zyklon, zeigt aber keine Rotationsbewegung.

Planum Australe

Mars-Geysire

4 Während des „Tauwetters" im Frühjahr durchbricht das Kohlendioxid geysirartig das Polareis. Das dunkle Material, das diese Ausbrüche auswerfen, wird vom Wind verweht und bildet seltsame, spinnenartige Formationen.

Perfekter Pulverschnee

5 In der westlichen Marshemisphäre liegen die beiden gewaltigen Einschlagbecken Hellas Planitia und Argyre Planitia. Zusammen erzeugen sie eine Zone ständigen Tiefdrucks über dem Planum Australe, sodass die möglichen Gletscher hier das ganze Jahr mit Schnee bedeckt werden. St. Moritz ist das gerade nicht, aber die Auswahl ist hier auch nicht groß. Auf einem Planeten, der kälter als die Erde ist und höhere Berge besitzt, sind frostige Gipfel wahrlich keine Überraschung.

Das vom Mars Global Surveyor aufgenommene Bild des Planum Australe zeigt die Eiskappe.

Eis gefällig?

Am Ende der letzten Eiszeit auf dem Mars wuchsen die Polkappen stetig an. NASA-Wissenschaftler schätzen, dass das Polareis auf dem Mars eine maximale Dicke von 320 m erreichte – genug, um den gesamten Planeten mit einer 60 cm dicken Schicht zu überziehen.

Gefrorener Planet

Auf der Erde kommt es zu Eiszeiten, wenn die höheren Breitengrade des Planeten und seine Polarregionen über Tausende von Jahren unter die Durchschnittstemperatur auskühlen. Damit dringen Gletscher in gemäßigtere, mittlere Breiten vor. Doch auf dem Mars verhält es sich offenbar umgekehrt. Wegen der starken Neigung der Marsachse wurden die Polgebiete oft wärmer als die mittleren Breiten. In solchen Zeiten gehen die Polkappen zurück und Wasserdampf zieht Richtung Äquator, wo er Eis und Gletscher bildet. Die Eisformationen enthalten Informationen über die Klimageschichte auf dem Roten Planeten. „Von allen Planeten im Sonnensystem hat der Mars das der Erde ähnlichste Klima. Beide reagieren sensibel auf kleine Veränderungen in den Parametern ihrer Umlaufbahnen", erklärt Planetenforscher Dr. James Head von der Brown University in Providence, Rhode Island. „Derzeit befindet sich der Mars, wie die Erde, in einer Zwischeneiszeit."

Ein Farbbild der Tharsis-Region auf dem Mars; die Gipfel sind deutlich sichtbar.

Tharsis Montes

Tharsis Montes heißen die drei Titanen unter den Vulkanen im Sonnensystem. Der Ascraeus Mons, der Pavonis Mons und der Arsia Mons bilden ein Trio gewaltiger Schildvulkane.

Die drei Vulkane der Tharsis Montes liegen auf einer Vorwölbung der Kruste des Mars, die sich durchschnittlich 10 km über das Nullniveau des Planeten erhebt. Ihre Gipfel haben ungefähr die gleiche Höhe wie der des Olympus Mons, des größten Vulkans in der Tharsis-Region. Die Tharsis Montes wurden erstmals 1971 von der Raumsonde Mariner 9 beobachtet – damals gehörten sie zu den wenigen Landmarken, die trotz eines den ganzen Planeten umspannenden Staubsturms zu sehen waren. Die Tharsis Montes verlaufen von Südwesten nach Nordosten und haben voneinander einen fast gleichen Abstand von rund 692 km.

Die Ursachen dieser Formation sind unbekannt. Die Schildvulkane auf dem Mars bilden sich über einzelnen vulkanischen Hotspots, ähnlich wie auf der Erde bei den Hawaii-Inseln. Im Gegensatz zur Erde spielten auf dem Mars dabei jedoch tektonische Bewegungen keine Rolle, sodass die Vulkane davon ungestört enorme Höhen erreichen konnten.

Sehenswertes

Ascraeus Mons

1 Der zweithöchste Schildvulkan auf dem Mars wurde nach Askra benannt, dem Geburtsort des antiken griechischen Dichters Hesiod. Er trägt seinen offiziellen Namen seit 1973.

Pavonis Mons

2 Hinweise auf Moränenablagerungen lassen darauf schließen, dass einst Gletscher an den Flanken dieses Berges existierten – und vielleicht noch heute existieren.

Arsia Mons

3 Der Arsia Mons gehört mit einer Höhe von 17,7 km zu den gewaltigsten Vulkanen des Planeten. Seine zentrale Caldera ist mit 120 km die breiteste auf dem Mars.

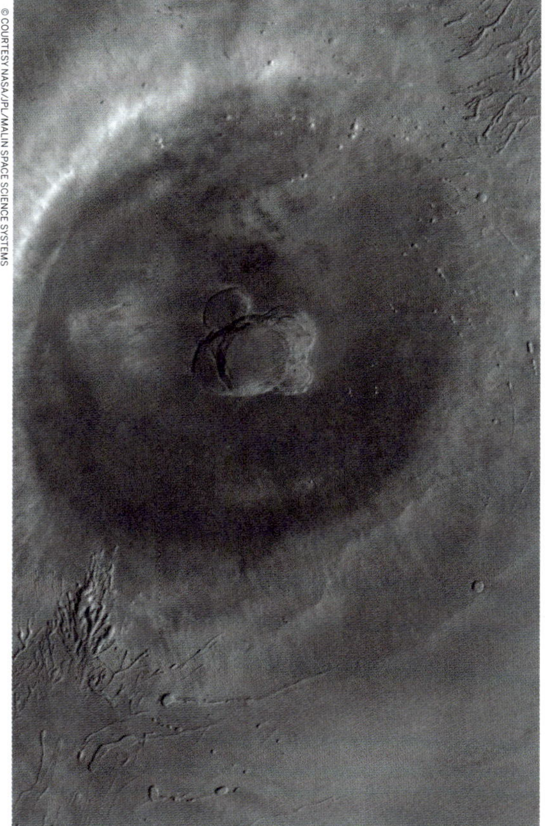

Weitwinkelaufnahme des Ascraeus Mons, des nördlichsten Tharsis-Montes-Vulkans

Wer hätte es gewusst?

Tharsis fesselt die Fantasie, seit Menschen in den Himmel oder auf den Bildschirm ihrer Spielkonsole blicken. Tharsis ist der Name eines Engels in der Bibel, aber auch eines PlayStation-Spiels. Der Pavonis Mons kommt im Titel eines Songs der Flaming Lips vor.

XXL

Der Hauptunterschied zwischen den Vulkanen auf dem Mars und denen auf der Erde liegt in ihrer Größe: Die Vulkane in der Tharsis-Region des Mars sind 10- bis 100-mal größer als ihre Pendants auf der Erde. Die Lavaströme sind viel länger, wahrscheinlich aufgrund höherer Eruptionsraten und der geringeren Oberflächenschwerkraft. Die Vulkane auf dem Mars sind so riesig, weil sich dessen Kruste nicht in der gleichen Weise bewegt wie die der Erde. Auf der Erde bleiben die Hotspots stationär, während die tektonischen Platten über sie hinweggleiten. Die Hawaii-Inseln beispielsweise entstanden aus dem nordwestlichen Drift der Pazifischen Platte über einen stationären Hotspot. Während die Platte sich über diesen bewegt, bilden sich neue Vulkane und alte erlöschen. Damit verteilt sich die Gesamtmasse der Lava auf viele Vulkane statt auf einen großen. Auf dem Mars bleibt die Kruste stationär und die Lavaströme türmen sich zu einem sehr großen Vulkan auf.

Rund um den Olympus Mons findet sich ein Steilhang neben einem Lavagraben.

Olympus Mons

Der früher als Nix Olympica („Schnee des Olymp“) bekannte größte Berg im Sonnensystem bedeckt ein Gebiet, das ungefähr der Größe Italiens entspricht.

Dieser Vulkan, der von der Erde aus zuerst im frühen 19. Jh. gesichtet wurde, ist selbst für Mars-Verhältnisse ein Ungetüm: Der Schildvulkan Olympus Mons ragt 25 km hoch in den Himmel auf. Er wirkt etwas schief und wird oft mit einem leicht schrägen Zirkuszelt verglichen, dessen Mast aus der Mitte verrückt ist. Der Berg hat einen Durchmesser von rund 600 km, was ungefähr der Entfernung zwischen Hamburg und München entspricht; in seiner Mitte befindet sich eine 80 km breite Caldera.

Als jüngster Schildvulkan des Mars besitzt der Gipfel des Olympus Mons sechs eingefallene Krater, und alte Lavaströme ziehen sich über die weiten Flanken des Bergs. Mit einem Alter von 115 Mio. Jahren sind die Lavaströme an den Nordwesthängen nach geologischen Maßstäben betrachtet relativ jung. Das könnte darauf hindeuten, dass der Olympus Mons immer noch aktiv ist. Zu den auffälligsten Merkmalen zählen zwei Einschlagkrater, der Karzok- und der Pangboche-Krater, die Hauptursprungsgebiete der sogenannten Shergottite – der häufigsten Klasse von Mars-Meteroriten, die ihren Weg zur Erde fanden.

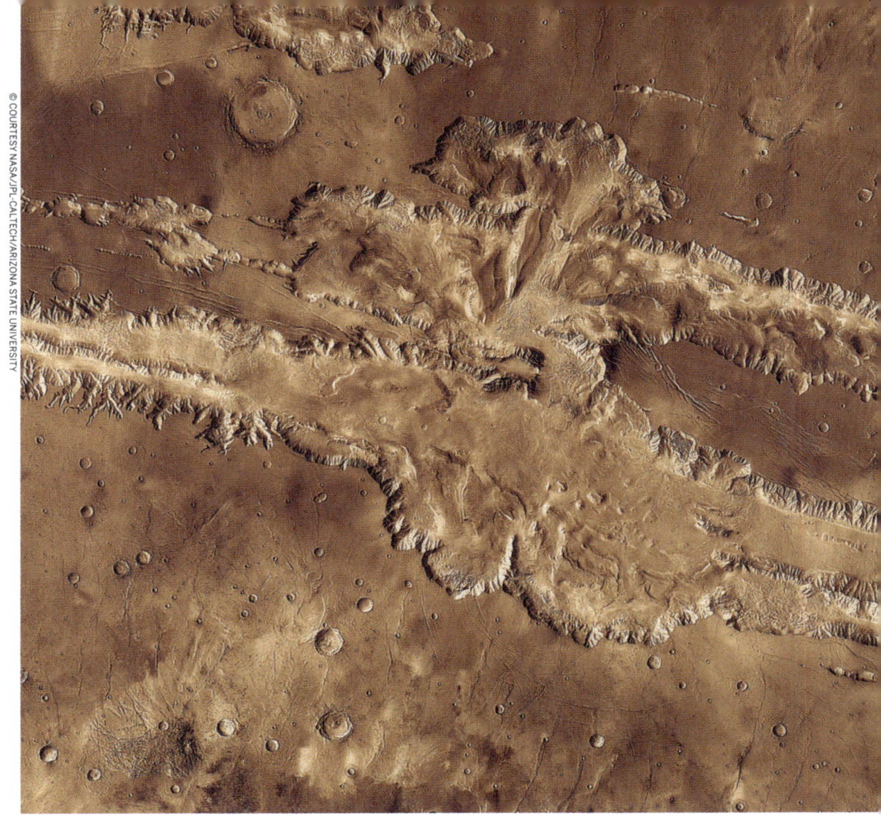

Auf der Erde würden sich die Valles Marineris einmal quer durch die gesamten USA ziehen.

Valles Marineris

Der riesige Grabenbruch der Valles Marineris entstand in ähnlicher Weise wie der Ostafrikanische Graben. Entdeckt wurde er 1972 von der NASA-Sonde Mariner 9.

Die Valles Marineris („Mariner-Täler") sind ein großes Grabenbruchsystem, das gleich östlich der Tharsis-Region entlang des Äquators verläuft. Mit einer Länge von 4000 km und einer Tiefe von bis zu 7 km lassen sie die irdische Konkurrenz wie den Grand Canyon weit hinter sich: Der Grabenbruch in Arizona ist im Vergleich gerade mal 800 km lang und nur 1,6 km tief. Die Valles Marineris umfassen rund 20 % des Marsumfangs in dessen mittleren Breiten. Der Canyon erstreckt sich im Westen von der Region Noctis Labyrinthus bis in das raue Gelände im Osten. Größtenteils Einigkeit besteht darin, dass die Valles Marineris ein großer tektonischer Riss sind, der entstand, als sich der Planet abkühlte. Das Anheben der Kruste in der Tharsis-Region und die nachfolgende Erosion gaben dem Canyon seine heutige Gestalt. Der breiteste Abschnitt, die Melas Chasma, besitzt – für den Mars seltene – „Dünenwälle". Sie entstanden aus dem Sand, der sich an den Hängen der Schlucht ablagerte.

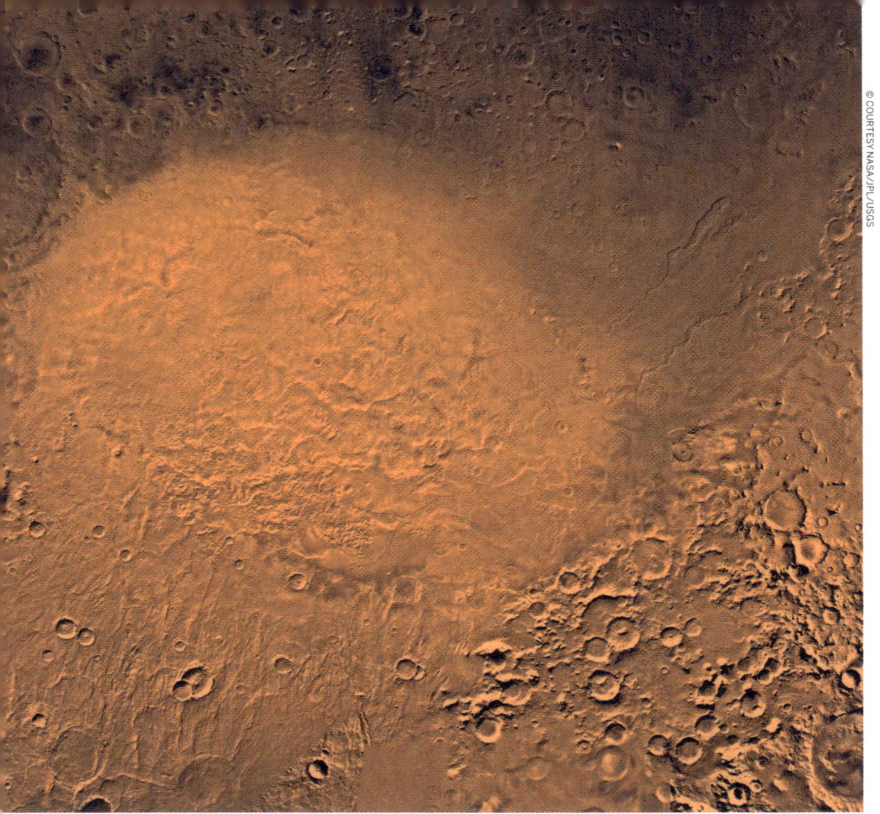

Die Hellas Planitia ist eine weite Ebene in einem uralten Einschlagbecken, dem größten, von dem wir auf dem Mars wissen.

Hellas Planitia

Dieses gewaltige Einschlagbecken mit seinen welligen Ebenen hat einen Durchmesser von ungefähr 2250 km. Es entstand, als ein großes Projektil, also ein Asteroid, Komet oder Meteoroid, auf der Marsoberfläche einschlug.

Das von dem Astronomen Giovanni Schiaparelli nach dem antiken Griechenland benannte Becken war das erste landschaftliche Merkmal, das von der Erde aus mit dem Teleskop entdeckt wurde. Das größte Becken auf dem Mars entstand, als ein großes Objekt während des „Großen Bombardements" auf der Marsoberfläche einschlug. Zu jener Zeit vor rund 3,95 Mrd. Jahren trafen die inneren Planeten zahlreiche Weltraumtrümmer. Der genaue Durchmesser des Beckens ist schwer zu bestimmen, weil große Abschnitte der Kante im Nordosten und Südwesten fehlen. Überdies sitzen nahe dem Rand mehrere große Pateras (flache Vulkane): Tyrrhena Mons, Hadriacus Mons und Amphitrites Patera. Deren Lavaströme haben ältere Ablagerungen des Einschlags überschichtet. In dem Becken treten häufig Staubstürme auf; wenn sie sich legen, enthüllen sie eine spektakuläre wabenförmige Topografie. Diese legt nahe, dass die Landschaft teilweise durch Vergletscherung geformt wurde.

Das Bagnold-Dünenfeld am unteren Aeolis Mons liegt bereit, um von Curiosity erkundet zu werden.

Bagnold-Dünenfeld

Ein weiteres Highlight aus der geologischen Schatzkammer des Gale-Kraters sind die sich in steter Bewegung befindlichen Sanddünen des Bagnold-Dünenfelds – sie bieten einen gleichzeitig vertrauten und fremdartigen Anblick.

Indem die Wissenschaftler die Veränderung der Sanddünen auf dem Mars beobachten, können sie die Stärke und Richtung des Windes messen. Bei den Sanddünen des nach dem britischen Wüstenforscher Ralph Alger Bagnold benannten Bagnold-Dünenfelds handelt es sich um Sichel- bzw. Barchan-Dünen, benannt nach derartigen Formationen in den Wüstengebieten Turkestans. Auf der Erde finden sich Sicheldünen in zahlreichen Wüsten, vor allem in der Namib im südlichen Afrika. Typisch für diese Dünen sind sanfte Hänge auf der windzugewandten und steile, konvexe Hänge auf der windabgewandten Seite. Auf der Erde entstehen Sicheldünen in der Regel, wenn der Wind immer aus einer Richtung bläst. Das Bagnold-Dünenfeld wird dagegen von Winden geformt, die aus verschiedenen Richtungen kommen, wodurch das schöne, kreuzweise gerippte Erscheinungsbild zustande kommt. Wegen des hohen Basaltgehalts in dem Vulkangestein sind die Dünen auf dem Mars dunkel.

Ein farbverstärktes Bild des Gale-Kraters

Gale-Krater

Der Gale-Krater wird intensiv durch den NASA-Rover Curiosity erforscht. Dies verspricht einzigartige Einblicke in die Geschichte des Roten Planeten.

Der Gale-Krater liegt gleich unterhalb des Marsäquators und hat einen Durchmesser von 154 km. Man glaubt, dass sich hier einst ein großer See befand. Astronomen interessieren sich sehr für das Gelände, weil die Menge der erkennbaren Sedimentschichten Hinweise auf die geologische Entwicklung des Planeten verspricht. Der Krater besitzt eine besondere grabenförmige Formation: Eine durchgehende Senke am äußeren Rand steigt zur Mitte hin an und schafft einen 5,6 km hohen Hügel aus geschichteten Ablagerungen, den Aeolis Mons bzw. Mount Sharp. Untersuchungen aus der Umlaufbahn haben ergeben, dass die Schichten je nach Höhe aus unterschiedlichen Mineralen bestehen. Der Berg bildet damit ein von der Natur geschaffenes Buch zur geologischen Geschichte des Mars. Nahe dem Grund des Bergs finden sich Tonminerale. Schichten darüber enthalten Schwefel und sauerstoffhaltige Minerale. Zusammen bilden sie die stratigrafische Folge, auf die Geologen zurückgreifen, wenn sie die geologische Geschichte – hier mithilfe von Curiosity – ergründen. Der ursprüngliche Krater gleicht in der Größe dem US-Bundesstaat Connecticut und entstand durch den Einschlag eines Meteoriten vor 3,8 bis 3,5 Mrd. Jahren.

Sehenswertes

Peace Vallis

1 Der Gale-Krater enthält Wasserdeltas oder „Fächer", die Informationen über den historischen Wasserstand in dem ehemaligen See geben. Eines der auffälligsten, das Peace Vallis, enthält Ablagerungen, die für einen abfließenden Fluss sprechen.

Aeolis Palus

2 In der windgepeitschten Ebene am Nordrand des Kraterbodens fand der Rover die ersten Hinweise auf einen uralten Süßwassersee.

Yellowknife Bay

3 Die hiesigen Sedimentgesteine wurden durch Erosion vor rund 70 Mio. Jahren freigelegt. Die Felsen verzeichnen übereinander geschichtete Ablagerungen eines alten Sees und Stroms. Diese deuten auf Umweltbedingungen hin, die mikrobielles Leben begünstigt haben könnten.

Aeolis Mons

4 Die IAU nennt den Berg Aeolis Mons, die NASA Mount Sharp. Der Wind schabte und scheuerte an den Kanten des Kraters und trug das erodierte Material ins Innere, aus dem sich diese außergewöhnliche Attraktion bildete.

Confidence Hills

5 Eine historisch bedeutsam Stelle: Hier nahm Curiosity seine erste Bohrung auf dem Roten Planeten vor. Der Rover erreichte die Stätte am Fuß des Aeolis Mons im September 2014.

Der Wind trug das „Rocknest" nahe der Landstelle von Curiosity zusammen.

Hommage an Ray

Die Landestelle von Curiosity wurde von der NASA „Bradbury Landing" getauft – eine Verbeugung vor dem Science-Fiction-Autor Ray Bradbury (1920–2012). Seinen Durchbruch feierte dieser 1950 mit den *Mars-Chroniken*. Das Buch erzählt von einer gescheiterten menschlichen Zivilisation auf dem Roten Planeten.

Verborgenes Wasser?

Es war eine gute Wahl der NASA, Curiosity im August 2012 im Gale-Krater landen zu lassen. Der Rover entdeckte zahlreiche Anzeichen dafür, dass es hier einst Wasser gab: Im Gale-Krater finden sich Tonschichten und Sulfate, die sich beide nur in Wasser bilden. Die Gesteinsproben, die der Rover auf dem Aeolis Mons und um ihn herum nahm, lassen sogar die Möglichkeit zu, dass der Rote Planet einst ein Habitat für Mikroben war, eine der Schlüsselbausteine für lebendige Organismen. Außerdem entdeckte Curiosity einige organische Moleküle – also die kohlenstoffbasierten Bausteine des Lebens – und jahreszeitliche Abweichungen im Methangehalt der Marsatmosphäre, die darauf hindeuten können, dass das Gas aus Reservoirs unter dem Boden stammt. Auf der Erde wird Methan hauptsächlich von lebenden Organismen produziert. Die Suche nach unumstößlichen Belegen auf flüssiges Wasser geht indes weiter ...

Die Cerberus Fossae durchziehen weite Teile der Elysium Planitia.

Elysium Planitia

Die vulkanische Region diente im Jahr 2018 als Landegebiet für den InSight-Lander. Von diesem ausgedehnten, flachen Plateau – Planitia heißt Ebene – übermittelte der Lander die ersten Messungen der Winde auf dem Mars.

Elysium Planitia ist die zweitgrößte Vulkanregion auf dem Mars. Die Ebene hat eine Ausdehnung von 1700 × 2400 km und liegt wie die Tharsis-Region auf einem Gebiet mit gewölbter Kruste. Die drei größten Vulkane der Elysium Planitia – Hecates Tholus, Albor Tholus und Elysium Mons – mögen kleiner sein als die der Tharsis-Region, sind aber immer noch sehr imposant. Die Elysium Planitia ist vergleichsweise flach, was auch der Grund war, warum sie als Landestelle für den InSight-Lander auserkoren wurde. Man findet hier aber auch vulkanische und Einschlagkrater.

Anders als Vulkankrater haben Einschlagkrater einen erkennbaren Rand, rund um den Trümmer des Zusammenstoßes, die sogenannten „Ejecta", herumliegen. Bei größeren Kratern mit einem Durchmesser über 10 km kann man auch einen Zentralberg finden. Dieser ist aus dem Material der Planetenoberfläche gebildet, das „zurückspringt", wenn ein Objekt mit großer Wucht auf dem Boden einschlägt.

Sehenswertes

Elysium Mons

1 Der 1972 entdeckte Elysium Mons ist der größte Vulkan in dieser Region. Er hat einen Durchmesser von 692 km und erhebt sich 12 km aus der umliegenden Ebene.

Eddie-Krater

2 Mit einer Breite von 89 km ist dies der größte der drei mächtigen Einschlagkrater in dieser Region. Diese Landmarke wurde nach dem südafrikanischen Astronomen Lindsay Eddie benannt.

Cerberus Fossae

3 Diese auffällige Serie von Rissen erstreckt sich über mehr als 1200 km und entstand wahrscheinlich durch Verwerfungen in der Marskruste. Bewegungen der Kruste könnten Druck auf unter dem Boden liegendes Wasser ausgeübt haben, durch welches dann die Kruste weiter aufbrach.

Orcus Patera

4 Der Ursprung dieser lang gestreckten, elliptischen Senke bleibt ein Geheimnis. Vermutet wird aber, dass die Senke sich am Ende als ein Einschlagkrater entpuppen könnte.

Athabasca Valles

5 Das heute trockene Flusstal gehört zu einem größeren Netz von Strombetten in der Elysium Planitia. Die Wissenschaftler glauben, dass die Flüsse einst unter der Marsoberfläche entsprangen. Das Wasser soll aus Rissen mit einer Fließgeschwindigkeit geflossen sein, welche die des Mississippi übertraf.

InSight setzt seine Instrumente zur Untersuchung der Elysium Planitia ein.

Eis im Tal

2005 machte der Mars Express Bilder von einem rund 800 × 800 km großen Gebiet in der Elysium Planitia, das offensichtlich mit Eis bedeckt ist. Die Dicke der Eisschicht wird auf rund 45 m geschätzt – das Vorkommen vulkanischer Asche erschwert jedoch präzise Messungen. Falls die Schätzungen zuträfen, hätte das Gebiet eine Wassermenge vergleichbar der Nordsee.

Fluten aus Lava

Die Beobachtungen der Elysium Planitia aus der Marsumlaufbahn stellen das Vorhandensein von „Flutbasalten" fest. Diese entstehen durch Risse in der Oberfläche, durch die langsam gewaltige Mengen basaltischer Lava – und gelegentlich auch Wasser – freigesetzt werden. Die Lava gleitet auf der Oberfläche und schafft eine Lava-Überschwemmungsebene. Flutbasalte gibt es auch auf der Erde; berühmte Beispiele finden sich im US-Bundesstaat Washington und in Indien. Im Jahr 2018 fuhren Wissenschaftler vom Goddard Space Flight Center der NASA nach Island, um das Holuhraun-Lavafeld zu studieren, dessen Flutbasalt ähnliche Eigenschaften aufweist wie jener in der Elysium Planitia. Derartige Ähnlichkeiten werden mit steigender Häufigkeit gefunden; schließlich ist der Mars auch der der Erde ähnlichste Gesteinsplanet im Sonnensystem.

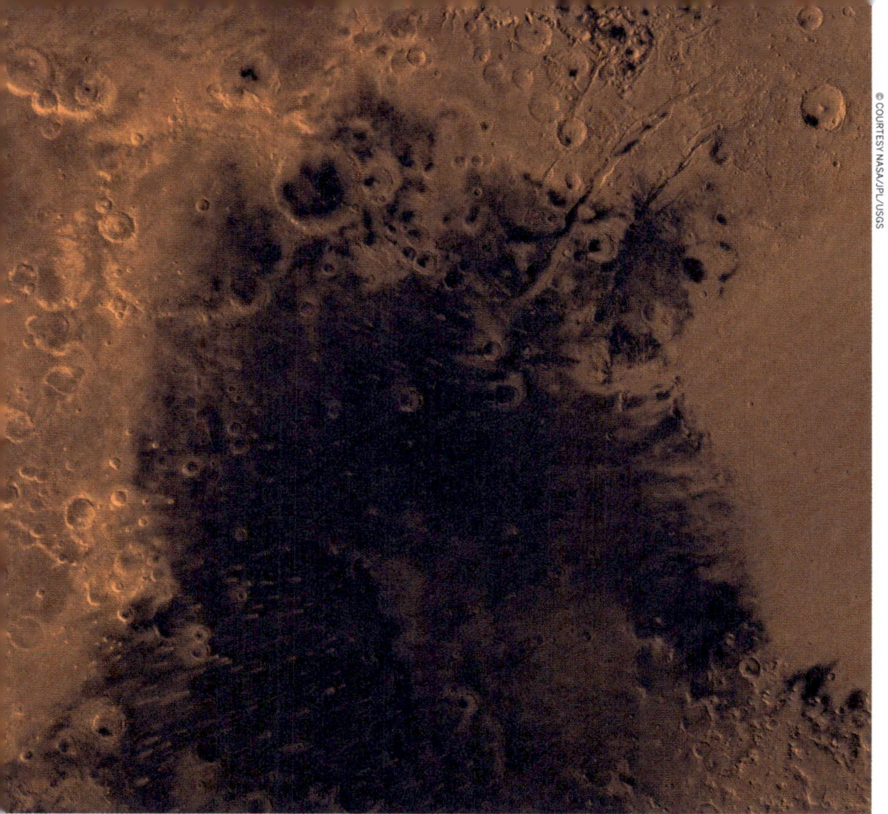

© COURTESY NASA/JPL/USGS

Wegen seines Basaltgesteins erscheint Syrtis Major auf Bildern des Mars als ein dunklerer Fleck.

Syrtis Major Planum

Der bekannteste der „dunklen Flecken" des Roten Planeten war das erste landschaftliche Merkmal des Mars, das von der Erde aus wahrgenommen wurde.

Das schon 1659 von dem niederländischen Astronomen Christiaan Huygens skizzierte Syrtis Major Planum liegt zwischen dem nördlichen und dem südlichen Hochland des Mars. Die Ebene erstreckt sich rund 1500 km nördlich des Marsäquators 1000 km lang von West nach Ost. Ihr Name stammt wie so viele andere von Giovanni Schiaparelli, dessen Marskarte während der Annäherung des Mars an die Erde 1877 erstellt wurde. Der Italiener wählte den lateinischen Namen der Großen Syrte, des Golfs von Sidra an der Küste Libyens. Der 1450 km große Fleck verdankt seine dunkle Färbung dem Zusammenwirken von vulkanischem Basaltgestein mit einer relativ staubfreien Atmosphäre; dies macht das Gebiet zu einer möglichen Landestelle künftiger Mars-Missionen.

Ehe es Raumflüge zum Mars gab, hielt man das Syrtis Major Planum irrtümlicherweise für ein Meer. Der berühmte französische Astronom Camille Flammarion taufte es auf den Namen Mer du Sablier, das Sanduhr-Meer. Das Gebiet besitzt aber auch heute noch potenzielle wissenschaftliche Bedeutung als ein uraltes Strombecken, das einst vulkanische Aktivität zeigte.

Die hier dargestellten Erosionsrinnen wurden wahrscheinlich von Wasser gegraben.

Utopia Planitia

Dieser gewaltige Einschlagkrater mit einem geschätzten Durchmesser von 3300 km ist eine faszinierende Region mit spektakulären Landformationen und „wässrigen Geheimnissen", die noch enthüllt werden wollen.

In der eisigen Ödnis der Utopia Planitia, des größten Einschlagkraters im Sonnensystem, berührte Viking 2 im September 1976 erfolgreich die Marsoberfläche. Die Sonde fand das wohl beste Beispiel einer „ausgekehlten Topografie", einer geologischen Formation, die in den mittleren Breiten des Mars verbreitet ist. Das Gestein scheint hier direkt auf dem Boden zu liegen, als wäre der Regolith abgeschält worden. Die Wissenschaftler glauben, dass dies durch das teilweise Auftauen und erneute Zufrieren des Permafrostbodens der Utopia Planitia geschieht. Dieser Prozess hinterlässt auffällige Hohlräume, die Muschelschalen ähneln. Eis ist hier ganzjährig anzutreffen. Im Jahr 2016 entdeckte die NASA einen großen gefrorenen See mit einem Wasservolumen, das dem des ostafrikanischen Victoriasees entspricht.

Diese Marsregion ist auch Science-Fiction-Fans bekannt: In *Star Trek* ist Utopia Planitia der Name einer intergalaktischen Reparaturwerft.

Reste von Wassereis in einem Krater der Vastitas Borealis

Vastitas Borealis

Die kahle Landschaft, die ein großes Gebiet nahe der nördlichen Polarregion des Mars einnimmt, war in grauer Vorzeit vielleicht von einem Ozean bedeckt.

Unter den verschiedenen Tiefebenen in der nördlichen Hemisphäre des Mars ist die spektakuläre Vastitas Borealis („nördliches Ödland") die größte. Die nackte, eisige Landschaft liegt auch im Zentrum einer Debatte über die frühere Existenz von Ozeanen auf dem Mars. Anhand der Messungen atmosphärischen Wassers in der Nähe der Marspole haben Wissenschaftler berechnet, dass die polaren Eiskappen irgendwann in seiner Geschichte rund 20 Mio. km^3 Wasser verloren haben müssten. Die Ozean-Hypothese postuliert, dass der Mars vor rund 4,3 Mrd. Jahren, vielleicht noch vor der Hebung der Tharsis Montes, über so viel Wasser verfügte, dass die gesamte Oberfläche von einer Wasserschicht von einer Tiefe bis zu 137 m bedeckt war.

Wahrscheinlicher ist, dass sich das Wasser in den tiefer liegenden Gebieten konzentriert und einen Ozean gebildet hätte, der fast die Hälfte der nördlichen Hemisphäre des Mars eingenommen hätte. Dieser Arabia genannte Ozean (und ein folgender namens Deuteronilus) hätte eine Tiefe von bis zu 1,6 km besessen und 19 % der Marsoberfläche bedeckt. Zum Vergleich: Der Atlantik nimmt 17 % der Erdoberfläche ein.

Auf diesem Bild des Mars Global Surveyor erkennt man die bläulich-weißen Wassereiswolken in der Marsatmosphäre.

JUPITER

Bei Jupiters Streifen und Wirbeln handelt es sich um kalte, stürmische Wolken aus Ammoniak und Wasser.

Überblick

Hinsichtlich der Größe kann kein Planet im Sonnensystem mit dem mächtigen Gasriesen Jupiter mithalten.

Jupiter ist der bei Weitem größte Planet im Sonnensystem: Sein Durchmesser ist rund elfmal so groß wie der der Erde, und Jupiter hat mehr als die doppelte Masse aller anderen Planeten zusammen. Wäre die Erde so groß wie eine Traube, hätte Jupiter die Größe eines Basketballs.

In Aufzeichnungen wurde der Planet schon 350 v.Chr. von babylonischen Astronomen erwähnt. Er ist nach dem Göttervater benannt – wie passend für den königlichsten aller Planeten! Aus der Ferne zeigt Jupiter ein Muster aus Streifen und Wirbeln, als wäre er eine riesige Murmel. Bei diesen Streifen handelt es sich um windgepeitschte Wolken aus Ammoniak und Wasser in einer Atmosphäre, die zu rund neun Zehnteln als Wasserstoff und zu einem Zehntel aus Helium besteht; also fast genau aus den Zutaten, aus denen Sterne entstehen. Vielleicht wäre Jupiter in einem Paralleluniversum größer geworden, um selbst ein Stern zu werden und die Sonne in den Schatten zu stellen?

Jupiters berühmtestes Merkmal ist der Große Rote Fleck, ein Sturm, doppelt so groß wie die Erde. Wie viele Stürme auf dem Jupiter tobt er, so glaubt man, schon seit Jahrhunderten. 1979 dokumentierte die Voyager-Mission, dass Jupiter über ein Ringsystem verfügt. Anders als die Ringe des Saturns sind die des Jupiters sehr schwach und bestehen aus Staub, nicht aus Eis.

Für viele Forscher sind die ihn umkreisenden Himmelskörper aber das Interessanteste am Jupiter: die vielen Monde. Jüngsten Zählungen zufolge besitzt er 79, mehr als jeder andere Planet des Sonnensystems. Noch spannender ist, dass nach Meinung der Forscher auf einigen Jupitermonden die atmosphärischen und chemischen Grundbedingungen für Leben vorhanden sind. Das Hauptinteresse gilt gegenwärtig dem Mond Europa, unter dessen Eiskruste sich ein Ozean befinden könnte – hier könnte möglicherweise Leben gedeihen.

ENTFERNUNG ZUR SONNE
5,2 AE

LICHTLAUFZEIT ZUR SONNE
43 Minuten

TAGESLÄNGE
9,9 Stunden

UMLAUFZEIT
4333 Erdentage
(über 12 Erdenjahre)

ATMOSPHÄRE
Wasserstoff und Helium

Top-Tipp

Im Durchschnitt ist es auf der Oberfläche des Jupiters doppelt so kalt wie am Südpol der Erde im Hochwinter – warme Kleidung einpacken!

An- & Weiterreise

Jupiter umkreist die Sonne in einem Abstand von rund 778 Mio. km oder 5,2 AE. Wollte man ohne Zwischenstopp mit der durchschnittlichen Geschwindigkeit eines Jumbo-Jets zu dem Planeten reisen, bräuchte man mehr als 60 Jahre. Die Raumsonde Galileo benötigte mehr als sechs Jahre, um den Jupiter zu erreichen und legte vom Start bis zum Kontakt 4,6 Mrd. km zurück. Ein Vorbeiflugmanöver ist aber schon nach 390 Tagen bzw. rund 13 Monaten möglich.

Das Bild zeigt die heftigen Jets und Wirbel Jupiters.

Orientierung

Von der Sonne aus gesehen ist Jupiter der fünfte Planet; seine Umlaufbahn liegt zwischen der des Mars und der des Saturns. Jupiter ist der der Sonne am nächsten gelegene Gasriese. Von der Erde aus gesehen ist der Planet in der Regel der zweithellste am Nachthimmel nach der Venus.

Jupiter besteht hauptsächlich aus Wasserstoff und Helium. Er besitzt eine dichte, wolkenreiche Atmosphäre über einem riesigen Ozean aus flüssigem Wasserstoff. Seine Rotationsachse ist nur um 3 Grad geneigt – es gibt hier keine ausgeprägten Jahreszeiten wie auf anderen Planeten. Jupiter ist von vier großen Monden umgeben, entdeckt schon 1610 von Galileo Galilei, sowie von vielen kleineren, die insgesamt an ein Mini-Sonnensystem erinnern. Nicht alle Jupitermonde haben schon Namen.

Ein ungefährer Größenvergleich zwischen der Erde, dem Jupiter und dem Großen Roten Fleck

Der Jupiter *im Verhältnis zur* Erde

-- Radius --
11,2-fache
DER ERDE

-- Masse --
317,8-fache
DER ERDE

-- Volumen --
1321-fache
DER ERDE

-- Schwerkraft --
2,5-fache
DER ERDE

-- Durchschnittstemperatur --
–161 °C
NIEDRIGER ALS AUF
DER ERDE

-- Oberfläche --
120-fache
DER ERDE

-- Oberflächendruck --

unbekannt
DER ERDE

-- Dichte --
0,24-fache
DER ERDE

-- Orbitalgeschwindigkeit --
44 %
DER ERDE

-- Abstand zu Sonne --
5,2-fache
DER ERDE

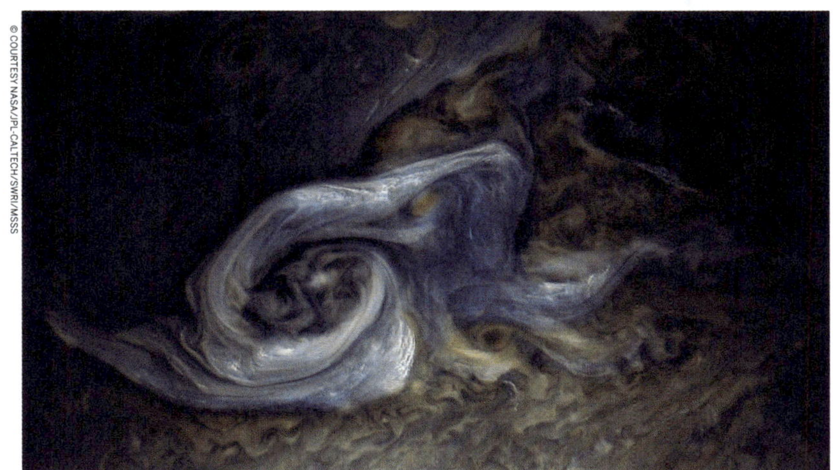

Wolkenwirbel auf dem Jupiter

Atmosphäre

Was bedeutet es eigentlich, ein Gasplanet zu sein und über eine Atmosphäre zu verfügen, wenn es keine Oberfläche gibt, die eine klare Grenze bildet? Die meisten Menschen kennen vom Jupiter vor allem die Wolkengipfel, die durch die durchsichtige, weitgehend aus Wasserstoff bestehende obere Atmosphäre sichtbar sind. Unterhalb der Wolken ist die klare Atmosphäre dichter, wärmer und geht langsam, ohne scharfe Grenze vom gasförmigen in einen flüssigen Zustand über. Die innen liegenden Ozeane aus flüssigem Wasserstoff sind sicher nicht Teil der Atmosphäre, aber die Grenze ist nicht so klar wie bei Gesteinsplaneten.

Dann stellt sich die Frage nach der Zusammensetzung der Atmosphäre. Im Falle Jupiters besteht sie zu fast 90 % aus Wasserstoff und zu 10 % aus Helium und damit – bis auf Spuren – aus völlig anderen Elementen als die der terrestrischen Planeten.

Weil Wasserstoff und Helium leichte Gase sind (verglichen mit Stickstoff und Sauerstoff in der Erdatmosphäre), entweichen sie schnell in den Weltraum. Dieses Entweichen wird als *atmospheric escape* bezeichnet. Jedes Molekül hat seine eigene Fluchtgeschwindigkeit – das ist die Geschwindigkeit, die es benötigt, um sich aus dem Gravitationsfeld eines Planeten oder Mondes zu lösen. Das Prinzip ist abhängig von der Masse des Moleküls und der Masse des Planeten. Von den inneren Planeten, die wärmer sind als jene im äußeren Sonnensystem, können Teilchen wegen ihrer höheren Temperatur und der geringeren Planetenmasse leichter entweichen – je wärmer es ist, desto höher ist auch die Fluchtgeschwindigkeit. Deshalb kann sich der Saturnmond Titan, der kleiner als die Erde, aber wegen der größeren Entfernung von der Sonne kälter ist, eine Atmosphäre bewahren.

Gasriesen haben eine so große Masse, dass sie eine starke Anziehungskraft auf die Moleküle in ihrer Atmosphäre ausüben und damit auch leichtere Gase dort halten können. Die Atmosphären sogenannter „Hot Jupiters", Exoplaneten von hoher Masse, die nah um ihre Zentralgestirne kreisen, könnten wegen des Faktors Verdunstung anders zusammengesetzt sein. Die weitere Erforschung der Hot Jupiters wird mehr darüber verraten, wie diese sich von der Atmosphäre „unseres" Jupiters unterscheiden.

Geschichte

Jupiter gilt als der älteste Planet, der sich vielleicht schon wenige Millionen Jahre nach der Entstehung des Sonnensystems bildete – oder noch früher. Jupiter nahm die meiste nach der Bildung der Sonne übrig gebliebene Masse auf. Die Schwerkraft zog wirbelnde Gase und Staub an und bildete so einen Gasriesen, der mehr als die doppelte Masse aller anderen Objekte im Sonnensystem zusammen hat. Vor rund 4 Mrd. Jahren erreichte Jupiter, der von der Sonne aus gesehen fünfte Planet, seine heutige Position im äußeren Sonnensystem.

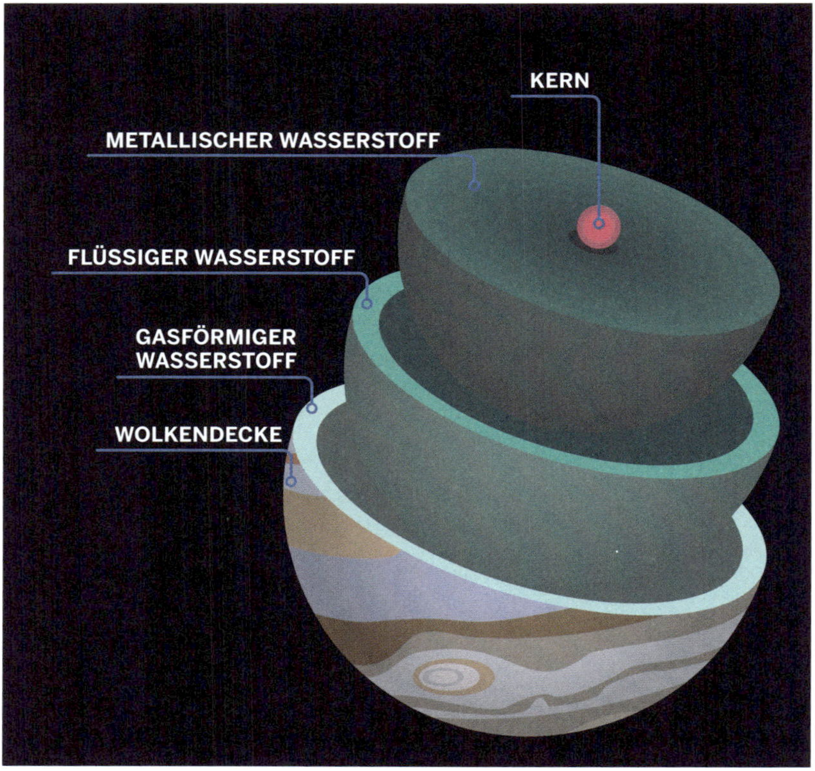

Man vermutet, dass der Kern des Jupiters etwa die Größe der Erde hat. Wissenschaftler suchen aber noch nach weiteren Informationen über den inneren Aufbau.

Erkundung des Jupiters

Jupiter ist schon seit der Antike bekannt. Die ersten detaillierten Beobachtungen nahm Galileo Galilei im Jahr 1610 mit einem kleinen Teleskop vor. Mittlerweile wurde der Planet aber auch schon von mehreren Raumfahrzeugen und Sonden besucht.

Neun Raumfahrzeuge haben dem Jupiter bislang einen Besuch abgestattet. Sieben flogen vorbei, und zwei schwenkten in eine Umlaufbahn um den Gasriesen ein. Pioneer 10 und 11 sowie Voyager 1 und 2 waren die ersten Raumsonden, die in den 1970er-Jahren am Jupiter vorbeiflogen. Dann kam der Orbiter Galileo, der den Gasriesen umkreiste und eine Tochtersonde in dessen Atmosphäre schickte. Cassini machte auf ihrem Weg zum Nachbarplaneten Saturn detaillierte Fotos vom Jupiter, ebenso die Sonde New Horizons auf ihrer Reise zum Pluto und zum Kuipergürtel. Die NASA-Raumsonde Juno, die im Juli 2016 das Jupitersystem erreichte, studiert gegenwärtig den riesigen Planeten von einer Umlaufbahn aus. Über die Magnetfelder, Stürme und die Atmosphäre gibt es noch viel zu erfahren. Und dann sind da noch die vielen Monde. Jupiters starkes Gravitationsfeld wirkt wie ein Magnet auf im Raum herumfliegende Trümmer.

Die Erforschung des Jupiters

1610
Galileo Galilei stellt die ersten detaillierten Beobachtungen des Jupiters und seiner größten Monde an, die zuvor noch niemand gesehen hatte.

1830
Die Beobachtung des Großen Roten Flecks wird erstmals bestätigt.

1972
Pioneer 10 durchquert als erste Raumsonde den Asteroidengürtel und fliegt am Jupiter vorbei.

1979
Voyager 1 und 2 entdecken die schwachen Ringe des Jupiters, neue Monde und vulkanische Aktivität auf der Oberfläche des Mondes Io.

1992
Ulysses fliegt in einem Fly-By-Manöver am 8. Februar an Jupiter vorbei. Die Schwerkraft des Riesenplaneten verändert die Flugbahn der Sonde in Richtung Süden und aus der Ebene der Ekliptik hinaus, sodass sie eine Umlaufbahn um die Sonne erreicht, die über deren Nord- und Südpol führt.

1994
Astronomen beobachten, wie Stücke des Kometen Shoemaker-Levy 9 mit Jupiters südlicher Hemisphäre kollidieren.

1995–2003
Die Raumsonde Galileo schickt eine Tochtersonde in die Atmosphäre des Jupiters und führt Beobachtungen des Planeten und seiner Monde und Ringe durch.

2000
Cassini erreicht in einer Entfernung von rund 10 Mio. km seine größte Annäherung an den Jupiter und liefert ein hochaufgelöstes, farbtreues Fotomosaik des Gasgiganten.

2007
Bilder der NASA-Sonde New Horizons bringen neue Infos über die Stürme in der Jupiteratmosphäre, über die Ringe, über Vulkantätigkeit auf Io und Eis auf Europa.

2009
Am 20. Juli stürzt erneut ein Komet oder Asteroid auf die südliche Hemisphäre des Riesenplaneten.

2011
Die NASA-Sonde Juno startet, die die Chemie, Atmosphäre, Struktur und Magnetosphäre des Jupiters untersuchen soll.

2016
Juno erreicht den Jupiter und führt eingehende Untersuchungen durch, um Hinweise auf die Entstehung und Entwicklung des Planeten zu finden.

Zeit auf dem Jupiter

Jupiter hat die kürzeste Tageslänge im Sonnensystem. Ein Tag (die Zeit, die Jupiter braucht, um sich um seine Achse zu drehen) dauert rund zehn Stunden, die Umkreisung der Sonne etwas mehr als zwölf Erdenjahre (4333 Erdentage).

Über den Jupiter hinaus

Es gibt keine Raketen, die stark genug wären, ein Raumfahrzeug ins äußere Sonnensystem und darüber hinaus zu tragen. 1962 berechneten Wissenschaftler jedoch, wie sich die intensive Gravitationskraft des Jupiters nutzen ließe, um Raumsonden in die fernsten Regionen des Sonnensystems zu schleudern. Dadurch kann man weiter und schneller reisen als je zuvor.

Schrumpfender Jupiter

Jupiter ist so massiv, dass er unter seiner eigenen Schwerkraft schrumpfte und 4,5 Mrd. Jahre nach seiner Entstehung immer noch schrumpft. Während sich der Jupiter verdichtet, wird die Materie in seinem Inneren gerührt und geknetet, was Reibungen und Hitze verursacht. Aufgrund dieses Prozesses strahlt Jupiter mehr Wärme ab, als er von der Sonne aufnimmt.

Auf dieser 3D-Darstellung sind einige der Monde zu sehen, die den Jupiter umkreisen.

Die neuen Monde des Jupiters

Am 17. Juli 2018 verkündeten Wissenschaftler, sie hätten zwölf neue Monde entdeckt, die den Jupiter umkreisen. Damit erhöhte sich die Gesamtzahl der Monde auf 79 – er besitzt damit mehr Monde als jeder andere Planet im Sonnensystem. Das Team sichtete die Planeten im Frühjahr 2017, als es auf der Suche nach einem möglichen Planeten weit jenseits des Plutos nach Objekten spähte: „Unsere Entdeckung hat eine Umlaufbahn wie kein anderer Jupitermond", erklärte Teamleiter Scott Sheppard. „Dieser Mond ist mit einem Durchmesser von weniger als 1 km wahrscheinlich der kleinste bekannte Mond des Jupiters."

Der Planet Jupiter im Film

Der größte Planet des Sonnensystems ist in der Popkultur reich vertreten, so auch in vielen Filmen, Fernsehserien, Videospielen und Comics. Jupiter ist ein wichtiges Ziel im Science-Fiction-Spektakel *Jupiter Ascending* der Wachowski-Geschwister, während verschiedene Jupitermonde die Kulissen u. a. in *Cloud Atlas*, *Futurama*, *Power Rangers* und *Halo* bildeten. In dem Film *Men in Black* erklärt Agent J (gespielt von Will Smith), er glaube, eine seiner Lehrerinnen sei von der Venus gewesen, aber Agent K (gespielt von Tommy Lee Jones) kontert, dass sie tatsächlich von einem der Monde des Jupiters stamme.

Highlights

Großer Roter Fleck

1 Im Vergleich zu diesem planetengroßen Ungetüm sind selbst die schlimmsten Hurrikans auf der Erde nur ein Sturm im Wasserglas.

Ringsystem

2 Jupiter ist von einem System aus drei großen Ringen umgeben, die nach Ansicht der Forscher hauptsächlich aus Staub bestehen.

Oberfläche

3 Als Gasriese besitzt Jupiter keine mit den Verhältnissen auf der Erde vergleichbare feste Oberfläche.

Wolken

4 Jupiter besitzt wahrscheinlich drei verschiedene Wolkenschichten, die insgesamt zwischen 50 und 70 km dick sind.

Ozeane

5 Da Wasserstoff bei einem bestimmten Druck aus dem gasförmigen in einen flüssigen Zustand übergeht, besitzt Jupiter den größten „Ozean" im Sonnensystem.

Magnetosphäre

6 Nach der Sonne besitzt Jupiter die größte Magnetosphäre des Sonnensystems, sie ist fast 15-mal so groß wie die Sonne.

Juno-Mission

7 Die Erkundungssonde traf 2016 ein und soll dazu beitragen, die Geheimnisse des Jupiters zu entschlüsseln.

Io

8 Anders als seine eisigen Geschwister ist dieser Mond ein blubbernder Kessel vulkanischer Aktivität.

Europa

9 Dieser Mond des Jupiters ist zwar kalt und von Eis bedeckt, trotzdem könnten hier vielleicht Formen von Leben existieren.

Ganymed

10 Dieser von Einschlagskratern übersäte Eismond ist der größte Mond, der bislang in unserem Sonnensystem entdeckt wurde.

Kallisto

11 Jupiters zweitgrößter Mond hat ungefähr den Umfang des Merkurs.

Künstlerische Darstellung der Raumsonde Juno über dem Südpol des Jupiters

Beobachtungen des Großen Roten Flecks zeigen Veränderungen seines Erscheinungsbilds.

Großer Roter Fleck

Jupiters gewaltiger Großer Roter Fleck ist ein Wirbelsturm von der doppelten Größe der Erde und dürfte mindestens schon seit 150 Jahren toben – und ein (unmittelbares) Ende ist nicht in Sicht.

Jupiter ist ein stürmischer Planet mit mehr als einem Dutzend bedeutender Winde, von denen einige Geschwindigkeiten von bis zu 539 km/h (am Äquator) erreichen. Die höchste je auf der Erde gemessene Windgeschwindigkeit beträgt 408 km/h. Die Winde formen die Wolken zu breiten Bändern und erzeugen Stürme von höllischen Ausmaßen. Der Große Rote Fleck ist ein solcher Sturm, und zwar der größte, der je von menschlichen Augen beobachtet wurde. Da der Planet keine feste Oberfläche besitzt, die sie dämpft, können Stürme auf dem Jupiter viele Jahrzehnte oder sogar – wie im Fall des Großen Roten Flecks – Jahrhunderte andauern. Neuere Messungen legen nahe, dass sich der Große Rote Fleck schneller als zuvor gen Westen bewegt. Der Sturm verharrt wegen nördlich und südlich verlaufender Jets auf dem gleichen Breitengrad, umkreist den Planeten aber in entgegengesetzter Richtung zur Rotation. Der Sturm ist immer noch größer als die gesamte Erde.

5 Fakten über den Großen Roten Fleck

1 Der Große Rote Fleck wird offiziell seit 1830 durchgängig beobachtet, soll aber schon 200 Jahre früher mit dem Teleskop gesichtet worden sein.

2 Der Sturm rotiert gegen den Uhrzeigersinn.

3 Die Wolken des Flecks bestehen hauptsächlich aus Ammoniak, Ammoniumhydrogensulfid und Wasser.

4 Die Windgeschwindigkeiten im Großen Roten Flecks sollen Spitzen von ca. 640 km/h erreichen, doppelt so hoch wie bei den stärksten Hurrikans, die je auf der Erde gemessen wurden.

5 Die Farbe des Flecks variiert zwischen dunklem Purpur und Blassrosa. Niemand weiß, welcher chemische Prozess die rötliche Färbung erzeugt.

Dieses Bild des Großen Roten Flecks und seiner Umgebung stammt von der Raumsonde Juno.

Der Kleine Rote Fleck

In jüngerer Zeit vereinten sich drei kleinere Ovale zum Kleinen Roten Fleck, der ungefähr den halben Umfang des größeren hat. Die Wissenschaftler wissen noch nicht, ob diese Ovale und die den Planet umringenden Bänder flach sind oder bis tief ins Innere reichen.

Der Fleck schrumpft

Jupiter wird schon seit Jahrhunderten beobachtet, aber die erste bestätigte Sichtung des Großen Roten Flecks stammt von 1831. (Die Forscher wissen nicht, ob frühere Beobachter, die einen roten Fleck auf dem Jupiter wahrnahmen, nicht vielleicht einen anderen Sturm sahen.) Mithilfe von Teleskopen, deren Okular mit einem Fadenkreuz versehen ist, misst man schon seit Langem die Größe und die Drift des Großen Roten Flecks. Einst war Jupiters Großer Roter Fleck groß genug, dass mehr als drei Erden hineingepasst hätten, aber seit 150 Jahren schrumpft er. Niemand weiß, wie lange der Sturm weiter schrumpfen und ob er eines Tages ganz verschwinden wird. Eine neue Studie legt nahe, dass sich der Sturm in den 1920ern kurzzeitig ausweitete, aber seither kleiner und länglicher geworden ist, wie Ton, der auf einer Töpferscheibe ausgezogen wird. Die Farbe ist satter geworden; der Fleck weist seit 2014 ein intensiveres Orange auf.

Jupiters Ringe wurden erst kürzlich entdeckt und werden immer noch erforscht.

Ringsystem

Die drei Ringe des Jupiters wurden erst 1979 von der Raumsonde Voyager 1 entdeckt. Sie sind so schwach ausgeprägt, dass sie nur sichtbar sind, wenn die Sonne hinter ihnen steht oder man sie im Infrarotbereich betrachtet.

Jupiters Ringsystem besteht aus drei Teilen: dem flachen Hauptring, einem donutförmigen Halo innerhalb des Hauptrings und dem Gossamer-Ring, einem breiten, diffusen Band, das sich vom Hauptring Tausende Kilometer ins All erstreckt.

Anders als die Ringe des Saturns, in denen sich viele große Brocken Eis und Gestein finden, bestehen die Ringe des Jupiters aus Staub, der nach Meinung der Forscher durch Meteoriteneinschläge von den inneren Monden des Jupiters hochgeschleudert und dann in eine Umlaufbahn um den Planeten gewirbelt wird. Diese Einschläge müssen häufig sein und noch anhalten, weil die Ringe ständig aufgefüllt werden müssen, um sich nicht aufzulösen. Diese Theorie legten Daten der Raumsonde Galileo nahe, die besagten, dass der Staub vor allem in der Nähe kleiner Monde zu finden war – die Gossamer-Ringe liegen nahe der Umlaufbahn der kleinen Monde Amalthea und Thebe und der Hauptring nahe den Monden Adrastea und Metis.

Die Raumsonde Juno machte dieses Foto von Jupiters südlicher Hemisphäre.

Oberfläche

Als Gasriese besitzt Jupiter keine echte Oberfläche und besteht hauptsächlich aus wirbelnden Gasen und Flüssigkeiten. Was sich unter der mindestens 50 km dicken Wolkenschicht befindet, ist weitgehend noch ein Rätsel.

Raumfahrzeuge, die versuchen würden, auf dem Jupiter zu landen, gerieten unweigerlich in Schwierigkeiten. Als Planet ohne großen Gesteinskern gehen die äußeren Gasschichten in einen flüssigen, elektrisch aufgeladenen Zustand über – festen Grund gibt es nicht. Aber einen Landeplatz zu finden, wäre noch das geringste Problem. Aller Wahrscheinlichkeit nach würde es das Raumfahrzeug gar nicht bis zur „Oberfläche" schaffen, da es unter dem ungeheuren Druck und der hohen Temperatur tief im Planeten wie eine Blechbüchse zerquetscht, geschmolzen und verdampft werden würde. Es ist jedoch immer noch unbekannt, was sich in Jupiters superdichtem Inneren befindet: Manche Forscher glauben, der Kern könnte aus festem Material oder vielleicht auch aus einer dicken, dichten Suppe aus Eisen und Silicatmineralen (ähnlich wie Quarz) bestehen. Eines allerdings ist gewiss: Es ist dort unten unvorstellbar heiß – vielleicht bis zu 50 000 °C.

Jupiters komplexe Wolkenmuster und -formationen werden von der Raumsonde Juno eingehend untersucht.

Wolken

Jupiters Erscheinungsbild ist nicht nur von den „Flecken", sondern auch von einem Muster aus bunten, sich ständig verändernden Wolkenbändern geprägt, deren Farbe von Blassrosa über Ocker bis zu Feuerrot reicht.

Die bunten Wolkenbänder werden von starken Winden geschaffen, die durch die schnelle Rotation des Planeten entstehen. Man glaubt, dass es drei verschiedene Wolkenschichten an Jupiters „Himmel" gibt, die zusammen rund 71 km dick sind und sich in die dunkleren „Gürtel" und die helleren „Zonen" unterteilen.

Die oberste Wolkendecke besteht wahrscheinlich aus Ammoniakeis, die mittlere aus Ammoniumhydrogensulfidkristallen und die unterste vielleicht aus Wassereis und -dampf. Die lebhaften Farben der Bänder könnten Schwaden schwefel- und phosphorhaltiger Gase aus dem wärmeren Inneren des Planeten sein. Die Bänder sollten nicht als direktes Analogon zu den Wolken auf der Erde verstanden werden: Die Messungen von Juno legen nahe, dass die Bänder aus dem Konvektionssystem des Planeteninneren stammen könnten und nicht von jetstreamartigen Kräften wie auf der Erde. Die Strömungen auf dem Jupiter könnten also „von innen" kommen.

Die inneren „metallischen“ Wasserstoffozeane des Jupiters erzeugen sein starkes Dipol-Magnetfeld.

Ozeane

Jupiter besitzt den größten Ozean im Sonnensystem – er unterscheidet sich aber deutlich von den Meeren der Erde: Auf dem mächtigen Gasriesen besteht der Ozean nicht aus Wasser, sondern aus flüssigem Wasserstoff.

Aufgrund des immensen Drucks und der nahe der „Oberfläche“ des Jupiters ansteigenden Temperaturen wird gasförmiger Wasserstoff dort flüssig. Man glaubt, dass ungefähr auf halber Strecke zum Planetenzentrum der Druck so groß wird, dass Elektronen von den Wasserstoffatomen gelöst werden. Damit wird die Flüssigkeit leitfähig, weshalb man diesen Zustand „metallisch“ nennt. Metallischer Wasserstoff soll der Hauptgrund für Jupiters starkes Magnetfeld sein. Untersuchungen des Wasserstoffozeans könnten zeigen, warum Jupiters Magnetosphäre weniger binär ist als die Magnetfelder anderer Planeten. Konvektionsströme bewegen die Ozeane aus flüssigem und metallischem Wasserstoff. Wie diese Bewegungen funktionieren und wie das Innere des Jupiters genau zusammengesetzt ist, muss noch eingehender erforscht werden. Die inneren 96 % der Planetenmasse sind zwar eine dichte Mischung komprimierter flüssiger Gase, rotieren aber wie ein Festkörper.

© COURTESY NASA, ESA, AND J. NICHOLS (UNIVERSITY OF LEICESTER)

Hubble gelang dieses faszinierende Bild der Polarlichter des Jupiters.

Magnetosphäre

Die Magnetosphäre des Jupiters ist jener Bereich des Alls, der vom starken Magnetfeld des Planeten beeinflusst wird. Letzteres ist 16- bis 54-mal stärker als das der Erde und das stärkste im Sonnensystem außer dem der Sonne.

Leitfähiger flüssiger Wasserstoff erzeugt auf der Jupiter-„Oberfläche" eine aufgewühlte Flüssigkeit. Man glaubt, dass sie der Grund für Jupiters mächtiges Magnetfeld ist, das sich in Richtung Sonne zwischen 1 und 3 Mio. km und in Richtung Saturn mehr als 1 Mrd. km ausdehnt.

Während sich Jupiter in zehn Stunden einmal um seine Achse dreht, wirbelt er sein Magnetfeld mit sich herum, wodurch starke elektrische Ströme entstehen. Weil die aufgeladenen Partikel in Jupiters Gürtel extrem schnell fliegen, gibt es hier starke Strahlung, die Raumsonden zerstören kann. Die Galileischen Monde interagieren ebenfalls mit Jupiters rotierendem Magnetfeld.

Das unglaublich starke Magnetfeld erzeugt Polarlichter, die zu den eindrucksvollsten im Sonnensystem zählen. Es sind Streifen aus glühenden, geladenen Gasen, die sich an den Polen des Planeten finden, wo das Magnetfeld am stärksten ist. Ein wahrlich herrliches Schauspiel!

Gibt es Wasser auf dem Jupiter?

Gordon L. Bjoraker, ein Astrophysiker im Goddard Space Flight Center der NASA, möchte diese Frage beantworten, indem er tief in den Großen Roten Fleck hineinblickt. Die Infrarotteleskope seines Teams spürten thermische Strahlung aus dem Sturm auf. Dabei wurden oberhalb der Wolken Anzeichen für Wasser gefunden. Ein aufregender Durchbruch! Denn der Große Rote Fleck ist voller dichter Wolken, sodass elektromagnetische Energie kaum aus ihm entkommen kann. So erfährt man Näheres über diesen Bereich.

Die Suche der Forscher erbrachte auch neue Erkenntnisse über die Dicke der Wolkenschichten, die alle spezifische chemische Zusammensetzungen haben. Bestimmte Messergebnisse implizieren, dass Jupiter über zwei- bis neunmal so viel Sauerstoff verfügt wie die Sonne. Es könnte also sehr viel Wasser auf dem Jupiter geben, das hauptsächlich aus Sauerstoff und molekularem Wasserstoff besteht.

Die Frage nach der Existenz von Wasser auf dem Jupiter zu beantworten, ist eine der wichtigsten Aufgaben der Juno-Mission. Man weiß, dass es auf vielen Jupitermonden Wassereis gibt – in der Nachbarschaft des Planeten ist also auf jeden Fall Wasser vorhanden. Warum also nicht auch auf dem Jupiter selbst? Die Forschung legt es nahe ...

Jupiter & die Geburt des Sonnensystems

Vor 4,5 Mrd. Jahren kollabierte ein Nebel, d. h. eine riesige Wolke aus Gas und Staub. Der größte Teil des Nebels, der hauptsächlich aus Wasserstoff bestand, wurde zu dem Stern, den wir Sonne nennen. Der Rest der Wolke verdichtete sich ebenfalls und bildete die Planeten, Asteroiden und Kometen. Da Jupiter große Mengen derselben leichten Gase (Wasserstoff und Helium) enthält, aus denen die Sonne besteht, dürfte er einer der ersten Planeten gewesen sein, die sich bildeten. Er könnte daher Hinweise zur Entstehung des Sonnensystems bergen.

Juno im Orbit über dem Großen Roten Fleck

Juno erreichte den Orbit Jupiters nach einer nur fünfjährigen Reise.

Juno-Mission

Die im August 2011 gestartete Raumsonde Juno hat vier Hauptziele: Daten zur Entstehung des Jupiters zu sammeln sowie sein Inneres, seine Atmosphäre und sein Magnetfeld zu untersuchen.

Nach einer Umkreisung der Sonne nutzte Juno den Vorbeiflug an der Erde zu einem Swing-By-Manöver, flog durch das innere Sonnensystem und erreichte im Juli 2016 den Jupiter. Die von Solarzellen mit Strom versorgte und mit Messgeräten vollgestopfte Sonde befindet sich in einem Orbit über den Polen des Planeten und umrundet ihn in Nord-Süd-Richtung auf einer elliptischen Bahn. Wenn die geplanten mehr als 30 Umkreisungen abgeschlossen sind, wird Juno die gesamte Oberfläche gescannt haben. Man erhofft sich Daten zur Entstehung des Planeten, zu dem, was sich unter den Wolken in der Atmosphäre befindet, der Zusammensetzung des Jupiters und zur Größe des Wasseranteils. Ursprünglich sollte die Mission im Februar 2018 mit einem Absturz in die Atmosphäre des Jupiters enden, aber die NASA lässt die Mission nun doch bis 2021 laufen. Zu den Instrumenten an Bord zählt ein Spektroskop, das weißes Licht in die Merkmale für die verschiedenen Elemente aufspaltet.

5 Fakten über die Juno-Mission

1 Juno wurde mit einer zweistufigen Atlas V 551 ins All gebracht, einer der stärksten je gebauten Raketen.

2 Juno braucht 53 Tage für eine vollständige Umrundung des Jupiters.

3 Juno verfügt nur über so viel Festplattenspeicherplatz wie ein durchschnittlicher Laptop, einen 256 MB großen Flash-Speicher und 128 MB DRAM.

4 Juno ist nach der Frau des Königs der Götter benannt, die durch die Wolken spähte, um die Verfehlungen ihres Göttergatten aufzudecken.

5 Bei jeder einzelnen Umrundung nähert sich Juno der oberen Wolkendecke des Jupiters bis auf 5000 km.

Junos Start mit einer Atlas-V-Rakete

Junos Solarpaneele

Juno wird von drei 9 m langen Solarpaneelen versorgt, die rund 400 Watt liefern. Da die Raumsonde vollständig auf Solarenergie angewiesen ist, muss Junos Umlaufbahn während der gesamten Mission immer Sonnenlicht abbekommen.

Strahlung vom Jupiter

In einem Jahr entspricht die Menge der Strahlung, die Juno trifft, mehr als dem Zehnmillionenfachen der Röntgenstrahlendosis beim Zahnarzt. Die Strahlung ist so zerstörerisch, dass zwei Instrumente der Raumsonde – der Jovian Infrared Auroral Mapper und die Kamera JunoCam – planmäßig nur acht und der Mikrowellenspektrometer nur elf der vorgesehenen Jupiter-Umrundungen überstehen sollten. Ein besonderes Gehäuse bietet den Instrumenten zusätzlichen Strahlenschutz. Dieses Gehäuse besitzt Wände aus Titan, die das elektronische Herz und Gehirn vor der starken Strahlung des Planeten schützen und damit die Lebensdauer der Elektronik während der Mission dramatisch verlängern. Jede Titanwand misst fast 1 m^2 und ist rund 1 cm dick. Mit den mehr als 20 elektronischen Baugruppen zusammen wiegt der gesamte „Tresor" rund 200 kg.

Vulkankrater und sogar aktive Lavaströme prägen die Oberfläche des Mondes Io.

Io

Der Jupitermond Io ist das Objekt mit der höchsten vulkanischen Aktivität im Sonnensystem: Hunderte Vulkane speien Lavafontänen in die Höhe.

Der am 8. Januar 1610 von Galileo Galilei entdeckte Mond Io ist etwas größer als der Erdmond. Er ist der drittgrößte Jupitermond und steht in Sachen Entfernung vom Jupiter an fünfter Stelle. Die vulkanische Aktivität ist das Resultat eines Tauziehens zwischen der starken Gravitation Jupiters und der der beiden Nachbarmonde Europa und Ganymed. Unter diesen gewaltigen Kräften wölbt sich die Oberfläche von Io um bis zu 100 m auf und ab, was große Hitze erzeugt und große Teile der Mondkruste in flüssigem Zustand hält. Diese Flüssigkeit tritt durch mächtige Vulkane und Risse an die Oberfläche und bildet dort gewaltige Seen und Überflutungsebenen aus verflüssigtem Gestein. Woraus genau die Lava des Mondes besteht, ist nicht bekannt, man glaubt aber, es handele sich weitgehend um geschmolzenen Schwefel und Silikatgestein. Die dünne Atmosphäre besteht hauptsächlich aus Schwefeldioxid.

Io ist kein Ort, an dem man sich länger aufhalten möchte. Im Innern einiger Vulkane ist es mehr als 1600 °C heiß, während die Durchschnittstemperatur an der Oberfläche bei –130 °C liegt. Wahrlich eine Welt aus Feuer und Eis!

5 Fakten über Io

1 Ios dünne Atmosphäre besteht hauptsächlich aus Schwefeldioxid. Auf der Erde wird das Gas verwendet, um Trockenfrüchte zu konservieren.

2 Ios Vulkane sind zuweilen so aktiv, dass man sie mit großen Teleskopen von der Erde aus sieht.

3 In 1,8 Erdentagen dreht sich Io einmal um die eigene Achse und umrundet den Jupiter. Io kehrt also Jupiter immer dieselbe Seite zu.

4 Daten der Raumsonde Galileo deuten darauf hin, dass Ios Kern aus Eisen besteht, weshalb der Mond ein eigenes Magnetfeld hat.

5 Ios Umlaufbahn führt durch das Magnetfeld Jupiters, wobei elektrische Spannungen von bis zu 400 000 V entstehen.

Auf dieser Darstellung befindet sich Io vor dem Jupiter.

Io als mythologische Figur

In der antiken Mythologie war Io die sterbliche Geliebte des griechischen Gottes Zeus (den die Römer Jupiter nannten), die bei einem Streit zwischen dem Göttervater und seiner Frau Hera (der Juno der Römer) in eine Kuh verwandelt wurde.

Io im Film

Ios gewaltige Vulkane beflügeln seit ihrer Entdeckung vor einigen Jahrzehnten die Fantasie. Die denkwürdigste Rolle spielte der Mond wohl in *2010: Das Jahr, in dem wir Kontakt aufnehmen*, der Fortsetzung von Stanley Kubricks 1968 veröffentlichtem Kultklassiker *2001: Odyssee im Weltraum*. Die Fortsetzung unter der Regie von Peter Hyams enthält eine Szene, in der die Astronauten einen Raumspaziergang über die Vulkane der Io unternehmen, um ein verlassenes Raumschiff zu bergen. Die Jupitermonde ähneln unserem Heimatplaneten viel stärker als der Jupiter und befeuern daher die Wunschträume von Wissenschaftlern und Schriftstellern. Erkundungen durch unbemannte Sonden sind geplant; und die NASA hat auch eine bemannte Mission zu den Galileischen Monden ins Spiel gebracht.

Diese aus Daten der Sonde Galileo gewonnene Ansicht zeigt Europas zerkratzt wirkende Oberfläche.

Europa

Unter der vereisten Oberfläche Europas soll sich ein den ganzen Himmelskörper umspannender salzhaltiger Ozean von bis zum doppelten Volumen aller Meere der Erde befinden. Hier könnte außerirdisches Leben existieren.

Europa ist etwas kleiner als der Erdmond und besitzt eine Schale aus Eis, die wahrscheinlich zwischen 15 und 25 km dick und von langen, geraden Rissen überzogen ist. Diese Furchen werden von der elliptischen Umlaufbahn des Mondes und der Gravitationskraft des Jupiters verursacht, denn die entstehenden Gezeiten bewegen die Oberfläche des Mondes. Derselbe Vorgang erzeugt auch Hitze und vielleicht auch vulkanische Aktivität wie auf dem Nachbarmond Io.

Unter der Eiskruste könnte sich ein Salzwasserozean mit einer Tiefe von 60 bis 150 km befinden. Wissenschaftler glauben, dass es vulkanische oder hydrothermale Öffnungen am Meeresboden geben könnte, sodass die drei Grundbedingungen für Leben, so wie wir es kennen, gegeben wären: viel flüssiges Wasser, Energie und Chemie. Derzeit ist alles noch eine faszinierende Theorie, die erst mit dem Start der Europa-Clipper-Mission in den 2020er-Jahren überprüft werden kann.

5 Fakten über Europa

1 Europa ist etwas kleiner als der Erdmond und hat knapp ein Viertel des Durchmessers der Erde.

2 Im Verlauf von 3,5 Erdentagen kreist Europa einmal um die eigene Achse und vollendet eine Umrundung um den Jupiter. Europa kehrt also Jupiter immer dieselbe Seite zu.

3 Europa hat eine extrem dünne Sauerstoffatmosphäre – viel zu dünn, als dass Menschen in ihr leben könnten.

4 Europa wurde von mehreren Raumsonden besucht, darunter mehrfach von Galileo bei Umkreisungen des Jupiters.

5 An den Rissen auf Europa und in fleckenartigen Mustern verteilt über die Oberfläche zeigt sich ein unbekanntes rotbraunes Material.

Auf dieser künstlerischen Darstellung schießen Wasserfontänen aus Europas Oberfläche in die Höhe.

Europa in der Mythologie

Europa wurde nach der Tochter Agenors benannt, die von Zeus (dem griechischen Äquivalent des römischen Gottes Jupiter) in Gestalt eines fleckenlosen weißen Stiers entführt wurde. Zeus trug sie nach Kreta, wo Europa ihm viele Kinder gebar, darunter den berühmten Minos.

Die Clipper-Mission

Die Raumsonde Europa Clipper soll herausfinden, ob der Eismond tatsächlich die Bedingungen für Leben erfüllt. Das strahlungsresistente Raumfahrzeug wird Kameras und Spektrometer befördern, die hoch aufgelöste Bilder von der Oberfläche liefern und die Zusammensetzung des Mondes ermitteln sollen. Ein das Eis durchdringendes Radar soll die Dicke der Eishülle Europas feststellen und nach Seen unter der Oberfläche, vergleichbar jenen unter dem Eis Antarktikas, suchen. Die Sonde soll 45 Vorbeiflüge an Europa in Höhen zwischen 2700 km und 25 km durchführen. Der Start der NASA-Mission ist derzeit für die Mitte der 2020er-Jahre geplant.

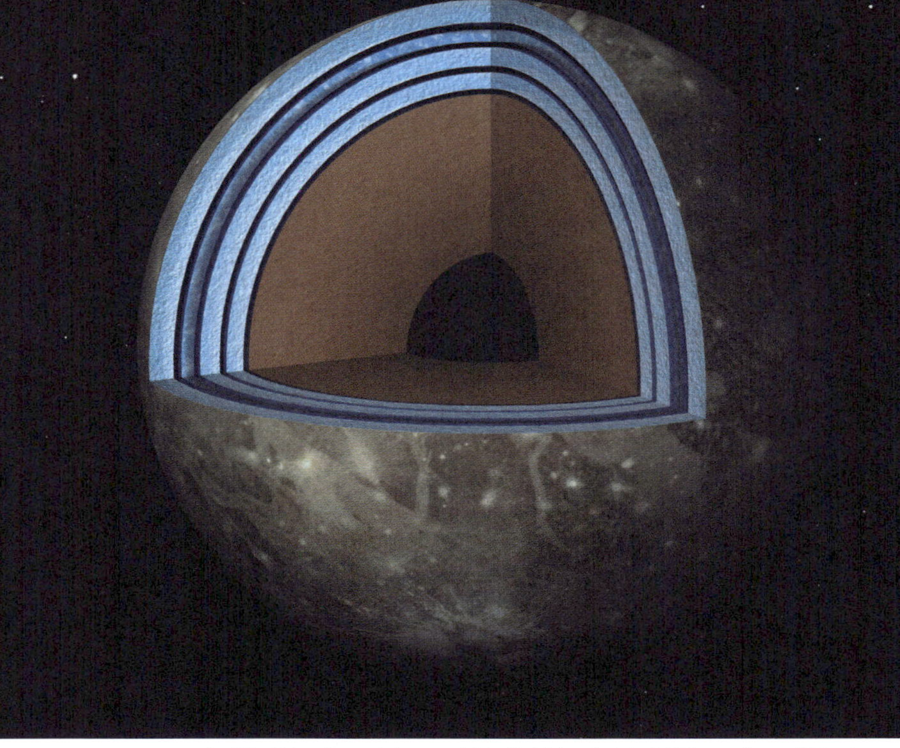

Das Schaubild von Ganymeds Innerem zeigt das Modell abwechselnder Schichten von Meer und Eiskruste.

Ganymed

Ganymed ist der größte Mond im Sonnensystem. Er ist größer als der Merkur und als der Zwergplanet Pluto und erreicht drei Viertel der Größe des Mars.

Ganymed soll aus drei Schichten bestehen: Auf einen Bereich aus metallischem Eisen im Zentrum (dem Kern, der ein Magnetfeld erzeugt) folgen eine Gesteinsschale (der Mantel) sowie eine weitere Schale aus Eis. Wissenschaftler glauben, dass sich auch in der vereisten Oberfläche eine recht große Menge Gestein befinden müsse: Der Mond besitzt viele Grate und Rillen (sogenannte „Sulci"), die nahelegen, dass die Oberfläche in der fernen Vergangenheit dramatischen Verwerfungen unterworfen war. Außerdem gibt es Hinweise auf einen Ozean unter der Oberfläche.

Ganymed ist, soweit man weiß, der einzige Mond im Sonnensystem mit einem eigenen Magnetfeld, das an seinem Nord- und Südpol hinreißende Polarlichter verursacht, wenn der Planet vom Sonnenwind getroffen wird. Andere Jupitermonde könnten Magnetfelder besitzen, die bei der Rotation des Jupiters von dessen starker Magnetosphäre induziert werden.

Astronomen entdeckten im Jahr 1996 mithilfe des Hubble-Weltraumteleskops Hinweise auf eine Sauerstoffatmosphäre um Ganymed; um Leben zu ermöglichen, ist sie aber viel zu dünn.

Ganymed in Zahlen

1. Die Erde ist 2,4-mal größer als Ganymed.
2. Der Jupitermond wurde 1610 von Galileo Galilei entdeckt.
3. Die Eiskruste des Mondes könnte eine Dicke von rund 800 km haben.
4. Einige Grate auf Ganymed erstrecken sich über Tausende Kilometer und könnten eine Höhe von 700 m erreichen.
5. Auf Ganymed wurden viele große, flache Krater mit einem Durchmesser von 50 bis 400 km festgestellt.

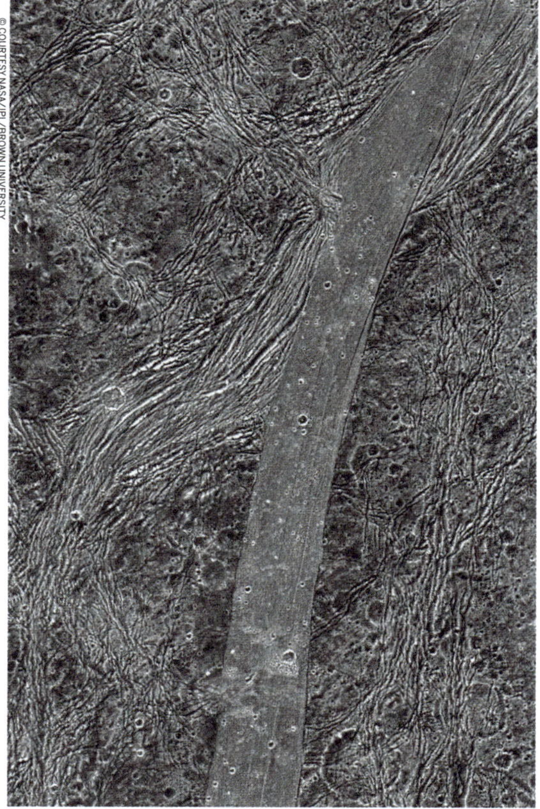

Das zerrissen wirkende dunkle Gelände, von dem sich helle, glatte Streifen abheben, weist lange Risse und Furchen auf.

Ganymed in der Mythologie

Ganymed war in der griechischen Mythologie ein schöner Knabe, den Zeus in Gestalt eines Adlers in den Olymp entführte, wo er der Mundschenk der Götter wurde.

Ganymeds Felsen

Im Jahr 2004 entdeckten Forscher unregelmäßige Klumpen unter der vereisten Oberfläche des Mondes. Bei diesen unregelmäßigen Massen kann es sich um Felsformationen handeln, die in den Eismantel Ganymeds eingefroren sind und seit Jahrmilliarden von ihm getragen werden. Wissenschaftler schließen daraus, dass das Eis, zumindest nahe der Oberfläche, so stark und tragfähig sein muss, dass diese Felsmassen nicht zum Grund des Eises absinken. Die Anomalie könnte jedoch auch von Felspfeilern verursacht sein, die bis zum Boden des Eises hinunterreichen. Gesammelte Daten aus so großer Entfernung und ohne weitere Kontextinformationen zu interpretieren, ist immer ein Mix aus Wissenschaft und Kunst, bei der Forschung zum Ganymed genauso wie bei den Ergebnissen anderer Missionen. Die Forscher entwickeln ausgehend von den Fakten Hypothesen, müssen aber immer bereit sein, ihre Schlussfolgerungen im Licht späterer Erkenntnisse zu revidieren.

Unter der Eiskruste des Mondes Kallisto könnten sich Ozeane verbergen.

Kallisto

Der von Kratern übersäte und nach Ganymed zweitgrößte Jupitermond Kallisto steckt in einer Hülle aus Gestein und Eis. Wie beim Schwestermond Europa könnte sich unter der Oberfläche ein salzhaltiger Ozean verbergen.

Kallisto ist der zweitgrößte Jupitermond und der drittgrößte Mond in unserem Sonnensystem. Sie besitzt ungefähr die Größe des Planeten Merkur. Einst galt sie als hässliches Entlein unter den Monden, als ein Mond, auf dem nicht viel vorgeht, da es dort weder aktive Vulkane noch Plattentektonik zu geben scheint. Aus Daten, die die NASA-Raumsonde Galileo in den 1990er-Jahren sammelte, ließ sich aber schließen, dass unter der Oberfläche Kallistos ein salzhaltiger Ozean liegen könnte, womit der Mond auf die Liste der Himmelskörper gelangte, auf denen möglicherweise Leben existieren könnte. Neuere Forschungen ergaben, dass sich der Ozean tiefer als gedacht, nämlich rund 250 km, unter der Oberfläche befinden könnte – oder vielleicht doch nicht existiert.

Kallistos Oberfläche ist die älteste und am stärksten mit Kratern überzogene im Sonnensystem. Sie ist rund 4 Mrd. Jahre alt und zeigt die Einschläge unzähliger Kometen und Asteroiden.

5 Fakten über Kallisto

1. Die Erde ist 2,6-mal größer als Kallisto.
2. Kallisto hat zum Jupiter durchschnittlich rund 1,9 Mio. km Abstand.
3. Ein Tag auf Kallisto dauert ungefähr 17 Erdentage.
4. Die NASA-Raumsonde Galileo entdeckte eine dünne Kohlendioxidatmosphäre auf dem Mond.
5. Kallisto wurde bislang von den NASA-Sonden Pioneer, Voyager, Galileo, Cassini, Juno, New Horizons und Hubble erkundet.

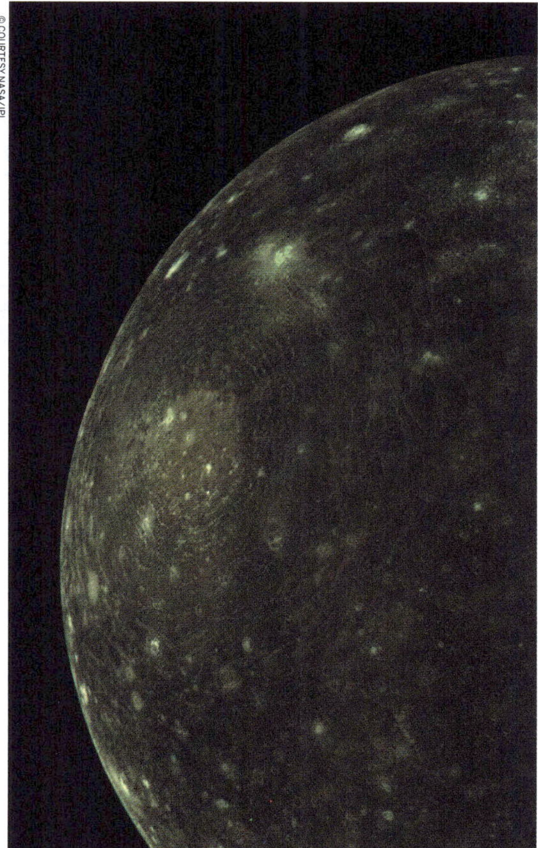

Bei dem hellen Fleck auf Kallisto handelt es sich um das Einschlagbecken Valhalla.

Kallisto in der Mythologie

Kallisto ist nach einer Frau in der griechischen Mythologie benannt, die von Zeus in eine Bärin verwandelt wurde.

Kallisto in der Literatur

Kallisto ist seit Langem ein beliebter Schauplatz bei Science-Fiction-Autoren. In den 1930er-Jahren lieferten sich bei Harl Vincent in seinem Roman *Callisto at War* die Erde und Kallisto einen Krieg, während Isaac Asimov in seinem Roman *The Callistan Menace* (1940) Kallisto als eine Todesfalle voller riesiger Nacktschnecken schildert. Der vielleicht bekannteste Schriftsteller, der sich Kallisto widmete, war Philip K. Dick, der Autor von *Blade Runner* und *The Minority Report*. Im Jahr 1955 schrieb er die Kurzgeschichte *Nach Yancys Vorbild* über Kolonisten, die auf diesem eisigen Mond in einer totalitären Gesellschaft leben. Alle künftigen Kolonisten seien gewarnt: Unbedingt an eine gut bewachte Wärmequelle denken! Kallistos Umlaufbahn verläuft gleich außerhalb des Hauptstrahlungsgürtels des Jupiter, sodass zumindest die Strahlung hier kein so großes Problem wäre. Da auf dem Mond Sauerstoff, Wasserstoff und Wasser festgestellt wurden, gilt er als ein Kandidat für mögliches Leben.

Die vier Galileischen Monde sind nur die prominentesten der vielen Monde des Jupiters.

Jupiters weitere Monde

Jupiters vier größte Monde werden heute nach ihrem Entdecker als Galileische Monde bezeichnet. Galilei selbst nannte sie nach der mächtigen florentinischen Herrscherfamilie der Medici „Mediceische Gestirne". Seine Beobachtungen dieser Monde trugen wesentlich zu seinem Postulat bei, dass die Planeten des Sonnensystems die Sonne und nicht die Erde umkreisen. Diese vier Monde konnten sich jahrhundertelang der Aufmerksamkeit der Forscher erfreuen – heute weiß man jedoch von 79 Jupitermonden, von denen 53 schon einen Namen erhielten, während die 26 übrigen derzeit noch auf die Zuweisung eines offiziellen Namens warten.

Bei einigen kann es sich um vorbeiziehende Asteroiden gehalten haben, die vom starken Gravitationsfeld des Jupiters „eingefangen" wurden und in eine Umlaufbahn gerieten. Diese irregulären Monde, kleinere Objekte mit exzentrischen Umlaufbahnen, sind viel kleiner als die Galileischen Monde, die sogar die Zwergplaneten an Größe übertreffen, dafür aber in großer Fülle vorhanden. Metis, der dem Jupiter nächste Mond, hat einen Durchmesser von nur 40 km und saust schneller um den Jupiter, als dieser sich um die eigene Achse dreht: Die Umlaufzeit beträgt 0,29 Erdentage. Adrastea, Amalthea, Thebe und viele weitere Monde leisten Metis Gesellschaft.

Galilei und die Mediceischen Gestirne

Die vier größten Jupitermonde Io, Kallisto, Ganymed und Europa werden nach dem italienischen Astronomen Galileo Galilei, der sie 1610 als Erster beobachtete, als Galileische Monde bezeichnet. Der deutsche Astronom Simon Marius behauptete, die Monde ungefähr zur gleichen Zeit gesehen zu haben, publizierte seine Beobachtungen aber nicht, sodass Galilei allgemein als Entdecker der Monde gilt.

Galilei selbst bezeichnete die neu entdeckten Monde ursprünglich nach seinen Gönnern, der mächtigen Dynastie der Medici, als Mediceische Gestirne. Die Medici beherrschten Florenz vom 15. bis zum 18. Jh. Galilei zählte die Monde durch und nannte sie einfach I, II, III und IV. Die Namen Io, Europa, Kallisto und Ganymed verpasste ihnen Simon Marius. Im 19. Jh. erkannten die Astronomen, dass wegen der vielen neu entdeckten Jupitermonde ein numerisches Bezeichnungssystem extrem verwirrend werden würde.

Galileis Entdeckung der Monde bedeutete eine Revolution, denn zum ersten Mal wurden hier Monde identifiziert, die einen anderen Himmelskörper als die Erde umkreisten. Die Beobachtung trug mit zu Galileis Erkenntnis bei, dass wir in einem heliozentrischen System leben, in dem die Planeten die Sonne und nicht die Erde umkreisen, wie das lange Zeit geltende geozentrische Weltbild postuliert hatte. Das bereits von Kopernikus vorgeschlagene heliozentrische Modell war eine äußerst umstrittene Theorie, die auf erbitterten Widerstand seitens der Katholischen Kirche stieß. Schließlich wurde Galilei wegen seiner Theorie 1633 vor Gericht gebracht, der Häresie schuldig gesprochen und bis zu seinem Tod im Jahr 1642 unter Hausarrest gestellt. Der Streitfall um Galilei wurde erst 1992 beigelegt, als die römisch-katholische Kirche ihn offiziell rehabilitierte. Doch schon im 17. Jh. bestätigten die Forschungen Keplers und Newtons das heliozentrische Weltbild.

Diese Darstellung von 1891 zeigt Galilei in seinem Arbeitszimmer.

Galileis Teleskop

SATURN

Saturn und seine Ringe, Sicht von der Raumsonde Cassini

Überblick

Wenn der Saturn etwas vorzuweisen hat, das so ziemlich jeder kennt, dann sind es die Ringe, die gigantischen, wirbelnden Scheiben aus Eis, Staub und Gestein, die den Planeten wie ein kosmischer Hula-Hoop-Reifen umgeben.

Der Saturn ist nicht der einzige Planet des Sonnensystems mit Ringen (auch Jupiter und Uranus haben welche), doch nirgends sind sie so spektakulär wie beim Saturn. Schon mit einem halbwegs anständigen Teleskop kann man sie von der Erde aus sehen und bekommt eine Vorstellung von den faszinierenden Strukturen des Universums. Die Milliarden Staubpartikel stammen wahrscheinlich von Kometen.

Der am sechstweitesten von der Sonne entfernte Planet ist ein Gasriese und besteht hauptsächlich aus Wasserstoff- und Helium-Wirbeln. Der Planet ist mit Wolken bedeckt, die wie zarte Streifen aussehen, und Jetstreams und Stürme in verschiedenen Gelb-, Braun- und Grautönen lassen den Saturn wie eine riesige Murmel wirken. Nach dem Jupiter ist er der mit Abstand größte Planet des Sonnensystems, mehr als neunmal so groß wie die Erde – schon ohne die berühmten Ringe.

Er ist auch der Planet mit den zweitmeisten Monden (nach dem Jupiter): 53 sind bereits offiziell benannt, neun erst provisorisch. Auf vielen dieser Monde gibt es faszinierende Landschaften, die mit denen, die man sich so vorstellt, wenig gemein haben. Von den gigantischen Wasserströmen auf dem Enceladus bis zu den Methanseen auf dem diesigen Titan und den tiefen Kratern auf Phoebe haben der Saturn und seine Monde ein Riesenpotenzial für wissenschaftliche Entdeckungen und halten unzählige Rätsel bereit. Und während der Saturn selbst kein guter Ort für Lebewesen ist, sieht das bei einigen seiner Monde ganz anders aus: Auf Monden wie Enceladus und Titan, auf denen es Ozeane gibt, könnten einige Lebensformen theoretisch durchaus gut gedeihen.

Voyager 1 war erst die zweite Raumsonde, die am Saturn vorbeiflog.

ENTFERNUNG ZUR SONNE
9,5 AE

LICHTLAUFZEIT ZUR SONNE
79,34 Minuten

TAGESLÄNGE
10,7 Stunden

UMLAUFZEIT
10 759 Erdentage (29 Erdenjahre)

ATMOSPHÄRE
Wasserstoff und Helium

Top-Tipp

Von allen Planeten des Sonnensystems hat der Saturn nach dem Jupiter den zweitkürzesten Tag (nur gut 10,5 Std.). Wer also auf dem Saturn mal so richtig ausschlafen möchte, könnte schnell den ganzen Tag verschlafen!

An- & Weiterreise

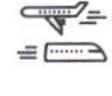

Mit einer durchschnittlichen Entfernung von 1,4 Mrd. km ist der Saturn 9,5 AE von der Sonne entfernt. Das Sonnenlicht benötigt etwa 80 Minuten, bis es den Saturn erreicht. Pioneer 11 brauchte allerdings sechseinhalb Jahre, bis er ankam, Cassini sogar noch drei Monate länger und Voyager 2 vier Jahre. Am schnellsten war Voyager 1, der den Saturn nach drei Jahren und zwei Monaten erreichte.

Erde und Saturn im Größenvergleich

Orientierung

Die Erde würde über 750-mal in den Saturn, den zweitgrößten Planeten des Sonnensystems, passen. Doch seine Gravitation ist nur 1,08-mal so stark wie die der Erde, denn der Saturn ist gasförmig. Ein Objekt, das auf der Erde 100 kg wiegt, wäre auf dem Saturn also 108 kg schwer.

Der Saturn ist nicht einmal so dicht wie Wasser – befände er sich in einer gigantischen Wassermasse, würde er schwimmen! Diese Eigenschaft hat kein anderer Planet des Sonnensystems. Seine Atmosphäre besteht aus Wasserstoff (94 %) und Helium (6 %). Ein Raumschiff, das durch die Ammoniakwolken fliegen würde, träfe auf immer heißere und dichtere Gase und würde letztlich zermalmt werden und schmelzen.

Der Planet dreht sich sehr schnell um seine Achse: Ein Tag auf dem Saturn ist nur zehn Stunden und 30 Minuten lang. Wegen dieser schnellen Umdrehung sind die Pole abgeflacht, während der Äquator sich nach außen wölbt. Am Äquator rotiert die Atmosphäre schneller um den Planeten als die inneren Schichten und der Kern. Nur die innersten Schichten im Zentrum des Planeten bewegen sich synchron und rotieren im Gleichtakt.

Der Saturn dreht sich zwar schnell, benötigt aber lange, um die Sonne zu umrunden: mehr als 29 Erdenjahre. Seine Oberfläche erhält nur etwa 1 % des Sonnenlichts, wie auf die Erdoberfläche fällt. Auch von seinen Nachbarn ist der Saturn weit entfernt: Bis zum Jupiter sind es 4,32 AE, bis zum Uranus 9,7 AE.

Der Saturn sieht toll aus, doch leben möchte man dort nicht. Seine Jahreszeiten dauern sieben Jahre, die Durchschnittstemperatur an den Wolkengipfeln beträgt –190 °C. Zudem herrscht eine sehr hohe Windgeschwindigkeit von 1800 km/h.

Der Saturn
im Verhältnis zur
Erde

-- Radius --
9,45-fache
DER ERDE

-- Masse --
95-fache
DER ERDE

-- Volumen --
763-fache
DER ERDE

-- Schwerkraft --
1,08-fache
DER ERDE

-- Durchschnittstemperatur --
–155 °C
NIEDRIGER ALS AUF
DER ERDE

-- Oberfläche --
83,5-fache
DER ERDE

-- Oberflächendruck --
unbekannt

-- Dichte --
12,5 %
DER ERDE

-- Orbitalgeschwindigkeit --
32,5 %
DER ERDE

-- Abstand zu Sonne --
9,5-fache
DER ERDE

5 Fakten über den Saturn

1 Der Saturn ist der von der Erde am weitesten entfernte Planet, der mit dem bloßen Auge noch gut sichtbar ist.

2 Der Planet ist nach dem römischen Gott des Ackerbaus und des Reichtums benannt, dem Vater Jupiters. Im römischen Kalender war der „Tag des Saturns" der Samstag, der schönste Tag der Woche – auch er war nach dem römischen Gott benannt.

3 Der Saturn ist um 26,73 Grad geneigt, ähnlich wie die Erde, deren Neigung 23,5 Grad beträgt. Daher gibt es dort genau wie auf unserem Planeten klar abgegrenzte Jahreszeiten.

4 Etwa 2 t der Masse des Saturns stammen von der Erde: Die Raumsonde Cassini ließ man im Jahr 2017 absichtlich in der Atmosphäre des Saturns verdampfen.

5 Die Ringe des Saturns reichen weit ins All hinein, sie sind aber im Durchschnitt nur um die 10 m dick!

Der Saturn, umgeben von einigen seiner Monde

Ein schwimmender Saturn

Es ist kaum zu glauben, doch der riesige Saturn ist der einzige Planet des Sonnensystems, dessen Dichte im Durchschnitt niedriger ist als die von Wasser. Dies bedeutet, dass der gigantische Gasplanet wie ein Wasserball triebe, wenn man ihn in eine ausreichend große Badewanne werfen würde – auch dies schwer zu fassen, aber trotzdem eine lustige Vorstellung.

Der Nordpol des Saturns

Die Atmosphäre des Nordpols des Planeten weist ein interessantes Merkmal auf: einen Jetstream in Form eines Sechsecks. Die hexagonale Form wurde erstmalig auf Aufnahmen der Raumsonde Voyager 1 bemerkt und später von der Raumsonde Cassini noch besser beobachtet. Das in der langen Diagonale etwa 30 000 km breite Sechseck ist ein wogender Wind-Jetstream, in dessen Zentrum ein gewaltiger, rotierender Sturm herrscht. Soweit man weiß, gibt es nirgends sonst im Sonnensystem etwas Vergleichbares.

Geschichte

Der Saturn nahm seine Form vor etwa 4,5 Mrd. Jahren an, als die Gravitation wirbelnde Gas- und Staubteilchen zusammenzog. Vor ca. 4 Mrd. Jahren nahm der Saturn seine jetzige Position im äußeren Sonnensystem ein, wo er der von der Sonne am sechstweitesten entfernte Planet ist. Der Saturn besteht hauptsächlich aus Wasserstoff und Helium; das sind auch die beiden Hauptkomponenten der Sonne. Und die Ringe aus Eis- und Staubteilchen sowie Gesteinsbrocken? Sie scheinen ein kurzlebiges Phänomen zu sein. Sie werden unter dem Einfluss der Gravitation und des Magnetfelds in den Saturn gezogen und bilden eine Art staubigen Eispartikelregen. Man vermutet, dass sie seit etwa 100 Mio. Jahren existieren und in weniger als weiteren 100 Mio. Jahren verschwunden sein werden.

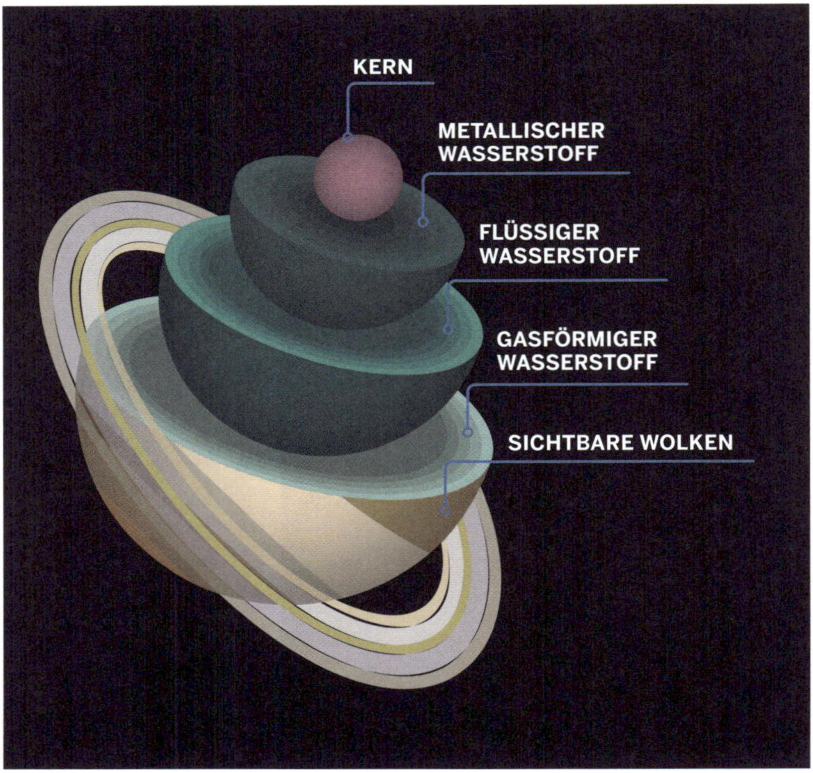

Man glaubt, dass der Kern des Saturns viel kleiner ist als der des Jupiters, obwohl er von ganz ähnlichen flüssigen Wasserstoffozeanen umgeben ist.

Die Erforschung des Saturns

~700 v. Chr.
Die ältesten schriftlichen Aufzeichnungen über den Saturn werden den Assyrern zugeschrieben. Diese beschreiben den Ringplaneten als ein Funkeln in der Nacht und nennen ihn „Stern des Ninib".

~400 v. Chr.
Griechische Astronomen geben dem Planeten, den sie für einen wandernden Stern halten, zu Ehren ihres Gottes des Ackerbaus den Namen Kronos. Die Römer benennen ihn später nach ihrem Gott des Ackerbaus in Saturn um.

Juli 1610
Galileo Galilei sieht die Ringe des Saturns durch ein Teleskop, glaubt aber, einen „Dreifachplaneten" gesichtet zu haben.

1655
Christiaan Huygens entdeckt die Ringe des Saturns und den größten Saturnmond, Titan.

1675
Der Astronom Jean-Dominique Cassini entdeckt eine Lücke zwischen den Ringen, die später A- und B-Ring genannt werden.

1979
Pioneer 11 ist die erste Raumsonde, die den Saturn erreicht. Zu ihren vielen Entdeckungen gehören der F-Ring des Saturns und ein neuer Mond.

Galileo Galilei führt sein Teleskop vor.

1980 und 1981
Bei ihrem Vorbeiflug 1980 enthüllt die Raumsonde Voyager 1 erstmals die Struktur des Ringsystems aus Tausenden dünner Ringe. Voyager 2 fliegt 1981 noch dichter am Saturn vorbei, kann noch detailliertere Bilder erstellen und die Dicke einiger Ringe dokumentieren.

2004
Die NASA-Raumsonde Cassini ist die Erste, die den Saturn in einer Umlaufbahn umkreist. Damit beginnt eine zehnjährige Mission, bei der viele Geheimnisse aufgedeckt und viele überraschende Informationen über den Saturn und sein System aus Ringen und Monden gesammelt werden.

2005
Die ESA-Raumsonde Huygens ist die Erste, der eine weiche Landung auf dem Mond eines anderen Planeten gelingt: auf dem gigantischen Saturnmond Titan. Die Raumsonde liefert während ihrer zweistündigen Landung genaue Informationen über die Atmosphäre des Titans und sendet noch für weitere 70 Minuten Daten und Aufnahmen von dessen Oberfläche.

2006
Wissenschaftler entdecken mithilfe der Aufnahmen, die während der längsten Sonnenbedeckung der vierjährigen Cassini-Mission entstanden sind, einen neuen Ring. Bei einer Sonnenbedeckung steht die Sonne hinter dem Saturn, sodass dieser dunkel erscheint und die Ringe von hinten beleuchtet werden. Eine Sonnenbedeckung dauert in der Regel etwa eine Stunde, in diesem Fall aber zwölf Stunden. Die neuen Ringe befinden sich im Bereich der Umlaufbahnen der Saturnmonde Janus und Epimetheus.

2009
Mit dem Spitzer-Weltraumteleskop wird nahe dem äußeren Saturnmond Phoebe ein Ring mit geringer Dichte entdeckt.

2017
Cassini beendet die 13-jährige Mission in der Umlaufbahn um den Saturn mit einem geplanten Sturz in die Saturn-Atmosphäre. Dabei sendet die Sonde bis zur letzten Sekunde Daten. Während der letzten fünf Runden um den Saturn werden erstmals Messungen der Atmosphäre durchgeführt.

Saturn auf dem Bildschirm

Mit seinen Ringen ist der Saturn einer der Anwärter auf den Titel als ikonischster Planet des Sonnensystems. Darum dient er in der Popkultur oft als Kulisse, ob in *Beetlejuice*, wo gigantische Sandwürmer den Planeten bewohnen, oder in *Interstellar*, wo er sich in der Nähe des Wurmlochs befindet. Auch in Filmen und PC-Spielen wie *WALL-E*, *2001: Odyssee im Weltraum*, *Star Trek*, *Final Fantasy VII* etc. dient er als Referenzpunkt

Erkundung des Saturns

Der Saturn war der entfernteste der fünf Planeten, die schon in der Antike bekannt waren. Galileo Galilei war der erste Mensch, der den Saturn durch ein Teleskop erblickte. Er erspähte zwei Objekte zu beiden Seiten des Planeten, zeichnete beide als Kreise und nahm an, dass der Saturn ein „Dreifachplanet" sei. 1655 beobachtete der niederländische Astronom Christiaan Huygens durch ein leistungsfähigeres Teleskop, dass der Saturn von einem flachen Ring umgeben ist. In seiner Schrift *Systema Saturnium* (1659) lieferte er die korrekte Erklärung dafür und für das regelmäßige Verschwinden und Wiederauftauchen der Ringe.

Später wurden viele Infos durch Beobachtungen mit dem Hubble-Teleskop gewonnen. Die Raumsonde Pioneer 10 unternahm die erste Beobachtung des Saturns aus der Nähe, danach folgten die Vorbeiflüge von Voyager 1 und 2. Am meisten über den Saturn verrieten aber die in einer Umlaufbahn fliegende Raumsonde Cassini und die Raumsonde Huygens, die 2005 auf dem Saturnmond Titan landete.

Künstlerische Darstellung des Landeareals der ESA-Raumsonde Huygens auf dem Titan

Eine faszinierende Ansicht des Saturns mit seinen Ringen

Highlights

Cassini-Mission

1 Ehe die Raumsonde Cassini „geopfert" wurde, lieferte sie Unmengen wertvolle Daten.

Saturnringe

2 Die mächtigen Ringe des Saturns bieten den wohl eindrucksvollsten Anblick im gesamten Sonnensystem.

Magnetosphäre des Saturns

3 Die Magnetfeldachse und die Rotationsachse des Saturns sind fast exakt parallel ausgerichtet – so entstehen viele Polarlichter.

Saturnoberfläche

4 Auf dem leichten Gasriesen wüten, gelinde gesagt, stürmische Winde.

Titan

5 Bei der Erkundung dieses massiven Mondes entdeckt man einen riesigen Ozean und einen Methankreislauf, der dem Wasserkreislauf auf der Erde nicht unähnlich ist.

Enceladus

6 Die Sonnenbrille nicht vergessen, wenn es auf den Enceladus geht – hier ist es blendend grell! Auf diesem Mond könnte es sogar Leben geben.

Rhea, Dione & Tethys

7 Die Rotation dieser „Schwestermonde" ist an die Umlaufbahn des Saturns gekoppelt.

Iapetus

8 Der Iapetus hat eine helle und eine dunkle Seite.

Mimas

9 Ob die Macht wohl mit dem „Todesstern" genannten Mond ist?

Phoebe

10 Der dunkle Mond ist wahrscheinlich ein eingefangener Asteroid, der auch Zentaur genannt wird.

Künstlerische Darstellung von schwimmendem Kohlenstoffeis auf einem flüssigen Wasserstoffmeer

Künstlerische Darstellung der Raumsonde Cassini beim Eintreten in die Umlaufbahn um den Saturn

Cassini-Mission

Über mehr als zehn Jahre erkundete die NASA-Sonde Cassini den Saturn und seine eisigen Monde – mit faszinierenden Ergebnissen.

Die Raumsonden Voyager und Pioneer konnten auf ihren Vorbeiflügen in den 1970er- und 1980er-Jahren den Saturn und seine Monde erstmals aus der Nähe beobachten. Doch erst der Raumsonde Cassini, die viele Jahre in einer Umlaufbahn um den Saturn flog, offenbarte der Planet mit den rasenden Stürmen und dem feinen Gleichgewicht der Gravitationskräfte seine Geheimnisse. Zwischen 2004 und 2017 umkreiste Cassini den Saturn 294-mal. Dabei beobachtete die Raumsonde die Saturnmonde mit allen Sinnen: Sie schaute, lauschte, roch und sie schmeckte sogar.

Während der Mission fand man heraus, dass die Saturnringe dynamisch sind – sie sind eine Art Laboratorium für die Entstehung von Planeten und Monden. Und während die größeren Saturnmonde rund sind, haben andere die Form einer Süßkartoffel (Prometheus), einer Kartoffel (Pandora) oder sogar eines Schwamms (Hyperion). Manche wirken sogar wie schmutzige Schneebälle (Rhea). Ein Objekt, das in den Ringen beobachtet wurde (inoffiziell Peggy genannt), könnte ein Mond im Prozess der Entstehung oder der Auflösung sein – oder etwas ganz anderes. Die spannendste Entdeckung aber war, dass der Saturn zwar selbst weit außerhalb der „bewohnbaren Zone“ des Sonnensystems liegt, es aber auf mehreren Monden unter der Oberfläche Ozeane gibt, in denen die Existenz von Leben theoretisch möglich wäre.

Eine Illustration der von der Sonne angestrahlten Ringe des Saturns

Saturnringe

Das am leichtesten erkennbare Merkmal des Gasriesen sind seine ausgedehnten Ringe, in denen Billionen Partikel den Planeten umkreisen.

Man nimmt an, dass die berühmten Ringe aus Stücken von Kometen, Asteroiden und zerfallenen Monden bestehen, die durch die Gravitation des Saturns auseinandergerissen wurden. Sie umkreisen den Planeten auf einer Breite von 400 000 km. Doch selbst die Hauptringe sind extrem dünn. Es gibt sieben Hauptringe, die in der Reihenfolge ihrer Entdeckung alphabetisch benannt sind. Ausgehend vom Saturn kommt zunächst der D-Ring, gefolgt von C- und B-Ring, der Cassinischen Teilung, dem A-Ring, dem F-Ring, dem G-Ring und ganz außen dem E-Ring. Noch viel weiter draußen kreist der Phoebe-Ring. Die meisten Ringe liegen relativ dicht beieinander, mit Ausnahme des A-Rings und des B-Rings, zwischen denen sich eine 4700 km breite Lücke befindet, die Cassinische Teilung genannt wird,

Die Ringe bestehen aus Eis- und Gesteinsbrocken, die von anderen Materialien wie Staub umhüllt sind. Manche sind winzig wie Staubkörner, manche sehr groß. Von den Wolkengipfeln des Saturns aus würden die Ringe überwiegend weiß erscheinen. Jeder kreist in einer anderen Geschwindigkeit um den Saturn.

Spannend ist, dass die Ringe noch „jung“ sein könnten, wie die Daten von Cassini vermuten lassen. Wahrscheinlich entstanden sie vor 10 bis 100 Mio. Jahren, während der Saturn selbst schon 4,5 Mrd. Jahre existiert. Dies scheint Theorien zu stützen, nach denen die Ringe aus Teilen eines Kometen bestehen, der zu nah am Saturn vorbeiflog und durch dessen Gravitation zerrissen wurde. Vielleicht entstanden sie aber auch, als eine frühere Generation von Eismonden zerfiel. Die Ringe sind so breit, dass man mit dem Auto eine ganze Woche brauchen würde, um von einem Rand zum anderen zu kommen.

Als Cassini sich auf den Weg zu seinem großen Finale machte, flog die Sonde zwischen den Ringen hindurch.

Ja, wo sind sie denn?

Etwa alle 15 Jahre scheinen die Ringe zu verschwinden. Dies ist jedoch eine optische Täuschung. Sie entsteht dadurch, dass der Saturn sich dann in einer „Kantenstellung“ zur Erde befindet, wodurch die Ringe fast unsichtbar werden; sie sind dann nur noch mit den leistungsfähigsten Teleskopen zu erkennen.

Das Verschwinden der Saturnringe

Jüngste Forschungen haben ergeben, dass der Saturn seine Ringe langsam verliert. „Wir schätzen, dass bei diesem ‚Ringregen‘ in den Planeten hinein so viel Flüssigkeit fällt, dass man mit dem wässrigen Niederschlag von den Saturnringen alle halbe Stunde ein 50-m-Schwimmbecken füllen könnte“, sagt James O'Donoghue vom Goddard Space Flight Center der NASA. Die ersten Hinweise auf die Existenz dieser Ringregen stammen von Beobachtungen der Voyager-Raumsonde bei der Beschäftigung mit Phänomenen, die scheinbar gar nicht damit zusammenhingen: Variationen in der elektrisch geladenen oberen Atmosphäre (Ionosphäre) des Saturns, Variationen der Dichte der Saturnringe sowie drei dunklen Bändern, die den Planeten umkreisen. Diese dunklen Bänder waren erstmals auf Bildern der diesigen oberen Atmosphäre (Stratosphäre) zu sehen, die 1981 von Voyager 2 gemacht wurden.

© COURTESY NASA/JPL-CALTECH

Darstellung der Magnetosphäre des Saturns

Magnetosphäre des Saturns

Das Magnetfeld des Saturns ist kleiner als das des Jupiters, aber immer noch 578-mal so stark wie das der Erde. Polarlichter entstehen hier jedoch anders.

Der Saturn, seine Ringe und viele seiner Monde befinden sich innerhalb der gigantischen Magnetosphäre des Planeten, der Region des Raumes, in der das Verhalten elektrisch geladener Teilchen stärker vom Magnetfeld des Saturns beeinflusst wird als vom Sonnenwind. Material, das vom Mond Enceladus ins All entlassen wird, füttert den E-Ring des Saturns und ist eine bedeutende Quelle von Material (Plasma), das der Magnetosphäre des Saturns quasi als Brennstoff dient. Das Magnetfeld des Saturns hat zwei Pole wie ein Stabmagnet, und es rotiert mit dem Planeten. Auf dem Jupiter und der Erde sind die Magnetfelder in Bezug auf die Rotationsachsen der Planeten geneigt – deshalb zeigt der Kompass den magnetischen Norden und nicht den geografischen an. Doch das Magnetfeld des Saturns ist perfekt zur Rotationsachse des Planeten ausgerichtet.

Auf der Erde entstehen Polarlichter durch geladene Teilchen des Sonnenwinds. Auf dem Saturn dagegen kommt zumindest ein Teil der Polarlichter durch Teilchen, die von den Monden ins All geschleudert werden, und die Rotation des gigantischen Magnetfelds zustande.

Unter seinen Ringen ist die Oberfläche des Saturns eine wirbelnde Gasmasse.

Saturnoberfläche

Als Gasriese hat der Saturn keine echte Oberfläche – er besteht überwiegend aus wirbelnden Gasen und weiter innen aus Flüssigkeiten.

Der Saturn besteht hauptsächlich aus Wasserstoff und Helium und hat einen dichten Kern aus Metallen wie Eisen und Nickel, umgeben von Gesteinsmaterial und anderen Komponenten. Diesen Kern umschließt eine Schicht flüssigen metallischen Wasserstoffs, der durch enormen Druck und Hitze stabilisiert wird, ähnlich wie beim Kern des Jupiters, wenngleich der Kern des Saturns kleiner ist. Die Dichte des Saturns ist die geringste aller Planeten des Sonnensystems. Seine Masse beträgt nur 30% von der des Jupiters, obwohl der Durchmesser des Saturns 85% vom Durchmessen des Jupiters beträgt. Die mittlere Dichte (0,7) ist geringer als die von Wasser.

Der extreme Druck und die Temperaturen im Inneren des Saturns würden jedes eindringende Raumfahrzeug zerdrücken, schmelzen und vaporisieren. Eine Herausforderung für die Forschung! Der Druck auf dem Saturn ist so stark, dass Gas sich innerhalb des Planeten verflüssigt.

In der oberen Atmosphäre des Saturns wüten Winde, die viermal stärker sind als die mächtigsten Hurrikane auf der Erde: Sie sind viermal flotter als die schnellsten Winde in der irdischen Äquatorregion.

Künstlerische Darstellung eines Staubsturms auf dem Titan mit dem Saturn im Hintergrund

Titan

Der Titan ist der größte Mond des Saturns und nach dem Jupitermond Ganymed der zweitgrößte Mond unseres Sonnensystems. Doch welcher ist aufregender? Soweit man weiß, ist der Titan neben der Erde der einzige andere Ort im Sonnensystem, auf dessen Oberfläche es stabile Flüssigkeiten gibt.

Der Titan, der 1655 von dem Astronomen Christiaan Huygens entdeckt wurde, ist ein eisiger Mond, dessen Oberfläche von einer diesigen Atmosphäre verhüllt wird. Er ist viel größer als der Erdmond und sogar größer als der Merkur. Zudem ist er der einzige Mond im Sonnensystem mit einer dichten Atmosphäre und der einzige Himmelskörper neben der Erde, auf dessen Oberfläche es ständige Seen, Flüsse und Meere aus Flüssigkeit gibt.

Die Atmosphäre des Titans besteht wie die der Erde hauptsächlich aus Stickstoff sowie etwas Methan. Wissenschaftler fanden anhand der Daten von Cassini heraus, dass auf dem Titan nicht nur flüssiges Methan und Ethan existieren, sondern dass diese vom Himmel regnen und Seen füllen. Der größte dieser Seen ist größer als der Lake Michigan-Huron. Das bedeutet, dass der Titan der einzige andere Ort im Sonnensystem ist, der einen Flüssigkeitskreislauf ähnlich dem Wasserkreislauf auf der Erde hat. Die „Luft“ auf dem Titan ist so dicht, dass man dort ohne Raumanzug herumlaufen könnte, man brauchte aber eine Sauerstoffmaske und einen Kälteschutz.

Die Instrumente der Cassini-Huygens-Mission fanden in der Atmosphäre des Titans auch die Stickstoffisotope ^{14}N und ^{15}N. Die Daten ähnelten denen, die in Kometen von der Oortschen Wolke gefunden wurden. Das legt nahe, dass der Titan schon früh in der Geschichte des Sonnensystems entstanden sein könnte, möglicherweise in derselben kalten Scheibe aus Gas und Staub, aus der die Sonne hervorging, und nicht aus der wärmeren Scheibe aus Materie, die den Saturn bildete.

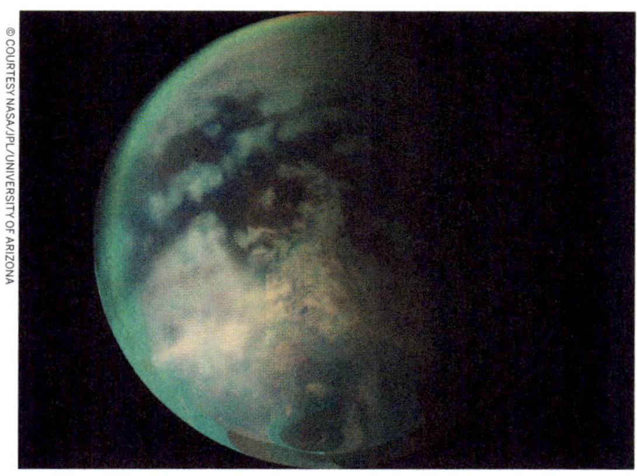

Dieses zusammengesetzte Bild zeigt Titan, wie er unter der Atmosphäre aussieht.

5 Fakten über den Titan

1. Der Radius des Titans beträgt 2575 km. Der Mond ist damit fast 50 % größer als der Mond der Erde.

2. Der Titan ist etwa 1,2 Mio. km vom Saturn entfernt.

3. In 15 Tagen und 22 Stunden umrundet der Mond den Saturn einmal vollständig.

4. Der Oberflächendruck ist um etwa 60 % höher als auf der Erde; die Temperaturen können −179 °C erreichen.

5. Wegen der dichten Atmosphäre und der Gravitation, die ungefähr der des Erdmonds entspricht, würde ein Regentropfen auf dem Titan etwa sechsmal langsamer fallen als auf der Erde.

Der Titan in der Kultur

Viele Autoren haben ihre Geschichten auf dem Titan angesiedelt, u. a. Arthur C. Clarke, Philip K. Dick, Isaac Asimov und Kurt Vonnegut. Der Titan taucht auch im Film *Star Trek* von 2009 auf: die USS Enterprise reist mit Überlichtgeschwindigkeit in die Atmosphäre des Titans, um sich an das Raumschiff der Romulaner anzuschleichen, das die Erde angreift. Weitere Auftritte hat der Mond u. a. im Film *Gattaca*, in den Fernsehserien *Futurama* und *Eureka – Die geheime Stadt* sowie in der Anime-Serie *Cowboy Bebop*.

Die Meere des Titans

Die Wolken, der Regen und die Flüsse, Seen und Meere des Titans bestehen aus flüssigen Kohlenwasserstoffen wie Methan und Ethan. Zumindest theoretisch könnten in den größten Meeren Lebensformen existieren, die eine andere chemische Zusammensetzung haben als wir. Und selbst wenn nicht – unter der dicken Kruste des Titans verbirgt sich ein Ozean, der hauptsächlich aus Wasser besteht. Dort könnten sich sogar Lebensformen entwickelt haben, die denen in den Ozeanen der Erde ähneln, wenn auch in mikroskopischem Maßstab. Ebenso plausibel ist die Theorie, dass es auf dem Titan überhaupt kein Leben gibt. Es kann noch viele Jahre dauern, bis man in der Lage ist, diese Frage zu beantworten.

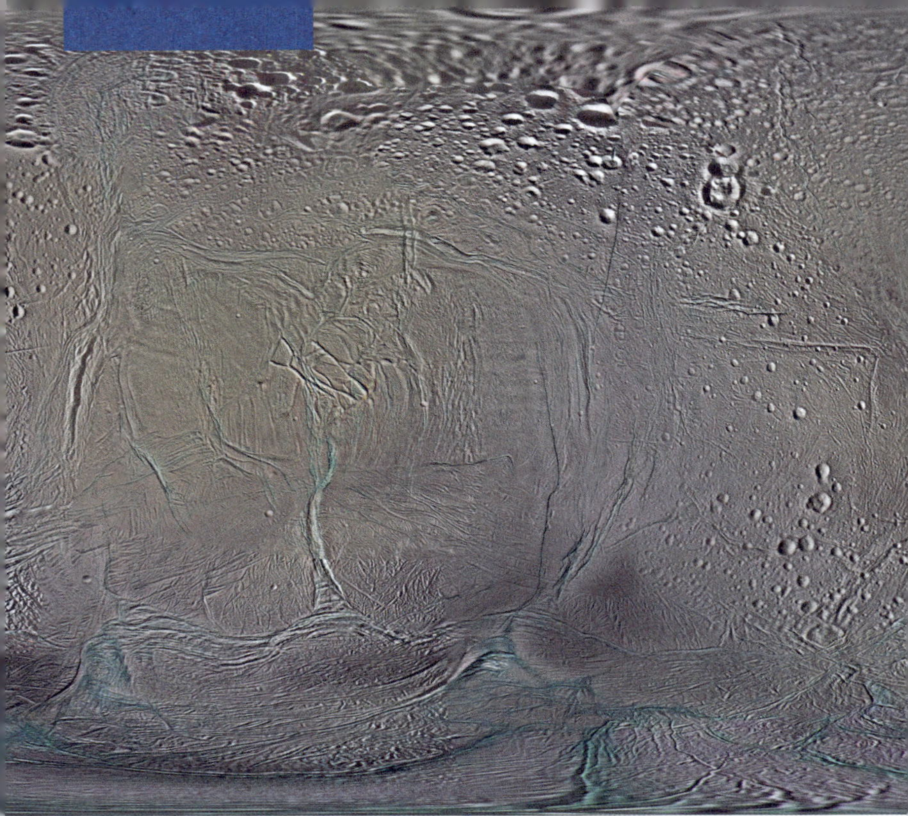

Ein umfassendes Farbenmosaik des Enceladus

Enceladus

Das hellste Objekt unseres Sonnensystems, der Enceladus, ist mit einer Eiskruste bedeckt, die das Sonnenlicht mit greller Intensität reflektiert.

Der Enceladus hat einen Durchmesser von der Größe Arizonas (500 km) und umkreist den Saturn zwischen den Umlaufbahnen von Mimas und Tethys. Er hat die hellste, am stärksten reflektierende Oberfläche im Sonnensystem, doch viele Jahre lang wusste man nicht, warum. Heute ist bekannt, dass dies auf gigantische Fontänen zurückzuführen ist, die aus dem Salzwasserozean unter der Eisoberfläche des Mondes hervorschießen. Diese Fontänen wurden 2005 von Cassini entdeckt. Sie befinden sich in der südlichen Polarregion und sprühen Wasserdampf, Eispartikel und einfaches organisches Material mit Geschwindigkeiten von ca. 1300 km/h ins All, was wie ein Schweif wirkt. Einige dieser Partikel werden ins All getragen und speisen den E-Ring des Saturns. Der Rest fällt wie Schnee zurück auf die Oberfläche und sorgt dafür, dass die Oberfläche des Enceladus so glatt und hell ist.

Die gigantischen Geysire des Enceladus entspringen warmen Spalten in der Kruste, von Wissenschaftlern „Tigerstreifen“ genannt. Mehrere Gase, u.a. Wasserdampf, Kohlendioxid, Methan, vielleicht Ammoniak sowie Kohlenmonoxid oder Stickstoff, umhüllen die Fontäne. Mit diesen Zutaten gäbe es auf dem Enceladus die meisten chemischen Elemente, die für die Entstehung von Leben notwendig sind. Wahrscheinlich gibt es auch Quellen, aus denen heißes, mineralienreiches Wasser in einen Ozean fließt. Mit Letzterem, seiner Zusammensetzung und der Hitze im Inneren ist der Mond ein guter Kandidat für die Suche nach Orten, an denen Leben existieren kann.

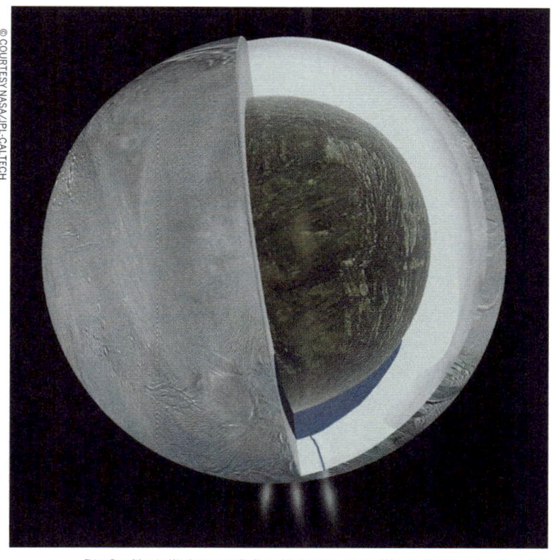

Die Grafik stellt den möglichen Kern mit einem Wasserkörper darüber dar.

5 Fakten über den Enceladus

1. Der Brite William Herschel beobachtete den Enceladus erstmals am 28. August 1789.

2. Er ist nach einem Titanen der griechischen Mythologie benannt.

3. Weil der Enceladus so viel Sonnenlicht reflektiert, ist die Oberflächentemperatur niedrig – sie beträgt etwa –201 °C.

4. Wissenschaftler glauben, dass die Eishülle etwa 20 bis 25 km dick ist und am Südpol auf nur 1 bis 5 km ausdünnt.

5. In einigen Teilen des Mondes sind viele Einschlagkrater zu sehen, in anderen nur wenige. Dies weist auf größere Ereignisse in jüngerer geologischer Vergangenheit hin, die die Oberfläche veränderten.

Wie der Enceladus zu seinem Namen kam

William Herschels Sohn John Herschel nannte den Namen 1847 in seinem Werk *Results of Astronomical Observations*, in dem er Vorschläge für Namen für die sieben ersten entdeckten Saturnmonde machte. Er wählte diese Namen hauptsächlich, weil Saturn, der in der griechischen Mythologie Kronos genannt wird, der Anführer der Titanen war.

Leben auf dem Enceladus

In den entnommenen Proben vom E-Ring des Saturns, der überwiegend aus Eispartikeln besteht, die von den Fontänen des Mondes ausgestoßen werden, haben Wissenschaftler Nanopartikel von Silikaten entdeckt. Silikate können nur gebildet werden, wenn flüssiges Wasser und Gestein bei Temperaturen von über 90 °C interagieren. Dies legt nahe, dass tief unter der Eiskruste des Mondes hydrothermale Quellen existieren könnten, ähnlich jener, die es auf dem Meeresgrund der Erde gibt. Und selbst wenn solche Quellen doch nicht existierten, wäre der Enceladus mit seiner besonderen Kombination aus Hitze, organischen Elementen und flüssigem Wasser ein spannender möglicher Ort für die Existenz von Leben außerhalb der Erde.

Wunderbarer Sauerstoff

2010 entdeckte die Raumsonde Cassini rund um den Mond Rhea eine sehr dünne Atmosphäre, Exosphäre genannt, in der sich Sauerstoff- und Kohlendioxidmoleküle befinden. Dies war das erste Mal, dass außerhalb der Erde Sauerstoff entdeckt wurde. Der Sauerstoff scheint freigesetzt zu werden, wenn das Magnetfeld des Saturns über Rhea rotiert und die Oberfläche zersetzt. (Woher das Kohlendioxid stammt, ist allerdings weniger klar.) Die geschätzte Dichte des Sauerstoffs ist zwar deutlich geringer als auf der Erde, doch die Funde legen nahe, dass auf den Oberflächen vieler eisiger Körper im All eine komplexe Chemie herrschen könnte.

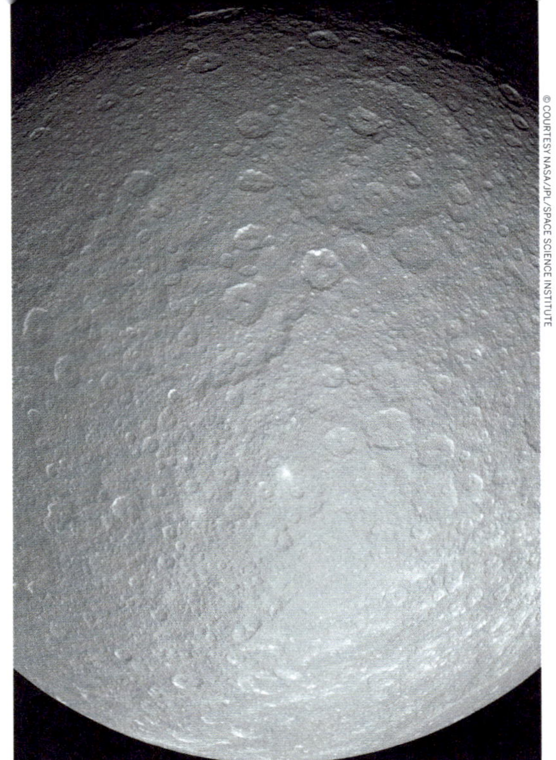

Ein Mosaik der mit Kratern übersäten Rhea

Rhea, Dione & Tethys

Die Monde Rhea, Dione und Tethys, die von Cassini entdeckt wurden, ähneln sich im Aussehen und im Aufbau: Sie sind kleine, kalte, luftlose Himmelskörper, die ein wenig an schmutzige, gefrorene Schneebälle erinnern.

Der Astronom Giovanni Cassini entdeckte 1672 Rhea und 1684 Dione und Tethys. Sie umkreisen den Saturn in zwei bis viereinhalb Erdentagen; dabei ist ihre Eigenrotation an die Umdrehung um den Saturn gekoppelt, sodass diesem stets dieselbe Seite zugewandt ist. Die Oberflächentemperaturen der Monde liegen zwischen −74 °C in von der Sonne beleuchteten Gebieten und −220 °C im Schatten. Die Monde haben eine hohe Reflektivität, was darauf hindeutet, dass die Oberfläche großenteils aus Wassereis besteht, das sich bei dieser Temperatur wie Gestein verhält.

Mit 527000 km ist Rhea weiter vom Saturn entfernt als Dione und Tethys, darum wird Erstere nicht durch die Gezeiten des Saturns aufgeheizt. Auf Dione und Tethys gibt es daher mehr flache Ebenen als auf der Rhea. Diese Ebenen sind wahrscheinlich Gebiete, in denen flüssiges Wasser die Oberfläche erreicht hat und in Vertiefungen gelaufen ist, ehe es wieder fror und so die Krater ebnete. Weniger Wärme auf Rhea könnte dazu geführt haben, dass weniger Krater verschwunden sind – oder der Mond könnte stärkeren Einschlägen aus dem All ausgesetzt sein.

Cassini machte die erste Aufnahme der hellen Hemisphäre des Iapetus.

Iapetus' geheimnisvolle Bergkette

Das zweitauffälligste Merkmal des Iapetus ist seine äquatoriale Bergkette, ein Ring von 10 km hohen Bergen, der parallel zum Äquator des Mondes verläuft. Auf der dem Saturn abgewandten Seite scheint die Bergkette abzubrechen; einzelne Berge sind deutlich erkennbar. Die Berge wurden erstmals von den Raumsonden Voyager I und Voyager II gesehen und werden inoffiziell die „Voyager Mountains" genannt. Einige Wissenschaftler glauben, dass sich die Bergkette zu einer Zeit bildete, als der Iapetus sich viel schneller um sich selbst drehte als heute, andere vermuten, dass die Bergkette aus Material besteht, das beim Kollaps eines Ringes übrig blieb.

Iapetus

Iapetus wird auch der Yin-Yang-Mond unter den Saturnmonden genannt, weil er zwei markante Hemisphären mit verschieden starker Reflexion hat: eine helle und eine dunkle.

Der Iapetus ist mit einem mittleren Radius von 736 km der drittgrößte Mond des Saturns. Die Unterschiedlichkeit seiner beiden Hälften ist eines der größeren Geheimnisse des Sonnensystems. Giovanni Cassini beobachtete die Teilung in eine helle und eine dunkle Hemisphäre, als er den Mond 1671 entdeckte. Lange wurde über die Ursache gerätselt. Einige denken, auf dem Iapetus könnten sich Kohlenstoffpartikel ablagern, die vom dunklen Mond Phoebe freigesetzt werden. Andere vermuten, dass Eisvulkane dunklere Materie an die Oberfläche bringen. Beim Vorbeiflug von Cassini zeigte sich, dass ein Sublimationsprozess die wahrscheinlichste Ursache für die dunkle Hemisphäre ist: Wegen der langsame Eigenrotation (mehr als 79 Tage) kann dunkles Material viel Wärme absorbieren, dabei könnten alle helleren, kälteren Materialien sublimieren, sodass die „Verdunklung" weiter verstärkt wird.

Iapetus ist 3,561 Mio. km vom Saturn entfernt. Weil so wenig Gezeitenkräfte des Saturns und von den meisten anderen Monden und Ringen ausgehen, blieb seine Oberfläche von Schmelzepisoden weitgehend unberührt.

Der Mimas-Test

Die Tatsache, dass Mimas fest gefroren zu sein scheint, ist ausgesprochen rätselhaft. Der Mond befindet sich näher am Saturn und hat eine exzentrischere (länglichere) Umlaufbahn als der Enceladus, daher müsste er auch stärker durch Gezeitenkräfte erwärmt werden. Doch seine markanten Krater sind ein Hinweis darauf, dass die gefrorene Oberfläche sehr alt und lange genug vorhanden gewesen sein muss, um diese zu bewahren – im Gegensatz zu Enceladus, wo die Kruste anscheinend teilweise getaut ist. Dieses Paradox inspirierte den „Mimas-Test": Jede Theorie, die das teilweise aufgetaute Wasser des Enceladus erklärt, muss auch das komplett gefrorene Wasser des Mimas erklären können.

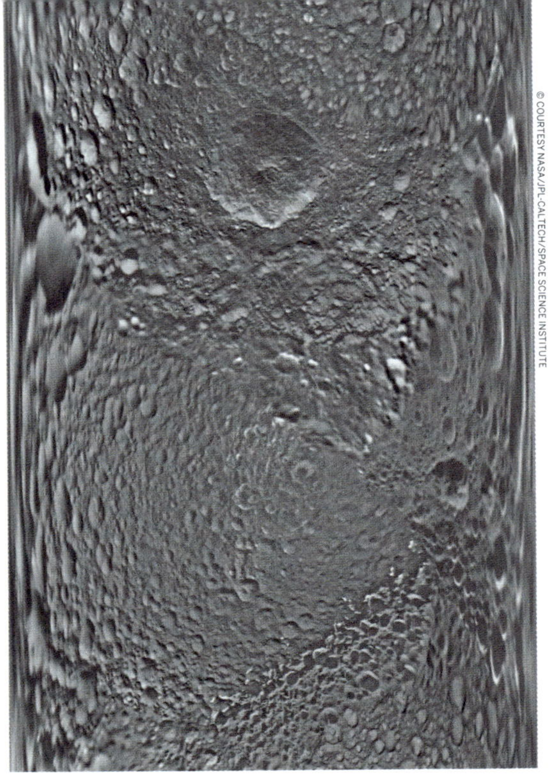

Auf der Oberfläche des Mimas ist die Vertiefung des Kraters Herschel sichtbar.

Mimas

Der mit Kratern bedeckte Mimas ist der kleinste und innerste der großen Saturnmonde und erinnert auffällig an den Todesstern.

Die Oberfläche des Mimas, dessen Radius nur 198 km beträgt, ist mit Einschlagkratern übersät, die meisten mit einem Durchmesser von über 40 km. Der größte ist der Krater Herschel (benannt nach dem Entdecker des Mondes), der fast ein Drittel des Monddurchmessers ausmacht. Durch ihn erinnert Mimas an Darth Vaders Raumstation aus *Krieg der Sterne*. Der riesige Krater hat einen Durchmesser von 130 km, seine Wände sind 5 km hoch, und ein Zentralberg misst 6 km. Der Einschlag, der diesen Krater geschaffen hat, muss so stark gewesen sein, dass Mimas fast zerfallen wären. Schockwellen des Einschlags könnten die Brüche und Verwerfungen (Chasmata) auf der gegenüberliegenden Seite des Mondes erzeugt haben. Wäre der Mond zerbrochen, wären die Brocken vielleicht in die existierenden Ringe des Saturns geraten; zerfallene Monde sind eine mögliche Ursache der Ringe.

Mimas umläuft den Saturn in nur 22 Stunden und 36 Minuten. Seine Rotation ist an die Umlaufbahn um den Saturn gekoppelt, darum wendet er dem Saturn immer dieselbe Seite zu. Von der Erde aus war Mimas für Astronomen immer nur ein kleiner Punkt. Das änderte sich 1980 mit den Raumsonden Voyager 1 und 2, die sich dem Mond mehrmals stark näherten und detaillierte Aufnahmen machten.

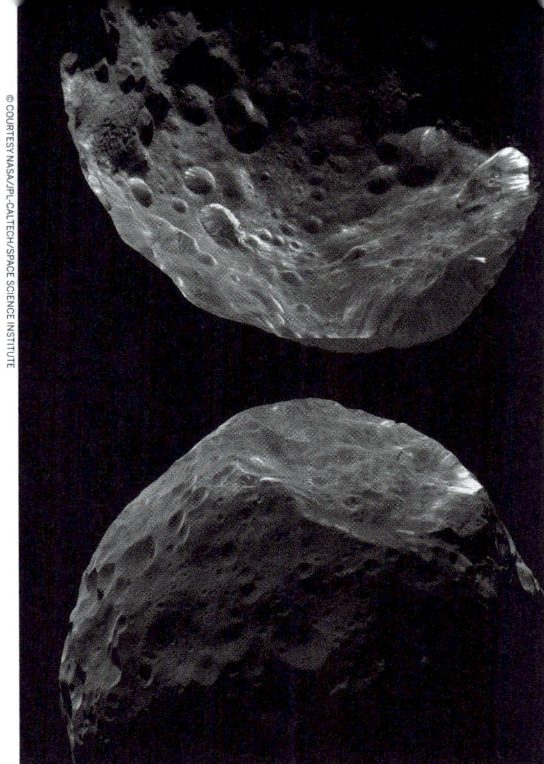

Zwei Ansichten von Phoebe, die möglicherweise ein eingefangener Zentaur ist

Phoebes Eigenheiten

Phoebe ist einer der äußersten Monde des Saturns, ihre Umlaufbahn ist fast 13 Mio. km von dem Gasplaneten entfernt und befindet sich damit fast viermal weiter außerhalb als die ihres nächsten Nachbarn, des Mondes Iapetus. Eigenartig ist auch, dass Phoebe den Saturn rückläufig umkreist, entgegengesetzt zur Umlaufrichtung der meisten anderen Monde und Himmelskörper unsere Sonnensystems. Mit ca. 106,5 km beträgt der Radius von Phoebe nur ein Sechzehntel des Radius des Erdmonds.

Phoebe

Anders als die meisten Saturnmonde ist Phoebe dunkel, sie reflektiert nur etwa 6 % des Sonnenlichts. Sie könnte daher ein „eingefangenes Objekt“ sein.

Ein eingefangenes Objekt ist ein Himmelskörper, der von der Gravitation eines viel größeren Körpers, meistens eines Planeten, „gefangen“ wird. Insbesondere die dunkle Oberfläche der Phoebe legt nahe, dass dieser kleine Mond aus dem äußeren Sonnensystem stammt, wo es viel dunkles Material gibt. Einige Wissenschaftler glauben, dass Phoebe ein sogenannter Zentaur sein könnte, ein primordiales Objekt aus einer viel früheren Phase des Sonnensystems, das niemals in einen entstehenden Planeten hineingezogen wurde. Angesichts ihrer recht kleinen Größe war Phoebe möglicherweise nie heiß genug, um ihre ursprüngliche chemische Zusammensetzung zu ändern und könnte damit ein seltenes Fragment aus jener Zeit sein, als die Milchstraße selbst entstand.

Phoebe wurde im August 1898 von dem amerikanischen Astronomen William Pickering entdeckt – sie war der erste Himmelskörper, der man mithilfe lange belichteter fotografischen Platten gefunden hat. Der Mond ist nach der Titanin Phoebe benannt – eigentlich seltsam, bedeutet der Name doch „die Leuchtende“, was nicht so richtig zu dem dunklen Himmelskörper passen will. Phoebe ist die Tochter von Uranos und Gaia und u. a. die Mutter von Leto und die Großmutter von Apollon, Artemis und Hekate.

URANUS

Uranus von Voyager 2 aus gesehen

Überblick

Der Uranus erhielt erst ca. 60 Jahre nach seiner Entdeckung seinen Namen. Sein Entdecker benannte ihn zunächst nach König Georg III: Georgs Stern.

Der Uranus weist eine Reihe von faszinierenden Charakteristiken auf: Er ist der drittgrößte Planet unseres Sonnensystems und rangiert hinsichtlich der Sonnenentfernung auf Platz sieben der Planeten. Der 1781 von dem Astronomen William Herschel entdeckte Planet ist von 13 blassen Ringen und 27 kleinen Monden umgeben. Seine Atmosphäre besteht vor allem aus Helium und Wasserstoff und etwas Methan, das auch für die Farbe des Planeten verantwortlich ist: Sonnenlicht dringt durch die Atmosphäre und wird an der Oberseite der Wolken reflektiert. Das Methan in der Atmosphäre absorbiert den rötlichen Teil des Lichtes, wodurch der leuchtende blau-grüne Farbton des Planeten entsteht.

Ein weiteres Merkmal, das den Uranus von anderen Planeten unterscheidet, ist seine Rotationsrichtung: Wie die Venus rotiert er von Osten nach Westen (in die entgegengesetzte Richtung der Erde). Noch bizarrer ist, dass der Uranus in einem nahezu rechten Winkel zu seiner Umlaufbahn rotiert. Es scheint also, als würde er sich auf der Seite liegend drehen, wie ein rollender Ball. Der Uranus ist der einzige Planet im Sonnensystem, der dieses Merkmal aufweist.

Diese einzigartige Seitenrotation führt zu sehr seltsamen Jahreszeiten: Der Nordpol des Planeten erlebt eine 21 Jahre lange Nacht im Winter, einen 21 Jahre langen Tag im Sommer und 42 Jahre Tag und Nacht im Frühling und Winter. Das würde selbst die tiefsten Tiefschläfer aus dem Biorhythmus bringen. Geburtstagsfeiern wären für Uranusbewohner ebenfalls nicht ganz einfach: Bei einer durchschnittlichen Umlaufzeit von 84 Erdenjahren könnten sich die meisten Erdlinge glücklich schätzen, hier auch nur einen einzigen Geburtstag zu erleben.

Nicht, dass es erstrebenswert wäre, seinen Geburtstag auf dem Uranus zu verbringen: Bei Windgeschwindigkeiten von 900 km/h und einer Temperatur von −224 °C hätte man Schwierigkeiten, seine Geburtstagskerzen überhaupt anzuzünden. Und dann gibt es da noch den Geruch: Jüngste Forschungsergebnisse deuten darauf hin, dass die Schwefelwasserstoff-Wolken in der oberen Atmosphäre des Uranus vermutlich wie faule Eier riechen.

Der Uranus kann uns aber möglicherweise darüber Auskunft geben, wie sich die Eisriesen von ihren wärmeren Brüdern unterscheiden. Diese Informationen könnten neue Erkenntnisse über die Entstehung von Planetensystemen im Allgemeinen bringen, sobald eine weitere Mission seine entfernte Umlaufbahn erreichen kann.

Dieses Bild von Voyager 2 zeigt auch einen der neu entdeckten Monde des Uranus.

ENTFERNUNG ZUR SONNE
19,8 AE

LICHTLAUFZEIT ZUR SONNE
165,07 Minuten

TAGESLÄNGE
17 Stunden 14 Minuten

UMLAUFZEIT
30 687 Erdentage (84 Erdenjahre)

ATMOSPHÄRE
Wasserstoff, Helium und Methan

Top-Tipp

Besucher sollten sich mit einer Gasmaske gegen den Geruch der Schwefelwasserstoff-Wolken des Uranus schützen.

An- & Weiterreise

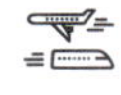

Bei einer durchschnittlichen Orbitalentfernung von 2,9 Mrd. km von der Sonne befindet sich der Uranus 19,8 AE entfernt vom Zentrum des Sonnensystems (d. h. fast 20-mal weiter entfernt als die Erde): Bei dieser Entfernung braucht ein Sonnenstrahl 2 Stunden und 40 Minuten, um den Uranus zu erreichen.

Bis jetzt ist *Voyager 2* die einzige Raumsonde, die am Uranus vorbei geflogen ist. Keine andere Sonde hat bisher diesen entlegenen Planeten besucht, um ihn aus der Nähe zu studieren.

Orientierung

Der Radius des Uranus ist mit 25362 km etwa 4-mal so groß wie der der Erde. Wäre die Erde so groß wie ein Apfel, wäre der Uranus etwa so groß wie ein Basketball. Ein Tag auf dem Uranus (also die Zeit, die der Uranus braucht, um sich einmal zu drehen) dauert ca. 17 Stunden. Wegen seiner großen Sonnenentfernung benötigt er ca. 84 Erdenjahre (30687 Erdentage), um die Sonne einmal zu umkreisen, d. h. ein Uranusjahr entspricht 84 Erdenjahren. 80 % der Masse des Uranus besteht aus einer heißen Flüssigkeit aus verdichteten Gasen (Wasser, Methan und Ammoniak), um einen kleinen, felsigen Kern. In der Nähe des Kerns erhitzt sich diese Flüssigkeit auf relativ kühle 4982 °C. Dies macht den Uranus zum einzigen Gasplaneten, der weniger Wärme abstrahlt, als er von der Sonne erhält.

Die Erde ist ca. viermal kleiner als Uranus.

Der Uranus
im Verhältnis zur
Erde

-- Radius --
4-fache
DER ERDE

-- Masse --
14,5-fache
DER ERDE

-- Volumen --
63-fache
DER ERDE

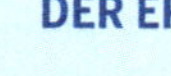

-- Schwerkraft --
90,5 %
DER ERDE

-- Durchschnittstemperatur --
208 °C
KÄLTER ALS AUF
DER ERDE

-- Oberfläche --
16-fache
DER ERDE

-- Oberflächendruck --
unbekannt

-- Dichte --
23 %
DER ERDE

-- Orbitalgeschwindigkeit --
22 %
DER ERDE

-- Abstand zu Sonne --

19-fache
DER ERDE

Erkundung des Uranus

Nachdem er in neun Jahren rund 3 Mrd. km zurückgelegt hatte, flog NASAs *Voyager 2* 1986 am Uranus vorbei. Die Sonde sammelte viele Informationen über den Planeten, z. B. über seine Ringe und Monde, in nur sechs Stunden. Die Aufnahmen der fünf größten Monde des Uranus zeigten komplexe Oberflächen, die auf geologische Prozesse hindeuteten. Die Kameras entdeckten auch elf zuvor noch unbekannte Monde. Mehrere Instrumente studierten das Ringsystem und fanden Details der bisher bekannten Ringe sowie zwei noch unbekannte Ringe. Die Daten von *Voyager 2* zeigten, dass die Rotation des Planeten 17 Stunden und 14 Minuten dauert. Die Sonde fand außerdem ein ungewöhnliches Magnetfeld. Zudem entdeckte man, dass die Temperatur in der Äquatorialregion, die während eines uranischen Jahres weniger Sonnenlicht erhält, dennoch so hoch ist wie an den Polen.

Der Rest von dem, was wir über den Uranus wissen, stammt von Beobachtungen des Hubble-Weltraumteleskops und mehrerer anderer erdbasierter Teleskope.

Voyager 2 fliegt noch immer mehr als 120 AE entfernt von der Erde durch die Heliosphäre und die Heliopause in Richtung interstellarem Raum, den ihre Schwestersonde *Voyager 1* inzwischen erreicht hat. Die Sonden sammelten Daten darüber, wie der Einfluss unserer Sonne mit wachsender Entfernung abnimmt. Jetzt, da die Sonden tief im All sind und sich bald beide jenseits des Einflusses der Sonne befinden werden, wird ihre Fähigkeit, Daten zu sammeln und zu übertragen irgendwann durch schwindende Energievorräte enden.

5 Fakten über den Uranus

1. Der Durchmesser des Uranus ist etwas größer als der seines Nachbarn Neptun, seine Masse ist jedoch kleiner.

2. Der Uranus ist der Planet mit der zweitgeringsten Dichte, der Saturn der mit der geringsten.

3. Die Windgeschwindigkeit auf dem Uranus kann bis zu 900 km/h errreichen – auf dem Neptun ist sie aber manchmal sogar mehr als doppelt so hoch.

4. Am Äquator wehen die Winde entgegen der Rotationsrichtung des Planeten; näher an den Polen wehen sie jedoch in Rotationsrichtung.

5. Uranus' Umweltbedingungen eignen sich nicht für die Entstehung von Lebewesen: Temperaturen, Druck und Materialien sind zu lebensfeindlich.

Uranus auf dem Bildschirm

Der Uranus ist das Thema vieler Science-Fiction-Filme, z. B. des Films *Journey to the Seventh Planet* (1962) oder der Fernsehserie *Doctor Who*, und diverser Science-Fiction-Videospiele, z. B. *Mass Effect*.

Der Uranus stinkt

Trotz jahrzehntelanger Beobachtungen behielt der Uranus ein wesentliches Geheimnis lange für sich: Die Zusammensetzung seiner Wolken. Im April 2008 fand dann ein global arbeitendes Forschungsteam heraus, dass die Wolken Schwefelwasserstoff enthalten, das übelriechende, brennbare Gas, das dafür verantwortlich ist, dass faule Eier so schlecht riechen. Das unterscheidet das Gas stark von dem der anderen Gasplaneten, die sich näher an der Sonne befinden: Bei diesen geht man davon aus, dass ihrer oberen Wolkenschichten im Wesentlichen aus Ammoniak bestehen.

Laut einem der führenden Wissenschaftler des Berichtes, Patrick Irwin von der Universität Oxford, wäre der üble Geruch jedoch die geringste Sorge, wenn man plötzlich auf den Uranus „gebeamt" würde: „Erstickung und –200 °C Kälte ... würden ihren Tribut fordern, ehe es der Gestank tun kann." Das beruhigt doch ungemein.

Geschichte

Uranus entstand mit dem Rest des Sonnensystems vor ca. 4,5 Mrd. Jahren, als die Gravitation Gas- und Staubteilchen zu diesem Eisgiganten zusammenzog. Wie Neptun entstand der Uranus vermutlich näher an der Sonne und bewegte sich vor rund 4 Mrd. Jahren ins äußere Sonnensystem, was zu seinem eisigen Zustand führte.

Uranus war der erste Planet, der mithilfe eines Teleskops gefunden wurde. Der englische Astronom William Herschel entdeckte ihn 1781. Ursprünglich dachte Herschel, es handele sich um einen Kometen oder Stern. Zwei Jahre später wurde das Objekt allgemein als neuer Planet akzeptiert, auch wegen Beobachtungen des Astronomen Johann Bode. Herschel wollte den Planeten „Georgs Stern" taufen, nach König George III. Stattdessen wurde er „Uranus" genannt, nach dem griechischen Gott des Himmels.

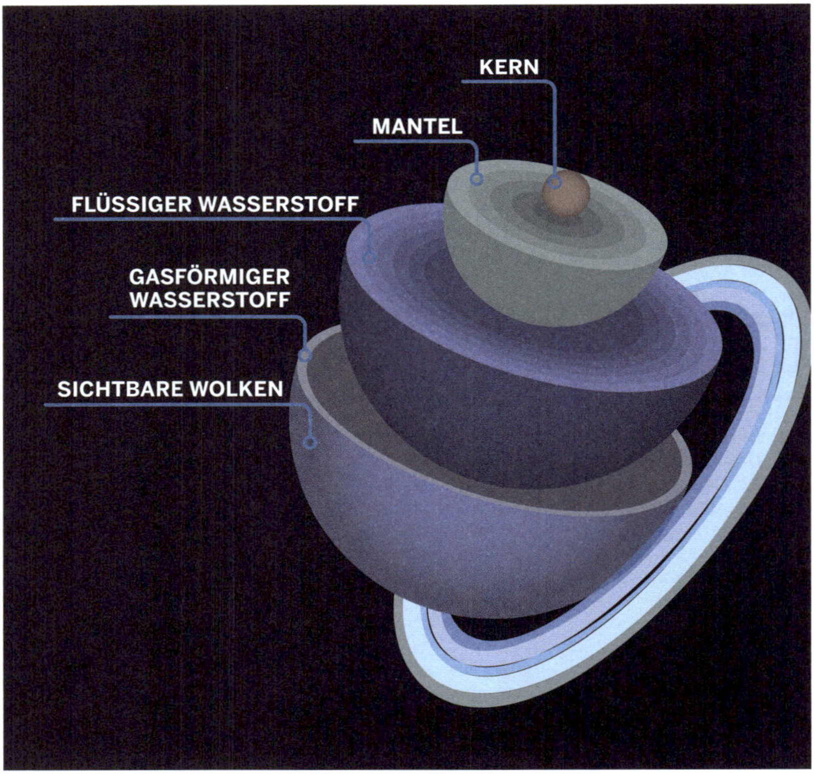

KERN
MANTEL
FLÜSSIGER WASSERSTOFF
GASFÖRMIGER WASSERSTOFF
SICHTBARE WOLKEN

Der Uranus hat den typischen inneren Kern eines Eisgiganten, mit schwachen Ringen im Orbit.

Die Erforschung des Uranus

© ABBIE WARNOCK-MATTHEWS/SHUTTERSTOCK

Das Keck Observatory auf dem Mauna Kea

1781
Während er nach blassen Sternen Ausschau hält, entdeckt der britische Astronom William Herschel den Uranus – den ersten „neuen" Planeten, der seit dem Altertum entdeckt wurde. Obwohl er mithilfe eines Teleskops gefunden wurde, kann der Uranus von aufmerksamen Betrachtern bei guten Bedingungen auch mit dem bloßen Auge gesehen werden.

1787–1851
Vier Uranusmonde werden entdeckt: Titania, Oberon, Ariel und Umbriel.

1789
Das radioaktive Element Uran wird nach seiner Entdeckung im Jahr 1789 nach dem Uranus benannt, acht Jahre nach der Entdeckung des Planeten. Das ist jedoch das einzige, was den Planeten und das Element verbindet.

1948
Ein weiterer Mond, Miranda, wird entdeckt. Wie bei den anderen geht man auch beim kleinsten und innersten der größeren, runden Monde des Uranus davon aus, dass er zu etwa gleichen Teilen aus Wasser und Silikatgestein besteht.

1977
Während sie beobachten, wie der Uranus vor einem fernen Stern (SAO 158687) vorbeizieht, machen Wissenschaftler des Kuiper Airborne Observatory und des Perth Observatory in Australien eine große Entdeckung: Der Uranus ist von Ringen umgeben, genau wie der Saturn.

1986
Der NASA-Raumsonde *Voyager 2* gelingt der erste – und bisher einzige – Besuch des Uranus. Die Sonde kommt bis auf 81 500 km an die Wolkenobergrenze des Planeten heran. *Voyager 2* entdeckt zehn neue Monde, zwei neue Ringe und ein Magnetfeld, das stärker ist, als das des Saturns.

2005
Die NASA gibt die Entdeckung eines neuen Ringpaares und zweier neuer kleiner Monde (Mab und Cupid), die den Planeten umkreisen, bekannt. Nachweise liefern Aufnahmen des Hubble-Weltraumteleskops. Der Umfang des größten Ringes, der mithilfe des Teleskops entdeckt wird, ist doppelt so groß wie der der bisher bekannten Ringe des Planeten.

2006
Beobachtungen, die am Keck Observatory und mit Hilfe des Hubble-Weltraumteleskops gemacht werden, zeigen, dass der äußere Ring des Uranus blau und der innere Ring rötlich ist.

Dez. 2007
Uranus wird dabei beobachtet, wie er die Tagundnachtgleiche durchläuft. Dieses Äquinoktikum findet statt, wenn die Sonne senkrecht über dem Uranusäquator steht. Dann ist die ganze Uranusoberfläche beleuchtet. Hierbei wird von der Erde aus gesehen die Ebene der Uranusringe überquert. Die Ringe scheinen allmählich schmaler zu werden, dann blickt man auf die Kante und dann werden sie wieder breiter und man sieht die vorherige Rückseite.

März 2011
New Horizons kreuzt auf ihrem Weg zum Pluto die Umlaufbahn des Uranus. Die Sonde wird dadurch die erste seit *Voyager 2*, die jenseits der Umlaufbahn des Uranus unterwegs ist. Der Uranus befand sich aber nicht in der Nähe des Kreuzungspunktes, daher wurden keine neuen Daten gesammelt.

November 2011
Dem Hubble-Weltraumteleskop der NASA gelingt der erste fotografische Nachweis für Polarlichter auf dem Uranus.

Highlights

Oberfläche & Atmosphäre

1 Der stürmige Uranus hat ein dynamisches Wettersystem.

Die Auroras des Uranus

2 Die Auroras („Polarlichter") des Uranus können nicht nur in der Nähe der Pole, sondern auf dem gesamten Planeten auftreten.

Der seitliche Planet

3 Die Achse des Uranus steht fast in einem rechten Winkel auf seiner Umlaufbahn.

Ringsysteme

4 Schwache, extrem schmale Ringe aus Teilchen umgeben den Uranus.

Die Uranusmonde

5 Fünf größere runde Monde teilen sich die Umlaufbahn des Uranus mit vielen kleineren Trabanten.

Miranda

6 Der innerste Mond Miranda hat ein eisiges Innenleben.

Ariel

7 Ariels junge Oberfläche weist Einschläge von Mikrometeoriten auf.

Umbriel

8 Umbriels auffallend geringe Albedo reflektiert nur wenig Licht.

Oberon

9 Oberons Oberfläche ist von Kratern und Bergen übersät.

Titania

10 Titania ist von Bruchtälern und Frost gezeichnet.

Die Schäfermonde

11 Die Schäfermonde sorgen dafür, dass die dünnen Ringe des Uranus in Reih und Glied bleiben.

Eine Darstellung des Uranus mit sichtbarem Wettersystem

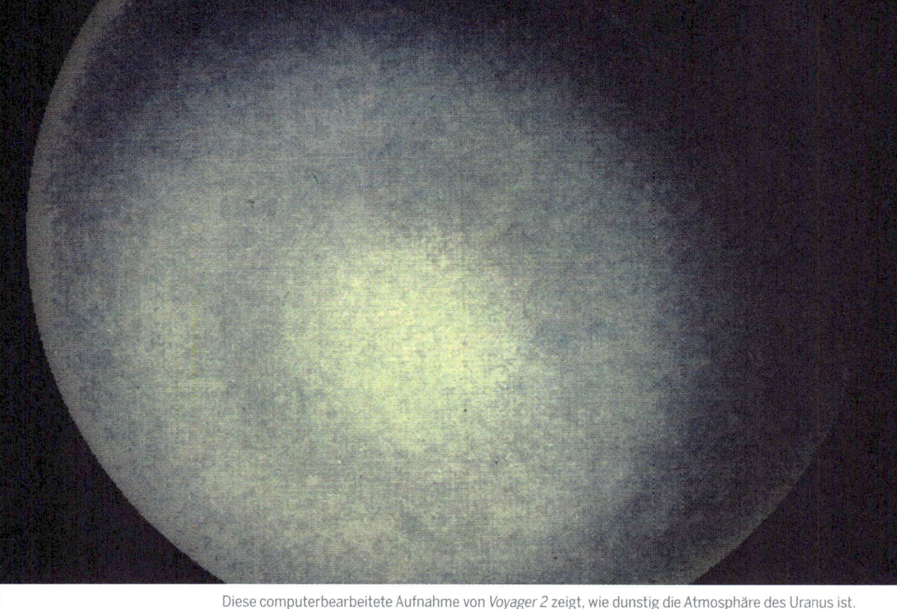

Diese computerbearbeitete Aufnahme von *Voyager 2* zeigt, wie dunstig die Atmosphäre des Uranus ist.

Oberfläche & Atmosphäre

Der Uranus ist einer von zwei Eisgiganten im äußeren Sonnensystem (der andere ist der Neptun). Der Planet hat keine feste Oberfläche, sondern besteht aus einer wirbelnden dichten Flüssigkeit aus „eisigen" Materialien, vor allem Wasser, Methan und Ammoniak.

Auf dem Eisgiganten ohne feste Oberfläche könnte keine Sonde landen – aber sie käme ohnehin nicht unbeschadet durch die Atmosphäre des Planeten. Der extreme Druck und die Temperaturen würden sie wahrscheinlich schnell zerstören. *Voyager 2* machte die ersten detaillierten Aufnahmen der Wolken des Uranus. Noch jüngere Beobachtungen mithilfe des Hubble-Weltraumteleskops haben weitere Informationen über einen dunklen Fleck in der nördlichen Hemisphäre des Planeten offenbart, der mindestens zwei Monate lang bestehen blieb. Damit gelang ein neuer Einblick in die Komplexität der Wettersysteme und der Atmosphäre des Planeten. Beobachtungen haben gezeigt, dass sich auf dem Uranus stark bewegte Wolken ausbilden, während er sich der Tagundnachtgleiche nähert, darunter schnell veränderliche helle Objekte; diese Phänomene passen sehr gut zu den extremen Schwankungen des Lichteinfalls während Uranus um die Sonne kreist.

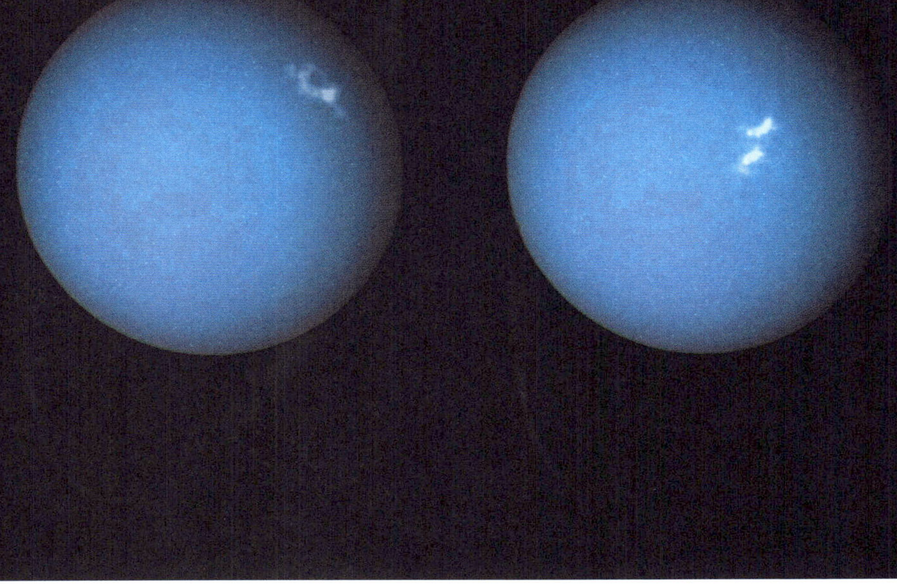

Auroras auf dem Uranus

Die Auroras des Uranus

Auch der Uranus hat Auroras wie unsere Polarlichter, aber Wissenschaftler glauben, dass sie viel spektakulärer als die auf der Erde sind.

2011 war das Hubble-Weltraumteleskop das erste Teleskop, das von der Erdumlaufbahn aus ein Bild der Auroras des Uranus machte. 2012 und 2014 sah sich ein Team unter der Leitung eines Astronomen des Pariser Observatoriums die Auroras mithilfe des Space Teleskope Imaging Spektrograph (STIS) an Bord von Hubble im ultravioletten Bereich des Lichts an.

Sie verfolgten die von zwei gewaltigen Sonnenwind-Ausbrüchen ausgelösten Schockwellen auf ihrem Weg von der Sonne zum Uranus, und nutzten dann Hubble, um die Auswirkungen auf Uranus Auroras zu beobachten: Sie sahen die intensivsten Auroras, die je auf dem Planeten beobachtet worden waren. Indem die Wissenschaftler die Polarlichter über einige Zeit beobachteten, konnten sie nachweisen, dass die Auroras mit dem Planeten rotieren. Anders als auf der Erde, dem Jupiter und dem Saturn, sind die Auroras des Uranus aufgrund des komplexen Magnetfeldes des Planeten nicht rund um die Pole ausgerichtet. Man nimmt an, dass sich die Magnetosphäre, die die Ursache der Auroras ist, relativ dicht unter der Oberfläche des Planeten befindet.

4 Fakten zur Magnetosphäre

1 Das Magnetfeld wird durch die außergewöhnliche seitliche Rotation des Uranus in eine an einen Korkenzieher erinnernde Form verwirbelt.

2 Das Magnetfeld hat zwei Nord- und zwei Südpole. Eines der Polpaare ist ca. 60° zur Rotationsachse des Planeten geneigt.

3 Der von diesem Polpaar verursachte Teil des Magnetfelds hat seinen Ursprung nicht im Planetenzentrum, sondern an einem Punkt, der ein Drittel des Planetenradius davon entfernt ist.

4 Der „Schweif" der Magnetosphäre ist 18-mal breiter als der Planet selbst.

Die Wissenschaft der Auroras

Auroras, z. B. die Polarlichter der Erde, werden durch Ströme geladener Teilchen verursacht, wie Elektronen, die in starken Magnetfelder gefangen sind und in die obere Atmosphäre eines Planeten geleitet werden. Hier entstehen durch das Zusammentreffen mit Gaspartikeln, z. B. Sauerstoff oder Stickstoff, spektakuläre Leuchterscheinungen.

Künstlerische Darstellung des Uranus und seiner Ringsysteme

Uranus umläuft die Sonne in einer extremen Neigung.

Der seitliche Planet

Uranus ist der einzige Planet, dessen Äquator nahezu rechtwinklig (97,99°) auf seiner Umlaufbahn steht - vermutlich das Resultat des Zusammenstoßes mit einem erdgroßen Objekt vor langer Zeit.

Diese Neigung sorgt für die extremsten Jahreszeiten im Sonnensystem. Für nahezu ein Viertel eines Uranus-Jahres scheint die Sonne direkt über jedem Pol, wodurch die jeweils andere Hälfte des Planeten einen 21 Jahre langen Winter erlebt.

Jüngste Forschungen deuten darauf hin, dass vor ca. 4 Mrd. Jahren ein Protoplanet aus Fels und Eis mit dem Uranus zusammenstieß und so die extreme Neigung des Planeten verursachte. Mithilfe von Computern haben Wissenschaftler den mutmaßlichen Einschlag simuliert und festgestellt, dass ein Objekt, dessen Masse größer war als die der Erde, den jungen Planeten gestreift haben muss. Der Zusammenstoß war so stark, dass er Uranus zwar auf die Seite warf, aber seine Umlaufbahn um die Sonne nicht wesentlich veränderte.

Vielleicht war dieses mutmaßliche Ereignis auch für Uranus seltsames Magnetfeld verantwortlich. Fels und Eis, die beim Zusammenstoß in die Umlaufbahn geschleudert wurden, formten sich dann zu den Ringen und Monden des Uranus.

Schräge Zeiten

1 Im Vergleich zu Uranus 98°-Neigung neigt sich der Jupiter nur um 3° und die Erde um 23°.

2 Einige ältere Simulationen deuten darauf hin, dass die Neigung des Uranus nicht durch einen Zusammenstoß, sondern durch mindestens zwei kleinere verursacht wurde.

3 Eine alternative Theorie geht davon aus, dass die Neigung des Planeten vielleicht der kombinierten Einfluss der Gravitationsfelder von Jupiter und Saturn Uranus in seine schräge Lage brachte.

Uranus & Die Suche nach Exoplaneten

Die Erforschung des gewaltigen Zusammenstoßes in der frühen Geschichte des Uranus hat dazu beigetragen, einige der seltsamen Charakteristiken des Planeten zu erklären. Sie haben Wissenschaftlern aber auch geholfen, Planeten außerhalb unseres Sonnensystems – Exoplaneten – zu verstehen. Mithilfe des Kepler-Teleskops gewonnene Erkenntnisse lassen den Schluss zu, dass Exoplaneten dem Uranus oft sehr ähnlich sind: Mittelgroße, gasartige Planeten mit felsigem, eisigem Kern.

Informationen, die Wissenschaftler über diesen frühen Einschlag in Erfahrung gebracht haben, deuten darauf hin, dass ähnliche Kollisionen auch zur Entstehung anderer Planeten beigetragen haben könnten, z. B. des uranusartigen Exoplaneten 092LAb. Der fast unvorstellbare 25 000 Lichtjahre von unserem Sonnensystem entfernte Planet wurde von einem Team aus Wissenschaftlern der Ohio State University und des Observatoriums der Universität Warschau entdeckt. Mit einer Masse, die 4-mal so groß ist wie die des Uranus, umkreist er einen Doppelstern im Sternbild Sagittarius.

Ähnlich wie Uranus, umkreist 092LAb die Sterne in einer weit entfernten Umlaufbahn. Wie alle Exoplaneten in ähnlichen Umlaufbahnen wurde er mithilfe des sogenannten Mikrolinseneffekts entdeckt. Um Objekte zu finden, die anderenfalls nicht zu sehen wären, wird dabei die Eigenschaft der Schwerkraft genutzt, Licht zu krümmen.

Darstellung des Exoplaneten 092LAb – ein dem Uranus ähnlicher Planet, der 4-mal größer ist

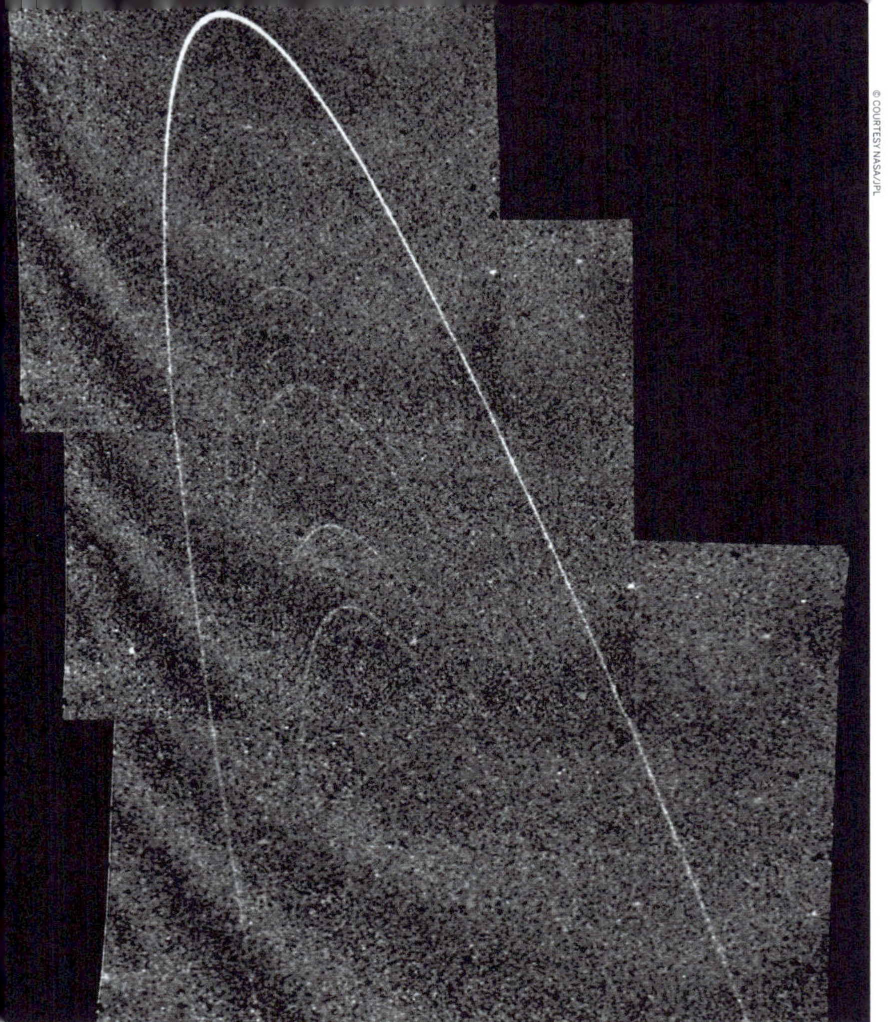

Die Uranusringe sind so lichtschwach, dass sie erst vor relativ kurzer Zeit entdeckt wurden.

Ringsysteme

Der Uranus hat drei verschiedene Ringsysteme, ein inneres und zwei äußere.

Das innere System aus neun Ringen besteht vor allem aus schmalen, dunkelgrauen Bändern. Von den beiden äußeren Ringsystemen ist das innere rötlich (wie andere Staubringe im Sonnensystem auch) und das äußere blau.

Insgesamt hat der Uranus 13 bekannte Ringe. Von innen nach außen heißen sie: Zeta, 6, 5, 4, Alpha, Beta, Eta, Gamma, Delta, Lambda, Epsilon, Nu und Mu. Ein paar der größeren Ringe sind von feinen Staubgürteln umgeben.

Die Amateurastronomen William & Caroline Herschel

Hier kommt eine gute Quizfrage: Welcher Planet war der erste, der mit einem Teleskop entdeckt wurde?

Die Antwort? Uranus! Der Planet wurde 1781 von dem Amateurastronom Friedrich Wilhelm „William" Herschel entdeckt – obwohl er zunächst dachte, es handele sich um einen Kometen oder einen Stern.

Herschel war ursprünglich ausgebildeter Musiker, entdeckte aber später seine Leidenschaft für die Astronomie. Im späten 18. Jh. begann er, seine eigenen Teleskope zu bauen (darunter ein gigantischer vierstöckiger Refraktor). Manchmal stellte er sogar seine eigenen Linsen her, mit denen er den Mars, Doppelsterne, Sternbilder und andere tief im All stehende Himmelsobjekte fand. So stieß er beispielsweise auf zwei Monde des Saturns.

Begleitet wurde seine Arbeit von seiner Schwester Caroline, die seine Beobachtungen katalogisierte, die Teleskopspiegel polierte und seine Aufzeichnungen ordnete. Später machte sie eigene astronomische Entdeckungen, vor allem von Kometen, von denen sie mindestens acht fand, dazu weitere Nebel. Unabhängig von Herschel entdeckte Caroline M110, eine Begleitgalaxie des Andromedanebels, und wurde als erste Frau mit einer Goldmedaille der britischen Royal Astromical Society ausgezeichnet.

William Herschel wurde unterdessen so etwas wie eine Berühmtheit und Hofastronom. Später wurde sein Name unsterblich, indem man u. a. einen Mondkrater, einen Krater auf dem Saturnmond Mimas und ein Weltraumteleskop der ESA nach ihm benannte.

William Herschels Teleskop

Porträt des Astronomen William Herschel

Darstellung einiger der 27 Monde des Uranus

Die Uranusmonde

Während die meisten Monde im Sonnensystem ihren Namen aus der griechischen oder römischen Mythologie beziehen, wurden die Monde des Uranus nach Charakteren aus den Werken von William Shakespeare und Alexander Pope benannt.

Oberon und Titania sind die größten Monde des Uranus und waren die ersten, die entdeckt wurden, und zwar 1787 von William Herschel. William Lassell, der auch den Neptunmond Triton gefunden hatte, entdeckte die nächsten beiden, Ariel und Umbriel. Nahezu ein Jahrhundert verging, ehe Gerard Kuiper im Jahr 1948 Miranda fand. Und das war es dann bis eine NASA-Sonde zum fernen Uranus flog.

Voyager 2 besuchte Uranus im Jahr 1986 und fand zehn weitere Monde, die alle nur 26 bis 154 km Durchmesser hatten: Juliet, Puck, Cordelia, Ophelia, Bianca, Desdemona, Portia, Rosalind, Cressida und Belinda.

Inzwischen kennt man dank des Hubble-Weltraumteleskops und verbesserter erdbasierter Teleskope insgesamt 27 Monde.

Alle inneren Monde des Uranus (die, die von *Voyager 2* beobachtet wurden) scheinen halb aus Wassereis und halb aus Fels zu bestehen. Die Zusammensetzung der Monde außerhalb der Umlaufbahn von Oberon ist noch unbekannt, vermutlich handelt es sich hierbei aber um gekaperte Asteroiden, vielleicht sogar um Zentauren (Asteroiden, deren Umlaufbahnen zwischen Neptun und Jupiter liegen).

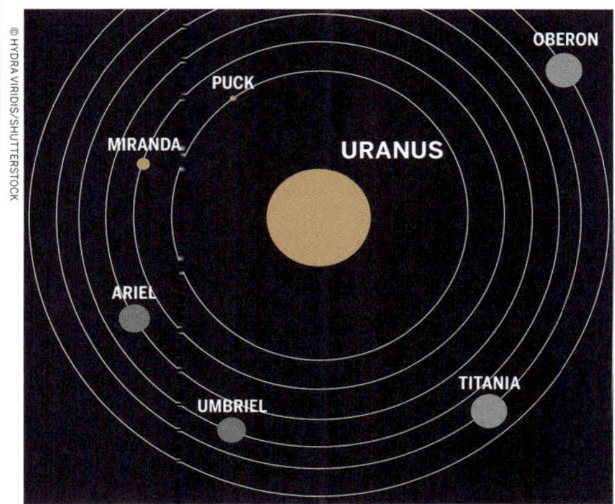

Die großen inneren Monde des Uranus

Die Entdeckung der Monde des Uranus

Die Uranusmonde, die man nach der Reise von *Voyager 2* fand, zu entdecken, war in der Tat eine beeindruckende Leistung: Sie sind winzig, einige haben nur 12–16 km Durchmesser, und sind schwärzer als Asphalt. Ach, und natürlich befinden sie sich rund 2,9 Mrd. km entfernt von der Sonne.

Uranus versteckte Monde

Eine Studie von Forschern der Universität Idaho deutet darauf hin, dass es noch zwei weitere, bisher unentdeckte Minimonde geben könnte, die in der Nähe der Ringe des Uranus kreisen. Rob Chance und Matt Hedman untersuchten jahrzehntealte Bilder der Ringe des Uranus, die *Voyager 2* im Jahr 1986 gemacht hatte, und verglichen diese mit Daten der Cassini-Sonde der NASA, die gegenwärtig den Saturn umkreist. Die Wissenschaftler fanden Muster in den Ringen des Uranus, die den auf sehr kleine Monde (engl. *moonlets*) zurückzuführenden Strukturen in den Ringen des Saturns ähneln. Sie schätzen den Durchmesser dieser Minimonde auf 4–14 km, obwohl neue Bilder von künftigen Teleskopen oder Raumsonden notwendig sind, um ihre Existenz wirklich zu belegen.

Ein aus Einzelbildern zusammengesetztes Mosaik der Oberfläche von Miranda

Miranda

Miranda, der innerste und kleinste der fünf bedeutenden Satelliten, ist nach Prosperos Tochter in Shakespeares Der Sturm *benannt. Die zerklüftete Oberfläche des Mondes ist von riesigen Schluchten durchzogen, darunter einige, die 12-mal tiefer sind als der Grand Canyon.*

Der Mond Miranda sieht aus, als wäre er aus Teilen zusammengesetzt, die nicht richtig zueinander passen. Der rund 500 km durchmessende Mond ist nur ein Siebtel so groß wie der der Erde, eine Größe, die nicht gerade viel tektonische Aktivität verheißt. Und doch zeigt Miranda sogenannte „Coronae": kraterarme Gebiete aus Kämmen und Tälern, die von mit wesentlich mehr (vermutlich älteren) Kratern übersäten Gebieten scharf abgrenzt sind, wie falsch zusammengesetzte Flicken eines mottenzerfressenen Mantels.

Die Astronomen sind sich uneinig über die Prozesse, die für diese merkwürdigen Phänomene verantwortlich sind. Eine Möglichkeit wäre, dass der Mond bei einer gewaltigen Kollision auseinander brach und sich seine Bestandteile danach wieder willkürlich zusammenfügten. Eine andere – wahrscheinlichere – Möglichkeit ist, dass die Coronae von Einschlägen von Meteoriten herrühren, die den eisigen Unterboden teilweise schmolzen. Dies führte dazu, dass matschiges Wasser an die Oberfläche treten konnte und dort wieder gefror.

Miranda wurde in Teleskopaufnahmen von Gerard P. Kuiper am 16. Februar 1948 im McDonald Observatory in Texas entdeckt.

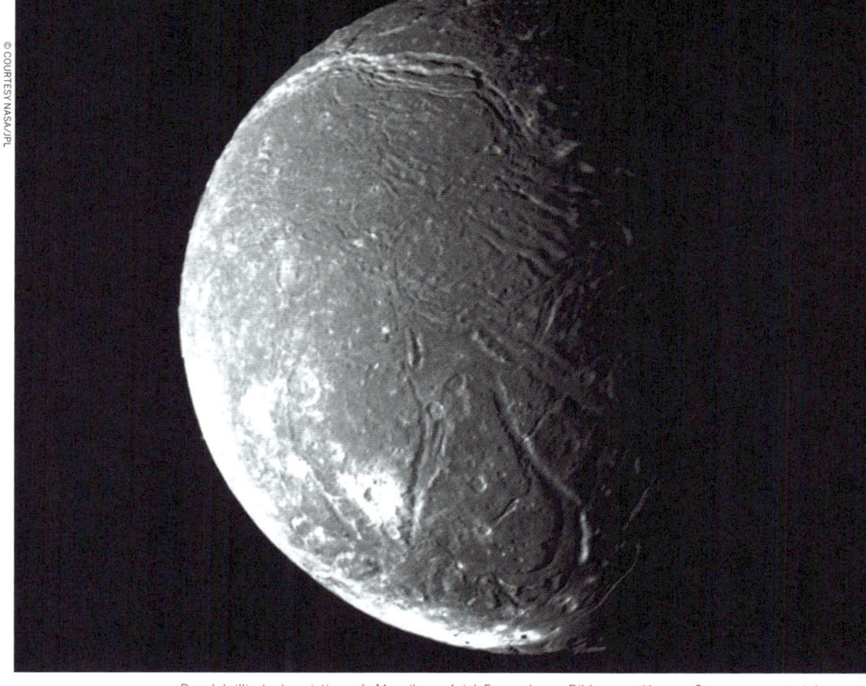

Das detaillierteste existierende Mosaik von Ariel. Es wurde aus Bildern von *Voyager 2* zusammengesetzt.

Ariel

Ariel scheint die jüngste Oberfläche der Monde des Uranus zu haben. Die Oberfläche zeigt nur wenige große, aber viele kleine Krater, was darauf hindeutet, das jüngere Zusammenstöße die größeren Krater, die von viel früheren, stärkeren Einschlägen herrührten, ausradiert haben.

Ariel wurde am 24. Oktober 1851 von William Lassell, einem englischen Amateurastronom entdeckt. Lassell investierte sein Vermögen aus dem Brauereigeschäft in die Finanzierung seiner Teleskope. Ariel hat die hellste Oberfläche der fünf großen Uranusmonde, und man geht auch davon aus, dass er von diesen Monden zuletzt geologisch aktiv war. Seine Oberfläche ist von Gräben und von durch Bruchlininen abgegrenzten Tälern durchzogen.

Viel mehr ist über Ariel nicht bekannt, außer, dass seine Helligkeit deutlich steigt, wenn er in Opposition steht, d.h. wenn sich der Beobachter zwischen ihm und der Sonne befindet. Dies deutet darauf hin, dass seine Oberfläche porös ist und Schatten wirft, die bei Lichteinfall aus anderen Winkeln die Reflexion mindern. Wie bei den anderen Uranusmonden reflektiert seine Oberfläche nur ein Drittel des Sonnenlichtes, das ihn trifft, was bedeuten könnte, dass die Oberfläche Ariels von kohlenstoffhaltigem Material geschwärzt ist – vielleicht das Ergebnis von Äonen mit ständigen Einschlägen von Mikrometeoriten, die den Boden durchpflügten.

Ariel ist nach einem Charakter aus dem Gedicht *Der Lockenraub* von Alexander Pope benannt.

Umbriel, einer von Uranus größten Monden, ist hier halb im Schatten zu sehen.

Umbriel

Umbriel ist uralt und der dunkelste der fünf großen Monde des Uranus. Er hat viele alte, große Krater und einen hellen Ring auf einer Seite. Der Mond ist nach dem übelwollenden Geist in Popes Gedicht Der Lockenraub *benannt.*

Zusammen mit Ariel wurde Umbriel am 24. Oktober 1851 von dem englischen Astronomen William Lassell entdeckt. Der Mond reflektiert nur 16 % des Lichts, das auf seine Oberfläche trifft. Die anderen Monde des Uranus sind viel heller und der Prozess, der Umbriels uralte, verkraterte Oberfläche schwärzte, bleibt vorläufig ein Rätsel. Umbriel hat einen Durchmesser von ca. 1200 km, was ihn zum drittgrößten Mond des Uranus macht. Bilder, die *Voyager 2* 1986 fotografierte, zeigen einen seltsamen hellen Ring von rund 140 km Durchmesser auf der dunklen Oberfläche. Es ist unklar, wie der Ring entstanden ist, aber es könnte sich dabei um Reifablagerungen handeln, die mit einem Einschlagkrater in Verbindung stehen. Umbriel hat eventuell einen felsigen Kern, der 50 % seiner Masse ausmacht; der Rest ist eine eisige äußere Hülle. Spektrografische Analysen zeigen, dass Wasser und Kohlenstoffdioxid vorhanden sind, möglicherweise neben Methanablagerungen.

Voyager 2 machte dieses Bild von Oberon während ihres Vorbeiflugs.

Oberon

Der äußerste und zweitgrößte der großen Monde des Uranus wurde am 11. Januar 1787 von William Herschel entdeckt. Wie alle großen Monde des Uranus besteht Oberon halb aus Eis und halb aus Fels. Außerdem hat er mindestens einen Berg, der sich rund 6 km über die Oberfläche erhebt.

Wenig war über diesen Mond bekannt, bis *Voyager 2* im Januar 1986 an ihm vorbeiflog. Oberon ist - ähnlich wie Umbriel - stark mit Kratern übersät, vor allem im Vergleich zu den drei anderen großen Uranusmonden (Ariel, Titania und Miranda). Oberon ist ca. 8,4-mal kleiner als die Erde.

Er ist alt und zeigt geringe Anzeichen für jüngere innere Aktivität, obwohl es einst wohl tektonische Aktivität gab, worauf der Nachweis von Material das durch Prozesse im Inneren des Mondes nach oben befördert worden sein könnte, hindeutet. Ein nicht identifiziertes dunkles Material ist auf den Böden vieler Krater zu sehen, während der einsame Berg auf Oberon einer der größten im Sonnensystem ist.

Auch bei der Namensfindung für diesen Mond wurde ein literarisches Werk bemüht. Er wurde von Herschels Sohn, John, nach dem König der Feen in Shakespeares *Mitsommernachtstraum*, benannt.

Eine *Voyager 2*-Aufnahme von Titania. Weitere Details über die Oberfläche wird man erst nach einer anderen Mission kennen.

Titania

Angemessen benannt nach der Königin der Feen in Shakespeares Der Sturm *ist Titania der größte Uranusmond. Wie seine Schwestermonde wurde er von dem ewig neugierigen Astronomen William Herschel entdeckt.*

Titania wurde am 11. Januar 1787 entdeckt. Er und Oberon waren die ersten Monde des Uranus, die gefunden wurden, was an ihrer Größe liegt. Monde in einer Entfernung wie der des Uranus zu entdecken, ist kein Kinderspiel, vor allem, wenn man noch nicht einmal weiß, dass es sie gibt! Bilder von *Voyager 2*, die fast 200 Jahre nach Titanias Entdeckung gemacht wurden, zeigen Anzeichen dafür, dass der Mond geologisch aktiv war: Ein auffälliges System von Grabenbrüchen, von denen einige fast 1600 km lang sind, ist nahe der Tag-Nacht-Grenze des Mondes sichtbar. Die Rinnen brechen die Kruste in zwei Richtungen auf, ein Hinweis auf eine gewisse tektonische Ausdehnung der Kruste des Monds. Ablagerungen von hoch reflektierendem Material, bei dem es sich um Reif handeln könnte, sind an den zur Sonne hingewendeten Talwänden zu sehen. Der Mond hat einen Durchmesser von rund 1600 km. Die neutrale graue Farbe Titanias ist typisch für die meisten der großen Uranusmonde.

Eine künstlerische Darstellung des Uranus von seinem Satelliten Puck aus gesehen

Die Schäfermonde

Neben den fünf großen Monden (Oberon, Titania, Ariel, Umbriel und Miranda) hat der Uranus (mindestens) 22 weitere Monde.

Neben den Asteroiden, die wahrscheinlich eingefangen wurden und weit entfernt um den Uranus kreisen, hat der Planet auch einige Monde, die einen besonderen Zweck erfüllen. Cordelia und Ophelia sind zwei kleine Schäfermonde, die Uranus dünnen, äußersten „Epsilon"-Ring durch ihre Schwerkraft in Form halten. Von den Monden, die den Uranus umkreisen, ist Cordelia der innerste. Weder die Größe, noch das Rückstrahlvermögen wurden bisher direkt gemessen, aber wenn man von einer Albedo von ca. 0,07 ausgeht, besteht seine Oberfläche wahrscheinlich aus dunklem, kohlenstoffreichem Material, das auch auf C-Asteroiden zu finden ist.

Zwischen ihnen und Miranda befindet sich ein Schwarm aus acht kleinen Monden, von denen noch unklar ist, warum sie nicht zusammenstoßen. Vielleicht dienen sie als Schäfermonde für die zehn schmalen Ringe des Uranus. Astronomen vermuten, dass es rund um den Uranus noch mehr Monde gibt. Sie bewegen sich wahrscheinlich innerhalb der Umlaufbahnen der Monde, die bisher entdeckt wurden und bestimmen vielleicht die Grenzen der inneren Ringe des Uranus.

NEPTUN

Ein Bild des Neptuns, aufgenommen von Voyager 2 während des Vorbeiflugs

Überblick

Bei der Planung einer Reise durch das Sonnensystem wird der Neptun nicht ganz oben auf der Wunschliste stehen, aber seine Monde bieten sich durchaus für einen Zwischenstopp an.

Der eisige Neptun, der achte, fernste Planet in unserem Sonnensystem, ist mehr als 30-mal so weit von der Sonne entfernt wie die Erde. Man wird also nicht nur eine schrecklich lange Zeit brauchen, um zu ihm zu gelangen, sondern wird dort auch einen Ort finden, der einen wünschen lassen dürfte, man hätte auf den Rat seines interstellaren Reisebüros gehört und wäre zu Hause geblieben.

Zunächst einmal ist es hier dunkel, sehr dunkel. Wegen der großen Entfernung zur Sonne herrscht auf dem Neptun ständige Düsternis: Das Licht auf der Erde ist ungefähr 900-mal heller als auf dem Neptun, und die Mittagsstunde auf diesem großen, blauen Planeten würde an dämmriges Zwielicht bei uns erinnern. Wer ein Sonnenanbeter ist oder an einer Winterdepression leidet, ist hier garantiert fehl am Platz.

Außerdem ist es wirklich kalt: Die Durchschnittstemperaturen übersteigen kaum −200 °C – Sonnenbaden ausgeschlossen.

Und zudem ist es sehr windig: Es tobt ein apokalyptischer Sturm von Überschallgeschwindigkeit. Die stärksten Wirbelstürme auf der Erde sind nur laue Brisen verglichen mit den Stürmen, die mit Geschwindigkeiten von mehr als 2000 km/h über den Neptun fegen, neunmal stärker als bei den schwersten Stürmen auf der Erde.

Das Beste, was sich über den Neptun sagen lässt, ist, dass er eine auffällige Farbe hat: ein helles, leuchtendes Himmelblau. Die prächtige Farbe wird von Methanwolken in seiner Atmosphäre verursacht, die auch für den blaugrünen Farbstich des benachbarten Uranus verantwortlich sind. Warum Neptun allerdings ein viel strahlenderes, klares Blau zeigt, ist bislang noch unbekannt.

So schön der Neptun also auf Bildern aussieht, so genießt man ihn doch besser aus der Ferne, zumal er so weit entfernt ist und viel Zeit bis zur nächsten Mission vergehen wird.

ENTFERNUNG ZUR SONNE
30 AE

LICHTLAUFZEIT ZUR SONNE
248,99 Minuten

TAGESLÄNGE
16 Stunden

UMLAUFZEIT
60 190 Erdentage (165 Erdenjahre)

ATMOSPHÄRE
Molekularer Wasserstoff, atomares Helium und Methan

Blick auf den Neptun von der Voyager 2

Top-Tipp

Der Neptun ist der stürmischste Planet in unserem Sonnensystem. Schwaden gefrorenen Methans fegen mit Geschwindigkeiten, die an die der schnellsten Kampfjets herankommen, um den Planeten. Da wäre ein Anorak schon angebracht – am besten einer aus Stahlbeton.

An- & Weiterreise

Mit einem durchschnittlichen Abstand von 4,5 Mrd. km ist der Neptun 30 Astronomische Einheiten von der Sonne entfernt. Bei dieser Entfernung braucht das Sonnenlicht vier Stunden, um von der Sonne zum Neptun zu gelangen. Die Voyager 2 brauchte hingegen bei einer Durchschnittsgeschwindigkeit von rund 19 km/s ganze zwölf Jahre, um den Neptun zu erreichen.

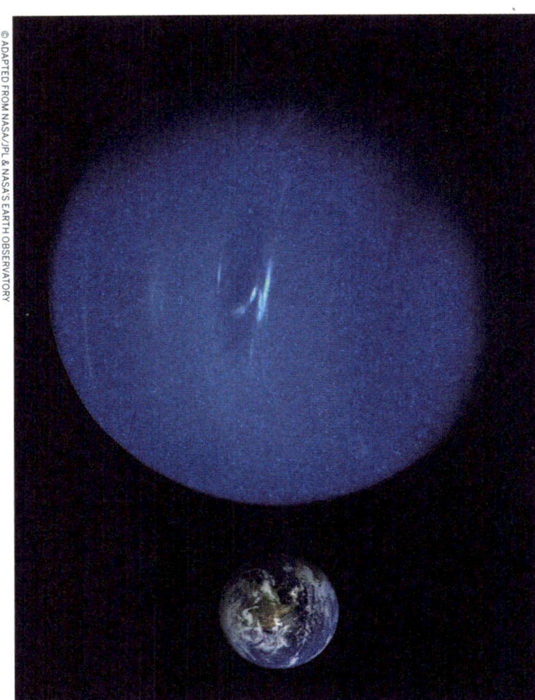

Vergleichsbild Neptun – Erde

Orientierung

Der Neptun ist etwa viermal so groß wie die Erde. Wegen der großen Entfernung zur Sonne empfängt er aber ungefähr den 900. Teil des warmen Sonnenlichts, das wir auf der Erde erhalten.

Ein Tag auf dem Neptun dauert rund 16 Stunden, ein Neptunjahr hingegen 165 Erdenjahre. 2011 vollendete Neptun seinen ersten Sonnenumlauf, seit er 1846 entdeckt worden war. Manchmal ist der Neptun sogar weiter von der Sonne entfernt als Pluto. Plutos stark exzentrische, ovale Umlaufbahn bringt ihn alle 248 Erdenjahre für 20 Jahre in einen Bereich innerhalb der Neptunbahn. Pluto kann jedoch nicht mit dem Neptun zusammenstoßen, weil in der Zeit, in der der Neptun dreimal die Sonne umrundet, Pluto zweimal unser Zentralgestirn umkreist. Dieses sich wiederholende Muster verhindert eine enge Annäherung zwischen den beiden Himmelskörpern. Lange Umlaufbahnen haben den Vorteil, das Risiko einer Kollision zu minimieren.

Neptuns Rotationsachse ist um 28 Grad gegen seine Umlaufbahn um die Sonne geneigt, ähnlich wie die Achsneigung des Mars und der Erde. Dies verursacht Jahreszeiten auf dem Planeten, die jeweils länger als 40 Jahre dauern.

Der Neptun *im Verhältnis zur* **Erde**

-- Radius --
4-fache
DER ERDE

-- Masse --
17,15-fache
DER ERDE

-- Volumen --
57,7-fache
DER ERDE

-- Schwerkraft --
1,1-fache
DER ERDE

-- Durchschnittstemperatur --
-202 °C
KÄLTER ALS AUF
DER ERDE

-- Oberfläche --
15-fache
DER ERDE

-- Oberflächendruck --
Unbekannt

-- Dichte --

30 %
DER ERDE

-- Orbitalgeschwindigkeit --

18 %
DER ERDE

-- Abstand zu Sonne --

30-fache
DER ERDE

Magnetosphäre

Die Hauptachse von Neptuns Magnetfeld ist um etwa 47 Grad gegen die Rotationsachse des Planeten geneigt, ähnlich wie beim Uranus, wo die Neigung sogar rund 60 Grad beträgt. Das bedeutet, dass magnetische Rekonnexion und Polarlichter überall auf dem Planeten auftreten können — nicht nur an den Polen wie bei der Erde, dem Jupiter und dem Saturn.

Wegen dieser Abweichung unterliegt die Magnetosphäre des Neptuns bei jeder Rotation starken Variationen. Laut den wissenschaftlichen Modellen hat das Magnetfeld des Neptuns eine sehr asymmetrische, nach einer Seite vorgewölbte Form. Es ist rund 27-mal stärker als das Magnetfeld der Erde. Für die 2030er-Jahre sind Missionen zu dem Eisriesen geplant, die weitere Aufschlüsse liefern könnten.

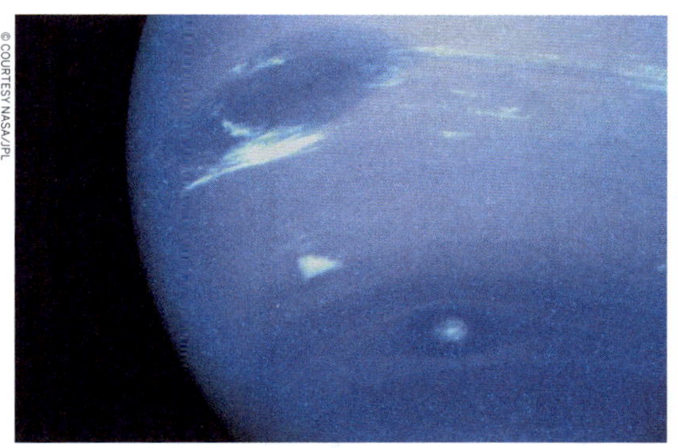

Neptuns Stürme rasen über weite Strecken des Planeten, ehe sie sich auflösen.

5 Fakten über den Neptun

1. Der Neptun ist nach dem römischen Gott des Meeres benannt – passend angesichts seiner blauen Farbe.

2. Der Neptun ist der einzige Planet des Sonnensystems, der mit bloßem Auge nicht sichtbar ist.

3. Neptuns 165-jährige Umlaufzeit umfasst ca. fünf Generationen menschlichen Lebens auf der Erde.

4. Das Magnetfeld des Neptuns ist ungefähr 27-mal stärker als das der Erde.

5. Der Neptun besitzt mindestens fünf Ringe, die allerdings kaum zu entdecken sind. Von innen nach außen folgen der Galle-, der LeVerrier-, der Lassell-, der Arago- und der Adams-Ring. Die Ringe sollen vergleichsweise jung und kurzlebig sein.

Die Wirbel auf dem Neptun

1989 fotografierte die Voyager 2 nicht nur den Großen Dunklen Fleck, sondern noch weitere Besonderheiten auf dem Neptun, u. a. einen hellen Klecks neben dem Großen Dunklen Fleck, den sich rasch bewegenden „Scooter" und einen kleineren dunklen Fleck (manchmal Dunkler Fleck 2 genannt). Letzterer hatte etwa die Größe des Erdmondes.

2016 bestätigte das Weltraumteleskop Hubble einen neuen dunklen Wirbel in der Neptun-Atmosphäre, der erste, der im 21. Jh. gesichtet wurde. Wie der originale Große Dunkle Fleck sind solche Wirbel Hochdrucksysteme, die gewöhnlich von hellen Wolken begleitet sind. Diese Wolken bilden sich, wenn die Umgebungsluft nach oben abgelenkt wird und die Methangase zu Eiskristallen gefrieren.

Aufziehende Stürme

Der oben erwähnte Große Dunkle Fleck war so groß wie die gesamte Erde. Dieser Sturm ist inzwischen verschwunden, aber neue sind in verschiedenen Teilen des Planeten erschienen. Es ist unklar, wie sich diese Stürme bilden. Doch wie der Große Rote Fleck des Jupiters drehen sich die dunklen Wirbel gegen die Richtung des Zyklons und scheinen Material aus tieferen Schichten in der Atmosphäre des Eisriesens nach oben zu bringen. Die Wirbel entwickeln sich wahrscheinlich tiefer unten in der Neptun-Atmosphäre.

Geschichte

Der Neptun bildete sich um dieselbe Zeit wie das übrige Sonnensystem, also vor rund 4,5 Mrd. Jahren, als die Schwerkraft wirbelnde Gase und Staub zu diesem Eisriesen formte. Wie sein Nachbar Uranus bildete sich Neptun wahrscheinlich näher bei der Sonne und migrierte vor rund 4 Mrd. Jahren in das äußere Sonnensystem.

Aber warum wurden der Neptun und der Uranus zu solchen Eiswelten? Die Antwort ist einfach: Weiter draußen im Sonnensystem ist es viel kälter. Als sich die Planeten, Monde und weiteren Körper vor 4,5 Mrd. Jahren aus der Gas- und Staubscheibe bildeten, die unsere Sonne umgab, war der nähere Raum um sie heißer und trockener als der fernere, wo es kühl genug war, dass Wasser kondensierte. Diese Trennlinie, die „Frostlinie", befand sich in etwa auf der heutigen Umlaufbahn des Jupiters. Auch heute ist dies die ungefähre Entfernung von der Sonne, in der das Eis auf den meisten Kometen zu schmelzen beginnt und „aktiv" wird. Objekte, die sich außerhalb der Frostlinie bildeten, wo das Wasser kondensieren und fest werden konnte, besaßen deshalb viel mehr Eis (unterschiedlich zusammengesetzt aus Wasser, Kohlendioxid, Kohlenstoff, Methan usw.) und weniger Gestein und Metalle.

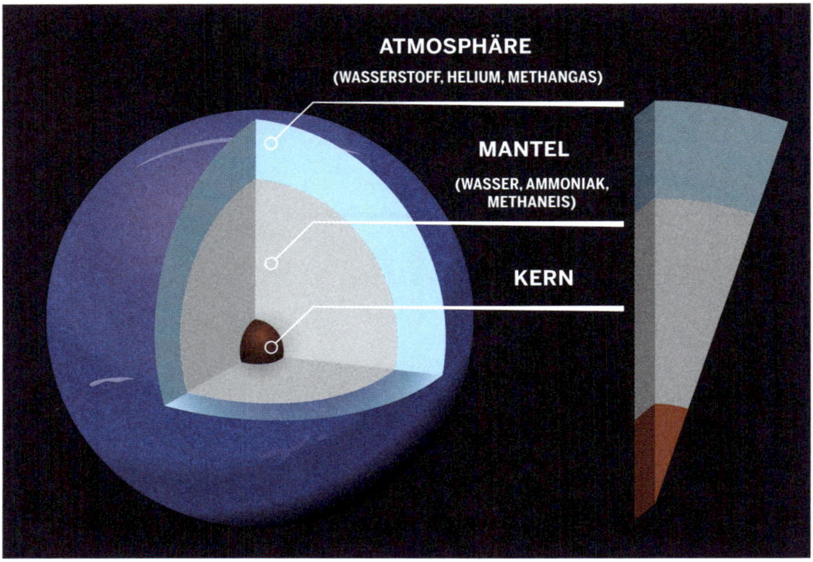

ATMOSPHÄRE
(WASSERSTOFF, HELIUM, METHANGAS)
MANTEL
(WASSER, AMMONIAK, METHANEIS)
KERN

Neptuns Kern hat schätzungsweise die gleiche Größe wie die Erde.

Die Erforschung des Neptuns

1612
Galilei erfasste bei den Beobachtungen mit seinem Teleskop den Neptun irrtümlicherweise als Fixstern.

1846
Mit mathematischen Berechnungen entdecken Astronomen den Neptun, womit sich die Zahl der bekannten Planeten auf acht erhöht. Noch im gleichen Jahr wird Triton, der größte Mond des Neptuns, gefunden.

1983
Pioneer 10 kreuzt als erstes menschengemachtes Objekt die Umlaufbahn des Neptuns und gelangt damit über den Bereich der Planetenumlaufbahnen hinaus.

1984
Astronomen finden Beweise für die Existenz eines Ringsystems um den Neptun.

1989
Voyager 2 besucht als erste und einzige Raumsonde den Neptun und überfliegt dessen Nordpol in einer Höhe von rund 4800 km.

2002
Astronomen entdecken vier neue Monde um den Neptun: Laomedeia, Neso, Sao und Halimede.

2003
Ein weiterer Mond, Psamathe, wird mit Teleskopen von der Erde aus entdeckt.

2005
Forscher entdecken mithilfe des Keck Observatory, dass sich einige der äußeren Ringbögen zersetzen.

2011
Der Neptun vollendet den ersten 165-jährigen Sonnenumlauf seit seiner Entdeckung 1846.

2013
Hippocamp, der 14. Mond, wird auf Bildern des Weltraumteleskops Hubble entdeckt.

2016
Mithilfe des Hubble-Weltraumteleskops wird ein neuer dunkler Fleck, ein Wirbel mit Wolken und sehr starken Winden, auf dem Neptun gefunden.

Das Keck Observatory und das Subaru-Teleskop auf dem Vulkan Mauna Kea

Erkundung des Neptuns

Neptun war der erste Planet, der durch mathematische Berechnungen gefunden wurde. Seit Pluto den Planetenstatus verlor, ist Neptun der einzige Planet im Sonnensystem, der nicht mit bloßem Auge sichtbar ist.

Der erste Mensch, der den Neptun erblickte, war Galileo Galilei. Mit einem Teleskop registrierte er ihn 1612 und 1613 als einen Fixstern. Über 200 Jahre später postulierte der Mathematiker Urbain Joseph LeVerrier, dass ein noch unbekannter Planet für die Abweichungen in der Umlaufbahn des Uranus verantwortlich sein müsste. LeVerrier sandte seine Vermutungen an Johann Gottfried Galle von der Berliner Sternwarte, der den Neptun 1846 während der ersten Suche fand. 17 Tage später wurde auch Neptuns größter Mond Triton entdeckt.

Mehr als 140 Jahre später wurde die Voyager 2 die erste – und bislang einzige – Raumsonde, die den Neptun aus der Nähe studierte. Voyager sendete viele Informationen über den Neptun und seine Monde und bestätigte die Hinweise, dass der Neptun wie die übrigen Gasplaneten schwache Ringe besitzt. Die Forscher nutzen auch das Weltraumteleskop Hubble und Teleskope auf der Erde, um Infos über den Neptun zu sammeln. Hubble entdeckte so 2018 einen dunklen Sturm mit einer Breite von ca. 10 900 km und hellen Wolken in der nördlichen Hemisphäre des Neptuns.

Le Verrier wird nach der Entdeckung des Neptuns von König Louis-Philippe empfangen.

Ein Blick auf das Hubble-Weltraumteleskop in der Umlaufbahn

Neptun in der Kultur

Obwohl der Neptun der fernste Planet zu unserer Sonne ist, kommt er häufig in der Popkultur und Science-Fiction vor. Er diente als Kulisse in dem Science-Fiction-Horrorfilm *Event Horizon – Am Rande des Universums* (1997), während in der Zeichentrickserie Futurama die Figur Robot Santa Claus ihren Sitz am Nordpol des Neptuns hat. Doctor-Who-Fans erinnern sich, dass die Folge „Sleep No More" auf einer Raumstation spielt, die den Neptun umkreist. Und in der Pilotfolge von Star Trek: Enterprise, „Broken Bow", erfahren die Zuschauer, dass man bei Warp 4,5 in sechs Minuten von der Erde zum Neptun und zurück fliegen kann (jedenfalls mit Überlichtgeschwindigkeitstriebwerken).

Paul DiPasquales Skulptur von König Neptun befindet sich in Virginia Beach.

Highlights

Neptuns Oberfläche & Atmosphäre

1 Man fliegt durch Wolken aus Wasserstoff, Helium und Methan hinunter, bis diese langsam in die verwirbelte „Oberfläche" des Planeten übergehen.

Neptuns Ringe

2 Die dunklen Ringe des Neptuns sind so schwach ausgeprägt, dass sie kaum sichtbar sind.

Proteus

3 Dieser von der Voyager 2 entdeckte Mond hat eine dunkle Oberfläche.

Triton

4 Ein Abstecher auf die eisige Oberfläche von Neptuns größtem und kältestem Mond.

Nereid

5 Die exzentrische Umlaufbahn dieses Neptunmondes, der zu den größten gehört, lässt vermuten, dass es sich um einen eingefangenen Asteroiden handeln könnte.

Neptuns andere Monde

6 Die anderen Monde von Neptun sind rätselhaft: Einige kreisen auf gewaltigen Umlaufbahnen, andere sind auf Kollisionskurs.

Künstlerische Fantasiedarstellung des Neptuns, gesehen von einem seiner Monde

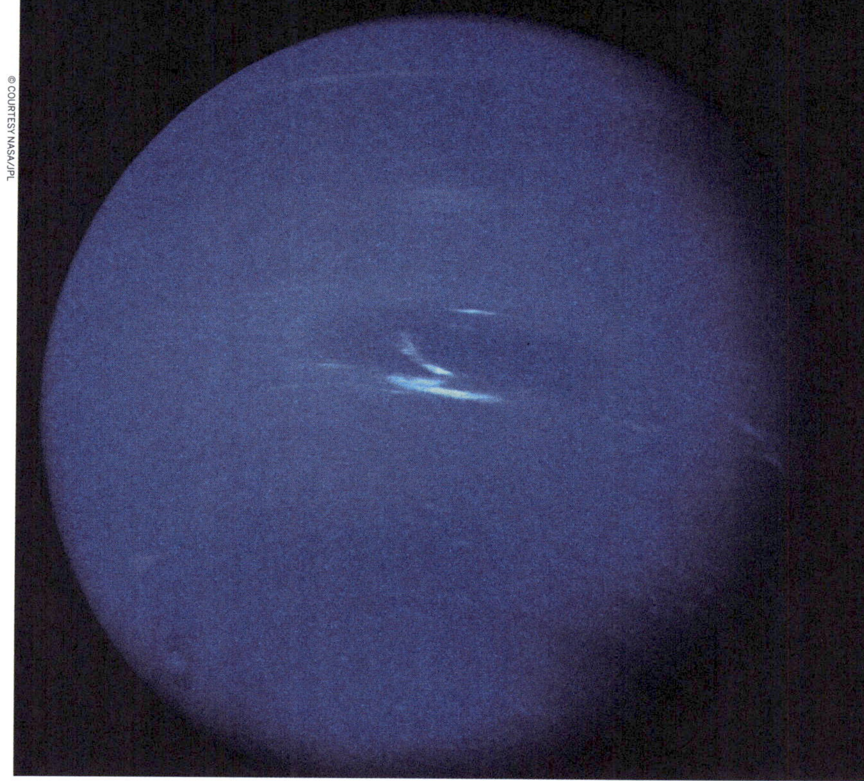

Blick auf den Neptun, erfasst von der Voyager 2

Neptuns Oberfläche & Atmosphäre

Ähnlich wie der Uranus besteht der Neptun aus einer dicken Suppe aus Wasser, Ammoniak und Methan über einem festen Kern. Die Atmosphäre des Planeten setzt sich vor allem aus Wasserstoff, Helium und Methan zusammen.

Neben dem Uranus ist der Neptun einer der beiden „Eisriesen“ im äußeren Sonnensystem. Mehr als 80 % der Planetenmasse besteht aus einer heißen, dichten Flüssigkeit „vereister“ Materie (Wasser, Methan und Ammoniak), die um einen kleinen Gesteinskern von der Größe der Erde wirbelt. Manche Forscher glauben, dass unter Neptuns kalten Wolken ein Ozean aus heißem Wasser liegen könnte, welches wegen des hohen Drucks auf dem Planeten nicht kocht und aufsteigt, sondern unten gehalten wird.

Zwischen der Atmosphäre, der Oberfläche, dem Mantel und dem Kern gibt es keine feste Abgrenzung, weil im Planeteninnern ein stärkerer Druck herrscht, je tiefer man kommt, ohne dass es eine feste Oberfläche gäbe. In Neptuns Atmosphäre toben starke, dem Großen Roten Fleck auf dem Jupiter vergleichbare Unwetter und heftige Stürme in Überschallgeschwindigkeit.

© COURTESY NASA/JPL

Neptuns Ringbögen

Neptuns Ringe

Wie mehrere andere Planeten im äußeren Sonnensystem besitzt auch der Neptun ein Ringsystem, das allerdings nur schwach zu sehen ist.

Vom Planeten nach außen fortschreitend, sind die bekanntesten dieser Ringe der Galle-, der LeVerrier-, der Lassell-, der Arago- und der Adams-Ring. Man glaubt, dass die Ringe vergleichsweise jung und kurzlebig sind. Anders als die Ringe des Saturns, in denen sich einige relativ große Gesteinspartikel befinden, bestehen die Ringe des Neptuns wahrscheinlich aus mikroskopischem Staub. Dieser Staub erscheint dunkel und seine Partikel haben vielleicht die gleiche Größe wie Rauchpartikel. Die Ringe sind jedenfalls auffällig dunkel, unbekannten Ursprungs und ähneln mehr den Ringen des Jupiters, als denen des Saturns oder Uranus.

Sie bilden auch merkwürdige Staubklumpen aus, die sogenannten Bögen. Im äußersten Ring, dem Adams-Ring, finden sich die vier Bögen Liberté (Freiheit), Egalité (Gleichheit), Fraternité (Brüderlichkeit) und Courage. Die Bögen sind seltsam, weil die Bewegungsgesetze eigentlich fordern, dass sie sich gleichmäßig verteilen statt zusammenzuhalten. Die Wissenschaftler denken heute, dass die Gravitationskraft von Galatea, einem Mond gleich unter dem Ring, diese Bögen stabilisiert.

Proteus in der Umlaufbahn um den Neptun

Proteus

Der 1989 von der Voyager 2 entdeckte, passend Proteus genannte Mond ist sechsmal kleiner als sein größter bekannter Bruder, der Mond Titan.

Mit einem Durchmesser von nur 420 km ist Proteus achtmal kleiner als der Erdmond. Er hat eine seltsame, schachtelartige Form; bei nur ein wenig mehr Masse hätte die Schwerkraft ihn in eine rundere Form gebracht. Für einen Umlauf um den Neptun braucht Proteus 27 Stunden. Der Mond ist von Kratern übersät, zeigt aber keine Anzeichen für geologische Veränderungen, die von Kräften in seinem Inneren bewirkt wurden. Proteus umkreist den Planeten in der Rotationsrichtung Neptuns in gebundener Rotation nahe der Äquatorzone des Planeten.

Proteus ist eines der dunkelsten Objekte in unserem Sonnensystem und hat eine niedrige Albedo. Wie der Saturnmond Phoebe reflektiert er nur 6 % des auf ihn treffenden Sonnenlichts.

Der ursprünglich als S/1989 N 1 bezeichnete Mond erhielt später seinen Namen nach dem gestaltwandelnden Meeresgott. Die Entdeckung des Mondes kam überraschend, weil 33 Jahre zuvor mit einem Teleskop der kleinere Mond Nereid gefunden worden war. Vermutlich wurde Proteus übersehen, weil er so dunkel und der Abstand von der Erde zum Neptun so groß ist.

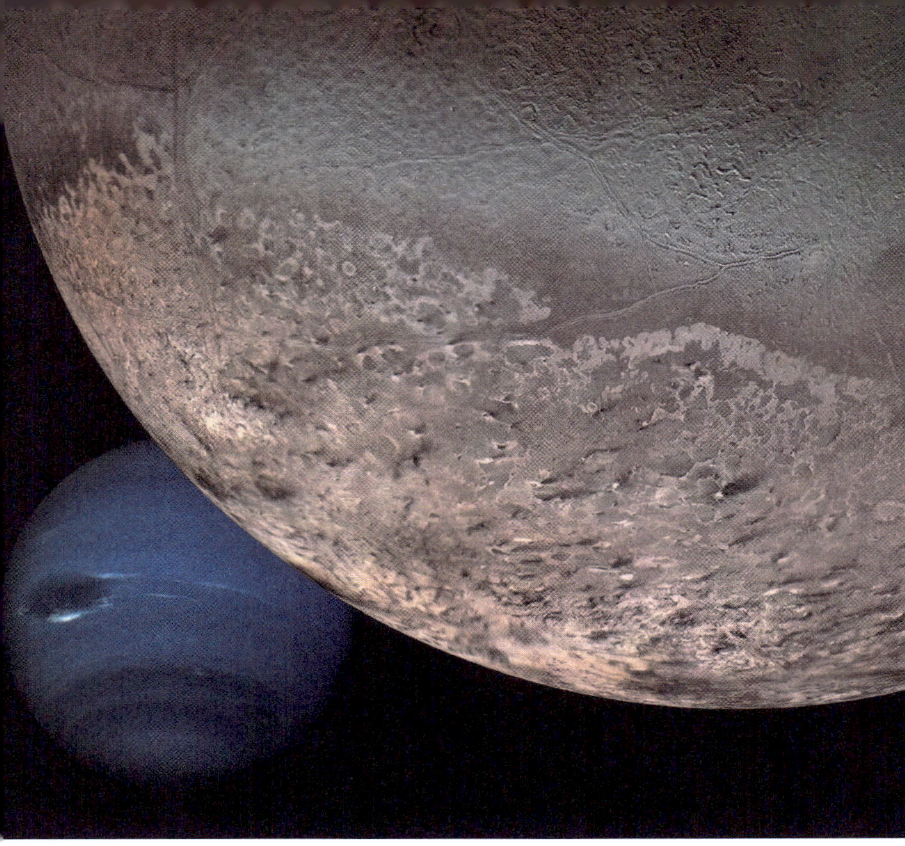

Diese Computermontage zeigt Triton vor dem Neptun.

Triton

Der Neptun hat 14 bekannte Monde, von denen einer alle überragt: Triton, der größte Neptunmond. Er wurde am 10. Oktober 1846 von William Lassell entdeckt, nur 17 Tage, nachdem Johann Gottfried Galle Neptun gefunden hatte.

Triton ist der einzige große Mond im Sonnensystem mit einer retrograden Umlaufbahn, d.h. er umkreist den Planeten entgegengesetzt zu dessen Rotationsrichtung. Das lässt vermuten, dass Triton vielleicht einst ein unabhängiger Himmelskörper war, der wohl aus dem Kuipergürtel stammte und von der Schwerkraft des Neptuns in eine Umlaufbahn gezogen wurde.

Mit Oberflächentemperaturen von rund –235 °C ist es auf Triton extrem kalt. Trotz dieser strengen Kälte entdeckte die Voyager 2 auf der Oberfläche des Mondes Geysire, die eisige Materie mehr als 8 km in die Höhe schleudern. Triton, Io und Venus sind neben der Erde die einzigen bekannten Körper im Sonnensystem, die gegenwärtig vulkanische Aktivität zeigen.

Die Bilder der Sonde zeigten eine kaum von Kratern geprägte Oberfläche mit glatten vulkanischen Ebenen, Hügeln und runden Gruben, die von eisigen Lavaströmen geformt wurden. Die Eisvulkane speien eine Mischung aus flüssigem Wasserstoff, Methan und Staub aus, die sofort gefriert und auf der Oberfläche als Schnee niedergeht. Auf einem Bild der Voyager 2 ist eine Auswurffahne zu sehen, die 8 km in die Höhe schoss und 140 km weit in Windrichtung trieb.

Die vulkanische Aktivität ist wahrscheinlich der Grund für Tritons dünne Atmosphäre. Sie wurde seither mehrfach von der Erde beobachtet und wird wärmer, wofür der Grund nicht bekannt ist. Aber selbst wenn sich die Erwärmung fortsetzt, bleibt dieser Mond weiterhin extrem frostig.

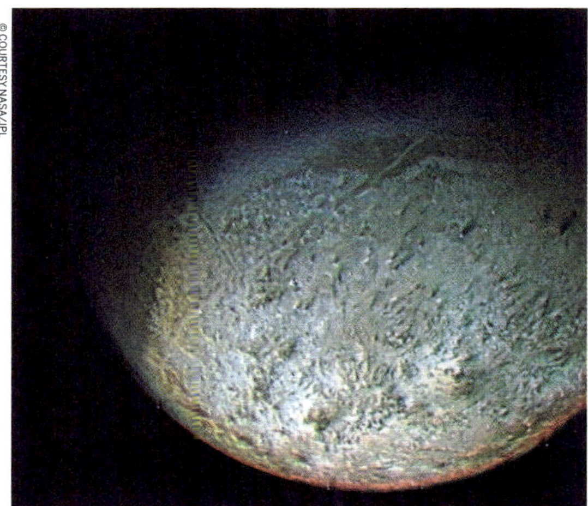

Farbfoto von Triton

5 Fakten über Triton

1. Triton hat einen Durchmesser von 2700 km.

2. Der Mond ist nach dem Sohn des Gottes Poseidon benannt (dem griechischen Äquivalent des römischen Gottes Neptun).

3. Bis zur Entdeckung des zweiten Mondes Nereid 1949 war Triton als „der Neptunmond" bekannt.

4. Triton hat eine ungefähr doppelt so hohe Dichte wie Wasser. Er ist damit einer der dichtesten Monde im Sonnensystem, nur Europa und Io haben eine höhere Dichte.

5. Wie unser eigener Mond kreist Triton in gebundener Rotation um den Neptun (er kehrt dem Planeten also immer die gleiche Seite zu). Wegen der Neigung seiner Umlaufbahn wechseln aber die beiden Polregionen regelmäßig ihren Platz an der Sonne.

Gefrorener Triton

Triton ist eines der kältesten Objekte in unserem Sonnensystem: Die Voyager 2 maß Oberflächentemperaturen von −235 °C. Es ist so kalt, dass der größte Teil des Wasserstoffs zu Eis kondensiert und der Oberfläche ein eisiges Weiß gibt, das 70 % des einfallenden Sonnenlichts reflektiert.

Die Entdeckung des Tritons

Wir wissen nicht, mit welchem Getränk William Lassell die Entdeckung des Neptunmonds Triton begossen haben mag, vielleicht war es Bier. Lassell war einer der bedeutenden englischen Amateurastronomen des 19. Jhs. und finanzierte seine Teleskope mit dem Vermögen, das er als Bierbrauer erwarb. Er erblickte den Triton am 10. Oktober 1846, gerade einmal 17 Tage, nachdem in der Berliner Sternwarte der Neptun entdeckt worden war. Eine Woche, bevor er den Mond fand, glaubte Lassell einen Ring um den Planeten gesehen zu haben, doch das war eine von seinem Teleskop verursachte optische Täuschung. Dass der Eisriese tatsächlich über Ringe verfügt, konnte erst die NASA-Sonde Voyager 2 bei ihrem Vorbeiflug am Neptun im Jahr 1989 feststellen; die Ringe sind viel zu schwach, als dass Lassell sie durch sein Teleskop hätte sehen können.

Nereid kreist in so großer Entfernung um den Neptun, dass viele den Mond für einen eingefangenen Asteroiden halten.

Nereid

Nereid gehört zu den äußersten bekannten Monden des Neptuns und zeichnet sich durch eine bizarre, lange Umlaufbahn aus.

Nereid hat eine Umlaufbahn, die zu den exzentrischsten Mondumlaufbahnen im Sonnensystem zählt. Er kreist in so großem Abstand um den Neptun, dass ein einziger Umlauf 360 Erdentage dauert. Dies lässt vermuten, dass Nereid ein eingefangener Asteroid oder ein eingefangenes Objekt aus dem Kuipergürtel sein könnte, oder dass seine Umlaufbahn stark gestört wurde, als Neptun seinen größten Mond, den Triton, einfing.

Der Mond ist nach den Nereiden (Meeresnymphen) aus der griechischen Mythologie benannt. Er wurde am 1. Mai 1949 von dem berühmten Astronomen Gerard P. Kuiper (der durch den Kuipergürtel bekannt ist) mit einem Teleskop von der Erde aus als letzter Mond entdeckt, ehe vier Jahrzehnte später die Voyager 2 beim Vorbeiflug an dem Planeten weitere fand. Nereid ist 37,5-mal kleiner als die Erde und rund 10-mal kleiner als unser Mond.

Fast alles, was wir über Nereid wissen, verdanken wir der Reihe von Bildern, die die Voyager 2 bei ihrem Vorbeiflug zwischen dem 20. April und dem 19. August 1989 aus einer Entfernung von mindestens 4,7 km aufnahm. Das Objekt ist so klein und hat einen so unregelmäßigen Lauf, dass es von der Erde aus kaum sichtbar ist.

Der von seinen Monden umkreiste Neptun

Im Cerro Tololo Inter-American Observatory in Chile wurde der winzige Mond Neso entdeckt.

Neptuns andere Monde

Mehrere weitere Monde umkreisen den Neptun, die meisten sind aber so klein und fern, dass sie von der Erde aus nur mit den größten und stärksten Teleskopen zu erspähen sind.

Mehrere Monde wurden von dem Voyager-2-Forscherteam 1989 entdeckt, u. a. Galatea, Despina und Larissa. Über diese kleinen, unregelmäßig geformten und mit Kratern übersäten Monde ist abgesehen von ihrer Umlaufbahn und ihrer Nähe zu Neptuns Ringsystem sehr wenig bekannt. Zwei weitere Monde, Naiad und Thalassa, wurden ebenfalls von der Voyager gesichtet; wegen ihrer engen Umlaufbahn könnten sie schließlich in die Atmosphäre des Neptuns geraten oder zerrissen werden und Planetenringe bilden, wie es vielleicht schon anderen Monden vor ihnen erging.

Weitere Monde wurden seither mit starken Teleskopen von der Erde aus entdeckt. So wurden Neso 2002 mit dem 4-m-Blanco-Teleskop des Cerro Tololo Inter-American Observatory in Chile und Psamathe 2003 im Mauna Kea Observatory auf Hawaii gefunden. Beide Monde haben sehr weite Umlaufbahnen, Neso ist der am weitesten von seinem Planeten entfernte Mond. Wissenschaftler glauben, dass die Monde Fragmente eines größeren sein könnten, der vor Milliarden Jahren zerbrach.

Andere Monde, die auf diese Weise gesichtet wurden, sind Halimede, Laomedeia und Sao. Es ist durchaus möglich, dass noch mehr unentdeckte Monde den Neptun umkreisen; dafür spricht die mögliche Entdeckung des Mondes S/2004 N1 2013.

© MIKOLA/SHUTTERSTOCK

Neptuns neuer Mond

Am 1. Juli 2013 analysierte der Astronom Mark Showalter vom SETI Institute in Mountain View, Kalifornien, über 150 archivierte Fotos des Neptun-Systems, die das Hubble-Weltraumteleskop zwischen 2004 und 2009 aufgenommen hatte. Showalter entdeckte einen weißen Fleck, der immer wieder auftauchte. Dies legte nahe, dass es sich um einen neuen, noch nicht bekannten Mond in einer Umlaufbahn um den Neptun handeln könnte, die irgendwo zwischen den Umlaufbahnen der Monde Larissa und Proteus lag. Mit einem mittleren Radius von etwa 17 km ist dieser Mond viel kleiner als alle bislang bekannten Neptunmonde, so klein und schwach leuchtend, dass er rund 100-Mio.-mal blasser erscheint als der schwächste Stern, der mit bloßem Auge gesehen werden kann. Aufgrund seiner geringen Größe lag der Mond weit unter der Entdeckungsschwelle der Kameras, die die Voyager 1989 an Bord hatte. Nach mehreren Jahren der Analyse lieferte ein Forscherteam, das das Hubble-Weltraumteleskop nutzte, eine Erklärung für diesen mysteriösen Mond um den Neptun.

Der winzige Mond Hippocamp ist dem größeren Mond Proteus ungewöhnlich nah. Normalerweise sollte das Gravitationsfeld von einem Mond wie Proteus den kleinen Himmelskörper zur Seite gefegt oder verschlungen und so seine Umlaufbahn frei gemacht haben.

Warum existiert dann dieser winzige Mond? Vermutlich ist Hippocamp ein Bruchstück des größeren Mondes, das bei einer Kollision mit einem Kometen vor Milliarden von Jahren von seinem Planeten weggesprengt wurde. Der Mond mit einem Durchmesser von nur 34 km besitzt nur ein Tausendstel der Masse des Proteus, der einen Durchmesser von rund 418 km hat. „Das Erste, was wir erkannten, war, dass man einen so winzigen Mond gleich neben dem größten inneren Neptunmond nicht erwarten würde", erklärt Mark Showalter. „Angesichts der langsamen, nach außen gerichteten Migration des größeren Mondes befand sich Proteus in ferner Vergangenheit dort, wo sich heute Hippocamp befindet."

Das Szenario wird von Bildern gestützt, die die Voyager 2 im Jahr 1989 aufnahm. Diese zeigen einen großen Einschlagskrater auf Proteus, so groß, dass er den Mond hätte zerbersten lassen können. „1989 glaubten wir noch, das sei das Ende der Geschichte", sagt Showalter. „Dank Hubble wissen wir jetzt, das ein kleines Stück von Proteus zurückblieb, das heute Hippocamp ist." Die Umlaufbahnen der beiden Monde haben heute einen Abstand von ungefähr 12 070 km.

Neptuns Satellitensystem hat eine bewegte Geschichte. Vor vielen Milliarden Jahren fing der Neptun wahrscheinlich den großen Mond Triton ein, der aus dem Kuipergürtel stammte, einer großen Region voller Objekte aus Eis und Gestein jenseits der Umlaufbahn des Neptuns. Triton schwenkte in eine kreisrunde Umlaufbahn ein, und der Überrest zerschmetterter Neptunmonde konsolidierte sich zu einer zweiten Generation natürlicher Satelliten. Ein Kometenbombardement hielt die Dinge aber weiterhin in Bewegung. Dabei entstand Hippocamp, den man aus diesem Grund einen Satelliten der dritten Generation nennen könnte.

„Ausgehend von der geschätzten Kometenzahl wissen wir, dass andere Monde im äußeren Sonnensystem mehrfach von Kometen getroffen, zerrissen und wieder zusammengefügt wurden", bemerkt Jack Lissauer vom Ames Research Center der NASA, ein Mitautor der neuen Forschungsstudie. „Dieses Satellitenpaar ist ein dramatisches Beispiel dafür, dass Monde manchmal von Kometen auseinander gesprengt werden."

Tatsächlich entstanden viele Monde durch heftige Kollisionen in der Vergangenheit, die manchmal noch aus ihren vernarbten Oberflächen oder auch ihren Umlaufbahnen ablesbar sind.

Illustration eines Meteoriten, der in die Erdatmosphäre eintritt

Asteroiden, Zwergplaneten und Kometen: Nicht-planetarische Objekte des Sonnensystems

Am Anfang unseres Sonnensystems umkreiste eine riesige, wirbelnde Wolke aus Staub und Gas die junge Sonne. Aus dieser Materie entstanden nicht nur die Planeten, sondern auch Asteroiden, Zwergplaneten und Kometen.

Die Staubpartikel der Scheibe prallten immer wieder aufeinander und bildeten größere Stücke. Dieser Prozess wiederholte sich, bis das Gestein die Größe von Felsbrocken erreichte. Als Folge des Anwachsens bildeten sich die Planeten des Sonnensystems und sammelten mehr Masse und Materie, bis sie zu den acht Planeten wurden.

Doch Milliarden anderer Objekte im Sonnensystem haben sich nie zu Planeten zusammengeschlossen. Einige wurden zu Objekten, die kleiner waren als Planeten und sich zwar annähernd, aber nicht ganz wie Planeten verhielten. Andere fanden sich in kleineren Massen zusammen, umkreisten die Sonne auf einzigartigen Pfaden oder folgten größeren Objekten auf deren Bahnen. Wieder andere begannen einmalige Reisen mit einer Vielfalt an Pfaden und Verhaltensweisen. Diese Zwergplaneten, Asteroiden und Kometen umfassen die restlichen Objekte im Sonnensystem, von denen wir wissen.

Viele der Objekte haben sich seit ihrer Entstehung kaum verändert. Ihr recht ursprünglicher Zustand macht sie zu Geschichtenerzählern, die uns über die Bedingungen im frühen Sonnensystem und die Geheimnisse unserer Ursprünge aufklären können. Sie könnten Hinweise liefern, woher das Wasser und die Rohstoffe stammen, die das Leben erst möglich gemacht haben.

Highlights

Pluto

1 Obwohl Pluto nicht mehr als Planet eingestuft wird, verdient er einen besonderen Ehrenplatz unter den Objekten des Sonnensystems.

Kuipergürtel

2 Jenseits der Umlaufbahn Neptuns umfasst der Kuipergürtel jede Menge Zwergplaneten, eisige Kometen und Asteroiden.

Komet Shoemaker-Levy 9

3 Der Aufprall von Shoemaker-Levy auf dem Jupiter war das erste Mal, dass eine solche Kollision beobachtet wurde.

Asteroidengürtel

4 Der Gürtel zwischen Mars und Jupiter besteht aus 1–2 Mio. Objekten über 1 km Größe.

’Oumuamua

5 ’Oumuamua ist klein, schnell und nur eines von zahlreichen Objekten interstellaren Ursprungs, die jedes Jahr unbemerkt das Sonnensystem durchqueren.

Ceres

6 Ceres ist der einzige Zwergplanet innerhalb des Asteroidengürtels und macht 25 % der Gesamtmasse des Gürtels aus.

Haumea

7 Der Zwergplanet Haumea im Kuipergürtel zeichnet sich durch seinen Ring und seine Monde aus.

Komet Hale-Bopp

8 Hale-Bopp ist ein langperiodischer Komet, der auf seinem letzten Vorbeiflug 18 Monate lang mit bloßem Auge sichtbar war.

Eris

9 Die Entdeckung dieses Zwergplaneten führte zu einer Neubewertung der Klassifizierung von Objekten im Sonnensystem.

Komet ISON

10 Der Komet ISON war ein Sonnenstreifer. Er zerfiel auf seinem Weg durch die Sonne, lieferte den Astronomen zuvor aber eine Fülle neuer Infos über das Verhalten von Kometen.

Komet Chariklo

11 Der erste Komet mit einem eigenen Ringsystem, der je entdeckt wurde.

Oortsche Wolke

12 Die hypothetische Wolke von Objekten, drei Lichtjahre von der Sonne entfernt, könnte ein Ursprungsort langperiodischer Kometen sein.

New Horizons schickte dieses Bild von Plutos Eisflächen, die an das Hochland von Krun Macula angrenzen, zur Erde.

Asteroidengürtel & Asteroiden

Asteroiden, manchmal auch Kleinplaneten oder Planetoiden genannt, sind die felsigen Überreste aus den Anfängen des Sonnensystems. Viele, aber nicht alle, sind im gleichnamigen Asteroidengürtel zu Hause. Sie reichen von Objekten wie Vesta, der mit einem Durchmesser von 530 km der größte Asteroid ist, bis hin zu Körpern mit weniger als 10 m Durchmesser. Die Gesamtmasse aller Asteroiden ist kleiner als die des Erdmondes!

Die meisten Asteroiden sind ungleichmäßig geformt, obwohl einige wenige fast kugelförmig sind. Sie sind oft löchrig und mit Kratern übersät. Während sie sich in elliptischen Bahnen um die Sonne bewegen, drehen sich die Asteroiden, manchmal sehr unregelmäßig, um sich selbst. Über 150 Asteroiden haben einen kleinen Mond (ein paar haben auch zwei). Es gibt zudem Doppelasteroiden, bei denen zwei felsige Körper etwa gleicher Größe umeinander kreisen, und dreifache Asteroidsysteme.

Die meisten bekannten Asteroiden sind im Asteroidengürtel zwischen Mars und Jupiter und bewegen sich dabei in der Regel auf normalen elliptischen Bahnen. Schätzungen zufolge enthält der Asteroidengürtel zwischen 1,1 und 1,9 Mio. Asteroiden bei einem Durchmesser von über einem Kilometer und Millionen von kleineren Asteroiden. In

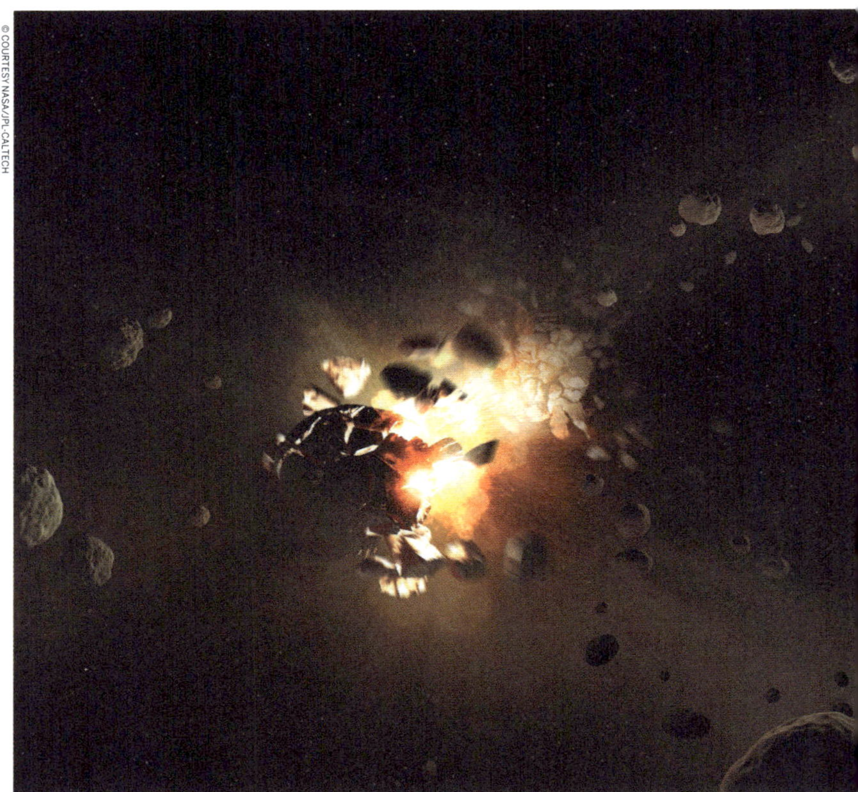

der frühen Geschichte des Sonnensystems setzte die Schwerkraft des entstandenen Jupiters der Bildung von planetaren Körpern hier ein Ende und führte dazu, dass die kleinen Körper kollidierten und zerbrachen. Die Folge sind die Asteroiden, die wir nun beobachten können.

Trojaner-Asteroiden gibt es im Asteroidengürtel keine. Sie teilen sich stattdessen eine Umlaufbahn mit einem größeren Planeten, kollidieren aber nicht mit ihm, weil sie sich um zwei spezielle Punkte in der Umlaufbahn versammeln (die Lagrange-Punkte L4 und L5). Dort sind die Anziehungskräfte von Sonne und Planet im Gleichgewicht und wirken so der Tendenz eines Trojaners, aus der Umlaufbahn zu fliegen, entgegen. Die Jupiter-Trojaner bilden die bedeutendste Gruppe von Trojaner-Asteroiden. Ihre Zahl ist vermutlich so hoch wie die der Asteroiden im Asteroidengürtel. Jupiters hohe Schwerkraft und gelegentliche nahe Begegnungen mit anderen Objekten verändern die Umlaufbahnen der Asteroiden, katapultieren sie aus dem Hauptgürtel und schleudern sie in alle Richtungen, quer durch die Bahnen anderer Planeten. Verirrte Asteroiden und -fragmente, die einst auf andere Planeten einschlugen, spielten eine wichtige Rolle in der Geologie der Planeten und in der Entwicklung des Lebens auf der Erde.

Es gibt auch Mars- und Neptun-Trojaner, und der erste Erd-Trojaner wurde 2011 entdeckt: Der 2010 TK7 befindet sich bereits länger in der Umlaufbahn um die Sonne als die Erde selbst. Der Trojaner beschreibt eine riesige Umlaufbahn, die den Asteroiden weit über und unter die Ebene der Erdumlaufbahn bringt. Seine Bewegung dabei wird als Epizykel bezeichnet. Zudem bewegt sich 2010 TK7 innerhalb der Erdumlaufbahn und kreist alle 395 Jahre horizontal um deren Bezugspunkt.

Asteroiden, die die Umlaufbahn der Erde kreuzen, heißen Erdbahnkreuzer. Es sind über 10 000 erdnahe Asteroiden bekannt, und über 1500 von ihnen wurden als potenzielle Bedrohung für die Erde eingestuft. Wissenschaftler überwachen ständig erdquerende und erdnahe Asteroiden, die sich der Umlaufbahn der Erde bis auf ca. 45 Mio. km nähern, was eine potenzielle Aufprallgefahr darstellen könnte. Radar ist bei der Erkennung und Überwachung eines möglichen Einschlags ein wertvolles Werkzeug, da Asteroiden Radarsignale reflektieren. Dadurch können Forscher viel über die Umlaufbahn, Rotation, Größe, Form und Metallkonzentration eines Asteroiden erfahren – und ob seine Bahn eine Bedrohung für die Erde ist.

Eine künstlerische Darstellung des frühen Asteroidengürtels

Bennu ist, gemessen am Weltraum, zwar klein, aber immer noch größer als das Empire State Building und der Eiffelturm.

Bennu

Der Asteroid Bennu gilt als potenziell gefährliches Objekt, da seine Umlaufbahn der Erde so nahe kommt. Bald wird er einer der am besten untersuchten Asteroiden sein und uns helfen, die Geschichte des Sonnensystems zu verstehen.

Bennu wurde aus den Trümmern einer heftigen Kollision geboren, Millionen von Jahre durchs All geschleudert und durch die Schwerkraft der Planeten in Stücke zerrissen. Er blickt auf ein hartes Leben in einer rauen Nachbarschaft zurück: dem frühen Sonnensystem. Jetzt umkreist Bennu die Sonne zwischen Erde und Mars, was die Wissenschaftler wachsam sein lässt, denn er könnte unserem Planeten eines Tages näher kommen, als uns lieb sein kann. In der Zwischenzeit wollen die Forscher alles über den Asteroiden erfahren, der eine Fülle von Daten bereithält.

„Wir fliegen zu Bennu, weil wir wissen wollen, was er im Laufe seiner Entwicklung erlebt hat", sagt Edward Beshore von der University of Arizona, stellvertretender Projektleiter für die Mission OSIRIS-REx zur Entnahme von Proben des Asteroiden. Bennu wurde ausgewählt, weil er alt und gut erhalten ist. Gleichzeitig ist er nahe genug an der Erde, um entnommene Proben innerhalb weniger Jahre zurückbringen zu können. „Bennus Erfahrungen werden uns mehr darüber erzählen, woher unser Sonnensystem stammt und wie es sich entwickelt hat. Auf Planeten wie der Erde wurden die ursprünglichen Materialien durch geologische Aktivität und chemische Reaktionen mit der Atmosphäre und Wasser verändert. Wir gehen davon aus, dass Bennu relativ unverändert ist, er ist also wie eine Zeitkapsel, die wir untersuchen können", sagt Beshore.

Bennu könnte auch organisches Material aus dem jungen Sonnensystem in sich tragen. Dieses Material besteht aus Molekülen, die vor allem Kohlenstoff- und Wasserstoffatome enthalten, und ist für das Leben auf der Erde essenziell. Die Analyse solchen Materials wird eine teilweise Bestandsaufnahme dessen liefern, was zu Beginn des Sonnensystems vorhanden war und was womöglich eine Rolle beim Ursprung des Lebens spielte.

Eine künstlerische Darstellung von OSIRIS-REx auf der Oberfläche Bennus

RADIUS
246 m

MASSE
6,0–7,8 × 10^{10} kg

ZUSAMMENSETZUNG
Kohlenstoff, Gestein und Mineralien

ENTDECKUNG
1999

UMLAUFZEIT
1,2 Jahre

OSIRIS-REx

Die Mission OSIRIS-REx (Origins Spectral Interpretation Resource Identification Security – Regolith Explorer) bietet Wissenschaftlern eine einzigartige Gelegenheit, einen Asteroiden zu untersuchen und Hinweise auf die Geschichte unseres Sonnensystems zu erhalten. Die Ende 2016 in Richtung Bennu gestartete Mission erreichte den Asteroiden 2018 und wird 2023 eine Probe von Bennus Oberfläche zur Erde zurückbringen. Nach seiner Rückkehr wird das OSIRIS-REx-Team in der Lage sein, eines der ursprünglichsten Regolithmaterialien eines Asteroiden zu untersuchen, das es gibt.

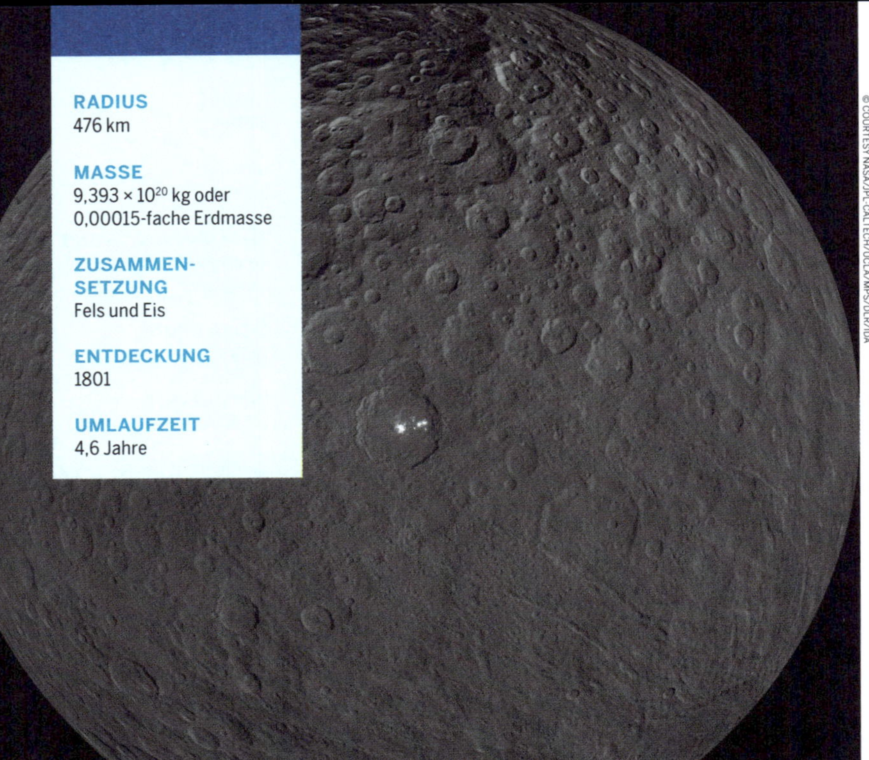

Ceres ist ein seltener Zwergplanet, der sich innerhalb des Asteroidengürtels befindet.

Ceres

Der Zwergplanet Ceres, das größte Objekt im Asteroidengürtel und das erste, das 1801 entdeckt wurde, hat die Wissenschaftler mit seinen Beweisen für geologische Aktivität und organische Moleküle begeistert.

Ceres ist vielleicht das größte Objekt im Hauptgürtel, man darf sich aber nicht täuschen lassen, denn der relativ große Himmelskörper gilt als Zwergplanet. Obwohl er 25 % der Masse des Asteroidengürtels ausmacht, ist er immer noch 14-mal kleiner als Pluto. In den Jahrhunderten nach seiner Entdeckung galt Ceres aufgrund seiner Zusammensetzung und seiner Umlaufbahn als Asteroid, wurde aber 2006 mit Pluto und Eris in die erste Gruppe der Zwergplaneten aufgenommen. Technisch gesehen ist Ceres immer noch ein Asteroid, der Begriff Zwergplanet beschreibt ihn aber genauer.

2015 erreichte die Raumsonde Dawn Ceres, nachdem sie ihre Beobachtung des Asteroiden Vesta an anderer Stelle im Asteroidengürtel abgeschlossen hatte. Seitdem hat Dawn reichlich Fotomaterial aus diversen Höhen von Ceres angefertigt und eine Landschaft mit geologischer Aktivität und Merkmalen wie Vulkanen sowie Wassereis- und Salzlagerstätten offenbart, die auf frühere Ozeane hindeuten. Nachdem der letzte Treibstoff aufgebraucht war, endete die Mission der Raumsonde Ende 2018. Dawn wird Ceres zwar noch Jahrzehnte lang umkreisen, jedoch keine Daten mehr senden.

RADIUS
302 km

MASSE
Unbekannt

ZUSAMMENSETZUNG
Unbekannt

ENTDECKUNG
1997

UMLAUFZEIT
63 Jahre

Die Ringe Chariklos in der Vorstellung eines Künstlers

Chariklo

Chariklo dehnt die Definitionen dessen, was ein Asteroid ist, gewaltig aus. Er überrascht die Astronomen immer wieder aufs Neue, wenn sie eine weitere seiner ungewöhnlichen Eigenschaften erforschen – etwa die beiden kleinsten Ringe im Sonnensystem.

Chariklo ist ein Asteroid, der sich außerhalb des Asteroidengürtels befindet, Astronomen debattieren aber, ob er als Asteroid betrachtet werden sollte. Er ist der größte der „Zentauren“, der Asteroiden im äußeren Sonnensystem. Manche meinen, dass er in der Tat ein Zwergplanet sein könnte.

Zwischen Saturn und Uranus gelegen, erregte Chariklo 2013 die Aufmerksamkeit der Astronomen, als sie entdeckten, dass er mindestens zwei Ringe hat, die denen des Saturns ähneln. Astronomen entdeckten Chariklos Ringe bei der Untersuchung von Helligkeitsgefällen und stellten anhand der Daten fest, dass Chariklo trotz seiner großen Größe das kleinste bekannte Objekt mit Ringen ist. Vor dieser Entdeckung waren die Astronomen unsicher, ob solch kleine Objekte stabil genug für Ringe sind.

Mit Computersimulationen untersuchen Astronomen, wie sich Chariklos Ringsystem gebildet haben könnte, wie es überlebt und wie lange es sich angesichts der geringen Masse des Asteroiden und der in geringem Abstand vorbeifliegenden kleinen Asteroiden und des Uranus halten kann.

Ein Quadrantiden-Meteor saust durch ein Feld aus Sternenspuren außerhalb von San Jose, Kalifornien.

EH1

Der Asteroid EH1 beantwortete dank seiner Entdeckung 2003 die Fragen nach der Quelle eines Meteorschauers und dem Lebenszyklus von Kometen.

Jahrzehntelang grübelten Astronomen über die Ursache des Quadrantiden-Meteorschauers (s. Text am Rand), dem ersten Meteorschauer des Jahres nach gregorianischem Kalender. Die Meteore haben ihren Ursprung in einem inzwischen veralteten Sternbild namens Quadrans Muralis (Mauerquadrant) zwischen den Sternbildern Bärenhüter und Drache. Sie haben eine kurze, aber intensive Spitze, die nur wenige Stunden dauert – und nicht wie bei anderen Meteorschauern bis zu einigen Tagen. Damit haben sie viele Astronomen zu Forschungen bewogen, um ihren Mutterkörper herauszufinden. Sie können von zirkumpolaren Radianten aus beobachtet werden und sind von den meisten Orten in der nördlichen Hemisphäre sichtbar, weiter südlich jedoch nicht mehr. Doch warum streifen sie jedes Jahr über den Himmel?

Die Antwort könnte ein Asteroid und ehemaliger Komet sein. 2003 entdeckten Astronomen des LONEOS-Programms der Anderson Mesa Station in der Nähe von Flagstaff, Arizona, ein erdnahes Objekt. Peter Jenniskens von SETI erkannte dieses als potenzielle Mutter des Quadrantiden. Dieser Asteroid mit dem Namen EH1 wurde basierend auf seiner Umlaufbahn und der Umlaufzeit tatsächlich schnell als Mutterkörper identifiziert. Astronomen nehmen auch an, dass EH1 vermutlich beim Auseinanderbrechen des Kometen C/1490 Y1 gebildet wurde, was sich chinesischen Aufzeichnungen über einen damals beobachteten Meteorschauer zufolge um 1490 ereignete. EH1 gilt heute, ähnlich wie Phaethon, als erloschener Komet. Verwirrung perfekt?

„Asteroidentechnisch" gesehen war er also einst ein Komet mit einem mit Eis bedeckten Felskern. Im Laufe der Jahrtausende verlor EH1 seine eisigen Schichten und ließ hinter sich eine Spur aus Schutt zurück, die heute die Quadrantiden verursacht und den Himmelskörper gleichzeitig zu einem Asteroiden macht. Die Zusammensetzung eines Objekts ist der Hauptfaktor bei der Definition eines Körpers: Kometen bestehen aus Gesteinsmaterial, Eis und Staub, während sich Asteroiden aus Gesteinsmaterial und Mineralien zusammensetzen und sich typischerweise so nah an der Sonne bilden, dass kein Eis entstehen kann. Beide umkreisen die Sonne, und der Schweif bildet sich aus verdampftem Eis und Staub erst dann, wenn sich der Komet der Sonne nähert.

Vor dem Hintergrund dieses Wissens gehen die Forscher heute davon aus, dass EH1 seine Umlaufbahn als Asteroid fortsetzen wird und die Quadrantiden mit der Zeit – nach Zehntausenden oder gar Millionen von Jahren – allmählich verschwinden werden. Das Aufspüren der Ursprünge und die Vorhersage des zukünftigen Wegs von Meteorschauern können kompliziert sein, aber wir wissen jetzt mehr denn je darüber, woher die tollen Sternschnuppen kommen.

Flagstaffs Lowell Observatorium in der Anderson Mesa Station

RADIUS
2 km

MASSE
Unbekannt

ZUSAMMENSETZUNG
Gestein

ENTDECKUNG
2003

UMLAUFZEIT
5,52 Jahre

Quadrantiden-Meteorschauer

Zahlreiche Kulturen feiern den Jahresbeginn mit Feuerwerk, aber viele wissen nicht, dass auch der Himmel eine großartige Show bereithält. Auf ihrem kurzen Höhepunkt um den 3. Januar herum sind die Quadrantiden genauso aktiv wie andere Meteorschauer unter dem Jahr, z. B. die Perseiden oder die Geminiden. Während des nur ein paar Stunden anhaltenden Höhepunkts kann man 50 bis 100 Meteore pro Stunde sehen. Da Meteorschauer meistens etwa zwei Tage andauern, ist der der Quadrantiden der intensivste jährlich auftretende Sternschnuppenregen, den wir sehen können. Er ist bekannt für seine hellen Feuerball-Meteore, die länger als ein durchschnittlicher Meteorschweif zu betrachten sind. Lange war unklar, was der Mutterkörper des Phänomens sein könnte, das seit mindestens 1825 beobachtet werden kann. Dem Sternbild, das den Quadrantiden den Namen gab, wurde 1922 von der Internationalen Astronomischen Union der Status aberkannt.

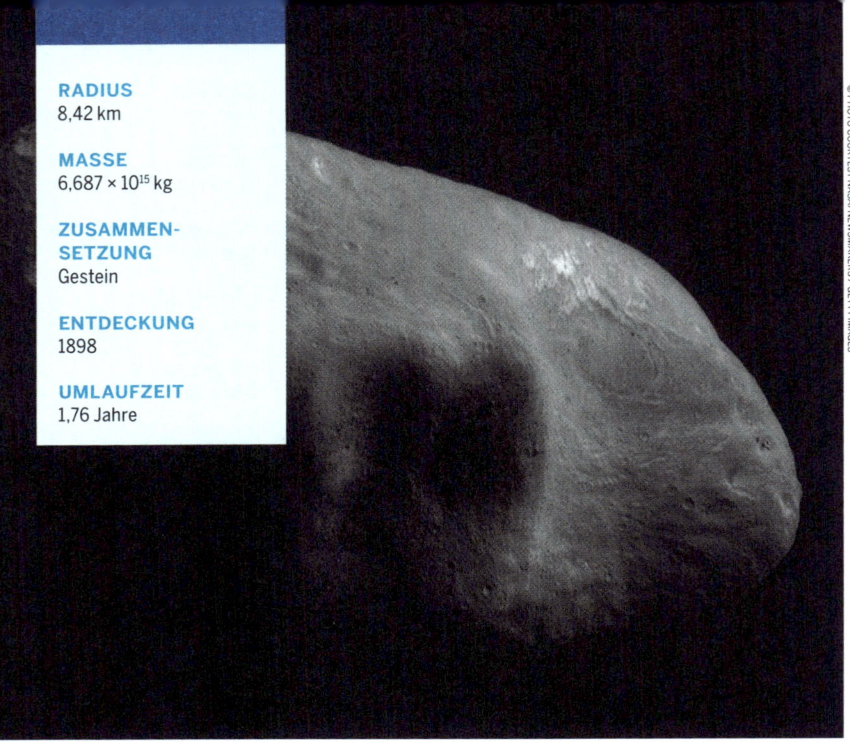

Dieses Bild des Asteroiden Eros, dessen Umlaufbahn sich nahe dem Mars befindet, wurde von NEAR-Shoemaker aufgenommen.

Eros

Um die vorletzte Jahrhundertwende war der Asteroid Eros das erste erdnahe Objekt, das entdeckt wurde. Er rückte erneut ins Rampenlicht, als ihn etwas mehr als hundert Jahre später ein Raumschiff umkreiste und auf ihm landete.

Vielleicht lag es an seiner ungewöhnlichen Form, dass die Astronomen, die Eros (ehemals 433 Eros) entdeckten, ihn nach dem griechischen Gott der Liebe benannten. Er umkreist die Sonne zwischen Erde und Mars und gilt als erdnahes Objekt; damit war es das erste, das je entdeckt, und das zweitgrößte, das bisher gefunden wurde.

Sowohl 1998 als auch 2000 besuchte die Raumsonde NEAR-Shoemaker Eros als Teil ihrer Mission. Bei ihrem zweiten Besuch umkreiste NEAR den Himmelskörper und fotografierte ihn aus allen Blickwinkeln. So erhielten die Forscher eine detaillierte Sicht auf den felsigen Asteroiden. Im Laufe dieser Mission entdeckten die Wissenschaftler, dass Eros ein einziger Festkörper ist, dass seine Zusammensetzung fast einheitlich ist und dass er sich in den frühen Jahren des Sonnensystems gebildet haben muss. Ein paar Geheimnisse gibt es immer noch, inklusive der Frage, warum einige Gesteine an der Oberfläche zerfallen sind.

Anfang 2001 ging die Mission NEAR zu Ende, als die Sonde auf Eros stürzte. Im Gegensatz zu ähnlichen Missionen überstand NEAR den Aufprall gut genug, um noch eine Analyse des Oberflächenregolithen, einer Schicht aus losen, heterogenen Ablagerungen, zurück zur Erde zu senden.

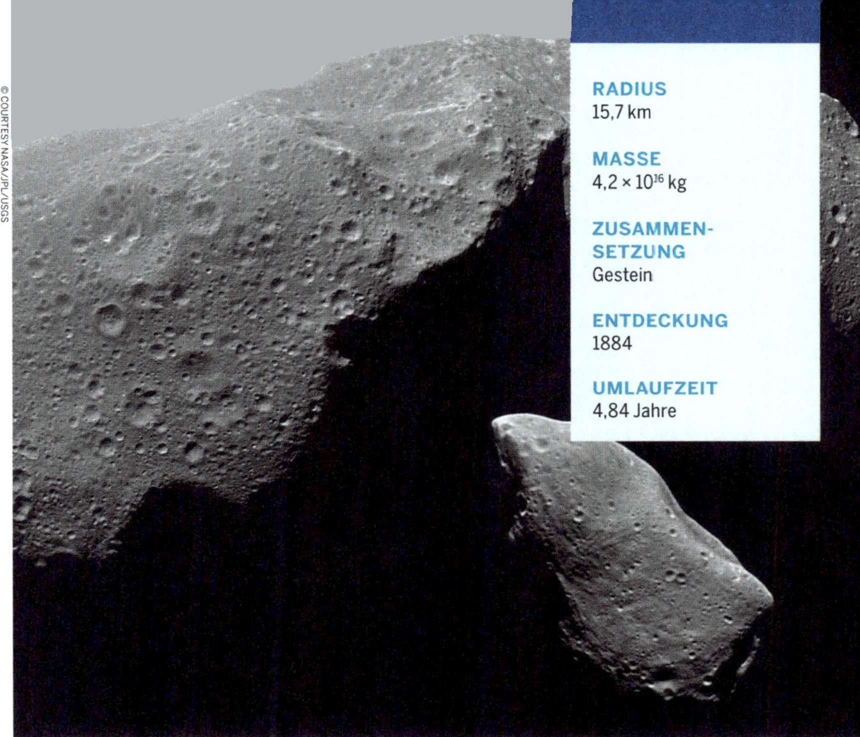

RADIUS
15,7 km

MASSE
4,2 × 10^{16} kg

ZUSAMMENSETZUNG
Gestein

ENTDECKUNG
1884

UMLAUFZEIT
4,84 Jahre

Maßstabsgetreue Abbildung von Ida und seinem Mond Dactyl

Ida

Für die Astronomen war es eine Überraschung, als die Galileo-Raumsonde im Vorbeiflug den kleinen Mond entdeckte, der sich um Ida bewegte. Ida selbst war über Millionen von Jahren immer wieder in kosmische Kollisionen verwickelt.

Ida, offiziell 243 Ida, scheint zuerst einmal ein normaler Asteroid zu sein, der die Sonne im äußeren Asteroidengürtel umkreist. Er ist Teil einer Familie von Asteroiden, von denen Astronomen glauben, dass sie sich vor etwa 2 Mrd. Jahren gebildet haben. Er ist wohl entstanden, als zwei oder mehrere einzelne große Objekte sanft aufeinanderprallten und sich nicht mehr trennten. Wie sich herausstellte, war Idas Form jedoch nicht das einzige Ungewöhnliche.

Als die Raumsonde Galileo während eines Vorbeiflugs auf dem Weg zum Jupiter 1993 auf Ida traf, fotografierte sie den Asteroiden. Die Fotos sorgten für eine Überraschung: Ida hatte einen winzigen Mond, der Dactyl genannt wurde. Dactyl ist der erste entdeckte Mond eines Asteroiden und misst im Durchmesser nur 1,4 km, ist also etwa 20-mal kleiner als Ida. Astronomen glauben, dass Dactyl durch eine der vielen kosmischen Kollisionen entstand, die Ida über Millionen von Jahren erlebt hat.

Basierend auf dem Wissen, dass Asteroiden Monde haben können, haben Forscher seither über 150 „Asteroidenmonde" entdeckt. Manche davon gehören zu den erdnahen Objekten, die die Menschen seit Jahrhunderten untersuchen. Einige wenige Asteroiden besitzen sogar zwei Monde.

Eine Darstellung von JAXAs Hayabusa-Sonde beim Asteroiden 25143 Itokawa

Itokawa

Itokawa, ein Gebilde aus Gestein und Eis, wandert durch das innere Sonnensystem, und sein Weg könnte sich eines Tages mit dem der Erde kreuzen.

Beim Betrachten eines Fotos des Asteroiden 25143 Itokawa, einem kleinen, weniger als einen Kilometer großen erdnahen Objekt, stellt sich sofort die Frage, wo seine Krater sind. Die JAXA-Robotersonde Hayabusa näherte sich 2005 dem die Erdbahn querenden Asteroiden, und die Bilder zeigten eine Oberfläche, die mit keinem anderen jemals fotografierten Körper des Sonnensystems vergleichbar war, eine, die möglicherweise keine Krater aufweist.

Die führende Hypothese über das Fehlen der üblichen kreisförmigen Vertiefungen ist, dass Itokawa ein Schutthaufen aus Gestein und Eisbrocken ist, der nur lose durch eine geringe Schwerkraft zusammengehalten wird. Wenn dies stimmt, könnten sich Krater nicht so einfach bilden oder sie schließen sich wieder, wenn der Asteroid in das Gravitationsfeld eines nahegelegenen Planeten gerät oder von einem massiven Meteor getroffen wird. Erdgestützte Beobachtungen des Asteroiden haben eine weitere unerwartete Entdeckung ans Licht gebracht, nämlich dass ein Teil seines Inneren eine höhere durchschnittliche Dichte aufweist als der andere Teil.

Bodenproben, die von der Hayabusa-Mission zur Erde zurückgebracht wurden, zeigen, dass Itokawa zwar aus den gleichen Materialien wie andere Objekte des Sonnensystems besteht, die physischen Gegebenheiten, die seine Entstehung und Form erklären, jedoch relativ einzigartig sind.

RADIUS
~2,9 km

MASSE
Unbekannt

ZUSAMMENSETZUNG
Gestein

ENTDECKUNG
1983

UMLAUFZEIT
1,433 Jahre

Sternenspuren während des Geminiden-Meteorschauers

Phaethon

Benannt nach der mythologischen Figur, die nicht in der Lage war, den Sonnenwagen zu lenken, kommt der Asteroid Phaethon auf seiner Umlaufbahn der Sonne ganz nahe und reist auch an den Rand des inneren Sonnensystems.

Der Asteroid mit dem offiziellen Namen 3200 Phaethon hat eine ungewöhnliche Umlaufbahn. Mal passiert er den Orbit des Merkurs, mal bewegt er sich über den des Mars hinaus. Mit dieser starken elliptischen Umlaufbahn verhält sich Phaethon eher wie ein Komet, und einige Astronomen spekulieren, ob er einst ein Komet gewesen sein könnte, der seine Eisschicht verloren hat und zu einem felsigen Asteroiden geworden ist. Sollte die Hypothese richtig sein, würde das Phaethons Umlaufbahn sowie die Tatsache erklären, dass er eine Spur aus Staub und Kieselsteinen hinter sich herzieht, die für den Meteorschauer der Geminiden verantwortlich ist. Die Trümmerstücke könnten Kometendämpfe aus erwärmtem Eis und Staub sein.

Ende 2017 veröffentlichten Astronomen des Arecibo-Observatoriums, das Objekte des Sonnensystems überwacht und untersucht, neue Bilder, die mehr über Phaethons Form enthüllen. „Die neuen Beobachtungen zeigen, dass Phaethon in seiner Form dem Asteroiden Bennu ähnlich sein könnte", sagt Patrick Taylor, Wissenschaftler der Universities Space Research Association (USRA) und Gruppenleiter für planetare Radarmessungen in Arecibo. „Bennu würde über 1000-mal in Phaethon passen."

Geminiden-Meteorschauer

Der letzte große Meteorschauer in jedem Jahr ist einer der besten: Der intensivere Geminiden-Meteorschauer vom 4. bis 17. Dezember wird in den nächsten Jahren wohl alle anderen in Sachen Größe abhängen. Die Geminiden erreichen ihren Höhepunkt meist am 14. und 15. Dezember, dann kann man pro Stunde zwischen 100 und 200 Meteore sehen. Die Geminiden und die Quadrantiden im Januar sind die einzigen Meteorschauer, von denen angenommen wird, dass sie durch einen Asteroiden verursacht werden.

RADIUS
112,5 km

MASSE
$2{,}23 \times 10^{19}$ kg

ZUSAMMENSETZUNG
Eisen-Nickel

ENTDECKUNG
1852

UMLAUFZEIT
4,99 Jahre

Das Bild zeigt die mögliche Psyche-Mission.

Psyche

16 Psyche, möglicherweise der exponierte Kern eines frühen Planeten oder eine einmalige Metallmasse im Asteroidengürtel, ist so interessant, dass eine Mission geplant ist, um offene Fragen innerhalb des nächsten Jahrzehnts zu klären.

Schon die Tatsache, dass 16 Psyche einer der zehn größten Asteroiden im Asteroidengürtel ist, ist faszinierend. Was ihn einzigartig macht, ist, dass es der freiliegende Nickeleisenkern eines frühen Planeten zu sein scheint, einer der Bausteine des Sonnensystems. Wissenschaftler gehen davon aus, dass es in allen felsigen, erdähnlichen Planeten - inklusive der Erde - einen metallischen Kern gibt. Dieser Kern befindet sich aber unerreichbar unterhalb der aus Gestein bestehenden Mäntel und Krusten der Planeten. Da der Erdkern nicht direkt sichtbar oder messbar ist, gibt 16 Psyche einen Einblick in die Geschichte aus Kollisionen und Massezuwächsen, durch die erdähnliche Planeten entstanden sind.

Die NASA plant derzeit, die Raumsonde Psyche 2022 zum gleichnamigen Asteroiden zu schicken. Die Ziele der Psyche-Mission bestehen darin, die Bausteine der Planetenbildung zu verstehen und eine neue Welt kennenzulernen. Das Missionsteam möchte herauszufinden, ob Psyche der Kern eines frühen Planeten ist, wie alt er ist, ob er sich auf ähnliche Weise gebildet hat wie der Erdkern, und wie seine Oberfläche aussieht. Wenn die Psyche-Mission wie geplant startet, wird man 2026 bzw. 2027 mehr über den Asteroiden erfahren.

Der Vesta im Asteroidengürtel gibt Aufschlüsse über alte protoplanetare Objekte.

Vesta

Vesta ist der größte der Millionen von Asteroiden des Hauptgürtels und der einzige, der hell genug ist, um mit bloßem Auge erkennbar zu sein. Er ermöglicht Forschern einen Blick auf die frühesten Entstehungsstadien der Planeten.

Vesta, zwischen Mars und Jupiter gelegen, ist der größte Protoplanet im Gürtel. Es ist nicht nur das hellste Objekt im Asteroidengürtel, sondern macht auch etwa 10 % der gesamten Masse des Hauptasteroidengürtels aus. Nach seiner Entdeckung war das mysteriöse Objekt über zwei Jahrhunderte lang als kaum mehr als ein unscharfer Lichtfleck zwischen den Sternen zu sehen und galt lange Zeit als Asteroid. Vesta war schon immer verlockend, jedoch erreichte erst im Juli 2011 die Dawn-Mission der NASA den Asteroiden. Während der 14-monatigen Umlaufbahn untersuchte Dawn Vesta aus allen Blickwinkeln und lieferte hochauflösende Fotos und Messungen, die zeigten, dass dieser angebliche Asteroid ein übrig gebliebener Protoplanet war.

Wie sieht die Oberfläche des Protoplaneten Vesta aus? Vesta ist eine kleine terrestrische Welt, felsig und mit derselben Dichte wie Mars und Merkur. Sie muss seit der Geburt des Sonnensystems Prügel einstecken und ist von Kratern, Ausbuchtungen, Rillen und Klippen bedeckt. Die Untersuchung von Vesta gibt den Forschern somit einen Einblick in die prägenden Jahre des frühen Sonnensystems, denn dieses ungewöhnliche Himmelsobjekt könnte einer der größten erhaltenen Protoplaneten sein.

Kuipergürtel

Der Kuipergürtel ist eine große Region in den kalten, äußeren Bereichen unseres Sonnensystems jenseits der Umlaufbahn Neptuns und wird manchmal auch „dritte Zone" des Sonnensystems genannt. Astronomen gehen davon aus, dass es hier Millionen von kleinen, eisigen Objekten gibt, darunter Hunderttausende, die über 100 km groß sind. Einige, u. a. Pluto, sind sogar über 1000 km breit. Neben Gestein und Wassereis können Objekte im Kuipergürtel auch viele andere gefrorene Verbindungen wie Ammoniak und Methan enthalten.

Die Region ist nach dem Astronomen Gerard Kuiper benannt, der 1951 eine wissenschaftliche Arbeit veröffentlichte, in der er über Objekte jenseits von Pluto spekulierte. Auch der Astronom Kenneth Edgeworth erwähnte in Abhandlungen aus den 1940er-Jahren solche Objekte, und so wird die Region auch als Edgeworth-Kuiper-Gürtel beschrieben. Einige Forscher nennen den Bereich auch „transneptunische Region" und bezeichnen Objekte im Kuipergürtel (engl. KBOs) als transneptunische Objekte oder TNOs. Der Gürtel nimmt ein enormes Volumen im Planetensystem ein, und die kleinen Welten, die hier zu finden sind, können viel über die Frühgeschichte des Sonnensystems verraten.

Der Kuipergürtel ist eines der größten Gebilde im Sonnensystem. Andere sind die Oortsche Wolke, die Heliosphäre der Sonne und die Magnetosphäre Jupiters. Seine Form ähnelt einer aufgeblasenen Scheibe. Sein innerer Rand beginnt an der Umlaufbahn Neptuns, etwa 30 AE von der Sonne entfernt (also 30-mal die Distanz zwischen Sonne und Erde). Der innere Hauptbereich des Kuipergürtels erstreckt sich bis zu einer Entfernung von ca. 50 AE von der Sonne. Eine zweite Region, die „scattered disc" (gestreute Scheibe), überlappt die Außenkante des Hauptteils des Gürtels. Sie erstreckt sich noch weiter nach außen bis auf fast 1000 AE und beherbergt einige Körper, die sich auf unregelmäßigen Bahnen bewegen und sogar noch weiter über die „scattered disc" hinausreichen.

Bisher wurden über 2000 transneptunische Objekte von Beobachtern katalogisiert, was nach den Annahmen von Wissenschaftlern nur einen winzigen Bruchteil der Gesamtzahl der Objekte ausmacht. Trotz dieser Fülle von Objekten wird die Gesamtmasse des Materials im Kuipergürtel auf nicht mehr als etwa 10 % der Masse der Erde geschätzt.

Astronomen halten die eisigen Objekte des Kuipergürtels für Überreste der Entstehung des Sonnensystems. Ähnlich wie bei dem Hauptasteroidengürtel und Jupiter hätten sich auch hier ohne die Präsenz von Neptun die Objekte zu einem Planeten zusammenschließen können. Stattdessen mischte die Schwerkraft Neptuns die Region so sehr auf, dass die kleinen, eisigen Objekte nicht in der Lage waren, sich zu einem großen Planeten zu verbinden.

Die Materialmenge im Kuipergürtel könnte heute nur noch ein kleiner Teil dessen sein, was einst dort zu finden war. Einer Theorie zufolge könnten die sich verlagernden Bahnen der vier Riesenplaneten (Jupiter, Saturn, Uranus und Neptun) dafür verantwortlich sein, dass der größte Teil des ursprünglichen Materials des Kuipergürtels – vermutlich das 7- bis 10-fache der Erdmasse – verloren ging.

Die Idee dahinter ist, dass Uranus und Neptun zu Anbeginn des Sonnensystems aufgrund von Verschiebungen der Bahnen von Jupiter und Saturn gezwungen wa-

© PAUL FLEET/GETTY IMAGES

Eine Darstellung der Kometen und KBOs des Kuipergürtels im Orbit

ren, die Sonne in größerer Distanz zu umkreisen. Als sie weiter nach außen drifteten, passierten sie die dichte Scheibe aus kleinen, eisigen Körpern, die nach der Bildung der Riesenplaneten übrig geblieben waren. Die Umlaufbahn Neptuns reichte am weitesten ins All hinein, und seine Schwerkraft verzerrte die Wege unzähliger eisiger Körper nach innen zu den anderen Planeten. Jupiter katapultierte schließlich die meisten dieser Körper entweder in extrem entfernte Umlaufbahnen (wodurch die Oortsche Wolke gebildet wurde) oder ganz aus dem Sonnensystem hinaus. Als Neptun die eisigen Objekte in Richtung der Sonne schleuderte, ließ dies seine eigene Umlaufbahn noch weiter nach außen driften, und der Einfluss seiner Gravitationskraft zwang die verbleibenden Eiskörper an ihre heutige Stelle im Kuipergürtel.

Heute wird angenommen, dass sich der Kuipergürtel sehr langsam selbst zersetzt. Objekte dort prallen gelegentlich aufeinander, und es entstehen kleinere KBOs (die teilweise zu Kometen werden) sowie Staub, der durch den Sonnenwind aus dem Sonnensystem hinausgeblasen wird. Im Laufe der Äonen wird die Häufigkeit der Kollisionen abnehmen, da auch die Masse der Objekte langsam abnimmt.

Fragmente, die durch kollidierende KBOs entstehen, können durch die Schwerkraft Neptuns in Umlaufbahnen geschleudert werden, die sie näher an die Sonne bringen und wo sie von Jupiter in kleinere Bahnen geleitet werden, die 20 Jahre oder weniger dauern. Diese werden dann als kurzperiodische Kometen der Jupiter-Familie bezeichnet. Angesichts ihrer häufigen Abstecher in das innere Sonnensystem verlieren die meisten ihr Eis recht schnell und werden inaktiv. Oder sie werden tote Kometen mit wenig oder keiner Aktivität. Einige erdnahe Asteroiden wie Phaethon oder EH 1 sind wohl ausgebrannte Kometen, und die meisten von ihnen haben ihren Ursprung im Kuipergürtel. Dieser bildet eine echte Grenze im All und mit seiner Erforschung wurde gerade begonnen.

Zwergplaneten

Lange Zeit war unsere Auffassung des Sonnensystems einfach. Große Objekte waren entweder ein Planet, der die Sonne umkreiste, oder ein Mond, der sich um einen Planeten drehte. 2003 änderte sich dies mit der Entdeckung von Eris, dem ersten brauchbaren Planetenkandidaten seit über 70 Jahren, durch den frühere Auffassungen ins Schwanken gerieten. Astronomen rangen mit der Vorstellung, dass es mehr Planeten geben könnte, als bisher angenommen worden war.

Die Internationale Astronomische Union (IAU) stellte sich der Herausforderung, Eris zu klassifizieren. 2006 verabschiedete die IAU eine Resolution, die definierte, was ein Planet ist – und eben auch, was ein Planet nicht ist. Damit wurde eine neue Kategorie von Objekten des Sonnensystems gegründet, die von diesem Zeitpunkt an Zwergplaneten genannt wurden. Eris, der damalige Planet Pluto und

Ceres, der früher als Asteroid galt, wurden die ersten Zwergplaneten. Pluto wurde dabei von seinem Status als Planet degradiert, aber die Klassifizierung als Zwergplanet erklärte einige von Plutos ungewöhnlichen Verhaltensweisen, die die Astronomen seit seiner Entdeckung 1930 irritiert hatten.

Haumea und Makemake wurden später auch als Zwergplaneten klassifiziert und bilden mit den anderen drei die derzeit von der IAU anerkannten Zwergplaneten. In unserem Sonnensystem könnte es 100 weitere Zwergplaneten und außerhalb des Kuipergürtels sogar Hunderte weitere geben. Zudem entdecken Astronomen in unserem Sonnensystem weiterhin und in immer überwältigenderen Entfernungen interessante, sich seltsam verhaltende Objekte. Es stellt sich zunehmend heraus, dass unser Sonnensystem viel interessanter und größer ist, als wir es uns je vorgestellt hatten.

Zwergplaneten, von links: Pluto, Eris, Haumea, Makemake und Ceres

Durch die Entdeckung von Eris im Kuipergürtel eröffnete sich den Astronomen die völlig neue Kategorie der Zwergplaneten.

Eris

Nur wenige neu entdeckte Objekte veranlassen Astronomen dazu, bestehende Kategorien neu zu klassifizieren. Bei seiner Entdeckung wurde Eris der erste von zwei Zwergplaneten und definierte die Art, wie wir über die Objekte in unserem Sonnensystem denken, neu.

Sucht man nach dem Schuldigen für Plutos Degradierung zum Zwergplanet, so ist dieser mit Eris gefunden. Er wurde 2003 entdeckt und Astronomen maßen bei ihm eine ca. 27% größere Masse und einen größeren Radius als bei Pluto. Vor dem Hintergrund dieses Wissens hatten die Astronomen die Wahl: die Entdeckung des zehnten Planeten im Sonnensystem verkünden oder die Eigenschaften von Pluto und Eris berücksichtigen und sie neu klassifizieren. So war die Definition eines Zwergplaneten geboren.

Im Schnitt ist Eris mehr als dreimal so weit von der Sonne entfernt wie Pluto. Dort ist es so kalt, dass sich die gefrorene Atmosphäre wie eine eisige Schicht auf die Oberfläche legt. Diese schimmert so hell und reflektiert so viel Sonnenlicht wie Schnee. Ähnlich wie bei Pluto ist auch die Bahn, auf der Eris sich um die Sonne bewegt, eher oval als kreisförmig. In ca. 275 Jahren wird Eris nah genug an der Sonne sein, um teilweise aufzutauen und eine felsige Landschaft ähnlich der von Pluto zu offenbaren.

Vom weit entfernten Farout aus ist die Sonne nur ein schwacher Lichtpunkt.

Farout (2018 VG18)

Wie nennt man das am weitesten entfernte jemals beobachtete Objekt, das noch Teil unseres Sonnensystems ist? Farout.

2018 VG18 wurde 2018 mit dem Subaru-Teleskop in Mauna Kea entdeckt. Es ist eines der am weitesten entfernten Objekte, die jemals beobachtet wurden und noch als Teil unseres Sonnensystems betrachtet werden können. Dementsprechend wurde es schon früh Farout (engl. für weit draußen) genannt um zu betonen, wie weit weg dieses Objekt ist. Bei einer durchschnittlichen Entfernung seiner Umlaufbahn von 120 AE ist Farout mehr als dreimal so weit von der Sonne entfernt wie Pluto im Durchschnitt und mehr als doppelt so weit wie Eris. Vielleicht wird Farout bald in die Kategorie der Zwergplaneten aufgenommen, denn Astronomen glauben, dass er einen Durchmesser von etwa 500 km hat.

Während Farout derzeit das am weitesten entfernte Objekt im Sonnensystem ist, muss das nicht für immer so bleiben. Es wird geschätzt, dass sich das Objekt 2014 FE72 während seiner 69 000 Jahre dauernden Umlaufbahn möglicherweise bis auf 3660 AU von uns entfernen wird. Während Astronomen Farout also noch immer untersuchen, um die durchschnittliche Entfernung seiner Umlaufbahn und die Umlaufzeit zu bestimmen, wird er seinen Titel möglicherweise nicht behalten können und wohl bald Gesellschaft bekommen.

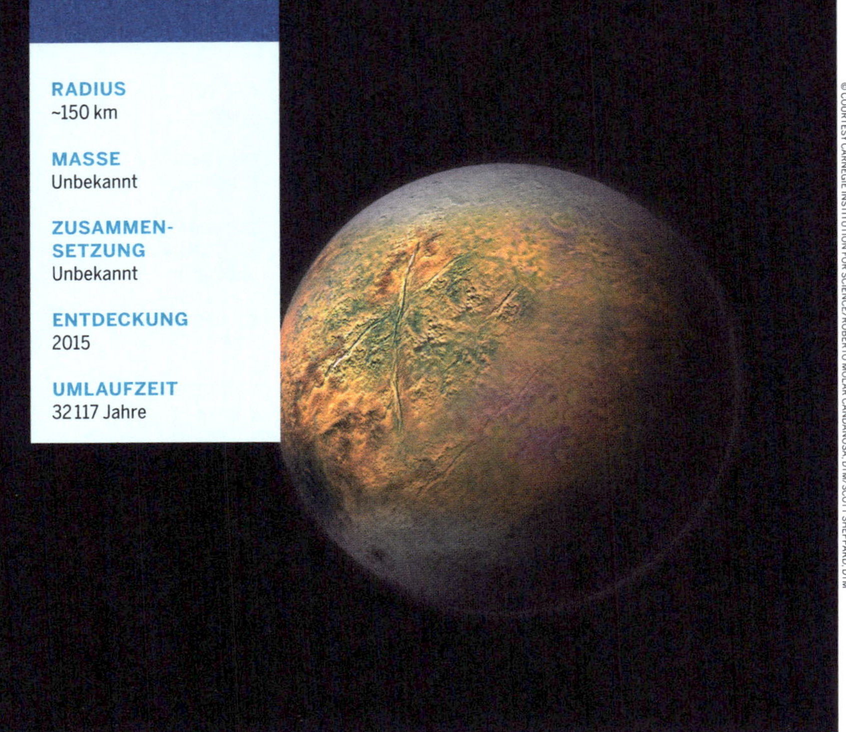

Die Vorstellung eines Künstlers von einem Planeten X in einem fernen Sonnensystem, dessen Schwerkraft möglicherweise Auswirkungen auf die Umlaufbahnen extrem weit entfernter Objekte wie den Goblin hat.

2015 TG387 („The Goblin")

„Der Goblin" wurde nach der Zeit des Jahres benannt, in der er entdeckt wurde, und nicht nach seinem Aussehen. Es gibt in der Tat noch immer keinen guten Blick auf ihn, da er zu den weit entfernten Objekten im Sonnensystem gehört.

Sein offizieller Name lautet 2015 TG387, die meisten Astronomen kennen ihn aber auch als „The Goblin" (der Kobold) – ein Wortspiel mit der Abkürzung „TG" sowie der Tatsache, dass das transneptunische Objekt um Halloween entdeckt wurde. Seit Astronomen in Mauna Kea den Goblin 2015 zum ersten Mal sahen, wurde nur wenig Neues über ihn herausgefunden. Bisher wurde er noch nicht als Zwergplanet eingestuft, obwohl er dafür groß genug sein könnte.

Der Goblin gilt als Sednoid, also als ein Objekt, das in seiner nächsten Annäherung zur Sonne (d.h. in seinem Perihel) mindestens 50 AE von dieser entfernt ist und dessen große Halbachse über 150 AU beträgt. Es ist demnach ein Objekt, das nie in die Nähe der Sonne kommt und weit von ihr weg ist, vielleicht sogar unter dem Einfluss der Schwerkraft eines unbekannten Planeten aus einem fernen Sonnensystem steht.

Derzeit gibt es nur drei als Sednoide eingestufte Objekte im Sonnensystem: Den Goblin, den Kleinplaneten Sedna und 2012 VP113 („Biden"). Diese Sednoiden werden oft mit anderen sogenannten „Detached Objects" zusammengefasst, die nie mit den Planeten oder Zwergplaneten interagieren.

Haumea mit seinem Ring und seinen Monden

Haumea

Haumea ist das Ergebnis einer Kollision im Sonnensystem, die den Zwergplaneten zum Drehen brachte, ihm eine seltsame Form verpasste und ihn wunderbar verwirrend machte. Bis heute überrascht er die Astronomen immer wieder.

Fast alles an Haumea ist ungewöhnlich. Er ist nach Pluto, Ceres, Eris und Makemake der fünfte Zwergplanet. Dabei handelt es sich um eine exklusive Gruppe von Objekten, die 2008 mit Haumea und Makemake die bislang letzten Mitglieder aufnahmen.

Auch Haumeas längliche Form macht ihn einzigartig. Entlang einer Achse ist Haumea deutlich länger als Pluto, in einer anderen Achse hat Haumea ein dem Pluto sehr ähnliches Ausmaß, während er in der dritten Achse viel kleiner ist. Man kann sich das Rätselraten der Astronomen vorstellen, als sie Haumea entdeckten. Mittlerweile gehen sie davon aus, dass er eine nicht-kugelförmige Form besitzt.

Es gibt aber noch weitere Besonderheiten: Haumeas Umlaufbahn bringt ihn manchmal näher an die Sonne heran als Pluto, obwohl er in der Regel weiter weg ist. Haumea besitzt auch zwei kleine Monde, die 2005 entdeckt wurden und Hi'iaka und Namaka heißen, wie die Töchter der hawaiianischen Göttin, nach der Haumea benannt ist. Die Astronomen haben sogar noch einen Ring entdeckt, der denen der Gasplaneten ähnelt. Bleibt also die Frage, welche Geheimnisse Haumea noch birgt.

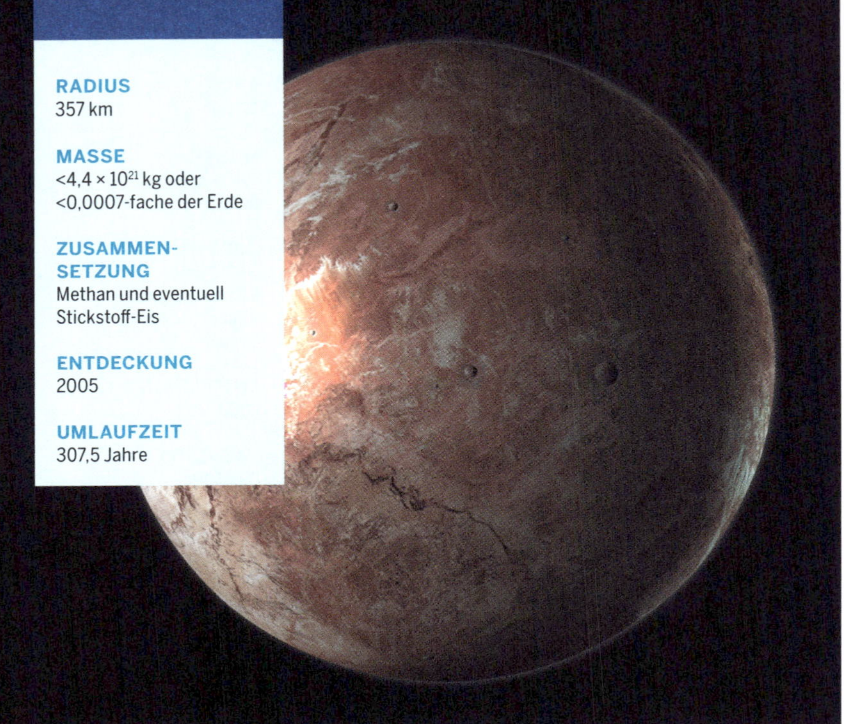

Eine künstlerische Darstellung des Zwergplaneten Makemake

Makemake

Makemake ist hell, eisig und unglaublich weit von der Sonne entfernt. Er war das letzte – vielleicht sogar allerletzte – Objekt im Sonnensystem, das die Klassifizierung als Zwergplanet erhielt.

Makemake ist eines der größten bekannten Objekte im äußeren Sonnensystem und einer der wenigen von der IAU ausgewiesenen Zwergplaneten. Er befindet sich im Kuipergürtel, ist etwa zwei Drittel so groß wie Pluto, umkreist die Sonne in einer nur geringfügig weiteren Entfernung als Pluto und hat eine nur etwas schwächere Helligkeit als dieser. Allerdings ist Makemakes Umlaufbahn zur ekliptischen Ebene der Planeten viel stärker geneigt als Plutos.

Makemake ist nach dem Schöpfergott in der Rapa-Nui-Mythologie der Osterinsel benannt. Man weiß, dass es sich um eine rötliche Umgebung handelt und die Farben weisen darauf hin, dass diese Welt vermutlich ungleichmäßig mit gefrorenem Methan bedeckt ist. Der Helligkeitsabfall eines Sterns, der kürzlich von Makemake verdunkelt wurde, zeigt, dass der Zwergplanet wohl wenig Atmosphäre hat.

Mehrere Jahre lang gingen die Astronomen davon aus, dass Makemake wie andere Zwergplaneten einen Mond haben müsse. 2016 konnte dann MK2 bestätigt werden, der über 1300-mal schwächer leuchtet als Makemake selbst. MK2 wurde erstmalig in einer Umlaufbahn etwa 21000 km von dem Zwergplaneten gesichtet, und sein Durchmesser wird auf 175 km geschätzt.

Die Vorstellung eines Künstlers von Makemakes kleinem Mond MK2

Gefrorene Schluchten an Plutos Nordpol

Pluto

Planet oder nicht? Es ist schwer zu leugnen, dass Pluto mit seinen ungewöhnlichen Eigenschaften eigentlich unter eine eigene astronomische Kategorie fällt.

Pluto war einmal der von der Sonne aus gesehen neunte Planet, 2006 haben ihn aber Astronomen als Zwergplaneten neu klassifiziert. Ein Zwergplanet muss die Sonne wie andere Planeten umkreisen und hat genügend Masse, um eine runde Form zu haben, der entscheidende Faktor ist jedoch, dass ein Planet seine Umgebung „aufgeräumt" hat. Obwohl Pluto zu den größten bisher entdeckten Zwergplaneten gehört (nach den meisten Messungen ist Eris der größte), ist er immer noch relativ klein. Er ist etwa halb so breit wie die Vereinigten Staaten und kleiner als der Erdmond.

Im Durchschnitt ist Pluto 39,5 AE von der Sonne entfernt, aber aufgrund seiner elliptischen Umlaufbahn ändert sich die Entfernung zur Sonne ständig. Sein entferntester Punkt von der Sonne ist 49,3 AE, und an seinem nächsten Punkt, 29,7 AE, ist Pluto der Sonne tatsächlich näher als Neptun (mit einer Entfernung von 30 AE).

Pluto hat fünf bekannte Monde. Der Größte, er trägt den Namen Charon, ist etwa halb so groß wie Pluto. Astronomen entdeckten die anderen, kleineren Monde Plutos – Nix, Hydra, Kerberos und Styx – mit dem Hubble-Weltraumteleskop.

© COURTESY NASA/JOHNS HOPKINS UNIVERSITY APPLIED PHYSICS LABORATORY/SOUTHWEST RESEARCH INSTITUTE

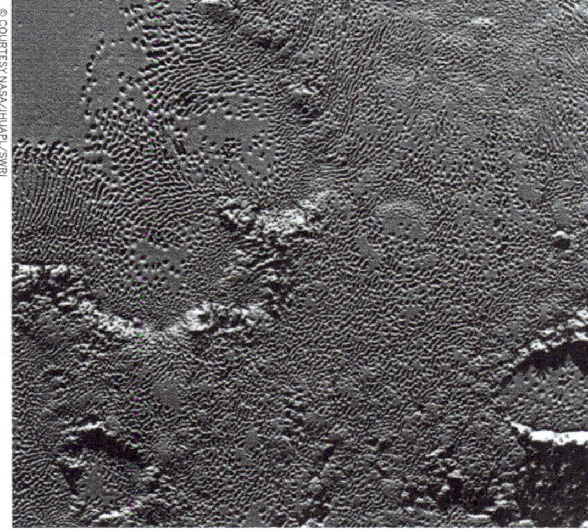

© COURTESY NASA/JHUAPL/SWRI

Eine vergrößerte Ansicht von Plutos löchriger Oberfläche

RADIUS
1151 km

MASSE
1,303 × 10^{22} kg oder 0,00218-fache der Erde

ZUSAMMENSETZUNG
Überwiegend Stickstoff-Eis, Methan und Kohlenmonoxid auf einer felsigen Oberfläche

ENTDECKUNG
1930

UMLAUFZEIT
248 Jahre

Auf der Suche nach einem dauerhaften Status

Ist Pluto ein Planet oder nicht? Als Pluto 1930 entdeckt wurde, gingen die Astronomen davon aus, dass dieser weit entfernte Körper des Sonnensystems trotz seiner geringen Größe und seines etwas ungewöhnlichen Umlaufbahnverhaltens ein Planet war. 2006 begannen die Astronomen jedoch zu erkennen, dass die Merkmale, die Pluto einzigartig machten, auch andere, weit entfernte Objekte wie Eris, Haumea und Makemake auszeichneten. Um Pluto und die anderen Objekte im Kuipergürtel besser zu beschreiben, hat die Internationale Astronomische Union die Klasse der Zwergplaneten geschaffen. Pluto gehörte 2006 zu den Ersten, die zu Zwergplaneten ernannt wurden. Die Debatte geht jedoch weiter, und so diskutieren die Astronomen noch immer über die Definition eines Planeten und darüber, ob Pluto den planetaren Status wiedererhalten sollte.

Kometen

In ferner Vergangenheit löste das Auftauchen eines Kometen bei den Menschen Ehrfurcht und Besorgnis aus. Sie sahen sie als Sterne mit langem Schweif, die unvorhersehbar am Himmel erschienen. Chinesische Astronomen dokumentierten jahrhundertelang z. B. Abbildungen charakteristischer Kometenschweife, die Zeiten des Auftauchens und Verschwindens von Kometen sowie ihre Himmelspositionen. Diese historischen Annalen haben sich für spätere Astronomen als wertvolle Ressource erwiesen.

Wissenschaftler wissen heute, dass Kometen Überreste aus den Anfängen unseres Sonnensystems sind und Hinweise auf die Entstehung liefern können. Kometen bestehen vor allem aus Eis und sind mit dunklem organischen Material überzogen, weshalb sie auch „schmutzige Schneebälle" genannt werden. Kometen könnten Wasser und organische Verbindungen – die Bausteine des Lebens – auf die junge Erde und in andere Teile des Sonnensystems gebracht haben. Sie können entweder periodisch auf einer (langen oder kurzen) bekannten Umlaufbahn auftreten oder das Sonnensystem nur einmal durchlaufen.

Viele kommen aus dem Kuipergürtel, einer ringförmigen Scheibe eisiger Kör-

Künstlerische Darstellung eines Kometen, der nahe an der Erde vorbeizieht.

per jenseits des Neptuns, wo im Reich Plutos eine Reihe von dunklen Kometen die Sonne umkreist. Diese eisigen Objekte, die gelegentlich durch die Schwerkraft in Umlaufbahnen gelangen, die sie der Sonne näher bringen, werden so zu sogenannten kurzperiodischen Kometen. Ihr Auftreten am Himmel ist oft vorhersehbar, da ihre Umrundung der Sonne weniger als 200 Jahre dauert und sie früher schon einmal beobachtet wurden. Weniger vorhersehbar sind die langperiodischen Kometen, von denen viele aus einer Region kommen, die etwa 100 000 AE von der Sonne entfernt liegt und als Oortsche Wolke bezeichnet wird. Bei diesen Kometen kann die Reise um die Sonne bis zu 30 Mio. Jahre dauern.

© MURATART/SHUTTERSTOCK

Jeder Komet hat einen winzigen gefrorenen Kern, den Nucleus, dessen Durchmesser oft nicht größer als ein paar Kilometer ist. Der Nucleus enthält eisige Brocken, die aus gefrorenen Gasen mit Staubteilchen bestehen. Wenn sich ein Komet der Sonne nähert, erwärmt er sich und entwickelt eine Koma. Durch die Hitze der Sonne verwandelt sich das Eis des Kometen in Gase, die aus dem Kometen ausgestoßen werden, sodass die Koma immer größer wird und sich bis zu Hunderttausenden von Kilometern erstrecken kann. Durch Strahlungsdruck und schnelle Sonnenpartikel (Sonnenwinde) kann die Koma aus Staub und Gas von der Sonne weggeblasen werden, wodurch teilweise ein langer, heller Schweif gebildet wird. Kometen haben eigentlich zwei Schweife – einen aus Staub und einen aus Ionen (Gas).

Schon lange wollten Forscher Kometen genauer untersuchen, was durch die bei einem Vorbeiflug aufgenommenen Bilder des Nucleus vom Kometen Halley noch befeuert wurde. Um die Jahrtausendwende begann die NASA, Raumsondenmissionen, Orbiter und Landegeräte zu gut dokumentierten Kometen zu senden.

Die erste Mission war 1998 die Raumsonde Deep Space 1, die 2001 am Kometen Borrelly vorbeiflog und dessen Kern fotografierte. Anfang 2004 flog die Stardust-Mission erfolgreich in einer Entfernung von 236 km um den Kern des Kometen Wild 2 herum und sammelte Kometenpartikel und interstellaren Staub für eine Probenrückführung zur Erde. Eine weitere NASA-Mission, die Deep Impact, bestand aus einer Flyby-Sonde und einem Impaktor, einem Gerät, das entwickelt wurde, um auf den Kometen zu prallen und es Wissenschaftlern zu ermöglichen, die Ergebnisse zu untersuchen. Im Juli 2005 wurde der Impaktor planmäßig auf Kollisionskurs mit dem Kern des Kometen Tempel 1 gebracht. Der Impaktor verdampfte und riesige Mengen feinen, pulverförmigen Materials wurden von der Oberfläche des Kometen in den Raum gestoßen. Auf dem Weg bis zum Einschlag fotografierte die Kamera des Impaktors den Kometen detailliert. Zwei Kameras und ein Spektrometer nahmen den Einschlagkrater auf, mit dem die Zusammensetzung und Struktur des Kerns bestimmt werden konnte.

Die Missionen zählen zu den ersten Versuchen von Forschern, um Kometen zu analysieren. In zukünftigen Missionen wird es genauere Untersuchungen geben, und regelmäßig werden auch neue Kometen entdeckt.

RADIUS
2,4 km

MASSE
2×10^{13} kg

ZUSAMMEN-SETZUNG
Fels und Eis

ENTDECKUNG
1904

UMLAUFZEIT
6,8 Jahre

Die Vorstellung eines Künstlers von Deep Space 1 beim Vorbeiflug an Borrelly

Borrelly

Borrelly, ein himmlischer Bowlingkegel aus Fels und Eis, war einer der am besten fotografierten Kometen des frühen 21. Jhs.

Borrelly (offizieller Name 19P/Borrelly) ist einer von vielen kurzperiodischen Kometen im Sonnensystem. Er umkreist die Sonne innerhalb des Asteroidengürtels und ist als Komet der Jupiter-Familie bekannt. Per Definition dauert ihre Umlaufzeit weniger als 20 Jahre und wurde durch den nahen Vorbeiflug am Gasriesen verändert. Es dauert nur 6,85 Jahre, bis Borrelly die Sonne einmal umkreist hat. Der Komet erreichte den Perihel, der den Schweif des Kometen aktiviert, zuletzt 2015. Danach trat er seine Reise zurück zum Asteroidengürtel an, von wo er 2022 zurückkehren wird.

Ähnlich wie bei einem Bowlingkegel ist auch der Kern von 19P/Borrelly sehr klein. 1998 wurde die Mission Deep Space 1 gestartet, um neue technische Fähigkeiten zu testen und zu versuchen, Borrelly und einem Asteroiden einen Besuch abzustatten. Deep Space 1 flog im September 2001 an dem Kometen vorbei und machte die höchstaufgelösten Bilder, die bis dahin jemals von einem Kometenkern geschossen wurden. Die Technologie auf Deep Space 1 diente als Vorbild für den Entwurf der Dawn-Sonde, die den Asteroiden Vesta und den Zwergplaneten Ceres besuchte.

Der Lyriden-Meteorschauer über den Bergen der kalifornischen Sierra Nevada

RADIUS
Unbekannt

MASSE
Unbekannt

ZUSAMMENSETZUNG
Fels und Eis

ENTDECKUNG
1861

UMLAUFZEIT
415 Jahre

C/1861 G1 Thatcher

Als ein Objekt des Sonnensystems, das die Erde nur alle fünf Generationen passiert, mag Thatcher irrelevant erscheinen, jedoch ist er für ein jährliches astronomisches Ereignis verantwortlich, das bei Jung und Alt beliebt ist.

C/1861 G1 Thatcher, manchmal auch Komet Thatcher oder nur Thatcher genannt, trägt den Namen des Astronomen, der ihn entdeckt hat. Er ist einer von mehreren Kometen, von denen wir wissen, dass sie für jährliche Meteorschauer verantwortlich sind. Der Komet Thatcher gilt als langperiodischer Komet – im Gegensatz zu kurzperiodischen Kometen wie Borrelly oder Tempel 1 –, da seine Umlaufzeit größer als 200 Jahre ist. Thatcher benötigt 415,5 Jahre, bis er die Sonne einmal umrundet hat. Er erreichte das Perihel zuletzt 1861 und wird erst wieder im Jahr 2276 zurückkehren.

Wenn Kometen wie Thatcher an der Sonne vorbeifliegen, bildet der Staub, den sie ausstoßen, allmählich einen Schweif in ihren Umlaufbahnen. Jedes Jahr durchquert die Erde diese Trümmerfelder, woraufhin Stücke davon mit der Atmosphäre kollidieren, sich auflösen und farbenfrohe Streifen am Himmel erzeugen – die Meteorschauer. Der Trümmerschweif wird bei Thatcher der Lyriden-Meteorschauer genannt, der jedes Jahr im April zu sehen ist (s. unten). Jeder Sternschnuppenregen hat Besonderheiten, die von der Bahn und der Art seines Mutterobjekts abhängig sind.

Die Lyriden

Die Lyriden, die jedes Jahr Mitte und Ende April zu sehen sind, haben die längste dokumentierte Geschichte. Sie geht auf Überlieferungen chinesischer Astronomen von 687 v. Chr. zurück. Während die Lyriden mit durchschnittlich 15 bis 20 Meteoren pro Stunde vom 22. auf den 23. April vielleicht nicht so aktiv sind wie andere Schauer, gleichen sie dies durch anderes aus. Durch die „Lyriden-Feuerkugel“ sind einige Meteore hell genug, um Schatten zu werfen und für einige Minuten Spuren von rauchigen Ablagerungen am Himmel zu hinterlassen.

RADIUS
30 km

MASSE
Unbekannt

ZUSAMMEN-SETZUNG
Fels und Eis

ENTDECKUNG
1995

UMLAUFZEIT
2543 Jahre

Hale-Bopps blauer Ionenschweif wird vom Sonnenwind angetrieben, während der weiße Schweif durch den Strahlungsdruck auf die Staubpartikel verursacht wird.

Hale-Bopp

Bis heute erinnern sich noch viele an den hellen Klecks, den der langperiodische Komet Hale-Bopp am Nachthimmel hinterließ, als dieser 1997 an der Erde vorbeisegelte und seinen Spitznamen als „Großer Komet von 1997" festigte.

C/1995 O1, oder einfach Hale-Bopp, ist etwa fünfmal so groß wie das Objekt, von dem angenommen wird, dass es zum Untergang der Dinosaurier geführt hat. Aufgrund seiner Größe war der Komet 1996 und 1997 mit bloßem Auge 18 Monate lang sichtbar. Hale-Bopp war überall sogar in den Städten bei einem zufälligen Blick in den Himmel zu sehen. Die Forscher vermuten daher, dass es sich um den am häufigsten gesehenen und am meisten fotografierten Kometen der Geschichte handelte.

Beim Vorbeifliegen war Hale-Bopp mit den beiden Schweifen – einem weißlichen Staubschweif und einem blauen Ionenschweif – optisch sehr prägnant. Der Ionenschweif entstand, als schnell bewegte Partikel des Sonnenwinds auf Ionen aus dem Kern des Kometen trafen. Der weiße Staubschweif besteht aus größeren Staub- und Eispartikeln, die auch aus dem Kern stammen und hinter dem Kometen hersausen.

Als langperiodischer Komet braucht Hale-Bopp über 2500 Jahre, bis er die Sonne umrundet hat. Der Komet erreichte das Perihel zuletzt Anfang April 1997. Somit hatten diejenigen, die ihn sahen, extremes Glück. Es ist aufregend (und etwas bedrückend) sich vorzustellen, wie die Erde bei seiner Rückkehr im 46. Jh. aussehen wird.

RADIUS
~5,5 km

MASSE
2,2 x 10^{14} kg

ZUSAMMENSETZUNG
Fels und Eis

ENTDECKUNG
Bereits in der Antike bekannt

UMLAUFZEIT
75–76 Jahre

Der Meteorschauer der Orioniden im Jahr 2016

Halley

Alle paar Generationen hat Halley Himmelsbeobachter in Staunen versetzt. Heute freuen wir uns auf seinen nächsten Besuch in einigen Jahrzehnten.

Der Komet 1P/Halley (Halleyscher Komet) ist vielleicht der berühmteste Komet, denn er ist seit Jahrtausenden immer wieder zu sehen. Die ersten Beobachtungen des Kometen liegen über 2200 Jahre zurück, und er ist sogar im Teppich von Bayeux zu finden, der die Schlacht bei Hastings 1066 illustriert. Damals war noch nicht bekannt, dass periodische Kometen auf einer vorhersehbaren Umlaufbahn unterwegs sind. Als Edmond Halley im Jahr 1705 die Bahnen von zuvor beobachteten Kometen studierte, bemerkte er, dass einige von ihnen alle 75 bis 76 Jahre wiederzukehren scheinen. Basierend auf der Ähnlichkeit der Umlaufbahnen ging er davon aus, dass es sich bei diesen Himmelskörpern um den gleichen Kometen handeln müsse und sagte seine nächste Rückkehr für 1758 korrekt voraus. Diese Vorhersage war eine Meisterleistung.

1986 war Halley zuletzt von der Erde aus zu sehen, und erst 2061 wird er zurückkehren. Jedes Mal, wenn Halley in das innere Sonnensystem eintritt, versprüht sein Kern wegen der warmen Sonne Eis und Gestein. Dieser Trümmerstrom führt jedes Jahr zu zwei Meteorschauern: den Eta-Aquariiden und den Orioniden (s. unten).

Die Orioniden

Von den beiden Meteorschauern, die durch den Halleyschen Kometen verursacht werden, sind die Orioniden, die immer im Oktober auftreten, die aktiveren und beeindruckenderen. Die Orioniden sind ein konzentrierter Meteorschauer mit einigen Spitzen, die sich perfekt für Beobachtungen eignen. Während des Höhepunkts Ende Oktober kann man manchmal bis zu 25 Meteore pro Stunde sehen. Während der Eta-Aquariiden, die meist Ende April oder Anfang Mai ihren Höhepunkt erreichen, können 10 bis 20 Meteore pro Stunde beobachtet werden.

RADIUS
0,6–0,8 km

MASSE
Unbekannt

ZUSAMMEN-SETZUNG
Fels und Eis

ENTDECKUNG
1986

UMLAUFZEIT
6,46 Jahre

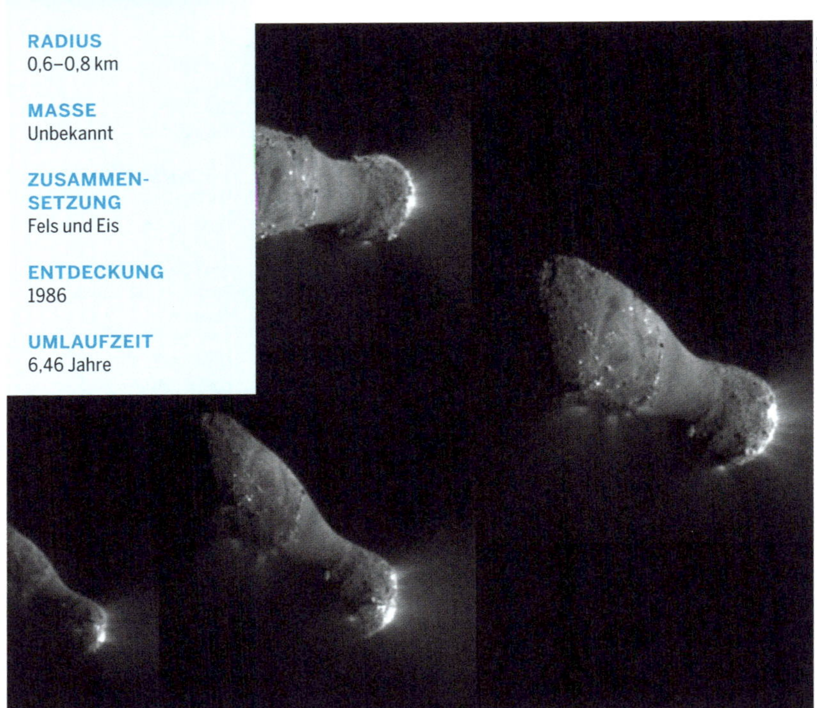

Hartleys Bewegungen werden zum Teil von seinen Kohlendioxidstrahlen angetrieben.

Hartley 2

Hartley 2 taumelt zwischen Jupiter und Mars durch den Weltraum und wurde 2010 von einem von der Erde gesandten Roboter erreicht. Dieser beobachtete die Gasemissionen, die für die Aktivität des Kometen verantwortlich sind.

Komet 103P/Hartley (Hartley 2) ist ein kleiner, erdnussförmiger periodischer Komet. Er ist der dritte von drei Kometen, die der Astronom Malcolm Hartley Ende der 1980er-Jahre entdeckte. Hartley 2 umkreist die Sonne innerhalb des Asteroidengürtels, welcher zwischen den Umlaufbahnen von Mars und Jupiter liegt, und gilt so als Komet der Jupiter-Familie. Diese Kometen haben eine Umlaufzeit von weniger als 20 Jahren, die durch das nahe Vorbeifliegen an dem Gasriesen zudem verändert wurde.

Die Raumsonde Deep Impact (EPOXI) passierte Hartley 2 2010. Er war der fünfte Komet, der von Raumfahrzeugen besucht wurde, und nach dem Kometen 9P/Tempel 1 das zweite Mal, dass Deep Impact einen Kometen ansteuerte. Hartley 2 wird von der EPOXI-Mission als „hyperaktiv“ bezeichnet. Er dreht sich um die eine Achse, während er um die andere Achse rollt. Auch sein Kern ist nicht einheitlich, sondern besteht aus Wassereis mit Methanol, Kohlendioxid und eventuell Ethan. Die Freisetzung dieser Gase erfolgt an diversen Stellen auf dem Kometen und die daraus resultierenden Kohlendioxidströme sorgen für seine unvorhersehbaren Bewegungen.

© COURTESY NASA/MSFC/AARON KINGERY

RADIUS
Unbekannt

MASSE
Unbekannt

ZUSAMMEN-SETZUNG
Unbekannt

ENTDECKUNG
2012

UMLAUFZEIT
Unbekannt

Obwohl es sich nicht um einen spektakulären Himmelskörper handelt, brachte ISON viel Wissen über langperiodische Kometen.

ISON

ISON, einer der am besten untersuchten Kometen der Geschichte, bot den Wissenschaftlern bei seiner letzten Umrundung der Sonne ein spektakuläres und faszinierendes Finale.

Der Komet C/2012 S1 (ISON) war Gegenstand der am besten koordinierten Kometenbeobachtungskampagne der Geschichte. Die Astronomen Vitali Nevski und Artyom Novichonok entdeckten den Kometen 2012 mit dem Teleskop des International Scientific Optical Network (ISON) in Kislovodsk, Russland. Es gab diverse Schätzungen seiner Größe, die von einem Durchmesser von 5 km bis zu gerade einmal 0,8 km reichten. Aufgrund seiner Umlaufbahn glauben Astronomen, dass sich ISON auf seiner ersten Reise durch das innere Sonnensystem befand. Innerhalb eines Jahres sammelten über ein Dutzend Raumfahrzeuge und zahlreiche Beobachter auf der Erde den vermutlich größten Datensatz eines einzelnen Kometen, während dieser auf seine Begegnung mit unserer Sonne zusteuerte.

Kurz vor seiner maximalen Annäherung an die Sonne am 28. November 2013 konnte ISON der großen Hitze nicht mehr standhalten und wurde in Stücke gerissen. Was von dem Kometen übrig blieb, wurde zunächst immer heller, breitete sich aus und verblasste schließlich. Es gab aber noch weitere Überraschungen, als Material des Kometen ISON auf der anderen Seite der Sonne auftauchte. Aber auch diese Überreste verfielen innerhalb kürzester Zeit und so hatte der langperiodische Komet, der aus der Oortschen Wolke in das innere Sonnensystem gekommen war, das Ende seiner letzten Reise erreicht. Wissenschaftler hatten schon zuvor gesehen, wie Kometen der Sonne nahe kamen, sich auflösten und verschwanden, wie etwa die Kometen Lovejoy und Elenin im Jahr 2012.

DURCHMESSER
~100–440 m

MASSE
Unbekannt

ZUSAMMEN-SETZUNG
Unbekannt

ENTDECKUNG
2017

UMLAUFZEIT
Unbekannt

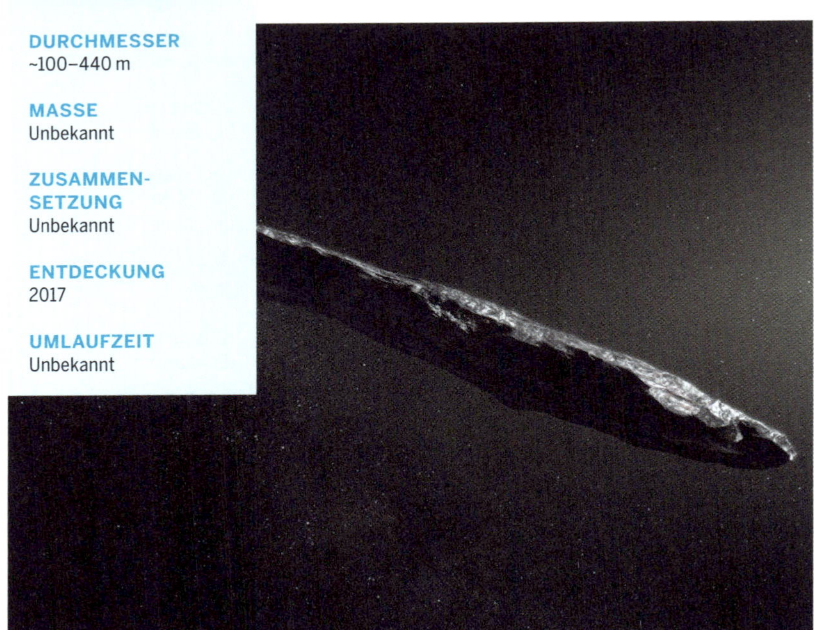

Eine künstlerische Darstellung von 'Oumuamua, wie er durch das Sonnensystem rast.

'Oumuamua

'Oumuamua befand sich bereits seit Hunderten Millionen von Jahren auf seiner interstellaren Reise, bevor er zufällig auf unser Sonnensystem traf und 2007 entdeckt wurde, als er sich der Sonne näherte.

Der interstellare Eindringling ist das erste bestätigte Objekt eines anderen Sterns, das in unserem Sonnensystem beobachtet wurde. Er scheint felsig, zigarrenförmig und leicht rötlich zu sein. Vermutlich ist er sehr in die Länge gezogen – wohl 10-mal so lang wie breit. Das Objekt wurde von seinen Entdeckern 'Oumuamua genannt, was auf Hawaiianisch „Besucher aus großer Entfernung" bedeutet. Sein Achsenverhältnis ist größer als das aller Asteroiden oder Kometen, die bisher in unserem Sonnensystem entdeckt wurden, und seine Form ist verwunderlich. Im Gegensatz zu allen anderen bisher gesichteten Objekten kann 'Oumuamua neue Hinweise darauf geben, wie sich andere Sonnensysteme gebildet haben.

Beobachtungen deuten darauf hin, dass das Objekt seit Hunderten Millionen von Jahren ohne an ein Sternensystem gebunden zu sein durch die Milchstraße streift, bevor es zufällig mit unserem Sonnensystem in Kontakt kam. „Seit Jahrzehnten gab es Theorien, dass es solche interstellaren Objekte gibt, und jetzt haben wir erstmalig Beweise dafür", sagt Thomas Zurbuchen vom Science Mission Directorate der NASA.

Nachdem er im September 2017 an der Sonne vorbeigeflogen war, begann 'Oumuamua seine Rückreise. Im Mai 2018 passierte er die Umlaufbahn Jupiters, 2022 wird er die Umlaufbahn Neptuns verlassen und die Reise durch das äußere Sonnensystem antreten und nie wieder zurückkehren.

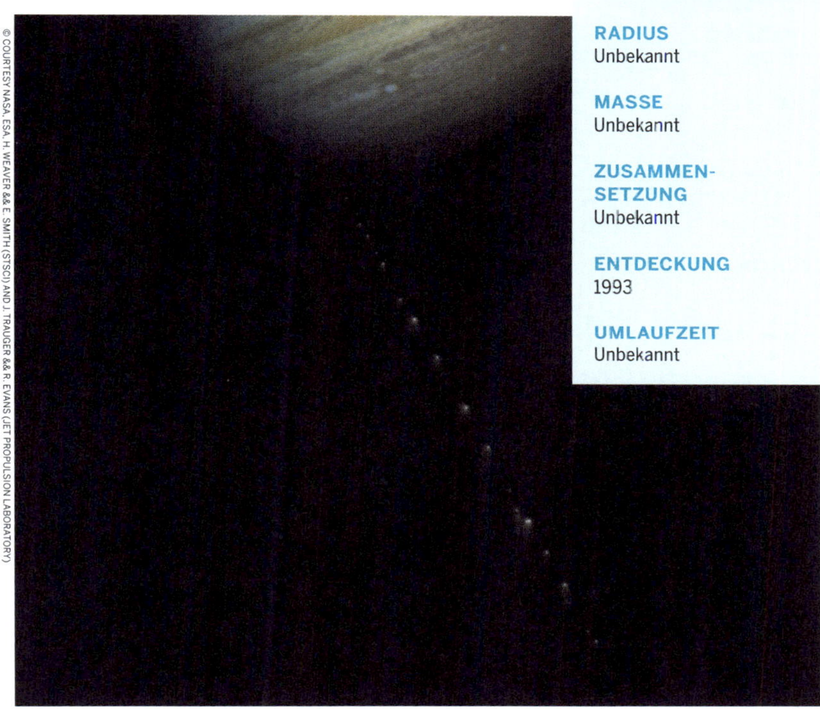

RADIUS
Unbekannt

MASSE
Unbekannt

ZUSAMMENSETZUNG
Unbekannt

ENTDECKUNG
1993

UMLAUFZEIT
Unbekannt

Die Fragmente des Kometen Shoemaker-Levy 9, der sich dem Jupiter auf seinem Kollisionskurs nähert.

Shoemaker-Levy 9

Shoemaker-Levy 9 begeisterte Astronomen, als er in den 1990er-Jahre auf den Jupiter stürzte und bewies, dass unser Sonnensystem ein dynamisches System mit Objekten ist, die interagieren – und manchmal eben auch kollidieren.

Der Komet Shoemaker-Levy 9 wurde von der Schwerkraft Jupiters eingefangen, auseinandergerissen und stürzte dann im Juli 1994 in Fragmenten auf den Planeten. Als der Komet 1993 von Carolyn und Eugene Shoemaker und David Levy entdeckt wurde, war er bereits in über 20 Stücke zerrissen worden, die in einer Umlaufbahn von zwei Jahren den Planeten umkreisten. Beobachtungen zeigten, dass der Komet (damals ging man noch von einem einzigen Körper aus) im Juli 1992 dem Jupiter nahe gekommen war und dabei von den Gezeitenkräften der Schwerkraft des Planeten auseinandergerissen wurde. Vermutlich hatte der Komet Jupiter etwa ein Jahrzehnt umkreist, ehe er daran zerschellte.

Zum Glück hatte die NASA eine Raumsonde in der Nähe, die zum ersten Mal die Kollision zwischen zwei Körpern im Sonnensystem beobachtete. Der Galileo-Orbiter lieferte eine Ansicht, als die Fragmente mit den Bezeichnungen A bis W in die Wolkendecke Jupiters einschlugen. Die Einschläge dauerten vom 16. bis zum 22. Juli 1994. Auch Observatorien wie das Hubble-Weltraumteleskop, Ulysses und Voyager 2 untersuchten die Kollision und die Folgen.

RADIUS
26 km

MASSE
Unbekannt

ZUSAMMENSETZUNG
Fels und Eis

ENTDECKUNG
1862

UMLAUFZEIT
133 Jahre

Die Perseiden vor der Milchstraße

Swift-Tuttle

Während die meisten Laien unter den Sternguckern wahrscheinlich noch nie von dem Kometen Swift-Tuttle gehört haben, hat wohl fast jeder schon einmal seine Signatur am Nachthimmel gesehen: den Perseiden-Meteorschauer, der jedes Jahr im August zu bestaunen ist.

Swift-Tuttle, oder Komet 109P, wurde nach den beiden Astronomen benannt, die ihn 1862 unabhängig voneinander entdeckten. Es handelt sich um einen beträchtlichen Kometen, der etwa doppelt so groß ist wie das Objekt, dessen Aufprall wohl zum Tod der Dinosaurier geführt hat. Von Swift-Tuttle gibt es aber nichts zu befürchten. Er durchkreuzt auf seiner 133-jährigen Reise um die Sonne zwar auch die Erdumlaufbahn, Forscher meinen aber, dass er sich der Erde nicht mehr als auf 1,6 Mio. km annähern wird – und das wird erst 3044 sein.

Swift-Tuttle ist ein periodischer Komet und erreichte das Perihel zuletzt 1992; zurückkehren wird er erst wieder 2125. Jedes Jahr werden wir jedoch Zeugen von Überresten von Swift-Tuttle, die er auf seiner Reise zurückgelassen hat. Auf dem Weg der Kometen um die Sonne entsteht in ihrer Umlaufbahn aus dem Staub und dem Wasserdampf, den sie nach und nach ausstoßen, eine Spur. Dieser Prozess wird als Ausgasen bezeichnet. Die Erde durchquert diese Trümmerspuren jedes Jahr, wobei diese mit der Atmosphäre kollidieren. Dort lösen sie sich auf und sorgen für feurige Streifen am Himmel. Die Trümmer aus dem All, die mit der Atmosphäre interagieren und den beliebten Perseiden-Meteorschauer bilden, stammen von Swift-Tuttle. Es war Giovanni Schiaparelli, der 1865 erkannte, dass dieser Komet die Quelle der Perseiden war (weitere Infos s. unten).

Die Perseiden

Die Perseiden sind für die meisten eine Einführung in die Meteorbeobachtung und viele junge Sterngucker erinnern sich an sie. Die Perseiden wurden von den Chinesen schon im 1. Jh. n. Chr. beobachtet, die Verbindung zwischen den Meteoren und Swift-Tuttle wurde aber erst im 19. Jh. ersichtlich, als der Komet an der Erde vorbeiflog. In den meisten Jahren erreichen die Perseiden ihren Höhepunkt Mitte August mit 60 bis 70 Meteoriten pro Stunde. Während eines Meteorsturms oder eines Ausbruchjahres sind es maximal 100 bis 200 Meteore pro Stunde. Sie sind von der Nordhalbkugel bis in die mittleren südlichen Breiten sichtbar.

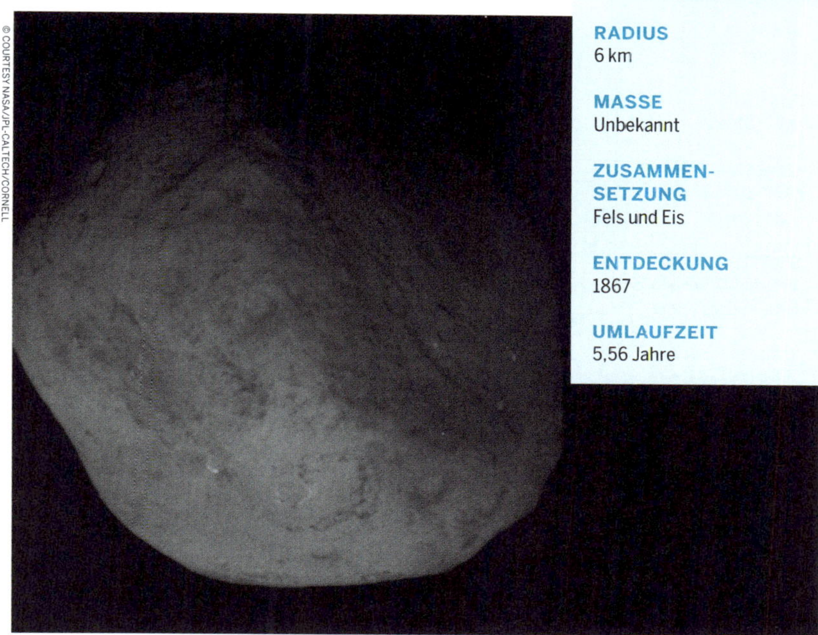

RADIUS
6 km

MASSE
Unbekannt

ZUSAMMENSETZUNG
Fels und Eis

ENTDECKUNG
1867

UMLAUFZEIT
5,56 Jahre

Der Komet Tempel aus Sicht der NASA-Sonde Stardust

Tempel 1

Abgesehen von der Tatsache, dass Tempel 1 der einzige Komet ist, der bereits von zwei verschiedenen Raumsonden angeflogen wurde – die zweite wurde dorthin geschickt, um die Kollision der ersten zu messen –, ist er eigentlich ein ganz normales Objekt im Asteroidengürtel.

Der Komet 9P, auch Tempel 1 genannt, ist ein periodischer Komet (in seiner offiziellen Bezeichnung durch das „P" gekennzeichnet), der die Sonne innerhalb des Asteroidengürtels zwischen den Bahnen von Mars und Jupiter umkreist. Tempel 1 ist ein Komet der Jupiter-Familie. Damit zählt er per Definition zu den Kometen, deren Umlaufzeit weniger als 20 Jahre dauert und die durch nahe Vorbeiflüge an dem Gasriesen verändert wurde. Tempel 1 liefert einen guten Beweis für Jupiters Fähigkeit, die Umlaufbahn von Kometen zu beeinflussen. Gegenwärtig dauert es etwa fünf Jahre, bis Tempel 1 die Sonne einmal umkreist hat, diese Periode ändert sich aber mit der Zeit. Als Tempel 1 zum ersten Mal entdeckt wurde, betrug seine Umlaufzeit 5,68 Jahre.

Zwei Missionen haben sich mit Tempel 1 befasst: Deep Impact im Jahr 2005 und Stardust-NExT 2011. Während der Mission Deep Impact schickten die Wissenschaftler eine Impaktorsonde auf Kollisionskurs mit Tempel 1, um mehr über die Zusammensetzung, Struktur und andere physikalische Eigenschaften zu erfahren. Als die Raumsonde Stardust 2011 Tempel 1 einen Besuch abstattete, war es das erste Mal, dass ein Komet zweimal angeflogen wurde. Stardust konnte sogar den Krater fotografieren, der sechs Jahre zuvor durch die Deep-Impact-Sonde verursacht worden war.

RADIUS
1,8 km

MASSE
$1{,}2 \times 10^{13}$ kg

ZUSAMMEN-SETZUNG
Fels und Eis

ENTDECKUNG
Erstmals 1699 beobachtet, 1865 als Komet

UMLAUFZEIT
33 Jahre

Die Milchstraße hinter einem Meteor der Leoniden

Tempel-Tuttle

Auf seiner himmlischen Reise passiert der kleine Komet Tempel-Tuttle die Erde nach galaktischen Maßstäben erstaunlich nah und er sorgt damit alle 33 Jahre für einen spektakulären Meteorsturm.

Komet 55P, oder Tempel-Tuttle, ist ein Komet, der der Erde während seiner 33-jährigen Umlaufbahn – gemessen an den Größenverhältnissen im Universum –sehr nahe kommt, nämlich bis zu einer Entfernung von 1,2 Mio. km. Forscher glauben aber nicht, dass er jemals näher kommen wird.

Aufgrund der geringen Entfernung, in der Tempel-Tuttle die Erde passiert, schafft der Trümmerstrom, den er hinterlässt, ein einzigartiges Schauspiel. In den meisten Jahren ist der durch die Trümmer von Tempel-Tuttle verursachte Meteorschauer – die Leoniden im November (s. unten) – relativ schwach. Aber etwa alle 33 Jahre wird der Leoniden-Meteorschauer zu einem Meteorsturm. Im Gegensatz zu einem Meteorschauer bringt ein Sturm mindestens 1000 Meteore pro Stunde mit sich. Der Meteorsturm von Tempel-Tuttle rührt daher, dass die Trümmer, die er in der Erdumlaufbahn hinterlässt, keine Zeit haben, sich im Weltraum auszubreiten, da der Komet so dicht an unserem Planeten vorbeifliegt.

Ein Leoniden-Meteorsturm findet nicht genau in dem Jahr statt, in dem Tempel-Tuttle am nächsten ist, sondern tritt meist wenige Jahre danach auf. Tempel-Tuttle erreichte das Perihel zuletzt 1998 und wird 2031 wieder zurückkehren. Somit zählt er zu den mittelperiodischen Kometen (auch „Halley-type Comets"). Nach dem Perihel von 1965 erlebten Beobachter 1966 einen legendären Leonidensturm, als innerhalb von 15 Minuten Tausende von Meteoren pro Minute fielen. Der letzte Leoniden-Meteorsturm fand 2002 statt, der nächste wird in den 2030er-Jahren erwartet.

Die Leoniden

Jedes Jahr kann man während des Höhepunkts des Leoniden-Meteorschauers Mitte November normalerweise 15 bis 50 Meteore pro Stunde sichten. Die Zahl ist jedes Jahr sehr unterschiedlich. Zudem erzeugen die Leoniden gelegentlich einen Meteorsturm mit über 1000 Meteoren pro Stunde. Obwohl die Leoniden nicht immer der aktivste Meteorschauer des Jahres sind, übertreffen sie in bestimmten Jahren die Rate aller anderen Meteorschauer zusammen!

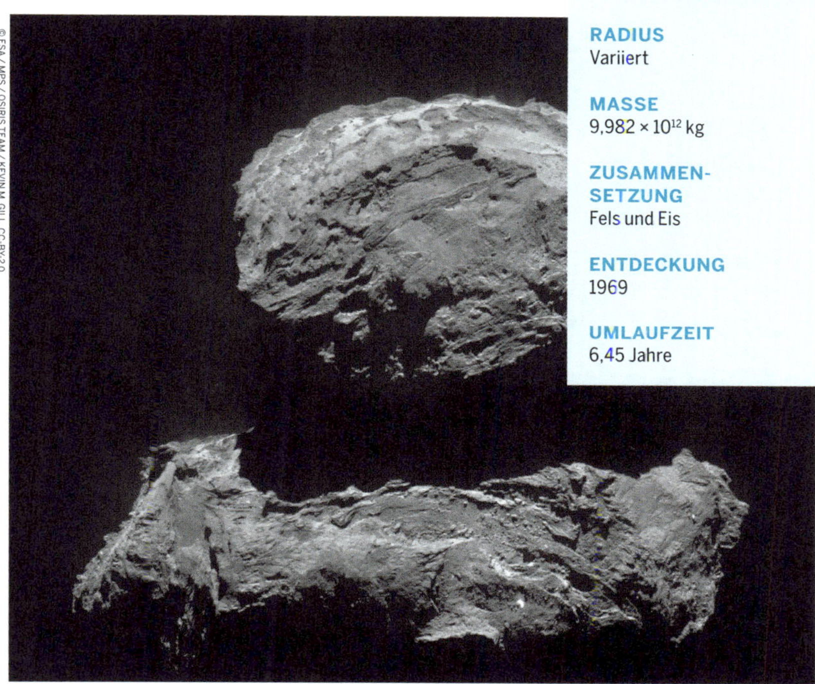

RADIUS
Variiert

MASSE
9,982 × 10^{12} kg

ZUSAMMENSETZUNG
Fels und Eis

ENTDECKUNG
1969

UMLAUFZEIT
6,45 Jahre

Bild vom Tschurjumow-Gerassimenko, aufgenommen mit dem Instrument OSIRIS an Bord der Rosetta-Sonde der ESA.

Tschurjumow-Gerassimenko

Die Rosetta-Mission zum Kometen Tschurjumow-Gerassimenko zeigt, dass selbst wenn ein Raumschiff keine erfolgreiche Landung schafft, die Mission dennoch wertvolles Wissen liefern kann – und erstaunliche Fotos.

67P, auch Tschurjumow-Gerassimenko genannt, umkreist die Sonne in einer Umlaufbahn, die die von Jupiter und Mars kreuzt und sich der Erdumlaufbahn nähert, sie aber nicht erreicht. Er ist nach seinen sowjetischen Entdeckern benannt, das „67P" rührt daher, dass es der 67. periodische Komet war, der entdeckt wurde. Wie die meisten Kometen der Jupiter-Familie ist er wohl durch einen oder mehrere Kollisionen oder durch die Gravitationskraft des Gasriesen aus dem Kuipergürtel gefallen.

Tschurjumow-Gerassimenko ging als erster Komet in die Geschichte ein, der von Robotern umkreist und erfolgreich angeflogen wurde. 2014 erreichte die Rosetta-Sonde mit ihrer Ladung, dem Philae-Lander, den Kometen, und der Lander wurde zu dessen Oberfläche gesandt. Leider legte Philae keine sanfte Landung hin und bekam nur wenig Sonnenlicht zur Erzeugung von Solarstrom für die Mission ab. 2016 endete die Rosetta-Mission, als die Sonde in einen anderen Teil von Tschurjumow-Gerassimenko stürzte. Während der zwei Jahre, die Rosetta und Philae um und auf dem Kometen verbrachten, konnten beide gute Fotos des Kometen machen, u. a. ein Foto von „Schnee", der durch Staub und Eis an der Oberfläche gebildet wurde.

RADIUS
1 km

MASSE
2,3 x 10^{13} kg

ZUSAMMENSETZUNG
Fels und Eis

ENTDECKUNG
1978

UMLAUFZEIT
6,4 Jahre

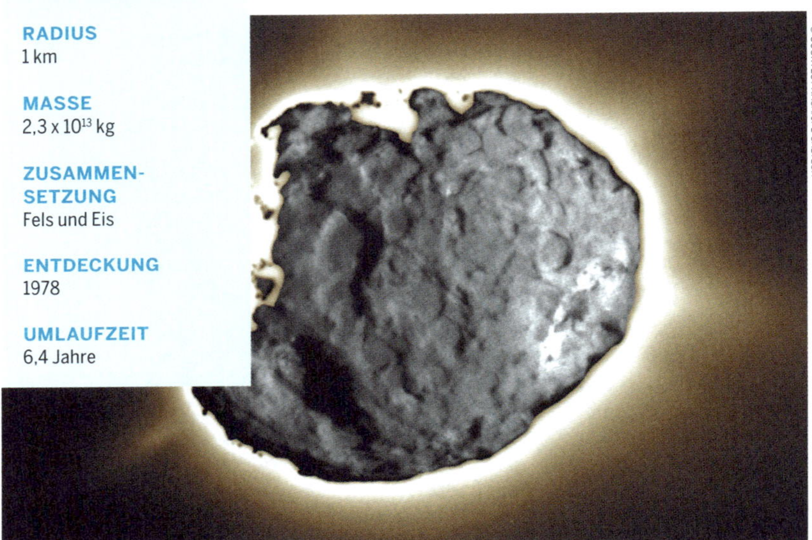

Ein von Stardust während seines Vorbeiflugs im Jahr 2004 aufgenommenes, zusammengesetztes Bild von Wild 2

Wild 2

Der Komet Wild 2 erregte viel Aufmerksamkeit, als er seine Umlaufbahn 1974 plötzlich änderte und sich näher zur Sonne hin bewegte. Damit war bewiesen, dass die Bahnen kleiner Objekte des Sonnensystems nicht statisch sind.

Komet 1P/Wild, genannt Wild 2, ist ein sogenannter „frischer" periodischer Komet. Es handelt sich um einen kleinen Kometen in Form einer abgeflachten Kugel, der die Sonne zwischen Mars und Jupiter umkreist. Diese Umlaufbahn beschreibt er aber erst seit Kurzem. Ursprünglich lag diese nämlich zwischen Uranus und Jupiter. Aufgrund gravitativer Wechselwirkungen zwischen Wild 2 und Jupiter änderte sich die Umlaufbahn des Kometen 1974. Der Astronom Paul Wild entdeckte den Kometen bei seiner ersten Sonnenumkreisung auf der neuen Umlaufbahn, und so wurde er nach ihm benannt. Auf dem relativ neuen Weg braucht Wild 2 fast sechseinhalb Jahre, um die Sonne einmal zu umkreisen. Das Perihel erreichte Wild 2 zuletzt 2016.

Da Wild 2 ein „frischer" Komet ist – er hat die Sonne noch nicht oft in nächster Nähe umkreist –, ist er ein ideales Objekt, um mehr über das frühe Sonnensystem zu erfahren. Die NASA entsandte die Stardust-Mission, die auch den Kometen Tempel 1 besuchte, damit diese 2004 während ihres Vorbeiflugs an Wild 2 Partikel einsammeln konnte. Es war die erste derartige Sammlung von außerirdischem Material auf einem Kometen. Die Proben wurden in einem Aerogel-Kollektor gesammelt und 2006 in einer Apollo-ähnlichen Kapsel zur Erde gebracht. In den Proben entdeckten die Forscher Glycin, einen Baustein des Lebens. Bilder, die während des Flugs gemacht wurden, zeigen auf der felsigen Oberfläche auch Becken und Krater. Und was ist am „Wildesten" an Wild 2? Heftige Jets, die sich bilden, wenn die Sonne auf die Kometenoberfläche scheint. Festes Eis wird zu Gas und entweicht in das Vakuum des Alls; die Jets schießen mit Hunderten von Kilometern pro Stunde dorthin.

Die Vorstellung eines Künstlers von einer Voyager-Sonde in der Oortschen Wolke

Oortsche Wolke

Dies ist kein Komet, sondern das mögliche Zuhause der langperiodischen Kometen. Sie gilt als eine Blase aus eisigem Schutt, die das Sonnensystem umgibt.

Weit hinter den Grenzen des Kuipergürtels könnte sich ein riesiger kugelförmiger Mantel mit Objekten befinden, der durch die Schwerkraft der Sonne zusammengehalten wird und alles im Sonnensystem umgibt. Sie ist zu weit entfernt, um sie mit Teleskopen sehen zu können. Die Oortsche Wolke ist aber die beste Vermutung dazu, woher langperiodische Kometen stammen könnten. Astronomen haben mehrere Kometen untersucht, von denen angenommen wird, dass sie aus dieser Region (bis zu drei Lichtjahre von der Sonne weg) kommen.

Die Wolke könnte sich auf einem Drittel des Weges von der Sonne zum nächsten Stern erstrecken, also irgendwo zwischen 1000 und 100 000 AE. 1950 brachte der Astronom Jan Oort zum ersten Mal solch eine mögliche Sphäre von eisigen Körpern ins Gespräch, um die Ursprünge von Kometen zu erklären, die Tausende von Jahren für die Umkreisung der Sonne brauchen. Diese langperiodischen Kometen wurden wahrscheinlich seit dem Bestehen schriftlicher Überlieferungen nur einmal gesichtet.

Es kann Hunderte Milliarden, ja sogar Billionen eisiger Körper in der Wolke geben. Ab und zu stört oder kollidiert etwas mit einer der eisigen Welten und es beginnt der lange Weg in Richtung der Sonne. Zwei aktuelle Beispiele sind die Kometen C/2012 S1 (ISON) und C/2013 A1 (Siding Spring). ISON wurde zerstört, als er zu nah an der Sonne vorbeikam, während Siding Spring, der nahe am Mars vorbeiflog, für die nächsten 740 000 Jahre nicht mehr in das innere Sonnensystem zurückkehren wird.

Zum Vergleich: Bei einer Geschwindigkeit von ca. 17 km pro Sekunde wird die 1977 gestartete Weltraumsonde Voyager 1 wohl erst in etwa 300 Jahren die Oortsche Wolke erreichen. Sobald sie dort ist, wird es rund 30 000 Jahre dauern, bis sie diese einmal durchquert hat. Vielleicht gibt es bis dahin Teleskope, die stark genug sind, um die Existenz der Wolke zu bestätigen.

© COURTESY NASA/AMES/JPL-CALTECH

EXOPLANETEN

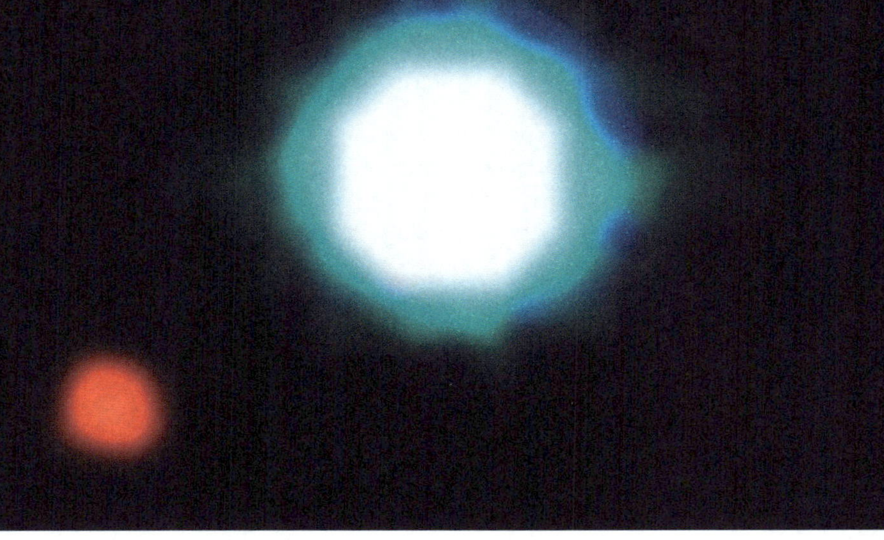

Die erste visuelle Aufnahme eines Exoplaneten überhaupt zeigt das Objekt 2M1207b.

Überblick

Die Entdeckung Tausender Planeten außerhalb des Sonnensystems war ein Heureka-Moment in der Forschungsgeschichte. Doch Beweise für eine ferne Welt, die Leben wie das auf der Erde bergen könnte, stehen noch aus.

Seit 1995 erstmals die Existenz eines Exoplaneten bestätigt wurde, der einen mit der Sonne vergleichbaren Stern umkreist, sind die Forscher auf viele vielversprechende Kandidaten gestoßen, obwohl bislang nur wenige, schmale Abschnitte der Milchstraße eingehend untersucht wurden; mittlerweile sind es Hunderte. Eine neuere Schätzung ordnet jedem Stern in der Galaxie mindestens einen Planeten zu. Danach müsste es allein in der Galaxis etwa 1 Billion Planeten geben, von denen viele eine der Erde ähnliche Größe haben.

Auch nur die nächsten dieser Himmelskörper zu besuchen, liegt derzeit völlig außerhalb der technischen Möglichkeiten. Aber die Entdeckung der ungeheuren Vielfalt von Exoplaneten in den letzten Jahrzehnten war ein Segen, brachte eine Schatztruhe wissenschaftlicher Erkenntnisse mit sich und hat das Verständnis von Welten jenseits unserer eignen erweitert, ob diese nun mehrere Sterne umkreisen oder als Objekte planetarer Masse allein durch den Raum ziehen.

Vor allem aber erinnern diese Planeten daran, welch ungewöhnliche Ausnahme die Erde wirklich ist. Zwar gibt es neben schnell kreisenden, an den Merkur erinnernden Himmelskörpern und „Hot Jupiters“ auch „Supererden“ und erdähnliche Planeten unter den bisher entdeckten Exoplaneten, aber von keinem lässt sich bislang definitiv behaupten, dass sich Leben auf ihm befände. Die Suche nach außerirdischem Leben wird aber weitergehen.

Highlights

Epsilon Eridani

1 Hier lässt sich ein mit dem Sonnensystem vergleichbares System in den frühen Stadien seiner Existenz beobachten.

Fomalhaut b

2 In mehrfacher Sicht einmalig: Fomalhaut b kreist in einem Staubring um sein Zentralgestirn und konnte direkt im optisch sichtbaren Licht nachgewiesen werden.

Gliese 504 b

3 Der mysteriöse Gliese 504 b kreist in 43,5 AE Entfernung um seinen Stern – oder auch nicht. Denn er könnte auch ein Brauner Zwerg sein.

Gliese 876 c

4 Wie Saturn besitzt Gliese 876 c ein spektakuläres Ringsystem.

HAT-P-7 b

5 Mit Edelsteinen in seiner Atmosphäre dürfte der windige Exoplanet HAT-P-7b, der 500-mal größer als die Erde ist, einen verwunderlichen Anblick bieten.

HD 69830

6 Dieses System besitzt einen Asteroidengürtel, in dem sich das 26-Fache des Materials befindet, aus dem der Asteroidengürtel des Sonnensystems besteht.

HD 149026 b

7 Dieser in gebundener Rotation kreisende, fast keine aufgenommene Wärme abstrahlende Exoplanet wird auf seiner Tagesseite von seinem Stern auf die dreifache Temperatur aufgeheizt, die auf der Venus herrscht.

HIP 68468

8 Man munkelt, dieser Gelbe Zwerg, der ansonsten ganz der Sonne gleicht, hätte einen seiner Planeten verschlungen.

Kepler-11

9 Kepler-11 wirkt mit seinen sechs bekannten Planeten recht vertraut.

Kepler-70

10 Die Exoplaneten dieses Sterns kreisen rasend schnell – ein Jahr dauert dort nur Stunden.

Lich

11 Gespenstische Planeten umkreisen diese Sternenleiche.

Proxima b

12 Unser planetarer Nachbar außerhalb des Sonnensystems besitzt eine erdähnliche Masse.

Künstlerische Fantasie über das mögliche Aussehen der Landschaft auf Proxima b

Vom Suchen und Finden

Der erste Exoplanet wurde 1995 entdeckt. Der Gasriese 51 Pegasi b, der ungefähr die halbe Masse des Jupiters besitzt, ist heiß und kreist in enger Umlaufbahn um seinen Stern, und zwar so schnell, dass die Bewegung seines Sterns von der Erde aus leicht mit einem Telskop warnehmbar ist – sobald die Astronomen wussten, wonach sie suchten. Mit der Entdeckung dieses schnellen Riesen begann die „klassische" Epoche der Exoplanetensuche. Diese frühe Technik des Aufspürens „schwankender" Sterne hatte die Entdeckung vieler Planeten zur Folge, vor allen von „Hot Jupiters", die ihre jeweiligen Sterne in engen Umlaufbahnen umrunden.

Bei dieser Methode misst man Schwankungen der Radialgeschwindigkeit eines Sterns. Die Wellenlänge des Sternenlichts wird größer oder kleiner, je nachdem, ob dieser Stern uns etwas näherkommt oder sich von uns entfernt. Diese Bewegungen werden von der Schwerkraft eines ihn umkreisenden Planeten verursacht. So lassen sich nicht sichtbare Exoplaneten mit hoher Masse nachweisen.

Mit dem Kepler-Weltraumteleskop der NASA wurde 2009, wenn man so will, das „moderne Zeitalter" der Exoplanetensuche eingeläutet. Kepler wurde in eine Umlaufbahn um die Sonne gebracht, lief der Erde hinterher und konzentrierte die Beobachtungen nur auf einen kleinen Ausschnitt – vier Jahre lang.

In diesem Bereich finden sich rund 150 000 Sterne. Kepler erspähte winzige Absenkungen der Helligkeit einzelner Sterne, die durch Planeten verursacht werden, die vor dem Stern vorbeiziehen (Transitmethode). Das Ergebnis der vierjährigen Datensammlung sind mehr als 2000 bestätigte Exoplaneten – das ist der größte Teil der bislang bestätigten mehr als 3300 Exoplaneten. Die Daten könnten noch Hinweise auf mehr als 2400 weitere Exoplaneten enthalten.

Die Kepler-Mission stieß in den 1990er-Jahren auf Skepsis. Viermal verwarf die NASA das von William Borucki vom NASA Ames Research Center vorgeschlagene Projekt. 2001 schließlich konnte Borucki, der heute im Ruhestand ist, sein Projekt durchsetzen. Und seine Idee hatte Erfolg

Andere Instrumente im Weltall und auf der Erde entdeckten die übrigen bislang

Künstlerische Darstellung der Kepler-Raumsonde im Orbit über der Erde

bekannten Exoplaneten. Der europäische Satellit CoRoT wurde noch vor Kepler in den Weltraum gebracht und erspähte in seiner Betriebszeit von 2006 bis 2012 ebenfalls zahlreiche Planeten mit der Transitmethode.

Das Hubble-Weltraumteleskop entdeckte nicht nur eine Reihe vor ihren Sternen vorbeiziehende Exoplaneten, sondern konnte auch Daten über die Atmosphären einiger liefern. Wenn ein Planet vor seinem Stern vorbeizieht, scheinen Lichtstrahlen durch die Atmosphäre des Planeten. Die Gase und chemischen Stoffe in der Atmosphäre absorbieren dabei unterschiedliche Wellenlängen des Lichts. Indem die Forscher fehlende Stellen im Spektrum des Sterns ermitteln, können sie sagen, welche Bestandteile in der Atmosphäre des Exoplaneten vorhanden sind.

Eine weiterer Himmelsbeobachter, das Spitzer-Weltraumteleskop der NASA, beobachtet vorbeiziehende Exoplaneten im Infrarotbereich und trägt dazu bei, Himmelskörper zu finden und näher zu bestimmen, indem es Einzelheiten über ihre jeweilige Atmosphäre verrät.

Spitzer wird dabei oft zusammen mit auf der Erde stationierten Teleskopen genutzt, u. a. mit dem Warschau-Teleskop des Forschungsprojekts OGLE, das im chilenischen Las-Campanas-Observatorium steht. 2015 wies man mithilfe des Spitzer-Weltraumteleskops und der Transitmethode den bislang erdnächsten Gesteinsplaneten nach, den nur 21 Lichtjahre von der Erde entfernten Planeten HD 219134 b, der zuvor schon vom italienischen, auf den Kanarischen Inseln stationierten Telescopio Nazionale Galileo (Spiegeldurchmesser 3,6 m) mit der Radialgeschwindigkeitsmethode gefunden worden war. Leider umkreist dieser Planet seinen Heimatstern jedoch auf einer zu engen Umlaufbahn, als dass Leben auf ihm möglich wäre.

Der Transiting Exoplanet Survey Satellite (TESS) entdeckte nach seinem Start im Jahr 2018 im April 2019 seinen ersten erdähnlichen Planeten. Bei der geplanten zweijährigen Untersuchung der näheren Nachbarschaft der Sonne wird TESS die Helligkeit der Sterne messen, um von vorbeiziehenden Planeten verursachte periodische Helligkeitsabsenkungen zu ermitteln. Man erwartet, dass die TESS-Mission Dutzende Planeten von Erdgröße, bis zu 500 Planeten, die weniger als die doppelte Größe der Erde haben, und rund 20000 weitere Exoplaneten finden wird, darunter mehr als 17000, die den Neptun an Größe übertreffen.

Nur eine Handvoll unter den Tausenden bekannten Exoplaneten wurden nicht mittels indirekter Verfahren wie der Radialgeschwindigkeits- oder der Transitmethode festgestellt. Die neue Ära der Exoplanetensuche, deren direkte Beobachtung, beginnt gerade erst.

Projekte wie das derzeit im Bau befindliche James-Webb-Weltraumteleskop oder das geplante WFIRST (Wide-Field Infrared Survey Telescope) werden die Möglichkeiten, ferne Planeten direkt zu beobachten, erweitern und verbessern – dies ist die Zukunft der Exoplanetensuche.

Neue Technologien werden es ermöglichen, Bilder von immer kleineren Planeten zu machen. So wird das WFIRST z. B. einen Koronografen an Bord haben, der Sternenlicht selektiv ausblenden kann, um sonst im Licht verborgene Exoplaneten sichtbar zu machen.

Abgesehen von Teleskopen soll auch ein „Starshade" genanntes Instrument zum Einsatz kommen, das das JPL für die NASA entwickelt. Der Starshade, der an eine Sonnenblume von der Größe eines Baseballfelds erinnert, soll im Weltraum abgesetzt werden. Ein Zehntausende Kilometer entferntes Weltraumteleskop wird dann auf ihn ausgerichtet; der Starshade blockiert unerwünschtes Licht und ermöglicht dem Teleskop, Bilder von Planeten zu machen.

Wenn die Weltraumteleskope immer besser werden, gelingt es vielleicht, das Bild einer anderen Erde einzufangen – einer weit entfernten Welt mit Kontinenten, Wolken und Meeren. Der ideale Kandidat wäre ein Gesteinsplanet von Erdengröße, der seinen Stern in der habitablen Zone umkreist.

Doch selbst mit den erwartbaren Fortschritten der Beobachtungstechnologie wird man die konkrete Form möglicher Lebewesen – ob Algenteppiche oder sich bewegende Kreaturen – kaum ermitteln können. Dennoch sprengt die Fülle neuer Exoplaneten Grenzen, die der Erkundung des Universums bisher gesetzt waren.

TYC 9486-927-1

KOORDINATEN
Rektaszension 21h 25m 27,4899s
Deklination −81°38' 27,673"

ENTFERNUNG
87 Lichtjahre

STERNBILD
Oktant

SCHEINBARE HELLIGKEIT
11,821

MASSE
0,4 Sonnenmassen

RADIUS
Unbekannt

STERNENKLASSE
Roter Zwerg, M1

TEMPERATUR
3490 K

ROTATIONSPERIODE
Unbekannt

ZAHL DER PLANETEN
1

2MASS J2126

PLANETENKLASSE
Gasriese

MASSE
13,3 Jupitermassen

RADIUS
Unbekannt

UMLAUFZEIT
900 000 Jahre

BAHNRADIUS
6900 AE

ENTDECKUNGSART
Direkte Beobachtung

ENTDECKUNG
2009, 2016

Künstlerische Darstellung von 2MASS J2126, der weit von seinem Stern entfernt ist

2MASS J2126-8140

2MASS J2126 ist einer der einsamsten bekannten Planeten: Er umkreist seinen Heimatstern in der unglaublichen Entfernung von fast 0,1 Lichtjahren.

Der Gasriese 2MASS J2126-8140 besitzt etwa die 13-fache Masse des Jupiters und ist auch in anderer Hinsicht außergewöhnlich. Er ist fast 7000 AE von seinem Stern entfernt (also 7000-mal so weit, wie die Erde von der Sonne entfernt ist) und hat damit die längste Umlaufbahn aller bislang entdeckten Planeten. Bei dieser gewaltigen Entfernung braucht er ungefähr 900 000 Jahre, um den Stern einmal zu umkreisen und ist vermutlich nicht in gebundener Rotation mit diesem verbunden. Es gibt wenig Aussicht auf Leben in einer so exotischen und kalten Welt. Für (hypothetische) Bewohner wäre ihre „Sonne" nicht mehr als ein heller Stern, und sie wüssten nicht einmal unbedingt, dass sie diesen umkreisen.

Bei seiner Entdeckung 2009 mithilfe des Two Micron All-Sky Survey (kurz 2MASS, daher der Namen) wurde der Exoplanet wegen seiner Größe und seiner Infrarotstrahlung als Brauner Zwerg klassifiziert. Als 2MASS J2126-8140 dann 2016 als Exoplanet identifiziert wurde, hielten ihn die Astronomen zunächst für eine Waise, einen freifliegenden Planeten. In Detektivarbeit konnten Forscher der University of Hertfordshire aber ermitteln, dass 2MASS J2126-8140 doch an einen Stern gebunden ist, einen Roten Zwerg namens TYC 9486-927-1 (oder auch 2MASS J21252752-8138278). „Niemand hatte eine Verbindung zwischen den beiden hergestellt", erklärt Dr. Niall Deacon. „Der Planet ist nicht so einsam, wie wir zuvor dachten, lebt aber eindeutig in einer Fernbeziehung."

Künstlerische Darstellung von 51 Pegasi b

51 Pegasi b

51 Pegasi b gehörte zu den ersten entdeckten Exoplaneten und war der erste, den man einem sonnenähnlichen Stern zuordnen konnte.

Der 1995 in einer Umlaufbahn um den Gelben Stern 51 Pegasi entdeckte Planet 51 Pegasi b ist ein heißer, seinen Stern eng umkreisender Gasriese. Der Planet braucht nur vier Tage für eine Umrundung, weshalb das „Wackeln“ des Sterns mit dem Teleskop deutlich wahrgenommen werden konnte, sobald die Astronomen wussten, wonach sie suchen sollten. Mit der Entdeckung dieses Gasriesen brach die „klassische“ Zeit der Planetensuche an. Die frühe Technik des Aufspürens schwankender Sterne führte zur Auffindung vieler Planeten, von denen viele große „Hot Jupiters“ mit engen Umlaufbahnen waren.

Diese Methode misst Schwankungen der Radialgeschwindigkeit eines Sterns. Die Wellenlänge des Sternenlichts wird größer oder kleiner, je nachdem, ob der Stern uns etwas näherkommt oder sich entfernt. Die Bewegung entsteht durch die Schwerkraft der umlaufenden Planeten. Als das Team von Michel Mayor und Didier Queloz von der Uni Genf seine Entdeckung von 51 Pegasi b bekannt gab, begann das „Exoplanetenwettrennen“. Die Radialgeschwindigkeitsmethode eignet sich gut zum Auffinden von Objekten mit hoher Masse, die ihren Stern eng umkreisen.

Vor Kurzem wurde der Exoplanet in Dimidium umbenannt (lat. „Hälfte“), in Anspielung auf seine Masse, die die Hälfte derer des Jupiters beträgt. Es bleibt abzuwarten, ob sich dieser Name durchsetzt, zumal auch der Name Bellerophon im Spiel ist, den einer der Astronomen verwendete, die die Existenz des Exoplaneten bestätigten.

51 Pegasi

KOORDINATEN
Rektaszension 22h 57m 27,938s
Deklination 20° 46' 7,7912"

ENTFERNUNG
50 Lichtjahre

STERNBILD
Pegasus

SCHEINBARE HELLIGKEIT
5,49

MASSE
1,11 Sonnenmassen

RADIUS
1,237 Sonnenradien

STERNENKLASSE
Sonnenartig, G2V

TEMPERATUR
5768 K

ROTATIONSPERIODE
21,9 Tage

ZAHL DER PLANETEN
1

51 Pegasi b

PLANETENKLASSE
Hot Jupiter

MASSE
0,47 Jupitermassen

RADIUS
0,5 Jupiterradien

UMLAUFZEIT
4,23 Tage

BAHNRADIUS
0,0527 AE

ENTDECKUNGSART
Radialgeschwindigkeitsmethode

ENTDECKUNG
1995

55 Cancri (Copernicus)

KOORDINATEN
Rektaszension 8h 52m 35,81s
Deklination 28° 19' 50,96"

ENTFERNUNG
41 Lichtjahre

STERNBILD
Krebs

SCHEINBARE HELLIGKEIT
5,5

MASSE
0,96 Sonnenmassen

RADIUS
0,96 Sonnenradien

STERNENKLASSE
Gelber Zwerg, G8V

TEMPERATUR
5165 K

ROTATIONSPERIODE
42,2 Tage

ZAHL DER PLANETEN
5

Diese Darstellung von 55 Cancri e zeigt den Planeten mit einer dunstigen Atmosphäre.

55 Cancri

Dieses 14 Lichtjahre entfernte Doppelsternsystem im Sternbild des Krebses ist eine echte Planeten-Schatztruhe. Mindestens fünf Planeten wurden hier schon gefunden – und vielleicht sind es sogar noch mehr.

Der größere Stern des Doppelsternsystems, 55 Cancri A, ähnelt unserer Sonne, während sein Begleiter 55 Cancri B ein kleinerer und dunklerer Roter Zwerg ist. Im Jahr 1995 entdeckten Astronomen, dass um 55 Cancri A ein riesiger Gasplanet kreist, 55 Cancri b. Dieser war einer der ersten Planeten, die außerhalb des Sonnensystems entdeckt wurden. Spätere Suchen erhöhten die Zahl der Planeten auf fünf. Damit gehört 55 Cancri zu den uns bekannten Sternsystemen mit den meisten Planeten.

Der Konvention entsprechend erhalten Planeten den Namen ihres Sterns, gefolgt von einem Kleinbuchstaben, beginnend mit b, alphabetisch sortiert in der Reihenfolge ihrer Entdeckung. 55 Cancri b war also der erste entdeckte Planet, gefolgt von 55 Cancri c bis f. Die Buchstaben sagen daher nichts über die Reihenfolge der Planeten in ihrem Sternsystem aus. Im Jahr 2015 wurde der Stern 55 Cancri A in einer öffentlichen Abstimmung und von der Internationalen Astronomischen Union bestätigt Copernicus genannt, nach einem der Väter der modernen Astronomie. Auf die gleiche Weise erhielten auch die Planeten b bis f ihre Namen nach berühmten Astronomen der Renaissance: Galileo, Brahe, Lipperhey, Janssen und Harriot.

Im Blick: das 55-Cancri-System

55 Cancri b

1 55 Cancri b oder Galileo ist ein Gasriese. Der Exoplanet hat 0,83 Jupitermassen, er braucht 14,65 Tage für einen Umlauf um Copernicus und umkreist ihn in einem Abstand von 0,115 Astronomischen Einheiten (AE), also etwas mehr als einem Zehntel des Abstands der Erde von der Sonne. Die Entdeckung des Planeten wurde zwei Jahre nach seinem Nachweis im Januar 1997 bekannt gegeben. Galileo war einer der ersten Exoplaneten, die entdeckt wurden, und läutete gewissermaßen die Ära der Exoplanetensuche und -erforschung ein.

55 Cancri c und d

2 Als nächste Planeten des Systems wurden im Jahr 2002 55 Cancri c (Brahe) und 55 Cancri d (Lipperhey) entdeckt. Brahe ist ein Exoplanet aus der Klasse der Eisriesen wie Uranus und Neptun. Dieser Exoplanet hat 0,17 Jupitermassen, braucht 44,3 Tage für einen Umlauf und ist 0,24 AE von Copernicus entfernt. Lipperhey ist viel größer: ein Gasriese mit ungefähr vier Jupitermassen, der seinen Stern in 14,3 Jahren in einer Entfernung von 5,7 AE umkreist. Das entspricht ungefähr dem Abstand des Jupiters von der Sonne.

55 Cancri e

3 55 Cancri e (Janssen), der innerste Planet des Systems, wurde im August 2004 entdeckt und ist wahrscheinlich eine „Supererde", ein Gesteinsplanet mit acht Erdmassen. Er umkreist seinen Stern in 18 Stunden auf einer sehr engen Umlaufbahn. Aufgrund der Nähe des Planeten zu seinem Stern umkreist er diesen in gebundener Rotation, wendet ihm also immer die gleiche Seite zu, so wie unser Mond der Erde. Die Tagseite von Janssen ist daher wesentlich heißer (fast 2430 °C) als die immer im Dunklen liegende Nachtseite (1130 °C).

Bedingungen auf 55 Cancri e

4 Im Jahr 2016 setzten die Forscher das Spitzer-Weltraumteleskop auf diesen Himmelskörper an. Interessanterweise besitzt er wahrscheinlich eine Atmosphäre, die eine ähnliche Zusammensetzung wie die der Erde haben könnte, aber dichter ist. Gäbe es auf dem Planeten Lavaseen, aber keine Atmosphäre, müssten sich einzelne „Hot Spots" mit heißeren Temperaturen finden lassen. Daher sind Lavaseen keine gute Erklärung für die Beobachtungen, die Spitzer anstellte. „Wenn es Lava auf diesem Planeten gibt, müsste sie die ganze Oberfläche bedecken", erklärt Dr. Renyu Hu, ein Astronom im JPL der NASA. „Diese Lava wäre aber aufgrund der dichten Atmosphäre für uns nicht sichtbar."

55 Cancri f

5 Der im April 2005 als Letzter entdeckte Planet 55 Cancri f (Harriot) ist ein Eisriese wie Brahe. Er hat 0,14 Jupitermassen und umkreist seinen Stern auf der zweitäußersten Bahn in 260 Tagen und einem Abstand von 0,78 AE – ungefähr dem Abstand der Venus zur Sonne.

Top-Tipp

Seltsame Dinge geschehen in der Zone des Zwielichts und noch seltsamere dort, wo die Sonne nie auf- oder untergeht. Der Planet 55 Cancri e (Janssen) kreist in gebundener Rotation als „Supererde", deren Tagseite unter der Hitze des Sterns Copernicus schmilzt, während die Nachtseite in ewiges Dunkel gehüllt ist. Wer glaubt, man könnte vielleicht in der Übergangszone überleben, täuscht sich: Die Nachtseite wäre nur so kühl, dass die kochenden Lavaströme der Tagseite erstarren. Wer immer sich auf diesen höllisch heißen Planeten verirrt, ist verloren.

An- & Weiterreise

Mit einem Spaceshuttle ließe sich 55 Cancri in 1,6 Mio. Jahren erreichen. Viel schneller ginge es mit der bisher schnellsten Raumsonde, der Parker Solar Probe – mit ihr wäre man schon in weniger als 200 000 Jahren am Ziel.

Barnards Stern

KOORDINATEN
Rektaszension 17h 57m 48,498s
Deklination 4° 41' 36,2072"

ENTFERNUNG
5,958 Lichtjahre

STERNBILD
Schlangenträger (Ophiuchus)

SCHEINBARE HELLIGKEIT
9,9511

MASSE
0,144 Sonnenmassen

RADIUS
0,196 Sonnenradien

STERNENKLASSE
Roter Zwerg, M4V

TEMPERATUR
3134 K

ROTATIONSPERIODE
130,4 Tage

ZAHL DER PLANETEN
1 oder 2

Barnards Stern b

PLANETENKLASSE
Supererde

MASSE
3,23 Erdmassen

RADIUS
Unbekannt

UMLAUFZEIT
232,8 Tage

BAHNRADIUS
0,404 AE

ENTDECKUNGSART
Radialgeschwindigkeitsmethode

ENTDECKUNG
2018

Künstlerische Fantasiedarstellung der Oberfläche von Barnards Stern b

Barnards Stern b

Der Ende 2018 entdeckte Barnards Stern b ist nur sechs Lichtjahre von der Erde entfernt und damit der zweitnächste bekannte Exoplanet. Er ist eine frostige Kugel aus Gestein und Eis mit einer Oberflächentemperatur von rund –170 °C.

Barnards Stern ist der schnellste Stern am Nachthimmel. Er bewegt sich im Verhältnis zur Sonne mit einer Geschwindigkeit von rund 500 000 km/h oder, von der Erdoberfläche gesehen, alle 180 Jahre über eine Strecke vom Durchmesser des Mondes – das sind 10,4 Bogensekunden pro Jahr. Das klingt nach nicht viel, ist aber für ein so fernes Objekt eine starke Bewegung. Barnards Stern ist ein Roter Zwerg, ein kühler Stern mit wenig Masse, der seinen Planeten nur schwach erleuchtet. Das Licht von Barnards Stern versorgt den Planeten mit nur 2 % der Energie, welche die Erde von der Sonne empfängt.

Die Daten deuten darauf hin, dass der Planet, der seinen Stern in ca. 233 Tagen umrundet, eine „Supererde" mit mindestens 3,2 Erdmassen sein könnte. Barnards Stern b ist ein eisiger Körper. Um die Existenz des Planeten zu beweisen, nutzten die Astronomen mehrere Teleskope, um zu messen, wie weit der Stern unter dem Einfluss des Planeten schwankt. Die Messungen waren so präzise, dass sie eine Abweichung der Sternenbewegung von etwa menschlicher Gehgeschwindigkeit feststellen konnten. Zudem mussten zwei andere Bewegungen berücksichtigt werden: die schnelle Bewegung von Barnards Stern und die Tatsache, dass sich der Stern auf uns zu bewegt.

Im Blick: Barnards Stern b

Warum Barnard?

1 Der Stern ist schlicht und einfach nach seinem Entdecker Edward Emerson Barnard (1857–1923) benannt, dem amerikanischen Astronomen, der ihn 1916 identifiziert hat. Der prominente Forscher leistete Bahnbrechendes auf dem Gebiet der Himmelsfotografie, auch wenn heute dafür ganz andere Verfahren genutzt werden als zu seiner Zeit.

Ein „Verwandter"?

2 Barnards Stern ist zwar ein Roter, nicht wie die Sonne ein Gelber Zwerg, aber der der Sonne viertnächste Stern (inklusive aller Sterne des Centauri-Systems). So kann man ihn immer noch zur „Familie" zählen, zumal er wie alle Hauptreihensterne aus Wasserstoff und Helium besteht. Er ist zudem der nächste Stern in der nördlichen Hemisphäre. Davon abgesehen, sind die Ähnlichkeiten aber gering: Barnard Stern hat nur 15 % der Sonnenmasse oder 150 Jupitermassen bei einem nur doppelt so großen Umfang.

Population I oder II?

3 Barnards Stern ist viel älter als die Sonne. Er muss entstanden sein, bevor das Universum große Mengen schwerer Elemente besaß, die von Sternen während ihres Lebenszyklus erzeugt werden. Die schnelle Geschwindigkeit und geringere Metallizität legen nahe, dass es sich um einen Stern der intermediären Population II handelt.

Eine gefrorene „Supererde"

4 Die Bezeichnung Supererde bezieht sich auf die Größe und den Gesteinskern des Planeten und besagt nicht, dass er in anderen Eigenschaften erdähnlich wäre oder es auf ihm erdähnliches Leben gäbe. Wegen der schwachen Leuchtkraft von Barnards Stern herrschen auf seinem Exoplaneten, der den Stern in einer Entfernung von 60 Mio. km umkreist, absolut eisige Temperaturen.

Eine neue Sternklasse?

5 Als Roter Zwerg mit einem Alter von 11 bis 12 Mrd. Jahren ist Barnards Stern für einen Stern dieser Klasse noch recht jung. Er könnte noch weitere 40 Mrd. Jahre brennen, bevor er in seine nächste Entwicklungsphase, die eines kalten Schwarzen Zwerges, übergeht. Gegenwärtig ist die Existenz dieser Sternenüberreste nur eine Hypothese, da sich angesichts des Alters des Universums von 13,8 Mrd. Jahren noch kein Roter Zwerg so weit entwickelt hat.

Top-Tipp

Wäre es nicht schön, wenn ein Stern nach einem selbst benannt würde? Es gibt Unternehmen, die solche Namensrechte verkaufen, aber die beste Methode, dieses Ziel zu erreichen, ist immer noch, selbst einen neuen Stern zu entdecken. Die IAU überwacht die Benennung astronomischer Objekte, aber im Vorfeld der Entscheidung (und oft noch danach) geht es durchaus anarchisch zu.

An- & Weiterreise

Wenn jemand eine interstellare Reise plant – und wenn das Alpha-Centauri-System aus irgendeinem Grund nicht erreichbar ist –, bietet sich Barnards Stern an. Hilfreich ist, dass sich dieser Stern auch noch auf die Erde zubewegt. Da er rund sechs Lichtjahre entfernt ist, sind Reisen allerdings ein bloßer Tagtraum, solange es keine radikalen technologischen Fortschritte gibt. In kosmischen Maßstäben ist der Stern jedoch wirklich nur einen Katzensprung entfernt.

CoRoT-7

KOORDINATEN
Rektaszension 6h 43m 49,47s
Deklination –1° 3' 46,82"

ENTFERNUNG
490 Lichtjahre

STERNBILD
Einhorn (Monoceros)

SCHEINBARE HELLIGKEIT
11,67

MASSE
0,91 Sonnenmassen

RADIUS
0,82 Sonnenradien

STERNENKLASSE
Gelber Zwerg, G9V

TEMPERATUR
5250 K

ROTATIONSPERIODE
23 Tage

ZAHL DER PLANETEN
2, vielleicht 3

CoRoT-7 b

PLANETENKLASSE
Supererde

MASSE
2,3–8,5 Erdmassen

RADIUS
1,6 Erdradien

UMLAUFZEIT
0,85 Tage

BAHNRADIUS
0,017 AE

ENTDECKUNGSART
Transitmethode

ENTDECKUNG
2009

CoRoT-7 und sein Exoplanet sind sich extrem nahe, wie auf dieser Fantasiedarstellung gezeigt.

CoRoT-7 b

CoRoT-7 b ist eine von mindestens zwei „Supererden", die um einen sonnenähnlichen Stern kreisen. Der Planet dürfte eine geschmolzene, Tausende Grad heiße Hölle sein.

Als die Astronomen CoRoT-7 b entdeckten, waren sie überrascht, wie dicht der Planet um seinen Stern kreist – der Abstand beträgt nur ein Sechzigstel des Abstands der Erde von der Sonne – und wie hoch entsprechend die Oberflächentemperaturen sind: 1982 °C! „Die ersten Planeten, die außerhalb unseres Sonnensystems entdeckt wurden, erwiesen sich als mächtige Gasriesen in sehr engen Umlaufbahnen um ihre Sterne", erklärt Brian Jackson vom Goddard Space Flight Center der NASA in Greenbelt, Maryland. „Jetzt finden wir nach und nach Objekte von Erdgröße in ähnlichen Umlaufbahnen. Könnte es da einen Zusammenhang geben?"

Die Größe (1,6 Erdradien) und die Masse (2,3–8,5 Erdmassen) von CoRoT-7 b weisen darauf hin, dass dieser Himmelskörper wahrscheinlich aus Gestein besteht. „Bei einer so hohen Temperatur auf der Tagseite müssen aber alle Gesteinsoberflächen auf dieser Seite geschmolzen sein, und der Planet kann nur eine sehr dünne Atmosphäre, möglicherweise aus verdampftem Gestein, besitzen", erläutert Jackson. CoRoT-7 b ist seinem Stern so nah, dass er von dieser extremen Umgebung buchstäblich aufgezehrt wird. Jackson schätzt, dass durch die solare Aufheizung mehrere Erdmassen an Material von dem Planeten verdampft wurden. Außer wegen der Temperatur ist der Planet noch wegen seiner großen Umlaufgeschwindigkeit von mehr als 750 000 km/h bemerkenswert.

Im Blick: CoRoT-7 b

CoRoT-7

1 Der im Februar 2009 vom Weltraumteleskop CoRoT (COnvection, ROtation et Transits planétaires) der französischen Raumfahrtbehörde CNES aufgespürte Exoplanet CoRoT-7 b braucht nur 20,4 Stunden um seinen unserer Sonne ähnelnden Stern zu umrunden, der 490 Lichtjahre entfernt im Sternbild des Einhorns liegt. Astronomen glauben, dass dieser Stern rund 1,5 Mrd. Jahre alt ist, also ungefähr ein Drittel des Alters der Sonne hat. Der Planet ist seinem Stern so nahe, dass dieser laut Jackson vom Planeten aus gesehen fast 360 Mal größer erscheint als die Sonne von der Erde aus.

Schwesterplaneten

2 CoRoT-7 b hat mindestens einen und möglicherweise zwei Geschwister. Bestätigt ist der Planet CoRoT-7 c. Dieser besitzt rund 13 Erdmassen und ist sehr wahrscheinlich ein neptun- oder uranusähnlicher Planet, allerdings viel heißer. Auch dieser Planet umkreist seinen Stern auf einer sehr engen Umlaufbahn mit nur rund einem Zehntel des Abstands des Merkurs von der Sonne. Die Existenz eines weiteren Planeten, CoRoT-7 d, ist bislang noch unbestätigt. Falls er existiert, müsste er noch größer sein, hätte aber ebenfalls immer noch eine sehr enge Umlaufbahn mit einer Umlaufzeit von nur neun Tagen.

Gebundene Rotation

3 Aufgrund der Nähe zu seinem Stern – er ist nur 0,017 AE entfernt – bewegt sich CoRoT-7 b wahrscheinlich in gebundener Rotation. Damit kehrt der Planet seiner Sonne immer die gleiche Seite zu, so wie der Mond der Erde. Die wahrscheinliche Temperatur auf der Tagseite entspricht der des Wolframfadens einer weißglühenden Glühbirne, auf der dunklen Nachtseite hingegen sind es −200 °C. Auf den beiden Hemisphäre sind also sehr verschiedene geologische Verhältnisse zu erwarten.

Verdampfender Planet

4 „Es gibt eine komplexe Beziehung zwischen den Massenverlusten des Planeten und seiner Schwerkraft“, erläutert Jackson. Die Gezeitenkräfte verändern schrittweise die Umlaufbahn des Planeten und ziehen ihn in einem Prozess, der Gezeitenmigration heißt, nach innen. Die größere Nähe zu dem Stern erhöht dann den Massenverlust, was wiederum die Geschwindigkeit der Bahnänderung abbremst. Bei der Berechnung des Hin und Hers von Massenverlust und Gezeitenmigration kam Jacksons Team zu dem Schluss, dass CoRot-7 b bei seiner Entstehung 100 Erdmassen besessen haben könnte – so viel wie Saturn.

Restkern

5 Jackson vermutet, dass ähnliche Prozesse wahrscheinlich viele andere Exoplaneten beeinflusst haben, die eng um ihren Stern kreisen. Mehrere neue Studien lassen vermuten, dass viele „Hot Jupiters“ ähnliche Massenverluste und Gezeitenmigrationen erlebt haben, bis vielleicht nur noch Restkerne wie bei CoRoT-7 b übrig blieben. „CoRoT-7 b könnte der erste in einer neuen Klasse von Planeten sein, Planeten, die bis auf einen Rest verdampften.“

Top-Tipp

Die genaue Masse des Planeten CoRoT-7 b ist noch umstritten. Zur Zeit seiner Entdeckung setzte das Team von Forschern um Dr. Didier Queloz am Cavendish-Laboratorium und an der Uni Genf eine Masse von 4,8 Erdmassen an. Seither haben andere Forscher Werte in der Größe zwischen 2,3 und 8,5 Erdmassen ermittelt. Am oberen Ende dieser Skala hätte der Planet eine viel höhere Dichte als die Erde, vergleichbar mit der von Kepler-10 b, einem weiteren Exoplaneten. Er könnte auch einen vollständig festen Eisenkern wie der Merkur haben und wäre dann wie dieser Planet unfähig, ein globales Magnetfeld zu erzeugen.

An- & Weiterreise

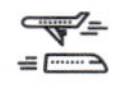

Mit heutiger Raketentechnologie würde ein Flug zu diesem System um die 20 Mio. Jahre dauern. Da die Exoplaneten ohnehin die Hölle sind, ist ein ruhiges, näher gelegenes Ziel vorzuziehen.

© GERHARD HÜDEPOHL / ATACAMAPHOTO.COM

Das passend benannte Very Large Telescope (VLT) in der chilenischen Atacama-Wüste

Künstlerische Fantasiedarstellung des dunklen Exoplaneten CVSO 30 c

CVSO 30 b und c

CVSO 30 ist ein junger roter Stern mit einem, möglicherweise auch zwei Planeten. Die Planeten waren die ersten, die man sowohl durch direkte Beobachtung, als auch mit der Transitmethode fand.

CVSO 30 ist ein junger Stern aus der Klasse der T-Tauri-Sterne, der sich in 1140 Lichtjahren Entfernung im Sternbild Orion findet. Die Sonne durchlief in ihrer Entwicklung ein ähnliches Stadium; damals war sie noch von Staub und Gas umgeben. Potenzielle Exoplaneten wurden in diesem System durch direkte Beobachtung und die Transitmethode gefunden, doch gilt bislang noch kein Planet als bestätigt. „2012 fanden Astronomen heraus, dass CVSO 30 einen Exoplaneten – CVSO 30 b – besitzen muss. Sie bedienten sich", heißt es in einer Pressemitteilung der Europäischen Südsternwarte (ESO), „der Methode der Transitphotometrie, bei der die Absenkung des Lichts durch einen vorbeiziehenden Planeten gemessen wird".

Doch die Existenz des Planeten ist noch nicht bestätigt. 2016 nahmen die Astronomen das System erneut ins Visier, wofür sie mehrere Teleskope einsetzten. „Man kombinierte Beobachtungen des in Chile stationierten Very Large Telescope (VLT) der ESO, des W. M. Keck Observatory in Hawaii und des Calar-Alto-Observatoriums in Spanien", schreibt Tobias Schmidt von der Uni Hamburg. „Während der zuvor gefundene Planet CVSO 30 b den Stern in 0,008 AE Entfernung und weniger als elf Stunden umkreist, ist CVSO 30 c mit einer Entfernung von 660 AE viel weiter weg und hat eine Umlaufzeit von 27000 Jahren." Beide Planeten sind Gasriesen und CVSO 30 b möglicherweise ein Hot Jupiter.

CVSO 30

KOORDINATEN
Rektaszension 5h 25m 7.56s
Deklination 1° 34' 24,35"

ENTFERNUNG
1140 Lichtjahre

STERNBILD
Orion

SCHEINBARE HELLIGKEIT
16,26

MASSE
0,39 Sonnenmassen

RADIUS
1,39 Sonnenradien

STERNENKLASSE
T-Tauri-Stern, MV

TEMPERATUR
3740 K

ROTATIONSPERIODE
Unbekannt

ZAHL DER PLANETEN
2 mögliche Planeten

Epsilon Eridani

KOORDINATEN
Rektaszension 3h 32m 55,84496s
Deklination −9° 27′ 29,7312″

ENTFERNUNG
10,46 Lichtjahre

STERNBILD
Eridanus

SCHEINBARE HELLIGKEIT
3,74

MASSE
0,82 Sonnenmassen

RADIUS
0,74 Sonnenradien

STERNENKLASSE
Oranger Zwerg, K2V

TEMPERATUR
5084 K

ROTATIONSPERIODE
11,2 Tage

ZAHL DER PLANETEN
1

Künstlerische Darstellung des Epsilon-Eridani-Systems mit Epsilon Eridani b

Epsilon Eridani

Doppelte Pracht: Zwei Asteroidengürtel und zwei (mögliche) Planeten umkreisen diesen beliebten Science-Fiction-Schauplatz.

Der 10,5 Lichtjahre entfernte, im Sternbild Eridanus der südlichen Hemisphäre zu findende Stern Epsilon Eridani – bekannt aus der Fernsehserie *Babylon 5* – hat das nächstgelegene Planetensystem um einen Stern, der der frühen Sonne ähnelt. Das System ist ideal, um zu erforschen, wie sich Planeten um sonnenähnliche Sterne bilden.

Untersuchungen deuten darauf hin, dass Epsilon Eridanus zwei Staubscheiben besitzt. Darunter verstehen Astronomen übriggebliebene Materie, die nach Abschluss der Planetenbildung einen Stern umkreist. Sie kann aus Gas, Staub, kleinen Gesteinsbrocken und Eis bestehen. Staubscheiben können breit und durchgängig sein oder Gürtel bilden. Messungen der Bewegung von Epsilon Eridani deuten darauf hin, dass ein Planet von ungefähr der gleichen Masse wie der Jupiter den Stern in einer ähnlichen Entfernung umkreist, wie ihn der Jupiter zur Sonne einhält. Es könnte auch noch weitere Planeten geben.

Ein Modell des Systems geht davon aus, dass sich warmes Material in zwei schmalen Staubringen befindet, die den Positionen des Asteroidengürtels und der Umlaufbahn des Planeten Uranus im Sonnensystem entsprechen. Das andere Modell führt das warme Material auf Staub zurück, der aus einer mit dem Kuipergürtel vergleichbaren Zone stammt und sich in einer Staubscheibe um den Stern sammelt. Dabei verteilt sich das Material in einer Scheibe, die sich nicht in Ringen konzentriert und auch keine Verbindung zu Planeten im Innern des Systems hat.

Im Blick: das Epsilon-Eridani-System

Der Stern

1 Epsilon Eridani ist sehr jung. Mit weniger als 1 Mrd. Jahre hat er nur rund ein Fünftel des Alters unserer Sonne. Er besitzt deshalb ein viel stärkeres Magnetfeld als die Sonne und einen heftigen, 30-mal stärkeren Sonnenwind, einen vom Stern ausgehenden Partikelstrom. Als Hauptreihenstern der Spektralklasse K2 ist er kühler als die Sonne. Seine Oberflächentemperatur liegt bei rund 5000 K, weshalb er orange erscheint.

Ein junges System

2 „Dieses System ähnelt wahrscheinlich unserem zum Zeitpunkt der Entstehung von Leben auf der Erde", erklärt Dr. Dana Backman, eine Astronomin vom SETI Institute in Mountain View, Kalifornien. „Der Hauptunterschied, von dem wir bislang wissen, ist, dass es einen Ring aus von der Planetenentstehung übriggebliebenem Material besitzt."

Zwei Gürtel und ein Planetenring

3 Der Asteroidengürtel kreist in einer Entfernung von rund 3 AE um den Stern – also ungefähr in der gleichen Position wie der Asteroidengürtel im Sonnensystem (1 Astronomische Einheit = Abstand der Erde von der Sonne). Der zweite Asteroidengürtel befindet sich in einer Entfernung von rund 20 AE zum Stern, einer Entfernung, die ungefähr der Position der Umlaufbahn des Uranus in unserem Sonnensystem entspricht. Es gibt auch noch einen äußeren Kometenring in einer Entfernung von 35 bis 90 AE vom Zentralgestirn; der vergleichbare Kuipergürtel im Sonnensystem erstreckt sich in einem Abstand von etwa 30 bis 50 AE zur Sonne.

Zwei mögliche Planeten

4 Epsilon Eridani b, einer der beiden Planeten, ist ein Gasriese mit etwa 0,77 Jupitermassen. Er ist 3,39 AE von seinem Stern entfernt und umkreist ihn in 6,9 Jahren. Seine Entdeckung wurde im Jahr 2000 verkündet. Die Existenz des zweiten Planeten, Epsilon Eridani c, ist bisher noch nicht bestätigt. Er hat angeblich ungefähr 0,1 Jupitermassen und umkreist den Stern in 280 Jahren und in einer Entfernung von 40 AE.

Ein dritter Planet?

5 Der mittlere Gürtel, den das 2003 von der NASA in den Weltraum gebrachte Spitzer-Weltraumteleskop aufspürte, legt die Möglichkeit nahe, dass ein dritter Planet das Material dort produziert bzw. sammelt. Die Umlaufbahn dieses dritten Planeten würde zwischen denen der beiden anderen liegen und den Stern in einem Abstand von annähernd 20 AE umgeben.

„Detaillierte Untersuchungen der Staubgürtel in anderen Planetensystemen verraten uns viel über ihre komplexe Struktur", erklärt Michael Werner, ein Mitautor der Untersuchung und Projektwissenschaftler für das Spitzer-Weltraumteleskop am JPL. „Es scheint, als wäre kein Planetensystem so wie das andere."

Top-Tipp

Weil der Stern der Sonne so nahe ist und ihr ähnelt, ist Epsilon Eridani ein beliebter Schauplatz in der Science Fiction. Die Fernsehserien *Star Trek* und *Babylon 5* haben bereits auf den Stern Bezug genommen, und er kam u. a. auch in Romanen von Isaac Asimov und Frank Herbert vor. Der bekannte Stern zählte auch zu den ersten, die im Jahr 1960 mit Radioteleskopen nach Anzeichen einer entwickelten außerirdischen Zivilisation abgesucht wurden. Zu jener Zeit wussten die Astronomen allerdings noch nicht, wie jung der Stern in Wirklichkeit ist.

An- & Weiterreise

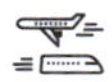

Bei einer Entfernung von gerade einmal etwas mehr als zehn Lichtjahren brauchte ein Spaceshuttle rund 400 000 Jahre, um Epsilon Eridani zu erreichen. Da könnte es nicht schaden, den E-Reader mitzunehmen!

Fomalhaut

KOORDINATEN
Rektaszension 22h 57m 39,05s
Deklination –29° 37' 20,05"

ENTFERNUNG
25 Lichtjahre

STERNBILD
Südlicher Fisch (Piscis Austrinus)

SCHEINBARE HELLIGKEIT
1,16

MASSE
1,92 Sonnenmassen

RADIUS
1,84 Sonnenradien

STERNENKLASSE
Blauer Hauptreihenstern, A3V

TEMPERATUR
8590 K

ROTATIONSPERIODE
Unbekannt

ZAHL DER PLANETEN
1 und Staubscheibe

Fomalhaut b (Dagon)

PLANETENKLASSE
Gasriese

MASSE
Weniger als 2 Jupitermassen

RADIUS
Unbekannt

UMLAUFZEIT
1700 Jahre

BAHNRADIUS
177 AE

ENTDECKUNGSART
Direkte Beobachtung

ENTDECKUNG
2008

Ein saturnartiger Ring, unter dessen Partikeln sich der Planet verbirgt, könnte Fomalhaut umgeben.

Fomalhaut b

Fomalhaut b ist eine Ausnahme: Er wurde direkt beobachtet und nicht mit der Transit- oder der Radialgeschwindigkeitsmethode erschlossen.

Die Bilder des Hubble-Weltraumteleskops der NASA von einer gewaltigen Staubscheibe um den nahen Stern Fomalhaut und von einem ihn umkreisenden, geheimnisvollen Planeten könnten Wissenschaftlern einen Blick in ein entstehendes Planetensystem ermöglichen. Fomalhaut b ist ungefähr doppelt so groß wie der Jupiter. Er gehört zu den wenigen Planeten, über deren Namen die Öffentlichkeit entschieden hat: Er wurde nach einer Fruchtbarkeitsgottheit Dagon genannt. Die Forscher konnten den Planeten direkt aufnehmen, weil er seinen Stern in dem gewaltigen Abstand von durchschnittlich 177 AE umkreist. Sie verwendeten den Koronografen der Hubbles Advanced Camera for Surveys (ACS), um das Licht des Sterns abzuschirmen, damit der matt leuchtende Planet sichtbar wurde. Fomalhaut b leuchtet 1 Mrd. mal schwächer als sein Stern.

Das Fomalhaut-System ist besonders, denn es scheint, als gewähre es Forschern einen Einblick in das, was im Sonnensystem vor 4 Mrd. Jahren geschah. Die Bilder zeigen deutlich einen Ring aus protoplanetarem Staub mit einer Breite von ca. 34,5 Mrd. km und einem scharfen Innenrand. Es entstehen Planeten, die Monde gewinnen oder verlieren, und Kometengürtel entwickeln sich. Die Astronomen werden Fomalhaut b jahrzehntelang beobachten, weil sie hoffen, beobachten zu können, wie der Planet in einen eisigen Staubgürtel eintritt, der dem Kuipergürtel am Rand unseres Sonnensystems ähnelt. Aus Staub formen sich dann neue Objekte.

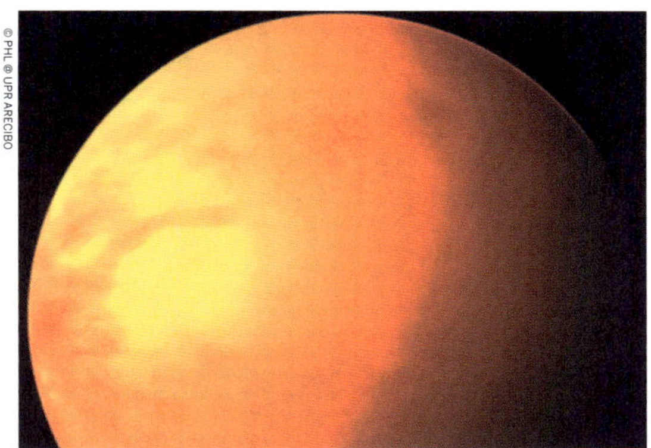

© PHL @ UPR ARECIBO

Gliese 163 c, hier in einer Fantasiedarstellung, könnte möglicherweise mikrobielles Leben bergen.

Gliese 163 b, c und d

Gliese 163 ist ein Roter Zwerg mit mindestens drei Planeten, einer davon eine „Supererde“. Das System ist 49 Lichtjahre von der Sonne entfernt.

Die Astronomen nahmen dieses System im Jahr 2012 ins Visier, wobei sie den High Accuracy Radial velocity Planet Searcher (HARPS) der ESO am chilenischen La-Silla-Observatorium einsetzten. Ihre Suche erbrachte zunächst zwei Planeten, Gliese 163 b und c, und schließlich noch einen dritten, Gliese 163 d, der etwas später bestätigt wurde. Außer ihrer Masse und ihrer Umlaufbahn weiß man wenig von diesen Planeten, was die Astronomen aber nicht davon abhält, zu spekulieren.

Der kleinere Planet Gliese 163 c hat ungefähr das 6,8-Fache der Erdmasse, da man aber seinen Radius nicht kennt, kann man nichts über seine Klasse sagen. „Wir wissen nicht mit Sicherheit, ob es sich um einen Gesteinsplaneten handelt“, erklärt Xavier Bonfils von der Université Joseph Fourier de Grenoble, der Hauptautor der Entdeckungsstudie. „Planeten dieser Masse können Gesteins-, Ozean- oder neptunartige Planeten sein.“ Abel Mendez, Professor für Physik und Astrobiologie an der Universidad de Puerto Rico in Arecibo, glaubt, dass Gliese 163 c eine Wasserwelt mit einem den ganzen Planeten umspannenden Ozean unter einer dichten Wolkendecke sein könnte. Wenn das so wäre, könnte der Planet bewohnbar sein, weil seine Umlaufbahn in der habitablen Zone seines Sterns liegt. Allerdings ist die Frage offen, ob Rote Zwerge für die Entwicklung von Leben geeignet sind: Da sie aktivere Sterne sind, könnte ihr Sonnenwind die Atmosphären der Planeten gefährden.

Gliese 163

KOORDINATEN
Rektaszension 4h 9m 15,66s
Deklination −53° 22' 25,31"

ENTFERNUNG
49 Lichtjahre

STERNBILD
Schwertfisch (Xiphias, Dorado)

SCHEINBARE HELLIGKEIT
11,8

MASSE
0,4 Sonnenmassen

RADIUS
Unbekannt

STERNENKLASSE
Roter Zwerg, M3.5V

TEMPERATUR
3500 K

ROTATIONSPERIODE
61 Tage

ZAHL DER PLANETEN
3, möglicherweise mehr

Gliese 176

KOORDINATEN
Rektaszension 4h 42m 55,77s
Deklination 18° 57' 29,40"

ENTFERNUNG
30,7 Lichtjahre

STERNBILD
Stier

SCHEINBARE HELLIGKEIT
9,95

MASSE
0,5 Sonnenmassen

RADIUS
0,45 Sonnenradien

STERNENKLASSE
Roter Zwerg, M2V

TEMPERATUR
3679 K

ROTATIONSPERIODE
40 Tage

ZAHL DER PLANETEN
1

Gliese 176 b

PLANETENKLASSE
Supererde oder neptunartig

MASSE
9,06 Erdmassen

RADIUS
Unbekannt

UMLAUFZEIT
8,78 Tage

BAHNRADIUS
0,066 AE

ENTDECKUNGSART
Radialgeschwindigkeits-methode

ENTDECKUNG
2007

Das hier gezeigte Hobby-Eberly-Teleskop entdeckte Gliese 176 b im Jahr 2007.

Gliese 176 b

Der Rote Zwerg Gliese 176 (bzw. GJ 176) wird von der möglichen „Supererde" Gliese 176 b umkreist. Der Radius des Planeten ist aber ungewiss, er könnte auch neptunartig sein.

Gliese 176 b hat seit seiner Entdeckung im Jahr 2007 einige Veränderungen durchlaufen. Die Astronomen Michael Endl und William D. Cochran vom McDonald Observatory der University of Texas entdeckten Gliese 176 b bei der Suche nach Planeten rund um Rote Zwerge mithilfe des Hobby-Eberly-Teleskops (HET) ihres Observatoriums. „Die Umlaufzeit des Planeten beträgt 10,24 Tage. GJ 176 gehört damit zu der kleinen (aber wachsenden) Zahl von Roten Zwergen mit Planeten mit kurzer Umlaufzeit und Massen in der Größenordnung des Neptuns", schrieben die Entdecker im Astrophysical Journal.

Es stellte sich dann aber heraus, dass die Umlaufzeit falsch war: Die Forscher hatten sie mit der Rotationsperiode des Sterns, die 40 Tage beträgt, durcheinandergebracht. Spätere Messungen mithilfe des HARPS-Instruments am La-Silla-Observatorium in Chile filterten das falsche Signal heraus und ergaben eine neue geschätzte Umlaufzeit von 8,78 Tagen und später dann auch eine andere Masse. Bis es den Astronomen gelingt, den Radius des Planeten zu bestimmen, bleibt ungewiss, ob es sich um eine „Supererde" oder einen Eisriesen wie den Neptun handelt.

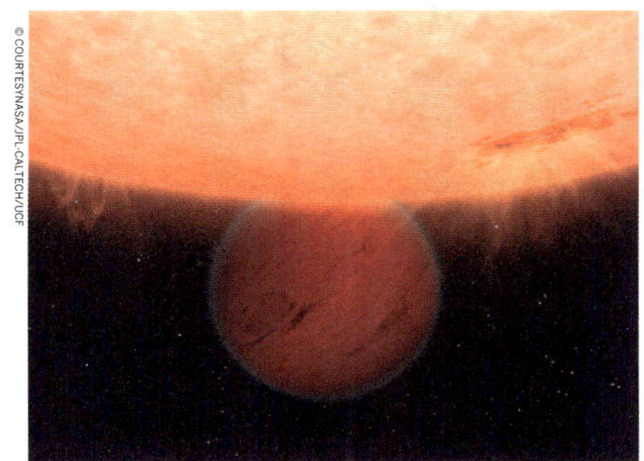

Gliese 436 b gibt „eisig heiß“ eine neue Definition.

Gliese 436 b

Dieser weniger als 32 Lichtjahre entfernte geheimnisvolle Körper wurde als „Planet des brennenden Eises“ bezeichnet. Der Planet ist ungefähr so groß wie der Neptun, aber wesentlich heißer.

Gliese 436 b wurde berühmt, als er 2004 als erster Planet seiner Art vorgestellt wurde: ein „Hot Neptune“. „Der ‚Planet des brennenden Eises‘ umkreist Gliese 436, einen Roten Zwerg von geringerer Leuchtkraft als die Sonne im Sternbild des Löwen“, steht auf der Website astronaut.com. „Die Tatsache, dass Gliese 436 b seinem Stern so nah ist, wird von der Beobachtung untermauert, dass er für einen Umlauf nur zwei Tage und 15,5 Stunden benötigt. Die Oberflächentemperatur des Exoplaneten liegt bei rund 439 °C. Wasser kocht bei 100 °C. Wie kann das Rätsel des ‚brennenden Eises‘ also überhaupt existieren?“

Die Antwort ist, dass es sich zwar um Eis handelt, aber nicht um solches, wie wir es kennen. Wie auf astronaut.com erklärt wird: „Wasser kann viele Zustände haben, nicht nur die drei, die wir kennen. Das Wasser auf dem Planeten des brennenden Eises unterliegt Bedingungen, unter denen es viel dichter ist als das Eis auf der Erde.“ So wie sich Kohlenstoff unter hohem Druck und bei hoher Temperatur in Diamanten verwandelt, verwandelt sich Wasser auf diesem Planeten in die heiße, kristalline Substanz „Eis-VII“, die auch unter extremer Hitze fest bleibt. Es ist unklar, wo sonst im Universum dieses Phänomen auftritt. Zweifellos ein eindrucksvoller Partytrick!

Um denselben Stern wurden noch zwei andere Planeten ermittelt, deren Status aber gegenwärtig noch nicht bestätigt ist.

Gliese 436

KOORDINATEN
Rektaszension 11h 42m 11,09s
Deklination 26° 42' 23,65"

ENTFERNUNG
31,8 Lichtjahre

STERNBILD
Löwe

SCHEINBARE HELLIGKEIT
10,67

MASSE
0,41 Sonnenmassen

RADIUS
0,42 Sonnenradien

STERNENKLASSE
Roter Zwerg, M2.5V

TEMPERATUR
3318 K

ROTATIONSPERIODE
39,9 Tage

ZAHL DER PLANETEN
1, möglicherweise 3

Gliese 436 b

PLANETENKLASSE
Hot Neptune

MASSE
21,36 Erdmassen

RADIUS
4,33 Erdradien

UMLAUFZEIT
2,64 Tage

BAHNRADIUS
0,028 AE

ENTDECKUNGSART
Radialgeschwindigkeitsmethode

ENTDECKUNG
2004

Gliese 504

KOORDINATEN
Rektaszension 13h 16m 47,0s
Deklination 9° 25' 27"

ENTFERNUNG
57,3 Lichtjahre

STERNBILD
Jungfrau

SCHEINBARE HELLIGKEIT
5,22

MASSE
1,16 Sonnenmassen

RADIUS
1,36 Sonnenradien

STERNENKLASSE
Gelber Zwerg, G0V

TEMPERATUR
6205 K

ROTATIONSPERIODE
3,33 Tage

ZAHL DER PLANETEN
1

Gliese 504 b

PLANETENKLASSE
Gasriese oder Brauner Zwerg

MASSE
4–30 Jupitermassen

RADIUS
0,96 Jupiterradien

UMLAUFZEIT
Unterschiedliche Schätzungen: 155–1557 Jahre

BAHNRADIUS
Unterschiedliche Schätzungen: 31–129 AE

ENTDECKUNGSART
Direkte Beobachtung

ENTDECKUNG
2013

Gliese 504 b hat viermal die Masse des Jupiters.

Gliese 504 b

Der einen Stern in der Jungfrau umkreisende Gliese 504 b ist der Planet mit der höchsten Masse, der je in der Umlaufbahn eines sonnenähnlichen Sterns mittels direkter Beobachtung erspäht wurde.

Gliese 504 b umkreist seinen Stern in einer Distanz, die fast neunmal so groß ist wie die Entfernung des Jupiters von der Sonne. Es könnte sich um einen Braunen Zwerg handeln. Falls Gliese 504 b aber ein Planet ist, stellt er die Theorie von der Entstehung der Gasriesen infrage.

Nach allgemeiner Ansicht entstehen jupiterartige Planeten in der gasreichen Staubscheibe, die einen jungen Stern umgibt. Ein Kern, der aus der Kollision zwischen Asteroiden und Kometen entsteht, bildet den Samen. Wenn dieser Kern eine ausreichende Masse erreicht, zieht dessen Schwerkraft das Gas aus der Scheibe, wodurch sich der Planet bildet. Dieses Modell funktioniert gut für Planeten bis hinaus in die Region, in der der Neptun um die Sonne kreist, was etwa dem 30-fachen Abstand des Abstands der Erde von der Sonne (30 AE) entspricht. Bei Planeten, die weiter von ihren Sternen entfernt sind, wird es jedoch problematisch. Gliese 504 b liegt in einer geschätzten Entfernung von 43,5 AE zu seinem Stern; die tatsächliche Entfernung hängt davon ab, wie weit das System gegen die Blickrichtung geneigt ist, was man nicht genau weiß.

Solange Gliese 504 b nicht der richtigen Kategorie zugeordnet werden kann, ist seine Masse unbekannt. Handelte es sich um einen Planeten, besäße er vier Jupitermassen, ist es ein Brauner Zwerg, könnte er eine viel höhere Masse und Dichte besitzen. Könnte man hinreisen, sähe man eine Welt, die noch immer unter der Hitze ihrer Entstehung in einer Farbe zwischen Kirschrot und Magenta glüht.

Brauner Zwerg oder Exoplanet?

Mit der Größe als Hauptkriterium für die Klassifizierung nach Objekten zu suchen, ist durchaus nützlich, kann aber im Grenzbereich zwischen riesigen Hot Jupiters und kleinen, kühlen Braunen Zwergen problematisch sein. Letztere sind so klein, dass der Druck in ihrem Kern für eine Wasserstofffusion nicht ausreicht, durch die sie zu echten Sternen würden.

Astronomen hoffen, dass die starken Infrarotinstrumente des James-Webb-Weltraumteleskops ein grundsätzliches Rätsel der Sternenbeobachtung lösen werden: Was ist dieses schwache Licht da am Himmel? Braune Zwerge verwischen die klare Unterscheidung zwischen Sternen und Planeten und stellen das etablierte Verständnis, wie diese Himmelskörper beschaffen sind und wie sie entstehen, infrage.

Mehrere Forscherteams werden das Webb-Weltraumteleskop nutzen, um die Eigenarten der Braunen Zwerge zu erkunden und Einblick in die Sternenentstehung, die Atmosphären von Exoplaneten und jenen Zwischenbereich zu erhalten, in dem die Braunen Zwerge existieren. Untersuchungen mit den Weltraumteleskopen Hubble und Spitzer sowie dem ALMA ergaben, dass Braune Zwerge bis zu 70-mal massiver sein können als Gasplaneten wie der Jupiter, aber nicht über genügend Kernmasse verfügen, damit die Wasserstofffusion in Gang kommt und sie als Sterne leuchten. Braune Zwerge wurden schon in den 1960ern theoretisch postuliert und ihre Existenz 1995 bestätigt. Doch entstehen sie wie Sterne durch die Kontraktion von Gasen oder wie Planeten durch die Ansammlung von Material in einer protoplanetaren Scheibe? Dass einige Braune Zwerge an einen Stern gebunden sind, während andere allein durchs All treiben, macht alles noch schwieriger.

Étienne Artigau leitet ein Team an der Université de Montréal, das das Webb-Weltraumteleskop nutzen will, um SIMP 0136 zu untersuchen. Das ist ein junger, isolierter Brauner Zwerg geringer Masse, der der Sonne besonders nahe ist. Da SIMP 0136 viele Eigenschaften eines Planeten hat und nicht durch das Licht eines Sterns überstrahlt wird, entdeckten Forscher hier Hinweise auf eine wolkige Atmosphäre. Artigau und sein Team wollen die Instrumente von Webb nutzen, um mehr über die Chemie dieser Wolken zu erfahren.

Hier könnte man Grundlagenforschung für die künftige Erkundung von Exoplaneten leisten, auch in der Frage, welche Objekte Bedingungen für Leben böten. Die Suche nach frei fliegenden Braunen Zwergen mit geringer Masse ist ein guter Ausgangspunkt. Braune Zwerge „scheinen" nicht, sondern emittieren als Überbleibsel ihrer Entstehung nur einen schwaches Glühen, das am besten im Infrarotbereich zu sehen ist. Die Infrarotstrahlung Brauner Zwerge ist, verglichen mit der Energie, die von heißen Sternen abgestrahlt wird, kühl.

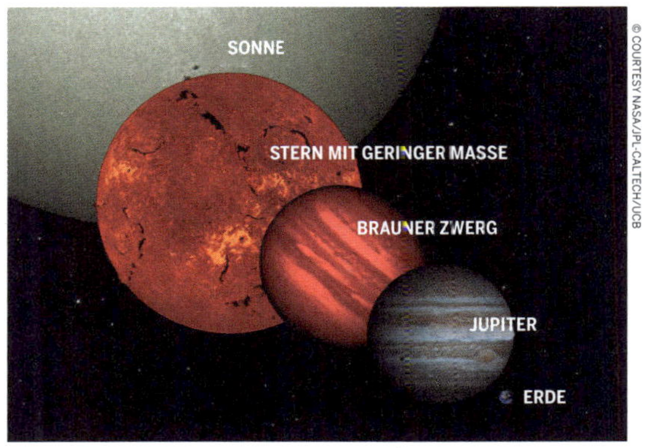

Im Größenverhältnis können Braune Zwerge und Gasplaneten (verwirrend) ähnlich sein.

Gliese 581

KOORDINATEN
Rektaszension 15h 19m 26,83s
Deklination –7° 43' 20,19"

ENTFERNUNG
20,4 Lichtjahre

STERNBILD
Waage

SCHEINBARE HELLIGKEIT
10,56

MASSE
0,31 Sonnenmassen

RADIUS
0,30 Sonnenradien

STERNENKLASSE
Roter Zwerg, M3V

TEMPERATUR
3480 K

ROTATIONSPERIODE
133 Tage

ZAHL DER PLANETEN
3, möglicherweise 6

Künstlerische Fantasiedarstellung von Gliese 581 c, einem Planeten mit der fünffachen Masse der Erde.

Gliese 581 b, c und e

Der Rote Zwerg im Sternbild Waage steht in der Liste der sonnennächsten Sterne auf Platz 89 und ist 20 Lichtjahre von der Erde entfernt. Drei bestätigte und eventuell drei weitere Planeten umrunden ihn.

2005 fanden Astronomen der Europäischen Südsternwarte (ESO) den ersten Planeten in einer Umlaufbahn um Gliese 581. Gliese 581 b (GJ 581 b) hat Neptungröße und umkreist den Stern in 5,4 Tagen. Nach Angaben der ESO hatten die Astronomen zu dieser Zeit schon Hinweise auf einen weiteren Planeten gefunden. „Sie nahmen daher neue Messungen vor und fanden eine ‚Supererde' – Gliese 581 c – und Hinweise auf einen weiteren Planeten von acht Erdmassen und einer Umlaufzeit von 84 Tagen", hieß es in einer Pressemitteilung der ESO. Der letztgenannte Planet Gliese 581 d ist allerdings noch nicht bestätigt.

Die Entdeckungen ermöglichte der HARPS (High Accuracy Radial velocity Planetary Searcher), der derzeit wohl präziseste Spektrograf der Welt mit Standort im La-Silla-Observatorium in Chile. „HARPS ist ein einzigartiges Instrument zum Aufspüren von Planeten", erklärt Michel Mayor von der Genfer Sternwarte, der Leiter der Forschungen. „Angesichts seiner unglaublichen Präzision konzentrieren wir unsere Suche auf Planeten mit geringer Masse. Und HARPS ist sehr erfolgreich: Von den 13 bekannten Planeten mit einer Masse unter 20 Erdmassen wurden elf mit HARPS entdeckt."

Der Stern Gliese 581 hat ungefähr 30 % der Masse der Sonne, und der äußerste Planet ist dem Stern näher als die Erde der Sonne. Der vierte Planetenkandidat, Gliese 581 g, könnte aber Bedingungen für mögliches Leben aufweisen.

Im Blick: das Gliese-581-System

Der Stern

1 Die Europäische Südsternwarte (ESO) stellt fest, dass Gliese 581 zu den 100 der Sonne am nächsten gelegenen Sternen gehört. Der Stern befindet sich 20,5 Lichtjahre entfernt im Sternbild Waage. Seine Masse und sein Radius betragen nur ein Drittel der Masse und des Radius der Sonne. Derartige Rote Zwerge leuchten wegen ihrer Eigenschaften 50-mal schwächer als die Sonne und sind die häufigsten Sterne in unserer Galaxie. Unter den 100 der Sonne am nächsten liegenden Sternen gehören 80 dieser Klasse an.

Habitable Zone

2 „Rote Zwerge sind ideale Ziele für die Suche nach Planeten mit geringer Masse, auf denen Wasser in flüssiger Form vorliegen könnte", erklärt der Astronom Xavier Bonfils. Weil Gliese 581 so schwach leuchtet, müssen bewohnbare Planeten ihn viel enger umkreisen als die Erde die Sonne. Weiter entfernt wären sie zu kalt für flüssiges Wasser, das die meisten Forscher als Grundbedingung für Leben ansehen.

Gliese 581 b

3 Er ist der größte der drei bestätigten Planeten von Gliese 581. Mit dem 15,8-Fachen der Erdmasse ist er wahrscheinlich ein Eisriese ähnlich dem Neptun. Zur Zeit seiner Entdeckung im Jahr 2005 war er der fünfte bekannte Exoplanet, der einen Roten Zwerg umkreist. Seine Umlaufbahn verläuft zwischen der des (sternennächsten) Planeten Gliese 581 c und der des (sternenfernsten) Planeten Gliese 581 e.

Gliese 581 c

4 Nach Angaben der ESO zählt der 2007 entdeckte Gesteinsplanet zu den kleinsten, die bislang gefunden wurden. Er umkreist seinen Stern in 13 Tagen. „Wir schätzen, dass die mittlere Temperatur auf dieser ‚Supererde' zwischen 0 und 40 °C liegt und Wasser in flüssiger Form vorkommen könnte", führt Stéphane Udry von der Genfer Sternwarte aus, der Hauptautor der Entdeckungsstudie. „Außerdem dürfte der Radius nur das 1,5-Fache des Erdradius betragen und der Planet entweder ein Gesteinsplanet wie die Erde oder ganz mit Ozeanen bedeckt sein."

Gliese 581 e

5 Nach mehr als vierjährigen Beobachtungen durch HARPS, das weltweit erfolgreichste Instrument zum Aufspüren von Planeten mit geringer Masse, entdeckten die Astronomen 2009 den damals leichtesten bekannten Exoplaneten. Gliese 581 e hat nur etwa die doppelte Masse der Erde und umkreist seinen Stern in 3,15 Tagen. Er ist der seinem Stern fernste Planet in diesem System, doch ist seine Umlaufbahn immer noch enger als die des Merkurs um die Sonne.

Top-Tipp

Das System ist Gegenstand von Kontroversen, weil drei der sechs entdeckten Planeten unbestätigt sind. Es wurde nicht nur vom HARPS-Spektrografen untersucht, sondern auch von Astronomen, die von der NASA gefördert werden. Sie nutzten das W. M. Keck Observatory in Hawaii, eines der größten optischen Teleskope auf der Erde. Das Problem besteht darin, dass es viele Möglichkeiten gibt, die gefundenen Daten zu deuten. Die Astronomen sind sich nicht sicher, ob ein Modell mit drei, vier, fünf oder gar sechs Planeten das System am besten beschreibt. Die drei unbestätigten Planeten umkreisen ihren Stern alle in größeren Entfernungen (0,13 AE, 0,22 AE bzw. 0,75 AE).

An- & Weiterreise

Trotz der recht großen Nähe würde eine Reise mit dem Spaceshuttle zum System Gliese 581 gute 790 000 Jahre dauern. Beträchtlich schneller sind Proxima Centauri und Barnards Stern zu erreichen.

Gliese 625

KOORDINATEN
Rektaszension 18h 25m 24,6233s
Deklination 54° 18' 14,7658"

ENTFERNUNG
21,11 Lichtjahre

STERNBILD
Drache (Draco)

SCHEINBARE HELLIGKEIT
10,17

MASSE
0,3 Sonnenmassen

RADIUS
0,31 Sonnenradien

STERNENKLASSE
Roter Zwerg, M2V

TEMPERATUR
3499 K

ROTATIONSPERIODE
Unbekannt

ZAHL DER PLANETEN
1

Gliese 625 b

PLANETENKLASSE
Supererde

MASSE
2,82 Erdmassen

RADIUS
Unbekannt

UMLAUFZEIT
14,628 Tage

BAHNRADIUS
0,078 AE

ENTDECKUNGSART
Radialgeschwindigkeitsmethode

ENTDECKUNG
2017

Gliese 625 b könnte einige Eigenschaften der Erde besitzen, ist aber viel größer.

Gliese 625 b

Gliese 625 b ist ein riesiger Gesteinsplanet, der einen Roten Zwerg umkreist. Falls es auf diesem Planeten Wasser gäbe, könnte auch Leben auf ihm existieren.

Der nur 21 Lichtjahre von der Sonne entfernte und im Sternbild des Drachen gelegene Stern Gliese 625 ist ein Roter Zwerg mit ungefähr einem Drittel der Masse und des Radius der Sonne. 2017 stellte ein Astronomenteam unter der Leitung von Alejandro Suarez Mascareño vom Instituto de Astrofísica de Canarias eine dreijährige Untersuchung dieses Sterns fertig. Es nutzte den HARPS-N-Spektrografen auf La Palma. Die Analyse der Daten erbrachte eine typische Abweichung der Radialgeschwindigkeit, die auf einen den Stern umkreisenden Exoplaneten hinweist, der heute Gliese 625 b genannt wird.

Bei der Neuentdeckung handelt es sich um eine „Supererde", einen Gesteinsplaneten mit der 2,8-fachen Masse der Erde. Er umrundet seinen Stern auf einer engen Umlaufbahn von nur 0,08 AE in 14,6 Tagen. Das Team ermittelte, dass der Planet in der habitablen Zone um den Stern kreist – das ist jene Region, in der Wasser, wenn vorhanden, in flüssiger Form vorliegen müsste. Der Planet mag seinem Stern sehr nahe sein, aber Gliese 625 ist als Roter Zwerg klein und von geringer Leuchtkraft und strahlt daher auch nicht so weit und intensiv. Mit einer Oberflächentemperatur um etwa 77 °C könnte Gliese 625 b für einige Lebensformen bewohnbar sein. Es sind allerdings weitere Untersuchungen erforderlich, die mithilfe des Spektrometers klären, ob der Planet eine Atmosphäre besitzt und aus welchen Elementen diese besteht.

Künstlerische Fantasiedarstellung des Gesteinsplaneten Gliese 667 Cc

Gliese 667 Cb und Cc

Astronomen stießen hier auf ein Dreifachsternsystem mit mindestens zwei Planeten, die das kleinste Mitglied des Systems, den Roten Zwerg Gliese 667 C, umkreisen. Die Planeten sind wahrscheinlich Gesteinsplaneten und potenziell bewohnbar.

Der innerste Planet in diesem Mehrfachsternsystem, Gliese 667 Cb, wurde 2009 entdeckt. Er besitzt ungefähr das 5,6-Fache der Erdmasse und umkreist seinen Stern in sieben Tagen in einem Abstand von nur einem Zwanzigstel des Abstands der Erde von der Sonne. Der äußere Planet Gliese 667 Cc hat rund die 3,7-fache Masse der Erde und wurde 2011 gefunden, als Astronomen die Daten des in Chile stationierten 3,6-m-Teleskops der Europäischen Südsternwarte durchkämmten. Er umkreist seinen Roten Zwerg innerhalb der habitablen Zone, allerdings – bei einer Umlaufzeit von nur 28 Tagen – so nah, dass er vom periodischen starken Aufflackern der Sternenoberfläche in Mitleidenschaft gezogen werden könnte. Dennoch: Gliese 667 C ist kleiner und kühler als die Sonne, und Gliese 667 Cc erhält bei seinem Abstand wahrscheinlich rund 90 % der Energie, die uns die Sonne liefert. Wenn die Atmosphäre des Planeten unserer ähnlich ist, wäre Leben möglich.

Insgesamt wurden sechs Planeten in diesem System vermutet. Dabei sind jedoch Irrtümer möglich. „Unsere Analyse zeigt, dass die Daten starke Hinweise für die Anwesenheit nur zweier Planeten liefern", schrieb Frank Perez von den Carnegie Observatories, Pasadena, in einem 2014 veröffentlichten Paper für die *Monthly Notices of the Royal Astronomical Society*. Weitere Untersuchungen sind erforderlich, um die tatsächliche Zahl zu ermitteln.

Gliese 667 C

KOORDINATEN
Rektaszension 17h 18m 57,16s
Deklination −34° 59' 23,14"

ENTFERNUNG
23,6 Lichtjahre

STERNBILD
Skorpion

SCHEINBARE HELLIGKEIT
10,2

MASSE
0,31 Sonnenmassen

RADIUS
0,42 Sonnenradien

STERNENKLASSE
Roter Zwerg, M1.5V

TEMPERATUR
3700 K

ROTATIONSPERIODE
105 Tage

ZAHL DER PLANETEN
2; sowie 4 mögliche weitere

Gliese 832

KOORDINATEN
Rektaszension 2h 33m 33,98s
Deklination −49° 0' 32,40"

ENTFERNUNG
16,19 Lichtjahre

STERNBILD
Kranich (Grus)

SCHEINBARE HELLIGKEIT
8,66

MASSE
0,45 Sonnenmassen

RADIUS
0,48 Sonnenradien

STERNENKLASSE
Roter Zwerg, M2V

TEMPERATUR
3620 K

ROTATIONSPERIODE
45,7 Tage

ZAHL DER PLANETEN
2

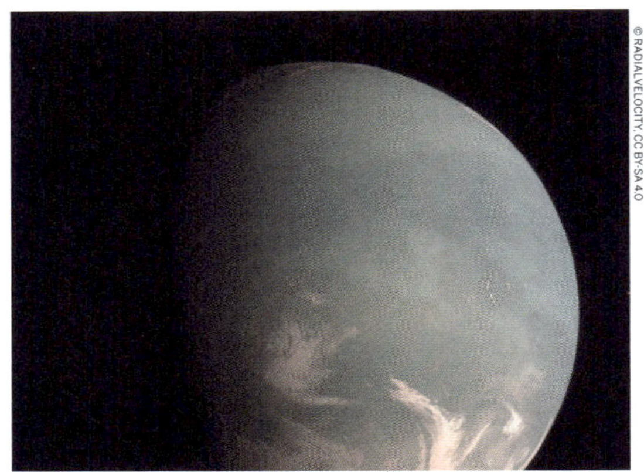

Eine Visualisierung von Gliese 832 c, dem Gesteinsplaneten in diesem System

Gliese 832 b und c

Der Rote Zwerg im südlichen Sternbild des Kranichs besitzt einen Gesteinsplaneten in einer sehr engen Umlaufbahn sowie einen ihn in viel größerer Entfernung umkreisenden Gasriesen.

Gliese 832 ist ein System mit zwei Extremen: Einerseits findet sich hier Gliese 832 c, der wahrscheinlich ein Gesteinsplanet mit fünffacher Erdmasse ist und seinen Stern in nur 35,68 Tagen umrundet. Die kurze Umlaufzeit ist der Nähe zu dem schwach leuchtenden Roten Zwerg geschuldet; die Umlaufbahn ist viel enger als die des Merkurs um die Sonne. Der zweite Planet, Gliese 832 b, ist das andere Extrem: ein massiver, mit Jupiter vergleichbarer Gasriese, der den Stern in zehn Jahren umläuft. Sein Bahnradius ist 21-mal größer als der seines Schwesterplaneten in diesem System.

Interessant ist, dass Gliese 832 c ungefähr die gleiche durchschnittliche Bestrahlung durch seinen Stern erfährt wie die Erde durch die Sonne. Vieles über die wahre Masse, die Größe und die Atmosphäre dieses Planeten ist allerdings noch unbekannt. Falls Gliese 832 c eine erdähnliche Atmosphäre besäße, könnte es sich um eine „Supererde" mit stark ausgeprägten Jahreszeiten handeln, auf der aber Leben möglich wäre. Wenn Gliese 832 c aber eine so dichte Atmosphäre hat wie die Venus, wäre der Planet wegen des außer Kontrolle geratenen Treibhauseffekts kaum ein Ort für Leben in der uns bekannten Form. Mit einer Entfernung von 16 Lichtjahren ist das Planetensystem von Gliese 832 gegenwärtig das der Erde fünftnächste, in dem bei passenden Bedingungen Leben theoretisch möglich wäre.

Die Ringe von Gliese 876 c

Gliese 876 b, c, d und e

Gliese 876 ist ein System mit mehreren Planeten, die 15 Lichtjahre von der Sonne entfernt im Sternbild Wassermann um einen Roten Zwerg kreisen. Es gibt hier zwei Gas-, einen Gesteins- und einen weiteren Planeten, der eventuell Neptun ähnelt.

Die Forscher sammeln stetig Daten über Gliese 876. Sein erster Planet, der Gasriese Gliese 876 b, wurde als einer der ersten überhaupt 1998 entdeckt. Bei folgenden Untersuchungen wurden 2001, 2005 und 2010 drei weitere Planeten gefunden: ein zweiter Gasriese (Gliese 876 c), eine Supererde (Gliese 876 d) und ein Planet, der eine Supererde oder ein neptunähnlicher Körper ist (Gliese 876 e).

Im Jahr 2002 war Gliese 876 b der erste Exoplanet, dessen Masse mithilfe der Astrometrie bestätigt werden konnte: Während der Planet seinen Stern umkreist, beschreibt der Stern eine kleine Ellipse. Aus dieser Bewegung lässt sich die Masse des Planeten berechnen.

Dr. George Benedict von der University of Austin, Texas, hat die Jo-Jo-Bewegung des Sterns mehr als zwei Jahre lang beobachtet und nutzte Daten des Hubble-Weltraumteleskops von 27 Planetenumläufen. „Derartige Messungen der Bewegungen eines Sterns am Himmel vorzunehmen, ist ziemlich schwierig", betont Benedict. „Wir messen Winkel, die der Größe eines Vierteldollarstücks entsprechen, das man aus einer Entfernung von 4800 km sieht."

Ein weiteres auffälliges Merkmal dieses Systems sind die Ringe, die angeblich Gliese 876 c umgeben und denen des Saturns ähnlich sein sollen. Wenn das stimmt, hätte der Planet wahrscheinlich auch Monde, auf denen es Wasser in flüssiger Form geben könnte.

Gliese 876

KOORDINATEN
Rektaszension 22h 53m 16,73s
Deklination –14° 15' 49,30"

ENTFERNUNG
15,25 Lichtjahre

STERNBILD
Wassermann

SCHEINBARE HELLIGKEIT
10,15

MASSE
0,37 Sonnenmassen

RADIUS
0,376 Sonnenradien

STERNENKLASSE
Roter Zwerg, M4V

TEMPERATUR
3129 K

ROTATIONSPERIODE
96,9 Tage

ZAHL DER PLANETEN
4

Gliese 3470

KOORDINATEN
Rektaszension 7h 59m 6,0s
Deklination 15° 23' 30"

ENTFERNUNG
100 Lichtjahre

STERNBILD
Krebs

SCHEINBARE HELLIGKEIT
12,3

MASSE
0,51 Sonnenmassen

RADIUS
0,48 Sonnenradien

STERNENKLASSE
Roter Zwerg, M1,5

TEMPERATUR
3652 K

ROTATIONSPERIODE
Unbekannt

ZAHL DER PLANETEN
1

Gliese 3470 b

PLANETENKLASSE
Hot Neptune

MASSE
13,73 Erdmassen

RADIUS
3,88 Erdradien

UMLAUFZEIT
3,3366 Tage

BAHNRADIUS
0,03557 AE

ENTDECKUNGSART
Transitmethode

ENTDECKUNG
2012

Größenvergleich des neptunartigen Planeten Gliese 3470 b mit der Erde

Gliese 3470 b

Gliese 3470 b ist eine Rarität: ein sogenannter „Hot Neptune" – ein Planet mit einer neptunähnlichen Masse, der aber viel heißer ist. Nur eine Handvoll Planeten dieser Klasse sind bekannt.

Gliese 3470 b umkreist seinen Stern in einer so engen Umlaufbahn – sie ist dem Stern rund zehnmal näher als die Umlaufbahn des Merkurs der Sonne –, dass der Planet unter den Augen der Astronomen buchstäblich aufgezehrt wird – in alarmierender Geschwindigkeit.

Hot Jupiters gibt es überall: massive Gasplaneten in engen Umlaufbahnen um einen Stern mit entsprechend hohen Oberflächentemperaturen. Hunderte Planeten dieser Klasse sind mittlerweile bekannt. Hot Neptunes sind hingegen weit seltener. Der erste, der überhaupt entdeckt wurde, war Gliese 436 b im Jahr 2007, und Gliese 3470 b war zur Zeit seiner Entdeckung (2012) erst der zweite. Inzwischen wurden aber einige weitere entdeckt. Der Radius von Gliese 3470 b wird auf ungefähr das Vierfache des Erdradius geschätzt, und seine Masse entspricht ungefähr (wen wundert's?) der des Neptun.

„Dies ist der Beweis, dass Planeten einen beträchtlichen Teil ihrer Masse verlieren können", erklärt der Physiker und Planetenforscher Dr. David Sing von der Johns Hopkins University. „Gliese 3470 b verliert mehr an Masse als jeder andere Planet, den wir bisher beobachtet haben; in wenigen Milliarden Jahren kann der Planet zur Hälfte weg sein." Wenn Gliese 3470 die Atmosphäre von Gliese 3470 b gänzlich verdampft hat, könnte von dem Planeten vielleicht nur der Gesteinskern übrig bleiben. Das zeigt, warum man glaubt, dass Planeten mit sehr enger Umlaufbahn sich außerhalb der habitablen Zone befinden.

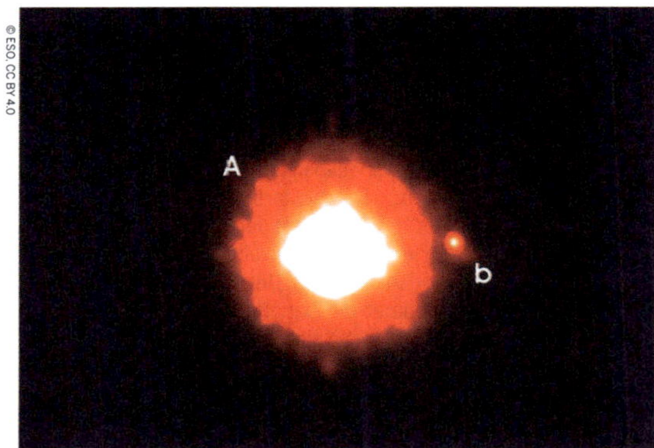

Eine Aufnahme von GQ Lupi, festgehalten vom Very Large Telescope (VLT)

GQ Lupi b

GQ Lupi b ist ein ziemliches Rätsel: Wie bei Gliese 504 b sind sich die Astronomen nicht sicher, ob es sich um einen Exoplaneten und um einen viel massiveren Braunen Zwerg handelt.

Astronomen entdecken inzwischen immer mehr Exoplaneten durch direkte Beobachtung, aber die Aufgabe bleibt schwierig, weil das blendende Licht der zugehörigen Sterne sie in der Regel verbirgt. Nach Aussage der Forscher der Europäischen Südsternwarte studieren die Astronomen sehr junge Objekte, um dieses Problem wenigstens teilweise zu überwinden. Junge Objekte planetarer Masse sind nämlich viel heißer und heller als ältere und lassen sich daher in der Nachbarschaft ihrer hellen Sterne leichter aufspüren. GQ Lupi ist ein junger Stern, den die Astronomen von der Friedrich-Schiller-Universität Jena erforschen.

Die Mitarbeiter der Europäischen Südsternwarte führen weiter aus: „Die Astronomen beobachteten GQ Lupi … mit dem adaptiven optischen Instrument NaCo, das mit Yepun, dem vierten 8,2-m-Unit-Teleskop des Very Large Telescope auf der Spitze des Cerro Paranal in Chile verbunden ist. Die adaptive Optik des Instruments überwindet die von der atmosphärischen Turbulenz verursachten Verzerrungen und liefert sehr scharfe Bilder nahe dem Infrarotbereich.“ Die Daten zeigten Anzeichen eines sehr kalten Objekts mit einem Radius von der doppelten Größe des Jupiterradius. Es ist allerdings noch nicht geklärt, ob es sich beim Objekt GQ Lupi b um einen großen, kalten Planeten oder einen kleinen „gescheiterten Stern“, die angemessener als Braune Zwerge bezeichnet werden, handelt.

GQ Lupi

KOORDINATEN
Rektaszension 15h 49m 12,14s
Deklination −35° 39′ 3,95″

ENTFERNUNG
500 Lichtjahre

STERNBILD
Wolf (Lupus)

SCHEINBARE HELLIGKEIT
11,4

MASSE
0,7 Sonnenmassen

RADIUS
Unbekannt

STERNENKLASSE
T-Tauri-Stern, K7V

TEMPERATUR
5150 K

ROTATIONSPERIODE
Unbekannt

ZAHL DER PLANETEN
1

GQ Lupi b

PLANETENKLASSE
Gasriese oder Brauner Zwerg

MASSE
Unterschiedliche Schätzungen: 1–36 Jupitermassen

RADIUS
Unterschiedliche Schätzungen: 3–4,6 Jupiterradien

UMLAUFZEIT
ca. 1200 Jahre

BAHNRADIUS
ca. 100 AE

ENTDECKUNGSART
Direkte Beobachtung

ENTDECKUNG
2005

Hot Jupiters

Im letzten Jahrzehnt konnten Wissenschaftler jede Menge Exoplaneten entdecken. Mehr als 4000 Exoplaneten – also Planeten außerhalb unseres Sonnensystems – sind bislang bestätigt worden, und diverse weitere Kandidaten harren noch eines letzten Beweises. Viele dieser exotischen Himmelskörper gehören der Planetenklasse der Hot Jupiters an. Das sind Gasriesen, die mit dem Jupiter vergleichbar, aber sehr viel heißer sind als dieser, weil sie ihren jeweiligen zentralen Stern in großer Nähe umkreisen.

Zunächst wurden Hot Jupiters für seltene Phänomene gehalten, weil man im Sonnensystem nichts Vergleichbares kennt. Aber je mehr dieser Planeten entdeckt werden – und dazu noch viele weitere kleinere Planeten, die ihre Sterne sehr eng umlaufen –, umso mehr erscheint das Sonnensystem als die große Ausnahme.

„Wir glaubten, unser Sonnensystem sei der Normalfall, aber das ist nicht unbedingt so", erklärt der Astronom Greg Laughlin von der University of California in Santa Cruz. Er ist Mitautor einer Studie mit dem Spitzer-Weltraumteleskop der NASA, die die Bildung von Hot Jupiters untersucht.

Man weiß heute zwar, dass Hot Jupiters recht verbreitet sind, trotzdem bleibt diese Planetenklasse noch ziemlich mysteriös. Wie konnten sich diese massiven Planeten bilden, und wieso sind sie ihren Sternen so erschreckend nahe?

Das Spitzer-Teleskop fand neue Hinweise bei der Beobachtung des 190 Lichtjahre von der Erde entfernten Hot Jupiters HD 80606 b. Dieser Planet zeichnet sich durch eine sehr exzentrische Umlaufbahn aus, die fast der eines Kometen gleicht und alle 111 Tage den Planeten dem Stern sehr nahe kommen lässt und dann wieder in größere Entfernung bringt. Man glaubt, dass eine Seite des Planeten während der schrecklich engen Annäherung dramatisch heißer wird als die andere. Bei der größten Annäherung an den Stern wird die diesem zugewandte Seite des Planeten schnell auf mehr als 1100 °C aufgeheizt.

Man glaubt, dass sich HD 80606 b noch im Migrationsprozess aus einer ferneren Umlaufbahn in eine viel engere, für Hot Jupiters typische Umlaufbahn befindet. Eine der führenden Theorien zur Bildung von Hot Jupiters postuliert, dass Gasriesen in ferner liegenden Umlaufbahnen zu Hot Jupiters werden, wenn Einflüsse der Gravitationsfelder naher Sterne oder Planeten ihre Migration in eine engere Umlaufbahn um den zentralen Stern veranlassen. Zunächst nehmen die Planeten dann eine exzentrische Umlaufbahn ein, ehe sie sich in einem Prozess, der Hunderte Millionen Jahre dauert, schrittweise in einer engen, kreisförmigen Umlaufbahn stabilisieren.

Das Weltraumteleskop Spitzer studierte HD 80606 b schon vorher im Jahr 2009. Die jüngsten Beobachtungen sind dank einer längeren Beobachtungszeit von 85 Stunden und technischen Verbesserungen an dem Gerät jedoch detaillierter.

Eine Schlüsselfrage, der die neue Untersuchung nachgeht, gilt der Zeit, die HD 80606 b brauchen wird, um von einer exzentrischen in eine kreisrunde Umlaufbahn zu migrieren. Um diese Frage zu beantworten, kann man untersuchen, wie „nachgiebig" der Planet ist. Wenn HD 80606 b eng an seinem Stern vorbeizieht, quetscht dessen Schwerkraft den Planeten. Wenn der Planet nachgiebiger ist, kann er diese Gravitationsenergie besser in Form von Hitze verteilen. Und je mehr Hitze verteilt wird, desto schneller geht der Planet in eine kreisrunde Umlaufbahn über. Dieser Prozess wird Zirkularisierung genannt.

„Wenn man einen Nerf-Ball nimmt und ihn mehrfach schnell zusammendrückt, heizt er sich auf", erklärt Laughlin, „weil diese Bälle nachgiebig sind und die mechanische Energie gut in Wärme umsetzen."

Die Beobachtungsergebnisse, die man mit dem Spitzer-Weltraumteleskop ermittelt, zeigen, dass HD 80606 b während des engen Umlaufs, bei dem der Planet durch das Gravitationsfeld des Sterns gequetscht wird, nicht viel Hitze entwickelt, also eher etwas steifer ist. Das lässt vermuten, dass der Planet nicht so schnell wie gedacht eine kreisrunde Umlaufbahn erreichen wird. Es kann durchaus noch weitere 10 Mrd. Jahre dauern, bis der Vorgang abgeschlossen ist. Das ist fast genau die Zeitspanne, die seit der Entstehung des Universums vergangen ist.

Diese Simulation zeigt die aufgewühlte Atmosphäre eines Hot Jupiters.

HAT-P-7 b

Dieses Monster von einem Planeten, das größer ist als der Jupiter, barg eine Überraschung für die Astronomen: gewaltige Winde in einer Atmosphäre aus Rubinen und Saphiren.

Der 2008 entdeckte Planet HAT-P-7 b (oder Kepler-2 b) ist rund 1040 Lichtjahre von der Erde entfernt. Dieser Exoplanet ist um 40 % größer als der Jupiter und 500 Erdmassen schwer. Er umkreist einen Stern, der eine 50 % größere Masse besitzt als die Sonne und doppelt so groß ist. Im Jahr 2016 entdeckten Astronomen unter der Leitung von Dr. David Armstrong von der Warwick University Anzeichen für „heftige, wechselnde Winde" auf dem Planeten – eines der ersten Wettersysteme, das bei einem Gasriesen außerhalb des Sonnensystems entdeckt wurde.

Armstrongs Forschungsteam entdeckte, dass die Winde auf HAT-P-7 b großen Veränderungen unterliegen. Diese führen wahrscheinlich zu mächtigen Stürmen. Die Veränderungen werden von einer Strömung am Äquator mit dramatisch variierenden Windgeschwindigkeiten verursacht. Ist sie besonders heftig, jagt sie Wolkenmassen um den Planeten. Die Wolken selbst werden optisch eindrucksvoll sein: Sie sind wahrscheinlich aus Korund, dem Mineral, aus dem Rubine und Saphire bestehen. „Die Ergebnisse zeigen, dass starke Winde den Planeten umwehen und Wolken von der Nachtseite auf die Tagseite führen. Die Windgeschwindigkeiten schwanken extrem, sodass sich gewaltige Wolkenformationen aufbauen und wieder verschwinden." Dank dieser Ergebnisse können Astrophysiker nun untersuchen, wie sich Wettersysteme auf Planeten außerhalb des Sonnensystems im Lauf der Zeit verändern.

HAT-P-7

KOORDINATEN
Rektaszension 19h 28m 59,3534s
Deklination 47° 58' 10,229"

ENTFERNUNG
1040 Lichtjahre

STERNBILD
Schwan (Cygnus)

SCHEINBARE HELLIGKEIT
10,46

MASSE
1,47 Sonnenmassen

RADIUS
1,84 Sonnenradien

STERNENKLASSE
Gelb-weißer Zwerg, F8V

TEMPERATUR
6441 K

ROTATIONSPERIODE
Unbekannt

ZAHL DER PLANETEN
1

HAT-P-7 b

PLANETENKLASSE
Hot Jupiter

MASSE
1,806 Jupitermassen

RADIUS
1,363 Jupiterradien

UMLAUFZEIT
2,204 Tage

BAHNRADIUS
0,0381 AE

ENTDECKUNGSART
Transitmethode

ENTDECKUNG
2008

HAT-P-11

KOORDINATEN
Rektaszension 19h 50m 50,25s
Deklination 48° 4' 51,10"

ENTFERNUNG
123 Lichtjahre

STERNBILD
Schwan (Cygnus)

SCHEINBARE HELLIGKEIT
9,473

MASSE
0,81 Sonnenmassen

RADIUS
0,683 Sonnenradien

STERNENKLASSE
Oranger Zwerg, K4

TEMPERATUR
4780 K

ROTATIONSPERIODE
Unbekannt

ZAHL DER PLANETEN
1

HAT-P-11 b

PLANETENKLASSE
Hot Neptune

MASSE
23,4 Erdmassen

RADIUS
4,36 Erdradien

UMLAUFZEIT
4,89 Tage

BAHNRADIUS
0,052 AE

ENTDECKUNGSART
Radialgeschwindigkeitsmethode

ENTDECKUNG
2009

HAT-P-11 b kreist viel enger um seinen Stern als der vergleichbare Neptun im Sonnensystem.

HAT-P-11 b

Mithilfe der Daten von drei NASA-Weltraumteleskopen entdeckten die Astronomen klaren Himmel und Wasserdampf auf diesem Gasriesen von der Größe des Neptuns.

Der HAT-P-11 b wird als „Exo-Neptun", als Planet von der Größe Neptuns in einem Orbit um den Stern HAT-P-11 klassifiziert. Er befindet sich rund 120 Lichtjahre entfernt im Sternbild des Schwans. Dieser Planet kreist viel enger um seinen Stern als der Neptun um die Sonne und hat eine Umlaufzeit von knapp fünf Tagen. Er ist warm, und man glaubt, dass er einen Gesteinskern und eine gasförmige Atmosphäre besitzt. Da er ein Gasriese ist und kein Eisriese, könnte er in seiner Zusammensetzung trotz seiner Größe eher dem Saturn oder dem Jupiter ähneln als dem Neptun. Als man ihn 2009 entdeckte, war über die Zusammensetzung dieses und anderer Exo-Neptune zunächst nicht viel bekannt, bis es 2014 einem Team unter der Leitung von Jonathan Fraine von der University of Maryland gelang, seine Atmosphäre zu analysieren.

Mithilfe der Wide Field Camera 3 des Hubble-Weltraumteleskops nutzte das Team die Technik der Transmissionsspektroskopie, bei der der Planet bei seinem Durchgang vor seinem Stern beobachtet wird. Sternenlicht dringt durch den Rand der Planetenatmosphäre; wenn Moleküle, etwa von Wasserdampf, in ihr vorhanden sind, absorbieren sie einen Teil des Lichts und hinterlassen bestimmbare Signaturen in dem Licht, das die Teleskope erreicht. Mit dieser Technik ließ sich Wasserdampf auf HAT-P-11 b identifizieren. Sie eignet sich, um Exoplaneten mit Planeten im Sonnensystem zu vergleichen.

Im Blick: HAT-P-11 b

Der Stern

1 Der Stern HAT-P-11 ist ein metallreicher Oranger Zwerg, mit rund 81% der Masse und rund 68% des Radius der Sonne. Mit 4780 K ist er auch etwas kühler als sie. Als „metallreich" bezeichnen Wissenschaftler Sterne mit einem überdurchschnittlichen Vorkommen von Elementen, die schwerer sind als Helium. Man glaubt, dass HAT-P-11 Sternenflecken, kühlere, mit den Sonnenflecken vergleichbare Stellen, besitzt. Bei einer scheinbaren Helligkeit von 9,5 sieht man den Stern schon mit einem kleinen Amateurteleskop.

Wasser

2 Wolken in der Atmosphäre eines Planeten können die Sicht auf andere Moleküle verdecken, die etwas über die Zusammensetzung und die Geschichte des Planeten verraten. Ein klarer Himmel auf einem Planeten von Neptungröße legt nahe, dass auch auf kleineren Planeten ähnlich gute Sichtbedingungen herrschen könnten. Ehe die Forscher die klare Sicht feiern konnten, mussten sie aber beweisen, dass der Wasserdampf nicht von den Sternenflecken stammte. Denn kühle Flecken auf der Sternoberfläche können Wasserdampf enthalten, der irrtümlich dem Planeten zugeschrieben wird.

Mehr Details

3 Das Weltraumteleskop Kepler hatte jahrelang einen Abschnitt des Himmels beobachtet, in dem HAT-P-11 b zufällig lag. Keplers Daten aus dem Bereich sichtbaren Lichts wurden nun mit gezielten Beobachtungen des Spitzer-Teleskops im Infrarotbereich kombiniert. Beim Vergleich der Daten stellten die Astronomen fest, dass die Sternenflecken zu heiß sind, um Dampf zu enthalten. Damit hatte das Team Wasserdampf auf einem Himmelskörper entdeckt, der keinem im Sonnensystem gleicht. Die Entdeckung deutete zudem darauf hin, dass keine Wolken die Sicht auf den Planeten verdeckten – vielleicht werden ja künftig noch weitere wolkenlose Planeten aufgespürt und analysiert!

Die Atmosphäre

4 Die Daten ergaben, dass die Atmosphäre von HAT-P-11 b außer Wasserdampf auch gasförmigen Wasserstoff und wahrscheinlich weitere, noch nicht identifizierte Moleküle enthält. Theoretiker entwickeln neue Modelle, um die Zusammensetzung und den Ursprung des Planeten zu erklären. „Wir glauben, dass Exo-Neptune unterschiedliche Zusammensetzungen haben könnten, in denen sich ihre jeweiligen Entstehungsgeschichten widerspiegeln", meint Heather Knutson vom California Institute of Technology, die Mitautorin der Studie ist. „Mit solchen Daten können wir beginnen, die Geschichten dieser fernen Planeten zusammenzusetzen."

Anwendungen

5 Die Astronomen planen, weitere Exo-Neptune zu untersuchen, und hoffen, dass sich die gleiche Methode auch auf Supererden anwenden lässt. Das James-Webb-Weltraumteleskop wird Supererden nach Anzeichen von Wasserdampf und anderen Molekülen absuchen. Eine Suche nach Ozeanen und potenziell bewohnbaren Körpern ist derzeit aber noch nicht möglich.

Top-Tipp

Blitze zucken über den neptunartigen Himmel und beleuchten die scheußliche Figur von Frankensteins Monster – wie an dem Tag, als ein Blitz seinen Körper zum Leben erweckte. Der sanfte Riese, der nur verstanden werden will, aber von der Menschheit als Produkt eines schief gegangenen Experiments verachtet wird, würde sich auf HAT-P-11 b vielleicht wohlfühlen. Denn Wasser in der Atmosphäre und ein schwaches Radiosignal führten Astronomen zu der Annahme, dass auf dieser Zufluchtsstätte für ausgestoßene Monster Gewitter herrschen, die viel stärker sind als die auf dem Jupiter oder gar der Erde.

An- & Weiterreise

Mit heutiger Technologie würde eine Reise zu HAT-P-11 b ungefähr 5 Mio. Jahre dauern – da sollte das Raumschiff schon über Einrichtungen zur Kryokonservierung verfügen ...

HD 40307

KOORDINATEN
Rektaszension 5h 54m 4,2409s
Deklination –60° 1' 24,498"

ENTFERNUNG
41,8 Lichtjahre

STERNBILD
Maler (Pictor)

SCHEINBARE HELLIGKEIT
7,17

MASSE
0,75 Sonnenmassen

RADIUS
0,716 Sonnenradien

STERNENKLASSE
Oranger Zwerg, K2.5V

TEMPERATUR
4977 K

ROTATIONSPERIODE
31,8 Tage

ZAHL DER PLANETEN
6

HD 40307 g

PLANETENKLASSE
Supererde oder neptunartig

MASSE
7,09 Erdmassen

RADIUS
2,39 Erdradien

UMLAUFZEIT
197,8 Tage

BAHNRADIUS
0,600 AE

ENTDECKUNGSART
Radialgeschwindigkeits-methode

ENTDECKUNG
2012

Ein Gasriese von bescheidener Größe oder eine bewohnbare Welt nach Art der Erde?

HD 40307 g

Sechs Planeten umkreisen HD 40307, von denen einer, HD 40307 g, ein gerade noch in der habitablen Zone liegender Gesteinsplanet sein könnte. Vielleicht ist er aber auch ein kleinerer Gasplanet.

HD 40307 g hat etwas mehr als das doppelte Volumen der Erde und liegt damit im Grenzbereich zwischen einer Supererde und einem neptunartigen Planeten. Wissenschaftler sind sich nicht sicher, ob er eine Oberfläche aus Gestein besitzt oder aus Schichten von Gas und Eis besteht. Gewiss ist jedoch, dass seine Schwerkraft sehr groß ist, weil er die siebenfache Masse der Erde besitzt.

HD 40307 g ist einer von sechs Planeten, die den fast 42 Lichtjahre entfernten Orangen Zwerg HD 40307 im Sternbild des Malers umkreisen. Die anderen sind ebenfalls alle größer als die Erde, und HD 40307 g ist der zweitschwerste von ihnen. Dieser Planet ist insofern interessanter als die anderen in diesem System, weil er den Stern in größerer Entfernung und damit in dessen habitabler Zone umkreist. Die anderen haben engere Umlaufbahnen, weshalb es auf ihnen zu heiß für Wasser in flüssiger Form ist. Aber damit HD 40307 g bewohnbar wäre, müsste er wie die Erde eine feste Oberfläche besitzen, was nicht sicher ist. Auf die Frage, ob er den Planeten für eine Supererde halte, antwortet Mikko Tuomi, einer der Forscher, die ihn 2012 entdeckten: „Meiner Einschätzung nach liegen die Chancen bei 50 zu 50 … Im Augenblick wissen wir schlicht nicht, ob es sich um eine große Erde oder einen kleinen, warmen Neptun ohne feste Oberfläche handelt." Bei der Klassifizierung von Objekten im Weltraum ist Vorsicht immer angebracht.

Dieser Stern scheint nicht nur Exoplaneten, sondern auch einen Asteroidengürtel zu besitzen.

HD 69830 b, c und d

Der Stern HD 69830 machte 2005 Schlagzeilen, als Astronomen klare Hinweise auf einen extrasolaren Asteroidengürtel fanden. Im folgenden Jahr wurden außerdem drei Planeten bestätigt.

Asteroidengürtel sind die Schrottplätze von Planetensystemen. Sie sind gespickt mit den felsigen Überresten gescheiterter Planeten, die gelegentlich zusammenstoßen und Staubwolken aufwirbeln. Im Sonnensystem sind Asteroiden schon mit der Erde, dem Mond und anderen Planeten zusammengestoßen. Der Gürtel um HD 69830 ist breiter als unser Asteroidengürtel und enthält 25-mal mehr Material. Wenn das Sonnensystem einen dermaßen dichten Gürtel besäße, würde er am Nachthimmel als leuchtendes Band erstrahlen. Der Gürtel um HD 69830 liegt seinem Stern auch beträchtlich näher. Unser Asteroidengürtel erstreckt sich zwischen den Umlaufbahnen des Mars und des Jupiters, während jener innerhalb einer Umlaufbahn liegt, die der der Venus entspricht.

Eine Pressemitteilung der Europäischen Südsternwarte, an der die Planeten entdeckt wurden, führt aus: „Die drei Planeten haben Mindestmassen zwischen dem zehn- und dem 18-fachen der Erde. Umfangreiche theoretische Simulationen sprechen bei dem inneren Planeten im wesentlichen für einen Aufbau aus Gestein, beim mittleren für eine Struktur aus Gestein und Gas. Der äußere Planet hat während seiner Entstehung wahrscheinlich einiges Eis angesammelt und besteht vermutlich aus einem Gesteins-/Eiskern, umgeben von einem recht massiven Mantel. Berechnungen haben gezeigt, dass sich das System in einer dynamisch stabilen Konfiguration befindet.“

HD 69830

KOORDINATEN
Rektaszension 8h 18m 23,947s
Deklination –12° 57′ 5,8116″

ENTFERNUNG
40,7 Lichtjahre

STERNBILD
Achterdeck des Schiffs (Puppis)

SCHEINBARE HELLIGKEIT
5,98

MASSE
0,863 Sonnenmassen

RADIUS
0,905 Sonnenradien

STERNENKLASSE
Gelber Zwerg, G2V

TEMPERATUR
5394 K

ROTATIONSPERIODE
35,1 Tage

ZAHL DER PLANETEN
3

HD 149026

KOORDINATEN
Rektaszension 19h 30m 29,6185s
Deklination 38° 20' 50,308"

ENTFERNUNG
250 Lichtjahre

STERNBILD
Herkules

SCHEINBARE HELLIGKEIT
8,15

MASSE
1,345 Sonnenmassen

RADIUS
1,541 Sonnenradien

STERNENKLASSE
Gelber Unterriese, G0IV

TEMPERATUR
6147 K

ROTATIONSPERIODE
Unbekannt

ZAHL DER PLANETEN
1

HD 149026 b

PLANETENKLASSE
Hot Jupiter

MASSE
0,36 Jupitermassen

RADIUS
0,725 Jupiterradien

UMLAUFZEIT
2,876 Tage

BAHNRADIUS
0,042 AE

ENTDECKUNGSART
Radialgeschwindigkeitsmethode

ENTDECKUNG
2005

HD 149026 b ist auf seiner hellen Seite unglaublich heiß.

HD 149026 b

Der Gasriese mit den zwei Gesichtern ist auf seiner Tagseite glühend heiß und auf seiner Nachtseite viel kälter. Er strahlt fast kein Licht ab.

In rund 250 Lichtjahren Entfernung befindet sich ein Planet, der so heiß ist, dass die Astronomen glauben, er absorbiere fast die gesamte Wärme seines Sterns und reflektiere wenig oder gar kein Licht. Deshalb ist HD 149026 b einer der schwärzesten bekannten Planeten im Universum – und einer der heißesten. Auf ihm ist es mit 2038 °C fast dreimal heißer als auf der Oberfläche der Venus, des heißesten Planeten im Sonnensystem.

Die Temperatur dieses dunklen Planeten wurde mit dem Spitzer-Weltraumteleskop ermittelt. Während der Planet kein sichtbares Licht reflektiert, sorgt seine Hitze dafür, dass er ein wenig sichtbares und viel Infrarotlicht ausstrahlt. Das Spitzer-Teleskop konnte diese Infrarotstrahlung messen, indem es die sekundäre Bedeckung festhielt. HD 149026 b (den die IAU Smertrios getauft hat) zieht vor und hinter seinem Stern vorbei – Letzteres ist die sekundäre Bedeckung. Indem sie den Abfall der Infrarotstrahlung zu der Zeit, in der sich der Planet hinter seinem Stern befindet, messen, können die Astronomen feststellen, wie viel Infrarotstrahlung von dem Planeten stammt, und damit seine Temperatur bestimmen. Die Beobachtungen von HD 149026b legen zudem nahe, dass es in der Mitte der Tagseite des Planeten einen heißen Fleck gibt. Auch wenn der Planet ganz schwarz ist, würde dieser Fleck wie ein Klumpen Holzkohle glühen. Man vermutet, dass HD 149026 b in gebundener Rotation um seinen Stern kreist, die Tagseite also stetig kocht.

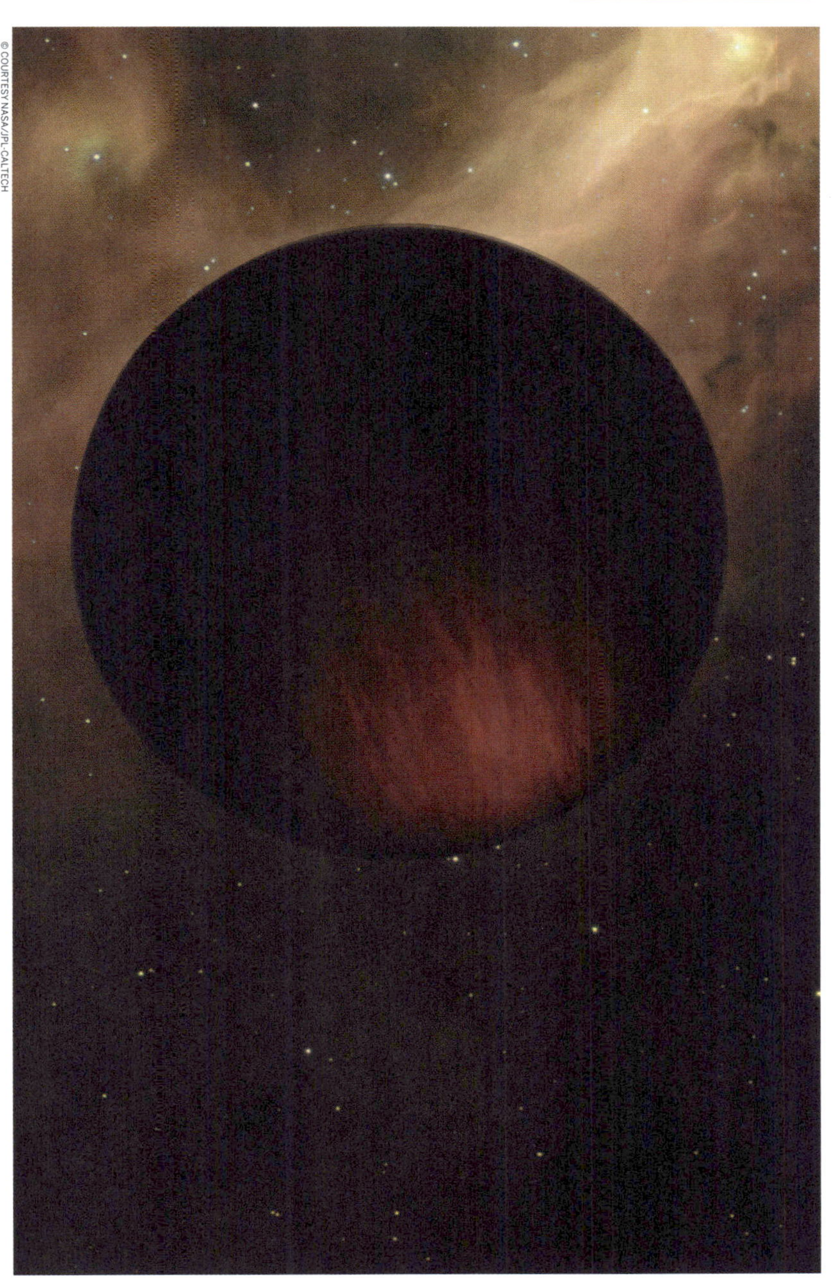

© COURTESY NASA/JPL-CALTECH

Diese künstlerische Darstellung zeigt die Nachtseite des heißesten bisher im Universum entdeckten Planeten.

HD 189733

KOORDINATEN
Rektaszension 20h 00m 43,71s
Deklination 22° 42' 39,1"

ENTFERNUNG
63,4 Lichtjahre

STERNBILD
Fuchs (Vulpecula)

SCHEINBARE HELLIGKEIT
7,66

MASSE
0,85 Sonnenmassen

RADIUS
0,81 Sonnenradien

STERNENKLASSE
Oranger Zwerg, K1.5V

TEMPERATUR
4875 K

ROTATIONSPERIODE
11,95 Tage

ZAHL DER PLANETEN
1

HD 189733 b

PLANETENKLASSE
Hot Jupiter

MASSE
1,16 Jupitermassen

RADIUS
1,14 Jupiterradien

UMLAUFZEIT
2,22 Tage

BAHNRADIUS
0,031 AE

ENTDECKUNGSART
Transitmethode

ENTDECKUNG
2005

Künstlerische Darstellung des leuchtend blauen Planeten HD 189733 b

HD 189733 b

Für das menschliche Auge erscheint dieser ferne Planet leuchtend blau. Ein Raumfahrer, der das Blau mit dem freundlichen Himmel der Erde verwechselte, würde aber fatal irren.

Der rätselhafte Planet HD 189733 b liegt rund 63 Lichtjahre entfernt im Sternbild des Fuchses. Dieser Hot Jupiter wurde 2005 beim Transit vor seinem Orangen Zwerg entdeckt: Er verriet seine Anwesenheit durch eine Dämpfung des Lichts dieses Sterns um etwa 3 %. Es handelt sich um den ersten Exoplaneten, in dessen Atmosphäre Wasserdampf festgestellt wurde. Doch mit Temperaturen von 1000 °C ist er alles andere als ein freundlicher Ort.

Die Alptraumwelt von HD 189733 b ist mörderisch, das Wetter todbringend. Hier toben Winde mit bis zu 8700 km/h, der siebenfachen Schallgeschwindigkeit, und würden Besucher in einer Spirale um den Planeten fegen. Regen ist hier nicht einfach nur eine Unannehmlichkeit, sondern der Tod durch Tausende Schnitte. Aus den heulenden Stürmen regnet es vielleicht sogar Glas. Denn die kobaltblaue Farbe stammt nicht von der Reflexion eines Ozeans wie auf der Erde, sondern von der dunstigen Atmosphäre, die hohe Wolken voller Silikatpartikel enthält.

Diese unfreundlicher Körper ist mit einer Entfernung von 63 Lichtjahren von der Sonne einer der erdnächsten Exoplaneten, den man vor seinem Stern vorbeiziehen sehen kann. Indem sie den Planeten vor, während und nach dem Verschwinden hinter seinem Stern beobachteten, konnten die Astronomen ermitteln, dass HD 189733 b in einem dunklen Blau leuchtet, das an die Farbe erinnert, in der die Erde vom Weltraum aus erscheint.

Im Blick: HD 189733 b

Der Stern

1 Der Stern HD 189733 hat ungefähr 80 % des Radius und der Masse der Sonne, ist aber kühler und leuchtet deswegen orange. Der Stern gehört zu einem Doppelsternsystem; der zweite ist ein viel kleinerer Roter Zwerg. Die beiden Sterne sind allerdings sehr weit voneinander entfernt und umlaufen einander in 3200 Jahren in einem Abstand, der ungefähr dem 210-Fachen des Abstands der Erde von der Sonne entspricht. Der Planet umkreist nicht beide Sterne, sondern nur den größeren, orangefarbenen.

Statistische Daten zum Planeten

2 HD 189733 b ist ein sogenannter Hot Jupiter. In seiner Masse und seinem Radius ähnelt der Planet dem Jupiter im Sonnensystem, umkreist seinen Stern aber in einer viel engeren und damit stärker dessen Gravitation ausgesetzten Umlaufbahn. Er ist seinem Stern rund 30-mal näher als die Erde der Sonne und wirbelt in nur 2,2 Tagen um sie herum. In den Jahren dieses Planeten ausgedrückt, käme ein 70-jähriger Erdling auf das reife Alter von 11613 Jahren!

Transit im Röntgenbereich

3 Heute werden Planeten fast schon routinemäßig beim Transit vor ihren Sternen optisch beobachtet. Aber 2013 richteten Astronomen das Chandra X-Ray Observatory der NASA und das XMM Newton Observatory der ESA auf HD 189733 aus und konnten zum ersten Mal den Transit eines Planeten im Röntgenstrahlenbereich des elektromagnetischen Spektrums beobachten. „Endlich [die Atmosphäre eines Exoplaneten] im Röntgenbereich untersuchen zu können, ist wichtig, weil uns das neue Informationen über die Eigenschaften eines Exoplaneten liefert“, erklärt Katja Poppenhaeger vom Harvard-Smithsonian Center for Astrophysics (CfA).

Atmosphäre

4 Die Autoren der oben erwähnten Chandra-Studie schätzen, dass der Prozentsatz der Abnahme der Röntgenstrahlung während der Transite dreimal höher ist als die gleichzeitige Abnahme der Lichtstrahlung. Das verrät ihnen, dass die Region, die die vom Stern ausgehende Röntgenstrahlung abblockt, beträchtlich größer ist als die Region, die sichtbares Licht des Sternes abschirmt. Auf diese Weise lässt sich die Ausdehnung der Atmosphäre des Planeten bestimmen.

Verdunstendes Objekt

5 Astronomen wissen seit mehr als einem Jahrzehnt, dass die ultraviolette und die Röntgenstrahlung des Hauptsterns von HD 189733 im Lauf der Zeit die Atmosphäre des Planeten HD 189733 b aufzehren. Die Wissenschaftler schätzen, dass er pro Sekunde 100 bis 600 Mio. kg Masse verliert. Die Atmosphäre von HD 189733 b scheint um 25 bis 65 % schneller auszudünnen, als es geschähe, wenn sie kleiner wäre.

Top-Tipp

HD 189733 b ist viel seltsamer als die Erde. Auf diesem Planeten beträgt die Tagestemperatur fast 1093 °C. Viele Metalle verflüssigen sich bei dieser Hitze, darunter Messing, Aluminium, Bronze, Kupfer, Magnesium und möglicherweise sogar Eisen. Verglichen mit ihm würde sich ein Besuch auf der Venus wie ein lauer Nachmittag auf den Malediven anfühlen. „Auch jede Menge Sonnenmilch und Eis würden diesen Planeten nicht zu einem netten Urlaubsort machen“, warnte eine Pressemitteilung der NASA. Also besser an irgendeinem näheren Ort Urlaub machen!

An- & Weiterreise

Mit derzeitiger Raketentechnologie würde eine Reise zu diesem feurigen Planeten um die 2,5 Mio. Jahre dauern – man hat also viel Zeit, um sich auf die dort herrschenden Bedingungen einzustellen!

HD 209458

KOORDINATEN
Rektaszension 22h 3m 10,77s
Deklination 18° 53' 3,55"

ENTFERNUNG
159 Lichtjahre

STERNBILD
Pegasus

SCHEINBARE HELLIGKEIT
7,65

MASSE
1,13 Sonnenmassen

RADIUS
1,14 Sonnenradien

STERNENKLASSE
Gelber Zwerg, G0V

TEMPERATUR
6071 K

ROTATIONSPERIODE
Unbekannt

ZAHL DER PLANETEN
1

HD 209458 b

PLANETENKLASSE
Hot Jupiter

MASSE
0,71 Jupitermassen

RADIUS
1,35 Jupiterradien

UMLAUFZEIT
3,52 Tage

BAHNRADIUS
0,045 AE

ENTDECKUNGSART
Transitmethode

ENTDECKUNG
1999

Dramatische Darstellung des engen Umlaufs des starker Strahlung ausgesetzten Exoplaneten HD 209458 b

HD 209458 b

HD 209458 b ist ein versengter Gasriese, der seinen sonnenartigen Stern in einer Entfernung von nur 6,5 Mio. km umkreist. Dadurch wird seine Atmosphäre rasend schnell fortgefegt.

Dem 150 Lichtjahre entfernten Planeten im Sternbild Pegasus wird, bildlich gesprochen, das Fleisch von den Knochen geschält. HD 209458 b, inoffiziell nach dem ägyptischen Gott auch Osiris genannt, ist ein Gasriese, der von seinem unersättlichen Stern in rasender Geschwindigkeit verdampft wird. Was einst die Atmosphäre dieses zum Untergang verurteilten Planeten war, zieht sich wie ein Unheil verheißender Schweif durch den Raum. Schon bald werden der Planet und alles auf ihm Befindliche von der Schwerkraft vernichtet worden sein.

HD 209458 b gehörte zu den am frühesten entdeckten Exoplaneten (1999) und ist ein Hot Jupiter – ein mächtiger Gasriese in einer engen Umlaufbahn um seinen Stern, der ihn auf Extremwerte von rund 1093 °C aufheizt. Bei diesem Exoplaneten gab es gleich mehrere Premieren: Er war der Erste, der beim Transit vor seinem Stern entdeckt wurde, er war der erste entdeckte Exoplanet mit einer Atmosphäre, der Erste, bei dem eine schwindende Wasserstoffatmosphäre (2003 vom gleichen Forscherteam) entdeckt und später auch der Erste, in dessen Atmosphäre Sauerstoff und Kohlenstoff nachgewiesen wurde. Das gleiche Forscherteam konnte 2003 mit dem Hubble-Weltraumteleskop auch das „Wegblasen" der Atmosphäre beobachten. Leiter des Teams war Alfred Vidal-Madjar vom L'Institut d'Astrophysique de Paris des CNRS.

Im Blick: HD 209458 b

Der Stern

1 HD 209458 ist ein der Sonne recht ähnlicher Stern vom Spektraltyp G0 (die Sonne ist vom Typ G2). Seine Masse und sein Radius sind rund 20 bis 25 % größer als die Masse und der Radius der Sonne. Der Stern dreht sich doppelt so schnell wie diese um seine eigene Achse und ist rund 65 °C wärmer. HD 209458 ist mit bloßem Auge von der Erde aus zwar nicht sichtbar; bei einer Leuchtstärke von 7,65 lässt er sich aber mit einem guten Fernglas oder einem Teleskop durchaus gut am Himmel entdecken.

Verdunstender Planet

2 Mithilfe des Hubble-Weltraumteleskops beobachteten Forscher den Transit von HD 209458 b vor seinem Stern und fanden Sauerstoff und Kohlenstoff in einer sehr ausgedehnten, elliptischen Hülle rund um den Planeten, die ungefähr die Form eines Rugby-Balls hat. Diese Atome werden aus der unteren Atmosphäre wie Staub bei einem Wirbelwind mit Überschallgeschwindigkeit mit dem Strom der aus der Atmosphäre entweichenden Wasserstoffatome mitgerissen. Astronomen schätzen die Menge des entweichenden Wasserstoffgases auf mindestens 10 000 t pro Sekunde, es könnte aber noch viel mehr sein. Auf diese Weise kann der Planet bereits einen großen Teil seiner Masse verloren haben.

Erkenntnisse über die Frühzeit des Sonnensystems

3 Laut den Forschern ist die Entdeckung eines so starken Verdunstungsprozesses „höchst ungewöhnlich“, sie könnte aber indirekt Theorien zur „Kindheit“ der Erde bestätigen. „Das ist der einzigartige Fall der direkten Beobachtung einer hydrodynamischen Flucht. Es wird spekuliert, dass Venus, Erde und Mars in der Frühzeit ihrer Existenz ihre gesamten ursprünglichen Atmosphären verloren haben. Ihre gegenwärtigen Atmosphären hätten dann ihren Ursprung in Asteroiden- und Kometeneinschlägen sowie in der Ausgasung aus dem Planeteninneren“, erklärt Vidal-Madjar.

Sauerstoff

4 Sauerstoff ist einer der Indikatoren für mögliches Leben, nach dem man bei Experimenten sucht, mit denen außerirdisches Leben aufgespürt werden soll (z. B. bei Experimenten der Viking-Sonden und der Mars-Rover Spirit und Opportunity). Vidal-Madjar dämpft aber die damit verbundenen Hoffnungen: „Natürlich klingt die Entdeckung aufregend, weil man auf mögliches Leben auf Osiris hofft. Aber ein Vorkommen von Sauerstoff ist doch keine so große Überraschung, weil es Sauerstoff sogar in den Gasriesen Jupiter und Saturn unseres Sonnensystems gibt.“

Osiris

5 Dieser außergewöhnliche Exoplanet wurde provisorisch auf den Namen Osiris getauft. Osiris ist der ägyptische Gott des Todes, der Unterwelt und der Wiedergeburt, der – wie HD 209458 b – Teile seines Körpers verlor, als sein Bruder Seth ihn tötete und die Leiche in Teile zerlegte und im ganzen Land verstreute, um seine Rückkehr ins Leben zu verhindern.

Top-Tipp

Der Prozess des „Schwunds“ von HD 209458 b ist so auffällig, dass es Gründe gibt, die Existenz einer neuen Klasse von Exoplaneten zu postulieren: der chthonischen Planeten, benannt in Anspielung auf das griechische Wort *chthón*, das für Gottheiten aus der Unterwelt verwendet wurde. Die chthonischen Planeten sind die festen verbliebenen Kerne von Gasriesen, deren leichtere Elemente geschwunden sind. Sie umkreisen ihre zentralen Sterne in noch engeren Umlaufbahnen als Osiris.

An- & Weiterreise

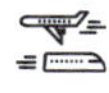

Mit der aktuellen Raketentechnologie würde eine Reise zu diesem Planeten bedauerlicherweise rund 6,1 Mio. Jahre dauern. Wer es eiliger hat, könnte seine Reisezeit auf ein Zehntel verkürzen, wenn es ihm gelänge, eine der beiden Raumsonden Helios oder Parker zu kapern.

HIP 68468

KOORDINATEN
Rektaszension 14h 1m 3,69s
Deklination –32° 45' 24"

ENTFERNUNG
286 Lichtjahre

STERNBILD
Zentaur (Centaurus)

SCHEINBARE HELLIGKEIT
9,39

MASSE
1,05 Sonnenmassen

RADIUS
1,19 Sonnenradien

STERNENKLASSE
Gelber Zwerg, G3V

TEMPERATUR
5857 K

ROTATIONSPERIODE
Unbekannt

ZAHL DER PLANETEN
2

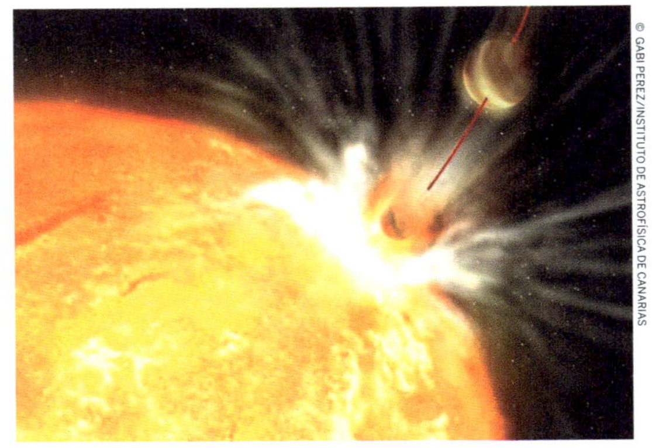

Dramatische Fantasiedarstellung des gelben „Kannibalensterns", der einen Planeten verschlingt

HIP 68468 b und c

In einer Entfernung von 300 Lichtjahren lauert ein scheinbar friedlicher Gelber Zwerg. Aber dieser Bösewicht frisst seine Planeten!

HIP 68468 wirkt wie ein gewöhnlicher Stern, der in fast schon unheimlicher Weise der Sonne ähnelt. Er besitzt fast die gleiche Größe, Masse, Farbe und Temperatur sowie das gleiche Alter. 2016 nutzten Astronomen unter der Leitung von Jorge Meléndez den HARPS-Spektrografen im chilenischen La-Silla-Observatorium und fanden zwei sehr unterschiedliche Planeten. Der äußere ist der neptunartige Riese HIP 68468 c. Er besitzt die 26-fache Masse der Erde und kreist in einer Entfernung von 0,66 AE in 194 Tagen um den Stern. Der zweite, HIP 68468 b, umläuft den Stern viel näher, in einer Entfernung von 0,03 AE. Es handelt sich dabei um einen Gesteinsplaneten, eine Supererde.

Doch es gibt ein paar Besonderheiten in diesem System. In der Atmosphäre des Sterns finden sich große Mengen Lithium. Eigentlich wird Lithium in der Atmosphäre von Sternen schnell zerstört, der Überschuss an Lithium hier kann also nur eine Quelle haben: Planeten. Heute gibt es zwei Planeten, aber das Lithium lässt die Forscher vermuten, dass der größere einst näher zum Stern wanderte. In der Zeitschrift *Astronomy and Astrophysics* heißt es, dass diese Migration nach innen „auch andere Planeten auf den Stern zugetrieben haben könnte, die den Lithium-Überschuss … bei HIP 68468 verursachten". Sie schließen: „Die faszinierenden Beweise für die Aufnahme von Planeten verlangt weitere Beobachtungen, um die Existenz der Planeten zu verifizieren." HIP 68468 kann sich also schon den ersten Planeten geholt haben.

Künstlerische Fantasiedarstellung von Kapteyn b

Kapteyn b und c

Kapteyns Stern, der sich schneller als fast jeder andere Stern bewegt, wird von mindestens einer, vielleicht zwei Supererden umkreist.

Kapteyns Stern ist ein Roter Unterzwerg, weil er leuchtschwächer ist als ein normaler Roter Zwerg vergleichbarer Größe. Der Stern besitzt eine sehr schnelle Eigenbewegung: Beim Umkreisen der Galaxie rast er über den Himmel. Am Firmament bewegt er sich in 225 Jahren einmal über eine Distanz, die ungefähr dem Durchmesser des Mondes entspricht. Er ist nur 12,8 Lichtjahre von der Erde entfernt und war bis zur Entdeckung von Proxima Centauri b in nur etwa einem Drittel dieser Entfernung der unserem Sonnensystem nächste Stern, der über Exoplaneten verfügt.

Im Jahr 2014 meldeten Astronomen, die Daten des HARPS-Instruments der Europäischen Südsternwarte auswerteten, die Entdeckung zweier Gesteinsplaneten, die das Fünf- bzw. Siebenfache der Erdmasse besitzen. Der innere Planet, Kapteyn b, wurde als der älteste bekannte potenziell bewohnbare Exoplanet angepriesen, da er mehr als doppelt so alt sei wie die Erde. Doch ist nur der äußere, neptunartige Planet Kapteyn c bislang bestätigt worden. Es wurde die Frage aufgeworfen, ob das Kapteyn b zugeordnete Signal einfach der Sternenaktivität zuzuordnen sei. Weitere Untersuchungen sind erforderlich, um die Existenz von Kapteyn b zu bestätigen. Da dieses Sternensystem aber 11 Mrd. Jahre alt sein soll, also mehr als doppelt so alt wie der Sonnensystem, bleibt die Entdeckung allemal bemerkenswert, ob Kapteyns Stern nun einen oder zwei Planeten besitzt.

Kapteyns Stern

KOORDINATEN
Rektaszension 5h 11m 50s
Deklination 45° 2′ 30″

ENTFERNUNG
12,76 Lichtjahre

STERNBILD
Maler (Pictor)

SCHEINBARE HELLIGKEIT
8,853

MASSE
0,274 Sonnenmassen

RADIUS
0,291 Sonnenradien

STERNENKLASSE
Roter Unterzwerg, M1

TEMPERATUR
3550 K

ROTATIONSPERIODE
Unbekannt

ZAHL DER PLANETEN
1 oder 2

KELT-9

KOORDINATEN
Rektaszension 20h 31m 26,4s
Deklination 39° 56′ 20″

ENTFERNUNG
620 Lichtjahre

STERNBILD
Schwan (Cygnus)

SCHEINBARE HELLIGKEIT
7,56

MASSE
2,8 Sonnenmassen

RADIUS
~2 Sonnenradien

STERNENKLASSE
Blauer Stern, A0

TEMPERATUR
10 170 K

ROTATIONSPERIODE
Unbekannt

ZAHL DER PLANETEN
1

KELT-9 b

PLANETENKLASSE
Hot Jupiter

MASSE
2,8 Jupitermassen

RADIUS
1,888 Jupiterradien

UMLAUFZEIT
1,481 Tage

BAHNRADIUS
0,03462 AE

ENTDECKUNGSART
Transitmethode

ENTDECKUNG
2017

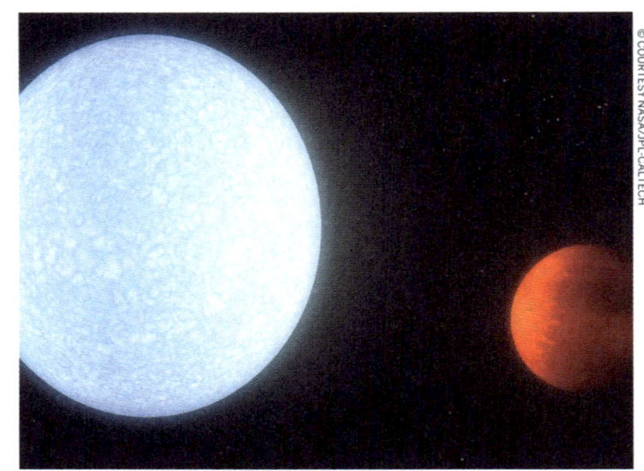

Der Gasriese KELT-9 b ist kleiner als sein Stern, aber nicht allzu viel.

KELT-9 b

KELT-9 b, auch bekannt als HD 195689 b, ist ein jupiterartiger Planet, auf dem es so heiß ist, dass er von seinem eigenen Stern verzehrt wird – ein weiterer Fall von Sternenkannibalismus.

Mit einer Temperatur von mehr 4315 °C auf seiner Tagseite ist es auf dem Planeten KELT-9 b heißer als auf den meisten Sternen. Aber sein zentraler Stern KELT-9, ein blauer Stern der Spektralklasse A, ist noch wesentlich heißer; er verdampft wahrscheinlich auch den Planeten.

„Das ist der heißeste Gasriese, der bislang entdeckt wurde“, erklärte der Astronomieprofessor Scott Gaudi von der Ohio State University in Columbus, der die einschlägige Untersuchung leitete. Inzwischen haben Forscher den noch heißeren Planeten Kepler-70 b entdeckt. Auf diesen beiden Exoplaneten herrschen höhere Temperaturen als auf den meisten Sternen.

KELT-9 b besitzt das 2,8-Fache der Masse des Jupiters, hat aber nur die halbe Dichte. Wissenschaftler würden erwarten, dass der Planet einen kleineren Radius hätte, aber unter der extremen Strahlung seines Sterns bläht sich die Atmosphäre des Planeten wie ein Ballon auf. Weil der Planet seinen Stern in gebundener Rotation – so wie der Mond die Erde – umkreist, wendet er eine Seite immer dem Stern zu, während die andere in beständigem Dunkel liegt. Moleküle, z. B. von Wasser, Kohlendioxid oder Methan, können sich auf der Tagseite nicht bilden, weil sie zu starker ultravioletter Strahlung ausgesetzt ist. Die Eigenschaften der Nachtseite sind noch unbekannt: Dort könnten sich Moleküle bilden, wahrscheinlich aber nur zeitweise.

Im Blick: KELT-9 b

Der Stern

1 Der Stern KELT-9 ist nur 300 Mio. Jahre alt, ist für Sternenverhältnisse also ein junger Stern. Er ist mehr als doppelt so groß und fast doppelt so heiß wie die Sonne. Da die Planetenoberfläche von ihm ständig mit großen Mengen ultravioletter Strahlung bombardiert wird, könnte er wie ein Komet einen Schweif ausgestoßenen planetarischen Materials hinter sich herziehen. „KELT-9 strahlt so viel ultraviolette Strahlung ab, dass sie den Planeten schließlich ganz aufzehren könnte", meint Keivan Stassun, Professor für Physik und Astronomie an der Vanderbilt University in Nashville, Tennessee, der gemeinsam mit Gaudi die Untersuchung leitete.

Entdeckung

2 Der Planet KELT-9 b wurde mithilfe der beiden KELT (Kilodegree Extremely Little Telescope) genannten Teleskope Ende Mai und Anfang Juni 2016 entdeckt. Die Astronomen, die das KELT-North-Teleskop im Winer Observatory in Arizona benutzten, bemerkten einen winzigen – nur rund 0,5 % betragenden – Abfall in der Helligkeit des Stern, der auf den Transit eines Planeten vor diesem Stern hindeutete. Der Helligkeitsabfall ereignet sich alle 1,5 Tage. Dies ist also die Zeitspanne, die der Planet braucht, um einen „Jahreslauf" um seinen Stern zu vollenden – ganz schön flott!

Zum Untergang verurteilter Planet

3 KELT-9 b ist in keiner Hinsicht bewohnbar, es gibt aber gute Gründe, auch Planeten zu studieren, die absolut unbewohnbar sind. „KELT-9 wird in einigen Hundert Millionen Jahren zu einem gigantischen Roten Riesen anschwellen", erklärt Stassun. „Die langfristigen Aussichten für Leben oder Grundbesitz auf KELT-9 b stehen wahrlich nicht gut."

Seltsame Umlaufbahn

4 Der Planet ist auch darin ungewöhnlich, dass seine Umlaufbahn senkrecht zur Rotationsachse des Sterns liegt. Das wäre so, als würde der Planet sich senkrecht zur Ebene des Sonnensystems bewegen.

Künftige Forschungen

5 „Da der Planet so heiß ist wie ein Stern, ist er während seines Transits und seiner Eklipse ein ausgezeichnetes Ziel für Beobachtungen auf allen Wellenlängen vom Ultraviolett- bis zum Infrarotbereich. Solche Beobachtungen geben uns ein Bild von seiner Atmosphäre, das so vollständig ist, wie das bei einem Planeten außerhalb unseres Sonnensystems nur möglich ist", erklärt Knicole Colon, die während der Untersuchung des Planeten im NASA Ames Research Center im kalifornischen Silicon Valley stationiert war.

Top-Tipp

Astronomen hoffen, mit anderen Teleskopen einen näheren Blick auf KELT-9 b zu werfen, u. a. mit den Weltraumteleskopen Spitzer und Hubble und später mit dem James-Webb-Weltraumteleskop, dessen ursprünglich für 2018 geplanter Start auf 2021 verschoben wurde. Mithilfe von Hubble ließe sich feststellen, ob der Planet tatsächlich einen Kometenschweif hinter sich herzieht und wie lange er unter den gegebenen höllischen Bedingungen überhaupt noch existieren kann.

An- & Weiterreise

Man muss schon 23 Mio. Jahre freinehmen, wenn man dieses System an Bord eines Raumschiffs besuchen wollte. Da bleibt einem nur zu hoffen, dass der Arbeitgeber Verständnis zeigt!

Kepler-10

KOORDINATEN
Rektaszension 19h 2m 43,0612s
Deklination 50° 14' 28,701''

ENTFERNUNG
608 Lichtjahre

STERNBILD
Drache (Draco)

SCHEINBARE HELLIGKEIT
10,96

MASSE
0,910 Sonnenmassen

RADIUS
1,065 Sonnenradien

STERNENKLASSE
Gelber Zwerg, G

TEMPERATUR
5643 K

ROTATIONSPERIODE
Unbekannt

ZAHL DER PLANETEN
2 oder 3

Das Sternsystem Kepler-10 liegt rund 560 Lichtjahre entfernt nahe den Sternbildern des Schwans und der Leier.

Kepler-10 b und c

Der Stern Kepler-10 wird von zwei Gesteinsplaneten umlaufen, die beide massiv und ausgesprochen heiß sind.

Im Januar 2011 verkündeten Astronomen, die das Kepler-Weltraumteleskop benutzten, die Entdeckung des ersten der beiden heute bestätigten Exoplaneten um den sonnenähnlichen Stern Kepler-10. Kepler-10 b war der erste Gesteinsplanet, den das Kepler-Teleskop außerhalb des Sonnensystems entdeckte. Der Planet hat den 1,4-fachen Radius der Erde und umrundet seinen Stern in 0,8 Tagen. Im Mai des gleichen Jahres verkündete das Kepler-Team die Entdeckung eines weiteren Planeten: Kepler-10 c ist mit 2,35 Erdradien größer und umrundet den Stern in 45 Tagen. Auf beiden Planeten herrschen hohe Temperaturen von 310 °C (Kepler-10 c) und 1560 °C (Kepler-10 b). Möglicherweise gibt es noch einen dritten Gesteinsplaneten mit einer etwas ferneren Umlaufbahn, dieser harrt aber noch der Bestätigung.

Kepler-10 c wurde später mit einer Kombination einer „Blender“ genannten Computersimulation und Beobachtungen des Spitzer-Weltraumteleskops bestätigt. Beide Verfahren sind geeignet, die Existenz der Kepler-Planeten zu bestätigen, aber sie sind zu klein und zu weit entfernt, um sie mit Teleskopen von der Erde aus mittels der Radialgeschwindigkeitsmethode nachzuweisen. Das Kepler-Team meint, dass ein großer Teil seiner Entdeckungen mittels dieser beiden Methoden bestätigt werden wird. Bevor Keplers gesamte Aufmerksamkeit auf den Stern ausgerichtet wurde, kannte man ihn als KOI 72: „Kepler Object of Interest“ (Kepler-Untersuchungsobjekt).

© COURTESY NASA/TIM PYLE

Der sonnenähnliche Stern Kepler-11 wird von sechs Exoplaneten umkreist.

Kepler-11 b bis g

Zur Zeit seiner Entdeckung im Jahr 2011 war Kepler-11 ein astronomisches Wunder: ein Sternensystem mit nicht weniger als sechs Planeten.

Sechs Planeten umlaufen Kepler-11, einen rund 2000 Lichtjahre entfernten sonnenähnlichen Stern im Sternbild des Schwans. Die Entdeckung beruhte auf Daten der Exoplaneten suchenden NASA-Raumsonde Kepler. Verglichen mit dem Sonnensystem umkreisen fünf der Planeten Kepler-11 auf engeren Umlaufbahnen als der, auf der der Merkur die Sonne umrundet. Der innerste Planet Kepler-11 b ist seinem Stern zehnmal näher und der äußerste Planet Kepler-11 g seinem Stern zweimal näher als die Erde der Sonne. Ins Sonnensystem versetzt, würde Kepler-11 g zwischen Merkur und Venus kreisen; die übrigen würden sich zwischen Merkur und der Sonne bewegen. Die Umlaufbahnen der fünf inneren Planeten im Sternsystem Kepler-11 liegen viel enger beieinander als die Umlaufbahnen der Planeten in unserem System. Die Umlaufzeiten der fünf inneren Planeten betragen zwischen zehn und 47 Tagen, die Umlaufzeit von Kepler-11 g beträgt immerhin 118 Tage.

Die Präsenz, Größe und Masse der einzelnen Exoplaneten wurde bestimmt, indem man die Lichtschwankungen des Sterns beim Transit der Planeten beobachtete. Im August 2010 hielten das Teleskop und die Kamera der Raumsonde Kepler den gleichzeitigen Transit von drei der Planeten dieses Systems fest. Alle Planeten, die den Gelben Zwerg Kepler-11 umkreisen, sind größer als die Erde, die größten sind in ihrer Größe mit Uranus und Neptun vergleichbar.

Kepler-11

KOORDINATEN
Rektaszension 19h 48m 27,6228s
Deklination 41° 54' 32,903"

ENTFERNUNG
2150 Lichtjahre

STERNBILD
Schwan (Cygnus)

SCHEINBARE HELLIGKEIT
14,2

MASSE
0,961 Sonnenmassen

RADIUS
1,065 Sonnenradien

STERNENKLASSE
Gelber Zwerg, G6V

TEMPERATUR
5663 K

ROTATIONSPERIODE
Unbekannt

ZAHL DER PLANETEN
6

Doppelstern Kepler-16 AB

KOORDINATEN
Rektaszension 19h 16m 18,1759s
Deklination 51° 45' 26,778"

ENTFERNUNG
254 Lichtjahre

STERNBILD
Schwan (Cygnus)

SCHEINBARE HELLIGKEIT
Unbekannt

MASSEN
0,6897 (A) und 0,20255 (B) Sonnenmassen

RADIEN
0,6489 (A) und 0,20255 (B) Sonnenradien

STERNENKLASSEN
K und M

TEMPERATUR
4450 K (A) und 3311 K (B)

ROTATIONSPERIODE
35,1 Tage (A)

ZAHL DER PLANETEN
1

Kepler-16 (AB)-b

PLANETENKLASSE
Gasriese

MASSE
3,33 Erdmassen

RADIUS
Unbekannt

UMLAUFZEIT
228,776 Tage

BAHNRADIUS
0,7048 AE

ENTDECKUNGSART
Transitmethode

ENTDECKUNG
2011

Das Doppelsternsystem Kepler-16 verwöhnt seinen Exoplaneten mit zwei Sonnenuntergängen pro Tag.

Kepler-16 (AB)-b

Die Existenz eines Planeten, auf dem – wie in „Star Wars" schon vor mehr als 30 Jahren gezeigt – täglich zwei Sonnen untergehen, ist nun bestätigt. Willkommen auf Kepler-16 b!

Wie Luke Skywalkers Heimatplanet Tatooine ist Kepler-16 (AB)-b (heute meist Kepler-16 b) ein zirkumbinärer Planet - einer, der nicht einen einzelnen, sondern einen Doppelstern umkreist. Dieser besteht aus zwei Sternen, die kleiner und kälter sind als die Sonne. Nur ein Fünftel der Entfernung zwischen Erde und Sonne trennt die beiden.

Anders als Tatooine, der Wüstenplanet, ist Kepler-16 b ein kalter Gasriese, auf dem es wahrscheinlich kein Leben gibt. Er demonstriert aber die Vielfältigkeit der Planeten in unserer Galaxie. Frühere Forschungen hatten die Existenz zirkumbinärer Planeten angedeutet, es fehlte aber noch die klare Bestätigung. Die Raumsonde Kepler entdeckte diesen fremdartigen Exoplaneten dann mittels der Transitmethode.

„Die Entdeckung bestätigt eine neue Klasse von Planetensystemen, in denen es Leben geben könnte", erklärt William Borucki, der Kepler-Forschungsleiter. „Da die meisten Sterne in unserer Galaxie zu Doppelsternsystemen gehören, sind die Chancen auf Leben nun viel höher, als wenn sich Planeten nur rund um Einzelsterne bilden könnten. Die Entdeckung ist ein Meilenstein und bestätigt eine Theorie, die Forscher schon seit Jahrzehnten hatten."

Warum Entdeckungen besonders faszinieren, wenn sie die Suche nach Leben fördern? Das Universum ist gewiss nicht heliozentrisch, aber man betrachtet das Universum doch aus einem anthropozentrischen Blickwinkel.

Eine Fantasiedarstellung des Planeten Kepler-22 b, auf der dieser von einem flüssigen Ozean bedeckt ist.

Kepler-22 b

Kepler-22 b ist möglicherweise eine Supererde, die von einem gewaltigen Ozean bedeckt sein könnte. Bei einem Radius vom 2,4-Fachen des Erdradius könnte der Planet aber auch aus Gas sein.

Im Jahr 2011 entdeckte die Raumsonde Kepler bei ihrer Suche nach Exoplaneten den ersten bestätigten Planeten, dessen Umlaufbahn in der habitablen Zone um seinen Stern lag, also in jenem Bereich, in dem es Wasser in flüssiger Form auf der Planetenoberfläche geben kann. Die Begeisterung war groß. Zu jener Zeit war Kepler-22 b der kleinste bis dahin entdeckte Planet in der habitablen Zone eines sonnenähnlichen Sterns. Die Wissenschaftler wissen allerdings nicht wirklich, ob der Planet aus Gestein, aus Gas oder Flüssigkeiten besteht; sie kennen nicht einmal seine Masse. Dennoch wurde die Entdeckung als Schritt auf dem Weg zum Finden erdähnlicher Planeten gepriesen.

Kepler-22 b liegt 600 Lichtjahre entfernt im Sternbild des Schwans. Der Planet ist größer als die Erde, aber die Umlaufzeit um den sonnenähnlichen Stern entspricht mit 290 Tagen ungefähr der der Erde. Der Stern des Planeten gehört der gleichen Klasse an wie die Sonne, also der G-Klasse, ist aber etwas kleiner und kühler.

„Das ist ein wichtiger Meilenstein auf der Suche nach einer anderen Erde", erklärt Douglas Hudgins, ein Wissenschaftler des Kepler-Programms in der NASA-Zentrale in Washington, D.C. Mittlerweile wird die Vorstellung, dass es nur eine Erde gibt, verworfen, weil zu viele fast passende Äquivalente entdeckt wurden. Es wird aber noch lange dauern, ehe wir die tatsächliche Zusammensetzung dieser Exoplaneten kennen.

Kepler-22

KOORDINATEN
Rektaszension 19h 16m 52,1904s
Deklination 47° 53' 3,948"

ENTFERNUNG
638 Lichtjahre

STERNBILD
Schwan (Cygnus)

SCHEINBARE HELLIGKEIT
11,664

MASSE
0,970 Sonnenmassen

RADIUS
0,979 Sonnenradien

STERNENKLASSE
Gelber Zwerg, G5V

TEMPERATUR
5518 K

ROTATIONSPERIODE
Unbekannt

ZAHL DER PLANETEN
1

Kepler-22 b

PLANETENKLASSE
Supererde oder neptunartig

MASSE
Unbekannt, max. 52,8 Erdmassen

RADIUS
2,4 Erdradien

UMLAUFZEIT
289,862 Tage

BAHNRADIUS
0,849 AE

ENTDECKUNGSART
Transitmethode

ENTDECKUNG
2011

Kepler-62

KOORDINATEN
Rektaszension 18h 52m 51,0519s
Deklination 45° 20' 59,4"

ENTFERNUNG
1200 Lichtjahre

STERNBILD
Leier (Lyra)

SCHEINBARE HELLIGKEIT
13,75

MASSE
0,69 Sonnenmassen

RADIUS
0,64 Sonnenradien

STERNENKLASSE
Oranger Zwerg, K2V

TEMPERATUR
4925 K

ROTATIONSPERIODE
39,3 Tage

ZAHL DER PLANETEN
5

Wirkt das Bild nicht vertraut? Die künstlerische Darstellung zeigt den potenziell bewohnbaren Planeten Kepler-62 f.

Kepler-62 b bis f

Wie Kepler-11, TRAPPIST-1 und einige wenige andere Planetensysteme ist Kepler-62 von mehreren Planeten umgeben. Es sind nicht weniger als fünf, und alle sind Gesteinsplaneten wie die Erde.

Die fünf Planeten des Systems Kepler-62 kreisen um einen Orangen Zwerg der Spektralklasse K2, der nur zwei Drittel der Größe der Sonne hat und nur ein Fünftel ihrer Helligkeit besitzt. Mit 7 Mrd. Jahren ist dieser Stern etwas älter als die Sonne. Er befindet sich rund 1200 Lichtjahre von der Erde entfernt im Sternbild der Leier. Drei seiner Planeten sind Gesteinsplaneten, von denen zwei in der habitablen Zone liegen: Kepler-62 e und Kepler-62 f. Die Entdeckung wurde im April 2013 bekanntgegeben, genau zu der Zeit, als deutlich wurde, dass man diese Arten von Planeten mittlerweile aufspüren kann.

Per John Grunsfeld, seinerzeit Leitungsmitglied des Science Mission Directorate bei der NASA, äußerte sich über das System Kepler-62: „Die Entdeckung dieser Gesteinsplaneten in der habitablen Zone bringt uns dem Finden eines Ortes, der unserer Heimat gleicht, ein Stück näher. Es ist nur noch eine Frage der Zeit, bis wir wissen, ob es im Weltraum viele erdähnliche Planeten gibt, oder ob die Erde eine Ausnahme ist."

Von den fünf bekannten Planeten sind vier massiver und größer als die Erde, und einer ähnelt in Größe und Masse dem Mars. Das System ist aber wesentlich kompakter als das Sonnensystem: Alle Planeten kreisen enger um den Stern als die Venus um die Sonne. Da der Stern Kepler-62 aber auch nur zwei Drittel der Größe der Sonne hat, leuchtet der kleinere Umfang des Planetensystems ein.

Die Strahlungsenergie von Kepler-70 trifft die ihn umkreisenden Exoplaneten mit voller Kraft.

Kepler-70 b und c

Kepler-70 b und Kepler-70 c sind zwei der feurigsten bisher entdeckten Himmelskörper. Sie umkreisen ihren heißen, blauen zentralen Stern in wenigen Stunden.

Zu den interessanteren Entdeckungen des Weltraumteleskops Kepler gehören Kepler-70 b und Kepler-70 c, zwei Planeten die einen heißen B-Unterzwerg umrunden. Im fortlaufenden Band der Hauptreihensterne haben Sterne des B-Typus die doppelte bis 16-fache Größe der Sonne; sie sind sehr heiß leuchtkräftig und blau. Dem entsprechend ist Kepler-70 ein superheißer Blauer Unterzwerg rund 4200 Lichtjahre entfernt im Sternbild des Schwans. Das Besondere an den ihn umkreisenden Planeten ist deren Temperatur. Mit rund 6800 °C hat Kepler-70 b die zweifelhafte Ehre der heißeste bislang entdeckte Planet zu sein, und auch Kepler-70 c ist nicht wesentlich kühler. Tatsächlich sind beide Planeten heißer als die Sonne und heißer als die Mehrzahl aller Sterne, weil sie gewaltige Energiemengen von Kepler-70 absorbieren.

Die 2011 gemeldeten Exoplaneten Kepler-70 b und c waren einst Giganten von Jupitergröße. Aber ihr Stern wurde zu einem Roten Riesen, und die Planeten trudelten auf ihn zu. Das hätte für die meisten Planeten das Ende bedeutet, doch diese beiden blieben als feurige Überlebende zurück, nun kleiner als die Erde. Der innere Planet ist seinem Stern so nahe – 160-mal näher als die Erde der Sonne –, dass sein Jahr nur fünf Stunden dauert. Ein Abstecher auf seine Oberfläche wäre aber noch schneller vorbei: Ein Raumschiff hätte nicht einmal Zeit zum Schmelzen – es würde einfach sublimieren.

Kepler-70

KOORDINATEN
Rektaszension 19h 45m 25,48s
Deklination 41° 5' 33,88"

ENTFERNUNG
4200 Lichtjahre

STERNBILD
Schwan (Cygnus)

SCHEINBARE HELLIGKEIT
14,87

MASSE
0,496 Sonnenmassen

RADIUS
0,203 Sonnenradien

STERNENKLASSE
Heißer B-Unterzwerg

TEMPERATUR
27 730 K

ROTATIONSPERIODE
Unbekannt

ZAHL DER PLANETEN
2

Kepler-78

KOORDINATEN
Rektaszension 19h 34m 58,0143s
Deklination 44° 26′ 53,961″

ENTFERNUNG
410 Lichtjahre

STERNBILD
Schwan (Cygnus)

SCHEINBARE HELLIGKEIT
11,72

MASSE
0,81 Sonnenmassen

RADIUS
0,74 Sonnenradien

STERNENKLASSE
Gelber Zwerg, später G

TEMPERATUR
5089 K

ROTATIONSPERIODE
Unbekannt

ZAHL DER PLANETEN
1

Kepler-78 b

PLANETENKLASSE
Supererde

MASSE
1,86 Erdmassen

RADIUS
1,173 Erdradien

UMLAUFZEIT
0,355 Tage

BAHNRADIUS
0,089 AE

ENTDECKUNGSART
Transitmethode

ENTDEDCKUNG
2013

Künstlerische Darstellung der Oberfläche von Kepler-78 b und seinem Stern

Kepler-78 b

Die Entdeckung von Kepler-78 b im Jahr 2013 sorgte für große Begeisterung, weil er der erste Exoplanet von Erdgröße mit erdähnlicher Zusammensetzung war.

Einige wenige Planeten von der Größe oder Masse der Erde waren schon vor Kepler-78 b bekannt, aber dieser war der erste, von dem man beide Werte kannte. Damit konnten die Wissenschaftler seine Dichte berechnen und bestimmen, woraus der Planet besteht. Ein Planet von Erdgröße muss freilich nicht erdähnlich sein. Kepler-78 b saust in rund 8,5 Stunden um seinen Stern und ist daher, Gesteinsplanet hin oder her, ein flammendes Inferno, auf dem kein Leben, wie wir es kennen, möglich ist.

Zwei unabhängig voneinander arbeitende Teams nutzten Teleskope auf der Erde, um Kepler-78 b zu bestätigen und zu vermessen. Zur Bestimmung der Planetenmasse wendeten sie die Radialgeschwindigkeitsmethode an und ermittelten, wie weit die Gravitation des Planeten den Stern „schwanken" lässt. Mit dem Weltraumteleskop Kepler wiederum ließ sich die Größe bzw. der Radius des Planeten anhand der Menge des Sternenlichts, das bei einem Planetentransit vor dem Stern blockiert wird, bestimmen.

Kepler-78 b hat den 1,2-fachen Radius der Erde und ist in seiner Dichte in etwa ähnlich wie die Erde. Das legt nahe, dass Kepler-78 b ebenfalls hauptsächlich aus Gestein und Eisen besteht. Sein Stern ist etwas kleiner und weniger massiv als die Sonne. Er liegt rund 400 Lichtjahre von der Erde entfernt im Schwan.

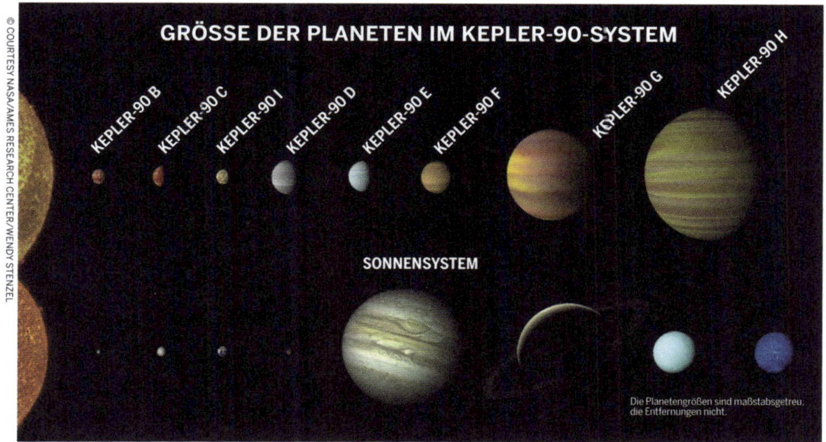

Vergleich der Größe der Planeten im Sonnensystem und dem System von Kepler-90

Kepler-90 b

Haben auch andere Sterne ganze Planetensysteme wie unser Sonnensystem? Ja, so etwas wurde bereits gefunden – und Kepler-90 ist ein solches System.

Mit der Entdeckung eines achten Planeten, der Kepler-90, einen 2545 Lichtjahre von der Erde entfernten sonnenähnlichen Stern, umkreist, hat die Sonne ihren alleinigen Status als Stern mit den meisten Planeten eingebüßt. Dieser achte Planet wurde aus den Daten des NASA-Weltraumteleskops Kepler ermittelt. Kepler-90 i ist ein glutheißer Gesteinsplanet, der seinen Stern in 14,4 Tagen umläuft. Entdeckt wurde er unter Nutzung eines Programms zum maschinellen Lernen von Google. Maschinelles Lernen ist ein Teilbereich der Künstlichen Intelligenz, bei dem Computer lernen. In diesem Fall lernten sie, Planeten zu identifizieren, indem sie die Kepler-Daten nach Veränderungen des Sternenlichts durchsuchten, die von Planeten außerhalb des Sonnensystems verursacht sind.

Zu den Ähnlichkeiten zwischen dem Kepler-90- und dem Sonnensystem zählen ein Stern der Klasse G, mit der Erde vergleichbare Gesteinsplaneten und Planeten, die in der Größe Jupiter und Saturn ähneln. Zu den Unterschieden gehört, dass alle bekannten Planeten von Kepler-90 den Stern auf engen Umlaufbahnen umkreisen – engeren als die Umlaufbahn der Erde um die Sonne – und daher zu heiß für die Existenz von Leben sind. Beobachtungen über einen längeren Zeitraum könnten aber zur Entdeckung von Planeten mit größeren Abständen zum Stern führen.

Kepler-90

KOORDINATEN
Rektaszension 18h 57m 44,0384s
Deklination 49° 18' 18,4958"

ENTFERNUNG
2500 Lichtjahre

STERNBILD
Drache (Draco)

SCHEINBARE HELLIGKEIT
14,0

MASSE
1,2 Sonnenmassen

RADIUS
1,2 Sonnenradien

STERNENKLASSE
Gelber Zwerg, G0V

TEMPERATUR
6080 K

ROTATIONSPERIODE
Unbekannt

ZAHL DER PLANETEN
8

Kepler-186

KOORDINATEN
Rektaszension 19h 54m 36,6536s
Deklination 43° 57' 18,0259"

ENTFERNUNG
582 Lichtjahre

STERNBILD
Schwan (Cygnus)

SCHEINBARE HELLIGKEIT
15,29

MASSE
0,544 Sonnenmassen

RADIUS
0,523 Sonnenradien

STERNENKLASSE
Roter Zwerg, M1V

TEMPERATUR
3755 K

ROTATIONSPERIODE
34,404 Tage

ZAHL DER PLANETEN
5

Künstlerische Fantasiedarstellung des erdähnlichen Exoplaneten Kepler-186 f

Kepler-186 b bis f

Um Kepler-186 kreisen fünf Gesteinsplaneten. Einer von ihnen, Kepler-186 f, war der erste bestätigte Planet von Erdgröße, der einen fernen Stern in dessen habitabler Zone umrundet.

Kepler-186 f ist ein Planet des rund 500 Lichtjahre von der Erde im Sternbild des Schwans zu findenden Systems Kepler-186. Er umkreist seinen Stern in 130 Tagen und erhält ein Drittel der Energie, welche die Erde von der Sonne empfängt. Damit liegt er nahe dem äußeren Ende der habitablen Zone. Stände man auf der Oberfläche von Kepler-186 f, würde sein Stern zu Mittag so ähnlich erscheinen wie die Sonne auf der Erde eine Stunde vor Sonnenuntergang. Man weiß, dass Kepler-186 f weniger als 10 % größer ist als die Erde, aber die Masse, die Zusammensetzung und die Dichte dieses Exoplaneten sind unbekannt. Frühere Forschungen lassen vermuten, dass ein Planet dieser Größe wahrscheinlich ein Gesteinsplanet ist. Vor der Entdeckung von Kepler-186 f ging der Preis für den „erdähnlichsten" Planeten an Kepler-62 f, der 40 % größer ist als die Erde und seinen Stern ebenfalls in der einladenden habitablen Zone umläuft.

Zum Planetensystem von Kepler-186 gehören noch vier weitere Planeten, die den Stern auf engeren Umlaufbahnen umrunden. Diese vier Planeten sind beträchtlich kleiner als die Erde. Kepler-186 b, Kepler-186 c, Kepler-186 d und Kepler-186 e haben Umlaufzeiten von vier, sieben, 13 und 22 Tagen. Sie sind sehr heiß, ungastlich für Leben, wie wir es kennen, und gewissermaßen Geschwister des Merkurs, nicht der Erde.

Im Blick: das System Kepler-186

Kein Rekordhalter mehr

1 Kepler-186 f war bei seiner Entdeckung der kleinste entdeckte Exoplanet, aber dieser Status hat er inzwischen nicht mehr inne. Der 2013 entdeckte Exoplanet Kepler 37 b hat sogar nur die Größe unseres Mondes.

Bestätigungsfeiern

2 Ehe ein Exoplanet bestätigt wird, wird er (für gewöhnlich) als Exoplanetenkandidat registriert. Die ersten Daten zu seiner Existenz müssen geprüft und verifiziert werden, weil es sich bei einigen Messdaten um winzige Werte handeln kann. Einige bestätigte Planeten kamen trotzdem gar nicht erst auf die Kandidatenliste. Die Bestätigung eines Exoplaneten ist aber in jedem Fall Anlass für eine Feier!

Enge im Zentrum

3 Während im Sonnensystem Gas- und Eisriesen einen prominenten Platz einnehmen, ist der erdähnliche Planet Kepler-186 f der größte der fünf Planeten in seinem System. Die vier inneren Gesteinsplaneten sind weniger als halb so groß wie unsere Erde.

Dank an die Raumsonde Kepler

4 Die fünf Exoplaneten von Kepler-186 sind nur ein winziger Prozentsatz der 2662 bestätigten Exoplaneten, die das Weltraumteleskop Kepler in seiner neunjährigen Betriebszeit ermittelte. Bis zum Ende der Mission im Jahr 2018, als dem Satelliten der Treibstoff ausging, beobachtete Kepler 530 506 Sterne. Kepler arbeitete viereinhalb Jahre länger als geplant und schickte einen wahren Schatz neuer Informationen über die Menge der Planeten, die sich außerhalb des Sonnensystems entdecken lassen, zur Erde.

Ausblick

5 Man weiß nicht, ob Kepler-186 f eine Atmosphäre besitzt oder woraus sie besteht. Zukünftige Analysen spektrografischer Daten aus diesem System könnten mehr über die chemische Zusammensetzung verraten. Auf alle Fälle würde die „Sonne" an diesem Himmel anders erscheinen, weil Kepler-186 als leuchtender Zwerg der M-Klasse viel kühler und kleiner ist als unsere Sonne.

Top-Tipp

Auch andere Exoplaneten scheinen im richtigen Abstand zu ihrem jeweiligen Zentralgestirn zu kreisen und aus den richtigen Materialien zu bestehen, um mögliches Leben zu beherbergen. Ganz oben auf der Liste steht Kepler-452 b, der etwas älter und größer als die Erde ist, aber sich genau an der richtigen Stelle zu befinden scheint. Nachdem man einen ganzen Schwarm von Hot Jupiters entdeckt hatte, wurden schnell auch mehr Gesteinsplaneten in den habitablen Zonen gefunden, als die Astronomen zu entdecken erhofften. Und viele weitere werden noch folgen.

An- & Weiterreise

Kepler-186 ist rund 582 Lichtjahre von der Erde entfernt. Ein Besuch bei diesem fernen Verwandten unserer Erde wird so bald nicht möglich sein.

Kepler-444

KOORDINATEN
Rektaszension 19h 19m 1,0s
Deklination 41° 38′ 05″

ENTFERNUNG
116 Lichtjahre

STERNBILD
Leier (Lyra)

SCHEINBARE HELLIGKEIT
8,86

MASSE
0,758 Sonnenmassen

RADIUS
0,752 Sonnenradien

STERNENKLASSE
Oranger Zwerg, K0V

TEMPERATUR
5040 K

ROTATIONSPERIODE
49,4 Tage

ZAHL DER PLANETEN
5

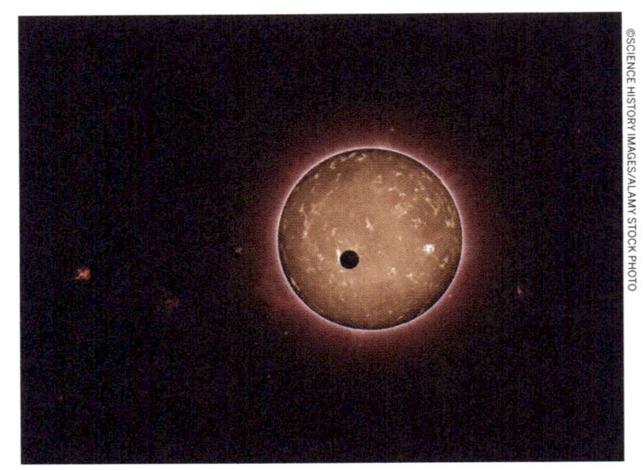

Kepler-444 besitzt fünf bekannte Planeten in engen Umlaufbahnen.

Kepler-444 b bis f

Anhand der Daten der Kepler-Mission entdeckten die Astronomen dieses System aus fünf kleinen Planeten, das aus der Zeit stammt, als die Milchstraße gerade jugendliche 2 Mrd. Jahre alt war.

Der Stern Kepler-444 liegt rund 117 Lichtjahre entfernt im Sternbild der Leier. Das enge System umfasst fünf Gesteinsplaneten mit Größen zwischen der des Merkurs und der der Venus. Insgesamt haben sie eine für ein Exoplanetensystem sehr niedrige Masse. Alle fünf Planeten umkreisen den sonnenähnlichen Stern in weniger als zehn Tagen, umlaufen ihn also viel näher als der Merkur die Sonne. Damit bewegen sich diese Exoplaneten weit außerhalb der wohltemperierten Komfortzone.

Kepler-444 entstand vor 11,2 Mrd. Jahren, als das Universum gerade erst 20 % seines gegenwärtigen Alters hatte. Um das Alter des Sterns und seiner Planeten zu bestimmen, maßen die Wissenschaftler die sehr kleinen Veränderungen in der Helligkeit des Sterns, die von Schwingungen in seinem Inneren verursacht werden. Die wallende Bewegung unter der Oberfläche beeinflusst Temperatur und Leuchtkraft des Sterns. Solche Untersuchungen des Inneren von Sternen werden als Asteroseismologie bezeichnet und ermöglichen den Forschern, den Durchmesser, die Masse und das Alter von Sternen zu ermitteln.

„Dieser Stern bildete sich vor langer Zeit, früher als die meisten anderen Sterne in der Milchstraße, aber nichts legt nahe, dass auf einem der Planeten Leben existieren könnte oder je existiert hat", erklärt Steve Howell, Kepler/K2-Projektwissenschaftler am Ames Research Center der NASA.

Künstlerische Fantasiedarstellung des ersten potenziellen Exomonds

Kepler-1625 b und sein Exomond

Mithilfe von Hubble und Kepler fanden Astronomen Hinweise auf einen Exomond, der einen Planeten außerhalb des Sonnensystems umläuft.

Dieser Mondkandidat, der sich 8000 Lichtjahre von der Erde entfernt im Sternbild des Schwans befindet, umkreist einen Gasriesen, der den Stern Kepler-1625 umrundet. Forscher mahnen zur Vorsicht und erklären, dass der Mond eine Hypothese sei, die noch bestätigt werden müsse. Das beobachtete Schwanken des Planeten könnte auch vom Gravitationsfeld eines hypothetischen zweiten Planeten in dem System verursacht werden statt durch einen Mond. Das Kepler-Weltraumteleskop hat zwar keinen entdeckt, es könnte aber durchaus einen zweiten Planeten geben, der mit Keplers technischen Mitteln nicht gefunden wurde.

Da Monde außerhalb des Sonnensystems – sogenannte Exomonde – nicht direkt beobachtet werden können, kann man ihre Präsenz nur aus der kurzen Verminderung des Lichtes erschließen, wenn sie an einem Stern vorüberziehen – mit dieser Transitmethode wurden auch schon viele Exoplaneten entdeckt. Exomonde aber sind schwerer zu finden, weil sie kleiner sind als der Planet, den sie begleiten. Daher ist ihr Transitsignal deutlich schwächer. Zudem verändern Exomonde bei jedem Transit ihre Position, weil sie ihren Planeten umkreisen. Dieser Mondkandidat soll nur 1,5 % der Masse seines Planeten besitzen, der wiederum die mehrfache Masse des Jupiters haben soll. Das Verhältnis wäre damit ähnlich wie das zwischen Erde und Mond.

Kepler-1625

KOORDINATEN
Rektaszension 19h 41m 43,0402s
Deklination 39° 53' 11,4990"

ENTFERNUNG
8000 Lichtjahre

STERNBILD
Schwan (Cygnus)

SCHEINBARE HELLIGKEIT
13,916

MASSE
1,079 Sonnenmassen

RADIUS
1,793 Sonnenradien

STERNENKLASSE
Unbekannt

TEMPERATUR
5548 K

ROTATIONSPERIODE
Unbekannt

ZAHL DER PLANETEN
1

Kepler-1625 b

PLANETENKLASSE
Gasriese

MASSE
3 Jupitermassen

RADIUS
0,6 Jupiterradien

UMLAUFZEIT
287,37 Tage

BAHNRADIUS
0,811–0,8748 AE

ENTDECKUNGSART
Transitmethode

ENTDECKUNG
2016

Doppelstern Kepler-1647 AB

KOORDINATEN
Rektaszension 19h 52m 36,02s
Deklination 40° 39' 22,2"

ENTFERNUNG
3700 Lichtjahre

STERNBILD
Schwan (Cygnus)

SCHEINBARE HELLIGKEIT
13,78

MASSE
1,22 (A) und 0,97 (B) Sonnenmassen

RADIUS
1,79 (A) und 0,966 (B) Sonnenradien

STERNENKLASSEN
F und G

TEMPERATUR
6210 (A) und 5770 K (B)

ROTATIONSPERIODE
Unbekannt

ZAHL DER PLANETEN
1

Kepler-1647 (AB)-b

PLANETENKLASSE
Gasriese

MASSE
1,52 Jupitermassen

RADIUS
1,06 Jupiterradien

UMLAUFZEIT
3,03 Jahre

BAHNRADIUS
2,72 AE

ENTDECKUNGSART
Transitmethode

ENTDECKUNG
2016

Darstellung von Kepler-1647 b in seinem Doppelsternsystem

Kepler-1647 (AB)-b

Wie Kepler-16 ist Kepler-1647 ein Doppelsternsystem mit einem einzelnen Planeten, der beide Sterne umrundet, als ob sie einer wären.

Der Doppelstern Kepler-1647 ist 3700 Lichtjahre entfernt und mit ungefähr 4,4 Mrd. Jahren fast so alt wie die Erde. Die beiden Sterne des Systems sind sonnenähnlich, einer ist etwas größer, der andere ein bisschen kleiner. Der Planet Kepler-1647 (AB)-b entspricht in Masse und Radius fast genau dem Jupiter und ist damit der größte jemals mit der Transitmethode gefundene zirkumbinäre Planet. Zirkumbinäre Planeten umkreisen beide Sterne eines Doppelsternsystems, als ob diese ein Stern wären.

Man nennt solche Planeten auch Tatooine-Planeten – nach Luke Skywalkers Heimat in *Star Wars*, wo es einen doppelten Sonnenuntergang gibt. Mithilfe der Daten von Kepler suchen die Astronomen nach Schwankungen in der Helligkeit eines Sterns, die auf den Transit eines Planeten vor dem Stern hindeuten. „Zirkumbinäre Planeten sind viel schwieriger zu finden als Planeten, die einen einzelnen Stern umkreisen“, erklärt der Astronom William Welsh, einer der Autoren der Forschungsstudie. „Die Transite sind hier zeitlich nicht regelmäßig verteilt und können in Dauer und Tiefe variieren.“ Bislang ist Kepler-1647 b der größte entdeckte Planet eines Doppelsterns und auch der auf der weitesten Umlaufbahn. Die Schwierigkeit, zirkumbinäre Planeten zu finden, wächst, je größer ihre Umlaufbahn ist.

Der Planet befindet sich in der habitablen Zone seiner Sterne. Als Gasriese ist er für Leben, wie wir es kennen, ungeeignet, er könnte aber viele Gesteinsmonde besitzen, auf denen die Bedingungen vielleicht günstig sind.

Im Blick: Kepler-1647 (AB)-b

Besser spät als nie

1 Die Untersuchung wurde von Astronomen des Goddard Space Flight Center der NASA in Greenbelt, Maryland, und der San Diego State University (SDSU) in Kalifornien mit dem NASA-Weltraumteleskop Kepler durchgeführt. „Es ist etwas seltsam, dass es so lange brauchte, diesen sehr großen Planeten zu bestätigen, weil große Planeten eigentlich leichter zu finden sind als kleine", meint Jerome Orosz, ein Astronom von der SDSU und Mitautor der Untersuchung. „Die Ursache dafür ist die lange Umlaufzeit dieses Planeten."

Bestätigung eines Planeten

2 Sobald ein Planetenkandidat gefunden ist, nutzen die Forscher fortschrittliche Computerprogramme, um festzustellen, ob es sich wirklich um einen Planeten handelt. Das kann ein zermürbender Prozess sein. Laurance Doyle, ein Mitautor der Untersuchung und Astronom am SETI Institute, bemerkte einen Transit schon 2011, aber weitere Daten und mehrjährige Analysen waren erforderlich, um zu bestätigen, dass es sich wirklich um den Durchgang eines zirkumbinären Planeten handelte.

Statistische Daten

3 Der Planet braucht 1107 Tage – etwas mehr als drei Jahre –, um seine beiden Sterne zu umkreisen, die längste Umlaufzeit aller bislang bestätigten, mit der Transitmethode ermittelten Exoplaneten. Der Planet ist zudem viel weiter von seinen Sternen entfernt als jeder andere zirkumbinäre Planet und entspricht damit nicht der Tendenz, dass solche Planeten eher enge Umlaufbahnen haben. Interessanterweise liegt seine Umlaufbahn auch in der sogenannten habitablen Zone – jenem Bereich um einen Stern, in dem auf der Oberfläche eines ihn umkreisenden Planeten Wasser in flüssiger Form vorkommen könnte.

Mögliches Leben

4 Kepler-1647 b ist allerdings wie Jupiter ein Gasriese und daher für Leben, wie es auf der Erde existiert, ungeeignet. Sollte der Planet aber über große Monde verfügen, könnten diese die Bedingungen für Leben bieten. „Von der Frage der Bewohnbarkeit abgesehen ist Kepler-1647 b auch deswegen wichtig, weil er die Spitze des Eisbergs einer theoretisch vorhergesagten Population großer zirkumbinärer Planeten mit langer Umlaufzeit ist", erklärt Welsh.

Mithilfe von Amateurastronomen

5 Amateurastronomen des Follow-Up Network am Kilodegree Extremely Little Telescope (KELT) lieferten zusätzliche Beobachtungen, die den Forschern halfen, die Masse des Planeten abzuschätzen. Zusammenarbeiten zwischen Profis und Amateuren sind in der Astronomie besonders ergebnisträchtig, weil die Menge der Daten (und die Bereiche am Himmel), die analysiert werden wollen, so groß sind.

Top-Tipp

Kepler-1647 befindet sich in guter Gesellschaft. Mit Kepler-16, HW Virginis, Kepler-453 und einigen anderen gehört er zur immer länger werdenden Liste zirkumbinärer Planetensysteme. Eines der besonders berühmten gehörte sogar zu den ersten jemals entdeckten Planetensystemen: Es wurde schon 1993 gefunden, als dieses Forschungsgebiet noch in den Kinderschuhen steckte. Jenes System war PSR B1620-26, ein Weißer Zwerg, der um einen Neutronenstern kreist. Der beide umkreisende Planet trägt wegen seines extrem hohen Alters den inoffiziellen Namen Methusalem (weitere Infos s. S. 418).

An- & Weiterreise

Wer wie Luke Skywalker zwei Sonnenuntergänge zugleich erleben will, braucht jede Menge Zeit. Die Reise dauert immerhin gute 140 Mio. Jahre.

PSR B1257+12 (Lich)

KOORDINATEN
Rektaszension 13h 0m 01s
Deklination 12° 40' 57"

ENTFERNUNG
2300 Lichtjahre

STERNBILD
Jungfrau (Virgo)

SCHEINBARE HELLIGKEIT
12,2

MASSE
1,4 Sonnenmassen

RADIUS
10 km

STERNENKLASSE
Pulsar

TEMPERATUR
28 856 K

ROTATIONSPERIODE
0,006219s

ZAHL DER PLANETEN
3

Künstlerische Interpretation der Planeten des Pulsars PSR B1257+12

Lich-System (PSR B1257+12)

Das gesamte System ist ein Friedhof: das Überbleibsel eines normalen, funktionierenden Planetensystems, das unterging, als der Stern in einer gigantischen Explosion zugrunde ging.

Die ersten klar identifizierten Planeten außerhalb unseres Sonnensystems umkreisen ein bizarres Objekt namens PSR B1257+12. Dies ist ein toter Stern, ein Pulsar: der extrem dichte, schnell rotierende Kern eines Sterns, der einen spektakulären Tod starb, indem er als Supernova explodierte. Pulsare strahlen intensive Radiowellen in entgegengesetzte Richtungen ab, während sie sich drehen, vergleichbar mit rotierenden Leuchtfeuern. Dieses Merkmal erwies sich als praktisch bei den frühen Versuchen, Planeten zu entdecken, die um ferne Sterne kreisen.

Indem er die Veränderungen im „Puls" einer solchen rotierenden Sternenleiche maß, konnte Dr. Alexander Wolszczan von der Pennsylvania State University drei „Pulsarplaneten" entdecken, die diesen exotischen Stern umlaufen. Die Schwerefelder der Planeten veränderten den Rhythmus des Pulsars, sie verrieten ihre Existenz durch eine Art interstellares Morsezeichen. Wolszczan verkündete die Entdeckung der ersten beiden Planeten im Jahr 1992 und bestätigte den dritten zwei Jahre später. Die massive Schockwelle der Supernova fegte die Atmosphäre und alle (möglichen) früheren Lebensformen von den Planeten hinweg und ließ diese als gespenstische, felsige Hüllen zurück – als tote Planeten, die die Leiche eines erloschenen Sterns umrunden.

Im Blick: das Lich-System

Der Stern

1 Wie alle Pulsare ist PSR B1257+12 – auch Lich genannt – winzig. Mit einem Radius von nur 10 km ist er nicht größer als eine kleine Stadt. Der Pulsar rotiert in seinem Grab: Er vollzieht alle 6,22 Millisekunden eine Umdrehung und emittiert dabei eine intensive Strahlung, die sich von der Erde aus feststellen lässt. Die unglücklichen Planeten dieses Sterns werden dadurch regelmäßig einer tödlichen Strahlung ausgesetzt, die dafür sorgt, dass das System ein kosmisches Niemandsland bleibt.

Planetenentdeckung

2 Die drei Planeten von Lich wurden 1992 und 1994 als allererste Exoplaneten überhaupt entdeckt, und zwar mittels der ungewöhnlichen Pulsar-Timing-Methode, weil die Schwerefelder der Planeten winzige Abweichungen im Ticken der ansonsten hochgenauen „Uhr" des Pulsars verursachen. Ungewöhnlich ist auch, dass man diesen Planeten Namen gab: Der innerste (PSR 1257+12 b) heißt Draugr, die Planeten c und d heißen Poltergeist und Phobetor.

Draugr

3 Der Planet Draugr (PSR B1257+12 b) ist nach den untoten Kreaturen des nordischen Volksglaubens benannt. Mit nur 0,02 Erdmassen – ungefähr dem doppelten Gewicht unseres Mondes – ist er der leichteste bekannte Exoplanet und auch leichter als alle Planeten im Sonnensystem. Der Radius von Draugr ist zwar nicht bekannt, doch angesichts seiner geringen Masse muss es sich bei ihm um einen Gesteinsplaneten handeln.

Poltergeist

4 Der Planet mit dem spukhaften Namen Poltergeist (PSR B1257+12 c) ist der zweitinnerste dieses Systems. Er hat mehr als vier Erdmassen und umkreist den Pulsar in einer Entfernung von 0,36 astronomischen Einheiten (AE; 1 AE bezeichnet den Abstand von der Erde zur Sonne), vergleichbar mit Merkurs Position im Verhältnis zur Sonne. Vermutlich handelt es sich um eine Supererde, also einen Gesteinsplaneten, der größer ist als die Erde.

Phobetor

5 Der letzte Planet, PSR B1257+12 d, wird nach dem griechischen Gott der Alpträume als Phobetor bezeichnet. Mit 3,9 Erdmassen ist er eine Supererde (wie der etwas schwerere Poltergeist) und wahrscheinlich rund 50 % größer als die Erde. Er umkreist Lich in ungefähr der Hälfte des Abstands der Erde von der Sonne und hat eine geschätzte Temperatur von etwa 269 °C.

Top-Tipp

Lich ist 2300 Lichtjahre entfernt, für eine Reise braucht man also Ausdauer und Geduld. Wenn ein T-Rex vor 65 Mio. Jahren auf der Erde in ein Spaceshuttle gestiegen wäre, bräuchte er immer noch 22 Mio. Jahre bis zu seiner Ankunft.

An- & Weiterreise

Wem Grabesstille oder das verrottende Fleisch von Zombies nicht behagen, für den sind die Planeten dieses Pulsars definitiv kein Reiseziel. Nichts kann in dieser äußerst ungastlichen Ecke der Galaxie leben. Astronauten, die zum Planeten Poltergeist (PSR B1257+12 c) flögen, würden sich auf dem mittleren von drei toten Planetenkernen wiederfinden, die durch das verzerrte Magnetfeld einer Sternenleiche ziehen. Lich hat zwei Strahlenfeuer, die sich schneller drehen, als man zwinkern kann, und die jedes Raumschiff auf der Stelle einäschern würden. Die Strahlung trifft Poltergeist und seine beiden Nachbarplaneten beständig und sorgt für totenstille Nächte, die vielleicht von gespenstischen Polarlichtern erhellt sind.

Doppelstern

KOORDINATEN
Rektaszension 18h 23m 38,2218s
Deklination –26° 31' 53,769"

ENTFERNUNG
12 400 Lichtjahre

STERNBILD
Skorpion (Scorpius)

SCHEINBARE HELLIGKEIT
21,3

STERNENKLASSE
Doppelstern aus Pulsar und Weißem Zwerg

ZAHL DER PLANETEN
1

Planet

PLANETENKLASSE
Gasriese

MASSE
2,5 Jupitermassen

RADIUS
Unbekannt

UMLAUFZEIT
100 Jahre

BAHNRADIUS
23 AE

ENTDECKUNGSART
Radialgeschwindigkeitsmethode

ENTDECKUNG
1994

Die Fantasiedarstellung zeigt die Doppelsterne des Planeten Methusalem.

Methusalem

Methusalem ist der Urgroßvater unter den Exoplaneten. Er hat das reife Alter von 13 Mrd. Jahren, entstand also zu einer Zeit, als das Universum noch in den Kinderschuhen steckte.

Methusalem ist eine wichtige Figur in der Bibel. Er war der Großvater Noahs und soll ein Alter von 969 Jahren erreicht haben, als er im Jahr der Sintflut sein Leben ließ. So erscheint dieser Name für den mit geschätzten 13 Mrd. Jahren ältesten Planeten als durchaus angemessen. Er wird aber auch als Planet Genesis oder prosaischer einfach als PSR B12620-26 b bezeichnet.

Lange bevor es die Sonne und die Erde gab, bildete sich ein Planet von der Größe Jupiters um einen sonnenähnlichen Stern. Nun, 13 Mrd. Jahre später, hat das Hubble-Weltraumteleskop der NASA präzise die Masse dieses ältesten bekannten Planeten gemessen. Er hat eine bemerkenswerte Geschichte, weil er trotz vieler Unwahrscheinlichkeiten entstand. Er umkreist ein besonderes Paar ausgebrannter Sterne, der eine ein schnell rotierender Neutronenstern oder Pulsar und der andere ein Weißer Zwerg – der tote Kern des einstigen Zentralgestirns des Planeten. Die beiden Sterne und der Planet liegen im überfüllten Zentrum eines Kugelsternhaufens. Der Planet hat die 2,5-fache Masse des Jupiters. Seine Existenz allein ist ein Hinweis darauf, dass sich die ersten Planeten schnell bildeten, schon in den ersten Millarden Jahren nach dem Urknall. Astronomen schließen daraus, dass Planeten im Universum viel zahlreicher sind, als man früher glaubte.

Im Blick: das Methusalem-System

Die Sterne

1 Die Geschichte der Entdeckung des Planeten begann 1988, als der Pulsar PSR B1620-26 im Kugelsternhaufen Messier 4 (M 4) gefunden wurde, der sich 12 400 Lichtjahre entfernt im von der Nordhalbkugel nur im Sommer sichtbaren Sternbild des Skorpions befindet. Dieser Neutronenstern rotiert pro Sekunde etwas weniger als 100-mal und sendet wie ein Leuchtfeuer ein regelmäßiges pulsierendes Radiosignal aus. Der ihn begleitende Weiße Zwerg wurde durch seine Auswirkung auf den regelmäßig strahlenden Pulsar schnell gefunden, da die Sterne sich zweimal pro Jahr umkreisen.

Planet oder Brauner Zwerg?

2 Die Astronomen, die den Pulsar beobachteten, bemerkten weitere Unregelmäßigkeiten, die implizierten, dass ein drittes Objekt die beiden anderen umkreiste. Mit einem geschätzten Alter von 13 Mrd. Jahren ist es dreimal so alt wie die Erde. Bis zu den Messungen durch Hubble waren sich die Astronomen bezüglich der Identität dieses dritten Objekts nicht einig. Handelte es sich um einen Planeten oder einen Braunen Zwerg? Die Analyse durch Hubble zeigte, dass das Objekt die 2,5-fache Masse des Jupiters besitzt und bestätigte es damit als Planeten

Bewohnbarkeit

3 Es ist wahrscheinlich, dass Methusalem ein Gasriese ohne eine feste Oberfläche ist. Weil der Planet so früh in der Geschichte des Universums entstand, besitzt er wahrscheinlich keine größeren Mengen von Elementen wie Kohlenstoff und Sauerstoff. Deshalb ist es unwahrscheinlich, dass der Planet Leben birgt. Und auch wenn, z. B. auf einem den Planeten umkreisenden Gesteinsmond, Leben entstanden wäre, hätte es unter den rauen Bedingungen, die der Planet in seiner Geschichte erlebte, ziemlich sicher nicht überdauern können.

Unwahrscheinliche Heimat

4 Die Entdeckung des Planeten Methusalem war eine Überraschung. Kugelsternhaufen fehlt es an schwereren Elementen, weil sie vor der Zeit entstanden, als sich große Mengen schwererer Elemente in den nuklearen Glutöfen der Sterne gebildet hatten. Manche Astronomen hatten daher vor der Entdeckung vermutet, dass es in Kugelsternhaufen keine Planeten geben könnte.

Frühe Bildung von Planeten

5 „Unsere Messung mit Hubble liefert einen faszinierenden Beweis, dass Planetenbildungsprozesse sehr robust sind und auch kleine Mengen schwererer Elemente effizient nutzen. Das impliziert, dass sich Planeten schon sehr früh in der Geschichte des Universums bildeten", erklärt Steinn Sigurdsson vom State College der Pennsylvania State University.

Top-Tipp

Der Planet Methusalem hat in den letzten 13 Mrd. Jahren viel durchgemacht. Als er geboren wurde, umkreiste er wahrscheinlich seinen damals jungen Gelben Zwerg in ungefähr dem gleichen Abstand wie der Jupiter die Sonne. Der Planet überstand sowohl gleißende ultraviolette Strahlung, als auch Supernova-Strahlung und Schockwellen, die den jungen Kugelsternhaufen in seinen frühen Tagen in einem mächtigen Feuersturm der Sternenentstehung verwüstet haben müssen. Ungefähr um die Zeit, als sich mehrzelliges Leben auf der Erde entwickelte, gelangten der Planet und sein Stern ins Zentrum des Kugelsternhaufens M 4.

An- & Weiterreise

Methusalem ist mit 12 400 Lichtjahren außerordentlich weit entfernt. Die Reise mit einem Spaceshuttle würde 480 Mio. Jahre dauern, und selbst mit einer der schnellsten Raumsonden, Helios B, wäre man bei einer Geschwindigkeit von 70 km/s noch 54 Mio. Jahre unterwegs.

Pi Mensae

KOORDINATEN
Rektaszension 5h 37m 9,89s
Deklination –80° 28′ 8,8″

ENTFERNUNG
59,62 Lichtjahre

STERNBILD
Tafelberg (Mensa)

SCHEINBARE HELLIGKEIT
5,65

MASSE
1,11 Sonnenmassen

RADIUS
1,15 Sonnenradien

STERNENKLASSE
Gelber Zwerg, G0V

TEMPERATUR
6013 K

ROTATIONSPERIODE
Unbekannt

ZAHL DER PLANETEN
2

Künstlerische Fantasiedarstellung eines Blicks auf Pi Mensae b von der Oberfläche von Pi Mensae c

Pi Mensae b und c

Pi Mensae ist ein System mit zwei Planeten: einem supermassiven Gasriesen und einer Supererde. Letztere war der erste Exoplanet, der mit dem neuen Weltraumteleskop TESS entdeckt wurde.

Der Stern Pi Mensae ähnelt der Sonne in Masse und Größe. Die Astronomen entdeckten den ersten Exoplaneten dieses Systems, Pi Mensae b, mithilfe des Anglo-Australian Telescope im Jahr 2001. Mit rund zehn Jupitermassen war er damals der massivste bekannte Exoplanet, inzwischen hält HR 2562 b mit der dreifachen Masse den Rekord. Vielleicht ist Pi Mensae b aber auch kein Planet, sondern ein Brauner Zwerg. Seine Entfernung von Pi Mensae beträgt durchschnittlich 3 AE, seine Umlaufzeit 2083 Erdentage.

Der zweite Planet des Sterns, Pi Mensae c, ist eine Entdeckung von 2018 – der erste Exoplanet, den das im April dieses Jahres gestartete Weltraumteleskop TESS (Transiting Exoplanet Survey Satellite) entdeckte. Pi Mensae c hat ungefähr die doppelte Größe der Erde und eine Umlaufzeit von sechs Tagen. Es scheint sich um einen Gesteinsplaneten mit Eisenkern zu handeln, der seinen Stern so eng umkreist, dass flüssiges Wasser auf seiner Oberfläche nicht vorkommen kann. „Man wusste bereits, dass der Planet Pi Mensae b, der … eine lange, sehr exzentrische Umlaufbahn hat, diesen Stern umkreist“, erklärt Chelsea Huang, Juan Carlos Torres Fellow am Kavli Institute for Astrophysics and Space Research (MKI) des Massachusetts Institute of Technology. „Der neue Planet Pi Mensae c hat hingegen eine kreisrunde Umlaufbahn nah am Stern. Die Unterschiede in den Umlaufbahnen sind der Schlüssel, um zu verstehen, wie sich dieses ungewöhnliche System bildete.“

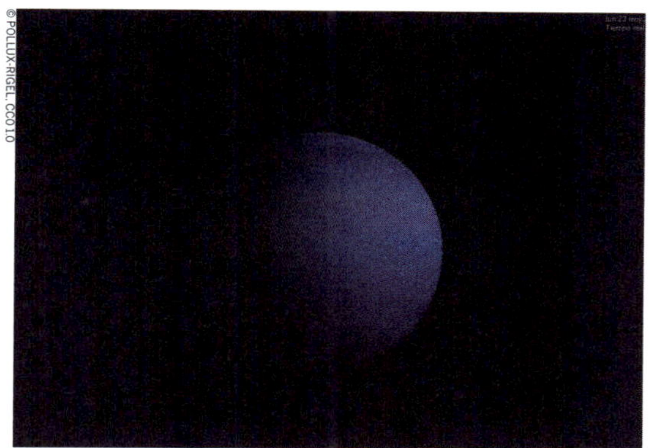

Fantasiedarstellung des Planeten Pollux b, der einen schon seit der Antike bekannten Stern umkreist

Pollux b

Pollux b ist eine Seltenheit: ein Exoplanet, dessen 33 Lichtjahre von der Erde entfernter Heimatstern im Sternbild der Zwillinge auch mit bloßem Auge deutlich sichtbar ist.

Wer jemals in einer klaren Winternacht zum Himmel geschaut hat, wird ihn gesehen haben: Pollux, auch bekannt als Beta Geminorum, ist einer der hellsten und vertrautesten Sterne am Nachthimmel. Der Orange Riese ist einer der beiden berühmten Zwillinge, der andere ist Castor. Jetzt haben die Wissenschaftler entdeckt, dass Pollux ein Geheimnis hat: einen Planeten von ungefähr der dreifachen Größe des Jupiters. Die Entdeckung des neuen Planeten Pollux b wurde 2006 von zwei voneinander unabhängigen Planetensucherteams aus Deutschland, die unter der Leitung von Sabine Reffert bzw. Artie Hatzes standen, bestätigt. Die Forschungen des zweiten Teams wurden durch eine Zuwendung der NASA unterstützt. Beide Teams fanden den Planeten mit der Radialgeschwindigkeits- oder Dopplermethode, die die Existenz eines Planeten aus dessen Gravitationswirkung auf seinen Stern erschließt.

Pollux b ist interessant, weil er einen problemlos sichtbaren Stern umkreist. Er gehört zu den wenigen Exoplaneten, die einen eigenen Namen erhielten. Im Jahr 2014 veranstaltete die IAU einen Wettbewerb, um Pollux b und anderen Planeten Eigennamen zu geben. Der Siegername war Thestias, der Vatersname der Leda aus der griechischen Mythologie. Sie war die Tochter des Thestios und die Mutter von Castor und Pollux. Man wählte den Vatersnamen, weil ein Jupitermond sowie ein Asteroid bereits Leda heißen. Ob sich der neue Name durchsetzt?

Pollux

KOORDINATEN
Rektaszension 7h 45m 18,94987s
Deklination 28° 1' 34,316"

ENTFERNUNG
33,78 Lichtjahre

STERNBILD
Zwillinge (Gemini)

SCHEINBARE HELLIGKEIT
1,14

MASSE
1,91 Sonnenmassen

RADIUS
8,8 Sonnenradien

STERNENKLASSE
Oranger Riese, K0III

TEMPERATUR
4566 K

ROTATIONSPERIODE
558 Tage

ZAHL DER PLANETEN
1

Pollux b (Thestias)

PLANETENKLASSE
Gasriese

MASSE
2,3 Jupitermassen

RADIUS
Unbekannt

UMLAUFZEIT
1,61 Jahre

BAHNRADIUS
1,64 AE

ENTDECKUNGSART
Radialgeschwindigkeitsmethode

ENTDECKUNG
2006

Proxima centauri

KOORDINATEN
Rektaszension 14h 29m 43,94853s
Deklination −62° 40' 46,1631"

ENTFERNUNG
4,244 Lichtjahre

STERNBILD
Zentaur (Centaurus)

SCHEINBARE HELLIGKEIT
11,13

MASSE
0,122 Sonnenmassen

RADIUS
0,154 Sonnenradien

STERNENKLASSE
Roter Zwerg, M5.5V

TEMPERATUR
3042 K

ROTATIONSPERIODE
82,6 Tage

ZAHL DER PLANETEN
1

Proxima b

PLANETENKLASSE
Erdähnlicher Gesteinsplanet oder Supererde

MASSE
1,3 Erdmassen

RADIUS
0,8–1,5 Erdradien

UMLAUFZEIT
11,18 Tage

BAHNRADIUS
0,049 AE

ENTDECKUNGSART
Radialgeschwindigkeitsmethode

ENTDECKUNG
2016

Proxima Centauri (rot umrandet) liegt unterhalb von Alpha Centauri (links) und Beta Centauri (rechts).

Proxima b

Proxima Centauri ist der nächstgelegene Stern außerhalb des Sonnensystems. Begeisterung kam auf, als bekannt wurde, dass er mindestens einen Planeten hat, der noch dazu bewohnbar sein könnte.

Dieser kühle Stern in nur etwas mehr als vier Lichtjahren Entfernung leuchtet zu schwach, als dass man ihn mit bloßem Auge sehen könnte, und liegt in der Nähe des viel stärker leuchtenden Doppelsterns Alpha Centauri AB.

2016 entdeckten Astronomen mit dem 3,6-m-Teleskop der Europäischen Südsternwarte in Chile, dass Proxima Centauri einen Planeten besitzt. „Das ist wirklich ein epochales Ereignis bei der Planetensuche", erklärt Olivier Guyon, Planetensucher am Jet Propulsion Laboratory der NASA und Assistenzprofessor an der University of Arizona in Tucson. „Der uns am nächsten liegende Stern besitzt einen Planeten, bei dem es sich eventuell um einen Gesteinsplaneten in der habitablen Zone handelt. Das stützt die wachsende Zahl von Hinweisen, dass derartige Planeten in unserer Nähe liegen – einige sogar sehr nahe."

Die Forscher ermittelten, dass Proxima b mindestens die 1,3-fache Masse der Erde besitzt. Er umkreist einen Roten Zwerg mit geringer Masse auf einer viel engeren Umlaufbahn als der Merkur die Sonne; ein Umlauf dauert nur elf Tage. Angesichts der so geringen Entfernung ist der Planet wohl nicht wirklich bewohnbar, zumal Proxima Centuari ein Flare- oder Flackerstern ist, der periodisch starke Röntgenstrahlung aussendet. Trotzdem ist es schön, einen Nachbarn im Universum zu haben. Und er wird noch lange bleiben: Proxima Centauri wird noch weitere 4 Billionen Jahre als Hauptreihenstern weiterexistieren.

Im Blick: das Proxima-System

Bewohnbarkeit

1 Proxima b liegt zwar in der „habitablen Zone“ seines Sterns – in der Entfernung, in der die Temperaturen flüssiges Wasser auf der Planetenoberfläche ermöglichen –, aber die Forscher wissen noch nicht, ob der Planet überhaupt eine Atmosphäre besitzt. Er umkreist einen Roten Zwerg, der viel kleiner und kühler ist als die Sonne, und zwar vermutlich in gebundener Rotation so wie der Mond die Erde. Vor allem aber ist Proxima b wahrscheinlich periodischer starker Strahlung ausgesetzt, die alles Leben vernichten würde.

Stabilität

2 Proxima b mag in der habitablen Zone um seinen Stern liegen, doch das heißt nicht, dass er bewohnbar wäre. Denn es ist z. B. nicht berücksichtigt, ob tatsächlich Wasser auf dem Planeten existiert und ob er bei einer so engen Umlaufbahn eine Atmosphäre halten kann. Eine Atmosphäre ist für Leben, wie wir es kennen, unverzichtbar: Die Atmosphäre ermöglicht eine Klimaregulierung, erzeugt einen für die Existenz von Wasser geeigneten Oberflächendruck, hält gefährliche Einflüsse aus dem All ab und kann die chemischen Bausteine des Lebens enthalten.

Klima

3 Falls Proxima b eine Atmosphäre besitzt, könnte flüssiges Wasser vorhanden sein, auf der Oberfläche des Planeten aber wohl nur in den sonnigsten Regionen. Die Rotation von Proxima b, die vom Stern ausgehende Strahlung und die Entstehungsgeschichte des Planeten sorgen dafür, dass sich sein Klima deutlich von dem der Erde unterscheidet. Proxima b hat wahrscheinlich auch keine Jahreszeiten.

Dreifachsternsystem

4 Proxima Centauri ist Teil eines Dreifachsternsystems. Die beiden anderen, die hellen Sterne Alpha Centauri A und B, bilden ein enges Doppelsternsystem, das in der südlichen Hemisphäre deutlich sichtbar ist; ihr Abstand zueinander beträgt nur 23 AE, also wenig mehr als den Abstand des Uranus von der Sonne. Proxima Centauri umkreist den AB-Doppelstern in einer Umlaufzeit von mehr als 500 000 Jahren.

Mögliche Erkundung

5 Proxima b könnte dem weit in der Zukunft liegenden Ziel, eine Sonde zu einem anderen Planetensystem zu schicken, neuen Auftrieb geben. Bill Borucki, ein Pionier der Exoplanetenforschung, meint, dass die neue Entdeckung die interstellare Forschung inspirieren könnte, insbesondere, wenn sich herausstellen sollte, dass Proxima b eine Atmosphäre besitzt. Kommende Generationen von am Boden und im Weltraum stationierten Teleskopen könnten weitere Informationen über den Planeten liefern und die Idee beflügeln, ihm irgendwann einmal einen Besuch abzustatten.

Top-Tipp

Proxima b liegt zwar in der habitablen Zone von Proxima Centauri, ist aber einer extremen ultravioletten Strahlung ausgesetzt, Hunderte Male stärker als die Strahlung, die die Erde von der Sonne empfängt. Jene Strahlung erzeugt genug Energie, um nicht nur die leichtesten Moleküle, z. B. Wasserstoff, sondern im Lauf der Zeit auch schwerere Elemente wie Sauerstoff und Stickstoff fortzureißen. Theoretische Modelle zeigen, dass die starke Strahlung von Proxima Centauri eine erdähnliche Atmosphäre bis zu 10 000-mal schneller zersetzen würde, als dieser Prozess auf der Erde abläuft. „Die Berechnung“, erklärt Katherine Garcia-Sage vom Goddard Space Flight Center der NASA in Maryland, „bezieht noch keine Variablen wie eine extreme Aufheizung der Atmosphäre des Sterns oder vom Stern verursachte Störungen des Magnetfelds des Exoplaneten mit ein“.

An- & Weiterreise

Die Nähe von Proxima b sollte keine falschen Hoffnungen wecken: 4,24 Lichtjahre sind in kosmischen Maßstäben wenig, es sind aber immer noch 40 Billionen Kilometer. Die Reise mit einem Spaceshuttle würde lange 163 000 Jahre dauern.

PSO J318.5-22

PLANETENKLASSE
Gasriese

MASSE
6,5 Jupitermassen

RADIUS
1,53 Jupiterradien

UMLAUFZEIT
Unbekannt

BAHNRADIUS
Unbekannt

ENTDECKUNGSART
Direkte Beobachtung

ENTDECKUNG
2013

Das lichtschwache, kühle Objekt planetarer Masse PSO J318.5-22 ist leicht zu übersehen.

PSO J318.5-22

Dieser Himmelskörper umkreist keinen Stern. Er gehört zu einer Klasse von Planeten, die frei durch den Raum zwischen den Sternen treiben.

Der im Oktober 2013 durch direkte Beobachtung (Weitwinkelfotos) gefundene Himmelskörper PSO J318.5-22 gehört der besonderen Klasse der Objekte planetarer Masse an. Statt einen Stern zu umkreisen, ziehen diese einsam durch die Galaxie. Über ihre Entstehung ist wenig bekannt; Wissenschaftler vermuten, dass es sich entweder um gescheiterte Sterne handelt oder um Planeten, die nach einer Kollision mit einem anderen Planeten aus ihren sehr jungen Planetensystemen geschleudert wurden. Die Planeten glühen schwach von der Hitze ihrer Entstehung. Sind sie ausgekühlt, ziehen sie im Dunkeln ihre Bahn.

Astronomen entdeckten das seltsame Objekt auf Bildern des Panoramic Survey Telescope And Rapid Response System (Pan-STARRS). Der Leiter der Untersuchung, Michael Liu vom Institute for Astronomy der University of Hawaii, stellte fest: „Ein derartiges, frei durch den Raum fliegendes Objekt haben wir nie zuvor gesehen. Es hat alle Merkmale eines jungen Planeten, die man im Umkreis von Sternen findet, treibt aber allein durch den Raum." Tatsächlich wurde PSO J318.5-22 durch puren Zufall bei der Suche nach Braunen Zwergen entdeckt.

PSO J318.5-22 ist mit dem Beta-Pictoris-Bewegungshaufen, einer Gruppe junger Sterne, verbunden. Obwohl er in seiner Nähe keinen Stern hat, sieht er ähnlich aus wie andere Exoplaneten. Er wirkt kalt und strahlt hauptsächlich im Infrarotbereich; seine scheinbare Helligkeit ist 100 000-mal geringer als die der Venus.

Künstlerische Fantasiedarstellung des Planeten Ross 128 b bei der Umkreisung seines Roten Zwergs

Ross 128 b

Ross 128 b ist ein Gesteinsplanet mit einem gemäßigten Klima. Das System ist nur elf Lichtjahre entfernt und damit das viertnächste bekannte.

Ein Forscherteam, das das auf die Planetensuche spezialisierte HARPS-Instrument der Europäischen Südsternwarte benutzte, entdeckte in nur elf Lichtjahren Entfernung vom Sonnensystem einen erdähnlichen Planeten mit gemäßigter Temperatur. Ross 128 b könnte eine ähnliche Oberflächentemperatur aufweisen wie die Erde. Viele Rote Zwerge, u. a. der berühmte Proxima Centauri, produzieren Eruptionen (Flares), die die sie umkreisenden Planeten immer wieder tödlicher ultravioletter und Röntgenstrahlung aussetzen. Ross 128 scheint hingegen ein ziemlich ruhiger Stern zu sein. Daher könnte sein Planet die bisher besten bekannten Bedingungen für Leben bieten.

Mit den Daten von HARPS ermittelte das Team, dass Ross 128 b seinen Stern 20-mal enger umkreist als die Erde die Sonne. Seine Umlaufzeit beträgt nur 9,9 Tage. Trotz der großen Nähe empfängt Ross 128 b nur 38 % mehr Licht von seinem Stern als die Erde von ihrem. Dank des kühlen, schwach leuchtenden, kleinen Roten Zwergs, der nur etwas mehr als 50 % der Oberflächentemperatur der Sonne hat, wird die Gleichgewichtstemperatur des Planeten auf –60 bis 20 °C geschätzt.

Ross 128 ist gegenwärtig elf Lichtjahre von der Erde entfernt, bewegt sich aber auf sie zu und wird in nur 79 000 Jahren – ein Wimpernschlag in kosmischen Zeitbegriffen – unser nächster Sternennachbar sein. Damit wird Ross 128 b auch Proxima b als den der Erde am nächsten gelegenen Exoplaneten ablösen.

Ross 128

KOORDINATEN
Rektaszension 11h 47m 44,3974s
Deklination 0° 48' 16,395"

ENTFERNUNG
11,03 Lichtjahre

STERNBILD
Jungfrau (Virgo)

SCHEINBARE HELLIGKEIT
11,13

MASSE
0,168 Sonnenmassen

RADIUS
0,1967 Sonnenradien

STERNENKLASSE
Roter Zwerg, M4V

TEMPERATUR
3192 K

ROTATIONSPERIODE
Unbekannt

ZAHL DER PLANETEN
1

Ross 128 b

PLANETENKLASSE
Supererde

MASSE
1,35 Erdmassen

RADIUS
Unbekannt

UMLAUFZEIT
9,8596 Tage

BAHNRADIUS
0,0493 AE

ENTDECKUNGSART
Radialgeschwindigkeitsmethode

ENTDECKUNG
2017

TRAPPIST-1

KOORDINATEN
Rektaszension 23h 6m 29,283s
Deklination –5° 2' 28,59"

ENTFERNUNG
39,6 Lichtjahre

STERNBILD
Wassermann (Aquarius)

SCHEINBARE HELLIGKEIT
18,789

MASSE
0,089 Sonnenmassen

RADIUS
0,121 Sonnenradien

STERNENKLASSE
Roter Zwerg, M8V

TEMPERATUR
2511 K

ROTATIONSPERIODE
3,295 Tage

ZAHL DER PLANETEN
7

Die Illustration zeigt die sieben Planeten von TRAPPIST-1, wie sie von der Erde aus erscheinen könnten.

TRAPPIST-1

TRAPPIST-1 verfügt über ein System von sieben Gesteinsplaneten, von denen drei in der habitablen Zone des Sterns liegen.

Der Stern, den wir heute TRAPPIST-1 nennen, wurde 1999 von dem Astronomen John Gizis und seinen Kollegen entdeckt. Damals erhielt der sehr kühle Zwergstern die Bezeichnung 2MASS J23062928-0502285, weil er mit dem Two Micron All-Sky Survey (2MASS) gesichtet worden war. Im Mai 2016 verkündeten Forscher dann, sie hätten mit dem Transiting Planets and Planetesimals Small Telescope (TRAPPIST) in Chile drei Planeten entdeckt, die diesen Stern umkreisen. Fortan bezeichneten die Wissenschaftler den Stern als TRAPPIST-1.

Im Februar 2017 dann die nächste Überraschung: Astronomen hatten mit dem NASA-Weltraumteleskop Spitzer und Teleskopen auf der Erde entdeckt, dass das System sogar sieben Planeten umfasst, von denen sich drei in der habitablen Zone befinden. Das war ein neuer Rekord, die höchste Zahl von Planeten innerhalb der habitablen Zone, die um einen einzigen Stern entdeckt wurden! Auf allen sieben Planeten könnte es unter den richtigen atmosphärischen Bedingungen flüssiges Wasser geben, aber die Chancen stehen bei den drei Planeten innerhalb der habitablen Zone am besten. Man ist inzwischen zwar an Entdeckungen von neuen Exoplanetensystemen – selbst solche mit erdähnlichen Kandidaten – gewöhnt, aber ins All zu blicken, um Planeten aufzuspüren, ist immer noch eine recht neue Möglichkeit der Astronomie. TRAPPIST-1 war Teil der Revolution unserer Vorstellung über den Weltraum und der Fähigkeiten, das All zu erforschen.

Im Blick: das TRAPPIST-1-System

Mini-Sonnensystem

1 Im Gegensatz zur Sonne ist TRAPPIST-1 als Roter Zwerg so kühl, dass flüssiges Wasser auch auf Planeten erhalten bleiben kann, die ihn sehr eng umkreisen, viel enger, als das bei Planeten im Sonnensystem möglich wäre. Alle sieben Planeten haben Umlaufbahnen, die enger sind als die des Merkurs um die Sonne. Die Planeten stehen zudem sehr eng beieinander. Wenn jemand auf der Oberfläche eines dieser Planeten stünde, könnte er am Himmel wahrscheinlich geologische Merkmale oder Wolken auf benachbarten Planeten erkennen, die zuweilen größer erschienen als der Mond auf der Erde.

Sieben Gesteinsplaneten

2 Im ganzen Jahr 2017 arbeiteten Wissenschaftler an raffinierten Computermodellen, um die Planeten zu simulieren, basierend auf den zur Verfügung stehenden Informationen. Sie verwendeten zusätzliche Daten von den Weltraumteleskopen Spitzer und Kepler sowie von auf der Erde stationierten Teleskopen, um die jeweilige Dichte der Planeten möglichst genau zu schätzen. Die Ergebnisse stimmen darin überein, dass alle Planeten von TRAPPIST-1 vorwiegend aus Gestein bestehen. Dieses Resultat wurde im Februar 2018 veröffentlicht.

Die Atmosphären

3 Mithilfe des NASA-Weltraumteleskops Hubble wurde ermittelt, dass die Planeten TRAPPIST-1 b und c wahrscheinlich keine hauptsächlich aus Wasserstoff bestehenden Atmosphären besitzen, wie man sie bei Gasriesen findet. Das stärkt die Hypothese, dass diese Planeten aus Gestein bestehen und Wasser binden könnten. Im Februar 2018 zeigten Beobachtungen mit Hubble, dass auch TRAPPIST-1 d, e und f wahrscheinlich keine aufgeblähten, vorwiegend aus Wasserstoff bestehende Atmosphären besitzen. Die Forscher brauchen noch Daten, um zu bestimmen, wie hoch der Wasserstoffanteil auf TRAPPIST-1 g ist.

Eisplanet?

4 Mithilfe des NASA-Weltraumteleskops Kepler stellten die Forscher fest, dass der dem Stern fernste Planet TRAPPIST-1 h Ersteren in 19 Tagen umkreist. Das ist viel kürzer als die Umlaufzeit des Merkurs, der in 88 Tage braucht. Aber da TRAPPIST-1 so leuchtschwach ist – seine Energieleistung beträgt nur 0,05 % von der der Sonne –, empfängt Planet h weniger Wärme als der Merkur und könnte mit Eis bedeckt sein.

Altersbestimmung

5 Das Alter eines Sterns ist wichtig, um herauszufinden, ob die Planeten in seinem Umkreis Leben bergen könnten. Wissenschaftler schrieben in einer Studie vom August 2017, dass TRAPPIST-1 zwischen 5,4 und 9,8 Mrd. Jahre alt sei – bis zu doppelt so alt wie das Sonnensystem. Kurzlebigere Sterne sind für Planeten, die Bedingungen für mögliches Leben bieten, weniger geeignet.

Top-Tipp

Wenn sich die Wolken teilen und sich der Vollmond zeigt, erschallt von einst menschlichen Lippen ein schreckliches Geheul ... Werwölfe würden sich auf TRAPPIST-1 b, dem innersten der sieben, in gebundener Rotation um ihren Stern kreisenden Planeten wohl fühlen. Denn nur eine Seite ist dem Roten Zwergstern zugekehrt, die andere liegt in ewiger Nacht. Dort ist es stets dunkel genug, um die anderen sechs Planeten zu sehen, die wie Monde das Licht ihres roten Sterns reflektieren. Bei sechs großen Planeten am Himmel herrscht fast jeden Abend „Vollmond“. So würden die wilden Nachtgeschöpfe praktisch immer in Wolfsgestalt herumlaufen.

An- & Weiterreise

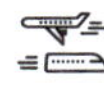

TRAPPIST-1 ist ein spannendes System, aber um hinzukommen, braucht man Sitzfleisch. Ein Trip mit dem Shuttle würde 1,5 Mio. Jahre in Anspruch nehmen.

TrES-2 A

KOORDINATEN
Rektaszension 19h 7m 14,04s
Deklination 49° 18' 59,09"

ENTFERNUNG
707 Lichtjahre

STERNBILD
Drache (Draco)

SCHEINBARE HELLIGKEIT
11,41

MASSE
1,05 Sonnenmassen

RADIUS
1,00 Sonnenradien

STERNENKLASSE
Gelber Zwerg, G05V, mit unbekanntem Begleitstern

TEMPERATUR
5850 K

ROTATIONSPERIODE
Unbekannt

ZAHL DER PLANETEN
1

TrES-2 b

PLANETENKLASSE
Hot Jupiter

MASSE
1,20 Jupitermassen

RADIUS
1,27 Jupiterradien

UMLAUFZEIT
2,47 Tage

BAHNRADIUS
0,0356 AE

ENTDECKUNGSART
Transitmethode

ENTDECKUNG
2006

TrES-2 b

TrES-2 b reflektiert weniger als 1% des auf ihn fallenden Lichts. Der Planet ist schwärzer als Kohle und als jeder Planet oder Mond im Sonnensystem.

Angst vor der Dunkelheit? Sträuben sich die Nackenhaare, wenn das Licht ausgeht? Wem es so geht, der sollte einen Bogen um TrES-2 b machen, den Planeten der ewigen Nacht. Der dunkelste je entdeckte Planet, der einen Stern (TrES-2 A) umkreist, wurde vom NASA-Weltraumteleskop Kepler gefunden und reflektiert Licht noch weniger als Kohle. Innerhalb der Atmosphäre dieses Planeten ist kein Licht zu finden. Aber ganz schwarz ist es auch nicht: Die brennende Atmosphäre verströmt ein gespenstisch-düsteres rotes Glühen, wie einige Forscher glauben. Die „Luft" dieses Planeten hat die gleiche Temperatur wie die heißeste Lava. Ein höllisches Nachtlicht!

„Indem wir die eindrucksvoll präzisen Daten, die Kepler bei mehr als 50 Umrundungen gesammelt hat, kombinierten, entdeckten wir die kleinste jemals festgestellte Helligkeitsveränderung bei einem Exoplaneten: Sie beträgt nur sechs Teile pro Million", erklärte Astronom David Kipping vom Harvard-Smithsonian Center for Astrophysics (CfA) im Jahr 2006. „Anders gesagt war Kepler in der Lage, direkt vom Planeten kommendes sichtbares Licht aufzuspüren." Die Gründe für die Dunkelheit von TrES-2 b sind noch unbekannt und ein Thema der Forschung. Der Gasriese hat ungefähr die Größe des Jupiters und trägt den Spitznamen „Kohleplanet". Vielleicht ist das Fehlen von reflektierenden Wolken in der Atmosphäre des Planeten die Ursache für seine außergewöhnlich niedrige Albedo. Der innere Aufbau der Gasriesen dürfte ungefähr der gleiche sein, aber einen Großen Roten Fleck gibt es auf diesem Hot Jupiter wahrscheinlich nicht.

TrES-2 b umkreist seinen Stern, der zu einem Doppelsternsystem gehört, in der gleichen Richtung wie die Rotation des Sterns in leicht geneigter Position. Der Exoplanet war eine der ersten Entdeckungen des Weltraumteleskops Kepler.

Der ferne Exoplanet TrES-2 b, hier in einer künstlerischen Fantasiedarstellung, ist dunkler als die schwärzeste Kohle.

Wasp-12

KOORDINATEN
Rektaszension 6h 30m 32,79s
Deklination 29° 40' 20,29"

ENTFERNUNG
1300 Lichtjahre

STERNBILD
Fuhrmann (Auriga)

SCHEINBARE HELLIGKEIT
11,69

MASSE
1,35 Sonnenmassen

RADIUS
1,57 Sonnenradien

STERNENKLASSE
Gelber Zwerg, G0

TEMPERATUR
6300 K

ROTATIONSPERIODE
Unbekannt

ZAHL DER PLANETEN
1

Wasp-12 b

PLANETENKLASSE
Hot Jupiter

MASSE
1,39 Jupitermassen

RADIUS
1,9 Jupiterradien

UMLAUFZEIT
1,09 Tage

BAHNRADIUS
0,023 AE

ENTDECKUNGSART
Transitmethode

ENTDECKUNG
2008

Die künstlerische Darstellung zeigt den Exoplaneten WASP-12 b beim Umkreisen seines sonnenähnlichen Sterns.

WASP-12 b

WASP-12 b ist zum Untergang verurteilt. Der dunkle Körper wird von seinem Stern in eine Eiform verzogen und vermutlich in kosmisch sehr kurzer Zeit von ihm völlig verzehrt werden.

Der Cosmic Origins Spectrograph (COS) des Weltraumteleskops Hubble beobachtet einen Planeten außerhalb des Sonnensystems, der so schwarz ist wie frischer Asphalt, weil er Licht schluckt, statt es zu reflektieren. Der Planet hält mindestens 94 % des sichtbaren Lichts, das in seine Atmosphäre fällt, zurück.

Dieser sonderbare Exoplanet namens WASP-12 b ist ein weiteres Beispiel der Klasse der Hot Jupiters, gigantischer, gasförmiger Planeten, die ihr Zentralgestirn sehr eng umkreisen und von ihm extrem aufgeheizt werden. Die Atmosphäre von WASP-12 b ist so heiß, dass die meisten Moleküle auf der Tagseite zerfallen. Die Temperatur liegt dort bei 2538 °C, ähnlich wie bei Roten Zwergen. Deshalb können sich auf der Tagseite wahrscheinlich keine Wolken bilden, die das Licht reflektieren. Vielmehr dringt das Licht tief in die Atmosphäre ein, wo es von Wasserstoffatomen absorbiert und in Wärmeenergie umgewandelt wird. Die Forscher stellten die Lichtabsorptionsfähigkeit des Planeten fest, indem sie vornehmlich im Bereich des sichtbaren Lichts nach einem winzigen Abfall des Sternenlichts suchten, während der Planet direkt hinter dem Stern vorbeizog. Die Größe des Abfalls verrät den Astronomen, wie viel Licht der Planet abgibt. Hier wurde kein reflektiertes Licht gemessen.

Im Blick: Wasp-12 b

Der Stern

1 WASP-12 ist ein rund 1300 Lichtjahre entfernter Gelber Zwerg im Wintersternbild Fuhrmann. Der Exoplanet wurde 2008 von der britischen Wide Area Search for Planets (WASP) entdeckt, daher der Name. Die automatische Abfrage sucht nach periodischen Verminderungen der Helligkeit von Sternen, die von Planeten verursacht werden, die vor den Sternen vorbeiziehen (Transit). Der heiße Planet ist seinem Stern so nah, dass ein Umlauf nur kurze 1,1 Tage dauert.

Sternen-Kannibalismus

2 WASP-12 b gehört zu den heißesten bekannten Planeten in der Milchstraße und ist vielleicht auch der kurzlebigste. Der zum Untergang verurteilte Planet wird von seinem Stern in eine Eiform gestreckt und nach Beobachtungen des Cosmic Origins Spectrograph (COS) des NASA-Weltraumteleskops Hubble längerfristig aufgezehrt. Dem Planeten bleiben vielleicht nur noch weitere 10 Mio. Jahre, ehe ihn sein Stern vollständig verschlungen hat. Die Planetenatmosphäre hat sich fast bis zum dreifachen Radius des Jupiters aufgebläht und verliert ständig Materie an den Stern.

Massenaustausch

3 Der Effekt des Austauschs von Masse zwischen zwei Himmelskörpern wird häufig bei sich sehr eng umkreisenden Doppelsternen beobachtet, doch dies hier ist das erste Mal, dass man den Austausch so deutlich bei einem Planeten und einem Stern feststellte. „Wir sehen eine riesige Materiewolke rund um den Planeten, die diesem entkommt und von dem Stern eingefangen werden wird. Wir konnten chemische Elemente feststellen, die wir zuvor nie auf einem Planeten außerhalb unseres Sonnensystems nachgewiesen haben", erklärt Teamleiterin Carole Haswell von der Open University in Großbritannien.

Kohlenstoffplanet

4 Mithilfe des NASA-Weltraumteleskops Spitzer entdeckte man, dass WASP-12 b mehr Kohlenstoff als Sauerstoff enthält. Er ist damit der erste jemals beobachtete Kohlenstoffplanet. Die Erde enthält nur vergleichsweise geringe Mengen Kohlenstoff – sie besteht hauptsächlich aus Eisen, Sauerstoff und Silizium. Von Gasplaneten in unserem Sonnensystem, beispielsweise dem Jupiter, wird vermutet, dass sie weniger Kohlenstoff als Sauerstoff enthalten, man weiß es aber nicht genau. Anders als WASP-12 b bergen diese Planeten tief unten in ihren Atmosphären, wo Messungen von der Erde aus schwierig sind, Wasser, den wichtigsten Sauerstoffträger.

Atmosphäre

5 WASP-12 b kreist in gebundener Rotation um seinen Stern, besitzt also eine Tag- und eine Nachtseite. Die Nachtseite ist mehr als 1093 °C kühler, sodass sich dort Wasserdampf und Wolken bilden können. Frühere Beobachtungen der Tag-Nacht-Grenze durch Hubble erbrachten Hinweise auf Wasserdampf und möglicherweise auch auf Wolken und Nebel in der Atmosphäre.

Top-Tipp

Das massige Sternenmonster stiehlt seinem nahen Planeten Material, um sich in das ultimative Frankenstein-Monster zu verwandeln. Die extreme Schwerkraft des Sterns streckt WASP-12 b in die Form eines Eis, löst Teile von dem Planeten und saugt sie in seine eigene sengende Oberfläche. Schon bald (in 10 Mio. Jahren, einem Wimpernschlag in kosmischen Zeitbegriffen) wird der Planet von seinem hungrigen Stern vollständig verschlungen worden sein. Wer zusehen will, wie eine Welt in Stücke geht, ist auf diesem zum Untergang verurteilten Planeten genau richtig.

An- & Weiterreise

WASP-12 b ist für einen Exoplaneten mit 1300 Lichtjahren sehr weit entfernt. Mit einem heutigen Raumschiff dauert die Reise dorthin mindestens 50 Mio. Jahre.

WASP-121

KOORDINATEN
Rektaszension 7h 10m 25,0595s
Deklination −39° 5′ 50,682″

ENTFERNUNG
850 Lichtjahre

STERNBILD
Achterdeck des Schiffs (Puppis)

SCHEINBARE HELLIGKEIT
10,4

MASSE
1,353 Sonnenmassen

RADIUS
1,458 Sonnenradien

STERNENKLASSE
Gelb-weißer Zwerg, F6V

TEMPERATUR
6460 K

ROTATIONSPERIODE
Unbekannt

ZAHL DER PLANETEN
1

WASP-121 b

PLANETENKLASSE
Hot Jupiter

MASSE
1,184 Jupitermassen

RADIUS
1,81 Jupiterradien

UMLAUFZEIT
1,275 Tage

BAHNRADIUS
0,0254 AE

ENTDECKUNGSART
Transitmethode

ENTDECKUNG
2015

Diese Darstellung von WASP-121 b zeigt, wie der Stern an dessen Atmosphäre zerrt.

WASP-121 b

WASP-121 b ist einmalig: ein eiförmiger, von der Schwerkraft seines Sterns in Eiform auseinandergezogener Stern mit einer siedend heißen Stratosphäre aus „glühendem Wasser“.

Bei WASP 121 b entdeckten die Forscher die bislang stärksten Hinweise auf eine Stratosphäre auf einem Exoplaneten. Eine Stratosphäre ist eine Schicht der Atmosphäre, in der die Temperatur mit größerer Höhe steigt.

Laut ihrem Bericht in der Zeitschrift *Nature* nutzten die Wissenschaftler Daten des NASA-Weltraumteleskops Hubble, um WASP-121 b, ein weiteres Beispiel für die Planetenklasse der Hot Jupiters, zu studieren. Dieser Exoplanet hat die 1,2-fache Masse des Jupiters und das 1,9-Fache von dessen Radius – er ist also weniger dicht. Während Jupiter in zwölf Jahren um unsere Sonne kreist, hat WASP-121 b eine Umlaufzeit von nur 1,3 Tagen. Dieser Exoplanet ist seinem Stern so nah, dass bei einer weiteren Annäherung die Schwerkraft des Sterns beginnen würde, ihn in Stücke zu reißen. Diese Nähe bedingt, dass sich die äußere Schicht der Atmosphäre auf 2538 °C aufheizt – heiß genug, um einige Metalle zu kochen.

„Das Ergebnis ist aufregend, weil es zeigt, dass ein gemeinsames Charakteristikum der meisten Atmosphären im Sonnensystem, nämlich eine warme Stratosphäre, auch in den Atmosphären von Exoplaneten existiert“, erklärt Mark Marley, der Mitautor der Studie vom Ames Research Center der NASA in Kalifornien. „Wir können nun Prozesse in den Atmosphären von Exoplaneten mit den gleichen Prozessen vergleichen, die unter anderen Bedingungen in unserem Sonnensystem ablaufen.“

Im Blick: WASP-121 b

Eine neue Planetenklasse?

1 „Theoretische Modelle legen nahe, dass das Vorhandensein einer Stratosphäre eine besondere Klasse ultraheißer Planeten mit wichtigen Implikationen für die Physik und Chemie ihrer Atmosphären definiert", sagt Tom Evans, Hauptautor der Studie und Forschungsstipendiat an der britischen University of Exeter. „Unsere Beobachtungen stützen diese Vermutung."

Untersuchung der Stratosphäre

2 Um die Stratosphäre von WASP-121 b zu untersuchen, analysierten die Forscher, wie Wassermoleküle in der Atmosphäre auf bestimmte Wellenlängen des Lichts reagieren, und nutzten dabei die spektroskopischen Möglichkeiten des Hubble-Weltraumteleskops. Das Licht des Zentralgestirns kann tief in die Atmosphäre eines Planeten eindringen, wo es die Temperatur des dort vorhandenen Gases erhöht. Dieses Gas gibt seine Hitze als infrarote Strahlung in den Weltraum ab. Wenn sich jedoch kühlerer Wasserdampf oben in der Atmosphäre befindet, verhindern die Wassermoleküle, dass bestimmte Wellenlängen des Lichts in den offenen Raum entweichen. Wenn nun die Wassermoleküle oben in der Atmosphäre eine höhere Temperatur haben, glühen sie in den gleichen Wellenlängen.

Feuerwerk

3 Dieses Phänomen ähnelt dem, was bei Feuerwerken geschieht, die ihre Farbe von Licht emittierenden Chemikalien erhalten. Wenn metallische Substanzen erhitzt und verdampft werden, gehen ihre Atome in höhere Energiezustände über. Je nach dem Material emittieren diese Atome Licht in bestimmten Wellenlängen, wenn sie Energie verlieren – Natrium z. B. orangegelbes und Strontium rotes Licht. Die Wassermoleküle in der Atmosphäre von WASP-121 b geben ebenfalls Strahlung ab, wenn sie Energie verlieren, allerdings infrarotes, für das menschliche Auge nicht sichtbares Licht.

Bezugspunkt

4 „Der superheiße Exoplanet WASP-121 b wird eine Bezugsgröße für unsere Atmosphärenmodelle und ein großartiges Beobachtungsziel in der Webb-Ära werden", erklärte Hannah Wakeford, eine Mitautorin der Studie, die damals am Goddard Space Flight Center der NASA in Greenbelt, Maryland, arbeitete. Sie bezieht sich mit ihren Worten auf das James-Webb-Weltraumteleskop, dessen Start für 2021 geplant ist.

Stratosphären anderer Exoplaneten

5 WASP-121 b ist nicht der erste Exoplanet mit einer klar definierten Stratosphäre. Frühere Forschungen entdeckten Anzeichen für eine Stratosphäre beim Exoplaneten WASP-33 b und einigen anderen Hot Jupiters. Die Untersuchung von WASP-121 b liefert aber die bislang besten Hinweise, weil die Forscher dabei erstmals die Signatur heißer Wassermoleküle beobachteten.

Top-Tipp

Bei den Planeten des Sonnensystems liegen die Temperaturänderungen innerhalb der Stratosphäre typischerweise bei rund 38 °C. Auf WASP-121 b steigt die Temperatur in der Stratosphäre jedoch um 538 °C. Die Wissenschaftler wissen noch nicht, welche chemischen Stoffe den Temperaturanstieg in der Atmosphäre von WASP-121 b verursachen. Vanadiumoxid und Titanoxid sind mögliche Kandidaten, weil diese Verbindungen häufig in Braunen Zwergen gefunden werden, „gescheiterten Sternen", die einige Gemeinsamkeiten mit Exoplaneten aufweisen. Man erwartet, solche Verbindungen nur auf den heißesten Hot Jupiters zu finden, da hohe Temperaturen erforderlich sind, um sie im gasförmigen Zustand zu halten.

An- & Weiterreise

Eine Reise zu diesem System an Bord eines Raumschiffes würde schlappe 33 Mio. Jahre dauern – da gilt es unbedingt darauf zu achten, vor der Abreise den Herd abzustellen und den Bügeleisenstecker zu ziehen!

Wolf 1061

KOORDINATEN
Rektaszension 16h 30m 18,06s
Deklination –12° 39' 45,33"

ENTFERNUNG
14,04 Lichtjahre

STERNBILD
Schlangenträger (Ophiuchus)

SCHEINBARE HELLIGKEIT
10,07

MASSE
0,294 Sonnenmassen

RADIUS
0,307 Sonnenradien

STERNENKLASSE
Roter Zwerg, M3.5V

TEMPERATUR
3342 K

ROTATIONSPERIODE
94 Tage

ZAHL DER PLANETEN
3

Fantasiedarstellung von Wolf 1061 c in der Umlaufbahn um seinen Stern

Wolf 1061 b, c und d

Mit mindestens drei Planeten, darunter einem in der habitablen Zone, lohnt das System Wolf 1061 allemal eine Erkundung.

2015 entdeckten Astronomen der University of New South Wales (UNSW) drei Planeten in Umlaufbahnen um den Roten Zwerg Wolf 1061. Das Team der UNSW machte seine Entdeckung mithilfe der Beobachtungen, die der HARPS-Spektrograph des 3,6-m-Teleskops der Europäischen Südsternwarte in La Silla angestellt hatte. Duncan Wright, Hauptautor der Studie, erklärt: „Die Entdeckung ist besonders aufregend, weil alle drei Planeten so wenig Masse haben, dass es sich bei ihnen um Gesteinsplaneten mit fester Oberfläche handeln könnte. Der mittlere Planet, Wolf 1061 c, liegt zudem in der habitablen Zone, in der es flüssiges Wasser und vielleicht sogar Leben geben könnte.“ Es wurden zwar einige Planeten gefunden, die weniger weit von der Erde entfernte Sterne als Wolf 1061 umkreisen, aber viele sind absolut nicht bewohnbar.

Die drei neu entdeckten Planeten umlaufen ihren kleinen, relativ kühlen und stabilen Stern in fünf, 18 und 217 Tagen. Ihre Massen betragen mindestens das 1,9-, das 4,3- bzw. das 7,7-fache der Erdmasse. Der äußere Planet liegt gerade außerhalb der habitablen Zone, ist aber wahrscheinlich auch ein Gesteinsplanet, und der innere kreist zu nah um den Stern, um bewohnbar zu sein. Man weiß inzwischen, dass es viele kleine, mit der Erde vergleichbare Gesteinsplaneten in unserer Galaxie gibt, und auch Systeme mit mehreren Planeten scheinen üblich zu sein. Die meisten dieser Planeten sind allerdings sehr weit entfernt.

Im Blick: das System Wolf 1061

Der Stern

1 Der deutsche Astronom Max Wolf katalogisierte den Stern 1919 (neben vielen anderen, die deshalb ebenfalls seinen Namen tragen). Wie alle Roten Zwerge ist Wolf 1061 ein Stern der Klasse M. Der Stern liegt unter den der Sonne am nächsten gelegenen Sternen auf Platz 36; er befindet sich 14 Lichtjahre entfernt im Sternbild des Schlangenträgers, dem er den alternativen Namen V2306 Ophiuchi verdankt. Eine weitere Bezeichnung für ihn ist HIP 80824 nach dem Hipparcos-Satelliten der ESA. Der Stern hat nur 30 % der Masse und des Radius der Sonne und ist mit nur 3342 K viel kühler. Seine Gesamtleuchtkraft beträgt nur 1 % von der der Sonne.

Wolf 1061 b

2 Wolf 1061 b, der innerste der bislang entdeckten Planeten dieses Systems, ist mit rund 1,91 Erdmassen auch der leichteste. Der Planet ist wahrscheinlich etwas größer als die Erde, vielleicht um etwa 20 %. Seine Umlaufzeit ist mit nur 4,9 Tagen kurz: der Abstand zu seinem Stern beträgt gerade einmal 0,0375 AE, also nur ein Zehntel des Abstands des Merkurs von der Sonne. Daher ist es auf diesem Planeten wahrscheinlich zu heiß für flüssiges Wasser auf der Oberfläche.

Wolf 1061 c

3 Der interessanteste Planet um Wolf 1061 ist der mittlere, Wolf 1061 c, und zwar, weil er sich am inneren Rand der habitablen Zone des Sterns befindet, in der die Bedingungen für die Existenz von flüssigem Wasser auf der Planetenoberfläche günstig sind. Wolf 1061 c ist ein Gesteinsplanet von mindestens dem 4,3-Fachen der Erdmasse. Dieser Exoplanet braucht für einen Umlauf um seinen Stern nur 17,9 Tage und umkreist diesen in einem Abstand von nur 0,089 AE, also noch weit innerhalb der Umlaufbahn des Merkurs. Wolf 1061 c hat wahrscheinlich etwa den 1,5-fachen Radius und etwa die 1,6-fache Schwerkraft der Erde. Ein Mensch würde auf dieser Welt rund 50 % mehr auf die Waage bringen als hierzulande.

Wolf 1061 d

4 Der Wolf 1061 fernste der drei bekannten Planeten, Wolf 1061 d, ist zugleich auch der massivste, eine Supererde. Mit einer Umlaufzeit von 217 Tagen ist er 0,47 AE von seinem Stern entfernt, ungefähr vergleichbar dem Abstand des Merkurs von der Sonne. Mit dem ungefähr Achtfachen der Erdmasse liegt Wolf 1061 d nahe der Obergrenze für Supererden. Vielleicht ist er daher kein Gesteinsplanet, sondern ein Eisriese wie Neptun oder Uranus. Mit einer Durchschnittstemperatur von –157 °C wäre dieser Planet eine der kältesten bislang bekannten Supererden.

Weitere Planeten?

5 Wolf 1061 besitzt mindestens drei Planeten, es könnte aber gut noch weitere geben, die man mit der heutigen Technologie nicht entdecken kann. Aller Wahrscheinlichkeit nach werden einige Exoplaneten auch Satelliten, also Exomonde, besitzen. Wolf 1061 ist ein sehr kompaktes System. Selbst der entfernteste Planet Wolf 1061 d ist nicht viel weiter von seinem Stern entfernt als Merkur von der Sonne.

Top-Tipp

„Unser Team hat eine neue Technik entwickelt, die die Analyse der Daten des präzisen, zur Planetensuche gebauten HARPS-Spektrographen verbessert und mehr als ein Jahrzehnt der Beobachtungen von Wolf 1061 ausgewertet“, erklärt Professor Chris Tinney, der Dekan für Exoplanetenwissenschaft an der UNSW. „Diese drei Planeten gehören zu der kleinen, aber wachsenden Zahl potenziell bewohnbarer Gesteinsplaneten, die nahe gelegene Sterne umkreisen, welche kühler sind als unsere Sonne.“

An- & Weiterreise

Trotz der relativen Nähe von 14 Lichtjahren ist Wolf 1061 immer noch 29 000-mal weiter von uns entfernt als Neptun, der fernste Planet im Sonnensystem. Eine Reise mit heutiger Raketentechnologie würde fast 540 000 Jahre dauern.

Gefahrenzonen

Starke Eruptionen heißen Gases auf jungen Roten Zwergen sorgen auf seinen jungen Planeten für Bedingungen, die für Leben nicht geeignet sind. Auf dieser künstlerischen Darstellung (rechts) raubt ein aktiver junger Roter Zwerg (oben) einem ihm umkreisenden Planeten (unten) seine Atmosphäre. Wissenschaftler fanden anhand der jüngsten – ca. 40 Mio. Jahre alten – Roten Zwerge, die sie beobachteten, heraus, dass solche „Flares" bei ihnen 100- bis 1000-mal energiereicher sind als bei älteren Sternen. Sie entdeckten auch eine der stärksten Sterneneruptionen, die je in ultraviolettem Licht beobachtet wurde – stärker als die stärkste beobachtete Sonneneruption.

Künstlerische Darstellung eines jungen Roten Zwergs, der die Atmosphäre eines Planeten hinwegfegt.

YZ Ceti b, c und d

YZ Ceti ist das nächstgelegene System mit mehreren Planeten, die einen Roten Zwerg oder M-Zwerg umkreisen. Zum System gehören drei Gesteinsplaneten.

Das YZ-Ceti-System ist eine neuere Entdeckung. Das Paper, welches diese verkündete, wurde 2017 publiziert und stützt sich auf Forschungen mit dem High Accuracy Radial Velocity Planet Searcher (HARPS) im chilenischen La-Silla-Observatorium. Es wurden gleich zwei Rekorde gebrochen: Das YZ-Ceti-System ist das mit nur zwölf Lichtjahren Entfernung der Erde am nächsten liegende Mehrplanetensystem und beherbergt zudem die Planeten mit der geringsten Masse, die je mit der Radialgeschwindigkeitsmethode gefunden wurden.

Wie die meisten Planetensysteme von Roten Zwergen ist auch dieses sehr kompakt. Der innerste Planet YZ Ceti b ist nur ca. 0,016 AE von YZ Ceti entfernt, YZ Ceti c 0,021 AE und der äußerste Planet YZ Ceti d 0,028 AE. Die Umlaufzeiten aller drei Planeten betragen nur wenige Tage. Wegen dieser Nähe liegen wohl auch alle drei nicht in der habitablen Zone dieses Sterns, denn Wasser würde auf ihren Oberflächen verdampfen. Da aber YZ Ceti ein sogenannter Flare-Stern ist, ein veränderlicher Stern mit regelmäßigen Eruptionen, bietet er ohnehin keine geeignete Umgebung für Leben.

Eruptionen Roter Zwerge strahlen, anders als die sonnenartiger Sterne, besonders stark im ultravioletten Bereich. Man glaubt, dass die Eruptionen von intensiven Magnetfeldern gespeist werden, die durch die aufgewühlte Sternenatmosphäre verwirbelt werden. Wenn die Verwirbelung zu stark wird, lösen sich die Felder auf und konfigurieren sich neu, wobei gewaltige Energien freigesetzt werden. Häufige, starke Super-Flares können junge Planeten einer so starken ultravioletten Strahlung aussetzen, dass Bewohnbarkeit ausgeschlossen ist. Weil fast drei Viertel der Sterne in unserer Galaxie Rote Zwerge sind, befinden sich auch die meisten der in der habitablen Zone gelegenen Planeten in Umlaufbahnen um Rote Zwerge. Junge Rote Zwerge sind jedoch aktive Sterne, deren Eruptionen so viel ultraviolette Strahlung emittieren, dass sie die chemische Zusammensetzung der Atmosphäre junger Planeten verändern oder sie auch ganz hinwegfegen. Die HAZMAT-Mission des Hubble-Weltraumteleskops – HAZMAT steht für „Habitable Zones and M dwarf Activity across Time" (habitable Zonen und M-Zwerg-Aktivität im Verlauf der Zeit) – sammelt Daten von Roten Zwergen jedes Alters, um zu ermitteln, wie deren Aktivität Planeten beeinflusst. Sie sollen Wissenschaftlern verraten, ob auf Planeten von Roten Zwergen wie YZ Ceti irgendwelches Leben möglich wäre.

YZ Ceti

KOORDINATEN
Rektaszension 1h 12m 30,64s
Deklination –16° 59' 56,36"

ENTFERNUNG
12,11 Lichtjahre

STERNBILD
Walfisch (Cetus)

SCHEINBARE HELLIGKEIT
12,03–12,18

MASSE
0,130 Sonnenmassen

RADIUS
0,168 Sonnenradien

STERNENKLASSE
Roter Zwerg, M4V

TEMPERATUR
3056 K

ROTATIONSPERIODE
68–83 Tage

ZAHL DER PLANETEN
3, möglicherweise 4

KOSMISCHE OBJEKTE

Sternhaufen im Tarantelnebel (30 Doradus)

Überblick

Jenseits unseres Sonnensystems wird das Universum erst richtig interessant: Je kleiner die Entfernung zur Erde, desto größer ist das Wissen über einzelne Himmelsobjekte. Angesichts dessen wirkt es umso verblüffender, wie viel mittlerweile über ferne stellare Lichtquellen bekannt ist.

Hinter dem schlichten Begriff „Sterne" verbirgt sich ein weites Spektrum: Die Entwicklungsstufen bzw. Lebenszyklen im Universum reichen von jungen Objekten bis hin zu kollabierenden Sternen, also Supernovas und Schwarzen Löchern. Himmelsobjekte haben vielerlei Formen und Größen (sprich: Wellenlängen und Massen). Dabei bieten sie jede Menge Überraschungen – ob Neuentdeckungen wie Schwarze Löcher oder Altbekanntes wie veränderliche Sterne mit hellem Schein.

Dabei stoßen die Astronomen auch auf diverse ungewöhnliche Objekte, die sich mit aktuellen Theoriemodellen bislang kaum erklären lassen. Auch machten sie Entdeckungen, nach denen existierende Theorien und Prinzipien komplett revidiert werden mussten. Erforscht werden zudem sogenannte Deep-Sky-Objekte, die nicht als Stern eingeordnet werden können. Bekannte Beispiele hierfür sind Nebel und Sternhaufen, die Amateur- und Profi-Astronomen gleichsam gern beobachten. Von unseren nächsten Himmelsnachbarn bis hin zu den fernsten Ecken des bekannten Universums fasziniert der Nachthimmel so mit einer unglaublicher Vielfalt.

Highlights

Almaaz

1 Das Geheimnis dieses bedeckungsveränderlichen Sterns wurde erst vor Kurzem gelüftet: ein Begleiter, der ihn verdunkelt.

Beteigeuze

2 „Kannibalischer" Runaway-Stern, der die Menschheit seit seiner Entdeckung fasziniert.

HLX-1

3 Schwarzes Loch mit mittlerer Masse (20 000 Sonnenmassen), das als hyperleuchtkräftige Röntgenquelle (Hyper-Luminous X-ray Source; HLX) anhand seiner Strahlung entdeckt wurde.

Katzenaugennebel

4 Klassischer planetarischer Nebel (einst ein Roter Riese), dessen hypnotisierende Formen von ausgestoßenen Gasen stammen.

Keplers Supernova

5 Jüngste Supernova der Milchstraße, die 1604 von Johannes Kepler selbst beobachtet wurde und heute nur noch als Überrest vorhanden ist.

MY Camelopardalis

6 Zwei Riesensterne, die sich bereits berühren und in naher Zukunft miteinander verschmelzen werden.

Pferdekopfnebel

7 Molekulare Dunkelwolke mit markantem Erscheinungsbild.

Plejaden

8 Die legendären „Sieben Schwestern" sind die sichtbaren (sprich: hellsten) Sterne eines riesigen Haufens.

Rigel

9 Steht als heller Einzelpunkt am Nachthimmel, ist aber in Wirklichkeit ein Mehrfachsternsystem.

Schwermetall-Zwerge

10 Der Kategoriename ist Programm: HE 1256-2738 und HE 2359-2844 sind reich an Blei und seltenen Schwermetallen.

Tabbys Stern

11 Die Leuchtkraft des Stern verändert sich höchst ungewöhnlich – Ursache bislang unbekannt.

UY Scuti

12 Bislang größter bekannter Hyperriese (fast 2000-mal größer als die Sonne).

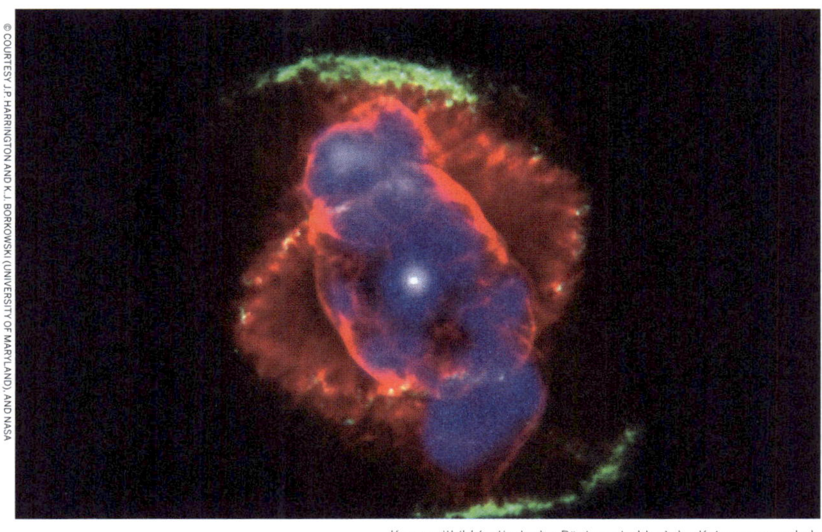

Kompositbild (optisch plus Röntgenstrahlen) des Katzenaugennebels

Arten von Himmelsobjekten

Hubble-Aufnahme eines Sternentstehungsgebiets im Sternbild Schwan

Sternentstehung: Nebel und Protosterne

Nebel sind gigantische Weltraumwolken aus Staub und Gasen. Sie schweben im Bereich zwischen den Sternen (interstellarer Raum) und existieren in verschiedenen Varianten. Manche davon bestehen aus Partikeln, die nach der Explosion eines sterbenden Sterns (z. B. einer Supernova) übrig geblieben sind. Andere Nebel sind wiederum Geburtsstätten von Sternen (H-II-Gebiete).

Planetarische Nebel

Der Begriff ist irreführend, da dieser Nebeltyp keine Planeten beherbergt: Er wurde lediglich wegen seiner optischen Ähnlichkeit mit diesen bei Erstentdeckung so benannt. Planetarische Nebel erzeugen keine Sterne. Ihr Ring entsteht beim Tod eines Roten Riesen, wenn Materie durch die ionisierte Gaswolke in den interstellaren Raum katapultiert wird. Zu den bekannten Planetarischen Nebeln zählt z. B. der Katzenaugennebel.

Emissionsnebel

Diese Wolken sind häufig die Geburtsstätten von Sternen und bestehen aus sehr heißen Gasen, die selbst Licht in verschiedenen Wellenlängen ausstrahlen. Die Gase werden oft von den energiereichen Photonen eines benachbarten heißen Sterns ionisiert.

Reflexionsnebel

Der Name ist Programm: Diese Staubwolken reflektieren das Licht benachbarter Sterne. Sie schimmern typischerweise blau und sind mitunter auch H-II-Gebiete.

Dunkelnebel

Werden auch Absorptionsnebel genannt: Sie absorbieren das Licht benachbarter Sterne, anstatt es zu reflektieren.

Protosterne

Während der Akkretionsphase bilden Protosterne den heißen Kern einer interstellaren Wolke, die eines Tages zum Stern werden wird. Durch Turbulenzen im tiefen Inneren von Nebeln entstehen Knoten mit genügend Materie. Dadurch kann die Gas- und Staubwolke allmählich durch ihre eigene Gravitiation kollabieren und die Materie im Zentrum beginnt, sich aufzuheizen.

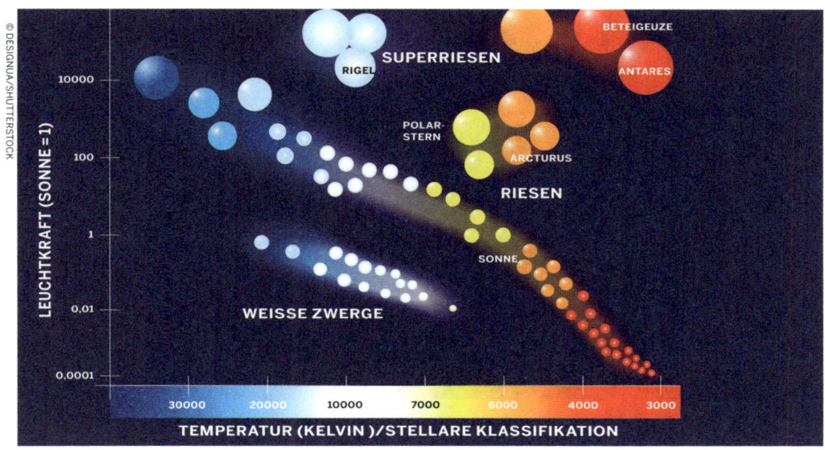

Hauptreihen- bzw. Zwergsterne bilden das zentrale Band dieses Schaubilds.

Hauptreihensterne

Ein Hauptreihenstern entsteht, wenn sich ein Protostern so stark zusammenzieht, dass im zentralen Kern die Kernfusion von Wasserstoff- zu Heliumatomen in Gang gesetzt und damit Wasserstoff zu Helium verbrannt wird. Je mehr Masse ein Hauptreihenstern hat, desto heller strahlt sein blauer Schein. Hauptreihensterne werden auch Zwerge genannt und bilden das untere Ende der stellaren Größenskala. Sie existieren in verschiedenen Kategorien und zählen zu den häufigsten Himmelsobjekten im Universum.

Gelbe Zwerge

Der zweifellos bekannteste Zwergtyp wird auch G-Zwerg genannt. In diese Kategorie von Hauptreihensternen fällt unsere eigene Sonne – was ihre Masse und Farbe angeht, ist sie geradezu ein Paradebeispiel für einen Gelben Zwerg.

Orange Zwerge

Orange oder K-Zwerg liegen größenmäßig zwischen dem Roten und Gelben Zwerg. Ein Beispiel ist Alpha Centauri B.

Rote Zwerge

Dieser kleine Zwergtyp (alias M-Zwerg) ist relativ kühl und strahlt schwaches rotes Licht aus. Ungefähr 75 % aller galaktischen Sterne sind rote Zwerge, die damit die häufigste Sternart im Universum darstellen.

Braune Zwerge

Braune Zwerge rangieren größenmäßig zwischen Riesenplaneten (z. B. Jupiter) und kleinen Sternen. Die meisten Astronomen klassifizieren Objekte mit der 15- bis 75-fachen Masse des Jupiters als Braune Zwerge. Angesichts des großen Massenspektrums können Braune Zwerge nicht wie normale Sterne die Wasserstofffusion in Gang setzen. Viele Wissenschaftler bezeichnen sie daher auch als „gescheiterte Sterne". Zudem überschneidet sich mitunter die Klassifikation zwischen Braunen Zwergen und Exoplaneten.

Schwermetall-Zwerge

Einer von mehreren kleineren „Unterzwerg-Typen", der reich an Schwermetallen wie z. B. Germanium, Strontium, Yttrium, Zirkonium und Blei ist.

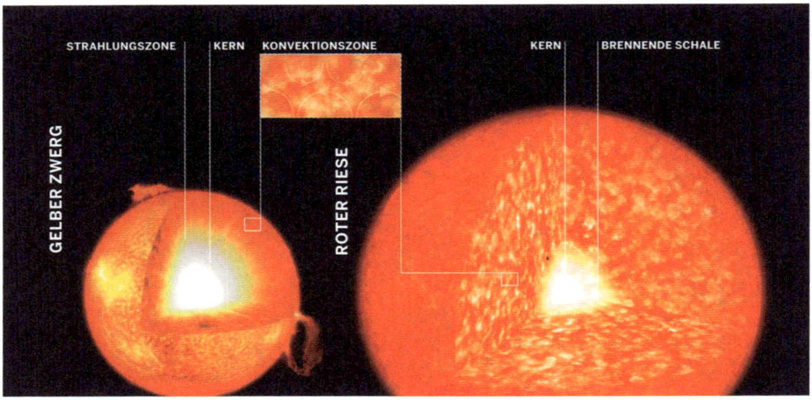

Ein Roter Riese entsteht, wenn sich die Wasserstofffusion vom heißen Kern des Sterns in die Randzonen verlagert.

Riesensterne

Riesensterne haben die 8- bis 100-fache Sonnenmasse – und Kerne, die heißer und dichter sind als die von Zwergen (Sterne unter der 5-fachen Sonnenmasse). Somit finden die Licht erzeugenden Reaktionen in ihrem Inneren vergleichsweise schneller statt, während auch der Wasserstoff im Kern schneller fusioniert wird. Deshalb leben Riesensterne trotz viel höherer Ausgangsmasse deutlich kürzer als Zwerge. Sie sterben teils spektakulär per Supernova-Explosion, wobei unter den ungewöhnlichen Überresten z. B. Neutronensterne oder Schwarze Löcher sein können.

Rote Riesen

Wenn ein Gelber Zwerg allen Wasserstoff in seinem Kern fusioniert hat, stoppen die nuklearen Reaktionen. Durch das Ausbleiben der den Stern im Gleichgewicht haltenden Energieproduktion kollabiert der Kern allmählich in sich selbst und wird dabei wesentlich heißer. Die Wasserstofffusion setzt sich in einer Schale rund um den Kern fort. Dieser erhitzt sich immer stärker und drückt die äußeren Schalen nach außen. Die daraus resultierende Vergrößerung und Abkühlung verwandelt den Stern in einen Roten Riesen – ein Schicksal, das auch unserer Sonne bevorsteht.

Gelbe Riesen

Meist veränderliche Sternart, die im Vergleich zu Roten Riesen massereicher ist und schneller stirbt.

Überriesen

Wie der Name schon sagt: Überriesen zählen zu den hellsten (absolute Helligkeit –5 bis –10 mag) und massereichsten (meist 8- bis 12-fache Sonnenmasse) Sternen im Universum. Zudem erreichen sie Temperaturen über 20 000 K.

Hyperriesen

Hyperriesen sind die größten bekannten Sterne: Ihre Masse kann 100 Sonnenmassen oder mehr betragen; an ihrer Oberfläche herrschen Temperaturen über 30 000 K. Im Vergleich zur Sonne produzieren sie ein Vielfaches mehr an Energie, leben aber nur ein paar Millionen Jahre. Solche Extremsterne gab es in der Anfangszeit des Universums vermutlich recht häufig. Heute sind sie aber sehr selten – in der ganzen Milchstraße existiert nur noch eine Handvoll Hyperriesen.

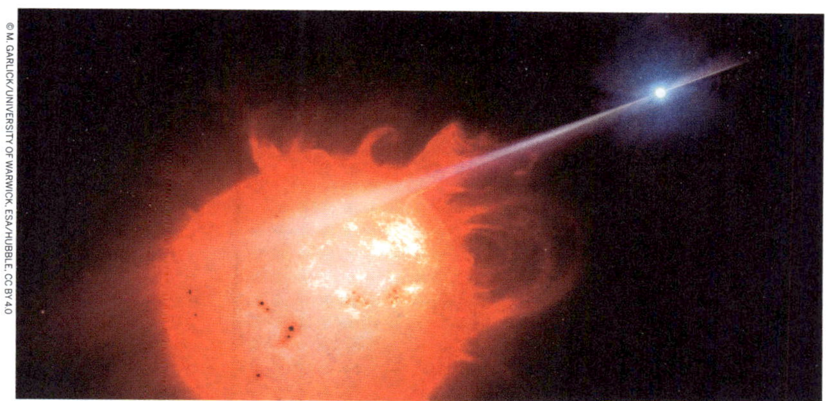

Künstlerische Darstellung des Doppelsternsystems AR Scorpii, das aus einem Weißen Zwerg und einem Roten Zwerg besteht

Doppelsterne und Sternhaufen

Viele Sterne (z. B. die Sonne) sind Einzelsterne, aber per Gravitationskraft an andere Objekte gekoppelt – entweder an einzelne Nachbarn oder gleich an Hunderte oder Tausende davon. Solche Sternhaufen (u. a. Nebel, Galaxien) werden auch als Deep-Sky-Objekte bezeichnet.

Doppelsterne

William Herschel prägte den Begriff des Doppelsternsystems, als er entdeckte, dass manche benachbarten Sterne offenbar als gekoppeltes Tandem über den Himmel wandern. Die beiden Teile eines Doppelsterns ziehen sich gegenseitig an, was Astronomen die genaue Bestimmung der jeweiligen Masse ermöglicht. Während manche Doppelsterne einen festen Abstand zueinander haben, gehen andere langsam auf Kollisionskurs. Die Interaktion zwischen den Massen führt häufig zu seltsamen Umlaufbahnen. Einige Doppelsterne haben auch eigene Exoplaneten, die sie umkreisen. Die meisten Doppelsterne werden vermutlich aus Nebeln geboren. Doppelsterne können kleine wie auch große Abstände zueinander aufweisen, wobei je nach Umlaufbahn mitunter eine langsame Annäherung oder Entfernung feststellbar ist. Manchen Theorien zufolge war die Sonne einst selbst ein Doppelstern. Bei benachbarten Kleingruppen unter Haufen- bzw. Nebelgröße wird von Mehrfachsternsystemen gesprochen.

Offener Sternhaufen

Diese gravitativ gebundenen Sternhaufen sind kleiner und weniger dicht als Kugelsternhaufen. Ein Beispiel hierfür sind die mehr als 3000 Sterne der Plejaden, von denen man aber nur sieben mit bloßem Auge erkennen kann. Die meisten offenen Sternhaufen bestehen aus ein paar Hundert Objekten, die normalerweise recht jung sind und irgendwann auf eigene Reisen gehen.

Kugelsternhaufen

Kugelsternhaufen sind schneeballförmige Gruppen aus Hunderttausenden von uralten Sternen – darunter ein paar der ältesten bekannten Objekte des Universums. Ihre Sterngruppen sind meist etwa gleich alt, haben aber mitunter auch unterschiedlich viele Jahre auf dem Buckel. Kugelsternhaufen können potenziell sogar Überreste von kleinen Galaxien sein. Sie wurden ursprünglich oft als Nebel klassifiziert – also als verschwommene Lichtquellen, die sich nicht klar einordnen lassen. Innerhalb der Milchstraße sind bislang rund 200 Kugelsternhaufen bekannt.

Künstlerische Darstellung eines fernen Quasars, der seine Energie von einem supermassereichen Schwarzen Loch bezieht

Sternentode

Irgendwann haben Sterne ihren verfügbaren Hauptbrennstoff (Wasserstoff) im Kern komplett verbraucht, wobei die Zeit bis dahin von der Ausgangsmasse abhängt. Dann stoppt die Fusion im Kern, woraufhin der nach außen gerichtete Druck durch die Reaktionen entfällt und der Gravitation nicht mehr entgegenwirken kann. In diesem Fall beginnen die äußeren Schalen, ins Innere des Kerns zu kollabieren.

Neutronensterne

Neutronensterne entstehen, wenn ein massereicher Riesenstern seinen Brennstoff verbraucht hat und kollabiert. Kollabiert der innerste Kern eines Sterns, werden alle Protonen und Elektronen zu Neutronen „zusammengepresst". Sobald der Kern eines kollabierenden Sterns eine Masse zwischen einer und drei Sonnenmassen hat, können die neu entstandenen Neutronen den weiteren Kollaps stoppen – dann entsteht ein Neutronenstern. Sterne mit höherer Masse kollabieren dagegen weiter und werden schließlich zu stellaren Schwarzen Löchern.

Neutronensterne haben etwa die Masse eines Sternes, die auf die Größe einer Großstadt gequetscht wird. Sie sind an denselben Orten wie Normalsterne im Universum zu finden – vorausgesetzt, sie lassen sich mit ihrer schwachen Strahlung überhaupt entdecken. Unter bestimmten Voraussetzungen kann man Neutronensterne jedoch recht leicht aufspüren: Ein paar davon geben ihre Röntgenstrahlung friedlich im Zentrum von Supernova-Überresten ab. In einigen Doppelsternsystemen ziehen Neutronensterne Materie von ihren Nachbarn an. Die gravitative Energie der angezogenen Materie gibt hierbei elektromagnetische Strahlung ab. Bislang wurden zwei Haupttypen von Neutronensternen entdeckt: Magnetare und Pulsare.

Magnetare

Das Magnetfeld eines typischen Neutronensterns ist um ein Vielfaches stärker als das der Erde. Das Magnetfeld eines extrem schnell – d. h. unter 10 ms pro Periode – rotierenden Magnetars übertrifft dies aber nochmals um das 1000-Fache.

Bei allen Neutronensternen ist die Kruste fest mit dem Magnetfeld verbunden – alle Veränderungen wirken sich daher wechselseitig aus. Bei einem Magnetar mit seinem gigantischen Magnetfeld führen Bewegungen in der Kruste zum Ausstoß riesiger Energiemengen in Form von elektromagnetischer Strahlung.

Pulsare

Die meisten Neutronensterne sind „langsamer" rotierende Pulsare, die Strahlung in sehr regelmäßigen Intervallen abgeben (meist Millisekunden bis Sekunden). Die extrem starken Magnetfelder von Pulsaren drücken Partikelströme im Umkreis der beiden Magnetpole ins Universum. Ähnlich wie bei einem Leuchtturm sind diese Ströme nur sichtbar, wenn der Beobachter direkt daraufblickt.

Weiße Zwerge

Der Name suggeriert, dass Weiße Zwerge ebenfalls Hauptreihensterne sind. In Wirklichkeit handelt es sich aber hierbei um kompakte, dichte und recht dunkle Sterne am Ende des Lebenszyklus. Genauer: Um Kerne, die übrig bleiben, wenn Sterne mit mittlerer Masse (ähnlich der Sonne) ihren „nuklearen Brennstoff" verbraucht haben und ihre Außenschalen absprengen. Weiße Zwerge werden von Sauer- und Kohlenstoff dominiert, haben aber oft auch dünne Hüllen aus Wasserstoff und Helium. Sie sind meist nur so groß wie Planeten, können keine Energie mehr produzieren und werden oft von Planetarischen Nebeln aus ausgestoßener Materie umgeben – das unspektakulärste, aber häufigste Lebensende von Sternen mit geringer Masse (sprich: unter 10-facher Sonnenmasse).

Schwarze Zwerge

Schwarze Zwerge markieren die letzte Evolutionsstufe von Sternen während der Zwergphase. Hierbei handelt es sich um Weiße Zwerge, die so kalt geworden sind, dass sie Hitze bzw. Licht nicht mehr in signifikanter Menge ausstrahlen. Schwarze Zwerge sind somit unsichtbar und ihre Existenz wurde bislang nicht nachgewiesen – dennoch gelten sie als eine theoretische Möglichkeit für das Ende des stellaren Lebenszyklus.

Blaue Zwerge

Sind bislang eine reine Hypothese bezüglich der Überreste erschöpfter Roter Zwerge. Das Universum ist für die Entstehung von Blauen Zwergen einfach zu jung!

Novas bzw. Supernovas

Eine Supernova entsteht durch Veränderungen im Kern eines Sterns. Dabei gibt's zwei verschiedene Möglichkeiten: Der erste Typ betrifft Doppelsternsysteme, die einen Weißen Zwerg aus Kohlen- und Sauerstoff beinhalten. Dieser „stiehlt" (akkretiert) Materie von seinem Nachbarstern – irgendwann wird es so viel, dass der Stern explodiert. Ergebnis ist eine Supernova.

Der zweite Typ markiert das Lebensende eines Einzelsterns: Wenn dieser seinen „Brennstoff" verbraucht hat, fließt ein Teil der Materie in den Kern. Irgendwann wird der Kern dadurch so schwer, dass er seiner eigenen Gravitationskraft nicht mehr widerstehen kann. Schließlich kollabiert er in einer gigantischen Explosion, aus der ebenfalls eine Supernova resultiert.

Quasare

Viele Astronomen halten Quasare für die am weitesten entfernten Objekte, die bislang im Universum entdeckt wurden. Der Name ist eine Abkürzung für Quasi-Stellar Radio Source. Er wurde in den 1960er-Jahren geprägt, als man diese sternartigen Quellen von Radiowellen erstmals entdeckte. Und hat sich bis heute gehalten – obwohl nunmehr bekannt ist, dass Quasare neben schwachen Radiowellen und sichtbarem Licht auch UV-, Infrarot-, Röntgen- und Gammastrahlung absondern.

Quasare sind meist größer als unser Sonnensystem und geben gigantische Energiemengen ab – teils sind sie eine Billion Mal heller als die Sonne! Quasare beziehen ihre Energie vermutlich von massereichen Schwarzen Löchern im Zentrum ihrer Heimatgalaxien. Aufgrund ihrer Helligkeit überstrahlen sie alle anderen Sterne in derselben Galaxie, sind aber wegen der riesigen Entfernung zur Erde dennoch nicht ohne Hilfsmittel erkennbar. Von Quasaren abgesonderte Energie erreicht die Erdatmosphäre erst nach Milliarden von Jahren. Entsprechende Studien geben Astronomen daher Hinweise auf die Anfangszeit des Universums.

Schwarze Löcher

Ein Schwarzes Loch ist keinesfalls ein „leerer Raum“. Vielmehr handelt es sich hierbei um eine extreme Konzentration von Materie auf sehr kleinem Raum – etwa um einen Stern mit zehnfacher Sonnenmasse, der sich grob auf die Stadtfläche von Berlin quetscht. Das daraus resultierende Gravitationsfeld ist so stark, dass daraus nicht einmal Licht entweichen kann. Astronomen vermuten, dass supermassereiche Schwarze Löcher die Zentren praktisch aller großen Galaxien (sogar der Milchstraße) bilden. Schwarze Löcher lassen sich anhand ihrer Auswirkungen auf Sterne und Gaswolken in ihrer Nähe entdecken. Theorien zufolge könnten supermassereiche Schwarze Löcher entstehen, indem mehrere Schwarze Löcher mit mittlerer Masse miteinander fusionieren.

Fehlende Mittelklasse

Die grundlegenden Entstehungsprozesse von Schwarzen Löchern sind inzwischen bekannt. Dennoch weiß die Wissenschaft bislang immer noch nicht, warum Schwarze Löcher anscheinend nur in zwei grundverschiedenen Größen existieren: Einerseits gibt es viele kleinere Schwarze Löcher, die Überreste von einzelnen Riesensternen sind. Am anderen Ende der bekannten Größenskala stehen „supermassereiche“ Schwarze Löcher, die Millionen bzw. sogar Milliarden Mal so groß sind wie die Sonne. Lange Zeit herrschte die traditionelle Ansicht vor, dass dazwischen keine Schwarzen Löcher mit mittlerer Masse vorhanden seien. Kürzlich haben Weltraumteleskope (Chandra, XMM-Newton, Hubble) jedoch Hinweise geliefert, dass solche Objekte durchaus existieren könnten.

Theorie der Schwarzen Löcher

Schwarze Löcher wurden von Einsteins allgemeiner Relativitätstheorie vorausgesagt: Wenn ein Riesenstern stirbt, bleibt ein kleiner Kern mit hoher Dichte übrig. Wenn die Masse dieses Kern die Sonnenmasse etwa um das Dreifache übertrifft, wird die Gravitationskraft stärker als alle anderen Kräfte – es entsteht ein Schwarzes Loch. Soweit die Theorie. Wissenschaftler können Schwarze Löcher jedoch nicht direkt beobachten. Studieren lassen sich allerdings deren Effekte auf andere Objekte in der Nähe: Geraten z. B. Sterne oder eine interstellare Wolke in die Nähe ein Schwarzes Loches, zieht dieses die jeweilige Materie in sein Inneres. Diese sogenannte Akkretion beschleunigt und erhitzt die angezogene Materie, was im Absondern von messbarer Röntgenstrahlung resultiert.

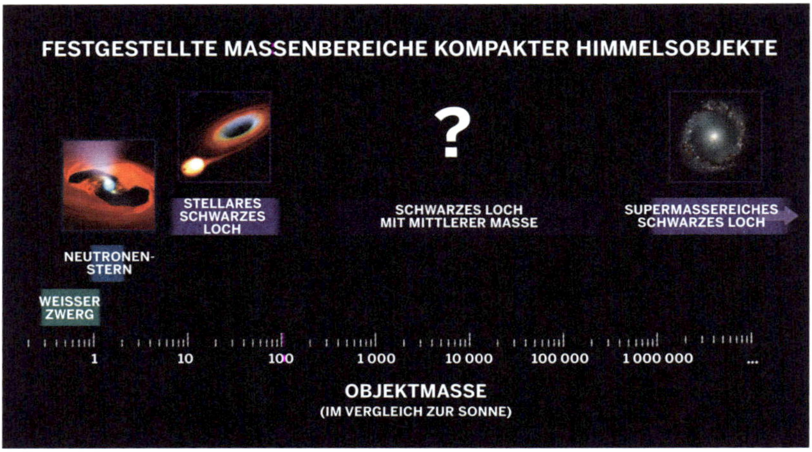

Derzeit wird die riesige „Masselücke“ zwischen stellaren Schwarzen Löchern und supermassereichen Schwarzen Löchern erforscht.

Der Röntgendoppelstern Cygnus X-1, aufgenommen vom Chandra-Röntgenteleskop der NASA

Lebenszyklen von Sternen

Bei allen Sternarten wird ihr Lebenszyklus von der Masse bestimmt: Je größer die Masse, desto kürzer der Zyklus. Die Ausgangsmasse eines Sterns resultiert aus der verfügbaren Materie im jeweiligen „Geburtsnebel" – einer riesigen Wolke aus Gas und Staub. Im Lauf der Zeit wird das Wasserstoffgas im Nebel durch Gravitation komprimiert und beginnt zu rotieren. Mit steigender Rotationsgeschwindigkeit wird das Gas heißer und dann zu einem Protostern. Irgendwann erreicht die Temperatur 15 Mio °C, woraufhin im Zentrum der Wolke eine Kernfusion in Gang gesetzt wird. Die Wolke beginnt hell zu leuchten und zieht sich etwas zusammen. Schließlich stabilisiert sie sich in Form eines Hauptreihensterns, der in diesem Zustand die nächsten paar Milliarden Jahre erstrahlt – wie derzeit unsere Sonne.

Der Lebenszyklus von Normalsternen (z. B. der Sonne) ist inzwischen geklärt: Sie sprengen ihre Außenschalen ab, bis nur noch der Kern übrig ist. Dieses tote, aber immer noch unglaublich heiße Stück „Sternenasche" wird als Weißer Zwerg bezeichnet. Weiße Zwerge sind etwa so groß wie unsere Erde, haben aber die Masse eines Sterns. Das stellte Astronomen früher vor einige Fragen: Warum kollabiert der Kern nicht weiter? Welche Kraft stabilisiert seine Masse? Antworten lieferte dann die Quantenmechanik: Der Druck von schnellen Elektronen verhindert weiteres Kollabieren – je mehr Masse im Kern, desto dichter der entstehende Weiße Zwerg. Bedeutet: Je kleiner der Durchmesser eines Weißen Zwergs, desto höher seine Masse. Diese verblüffenden Sterne kommen im Universum sehr häufig vor – in ein paar Milliarden Jahren wird sich auch unsere Sonne in ein solches Objekt verwandeln. Weiße Zwerge haben generell sehr wenig Leuchtkraft. Mit zunehmender Abkühlung werden sie schrittweise unsichtbar und schließlich zu Schwarzen Zwergen.

Dieses Schicksal erleiden jedoch nur Einzelsterne, deren Masse maximal das ca. 1,46-fache der Sonnenmasse beträgt. Bei größeren Massen kann der Elektronendruck das weitere Kollabieren des Kerns nicht verhindern. Solche Sterne haben daher ebenso einen anderen Lebenszyklus wie Doppel- und Mehrfachsternsysteme.

Wenn ein Weißer Zwerg innerhalb eines Doppel- oder Mehrfachsternsystems entsteht, kann er spektakulärer als Nova enden – „Nova" deswegen, weil man Novas einst für neue Sterne hielt. Heute ist jedoch bekannt, dass diese in Wirklichkeit sehr alte Objekte sind. Bei ausreichender Nähe zu einem Begleitstern zieht die Schwerkraft eines Weißen Zwergs mitunter Materie (vor allem Wasserstoff) aus dessen Außenschalen: Die Materie lagert sich als eigene Außenschale am Weißen Zwerg an. Bei genügend Anlagerung von Wasserstoff kommt es dann schlagartig zu einer Kernfusion, die den Weißen Zwerg hell aufleuchten lässt und die übrige Materie ausstößt – die bezeichnet man als Nova. Nach ein paar Tagen nimmt das Leuchten schließlich ab – der Zyklus beginnt aufs Neue. Weiße Zwerge ziehen solange Masse an, bis sie auf das ca. 1,46-fache der Sonnenmasse angewachsen sind und aufgrund der Eigengravitation komplett kollabieren. Die daraus folgende Explosion wird als Supernova bezeichnet.

Wenn der kollabierende Sternenkern im Zentrum einer Supernova eine Masse von ca. 1,46 bis 3 Sonnenmassen hat, setzt sich der Kollaps fort. Elektronen und Protonen vereinigen sich zu Neutronen, die einen Neutronenstern mit extrem hoher Dichte bilden. Diese besitzen äußerst starke Magnetfelder, die die Atomteilchen rund um die beiden magnetischen Pole mitunter kräftig beschleunigen. Ergebnis sind mächtige Strahlungsbündel, die beim Rotieren des Stern wie gigantische Suchscheinwerfer umherschweifen. Wenn ein solches Bündel regelmäßig zur Erde zeigt, ist das als pulsierendes (Strahlungs-)Blinken zu erkennen – immer dann, wenn der magnetische Pol des Sterns ins Sichtfeld gerät. In diesem Fall wird von einem Pulsar gesprochen.

Durchschnittliche und massereiche Sternentypen haben jeweils individuelle Entwicklungszyklen.

Neutronensterne können auch Magnetare sein: Das Magnetfeld eines typischen Neutronensterns ist um ein Vielfaches stärker als das der Erde. Das Magnetfeld eines Magnetars übertrifft dies aber nochmals um das 1000-fache. Kruste und Magnetfeld sind fest miteinander verbunden, weswegen jede stellare Explosion das Feld in eine Wellenbewegung versetzt. Bei einem Magnetar mit seinem gigantischen Magnetfeld sorgt jede Krustenbewegung dafür, dass der Neutronenstern eine riesige Energiemenge in Form von elektromagnetischer Strahlung ausstößt.

Wenn der kollabierte Sternenkern mehr als 3 Sonnenmassen besitzt, kollabiert er komplett zu einem Schwarzen Loch: Dieses stellt man sich als punktförmiges Objekt unendlich hoher Dichte vor, sodass der Schwerkraft eines solchen Objekts im direkten Umkreis nichts entkommen kann – nicht einmal Licht. Da menschliche Messinstrumente bislang nur Photonen erkennen können, lassen sich Schwarze Löcher nur indirekt entdecken. Dies ist möglich, weil das Gravitationsfeld eines Schwarzen Lochs so stark ist, dass alle Materie in der Nähe (oft die Außenschalen von Begleitsternen) angezogen und eingesaugt wird. Die Materie bildet hierbei eine Art spiralförmige und extrem heiße Scheibe, die messbare Röntgen- und Gammastrahlung absondert – ein Hinweis auf den unsichtbaren Gierschlund, der sich dahinter versteckt.

Hauptreihensterne über 8 Sonnenmassen sterben stets in einer gigantischen Explosion, die ebenfalls als Supernova bezeichnet wird. Dabei kollabiert zuerst der Kern, gefolgt von der Explosion des ganzen Sterns: Im Inneren der massereichen

Sterne entsteht am Ende ihres Lebenszyklus durch komplexe Kernreaktionen Eisen. Dies verbraucht schließlich alle Energie, die durch Kernfusion zur Verfügung gestellt werden kann. Mit anderen Worten: Es wird Energie von außen benötigt, aber keine mehr freigesetzt. Infolgedessen kann der Stern seine eigene Masse nicht mehr stabilisieren, woraufhin der Eisenkern kollabiert. In Sekundenschnelle schrumpft der Kern von ca. 8050 km Durchmesser auf wenige Dutzend Kilometer, während die Temperatur schlagartig auf 100 Mrd. K oder mehr ansteigt. Die äußeren Sternschalen kollabieren anfänglich zusammen mit dem Kern, federn dann aber durch den enormen Energieausstoß zurück und werden schließlich mit großer Gewalt nach außen geschleudert.

Supernovas setzen unvorstellbare Energiemengen frei – teilweise erstrahlen sie tage- oder gar wochenlang heller als eine ganze Galaxie. Diese Explosionen produzieren alle natürlich vorkommenden Elemente und allerlei subatomare Teilchen. Die Milchstraße verzeichnet im Durchschnitt ca. alle 100 Jahre eine derartige Sternenexplosion, in anderen Galaxien werden pro Jahr etwa 25 bis 50 Supernovas beobachtet. Aufgrund der großen Entfernung sind die meisten davon aber nicht mit bloßem Auge erkennbar.

Nach Novas und Supernovas vermischen sich die Staub- und Trümmerteilchen mit der interstellaren Materie in der Umgebung. Hierbei reichern sie Gas und Staub mit chemischen Elementen (u. a. Schwermetallen) an, die beim Tod des jeweiligen Sterns entstanden sind. Diese Verbindungen werden schließlich zu Grundbausteinen für neue Sterne und Exoplaneten.

Die farbenfrohen Filamente (fadenförmige Strukturen) des Krebsnebels sind die Überreste einer Supernova.

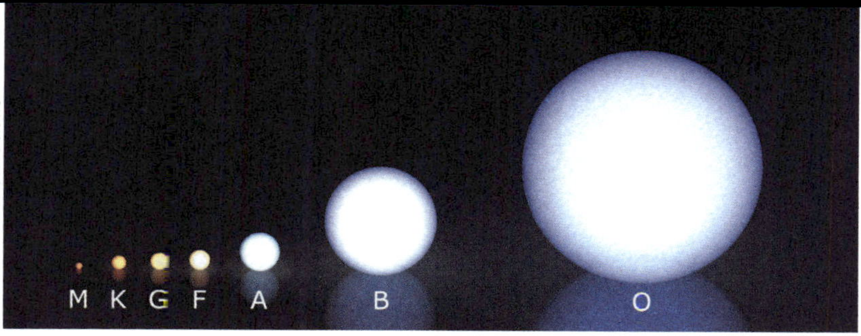

Sterne werden nach Masse, Leuchtkraft, Temperatur und Größe kategorisiert.

Spektralklassifikation

Wenn Sonnen- oder Sternenlicht in einzelne Wellenlängen aufgeschlüsselt wird, spricht man von einem Spektrum (Plural: Spektra bzw. Spektren).

Als Basis der aktuellen Spektralklassifikation versorgen Spektren die Astronomie mit vielen Informationen über die Sonne und die Sterne. Momentan werden Hauptreihensterne anhand des Morgan-Keenan-Systems (MK) den Kategorien O, B, A, F, G, K, und M zugeordnet. M ist dabei am kühlsten, O am heißesten. Dazwischen liegen alle anderen Sterntypen wie z. B. die Sonne (G). Die Kategorien O, B und A werden als frühe Spektralklassen bezeichnet, während G, K und M in den Bereich der späten Spektralklassen fallen. Diese Einteilungen sind bis heute gültig, obwohl sie sich als irrtümlich erwiesen haben: Die Spektralklasse sagt nichts über den Entwicklungsstand eines Sterns aus. Alternativ lassen sich Sterne auch über Leuchtkraft und Temperatur klassifizieren. Zudem gibt es Karbonsterne (C von engl. carbon), kühle Riesen vom Typ S (oft veränderlich), junge T-Sterne (T Tauri) und Objekte der Kategorie W (Wolf-Rayet).

Astronomen nutzen die Atomphysik, um Informationen aus Sonnen- und Sternspektren zu gewinnen. Diese wissenschaftliche Disziplin beschäftigt sich mit Atomen, Ionen und dem davon abgesonderten Licht: Alle Arten von Atomen und Ionen strahlen Licht jeweils in einer individuellen und unverwechselbaren Kombination von Wellenlängen aus. Diese Lichtwellen werden bis heute als Spektral- bzw. Resonanzlinien bezeichnet, da die unterschiedlichen Wellenlängen innerhalb eines Spektrums auf den ersten Darstellungsgeräten wie viele gerade Striche aussahen.

Jedem einzelnen Atom bzw. Ion kann eine einzigartige Kombination von Spektrallinien zugeordnet werden. So nutzen Astronomen diese Linien zur Identifizierung der individuellen Atome bzw. Ionen, die von der Sonne und den Sternen ausgestrahlt werden. Hierbei gehen sie ähnlich vor wie Kriminaltechniker, die Fingerabdrücke auf Objekten abgleichen und identifizieren: Die Bestimmung der Ionen von bestimmten Himmelsobjekten gibt sofort klaren Rückschluss darauf, welche Elemente dort jeweils vorhanden sind. Übrigens: Ionen sind Atome (eines Elements), die mindestens ein Elektron verloren haben. Zudem lässt sich die Temperatur von Himmelsobjekten über Ionen bestimmen: Jedes einzelne Ion kommt nur innerhalb eines bestimmten Temperaturbereichs vor. Die Elemente Wasserstoff, Helium, Eisen und Kalzium sind daher stets sehr wichtig, um den Typ eines entdeckten Sterns zu bestimmen.

Spektrallinien liefern jedoch nicht nur Informationen über Zusammensetzung und Temperatur von Himmelsobjekten: Durch relativen Abgleich der Helligkeit ermöglichen sie manchmal auch eine Messung der Objektdichte. Astronomen können zudem die Bewegungen von Himmelsobjekten messen, indem sie die Formen von Spektrallinien und/oder Veränderungen der Wellenlängen analysieren.

STERNKLASSE
Magnetar

STERNBILD
Kassiopeia

MASSE
Unbekannt

TEMPERATUR
Unbekannt

RADIUS
Unbekannt

ENTDECKUNGS-METHODE(N)
Röntgen- & Gammateleskop

ZEITPUNKT DER ENTDECKUNG
1981

ENTFERNUNG ZUR SONNE
10 000 Lichtjahre

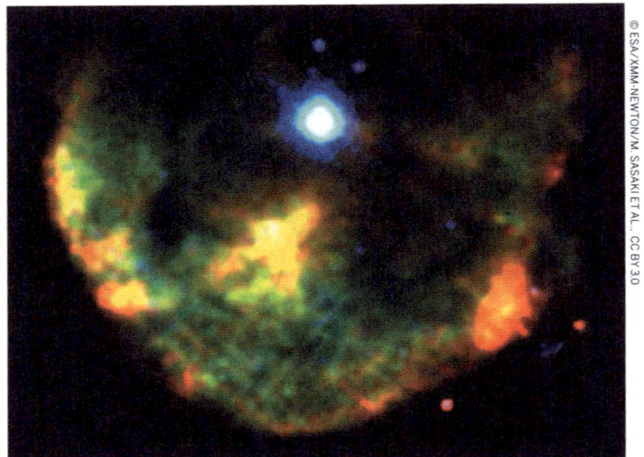

Blau-weißes Strahlen des Magnetars 1E 2259+586 auf einem Falschfarben-Röntgenbild

1E 2259+586

Der Wissenschaft sind bislang nur zwei Dutzend Magnetare bekannt. Einer davon ist 1E 2259+586 – und er fasziniert auf besondere Weise: Seit einer plötzlichen Abnahme der Rotationsgeschwindigkeit gilt dieser Stern als eines der geheimnisvollsten Objekte im Universum.

In einem ganzen Universum voller noch unbekannter Wunder sind echte Überraschungen recht selten: Das Verhalten der meisten bekannten Himmelsobjekte können Astrophysiker ziemlich gut erklären und vorhersagen. Doch bereits kurz nach seiner Entdeckung wurde 1E 2259+586 verhaltensauffällig.

Der Neutronenstern liegt ca. 10 000 Lichtjahre von der Erde entfernt in Richtung des Sternbilds Kassiopeia. Er ist der zermalmte Kern eines massereichen Sterns, der als Supernova explodierte. Zum Vergleich: Das Innere eines Neutronensterns hat eine so hohe Dichte, dass ein Teelöffel seiner Materie auf der Erde ca. 1 Mrd. Tonnen wiegen würde. 1E 2259+586 ist aber auch speziell, weil es sich hierbei um einen Magnetar handelt. Solche Sterne haben sehr starke Magnetfelder und produzieren mitunter extrem heftige Explosionen bzw. Impulsspitzen.

Zwischen Juli 2011 und Mitte April 2012 wurde durch das Beobachten von Röntgenimpulsen festgestellt, dass sich die Rotationsgeschwindigkeit von 1E 2259+586 offenbar verlangsamt – was sehr ungewöhnlich ist: Normalerweise rotieren Neutronensterne immer schneller, was Glitch (engl. für Panne, Störung) genannt wird. Die Wissenschaftler des Goddard Space Flight Center der NASA bezeichneten das gegenteilige Phänomen daher als Anti-Glitch.

Das Licht von 3C 273 braucht fast 2,5 Mrd. Jahre bis zur Erde.

3C 273

Der Quasar 3C 273 liegt gut 2,43 Mrd. Lichtjahre von der Erde entfernt und hat unter Astronomen einen speziellen Stellenwert: Er ist das fernste Himmelsobjekt, das Amateure noch selbst per Teleskop beobachten können.

3C 273 ist eine extrem helle Hochenergiequelle. Als erster Quasar überhaupt wurde er in den frühen 1960er-Jahren identifiziert. Der Stern zählt zu unseren nächsten Quasar-Nachbarn, liegt aber immerhin 2,43 Mrd. Lichtjahre von der Erde entfernt. Was sein Gutes hat: Ein Quasar in direkter Umgebung wäre eine ungemütliche Angelegenheit!

Das Wort „Quasar" ist eine Abkürzung des englischen Begriffs „Quasi-Stellar Radio Source" (etwa „sternartige Radioquelle"): Quasare sind die extrem kraftvollen Zentren von aktiven Galaxien in weiter Ferne. Ihre Energie beziehen sie von den riesigen „Teilchenscheiben" rund um supermassereiche Schwarze Löcher. Einige Quasare (u. a. 3C 273) haben nachweislich schon superschnelle Teilchenströme in den umliegenden Weltraum geschossen. Neben Radiowellen und sichtbarem Licht sondert dieser Sterntyp auch UV-, Infrarot-, Röntgen- und Gammastrahlung ab. Die meisten Quasare sind größer als unser Sonnensystem und haben eine Breite von ca. 1 Kiloparsec.

Der Energie-Output eines einzigen Quasars kann den unseres Sonnensystems um ein Vielfaches übertreffen. Somit zählen Quasare zu den hellsten und energiereichsten Objekten im ganzen Universum. Am irdischen Nachthimmel erstrahlt 3C 273 dabei als hellster seiner Art: Wäre er nur 30 Lichtjahre von der Erde entfernt, würde er uns ständig so stark wie die Sonne blenden.

STERNKLASSE
Quasar

STERNBILD
Jungfrau (Virgo)

MASSE
Unbekannt

TEMPERATUR
Unbekannt

RADIUS
Rund 1 Kiloparsec

ENTDECKUNGS-METHODE(N)
Radioteleskop

ZEITPUNKT DER ENTDECKUNG
1963

ENTFERNUNG ZUR SONNE
2,43 Mrd. Lichtjahre

STERNKLASSE
Doppelsternsystem

STERNBILD
(Fluss) Eridanus

MASSE
6,7 Sonnenmassen

TEMPERATUR
15 000 K

RADIUS
7,3–11,4 Sonnenradien

ENTDECKUNGS-METHODE(N)
Mit bloßem Auge

ZEITPUNKT DER ENTDECKUNG
In der Antike

ENTFERNUNG ZUR SONNE
139 Lichtjahre

Der helle Achernar ist in Wirklichkeit ein Doppelstern.

Achernar

Kinder malen Sterne meist als runde Punkte oder Objekte mit Spitzen. Auf den Achernar in unserer Milchstraße trifft jedoch beides nicht zu.

Der Achernar ist das zehnthellste Objekt am Nachthimmel und in Wirklichkeit ein weiß-blau schimmernder Doppelstern der Kategorie B. Sein Hauptstern namens Alpha Eridani A (Achernar) wird im Abstand von ca. 12 AE vom Begleitstern Alpha Eridani B (Achernar B) umkreist. Der Achernar ist nur siebenmal größer als die Sonne, aber vergleichsweise über 3000-mal heller. Er befindet sich an der Südspitze des nach einem mythischen Fluss benannten Sternbilds Eridanus. Dieses große Sternbild ist nur zwischen Oktober und Dezember vom Südpol bis zum ca. 32. nördlichen Breitengrad aus sichtbar; bereits in der Antike wurde es von dem griechischen Astronomen Ptolemäus beschrieben.

In unserer Galaxie zählt der Achernar zu den Sternen, die am wenigsten kugelförmig sind: Durch seine hohe Rotationsgeschwindigkeit (fast 250 km/s) ist seine Form ziemlich abgeflacht (deutlich breiter als hoch) und nur recht schwer messbar – am Äquator ist der Durchmesser ca. 56 % größer als zwischen den beiden Polen. Die ungewöhnlichen Dimensionen machen den Achernar für Astronomen besonders interessant. Dies gilt z. B. für die ESA-Wissenschaftler, die den Doppelstern mittels des Very Large Telescope (VLT) in Chile erforscht haben – auch um zu beweisen, dass sich die VLT-Anlage für das schwierige Ausmessen von ungewöhnlich geformten Sternen mit hoher Rotationsgeschwindigkeit eignet.

Der Aldebaran dominiert das Sternbild Stier.

Aldebaran

Als feurig-rotes Auge des Sternbilds Stier ist der Aldebaran kaum zu übersehen. Dieser Rote Riese fasziniert Amateur- und Profi-Astronomen seit Jahrtausenden mit seiner charakteristischen Farbe.

Als einer der hellsten Sterne am nächtlichen Firmament zählt der Aldebaran zu den ältesten mythologisierten Himmelsobjekten: Antike Astronomen in Nahost, Indien, Griechenland, Mexiko und Australien erklärten seinen rötlichen Glanz jeweils mit eigenen Geschichten. Seine Farbe prädestinierte den Aldebaran einst als Auge des Sternbilds Stier. Das schimmernde Leuchten resultiert aus der Kombination einer mächtigen Größe und einer relativ niedrigen Oberflächentemperatur: Der Rote Riese ist vermutlich ein älterer Stern, der die Hauptreihe verließ, nachdem er darin Äonen als Gelber Zwerg (wie auch die Sonne einer ist) zugebracht hatte. So erstrahlt er an unserem Himmel vergleichsweise heller – bezüglich der Leuchtkraft rangiert er an der 14. Stelle.

Zum Aldebaran (alias Alpha Tauri) gehört der Exoplanet Aldebaran b, der 6,5-mal größer als der Jupiter ist und erstmals 1993 entdeckt wurde. Die offizielle Bestätigung seiner Existenz erfolgte aber erst 2015. Aldebaran b eignet sich nicht für Leben auf der Basis von Kohlenstoff: Er bringt es an seiner Oberfläche auf 1500 K und bekommt große Strahlungsmengen von seinem wachsenden Hauptstern ab – ein Schicksal, das auch der Erde bevorsteht.

2003 sendete die Raumsonde Pioneer 10 ihr letztes schwaches Signal zur Erde zurück. Nach der Erkundung des Sonnensystems schlug die Sonde einen neuen Kurs gen Aldebaran ein, wo sie in ca. 2 Mio. Jahren ankommen wird.

STERNKLASSE
Roter Riese

STERNBILD
Stier (Taurus)

MASSE
1,16 Sonnenmassen

TEMPERATUR
3910 K

RADIUS
44,13 Sonnenradien

ENTDECKUNGS-METHODE(N)
Mit bloßem Auge

ZEITPUNKT DER ENTDECKUNG
In der Antike

ENTFERNUNG ZUR SONNE
68 Lichtjahre

STERNKLASSE
Dreisternsystem

STERNBILD
Perseus

MASSE
3,17 Sonnenmassen (Aa1); 0,7 Sonnenmassen (Aa2); 1,76 Sonnenmassen (Ab)

TEMPERATUR
13 000 K (Aa1); 4500 K (Aa2); 7500 K (Ab)

RADIUS
2,73 Sonnenradien (Aa1); 3,48 Sonnenradien (Aa2); 1,73 Sonnenradien (Ab)

ENTDECKUNGS-METHODE(N)
Mit bloßem Auge; optisches Teleskop

ZEITPUNKT DER ENTDECKUNG
In der Antike; 1889 als Dreisternsystem

ENTFERNUNG ZUR SONNE
90 Lichtjahre

Der Algol ist ein Mehrfachsternsystem (hier im Hintergrund zu erkennen).

Algol

Der hell leuchtende „Teufelsstern" im Sternbild Perseus ist in Wirklichkeit ein Mehrfachsystem, das einen einzigartigen Himmelstanz vollführt.

Der Algol (alias Beta Persei) ist ein Dreisternsystem, das aus Beta Persei Aa1, Aa2 und Ab (alias Algol A, B und C) besteht. Der faszinierendste Aspekt des Algol ist seine bedeckungsveränderliche Verdunkelung – ausgelöst durch den großen und kühlen Beta Persei Aa2, der den hellen und heißen Beta Persei Aa1 teilweise verdeckt. Alle 2,86 Tage reduziert sich die Leuchtkraft des Algol für etwa zehn Stunden. Es handelt sie hierbei also um eine extrinsische Veränderlichkeit, bei der die Helligkeit nicht abnimmt, sondern nur vom Begleitstern zwischen Lichtquelle und Erde verfinstert wird. (Bei intrinsischer Veränderlichkeit wechselt die Leuchtkraft dagegen durch interne bzw. strukturelle Prozesse.)

Jahrhunderte vergingen, bis man sich die ungewöhnliche Verdunkelung des Algol schließlich komplett erklären konnte. Der italienische Astronom Geminiano Montanari erwähnte das Phänomen 1667 erstmals in seinen Notizen, eine erste Theorie dazu wurde aber erst 1783 von einem britischen Amateur-Astronomen aufgestellt: John Goodricke vermutete damals, dass der Algol entweder eine dunkle Seite habe oder dass er durch ein anderes Objekt verdeckt würde. Letztere Ansicht teilte 1881 auch der Harvard-Astronom Edward Charles Pickering, indem er den Algol als bedeckungsveränderlichen Doppelstern klassifizierte. Die endgültige Bestätigung erfolgte aber erst 1889 – und bis zur offiziellen Entdeckung von Beta Persei Ab) gingen nochmals vier Jahrzehnte ins Land.

© COURTESY NASA/JPL-CALTECH

Künstlerische Darstellung des Almaaz (Staubscheibe und Begleitstern)

Almaaz

Almaaz verblüfft Astronomen seit Jahrhunderten mit regelmäßiger Verdunkelung. Dieses stellare Geheimnis soll nun mittels moderner Technologie gelüftet werden.

Jahrhundertelang haben Menschen mit bloßem Auge beobachtet, wie der helle Almaaz (arab: Ziegenbock) alias Epsilon Aurigae scheinbar im Nachthimmel verschwindet: Alle 27 Jahre verblasst der Stern im Lauf von zwei Jahren langsam um das Zweieinhalbfache und erreicht anschließend wieder seine ursprüngliche Leuchtkraft. Das Geheimnis hinter dem verblüffenden Verhalten offenbart sich nur sehr langsam: Erst während der letzten zehn Jahre entwickelten Forscher schrittweise die Theorie, dass es sich beim Almaaz um ein bedeckungsveränderliches Doppelsternsystem handelt.

Ursprünglich hielt die Wissenschaft den Stern für ein dreiteiliges System: einen Hellen Überriesen, der von der Erde aus betrachtet periodisch durch einen umlaufenden Doppelstern mit Staubscheibe verdunkelt wird. Aktuelle Beobachtungen mittels des Spitzer-Weltraumteleskops der NASA haben diese Theorie jedoch entkräftet: Der große Hauptstern des Almaaz ist vermutlich kein Überriese, sondern ein sterbender Stern mit weitaus weniger Masse – verdunkelt von einem einzigen B-Stern mit Staubscheibe.

Bei voller Leuchtkraft ist der Almaaz von der Nordhalbkugel aus mit bloßem Auge am Nachthimmel zu erkennen (sogar in manchen Ballungsräumen). Indem sie bedeckungsveränderliche Doppelsysteme erforschen, können Astronomen die Sternentwicklung besser verstehen und so den Horizont des menschlichen Wissens erweitern.

STERNKLASSE
Doppelsternsystem (bedeckungsveränderlich)

STERNBILD
Fuhrmann (Auriga)

MASSE
2,2–15 Sonnenmassen

TEMPERATUR
7750 K

RADIUS
143–358 Sonnenradien

ENTDECKUNGS-METHODE(N)
Mit bloßem Auge

ZEITPUNKT DER ENTDECKUNG
1821 als bedeckungsveränderliches Doppelsternsystem

ENTFERNUNG ZUR SONNE
1350 Lichtjahre

STERNKLASSE
Gelber Zwerg (Spektralklasse G)

STERNBILD
Zentaur (Centaurus)

MASSE
1,1 Sonnenmassen

TEMPERATUR
5790 K

RADIUS
1,2 Sonnenradien

ENTDECKUNGS-METHODE(N)
Mit bloßem Auge; optisches Teleskop

ZEITPUNKT DER ENTDECKUNG
In der Antike; 1689 als Doppelsternsystem

ENTFERNUNG ZUR SONNE
4,37 Lichtjahre

Heller Alpha Centauri (links) und Beta Centauri (rechts)

Alpha Centauri A

Alpha Centauri A ähnelt stark der Sonne und ist Teil eines Systems, dem auch unsere nächsten kosmischen Nachbarn angehören. Eventuell verstecken sich dort sogar Planeten, die so lebensfreundlich wie die Erde sind.

Die berühmte Alpha-Centauri-Gruppe im Sternbild Zentaur ist das Sternsystem, das unserer Erde am nächsten liegt (Entfernung 4,3 Lichtjahre). Sie paart einen sonnenartigen Doppelstern (Alpha Centauri A und B) mit einem schwach leuchtenden Roten Zwerg (Alpha Centauri C bzw. Proxima Centauri; s. roter Kreis in der Bildmitte).

Alpha Centauri A heißt offiziell Rigil Kentaurus und ist ein vergleichsweise etwas größerer Quasi-Zwilling unserer Sonne – Alter und Sterntyp sind identisch. Zusammen mit Alpha Centauri B umkreist er alle 80 Jahre ein gemeinsames Gravitationszentrum, wobei der geringste Abstand ca. 11 AE beträgt.

Da die Sterngruppe aus Alpha Centauri A, Alpha Centauri B und Proxima Centauri der Erde am nächsten liegt, zählt sie zu den am besten erforschten ihrer Art. Zudem ist sie eins der Primärziele bei der Suche nach bewohnbaren Exoplaneten, wobei Proxima Centauri b bislang als Hauptkandidat gilt. Die Alpha-Centauri-Gruppe wird u. a. seit Längerem vom Chandra-Röntgenteleskop überwacht. Diese Studien haben kürzlich ergeben, dass alle Planeten im Orbit der zwei hellsten Sterne von diesen wohl nicht mit starker Röntgenstrahlung beschossen werden – eine wichtig Voraussetzung für Leben. So hat das Jet Propulsion Laboratory der NASA nun erstmals angeregt, 2069 eine Mission zu Alpha Centauri zu schicken.

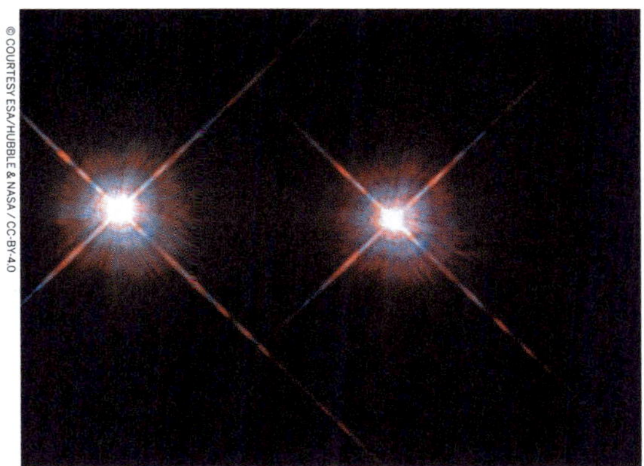

Alpha Centauri A (links) und B (rechts) erstrahlen hell auf einer Hubble-Aufnahme.

Alpha Centauri B

In wissenschaftlicher Hinsicht steht Alpha Centauri B im Schatten seines Nachbarn Alpha Centauri A. Allerdings zählen die Exoplaneten dieses Sterns zu den besten und nächstgelegenen Kandidaten für mögliches Leben in unserem Teil des Kosmos.

Alpha Centauri B (alias Toliman), der nur 0,21 Lichtjahre von seinem Schwesterstern Alpha Centauri A (s. links) entfernt liegt, ist ein K1-Stern und entspricht vom Typ her unserer Sonne, wenngleich er etwas kleiner ist. Er zählt zu den nächsten Nachbarn der Sonne und ist für kosmische Verhältnisse quasi nur einen Steinwurf entfernt! So ist Alpha Centauri B eines der am besten erforschten Himmelsobjekte – nicht zuletzt, was die Suche nach erdähnlichen Exoplaneten anbelangt. Auch bei futuristischen Plänen zur Weltraumerkundung spielt er eine Hauptrolle. 2013 gab es erste Hinweise auf Exoplaneten von Alpha Centauri B, an einer Bestätigung wird fortlaufend gearbeitet. Parallel untersuchen die Wissenschaftler, ob weitere Exoplaneten eventuell auch im Umkreis von Alpha Centauri A existieren. Innerhalb der ganzen Gruppe ist bislang nur Proxima Centauri b als Exoplanet bekannt.

Obendrein versuchen Astronomen, die Lebensfreundlichkeit solcher Exoplaneten einzuschätzen. 2018 ermittelten Wissenschaftler der University of Colorado, dass Alpha Centauri B wahrscheinlich 5- bis 6-mal mehr Röntgenstrahlung als die Sonne produziert, während Alpha Centauri A diesbezüglich wohl hinter der Sonne rangiert. So könnten in den habitablen Zonen der beiden Sterne durchaus Exoplaneten mit Voraussetzungen für dauerhaftes Leben existieren.

STERNKLASSE
Oranger Zwerg (Spektralklasse K)

STERNBILD
Zentaur (Centaurus)

MASSE
0,9 Sonnenmassen

TEMPERATUR
5260 K

RADIUS
0,86 Sonnenradien

ENTDECKUNGSMETHODE(N)
Mit bloßem Auge

ZEITPUNKT DER ENTDECKUNG
1689 als Doppelsternsystem

ENTFERNUNG ZUR SONNE
4,37 Lichtjahre

STERNKLASSE
Hauptreihenzwerg

STERNBILD
Adler (Aquila)

MASSE
1,79 Sonnenmassen

TEMPERATUR
6900–8500 K

RADIUS
1,63–2,03 Sonnenradien

ENTDECKUNGS-METHODE(N)
Mit bloßem Auge

ZEITPUNKT DER ENTDECKUNG
In der Antike

ENTFERNUNG ZUR SONNE
16,7 Lichtjahre

Der Altair auf einer Aufnahme des Mt. Wilson Observatory

Altair

Der Altair gehört zum markanten „Sommerdreieck" und hat das Gegenteil einer stellaren Strandfigur: Aufgrund seiner schnellen Rotation weist dieser Stern mehr Breite als Höhe auf.

Der Altair (alias Alpha Aquilae) ist ein bekannter Stern des Sommerdreiecks, das im Sommer deutlich sichtbar am Nachthimmel über der Nordhalbkugel steht. Er ist zudem der hellste Stern des Sternbilds Adler und markiert dessen Kopf; sein Name ist vom arabischen Wort für Adler abgeleitet. Dank geringer Entfernung zur Erde (nur 16,7 Lichtjahre) zählt der Altair zu den nächstgelegenen Objekten, die man am Nachthimmel mit bloßem Auge erkennen kann.

„Der Altair ist der zwölfthellste Stern am Himmel. Man könnte denken, dass alles über ihn bereits bekannt war", so Dr. David Ciardi von der University of Florida in Gainesville, nachdem er und sein Team entdeckt hatten, dass Altair keine perfekte Rundform hat. Wie Achernar rotiert Altair sehr schnell (über 200 km/s). Die dadurch bedingten Fliehkräfte machen ihn zum abgeplatteten Rotationsellipsoiden mit „Speckröllchen": Am Äquator ist sein Durchmesser um 14 % größer als zwischen den beiden Polen. Innerhalb von nur zehn Stunden dreht sich Altair einmal um seine eigene Achse! Das hohe Rotationstempo macht ihn außerdem zum veränderlichen Stern. Jedoch offenbaren sich seine neun verschiedenen Helligkeitsstufen nur bei sorgsamer Beobachtung mit sensiblem Equipment. Im Vergleich zur Sonne ist der Altair nur etwa zweimal so groß und mit 7550 K nicht viel heißer, dafür aber elfmal heller.

Cassini-Aufnahme von Antares durch die Ringe des Saturns

Antares

Antares im Zentrum des Sternbilds Skorpion ist der 15.-hellste Stern am Nachthimmel. Er ist fast ganzjährig sichtbar und fasziniert Astronomen seit der Antike mit seinem rötlichen Schein.

In der Sternklasse der Roten Überriesen ist Antares (alias Alpha Scorpii) ein wahrer Gigant: Er hat etwa den 700-fachen Durchmesser, die 12-fache Masse und die 10 000-fache Helligkeit unserer Sonne. Kühle Überriesen wie Antares sterben meist in einer Supernova-Explosion, die in diesem Fall innerhalb der nächsten 10 000 Jahre eintreten könnte. Als strahlendster Stern des Sternbilds Skorpion zählt Antares zu den helleren Objekten am Nachthimmel.

In Wirklichkeit ist er jedoch ein Doppelsystem – bestehend aus dem stark leuchtenden Roten Überriesen Alpha Scorpii A und dem dunkleren Alpha Scorpii B. Letzterer lässt sich nur schwer beobachten, da ein Gasnebel das ganze System umhüllt. Zudem wird Antares gelegentlich vom Mond oder Planeten des Sonnensystems verdunkelt bzw. verdeckt.

Wegen seines rötlichen Glanzes tauften griechische Astronomen den Doppelstern in der Antike auf den Namen Ant-Ares; dies bedeutet „Rivale des Ares“ (wie Mars auf altgriechisch heißt). Das strahlende und markante Erscheinungsbild des Antares war aber nicht nur in der europäischen Antike bekannt: Aufzeichnungen der australischen Ureinwohner zeigen, dass diese Antares jahrhundertelang als Waiyungari in ihren mündlichen Überlieferungen erwähnten. Diese Geschichten drehten sich vor allem um die Veränderlichkeit des Sterns. Dieselben Sagen thematisierten weitere rote Sterne wie Beteigeuze oder Aldebaran.

STERNKLASSE
Doppelsternsystem (veränderlich)

STERNBILD
Skorpion (Scorpius)

MASSE
12 Sonnenmassen

TEMPERATUR
3570 K

RADIUS
680–800 Sonnenradien

ENTDECKUNGS-METHODE(N)
Mit bloßem Auge

ZEITPUNKT DER ENTDECKUNG
In der Antike; 1844 als Doppelsternsystem

ENTFERNUNG ZUR SONNE
550 Lichtjahre

STERNKLASSE
Roter Riese

STERNBILD
Bärenhüter (Boötes)

MASSE
1,08 Sonnenmassen

TEMPERATUR
4286 K

RADIUS
25,4 Sonnenradien

ENTDECKUNGS-METHODE(N)
Mit bloßem Auge

ZEITPUNKT DER ENTDECKUNG
In der Antike

ENTFERNUNG ZUR SONNE
36,7 Lichtjahre

Der Arktur im Sternbild Bärenhüter

Arktur

Arktur zählt zu den hellsten Sternen am Nachthimmel und ist so ein super Ausgangspunkt für das Auffinden umliegender Konstellationen. Antike Seefahrer nutzten ihn einst als Navigationshilfe.

Arktur ist der vierthellste Stern am Nachthimmel – genauer der Hauptstern des diamantförmigen Sternbilds Bärenhüter über der Nordhalbkugel. Sein Name basiert auf dem altgriechischen Wort „arkturos“, das ebenfalls Bärenhüter bedeutet: Arktur folgt dem Schwanz des Großen Bären über den Frühlingshimmel. Zusammen mit Regulus und Spica bildet er das Frühlingsdreieck. Arktur ist ein alternder Roter Riese, der schätzungsweise seit ca. 7 Mrd. Jahren existiert. Er strahlt etwa 110-mal heller als die Sonne und lässt sich finden, indem man den Blick über die Deichsel des Großen Wagens (alias Großer Bär) schweifen lässt. Im Herbst steht Arktur niedrig über dem Horizont und schimmert aufgrund der Lichtbrechung innerhalb der Atmosphäre mitunter orange.

Der Stern ist Astronomen aus verschiedenen Kulturen schon sehr lange bekannt: Er war vermutlich eine wichtige Navigationshilfe der polynesischen Seefahrer, die über den Pazifik nach Hawaii schipperten. Jahrhunderte später aktivierte sein Licht über einen speziellen Sensor die Eröffnungsbeleuchtung der Chicagoer Weltausstellung (1933). Auf seiner Reise durch das All erreicht der Arktur aktuell seinen engsten Annäherungspunkt zur Sonne. In ca. 4000 Jahren wird er dann dem Blauen Planeten am nächsten kommen – was die künftigen Erdlinge aufgrund des geringen Entfernungsunterschieds aber kaum bemerken dürften. Einmal enden wird Arktur als Weißer Zwerg.

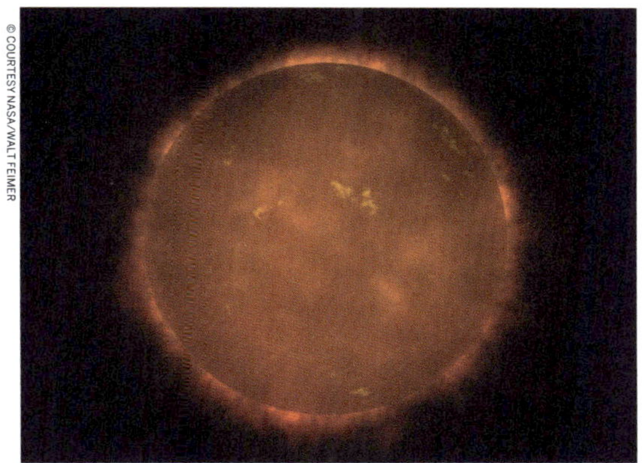

Künstlerische Darstellung eines Roten Zwergs mit geringer Masse

Barnards Stern

Dieser kleine, kühle und erdnahe Stern ist nach dem Astronomen benannt, der 1916 erstmals das Ausmaß seiner stellaren Eigenbewegung erfasste. Sein vermuteter Exoplanet – eine Supererde – macht ihn zum Objekt intensiver Forschung.

Als nächstgelegener Stern in der nördlichen Himmelssphäre liegt Barnards Stern nur sechs Lichtjahre von der Erde entfernt. Dennoch ist er mit bloßem Auge nicht am Nachthimmel zu erkennen. Bei Betrachtung per (Infrarot-)Teleskop erstrahlt dieser kleine und kühle Rote Zwerg mit geringer Masse dagegen recht hell. Er wird auch als Pfeilstern bzw. Schnellläufer bezeichnet: Seine Eigenbewegung beträgt 10,3 Bogensekunden pro Jahr. Das mag recht mickerig klingen (ein Grad am Himmel besteht aus 60 Bogenminuten!), übertrifft aber die Geschwindigkeit aller anderen bekannten Sterne. Aufgrund seiner Erdnähe und seiner astrophysikalischen Eigenschaften wird Barnards Stern schon lange erforscht. Dabei interessieren sich die Wissenschaftler besonders für potenzielle Exoplaneten mit Eignung für dauerhaftes Leben.

Nach Jahrzehnten der Vermutung und Beobachtung wurde Ende 2018 schließlich ein Exoplanet im Orbit von Barnards Stern entdeckt: die Supererde Barnards Stern b, die 1,3-mal so groß und mehr als 3,2-mal so schwer wie unser Blauer Planet ist. Aktuellen Hypothesen zufolge hat diese eine felsige Oberfläche mit Eis- bzw. Schneevorkommen. Auch aufgrund der relativen Nähe zu Barnards Stern ist Barnards Stern b als künftiges Forschungsobjekt prädestiniert.

STERNKLASSE
Roter Zwerg

STERNBILD
Schlangenträger (Ophiucus)

MASSE
0,144 Sonnenmassen

TEMPERATUR
3134 K

RADIUS
0,196 Sonnenradien

ENTDECKUNGS-METHODE(N)
Optisches Teleskop

ZEITPUNKT DER ENTDECKUNG
1888 oder 1916

ENTFERNUNG ZUR SONNE
6 Lichtjahre

STERNKLASSE
Roter Überriese

STERNBILD
Orion

MASSE
11,6 Sonnenmassen

TEMPERATUR
3590 K

RADIUS
950–1200 Sonnenradien

ENTDECKUNGS-METHODE(N)
Mit bloßem Auge

ZEITPUNKT DER ENTDECKUNG
In der Antike

ENTFERNUNG ZUR SONNE
640 Lichtjahre

Beteigeuze im Sternbild Orion ist am Nachthimmel leicht zu finden.

Beteigeuze

Mit seinem orangefarbenen Strahlen lässt sich der Beteigeuze im Sternbild Orion recht schnell am Nachthimmel entdecken.

Beteigeuze (alias Alpha Orionis) ist ein Roter Überriese und das zweithellste Objekt des bekannten Wintersternbilds Orion: Heller erstrahlt dort nur das Mehrfachsystem Rigel. Beteigeuze ist insgesamt der neunthellste Stern am Nachthimmel, verändert aber seine Leuchtkraft – er ist manchmal dunkler als andere Sterne, rangiert aber teils auch unter den fünf hellsten Himmelsobjekten. Asteroseismologische Analysen lassen vermuten: Das unberechenbare bzw. instabile Verhalten kann eventuell dadurch begründet werden, dass Beteigeuze einst einen Begleitstern „gefressen" hat. Daher wird er auch als sogenannter Kannibalenstern bezeichnet. Die derzeitige Instabilität zeigt sich zudem an einer enorm schnellen Rotation – normalerweise würde sich ein Stern auf dieser Entwicklungsstufe etwa 150-mal langsamer drehen.

Mit 3600 K ist Beteigeuze kühler als die Sonne, aber deutlich schwerer und fast 1000-mal größer: Bei einer Position im Zentrum unseres Sonnensystems würde er über die Umlaufbahn des Planeten Jupiter hinausreichen. So ist der Beteigeuze einer der größten Sterne, die sich mit bloßem Auge beobachten lassen.

Zudem macht ihn seine Reisegeschwindigkeit von 30 km/s zu einem Schnellläufer, der eine Kopfwelle von mehr als vier Lichtjahren Breite vor sich herschiebt. Von der Erde aus betrachtet wird sich Beteigeuze bis zu seiner unausweichlichen Supernova-Explosion in ca. 1000 bis 1 Mio. Jahren aber kaum von der Stelle bewegen.

Canopus (hier ein ISS-Foto) kann von Mitteleuropa aus nicht gesichtet werden.

Canopus

Der zweithellste Stern am Himmel war jahrhundertelang eine wichtige Navigationshilfe. Mit bloßem Auge lässt er sich aber nur von Positionen aus erkennen, die weit genug südlich liegen.

Als hellstes Objekt des Sternbilds Schiffskiel (bzw. Carina) ist der Canopus dessen Hauptstern und wird daher auch Alpha Carinae genannt. Er ist eine echte Besonderheit: ein alternder Heller (gelblich-weißer) Überriese in nur ca. 300 Lichtjahren Entfernung zur Erde. Nähe und Leuchtkraft lassen ihn uns als zweithellsten Stern nach dem Sirius erscheinen. Im Vergleich zur Sonne ist der Canopus mindestens 65-mal größer und 15 000-mal heller. Inzwischen hat der frühere Rote Riese seinen gesamten Wasserstoff verbrannt und konsumiert nun das Helium in seinem Kern.

Der besonders helle Canopus war schon in der Antike wohlbekannt – aber nur südlich bestimmter Breitengrade. Altgriechische und -römische Astronomen vermerkten seine markante Präsenz am Himmel daher nicht in ihren Aufzeichnungen. Anders dagegen die Inder, Ägypter, Beduinen und Navajo des Altertums: In deren jeweiligen Mythologien hatte Canopus meist einen göttlichen oder königlichen Charakter. Im alten Ägypten wurde sein abendliches Erscheinen in einer Position gegenüber des Sonnenuntergangs alljährlich mit einem Fest gefeiert. Von weit genug südlich liegenden Beobachtungsorten aus (in Europa u. a. Gibraltar, Malta, Kreta) lässt sich Canopus bis heute leicht ohne Hilfsmittel am Nachthimmel erspähen – ebenso wie Sirius sowie die Kleine und Große Magellanische Wolke.

STERNKLASSE
Heller Überriese

STERNBILD
Schiffskiel (Carina)

MASSE
8,0 Sonnenmassen

TEMPERATUR
10 700 K

RADIUS
65–71 Sonnenradien

ENTDECKUNGS-METHODE(N)
Mit bloßem Auge

ZEITPUNKT DER ENTDECKUNG
In der Antike

ENTFERNUNG ZUR SONNE
310 Lichtjahre

STERNKLASSE
Doppel-Doppelsternsystem

STERNBILD
Fuhrmann (Auriga)

MASSE
2,57 Sonnenmassen (Aa);
2,48 Sonnenmassen (Ab)

TEMPERATUR
4970 K (Aa); 5730 K (Ab)

RADIUS
11,98 Sonnenradien (Aa);
8,83 Sonnenradien (Ab)

ENTDECKUNGS-METHODE(N)
Als Doppel-Doppelsternsystem per Fotoplatte

ZEITPUNKT DER ENTDECKUNG
1899 als Doppel-Doppelsternsystem

ENTFERNUNG ZUR SONNE
42,9 Lichtjahre

Der Capella im Sternbild Auriga ist in Wirklichkeit ein Doppel-Doppelsternsystem.

Capella

Der strahlend helle Capella dominiert den Winterhimmel scheinbar als Einzelobjekt. Doch das täuscht: In diesem Fall addieren sich die Leuchtkräfte eines Doppel-Doppelsternsystems.

Capella (alias Alpha Aurigae) ist der Hauptstern des Sternbilds Fuhrmann und besteht in Wirklichkeit aus vier Objekten: einem Doppelsternsystem (Capella Aa und Ab) sowie zwei Roten Zwergen (Capella H und L) auf weitaus weiter entfernten Umlaufbahnen. Interessanterweise sind beide Paare jeweils identisch: Bei Capella Aa und Ab handelt es sich um helle Gelbe Riesen, bei Capella H und L eben um Rote Zwerge. Nur mit 0,76 AE Abstand zueinander umkreisen sich die beiden Gelben Riesen einmal in 104 Tagen. Die Distanz zwischen den beiden Roten Zwergen (knapp 49 AE) ist wesentlich größer. Zusammen bilden die vier Objekte den sechsthellsten „Stern" am Nachthimmel. Capella Aa und Ab sind jedoch weitaus intensiver erforscht als das dunklere Zwergenpaar.

Capella ist Teil des Wintersechsecks, das wie das Frühlings- oder Sommerdreieck als saisonaler Asterismus klassifiziert wird. Hierbei handelt es sich jeweils um Sterngruppen bzw. Muster, die kleiner sind als die von der Internationalen Astronomischen Union (IAU) aufgeführten Sternbilder. Das Wintersechseck besteht aus Capella (Fuhrmann), Aldebaran (Stier), Rigel (Orion), Sirius (Großer Hund), Procyon (Kleiner Hund) und Pollux (Zwillinge). Diese hellen Fixsterne und ihre dazugehörigen Sternbilder dominieren den Winterhimmel über der Nordhalbkugel.

Der breite Cirrusnebel zählt zu den größten Supernova-Überresten im Kosmos.

Cirrusnebel

Der Cirrusnebel zeugt von einer gewaltigen Supernova-Explosion in der Milchstraße. Vor rund 8000 Jahren wurde dabei ein Riesenstern mit 20-facher Sonnengröße zerstört.

Der Cirrusnebel ist der im optisch Spektrum sichtbare Teil der Überreste einer gigantischen Supernova: des Cygnusbogens, der aus diversen Emissions- und Reflexionsnebeln besteht. Der kosmische Nebel zählt zu den größten und spektakulärsten seiner Art. Sein ebenfalls geläufiger Name „Schleiernebel" leitet sich aber von dem Netz der filigranen Filamente (fadenförmige Gasansammlungen) ab, die an einen Schleier erinnern. Mehr blieb nicht übrig, als in der Milchstraße vor ca. 8000 Jahren ein Riesenstern mit 20-facher Sonnenmasse explodierte. Die schnelle Druckwelle dieser Supernova breitet sich bis heute immer weiter aus. Hierbei prallt sie auf eine interstellare Barriere aus kühlem und vergleichsweise dichterem Gas, wobei Licht abgesondert wird.

Direkt nach der Explosion leuchtete die expandierende Wolke wohl so hell wie der Halbmond und war für die Menschen am Vorabend der Geschichtsschreibung vermutlich wochenlang sichtbar. Der Supernova-Überrest ist inzwischen jedoch stark verblasst – seine Beobachtung erfordert zumindest ein kleines Teleskop. Flächenmäßig ist der Cirrusnebel gigantisch: Im All hat er eine geschätzte Breite von bis zu 38,5 Lichtjahren! Daher haben manche seiner Unterregionen wie der Hexenbesennebel eigene astronomische Katalognummern. Mit entsprechendem Equipment von der Erde aus betrachtet wirkt der Cirrusnebel wiederum mehr als 5-mal so groß wie der Vollmond.

STERNKLASSE
Supernova-Überrest

STERNBILD
Schwan (Cygnus)

MASSE
Unbekannt

TEMPERATUR
10 000–60 000 K

RADIUS
38,5 Lichtjahre

ENTDECKUNGS-METHODE(N)
Optisches Teleskop

ZEITPUNKT DER ENTDECKUNG
1784 (Entdecker: William Herschel)

ENTFERNUNG ZUR SONNE
Rund 1470 Lichtjahre

STERNKLASSE
Schwarzes Loch

STERNBILD
Schwan (Cygnus)

MASSE
14–16 Sonnenmassen

TEMPERATUR
31 000 K

RADIUS
20–22 Sonnenradien

ENTDECKUNGS-METHODE(N)
Röntgenteleskop

ZEITPUNKT DER ENTDECKUNG
1964

ENTFERNUNG ZUR SONNE
6100 Lichtjahre

Cygnus X-1 auf einem Foto des Chandra-Röntgenteleskops

Cygnus X-1

Diese starke Röntgenquelle verwirrte einst Astrophysiker, die Einsteins Theorie der Schwarzen Löcher beweisen wollten. Sie wurde später offiziell zum ersten nachgewiesenen Schwarzen Loch ernannt und fasziniert die Forschung weiterhin.

Ist Cygnus X-1 ein Schwarzes Loch oder nicht? Um diese Grundfrage drehte sich in den 1970er-Jahren eine Wette zwischen den berühmten Astrophysikern Stephen Hawking und Kip Thorne. Seit seiner Entdeckung vor 45 Jahren zählt Cygnus X-1 zu den am intensivsten erforschten Röntgenquellen im All. Rund zehn Jahre nach seiner Entdeckung schrieb das Objekt schließlich Astronomiegeschichte, indem es offiziell mittels Röntgenspektroskopie als erstes Schwarzes Loch klassifiziert wurde.

Das System von Cygnus X-1 besteht aus einem Schwarzen Loch (ca. 10 Sonnenmassen), das mit geringer Distanz von einem Blauen Überriesen (ca. 20 Sonnenmassen) umkreist wird. Der Überriese stößt Gas aus, das in Form eines stellaren Sturms um das Schwarze Loch rotiert und dabei eine spiralförmige Scheibe bildet. Im Zentrum der Scheibe saugt das Schwarze Loch die Materie in sein Inneres. Dies setzt wiederum Gravitationsenergie frei, die als Röntgenstrahlung messbar ist. Einst entstanden ist Cygnus X-1 eventuell durch einen ungewöhnlichen Typ einer Supernova, der irgendwie bewirkt hat, dass dieses Schwarze Loch weniger Rotationsfahrt aufnehmen konnte als einige seiner Artgenossen im Universum. Und so fasziniert 1000 wissenschaftliche Artikel später Cygnus X-1, dieses stark strahlende Objekt in relativer Erdnähe, weiterhin die astronomische Forscherwelt.

Der Deneb im Sternbild Schwan

Deneb

Der extrem helle Deneb im Sternbild Schwan ziert ganzjährig den Nachthimmel. Wer ihn finden will, schaut nach dem strahlenden Stern am oberen Ende des Sternbilds Schwan.

Der blau-weiß strahlende Deneb (Alpha Cygni) ist ein Leuchtkräftiger Blauer Veränderlicher (Heißer Überriese im Übergang vom Blauen Riesen zum Roten Überriesen). Er markiert den Schwanz des Sternbilds Schwan (Cygnus) und ist dessen hellstes Objekt – er leuchtet 55 000- bis 196 000-mal heller als die Sonne! Als einer der leuchtkräftigsten Sterne konkurriert der Deneb so mit dem Rigel um den Titel als hellster Himmelkörper, der von der Erde aus erkennbar ist. Beide sind Sterne erster Größe mit einer Magnitude (Abkürzung „mag"; scheinbare Helligkeit) unter +1,50. Die Helligkeitsskala ist logarithmisch definiert – ein Stern mit 6,00 mag ist 100-mal dunkler als einer mit 1,00 mag. Objekte im negativen Skalenbereich sind relativ selten und mit bloßem Auge leicht zu entdecken: Die Sonne liegt bei −26,7 mag, der Vollmond bei −12,7 mag.

Der markante Deneb ist zudem Teil eines Asterismus: des Sommerdreiecks, dessen andere zwei Eckpunkte von Vega und Altair markiert werden. Wie andere Asterismen ist es nur saisonal – wie sein Name verrät, im Sommer – sichtbar, da die Erde während ihrer Rundreise um die Sonne je nach Jahreszeit zu anderen Sternen hinzeigt.

Während Altair und Vega relativ geringen Abstand zur Sonne (17 bzw. 25 Lichtjahre) haben, liegt Deneb mehr als 10-mal so weit davon entfernt. Dies verdeutlicht nochmals, wie stark seine Leuchtkraft im Vergleich zu den anderen beiden Sternen des Sommerdreiecks ist.

STERNKLASSE
Heißer Überriese

STERNBILD
Schwan (Cygnus)

MASSE
19 Sonnenmassen

TEMPERATUR
8525 K

RADIUS
203 Sonnenmassen

ENTDECKUNGS-METHODE(N)
Mit bloßem Auge

ZEITPUNKT DER ENTDECKUNG
In der Antike

ENTFERNUNG ZUR SONNE
2615 Lichtjahre

STERNKLASSE
Doppelsternsystem

STERNBILD
Schiffskiel (Carina)

MASSE
120–200 Sonnenmassen (A); 30–80 Sonnenmassen (B)

TEMPERATUR
9400–35 200 K (A); 37 200 K (B)

RADIUS
60–881 Sonnenradien (A); 14,3–23,6 Sonnenradien (B)

ENTDECKUNGS-METHODE(N)
Optisches Teleskop

ZEITPUNKT DER ENTDECKUNG
1677

ENTFERNUNG ZUR SONNE
7500 Lichtjahre

Südliche Säule des Carinanebels auf einem Spitzer-Infrarotbild

Eta Carinae

Wenn ein Stern verblasst, dann verschwindet, wieder erscheint und schließlich seine Helligkeit verdoppelt, ist klar: Da geschieht etwas Interessantes. Im Fall von Eta Carinae ist dies ein langsamer Doppelsterntanz, der einmal explosiv enden wird.

Im Umkreis von 10 000 Lichtjahren um die Erde ist Eta Carinae das hellste und massereichste Sternsystem – bekannt für sein überraschendes Verhalten und zwei bislang unerklärliche Eruptionen im 19. Jh. Eta Carinae gehört zum südlichen Sternbild Schiffskiel und besteht aus zwei Riesensternen (Eta Carinae A und B). Diese folgen sehr seltsamen Umlaufbahnen und kommen sich alle fünfeinhalb Jahre ungewöhnlich nahe – nämlich bis auf 225 Mio. Kilometer, was grob der Durchschnittsentfernung zwischen Mars und Sonne entspricht.

Der stellare Tango wird höchstwahrscheinlich explosiv enden: Eines Tages sterben die Riesen wohl beide als Supernovas. Letztlich wird alles davon abhängen, wie viel Materie sie verlieren können (durch stellare Winde oder noch mehr unerklärliche Explosionen), bis sie ihren Brennstoff komplett verbraucht haben und unter ihrem eigenen Gewicht zusammenbrechen. So wird das Eta-Carinae-System in recht naher Zukunft wohl mindestens eine Supernova oder noch gigantischere Hypernova-Explosionen erleben – wobei „nahe Zukunft" nach astronomischen Zeitmaßstäben durchaus 1 Mio. Jahre bedeuten kann. Die große lokale Eruption in den 1840er-Jahren erzeugte bereits den wogenden Homunculusnebel. Eta Carinae ist Teil des größeren Carinanebels, der zum offenen Sternhaufen Trumpler 16 im Carina-Sagittarius-Arm der Milchstraße gehört.

Der schimmernde Eulennebel

Eulennebel

Der Eulennebel gleicht ein wenig einem der Erde zugewandten Eulengesicht. Er bietet Profi- wie Amateur-Astronomen einen Einblick in die Zukunft eines Gelben Zwergs wie unserer Sonne.

Der Eulennebel (M97) steht nahe dem Boden des Großen Wagens am Himmel. Seine runde Form mit zwei großen dunklen „Augen" erinnert an ein starrendes Eulengesicht. Er ist der 97. Eintrag im Messier-Katalog und zählt zu dessen lichtschwächeren Objekten.

Genauer handelt es sich hierbei um einen der vier Planetarischen Nebel in dem berühmten Verzeichnis: Leuchtende Gasnebel dieser Art bestehen aus den abgestoßenen Außenschalen von sonnenartigen Sternen, die nach dem Verbrauch ihres Kernbrennstoffs kollabiert sind. So ist der Eulennebel ein weiteres Beispiel für das Schicksal, das unserer eigenen Sonne in ca. 5 Mrd. Jahren bevorsteht. Die riesige Ausdehnung des diffusen Objekts entspricht etwa dem 2000-fachen Durchmesser des Neptunorbits um die Sonne. Exakt im Zentrum ist immer noch der komprimierte Weiße Zwerg zu sehen.

Dieser entstand einst aus einem Roten Riesen, wobei die drei konzentrischen Gasschalen des Eulennebels abgestoßen wurden. Die äußerste Schale dehnt sich weiterhin aus; anhand ihrer aktuellen Größe schätzen Astronomen das Alter des Nebels auf rund 8000 Jahre.

STERNKLASSE
Planetarischer Nebel

STERNBILD
Großer Bär (Ursa Major)

MASSE
Unbekannt

TEMPERATUR
123 000 K

RADIUS
Rund 1 Lichtjahr

ENTDECKUNGS-METHODE(N)
Optisches Teleskop

ZEITPUNKT DER ENTDECKUNG
1781 (Entdecker: Pierre Méchain)

ENTFERNUNG ZUR SONNE
2030–2800 Lichtjahre

STERNKLASSE
Roter Überriese (halbregelmäßig veränderlich)

STERNBILD
Kepheus

MASSE
19,2 Sonnenmassen

TEMPERATUR
3750 K

RADIUS
1260–1650 Sonnenradien

ENTDECKUNGS-METHODE(N)
Optisches Teleskop

ZEITPUNKT DER ENTDECKUNG
1848 als halbregelmäßig veränderlicher Stern

ENTFERNUNG ZUR SONNE
2840 Lichtjahre

Oben links leuchtet der orangefarbene Granatstern (My Cephei).

Granatstern

Der Granatstern zählt zu den größten und hellsten Objekten am Nachthimmel. Sein orangefarbener Schein erstrahlt über der Nordhalbkugel.

Aufgrund seines granatrot-orangefarbenen Scheins erhielt der Granatstern (alias My Cephei bzw. Erakis) im späten 18. Jh. seinen Namen vom dem Astronomen William Herschel. Die Veränderlichkeit dieses Roten Über- bzw. Hyperriesen wird seit 1881 kontinuierlich beobachtet. Der Granatstern gehört zum Sternbild Kepheus und erreicht eine maximale Leuchtkraft von 4,08 mag. Obendrein handelt es sich hierbei um einen Schnellläufer, der mit ca. 80 km/s durch den Kosmos flitzt.

Im Vergleich zur Sonne ist der Granatstern fast 100 000-mal heller und rund 1260- bis 1650-mal größer. Bei einer Position im Zentrum unseres Sonnensystems würde er bis zu den Umlaufbahnen von Jupiter und Saturn hinausreichen. Damit zählt er zu den größten Sternen, die man mit bloßem Auge erkennen kann.

1943 wurde der Granatstern zum Prototypen einer eigenen, mittlerweile nicht mehr gültigen Spektralklasse erklärt, um ähnliche Neuentdeckungen später standardisiert vergleichen und einordnen zu können. Beobachtungen und Strahlungsmessungen lassen jedoch seinen anstehenden Tod vermuten: Er fusioniert nun Helium zu Kohlenstoff, während „intakte" Hauptreihensterne wie etwa unsere Sonne stets Wasserstoff in Helium verwandeln. Wenn dem riesigen Granatstern eines Tages der Brennstoff ausgeht, wird er in einer Supernova explodieren und vermutlich ein Schwarzes Loch hinterlassen.

Stellare Heimat von GRS 1915+105

GRS 1915+105

Dieses binäre System mit sperriger Bezeichnung besteht aus einem Stern und einem Schwarzen Loch. Es ist eine starke Röntgenquelle und zählt zu jenen faszinierenden Himmelsobjekten, die zeitweise einen „Puls" haben.

GRS 1915+105 ist ein binäres System mit einem Schwarzen Loch (ca. 14 Sonnenmassen), das Materie von einem benachbarten „Normalstern" bezieht. Bei der Materie handelt es sich um Gas, das durch Gravitation ins Schwarze Loch gezogen wird. Ähnlich wie Wasser am Abfluss eines Spülbeckens formt das Gas eine Art spiralförmigen Strudel. Den angestauten Materiering an dessen Rand bezeichnen Astronomen als Akkretionsscheibe. GRS 1915+105 zählt zu den massereichsten Stellaren Schwarzen Löchern, die bislang entdeckt wurden.

Das System sondert Partikel und Strahlung höchst unberechenbar bzw. vielfältig ab, wobei die Zeitintervalle zwischen Sekunden und Monaten liegen können: Wissenschaftler haben bislang 14 Variationsmuster mit jeweils sehr komplexem Charakter entdeckt. So strahlt GRS 1915+105 z. B. etwa alle 50 Sekunden einen kurzen, hellen Röntgenimpuls aus, der mit dem Puls beim Menschen vergleichbar ist – wenn auch mit niedrigerer Frequenz. Die Röntgenspektroskopie zeigt zudem, dass der Partikelstrom mitunter unterbrochen wird, wohl durch einen heißen Wind, der den Materiezufluss zur Akkretionsscheibe zeitweise verhindert. Sobald dieser Wind dann abebbt, können die Teilchen wieder aufs Neue fließen. Astronomen folgern daraus, dass bestimmte Mechanismen die Wachstumsgeschwindigkeit von Schwarzen Löchern regulieren.

STERNKLASSE
Stellares Schwarzes Loch (binär)

STERNBILD
Adler (Aquila)

MASSE
14 Sonnenmassen

TEMPERATUR
Unbekannt

RADIUS
Unbekannt

ENTDECKUNGS-METHODE(N)
Röntgenteleskop

ZEITPUNKT DER ENTDECKUNG
1992

ENTFERNUNG ZUR SONNE
35 000 Lichtjahre

STERNKLASSE
Planetarischer Nebel

STERNBILD
Füchslein (Vulpecula)

MASSE
Unbekannt

TEMPERATUR
Unbekannt

RADIUS
1,44 Lichtjahre

ENTDECKUNGS-METHODE(N)
Optisches Teleskop

ZEITPUNKT DER ENTDECKUNG
1764

ENTFERNUNG ZUR SONNE
1360 Lichtjahre

Hubble-Aufnahme von den Gasen des Hantelnebels

Hantelnebel

Dieser Planetarische Nebel wurde einst als Erster seiner Art entdeckt. Er lässt sich leicht per Fernglas oder Teleskop beobachten und ist daher bei Amateur-Astronomen sehr beliebt.

Der Hantelnebel hat noch viele andere Namen (u. a. Apfelkernnebel, M 27 oder NGC 6853). Entdeckt wurde er von Charles Messier, der ihn als 27. Eintrag in seinen berühmten Katalog von nebligen Objekten aufnahm. Was Messier damals nicht wusste: Er begründete damit die heutige Kategorie der Planetarischen Nebel. Solche Nebel bestehen aus Gasen von Plasma, die von Roten Riesen am Ende ihres Sternenlebens abgestoßen werden.

Der Kern des Hantelnebels beherbergt einen Weißen Zwerg und viele dichte Knoten aus Gas bzw. Staub. Letztere scheinen während der Evolution von Planetarischen Nebeln stets aufzutreten – in gleichartig entwickelten Nebeln in der Nähe wurden sie ebenfalls entdeckt. Die Knoten bilden sich aus, wenn die stellaren Winde zu schwach sind, um größere Materieklumpen wegzublasen. In diesem Fall werden nur kleinere Partikel weggepustet, was eine Teilchenspur hinter dem Klumpen erzeugt. Die Form der Knoten ändert sich mit der Ausdehnung des Nebels.

Wer den Hantelnebel beobachtet, schaut in die Zukunft unseres Sonnensystems: Irgendwann wird auch die Sonne erst zum Roten Riesen anwachsen und schließlich zum Weißen Zwerg schrumpfen.

HE 1256-2738 gehört zum Sternbild Wasserschlange (oben).

HE 1256-2738

Der Schwermetall-Zwerg HE 1256-2738 hat natürlich nichts mit lauter Gitarrenmusik zu tun: Vielmehr ist diese recht neu bestimmte Sternklasse besonders reich an Schwermetallen. Ihre Entdeckung hat eine frühere Wissenslücke geschlossen, die im Zusammenhang mit der Sternentwicklung existierte.

HE 1256-2738 liegt relativ erdnah (Distanz ca. 1000 Lichtjahre) im Sternbild Wasserschlange – es ist also durchaus verblüffend, dass er erst vor wenigen Jahrzehnten entdeckt wurde. Astronomen sind inzwischen versiert im Klassifizieren aller Sterne, die aktuell innerhalb des elektromagnetischen Spektrums sichtbar sind. Doch HE 1256-2738 und der ähnliche HE 2359-2844 (S. 478) entpuppten sich als so einzigartig, dass dafür eine neue Sternklasse begründet wurde: Die Schwermetall-Zwerge rangieren zwischen Hauptreihensternen wie der Sonne und Weißen Zwergen wie Vega oder dem Stern im Kern des Hantelnebels.

Der Name dieser neuen Sternklasse ist Programm. Sie kennzeichnet ein außergewöhnlich hoher Gehalt an Schwermetallen (Germanium, Strontium, Yttrium, Zirkonium, Blei). HE 1256-2738 wird dominiert von Blei, das sich vor allem in der Atmosphäre des Sterns konzentriert. Wie ein taiwanesisch-britisches Forscherteam zudem herausgefunden hat, ist die Oberfläche des Zwergs mit 38 000 K so heiß, dass die dortigen Eisenatome gleich drei Elektronen verloren haben.

STERNKLASSE
Schwermetall-Zwerg

STERNBILD
Wasserschlange (Hydra)

MASSE
Unbekannt

TEMPERATUR
38 000 K

RADIUS
Unbekannt

ENTDECKUNGS-METHODE(N)
Very Large Telescope der ESO

ZEITPUNKT DER ENTDECKUNG
2003

ENTFERNUNG ZUR SONNE
1000 Lichtjahre

STERNKLASSE
Schwermetall-Zwerg

STERNBILD
Bildhauer (Sculptor)

MASSE
Unbekannt

TEMPERATUR
38 000 K

RADIUS
Unbekannt

ENTDECKUNGS-METHODE(N)
Very Large Telescope der ESO

ZEITPUNKT DER ENTDECKUNG
2003

ENTFERNUNG ZUR SONNE
800 Lichtjahre

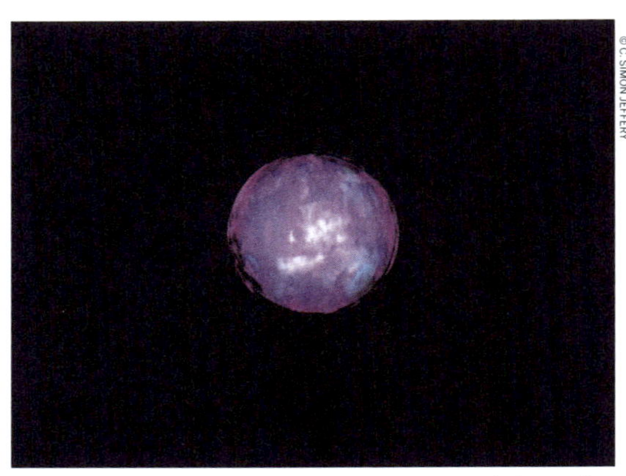

Schwermetall-Zwerg auf einer Darstellung von Dr. Simon Jeffery

HE 2359-2844

Der Schwermetall-Zwerg HE 2359-2844 ist reich an Blei, Yttrium und Zirkonium. Seine Entdeckung hat das Wissen über den Lebenszyklus von Sternen erweitert.

HE 2359-2844 und HE 1256-2738 wurden gleichzeitig entdeckt, was zur Gründung einer neuen Sternkategorie namens Schwermetall-Zwerge führte. Solche Sterne sind extrem reich an Schwermetallen (z. B. Germanium, Strontium, Yttrium, Zirkonium und Blei). HE 2359-2844 wird dominiert von einer Bleikonzentration, die im Vergleich zur Sonne 10 000-mal höher ist. Forscher fanden auch heraus, dass HE 2359-2844 jeweils 10 000-mal mehr Zirkonium und Yttrium (ein Seltenerdmetall) als die Sonne enthält.

Die Entdeckung der neuen Sternklasse erweiterte das wissenschaftliche Verständnis des stellaren Objektspektrums. Schwermetall-Zwerge sind zwischen Hauptreihensternen wie etwa der Sonne und Weißen Zwergen einzuordnen. Exemplare wie HE 2359-2844 sind spezielle Heiße Unterzwerge mit vergleichsweise viel höherem Schwermetallgehalt. Normale Heiße Unterzwerge enthalten dagegen hauptsächlich Helium und Wasserstoff. Die bislang entdeckten Schwermetall-Zwerge folgen zudem stark ellipsenförmigen Umlaufbahnen, die sich häufig verändern. Der Grund hierfür ist bislang unbekannt; eventuell weist das Phänomen darauf hin, dass die Objekte sehr alt sind. Ein weiterer Unterschied zu den meisten anderen Hauptreihensternen besteht darin, dass im Inneren von Schwermetall-Zwergen keine Konvektion stattfindet. Insgesamt erlaubt diese neue Kategorie nun tiefere Einblicke in die Sternenvielfalt des Universums.

Spitzer-Infrarotaufnahme des Helixnebels

Helixnebel

Was passiert, wenn ein Stern stirbt? Der Helixnebel (NGC 7293) zeigt uns den Todeskampf eines Objekts, das der Sonne sehr ähnlich ist.

Der Helixnebel verschwindet nicht in aller Stille: Dieser Stern stirbt deutlich bemerkbar, indem er seine staubigen Außenschalen abstößt und ins All katapultiert. Die Schalenreste leuchten wiederum hell auf, da sie vom heißen Sternenkern mit starker UV-Strahlung beschossen werden.

Der Helixnebel wurde im 18. Jh. entdeckt und ist ein Paradebeispiel für einen Planetarischen Nebel. Aufgrund ihrer starken optischen Ähnlichkeit zu riesigen Gasplaneten erhielten diese stellaren Objekte einst ihren irreführenden Namen. In Wirklichkeit sind Planetarische Nebel aber die Überreste von sonnenähnlichen Sternen, die nach dem Verbrauchen ihres kompletten Wasserstoffs per Supernova-Explosion starben. Der Helixnebel zählt zu den Planetarischen Nebeln, die der Sonne am nächsten liegen. Seine Supernova-Explosion war wohl ein gewaltiges Himmelsspektakel und theoretisch von der Erde aus sichtbar, allerdings gab es damals noch keine menschlichen Zuschauer.

Der Vorgängerstern des Helixnebels endete wohl wie folgt: Zu seinen Lebzeiten wurde er etwa so wie die Sonne von einem System aus Objekten (Kometen, eventuell auch teils vereiste Planeten) auf regelmäßigen Umlaufbahnen umkreist. Als der Stern seinen Wasserstoff verbrannt hatte und seine Außenschalen absprengte, wirbelten die äußeren Planeten des Systems wild und miteinander kollidierend umher. Dies hatte einen anhaltenden kosmischen Staubsturm zur Folge. Parallel wurden alle inneren Planeten durch die Explosionshitze verbrannt bzw. verschluckt.

STERNKLASSE
Planetarischer Nebel

STERNBILD
Wassermann (Aquarius)

MASSE
Unbekannt

TEMPERATUR
Unbekannt

RADIUS
2,87 Lichtjahre

ENTDECKUNGS-METHODE(N)
Optisches Teleskop

ZEITPUNKT DER ENTDECKUNG
1824 (Entdecker: Karl Ludwig Harding)

ENTFERNUNG ZUR SONNE
650 Lichtjahre

STERNKLASSE
Schwarzes Loch (mittlere Masse)

STERNBILD
Phönix

MASSE
20 000 Sonnenmassen

TEMPERATUR
Unbekannt

RADIUS
Unbekannt

ENTDECKUNGS-METHODE(N)
XMM-Newton der ESA

ZEITPUNKT DER ENTDECKUNG
2009

ENTFERNUNG ZUR SONNE
290 Mio. Lichtjahre

Die spektakuläre Edge-on-Spiralgalaxie ESO 243-49 (oben) beheimatet HLX-1.

HLX-1

Astronomen untersuchen sowohl die Lebenszyklen von Sternen und Galaxien als auch die Entstehung, Entwicklung und das Wachstum von Schwarzen Löchern. Dabei liefert HLX-1 bedeutende Einblicke.

Astronomen wissen zwar, wie Riesensterne zu Schwarzen Löchern kollabieren. Bislang ist aber noch unklar, wie supermassereiche Schwarze Löcher mit teils milliardenfacher Sonnenmasse im Zentrum von Galaxien entstehen. Einer Theorie zufolge passiert dies durch die Vereinigung von mehreren kleineren Schwarzen Löchern. Astronomen des Sydney Institute for Astronomy untermauerten 2009 diese Hypothese teilweise dank einer Beobachtung.

Das Schwarze Loch HLX-1 (Hyper-Luminous X-ray Source 1) liegt ca. 290 Mio. Lichtjahre von der Erde entfernt in der Edge-on-Spiralgalaxie ESO 243-49. Mit einer geschätzten Masse von „nur“ etwa 20 000 Sonnenmassen ist es relativ klein. Entdeckt wurde es von dem Astronomen Sean Farrell, der zu seinem Fund sagt: „Vor der Entdeckung hatten wir die Existenz von Schwarzen Löchern mit mittlerer Masse bereits vermutet. Aber nun haben wir auch Hinweise auf deren potenzielle Entstehung: Im Fall von HLX-1 scheint ein sehr junger Sternhaufen vorhanden zu sein – eventuell ein Indiz dafür, dass dieses Schwarze Loch ursprünglich im Zentrum einer Galaxie aus sehr geringmassigen Zwergsternen entstanden ist. Diese Galaxie könnte dann von der größeren Galaxie geschluckt worden sein. Genau das geschieht gerade in unserer Milchstraße.“

Die Erforschung von HLX-1 hilft Astronomen, die Entwicklung von Schwarzen Löchern besser zu verstehen – so auch die des Sagittarius A* in der Mitte unserer Galaxie.

Ein Teil der Kleinen Magellanschen Wolke im Bereich von HV 2112

HV 2112

HV 2112 liegt bei der Kleinen Magellanschen Wolke – oder in deren Innerem. Über den Stern ist kaum etwas bekannt, was zeigt: Es wird noch lange dauern, bis wir das Universum in Gänze verstehen.

HV 2112 ist der Name, der ihm seine Entdeckerin Henrietta Leavitt bei ihrem Eintrag in den astronomischen Harvard-Katalog gab. Viele Eigenschaften und Verhaltensweisen des Sterns sind rätselhaft. Mangels ausreichender Perspektive weiß man nicht einmal sicher, ob HV 2112 zur Kleinen Magellanschen Wolke gehört oder davor zu verorten ist.

Seit über 100 Jahren ist bekannt, dass HV 2112 einen veränderlichen Charakter hat. Über die Sternklasse gibt es zwei Theorien. Die heute unwahrscheinlichere davon klassifiziert HV 2112 als Thorne-Żytkow-Objekt, also als einen Roten Riesen oder Überriesen, der mit einem begleitenden Neutronenstern kollidiert ist und diesen nun in seinem Kern hat. 1977 wurde die Existenz der hypothetischen Sternklasse erstmals von den Astrophysikern Kip Thorne und Anna Żytkow für möglich gehalten. Wahrscheinlicher ist aber, dass HV 2112 ein AGB-Stern (Asymptotic Giant Branch bzw. asymptotischer Riesenast) ist – ein kühler, alter Roter Riese, der mindestens 1000-mal so hell wie die Sonne strahlt und von einem Begleitstern verdunkelt wird.

Henrietta Leavitt katalogisierte Sterne, indem sie deren Helligkeit mithilfe von Fotoplatten untersuchte. Dabei erschlossen sich ihr die astrophysikalischen Gesetzmäßigkeiten, die das Verhalten der Cepheiden bestimmen. Die Helligkeitsschwankungen dieser pulsationsveränderlichen Sterne erfolgen streng periodisch. Im Vergleich dazu schwankt die Leuchtkraft von HV 2112 unberechenbarer.

STERNKLASSE
Roter Riese (veränderlich)

STERNBILD
Tukan (Tucana; Kleine Magellansche Wolke)

MASSE
Unbekannt

TEMPERATUR
3450 K

RADIUS
916 Sonnenradien

ENTDECKUNGS-METHODE(N)
Fotoplatte

ZEITPUNKT DER ENTDECKUNG
1908 (Entdeckerin: Henrietta Swan Leavitt, Harvard College Observatory)

ENTFERNUNG ZUR SONNE
Unbekannt

STERNKLASSE
Schwarzes Loch

STERNBILD
Skorpion (Scorpius)

MASSE
3–10 Sonnenmassen

TEMPERATUR
Unbekannt

RADIUS
Unbekannt

ENTDECKUNGS-METHODE(N)
INTEGRAL-Satellit der ESA

ZEITPUNKT DER ENTDECKUNG
2003

ENTFERNUNG ZUR SONNE
28 000 Lichtjahre

Der Sonnenwind, den die Akkretionsscheibe von IGR J17091-3624 verströmt

IGR J17091-3624

Für ein Schwarzes Loch ist das Objekt winzig, doch es erzeugt einen der schnellsten je gemessenen Sonnenwinde. Seine Analyse hilft beim Entschlüsseln des „Strahlungspulses“ von Schwarzen Löchern.

Das 2003 aufgespürte binäre System erhielt den Namen IGR J17091-3624 – basierend auf seinen Koordinaten. Es besteht aus einem Normalstern und einem der kleinsten Schwarzen Löcher, die bisher entdeckt wurden. Dessen geschätztes Gewicht liegt unter 3 Sonnenmassen und damit knapp über der Massegrenze, ab der Schwarze Löcher erst entstehen können. IGR J17091-3624 ist im Sternbild Skorpion, das zur Bulge (Beule) der Milchstraße gehört.

Wie GRS 1915+105 hat IGR J17091-3624 einen Puls, der darauf schließen lässt, dass aus dem Kern ein Teilchenstrom austritt. Dessen Strahlungsstärke kann im Vergleich zu GRS 1915+105 bis zu 20-mal schwächer sein; die Rotationsgeschwindigkeit beträgt aber teils das 8-Fache (5 Sek./Umdrehung). Forscher haben die „Kardiogramme“ der beiden Schwarzen Löcher miteinander verglichen und so erfahren, wie sich die Emissionen solcher Objekte bei Massezunahme verändern. Zur Veranschaulichung könnte man die Herzfrequenzen von Mensch und Elefant heranziehen: IGR J17091-3624 pulsiert schneller als das deutlich größere GRS 1915+105. Die Akkretionsscheibe von IGR J17091-3624 verströmt Sonnenwinde mit einer Geschwindigkeit von 32 Mio. km/h (3 % der Lichtgeschwindigkeit). Verglichen mit dem nächstlangsameren Messobjekt dieser Art bedeutet das ein 10-fach höheres Tempo. Somit hat das Schwarze Loch von IGR J17091-3624 potenziell einen niedrigen bzw. rückläufigen (retrograden) Eigendrehimpuls (Spin).

Der Irisnebel ist ein Reflexionsnebel mit blauem Schein.

Irisnebel

Eine der vielen bunten Blumen im Garten des Universums: Profi- wie Amateur-Astronomen studieren den markant blauen Irisnebel gleichermaßen gern.

In einigen Sternwiegen existieren kosmische Gas- und Staubwolken, die optisch an zarte Blütenblätter erinnern. Unter den bekannten Beispielen dafür sind etwa der Rosettennebel und der Irisnebel (alias NGC 7023 oder Caldwell 4) mit seiner namengebenden „Iris". In deren Kern entsteht gerade ein heißer und heller Jungstern (SAO 19158), der von Staub umgeben wird. Dunkle Staubwolken in der Umgebung machen den Anblick noch spektakulärer. Die braune Farbe des allgegenwärtigen Staubs resultiert teilweise aus Photolumineszenz: Die Partikel wandeln UV-Strahlung in rotes Licht um. Der vergleichsweise hellere Reflexionsnebel im Randbereich schimmert hauptsächlich blau – ein typischer Effekt, wenn Sternenlicht von Staubkörnern reflektiert wird. So entsteht auch die Farbe unseres Erdenhimmels. Der hellblaue Teil des Irisnebels ist etwa sechs Lichtjahre breit.

Der Nebel wird regelmäßig untersucht, da er polyzyklische aromatische Kohlenwasserstoffe (PAK) in ungewöhnlich hoher Menge enthält. Diese komplexen Moleküle werden auch bei Holzschwelbränden auf der Erde freigesetzt. Bei Amateur-Astronomen ist der Irisnebel sehr beliebt, da sich sein markantes Blau in klaren Nächten auch mit kleinen Teleskopen bewundern lässt.

STERNKLASSE
Reflexionsnebel

STERNBILD
Kepheus

MASSE
Unbekannt

TEMPERATUR
Unbekannt

RADIUS
3 Lichtjahre

ENTDECKUNGS-METHODE(N)
Optisches Teleskop

ZEITPUNKT DER ENTDECKUNG
1794 (Entdecker: William Herschel)

ENTFERNUNG ZUR SONNE
1300 Lichtjahre

STERNKLASSE
Planetarischer Nebel

STERNBILD
Wasserschlange (Hydra)

MASSE
Unbekannt

TEMPERATUR
Unbekannt

RADIUS
Unbekannt

ENTDECKUNGS-METHODE(N)
Optisches Teleskop

ZEITPUNKT DER ENTDECKUNG
1785

ENTFERNUNG ZUR SONNE
1400 Lichtjahre

Spitzer-Infrarotbild von Jupiters Geist

Jupiters Geist

Dieser Planetarische Nebel ist in vielerlei Hinsicht unpassend benannt. Er gibt Einblicke in die Zukunft unserer Sonne, die zum Weißen Zwerg wird.

Jupiters Geist (NGC 3242) wirkt wie ein schwach leuchtendes Ebenbild des größten Gasplaneten, ist aber ein Nebel. Zudem liegt er im Vergleich zur winzigen Distanz zwischen Erde und Jupiter (40 Lichtminuten) viel weiter im All.

Wenn die Fusionsprozesse im Kern eines Sterns (z. B. der Sonne) enden, werden die Außenschalen abgestoßen. Das schöne, kurze Ergebnis ist dann ein Planetarischer Nebel, in dessen Zentrum ein sichtbarer Weißer Zwerg als Überrest zurückbleibt. Das gilt auch im Fall von Jupiters Geist, der sogar einen riesigen äußeren Halo (Lichthof) mit sphärischem Erscheinungbild hat. Entstehung und Zusammensetzung des durchscheinenden Halo sind bislang nicht komplett geklärt. Wahrscheinlich handelt es sich um Materie, die der Stern einst abstieß, während er vom Roten Riesen zum Weißen Zwerg wurde. Eventuell ist der Halo aber auch nur eine interstellare Gasblase, die zufällig eine so geringe Distanz zu dem Weißen Zwerg hat, dass sie von diesem mit Energie angereichert und durch UV-Strahlung zum Leuchten gebracht wird. Dafür sprechen würden die jüngeren FLIER-Gasvolumen (Fast Low-Ionization Emission Regions), die sich mit Überschallgeschwindigkeit nahe der Symmetrieachse des eigentlichen Nebels bewegen.

Jupiters Geist wurde einst von William Herschel entdeckt. Der Nebel ist insgesamt zwei Lichtjahre lang und bei Amateur-Astronomen sehr beliebt. Durch kleinere Teleskope ist er als bläulich-grünliches Objekt zu sehen; leistungsstärkeres Equipment zeigt auch den äußeren Halo.

Die Form des Kaliforniennebels ähnelt grob dem gleichnamigen US-Bundesstaat.

Kaliforniennebel

Der wasserstoffreiche Nebel in einer anderen Ecke unserer Milchstraße hat eine markante Form, die an den US-Bundesstaat Kalifornien erinnert.

Diese kosmische Wolke (alias NGC 1499) ist ein klassischer Emissionsnebel und erinnert von ihrer Form her grob an den US-Bundesstaat Kalifornien (daher der Name). Sie ist ca. 100 Lichtjahre lang und treibt durch den spiralförmigen Orionarm der Milchstraße. Nur etwa 1500 Lichtjahre vom Kaliforniennebel entfernt befindet sich dort auch unser eigenes Sonnensystem.

Mit seiner eindrucksvoll langgestreckten Form ist der Kaliforniennebel ein beliebtes Motiv von Himmelsfotografen. Nahe den Plejaden liegt er in Richtung des Sternbilds Perseus und lässt sich bei ausreichend dunklem Himmel per Weitwinkel-Teleskop erkennen. Trotz der riesigen Dimensionen (fast 2,5° am Nachthimmel) ist das aber mit bloßem Auge leider fast nicht möglich – die Oberflächenhelligkeit des Nebels ist recht gering und hebt sich kaum von der Dunkelheit des Alls ab. Per Teleskop betrachtet offenbart sich eine rötliche Farbe, die aus dem hohen Wasserstoffgehalt resultiert: Das Gas des Nebels wird von der UV-Strahlung des benachbarten Blauen Riesen Xi Persei bzw. Menkib ionisiert. Dieser hat ca. die 40-fache Sonnenmasse und ist vergleichsweise 330 000-mal so hell.

Entdecker des Kaliforniennebels war 1884 E. E. Barnard, der bei seiner Arbeit am kalifornischen Lick Observatory auch Barnards Stern und den ersten nichtgalileischen Jupiter-Mond (Nr. 5 namens Amalthea) ausfindig machte.

STERNKLASSE
Emissionsnebel

STERNBILD
Perseus

MASSE
Unbekannt

TEMPERATUR
Veränderlich

RADIUS
50 Lichtjahre

ENTDECKUNGS-METHODE(N)
Fotoplatte

ZEITPUNKT DER ENTDECKUNG
1884

ENTFERNUNG ZUR SONNE
1500 Lichtjahre

STERNKLASSE
Planetarischer Nebel; potenziell auch Doppelsternsystem

STERNBILD
Drache (Draco)

MASSE
1 Sonnenmasse (nach Bianchi, Cerrato und Grewing; Harvard, 1986)

TEMPERATUR
7000–9000 K im Kern; Sternenstaub nur bis zu 85 K

RADIUS
0,2 Lichtjahre im Kern

ENTDECKUNGSMETHODE(N)
Optisches Teleskop

ZEITPUNKT DER ENTDECKUNG
1786

ENTFERNUNG ZUR SONNE
3000 Lichtjahre

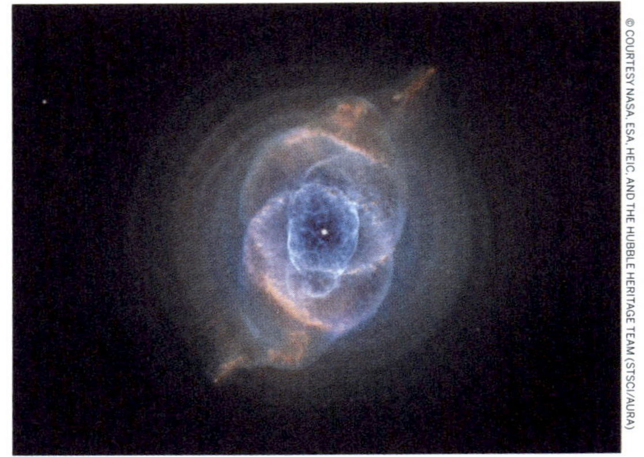

Der Katzenaugennebel ist ein klassischer Planetarischer Nebel.

Katzenaugennebel

Viele Lichtjahre entfernt leuchtet der faszinierende Katzenaugennebel durch das Universum zur Erde hinüber. Hierbei gibt er Einblicke in ein mögliches künftiges Entwicklungsstadium unserer Sonne.

Im Zentrum des Katzenaugennebels (alias NGC 6543) wirft ein sterbender Roter Riese seine Außenschalen aus glühendem Gas und staubiger Materie ab – vermutlich durch Explosionen, die alle 1500 Jahre stattfinden. Ergebnis ist ein schlichtes konzentrisches Muster aus Außenschalen, das teilweise an eine aufgeschnittene Zwiebel erinnert. Die Innenschalen nahe dem Kern wirken dagegen von der Erde aus betrachtet wie die Pupille eines Katzenauges. Andere Theorien vermuten ein Doppelsternsystem im Kern dieses Deep-Sky-Objekts, das zum Sternbild Drache gehört.

Der Katzenaugennebel wird als Planetarischer Nebel klassifiziert, was irreführend ist: Manche Himmelsobjekte in seinem Inneren erscheinen bei der Betrachtung durch leistungsschwache Teleskope wie runde Planeten. Hochauflösende Geräte offenbaren aber, dass es sich dabei um Sterne handelt – umgeben von Gashüllen, die in der Endphase des stellaren Lebenszyklus ausgestoßen werden.

Im Fall des Katzenaugennebels wird abgestoßene Materie von dem Stern bzw. den Sternen im Kern mit hoher Frequenz nach außen katapultiert – resultierend in einem komplexen Netzwerk aus Blasen, Bogen, Strömen und Knoten. Dieses System wird ständig von stellaren Stürmen gebeutelt und so pro Sekunde um 22 Bio. Tonnen Materie geschröpft. Der zentrale Stern (sofern es denn nur einer ist) wird voraussichtlich in ein paar Millionen Jahren kollabieren und zum Weißen Zwerg werden.

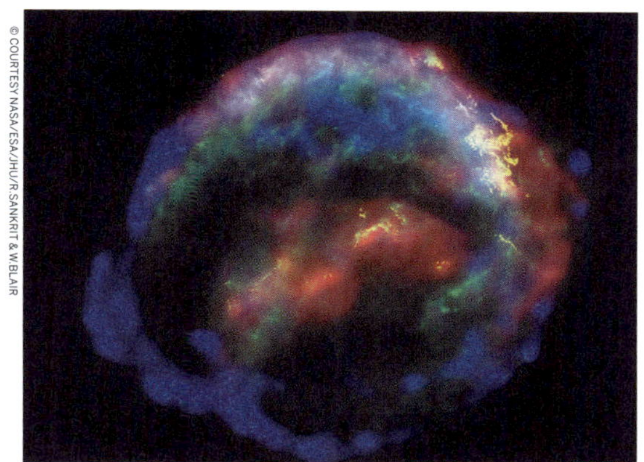

Keplers Supernova auf einem Flaschfarben-Kompositbild

Keplers Supernova

Über die Jahrhunderte hat dieses Objekt der Astronomie die seltene Chance geboten, die Entwicklung einer Supernova zu beobachten und Theorien zu deren Entstehung aufzustellen.

Der namengebende Astronom bemerkte im Oktober 1604 erstmals das Licht der stellaren Explosion, die diese energiereiche kosmische Wolke erzeugte – bekannt als Überrest von Keplers Supernova. Während ihrer dreimonatigen Sichtbarkeit strahlte die Supernova heller als alle Sterne am Himmel. Bis heute ist sie die jüngste ihrer Art, die jemals innerhalb der Milchstraße beobachtet wurde.

Als die Supernova verschwand, brachte sie einen hellen neuen Stern hervor. Mangels Teleskop konnten sich Kepler und Kollegen das Phänomen nicht erklären. Heute weiß man allerdings, dass es eine Supernova vom Typ 1a (thermonukleare Explosion eines Weißen Zwergs) war. Solche Supernovas sind nun wichtige kosmische Peilpunkte beim Verfolgen der Ausdehnung des Universums.

Ihr modernes Verständnis der stellaren Evolution hilft den Astronomen des frühen 21. Jhs. bei der Untersuchung der sich ausdehnenden Trümmerwolke, die Keplers Supernova einst zurückgelassen hat. So haben Analysen über das ganze elektromagnetische Spektrum hinweg u.a. kürzlich zu der Annahme geführt, dass die Supernova durch einen Materie-Transfer zwischen zwei kleineren Zwergsternen ausgelöst wurde: Vermutlich überschritt die Gesamtmasse von einem der beiden Sterne durch Materiezuwachs den kritischen Wert für einen Supernova-Kollaps – jenseits dieser Chandrasekhar-Grenze (1,4 Sonnenmassen) wird ein Weißer Zwerg instabil und kollabiert.

STERNKLASSE
Nebel; Supernova-Überrest

STERNBILD
Schlangenträger (Ophiuchus)

MASSE
Unbekannt

TEMPERATUR
Unbekannt

RADIUS
Unbekannt

ENTDECKUNGS-METHODE(N)
Mit bloßem Auge

ZEITPUNKT DER ENTDECKUNG
1604

ENTFERNUNG ZUR SONNE
20 000 Lichtjahre

STERNKLASSE
Pulsar; Supernova-Überrest

STERNBILD
Adler (Aquila)

MASSE
Unbekannt

TEMPERATUR
Unbekannt

RADIUS
Unbekannt

ENTDECKUNGS-METHODE(N)
Chandra X-ray Observatory der NASA

ZEITPUNKT DER ENTDECKUNG
2000

ENTFERNUNG ZUR SONNE
19 000 Lichtjahre

Ausdehnung von Kes 75 auf einem Kompositbild des Chandra X-ray Observatory

Kes 75

Als Heimat des jüngsten bekannten Pulsars ist Kes 75 sehr interessant für Astronomen. Jedoch leuchtet dieser Supernova-Überrest so schwach, dass er von der Erde aus nicht sichtbar ist.

Wenn Riesensterne kollabieren und als Supernovas explodieren, bleiben mitunter dichte Materieklumpen in Form von Neutronensternen zurück. So auch im Fall des Supernova-Überrests Kes 75, der mit PSR J1846 den jüngsten bekannten Pulsar der Milchstraße beherbergt.

Kes 75 explodierte vor ca. 500 Jahren. Es gibt aber keine historischen Hinweise, dass dies damals bemerkt wurde (wie z. B. bei Keplers Supernova). Der mögliche Grund dafür? Aktuellen Beobachtungen zufolge sind die Staub- und Gasvorkommen der Milchstraße in Richtung des explodierten Sterns sehr dicht. Und die potenzielle Abschirmung dadurch könnte den Supernova-Schein unsichtbar gemacht haben: Damals mussten Informationen über Himmelsobjekte noch mit dem bloßen Auge gesammelt werden, denn das erste Teleskop wurde erst 1608 erfunden.

Seine Jugend macht PSR J1846 zum faszinierenden Forschungsobjekt: Entsprechende Studien steigern das Wissen über die frühen Evolutionsstufen im Lebenszyklus von Pulsaren. Es gibt mehrere gesicherte Gründe, warum PSR J1846 als sehr jung betrachtet werden kann: Er befindet sich im Inneren des Supernova-Überrests – ein Indiz dafür, dass er noch nicht genug Zeit zum Wandern hatte. Zudem haben Astronomen die Abnahme seiner Rotationsgeschwindigkeit analysiert und so Berechnungen angestellt. Das Ergebnis: PSR J1846 kann höchstens 884 Jahre alt sein und ist somit für kosmische Verhältnisse ein Säugling.

© COURTESY NASA/JPL-CALTECH/HARVARD-SMITHSONIAN CFA

Grün und rot leuchtende Wasserstoffmoleküle im Kleinen Hantelnebel

Kleiner Hantelnebel

Durch kosmischen Zufall sehen sich zwei Nebel in verschiedenen Himmelszonen sehr ähnlich. Der Kleine Hantelnebel hat es zwar in den Messier-Katalog der stellaren Objekte geschafft, ist für Amateur-Astronomen aber nur schwer auszumachen.

„Nebel am rechten Fuß der Andromeda..." So beginnt die Beschreibung des 76. Objekts in Charles Messiers Katalog der Nebel und Sternhaufen aus dem 18. Jh. Der Kleine Hantelnebel (M76) im Sternbild Perseus ist eins der lichtschwächeren Objekte des Messier-Katalogs – so blass, dass Amateuren ohne ausreichende Kompetenz das Aufspüren am Himmel sehr schwer fällt. Profi-Astronomen erforschen den Nebel aber weiterhin, um dessen reale Größe, Form und Distanz zur Erde (aktuelle Schätzung: ca. 2500 Lichtjahre) zu ermitteln.

Wie sein hellerer Namensvetter M27 (der Hantelnebel) gilt M76 als Planetarischer Nebel. Hierbei handelt es sich quasi um das gasförmige Totenhemd eines sterbenden Sterns wie der Sonne. Die Silhouette des Kleinen Hantelnebels erinnert etwas an einen Donut, während sein helleres Zentrum eher korkenförmig wirkt – was aber daran liegt, dass der Betrachtungswinkel von der Erde aus sehr flach ist. Rund um den Lochbereich des Donuts breitet sich das stellare Gas vergleichsweise schneller aus. Dies erzeugt die etwas dunkleren und knapp doppelt so breiten Außenringe aus Materie, die dem Kleinen Hantelnebel seine markante Form geben. Das Objekt wird auch als NGC 650 katalogisiert und alternativ Barbell- oder Korkennebel genannt. Übrigens: „Klein" bedeutet in diesem Fall eine Gesamtausdehnung von 1,23 Lichtjahren!

STERNKLASSE
Planetarischer Nebel

STERNBILD
Perseus

MASSE
Unbekannt

TEMPERATUR
Unbekannt

RADIUS
0,61 Lichtjahre

ENTDECKUNGS-METHODE(N)
Optisches Teleskop

ZEITPUNKT DER ENTDECKUNG
1780

ENTFERNUNG ZUR SONNE
2500 Lichtjahre

STERNKLASSE
Nebel; Supernova-Überrest

STERNBILD
Stier (Taurus)

MASSE
Unbekannt

TEMPERATUR
Veränderlich

RADIUS
5,5 Lichtjahre

ENTDECKUNGS-METHODE(N)
Mit bloßem Auge; optisches Teleskop; Radioteleskop

ZEITPUNKT DER ENTDECKUNG
1054 als Supernova; 1731 als Nebel; 1968 als Pulsar

ENTFERNUNG ZUR SONNE
6500 Lichtjahre

Eine der größten Hubble-Mosaikaufnahmen des Krebsnebels

Krebsnebel

Nur wenige Himmelsobjekte lassen sich bis zu ihrem Entstehungszeitpunkt zurückverfolgen. Der Krebsnebel ist eines davon. Der Supernova-Überrest fasziniert Beobachter seit knapp 1000 Jahren.

Wenn ein Stern in einer Supernova-Explosion stirbt, bleiben interessante Überreste zurück. Der Krebsnebel im Sternbild Stier ist da keine Ausnahme: Bei diesem Deep-Sky-Objekt handelt es sich um die Überreste eines Riesensterns, dessen Supernova-Tod (SN 1054) im Jahr 1054 von chinesischen Astronomen dokumentiert wurde.

Deren Fachkollegen widmeten sich Jahrhunderte später erstmals dem neuen Nebel, der aus der Explosion resultierte. Dies bedeutet eine gewisse Einzigartigkeit: Beim Krebsnebel ist die wissenschaftliche Dokumentation zu Entstehung und Entwicklung deutlich umfangreicher als bei vielen anderen Nebeln – dies war das erste astronomische Objekt, das historisch dokumentiert auf eine Supernova zurückgeführt werden konnte. Als Charles Messier seinen Katalog für nicht-kometenartige Himmelsobjekte anlegte, begann er mit dem Krebsnebel als Eintrag M1. Heutige Astronomen arbeiten weiter daran, die einzelnen Elemente des Krebsnebels zu identifizieren. Zu diesen gehört z. B. der Krebs-Pulsar (PSR B0531+21) im Zentrum, der sehr schnell rotiert (30,2-mal pro Sekunde) und so die beständigste bekannte Röntgenquelle im Universum ist. Diesen Neutronenstern umgibt wiederum ein eigener Pulsarwind-Nebel.

Der Krebsnebel ist ohne Hilfsmittel nicht erkennbar, kann aber mit einem guten astronomischen Fernglas bewundert werden. Seine diffusen Formen sind auch ein beliebtes Motiv von Himmelsfotografen.

Die Materie des Mira-Schweifs hat schätzungsweise die 3000-fache Erdmasse.

Mira

Bereits im 17. Jh. wurde dieser Stern von Astronomen auf den Namen Mira („die Wundersame") getauft: Sein seltsames Verhalten und Aussehen fasziniert Wissenschaftler bis heute.

Mira (alias Omicron Ceti) verwunderte die Astronomen des 17. Jhs. mit ihren teils starken Helligkeitsveränderungen. Heute ist eine ganze Sternklasse nach ihr benannt: kühle, langperiodische und pulsationsveränderliche Rote Riesen mit ca. 700-fachem Sonnendurchmesser.

Mira wurde vor etwa 400 Jahren erstmals als veränderlicher Stern wahrgenommen, war menschlichen Beobachtern aber schon lange vorher bekannt. Details ihrer wechselnden Leuchtkraft werden immer noch erforscht. Der Hauptgrund für die Schwankungen ist vermutlich, dass sich die Schichtdicke von Teilen der Mira-Atmosphäre periodisch ändert. Hochauflösende Fotos haben zudem kürzlich gezeigt, dass die Mira kein runder Einzelstern ist, sondern vielmehr ein Doppelsystem, in dem sich ein Roter Riese (Mira A) und ein kleiner Begleiter in Form eines Weißen Zwergs (Mira B) gegenseitig umkreisen.

Der Rote Riese Mira A pulsiert spektakulär und steigert dabei seine Helligkeit im Jahresverlauf um mehr als das 100-Fache. Zudem hat er einen eigenen Schweif, der fast kometenartig wirkt. Dieser besteht aus abgestoßener Materie, die durch das interstellare Medium fließt.
Mira B zieht wiederum Materie von Mira A an und bildet daraus eine heiße Akkretionsscheibe, die Röntgenstrahlung absondert (typisch für solche Doppelsternsysteme mit Weißem Zwerg).

STERNKLASSE
Doppelsternsystem (veränderlich)

STERNBILD
Walfisch (Cetus)

MASSE
1,18 Sonnenmassen (A)

TEMPERATUR
2900 K (A)

RADIUS
332–402 Sonnenradien (A)

ENTDECKUNGS-METHODE(N)
Mit bloßem Auge

ZEITPUNKT DER ENTDECKUNG
1596 als veränderlicher Stern

ENTFERNUNG ZUR SONNE
300 Lichtjahre

STERNKLASSE
Doppelsternsystem

STERNBILD
Giraffe (Camelopardalis)

MASSE
37,7 Sonnenmassen (A);
31,6 Sonnenmassen (B)

TEMPERATUR
42 000 K (A); 39 000 K (B)

RADIUS
7,60 Sonnenradien (A);
7,01 Sonnenradien (B)

ENTDECKUNGS-METHODE(N)
Northern Sky Variability Survey (NSVS)

ZEITPUNKT DER ENTDECKUNG
2004 als Doppelstern-system

ENTFERNUNG ZUR SONNE
13 000 Lichtjahre

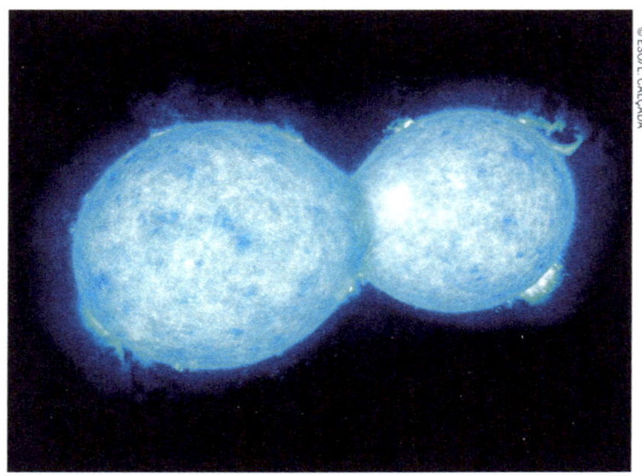

Die beiden „küssenden" Sterne von MY Camelopardalis

MY Camelopardalis

Was passiert, wenn Sterne kollidieren? Das kommt ganz auf die jeweiligen Objekte an. Astronomen beobachten das Doppelsystem MY Camelopardalis und sind gespannt, ob sich dessen zwei Komponenten eventuell zu einem einzigen Riesen vereinigen.

Mehrfachsternsysteme faszinieren Astronomen besonders: Ihr interessantes, oft einzigartiges Verhalten hängt jeweils von Entstehung, Entwicklung und gegenseitiger Interaktion der enthaltenen Einzelobjekte ab. MY Camelopardalis gehört zu den größten Doppelsystemen, die bisher entdeckt wurden. In diesem Fall umkreisen sich zwei Blaue Riesen der Kategorie O langsam auf spiralförmigem Kollisionskurs.

Schätzungsweise haben die beiden Sterne jeweils die mehr als 30-fache Sonnenmasse. Auf ihren Umlaufbahnen sind sie sich nun so extrem nahe gekommen, dass sie sich alle 1,2 Tage einmal gegenseitig umkreisen – inklusive gegenseitiger Verdunkelung und gemeinsamer Atmosphäre aus Gas. So berühren sich die zwei Riesen im astronomischen Verständnis bereits, tauschen aber noch keine Materie miteinander aus. Astronomen sind sich nicht sicher, was genau geschehen wird, wenn es irgendwann zur Kollision kommt. Eine Supernova-Explosion wie beim Kollidieren zweier Weißer Zwerge ist bei MY Camelopardalis jedenfalls recht unwahrscheinlich. Stattdessen ist eher zu erwarten, dass dann ein Überriese mit über 60-facher Sonnenmasse entsteht. Es könnte aber auch sein, dass die beiden Sterne gar nicht kollidieren und einfach wie bisher als Einzelobjekte auf Tuchfühlung bleiben.

Der Nordamerikanebel im Sternbild Schwan

Nordamerikanebel

Wie viele andere Deep-Space-Objekte ist auch der riesige Nordamerikanebel nach seiner Form benannt. Vor allem seine „mittelamerikanische“ Region ist eine aktive Sternwiege.

Beim Beobachten des Kosmos erkennen Astronomen oft vertraute Formen an ungewöhnlicher Stelle. Wobei die verliehenen Bezeichnungen dann wie beim Interpretieren von Wolkenformen mitunter reine Ansichtssache sind. William Herschel entdeckte einst den Emissionsnebel NGC 7000, dessen Bekanntheit teilweise darauf beruht, dass er optisch dem nordamerikanischen Kontinent ähnelt – und darum umgangssprachlich „Nordamerikanebel“ genannt wird.

Der Nordamerikanebel bringt Sterne hervor. Eine besonders aktive Sternwiege ist dabei der Teil, der visuell an Mittelamerika und Mexiko erinnert: Aus Gas und Staub entstehen dort neue stellare Objekte wie die Cygnus-Wand, die zum Sternbild Cygnus (Schwan) gehört.

Der zwar gigantische, aber ziemlich leuchtschwache Nordamerikanebel lässt sich mit bloßem Auge kaum erkennen. Selbst mit dem Fernglas bzw. Teleskop betrachtet wirkt er nur wie ein dunstiger Fleck am Nachthimmel. Das ändert sich erst mit dem Einsatz eines astronomischen Filters, der bestimmte Wellenlängen aus dem Lichtspektrum entfernt – und dann offenbart sich die markante kontinentale Form dieser Sternwiege.

STERNKLASSE
Emissionsnebel

STERNBILD
Schwan (Cygnus)

MASSE
Unbekannt

TEMPERATUR
Unbekannt

RADIUS
Unbekannt

ENTDECKUNGS-METHODE(N)
Optisches Teleskop

ZEITPUNKT DER ENTDECKUNG
1786

ENTFERNUNG ZUR SONNE
1600 Lichtjahre

STERNKLASSE
Kugelsternhaufen

STERNBILD
Zentaur (Centaurus)

MASSE
4,05 x 10^6 Sonnenmassen

TEMPERATUR
Unbekannt

RADIUS
86 Lichtjahre

ENTDECKUNGS-METHODE(N)
Mit bloßem Auge

ZEITPUNKT DER ENTDECKUNG
1603 als Sternhaufen

ENTFERNUNG ZUR SONNE
15,8 Lichtjahre

Omega Centauri auf einem Foto des La-Silla-Observatoriums der ESO

Omega Centauri

Omega Centauri ist der hellste Kugelsternhaufen, der von der Erde aus beobachtet werden kann. Er ist so alt, dass seine internen Altersdifferenzen teils mehrere Milliarden Jahre betragen.

Bereits lange vor Entstehung der Erde formten sich Kugelsternhaufen und kreisten durch die damals noch junge Milchstraße. Davon sind heute noch ca. 200 übrig, wobei Omega Centauri mit seinen mehr als 10 Mio. Objekten das bei Weitem größte Exemplar in unserer Galaxie ist.

Früher glaubten Astronomen, dass alle Sterne eines Kugelsternhaufens gleich alt wären. Aktuelle Indizien lassen jedoch vermuten, dass Omega Centauri mindestens zwei Sternpopulationen mit verschiedenen Altersstufen enthält: 10 und 12 Mrd. Jahre, wobei diese Differenz in puncto Sternentwicklung einen gewissen Unterschied bedeutet. Einige Wissenschaftler halten Omega Centauri für den Überrest einer kleinen Galaxie, die vor langer Zeit durch die Gravitationskräfte der Milchstraße zerrissen wurde und dabei Sterne bzw. Gasvolumen einbüßte.

Omega Centauri ist auch der hellste Kugelsternhaufen, den man von der Erde aus betrachten kann. Das Objekt ist von der Südhalbkugel aus mit bloßem Auge erkennbar und war schon Ptolemäus bekannt. Die Klassifikation als Sternhaufen erfolgte aber erst Jahrhunderte später. Omega Centauri wirkt am südlichen Nachthimmel wie eine kleine helle Wolke und kann leicht mit einem Kometen verwechselt werden. Wer den Sternhaufen dort oben entdeckt, sollte einen Moment darüber sinnieren, wie uralt dessen Sterne sind – und wie viele Menschengenerationen schon auf diese geschaut haben.

© COURTESY NASA, ESA, M. ROBBERTO (SPACE TELESCOPE SCIENCE INSTITUTE/ESA) AND THE HUBBLE SPACE TELESCOPE ORION TREASURY PROJECT TEAM

Der Orionnebel auf einem Foto mit Filtern für Schwefel, Wasser- und Sauerstoff

Orionnebel

Der Orionnebel gehört zu den schönsten und am leichtesten zu entdeckenden Himmelsobjekten. Mythologie und Astronomie attestieren ihm Schöpfungskräfte: Diese Sternwiege hat bislang über 1000 neue Sterne hervorgebracht.

Nur wenige astronomische Highlights fesseln die Fantasie mehr als der Orionnebel (M42). Dessen leuchtendes Gas umgibt heiße neue Sterne am Rand einer molekularen Riesenwolke der interstellaren Art. Der Orionnebel und die Sonne liegen im selben Spiralarm der Milchstraße.

Die mesoamerikanischen Maya hielten den Nebel für kosmisches Schöpfungsfeuer. Das helle Strahlen im Sternbild Orion war auch noch vielen anderen Kulturen der Menschheitsgeschichte bekannt. Von allen großen Sternwiegen liegt der Orionnebel am nächsten zur Erde. Astronomen zufolge beherbergt er über 1000 Jungsterne.

Dank seiner Helligkeit und der hervorstechenden Lage gleich unterhalb des Oriongürtels ist der Nebel mit bloßem Auge erkennbar. Per Teleskop lassen sich auch seine internen Sterngeburten hervorragend bewundern. So zählt er zu den am häufigsten beobachteten und fotografierten Objekten am Nachthimmel. Der wunderschöne Anblick wird aber nicht ewig währen: Nach dem Ende der internen Sternbildung wird der ganze Wolkenkomplex des Orionnebels (zu dem auch der Pferdekopfnebel gehört) im Lauf der nächsten 100 000 Jahre langsam verschwinden. Darum noch schnell auf zum Sterngucken!

STERNKLASSE
Reflexions- & Emissionsnebel

STERNBILD
Orion

MASSE
2000 Sonnenmassen

TEMPERATUR
Bis zu 10 000 K

RADIUS
20 Lichtjahre

ENTDECKUNGS-METHODE(N)
Mit bloßem Auge

ZEITPUNKT DER ENTDECKUNG
In der Antike

ENTFERNUNG ZUR SONNE
1344 Lichtjahre

STERNKLASSE
Dunkelnebel

STERNBILD
Orion

MASSE
Unbekannt

TEMPERATUR
Unbekannt

RADIUS
3,5 Lichtjahre

ENTDECKUNGS-METHODE(N)
Fotoplatte

ZEITPUNKT DER ENTDECKUNG
1888 (Entdeckerin: Williamina Fleming, Harvard College Observatory)

ENTFERNUNG ZUR SONNE
1500 Lichtjahre

Der Pferdekopfnebel nebst direkter Umgebung auf einem farbigen Kompositbild

Pferdekopfnebel

Beim Pferdekopfnebel ist der Name Programm: Seine Form erinnert sofort an einen Pferdekopf. Der Nebel gehört zu den markantesten seiner Art und kann auch von Amateur-Astronomen leicht beobachtet oder fotografiert werden.

Der Pferdekopfnebel (alias Barnard 33) liegt ca. 1400 Lichtjahre von der Erde entfernt im Sternbild Orion. Seine ungewöhnliche Form wurde Ende der 1800er-Jahre erstmals auf einer Fotoplatte entdeckt. Der Nebel gehört zu einer großen molekularen Dunkelwolke. Seine düstere Silhouette aus Staub ist nur sichtbar, weil sie sich stark von einem anderen helleren Nebel in der stellaren Umgebung abhebt. Der bekannte Pferdekopf ist in Wirklichkeit nur ein kleiner Teil einer viel größeren Staubwolke, in der ständig neue Sterne entstehen. Die lokalen Sternwiegen sind auf Fotos vom Pferdekopfnebel als hellere Bereiche erkennbar. In ferner Zukunft wird die Wolke aber sicherlich anders aussehen – verändert durch interne Prozesse und kosmische Strahlung von außen.

Der Pferdekopfnebel liegt gleich südlich des Alnitak (östlichster Stern des Oriongürtels) und ist bei Profi- wie auch Amateur-Astronomen sehr beliebt: Seine schemenhafte Erscheinung lässt sich per Teleskop leicht ausmachen. Die scheinbare Dunkelheit des markanten Kopfs kommt von dessen dichter Gas- und Staubhülle, durch die kein Licht dringen kann. Dahinter verbirgt sich eine kalte molekulare Wolke mit den Rohmaterialien für künftige Sterne und Planetensysteme. In anderen Regionen des Nebels verströmen bereits fertig ausgebildete Jungsterne ihr heißes Plasma.

© STEVEN KOVICK/SHUTTERSTOCK

Die Plejaden (Sieben Schwestern) sind ein Sternhaufen mit zahllosen Objekten.

Plejaden

Die Plejaden zählen zu den markantesten Sternhaufen und sind nach den hellen „Sieben Schwestern" benannt. Diese haben aber noch dunklere Geschwister, wie sich bei näherer Betrachtung zeigt.

Die meisten Leute kennen die Plejaden (M45) unter deren umgangssprachlichem Namen „Sieben Schwestern": Der offene Sternhaufen wird von seinen sieben hellsten Sternen dominiert. In Wirklichkeit besteht er aber aus über 3000 Objekten, die lose von der Schwerkraft zusammengehalten werden. Einer Legende zufolge ist eine der helleren Schwestern seit der Benennung des Sternhaufens so stark verblasst, dass man nur noch die sechs übrigen ohne Hilfsmittel erspähen kann. Es sind aber teils sogar mehr als sieben Plejaden-Sterne mit bloßem Auge erkennbar – oder mitunter deutlich weniger. Eben je nach Sehvermögen und/oder der aktuellen Dunkelheit des Nachthimmels.

Die hellen Hauptobjekte der Plejaden sind junge Sterne mit blauem Schein. Astronomen haben in dem Haufen aber auch Braune Zwerge mit geringer Masse entdeckt. Die Plejaden werden seit der Antike beobachtet und haben keinen bekannten Entdecker. Ihre erste Betrachtung per Teleskop erfolgte jedoch durch Galileo Galilei, der ansonsten vor allem für sein heliozentrisches Modell des Sonnensystems und die Entdeckung der größten Jupitermonde bekannt ist. Der Sternhaufen ist von der ganzen Erde aus sichtbar und spielt eine bedeutende Rolle in diversen Mythologien, darunter sind z. B. ägyptische und keltische Legenden oder mündliche Überlieferungen der australischen Aborigines. Bei den Azteken markierte das Aufgehen der Plejaden sogar den Beginn des neuen Jahres.

STERNKLASSE
Offener Sternhaufen

STERNBILD
Stier (Taurus)

MASSE
Unbekannt

TEMPERATUR
Unbekannt

RADIUS
Unbekannt

ENTDECKUNGSMETHODE(N)
Mit bloßem Auge

ZEITPUNKT DER ENTDECKUNG
In der Antike

ENTFERNUNG ZUR SONNE
444 Lichtjahre

STERNKLASSE
Dreifachsternsystem

STERNBILD
Kleiner Bär (Ursa Minor)

MASSE
5,4 Sonnenmassen (Aa); 1,26 Sonnenmassen (Ab); 1,39 Sonnenmassen (B)

TEMPERATUR
6015 K (Aa); unbekannt (Ab); 6900 K (B)

RADIUS
37,5 Sonnenradien (Aa); 1,04 Sonnenradien (Ab); 1,39 Sonnenradien (B)

ENTDECKUNGS-METHODE(N)
Mit bloßem Auge

ZEITPUNKT DER ENTDECKUNG
In der Antike; 1779; 2006 als Dreifachsternsystem

ENTFERNUNG ZUR SONNE
323–433 Lichtjahre

Seine Helligkeit und Position machen den Polarstern zur wichtigen Navigationshilfe.

Polarstern

Dieser feste Lichtpunkt am Nordhimmel besteht in Wirklichkeit aus drei Sternen. Durch die gemächliche Präzession der Erdachse wird er in unserer Wahrnehmung irgendwann selbst um einen anderen „Nordstern" kreisen. Insgesamt ist der Polarstern wechselhafter als ursprünglich angenommen.

Der Polarstern (Nordstern oder Alpha Ursae Minoris) wirkt wie ein fester Lichtpunkt, um den alle anderen Sterne am Himmel zu kreisen scheinen. Vor mehreren Tausend Jahren (für kosmische Verhältnisse nicht lange her) galt das noch für Vega. Doch die Erdachse vollführt einen kegelförmigen Umlauf – und der Polarstern wurde in der menschlichen Wahrnehmung schließlich zu dem Stern, der uns bis heute als Navigationshilfe dient. Nach weiterer Verschiebung der Erdachse wird er dann eines Tages selbst einen neuen Nordstern umrunden. Seine momentan langsam pulsierende Oberfläche verändert ihre Helligkeit im Lauf von einer paar Tagen jeweils um ein paar Prozent. Aufgrund der markanten Lage und des Verhaltens wurde der Polarstern über die Jahrhunderte intensiv beobachtet.

2006 machten Astronomen mittels des Hubble-Teleskops eine faszinierende Entdeckung: Traditionell galt der Polarstern als einzelner Fixstern, an dem sich die Seeleute orientierten. Doch dann zeigte sich, dass er ein Dreifachsystem ist: Während der Begleitstern Alpha Ursae Minoris B leicht mit kleinen Teleskopen auffindbar ist, liegen die Komponenten des Doppelsterns Polaris Aa und Polaris Ab so nahe beieinander, dass er niemals zuvor entdeckt wurde. Bis ihn schließlich die hochauflösenden Hubble-Kameras aufspürten.

Himmelsausschnitt mit dem Kleinen Hund, zu dem der Prokyon gehört.

Prokyon

Für kosmische Verhältnisse liegt der Prokyon relativ nah zur Erde. Dieser Doppelstern gibt Astronomen Einblicke in die nächste Evolutionsstufe von sonnenartigen Objekten.

Der Prokyon im Sternbild Kleiner Hund wird auch als Alpha Canis Minoris bezeichnet und ist der achthellste Stern am Himmel. Sein altgriechischer Name bedeutet „vor dem Hund": Er zieht vor dem überraschend ähnlichen Sirius übers Firmament.

Der Prokyon ist eigentlich ein Doppelsystem – bestehend aus einem Hauptreihenstern (Prokyon A; etwas größer als die Sonne) mit einem blassen Weißen Zwerg (Prokyon B) als Begleiter. Prokyon A ist für Astronomen besonders interessant: Innerhalb der nächsten 10 bis 100 Mio. Jahre wird er vermutlich vom Hauptreihenstern zum Roten Riesen mutieren. Diese Zeitspanne ist für stellare Verhältnisse extrem kurz und entspricht nach Carl Sagans Definition eines kosmischen Jahres gerade mal einem bis drei kosmischen Tagen.

Wie der Deneb ist der Prokyon ein Teil von zwei saisonalen Asterismen: Zusammen mit Sirius und Beteigeuze bildet er das Winterdreieck, in Union mit Sirius, Rigel, Aldebaran, Capella, Castor und Pollux das große Wintersechseck. Letzteres umfasst ein paar der hellsten sichtbaren Sterne überhaupt und ist so am nördlichen Winterhimmel leicht zu finden. Mit einer scheinbaren Helligkeit von 0,4 mag ist der Prokyon das strahlendste Objekt im Kleinen Hund und macht sich auch dort sehr markant bemerkbar.

STERNKLASSE
Doppelsternsystem

STERNBILD
Kleiner Hund (Canis Minor)

MASSE
1 499 Sonnenmassen (A);
0,602 Sonnenmassen (B)

TEMPERATUR
6530 K (A); 7740 K (B)

RADIUS
2,048 Sonnenradien (A);
0,01 Sonnenradien (B)

ENTDECKUNGS-METHODE(N)
Mit bloßem Auge

ZEITPUNKT DER ENTDECKUNG
In der Antike

ENTFERNUNG ZUR SONNE
11,46 Lichtjahre

STERNKLASSE
Emissionsnebel; Supernova-Überrest

STERNBILD
Zwischen Zirkel (Circinus) und Zentaur (Centaurus)

MASSE
Unbekannt

TEMPERATUR
Unbekannt

RADIUS
42,5 Sonnenradien

ENTDECKUNGS-METHODE(N)
Mit bloßem Auge; Überreste per Infrarotteleskop

ZEITPUNKT DER ENTDECKUNG
185 n. Chr. als Supernova

ENTFERNUNG ZUR SONNE
9100 Lichtjahre

RCW 86 auf einer Multispektralaufnahme, die Daten von vier Teleskopen kombiniert.

RCW 86

Bei RCW 86 handelt es sich um den Überrest einer Supernova, die einst acht Monate lang am Himmel sichtbar war. Das letzte Rätsel um den riesigen Emissionsnebel wurde schließlich gelöst.

Seinen Anfang nahm dieses stellare Geheimnis vor fast 2000 Jahren: 185 n. Chr. entdeckten chinesische Astronomen einen „Gaststern", der auf unerklärliche Weise am Himmel auftauchte und acht Monate lang mit bloßem Auge sichtbar war. Bis zu den 1960er-Jahren fanden Wissenschaftler dann heraus, dass dies die erste historisch dokumentierte Supernova war. Später wurde der Emissionsnebel RCW 86 im Sternbild Zirkel als Überrest der Explosion identifiziert. Dabei blieb jedoch eines unklar: der Grund für den riesigen Durchmesser des Nebels (85 Lichtjahre), der am Himmel viel größer als der Vollmond wäre, wenn man sein infrarotes Licht sehen könnte.

RCW 86 wird aufgrund seines Entdeckungsjahres auch SN 185 (Supernova 185) genannt. In den letzten zehn Jahren haben Astronomen es intensiv erforscht, um das letzte Geheimnis zu lüften: SN 185 explodierte wohl in einem stellaren Materieloch. So konnten sich die Explosionsreste viel schneller und weiter ausbreiten als normalerweise. Dieses Phänomen wird als Supernova des Typs Ia bezeichnet. Es tritt in Doppelsystemen auf, deren Hauptstern von einem massereichen Weißen Zwerg begleitet wird: Letzterer zieht so lange Materie bzw. Kernbrennstoff vom Hauptstern an, bis er seine kritische obere Massegrenze überschreitet und in einer Supernova explodiert. Das Ergebnis ist z. B. anhand von RCW 86 zu sehen. Ein Weißer Zwerg entsteht wiederum, wenn ein Gelber Zwerg friedvoll stirbt.

Der hell strahlende Regulus im Sternbild Löwe

Regulus

Das Mehrfachsystem Regulus bietet Astronomen einen kompakten Überblick über verschiedene sonnenartige Hauptreihensterne.

Regulus (Alpha Leonis) ist der hellste Stern im Sternbild Löwe. In der Geschichte war der Löwe oft ein königliches Symbol. So wurde auch mit dem gleichnamigen Sternbild schon immer etwas Königliches assoziiert – dies wurde noch verstärkt durch den lateinischen Namen des Regulus, der „kleiner König" bzw. „Prinz" bedeutet.

Regulus ist in Wirklichkeit ein Doppel-Doppelsternsystem. Der deutlich sichtbare Hauptstern namens Regulus A ist ein blau-weißer Hauptreihenstern – vermutlich begleitet von einem Weißen Zwerg, der aber bislang noch nie beobachtet werden konnte. Die Existenz des Zwergs ist daher noch eine reine Hypothese, die vom Verhalten und von der Form des Regulus A abgeleitet wird. Bei Regulus B und C handelt es sich je um matte Hauptreihensterne, die beide kleiner und dunkler als unsere Sonne sind. Der weiter entfernte Regulus D erscheint zwar visuell als Teil des Systems, ist aber wohl eher ein nicht damit verbundenes Hintergrundobjekt: Wahrscheinlich spendet er nur zusätzliche Leuchtkraft, ist jedoch nicht durch Gravitationskräfte an die anderen umlaufenden Sterne gekoppelt. So besteht eine astronomische Herausforderung weiterhin darin, zu ermitteln, welche Objekte des Regulus-Systems sich tatsächlich nahe sind und in welchen Fällen dies nur so erscheint. Die immer fortschrittlicheren Analysemethoden und statistischen Modelle der heutigen Wissenschaft haben die Konfusion aber inzwischen etwas reduziert.

STERNKLASSE
Mehrfachsternsystem

STERNBILD
Löwe (Leo)

MASSE
3,8 Sonnenmassen (A);
0,8 Sonnenmassen (B);
0,3 Sonnenmassen (C)

TEMPERATUR
12 460 K (A); 4885 K (B); unbekannt (C)

RADIUS
3,092 Sonnenradien (A); unbekannt (B); unbekannt (C)

ENTDECKUNGSMETHODE(N)
Mit bloßem Auge

ZEITPUNKT DER ENTDECKUNG
In der Antike

ENTFERNUNG ZUR SONNE
75 Lichtjahre

Wie der Regulus ist der Rigel ein hell strahlendes Mehrfachsternsystem.

Rigel

Der helle Rigel am Knie des Orion ist Teil des Wintersechsecks. Doch der einzelne Lichtpunkt täuscht: Darin addiert sich die Strahlkraft von mindestens drei bis fünf Sternen.

Das Sternbild Orion zählt zu den markantesten seiner Art – dank heller Sterne wie Beteigeuze, Saiph, Bellatrix und Rigel. Letzterer ist einer der strahlendsten Sterne am Himmel und konkurriert mit dem orangefarbenen Beteigeuze um den Titel als auffälligstes Orion-Objekt. Rigel ist der hellste Stern in 1000 Lichtjahren Entfernung zur Sonne und auch der hellste Stern des Orion. Er trägt dennoch nur den Beinamen Beta Orionis, während Beteigeuze die Ehre als Hauptstern Alpha Orionis zukommt.

Wie viele anderen sichtbaren Sterne mit starker Leuchtkraft ist Rigel kein Einzelobjekt, sondern ein Mehrfachsystem – in diesem Fall drei- bis fünfteilig. Zwei der Rigel-Sterne sind intensiv erforscht und wohlbekannt. Rigel A ist ein blau-weißer Überriese mit über 60 000-facher Helligkeit und mehr als 21-facher Masse der Sonne. Sein Begleiter Rigel B ist vergleichsweise 500-mal matter und nur per Teleskop erkennbar, aber sehr interessant: Astronomen zufolge ist Rigel B selbst ein Mehrfachsystem, das wohl aus zwei Hauptreihensternen (Rigel Ba und Bb) plus eigenem Begleitstern (Rigel C) besteht. Diese drei Objekte sind allesamt recht dunkel und wenig erforscht, sich in puncto Größe und Entwicklungsstand aber vermutlich recht ähnlich. Um die Verwirrung komplett zu machen: Da wäre auch noch der matte und weit entfernte Rigel D, der wohl keine Verbindung zum Hauptsystem hat, diesem aber aus irdischer Perspektive visuell zugeteilt wird.

STERNKLASSE
Mehrfachsternsystem

STERNBILD
Orion

MASSE
21 Sonnenmassen (A);
3,84 Sonnenmassen (Ba);
2,94 Sonnenmassen (Bb);
3,84 Sonnenmassen (C)

TEMPERATUR
12 100 K (A)

RADIUS
78,9 Sonnenradien (A)

ENTDECKUNGSMETHODE(N)
Mit bloßem Auge; als Doppelstern per optischem Teleskop

ZEITPUNKT DER ENTDECKUNG
In der Antike; 1781 zumindest als Doppelsternsystem

ENTFERNUNG ZUR SONNE
860 Lichtjahre

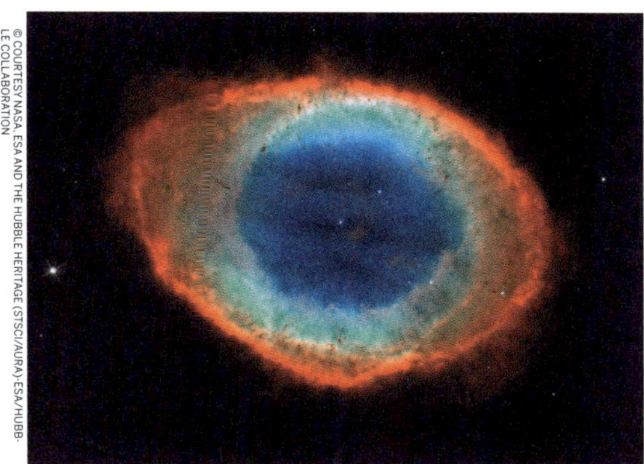

Der spektakuläre Ringnebel hat eine gewisse Ähnlichkeit mit Saurons Auge.

Ringnebel

Der ikonische und leicht auszumachende Ringnebel ist bei Himmelsbeobachtern sehr beliebt. Mit dem Bewundern sollte man aber nicht zu lange warten: In ca. 10 000 Jahren wird dieses Objekt ganz verschwinden.

Der Ringnebel (M57) ist ein Planetarischer Nebel – genauer der leuchtende Überrest eines kollabierten Sterns wie der Sonne. Der winzige weiße Punkt in seinem Zentrum ist ein kleiner Weißer Zwerg mit hoher Temperatur und Massendichte. Der Nebel wurde 1779 von dem französischen Astronomen Antoine Darquier de Pellepoix entdeckt und lässt sich mit mittelgroßen Teleskopen beobachten.

M57 ist der Erde zugeneigt, was Astronomen direkt auf seinen Ring schauen lässt. Dadurch unterschätzten Forscher anfänglich die Komplexität der Objektstruktur. Das blaue Zentrum des Nebels wirkt leer, ist aber in Wirklichkeit eine Gaswolke in Form ähnlich eines Footballs. Das Auge des Betrachters fällt quasi auf ein spitzes Ende dieses „Eis“, das den roten, krapfen-förmigen Materiering durchdringt. „Der Nebel ist kein Bagel, sondern ein Berliner – er hat innen eine Füllung,“ so C. Robert O’Dell von der Vanderbilt University in Nashville (Tennessee). Sein Forschungsteam kombinierte 2013 das Hubble-Teleskop mit mehreren irdischen Observatorien, um den bislang besten Blick auf den ikonischen Nebel zu erhalten.

Der Ringnebel liegt ca. 2000 Lichtjahre von der Erde entfernt im Sternbild Leier und hat einen Durchmesser von rund 1 Lichtjahr. Sein atemberaubender Anblick ist bei Amateur-Astronomen und Astro-Fotografen sehr beliebt.

STERNKLASSE
Weißer Zwerg; planetarischer Nebel

STERNBILD
Leier (Lyra)

MASSE
0,2 Sonnenmassen

TEMPERATUR
125 000 K

RADIUS
1,3 Lichtjahre

ENTDECKUNGSMETHODE(N)
Optisches Teleskop

ZEITPUNKT DER ENTDECKUNG
1779 (Entdecker: Antoine Darquier de Pellepoix)

ENTFERNUNG ZUR SONNE
2000 Lichtjahre

STERNKLASSE
Emissionsnebel

STERNBILD
Einhorn (Monoceros)

MASSE
10 000 Sonnenmassen

TEMPERATUR
1–10 Mio. K

RADIUS
65 Lichtjahre

ENTDECKUNGS-METHODE(N)
Optisches Teleskop

ZEITPUNKT DER ENTDECKUNG
1690 (offener Sternhaufen im Zentrum; weitere Objekte später)

ENTFERNUNG ZUR SONNE
5000 Lichtjahre

Der Rosettennebel umgibt den Sternhaufen NGC 2244.

Rosettennebel

Die kosmischen Blütenblätter des Rosettennebels erstrecken sich über Lichtjahre in alle Himmelsrichtungen. Hierbei bieten sie Profi- und Amateur-Astronomen jede Menge beobachtungswürdige Details.

Der höchst attraktive Rosettennebel (Caldwell 49) ist nicht die einzige kosmische Gas- und Staubwolke, die optisch an Blütenblätter erinnert – sie ist aber die berühmteste dieser Art. Ein weiteres bekanntes Exemplar ist der Irisnebel.

Am Rand einer großen molekularen Wolke im Sternbild Einhorn fungieren die Blütenblätter des Rosettennebels als Sternwiege. Deren symmetrische Schönheit wird geformt von dem stellaren Wind und der Strahlung, die der zentrale Haufen aus energiereichen Jungsternen absondert. Diese heißen Sterne sind nur ein paar Millionen Jahre alt. Die von ihnen ausgelösten Sonnenwinde haben ein Loch in der Mitte des Nebels erzeugt, was Einblicke in dessen Inneres erlaubt. Das Objekt ist insgesamt so riesig, dass seine einzelnen Regionen diverse eigene NGC-Bezeichnungen haben.

Astronomen untersuchen den Rosettennebel, um die ersten Evolutionsstufen des stellaren Lebenszyklus besser zu verstehen. Amateur-Astronomen können den Anblick aber auch genießen: Von Gebieten ohne störende Lichtverschmutzungen aus lässt sich der Nebel eigenhändig durch ein kleines Teleskop bewundern.

© COURTESY NASA/CXC/COLUMBIA UNIV./C. HAILEY ET AL.

Röntgenstrahlen, die von Schwarzen Löchern, u. a. Sagittarius A*, abgesondert werden

Sagittarius A*

Schwarze Löcher haben generell den schlechten Ruf, Licht wie Materie in ihrem Umkreis komplett einzusaugen und zu vernichten. Doch zum Glück ist Sagittarius A im Zentrum der Milchstraße zahmer als die meisten seiner stellaren Artgenossen.*

Auch wer noch nichts von Sagittarius A* (A-Stern) im Zentrum der Milchstraße gehört hat, spürt dessen Wirkung jeden Tag: Dieses Schwarze Loch mit 4 Mio. Sonnenmassen trug zur Entstehung unserer Galaxie bei. Astronomen vermuten seit Langem, dass solche supermassereichen Schwarzen Löcher im Zentrum der meisten Spiralgalaxien (wie der Milchstraße) und Elliptischen Galaxien liegen. Inzwischen gibt's auch gewisse Schlussfolgerungen bezüglich der Geschwindigkeit, mit der Schwarze Löcher das Licht und die Materie in ihrem Umkreis aufsaugen.

Verglichen mit den zentralen Schwarzen Löchern ferner aktiver Galaxien ist Sagittarius A* zum Glück gemäßigter: Es verschluckt die Materie in seinem Umkreis weitaus weniger gierig. Mitunter zeigt Sagittarius A* durchaus verstärkte Emissionen. Dennoch verstehen Astronomen bislang nicht im Detail, warum sich sein Verhalten so stark von dem anderer bekannter Schwarzer Löcher unterscheidet. Außerdem hat das Objekt selbst viele stellare Schwarze Löcher um sich herum gruppiert, die von seiner schweren Masse angezogen werden und momentan noch einen Abstand von 3 Lichtjahren zum Zentrum haben. Indem Astronomen die Emissionen und Sterne in der Nähe von Sagittarius A* studieren, erfahren sie mehr über dessen speziellen Charakter und über Schwarze Löcher im Allgemeinen.

STERNKLASSE
Schwarzes Loch (supermassereich)

STERNBILD
Schütze (Sagittarius)

MASSE
4,31 × 10^6 Sonnenmassen

TEMPERATUR
10–14 K

RADIUS
120 AE

ENTDECKUNGSMETHODE(N)
NRAO-Interferometer

ZEITPUNKT DER ENTDECKUNG
1974

ENTFERNUNG ZUR SONNE
27 000 Lichtjahre

STERNKLASSE
Hauptreihenstern

STERNBILD
Wolf (Lupus)

MASSE
Unbekannt

TEMPERATUR
Unbekannt

RADIUS
Unbekannt

ENTDECKUNGS-METHODE(N)
Kombination aus Weltraum- und irdischen Teleskopen

ZEITPUNKT DER ENTDECKUNG
2011

ENTFERNUNG ZUR SONNE
460 Lichtjahre

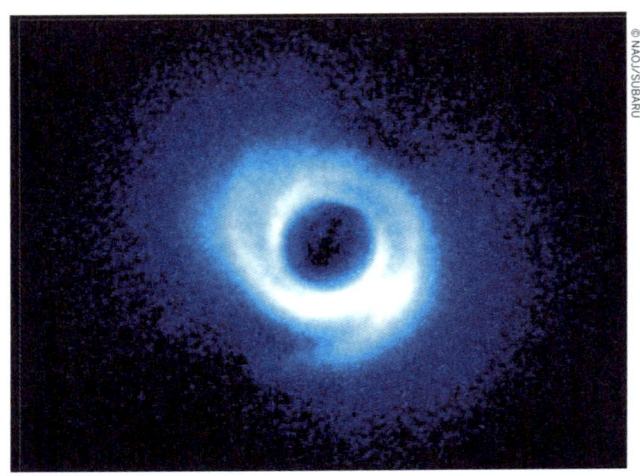

SAO 206462 und dessen markante Scheibe

SAO 206462

SAO 206462 wird von einer ungewöhnlich geformten Scheibe aus Gas und Staub umgeben. Dieser junge Stern bietet Astronomen beste Chancen für die Planetenjagd und die Erforschung eines neuen Sonnensystems.

Es ist stets spannend, im Universum etwas zu entdecken, das für kosmische Verhältnisse „jung" ist. SAO 206462 hat schätzungsweise 9 Mio. Jahre auf dem Buckel – aus menschlicher Sicht sehr alt, aber für ein Sternsystem relativ jung: Dieser stellare Halbwüchsige entwickelt immer noch seine Form und Struktur.

2011 entdeckten Astronomen, dass SAO 206462 von einer Gas- und Staubscheibe mit sehr markanten Ausprägung umgeben wird: Ähnlich wie unsere Milchstraße verfügt die Scheibe über Spiralarme. Sie hat insgesamt einen Durchmesser von ca. 150,6 AE, was etwa dem doppelten Orbit des Plutos in unserem eigenen Sonnensystem entspricht. Ihre Arme (insgesamt zwei) könnten eventuell auf die Existenz bislang unentdeckter Planeten hinweisen.

Die beiden Spiralarme sind nicht identisch bzw. symmetrisch. Aus diesem Grund könnte sich darin jeweils ein noch unentdeckter Exoplanet wie die Erde verstecken – bislang ist dies aber nur rein hypothetisch und nicht bestätigt. So wird die Entwicklung von SAO 206462 wohl über viele Jahrzehnte weiter beobachtet werden. Computersimulationen zufolge könnten Planeten innerhalb der Sternenscheibe Pertubationen erzeugen – so wie in unserer eigenen Galaxie. Doch diese Planeten könnten gerade erst aus einer Materiewolke entstehen, etwa wie die Himmelskörper unseres Sonnensystems vor ca. 4 Mrd. Jahren.

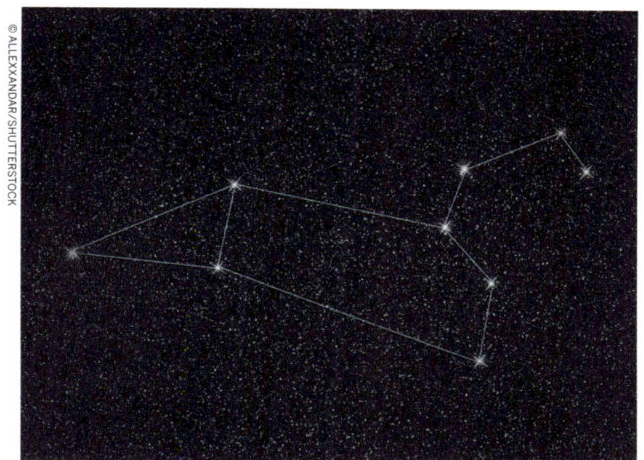

© ALLEXXANDAR/SHUTTERSTOCK

Dieser Quasar im Sternbild Löwe ist für Beobachter nicht erkennbar.

SDSSJ0927+2943

Die meisten Schwarzen Löcher liegen im Zentrum von Galaxien. Doch warum wandert dann SDSSJ 0927+2943 durch den Kosmos? Gravitationswellen geben die Antwort.

Der komplizierte Name von SDSSJ0927+2943 klingt nach einem vergessenen Eintrag in einem obskuren Katalog für Himmelskörper. Die ersten vier Buchstaben darin stammen jedoch von dem Multi-Spektroskopieprojekt (Sloan Digital Sky Survey), mit dessen Hilfe das Objekt entdeckt wurde. Obendrein ist SDSSJ0927+2943 so einzigartig wie seine Bezeichnung: ein besonderer Quasar mit ungewöhnlichen Emissionsmustern – und potenziell der erste Beweis für die Existenz von Schwarzen Löchern mit Rückstoß.

Im Fall von SDSSJ0927+2943 wurde scheinbar ein supermassereiches Schwarzes Loch aus dem Zentrum seiner Galaxie hinauskatapultiert. Zum genauen Hergang gibt's Hypothesen auf physikalischer Basis. Zusammengefasst passierte wohl Folgendes: Zwei Schwarze Löcher vereinigten sich zu SDSSJ0927+2943 und erzeugten dabei eine starke Gravitationswelle, die das neue supermassereiche Schwarze Loch sogleich aus dem System hinausdrückte. So etwas Spektakuläres kann passieren, weil die Vereinigung solch massereicher Riesenobjekte große Kräfte freisetzt.

SDSSJ0927+2943 liegt 6,85 Mrd. Lichtjahre von der Erde entfernt. So können Astronomen bisher nur begrenzt beurteilen, wie sich das Schwarze Loch aktuell verhält und wohin es sich bewegen wird. Sie werden SDSSJ0927+2943 aber weiterhin beobachten, denn dies ist eine gute Grundlage, um besser zu verstehen, wie Schwarze Löcher, Gravitationswellen und Galaxien miteinander interagieren.

STERNKLASSE
Quasar; Schwarzes Loch mit Rückstoß

STERNBILD
Löwe (Leo)

MASSE
600 Mio. Sonnenmassen

TEMPERATUR
Unbekannt

RADIUS
4,5 AE

ENTDECKUNGS-METHODE(N)
Sloan Digital Sky Survey

ZEITPUNKT DER ENTDECKUNG
2008

ENTFERNUNG ZUR SONNE
$6{,}85 \times 10^9$ Lichtjahre

STERNKLASSE
Magnetar; weicher Gamma-Repeater

STERNBILD
Schütze (Sagittarius)

MASSE
Unbekannt

TEMPERATUR
136 000 K

RADIUS
10 km

ENTDECKUNGS-METHODE(N)
Gammateleskop

ZEITPUNKT DER ENTDECKUNG
1979

ENTFERNUNG ZUR SONNE
50 000 Lichtjahre

Künstlerische Darstellung des Gammablitzes von SGR 1806-20

SGR 1806-20

SGR 1806-20 ist einer von nur vier bekannten Sternen seiner Art. Zudem hält dieses Objekt den Rekord für den stärksten Gammablitz, der bislang in der Milchstraße registriert wurde.

2004 bemerkten Astronomen einen Lichtblitz, der durch die Milchstraße fegte. Dieser war so stark, dass er von der Mondoberfläche abprallte und die Erdatmosphäre erleuchtete. Der Blitz hielt über eine Zehntelsekunde lang an und war heller als alle anderen Deep-Sky-Phänomene, die das Sonnensystem bislang messbar erreicht haben. Er stammte von einem Magnetar nahe dem Zentrum unserer Galaxie, dem weichen Gamma Repeater (Soft Gamma Repeater; SGR) 1806-20, dessen stärkster bekannter Gammablitz die Erde 2004 nach 50 000-jähriger Reise erreichte. Auslöser des Blitzes war ein Sternbeben, also dem Ereignis, bei dem sich die Kruste eines Neutronensterns schnell verändert.

Bei einem Neutronenstern handelt es sich um den Kernüberrest eines Sterns, der einst die vielfache Sonnenmasse hatte und dann in einer Supernova explodierte. Wenn ein Kernüberrest eine sehr hohe Dichte hat, sehr schnell rotiert und extrem magnetisch ist, spricht man von einem Magnetar. Bislang wurden über ein Dutzend Magnetare entdeckt. Vier davon sind einzigartige Objekte: weiche Gamma-Repeater, die so heißen, weil sie willkürlich Gammablitze absondern – so auch SGR 1806-20. Durch dessen Erforschung erfahren Astronomen mehr über Gammastrahlen, deren Ursprünge und deren Auswirkungen. Würde ein Gammablitz innerhalb von 10 Lichtjahren Entfernung zur Erde ausgelöst werden, hätte dies vermutlich die Zerstörung der Ozonschicht zur Folge.

© COURTESY NASA, ESA AND G. BACON (STSCI)

Künstlerische Darstellung von Sirius A (vorne) und Sirius B (hinten rechts)

Sirius

In dunklen Nächten ist der strahlende und relativ erdnahe „Hundsstern" ein verlockendes Beobachtungsobjekt. Er ähnelt unserer Sonne sehr, hat aber überraschende Begleitung.

Als hellstes Objekt am Nachthimmel ist Sirius beim Sterngucken fast nicht zu übersehen. Sein Name „Alpha Canis Majoris" zeigt an, dass es sich um den Hauptstern des Großen Hundes handelt. Im Vergleich zur Sonne ist der Sirius über 2-mal massereicher und mehr als 20-mal heller: Seine scheinbare Helligkeit beträgt –1,46 mag, wobei das Minus ein Kennzeichen für besonders hohe Leuchtkraft ist.

Sirius ist jedoch kein Einzelstern, sondern ein Doppelsystem – bestehend aus einem hellen, sonnenartigen Hauptreihenstern (Sirius A) und einem kleinen Weißen Zwerg (Sirius B) als Begleiter. Dies wissen Astronomen seit 1862. Sirius B ist 10 000-mal dunkler als Sirius A und der erste Weiße Zwerg, den Wissenschaftler entdeckten. Im Vergleich zu seinem Hauptstern hat er die stellaren Evolutionsstufen schneller durchschritten. Einmal in 50 Jahren umkreisen sich die beiden Sterne gegenseitig. Ihre Nähe zueinander hat Astronomen schon oft frustriert: Die Helligkeit von Sirius A macht Sirius B größtenteils unsichtbar. Dies erschwert Studien, die den Weißen Zwerg als Teil des kosmischen Lebenszyklus näher erforschen wollen.

In den nächsten 60 000 Jahren wird sich das Sirius-System der Erde weiter annähern und so noch heller erscheinen. Während der nächsten 210 000 Jahre wird es auch das hellste Objekt am Nachthimmel bleiben, und bis dahin haben dann vielleicht schon Astronauten diesen interstellaren Nachbarn besucht.

STERNKLASSE
Doppelsternsystem (Hauptreihenstern plus Weißer Zwerg)

STERNBILD
Großer Hund (Canis Major)

MASSE
2,06 Sonnenmassen (A); 1,02 Sonnenmassen (B)

TEMPERATUR
9940 K

RADIUS
1,71 Sonnenradien (A); 0,008 Sonnenradien (B)

ENTDECKUNGSMETHODE(N)
Mit bloßem Auge; optisches Teleskop

ZEITPUNKT DER ENTDECKUNG
In der Antike; 1862 als Doppelsternsystem

ENTFERNUNG ZUR SONNE
8,6 Lichtjahre

STERNKLASSE
Doppelsternsystem

STERNBILD
Jungfrau (Virgo)

MASSE
11,43 Sonnenmassen (Hauptstern); 7,21 Sonnenmassen (Begleitstern)

TEMPERATUR
25 300 K (Hauptstern); 20 900 K (Begleitstern)

RADIUS
7,47 Sonnenradien (Hauptstern); 3,74 Sonnenradien (Begleitstern)

ENTDECKUNGS-METHODE(N)
Mit bloßem Auge

ZEITPUNKT DER ENTDECKUNG
In der Antike

ENTFERNUNG ZUR SONNE
250 Lichtjahre

Spica (oben links) hilft am Himmel beim Auffinden des Sternbilds Rabe (unten rechts).

Spica

Wann werden aus einem Stern zwei Objekte? Wenn Astronomen bestimmte Unterschiede im Lichtspektrum feststellen. Im Fall von Spica sind sich zwei Sterne so nahe, dass sie sich gegenseitig außer Form bringen.

Die bläuliche Spica (Alpha Virginis) ist der Hauptstern des Sternbilds Jungfrau und gehört zu den 20 hellsten Objekten am Nachthimmel. Ihr konstantes Strahlen ist seit der Antike bekannt – aus dieser Zeit stammt auch der altertümliche Name des Sterns. Zusammen mit Regulus und Arcturus bildet Spica einen Asterismus: das Frühlingsdreieck über der Nordhalbkugel. Mit ihrer scheinbaren Helligkeit von 0,98 mag ist sie am Himmel leicht erkennbar. Dies hilft als Orientierungspunkt beim Auffinden der nahegelegenen Sternbilder Rabe, Wasserschlange und Becher.

Spica ist in der Tat ein Doppelsystem aus einem Blauen Riesen und einem veränderlichen Begleitstern. Die beiden Objekte sind sich so nahe, dass ihre Umrisse in optischer Hinsicht gemeinsam ein einziges großes „Ei“ bilden – durch die Verzerrung können zwei einzelne Sphären nicht ausgemacht werden. Eine visuelle Unterscheidung per Teleskop ist daher nicht möglich. Die Trennung funktioniert allerdings mittels einer Analyse des Lichtspektrums. Dabei zeigt sich wiederum: Die beiden Sterne sind ganz verschieden und haben daher individuelle Signaturen. Spica ist auch das Doppelsternsystem, das unserer Sonne am nächsten liegt. Somit wird sie von Astronomen umfassend studiert.

Hypothetische Darstellung von Tabbys Stern mit schrägem Staubring

Tabbys Stern

Bürgerliche Planetenjäger des NASA-Programms Kepler entdeckten Faszinierendes an dem sonnenähnlichen Stern: ungewöhnliche Veränderungen der Leuchtkraft, wozu es nun viele Hypothesen gibt.

Obwohl die Menschheit noch viel über das Universum lernen muss, ist das Verhalten von Sternen größtenteils erklärbar. So kam großes Interesse auf, als Amateur-Sternenjäger im Rahmen des NASA-Programms Kepler eine besondere Entdeckung machten: Sie fanden einen Stern, der sich ganz anders verhält als seine bislang beobachteten Pendants. Tabbys bzw. Boyajians Stern (KIC 8462852) ist nach Tabetha S. Boyajian benannt, die die Hauptautorin der Veröffentlichung über die Erstentdeckung des Objekts war. Die interessanten Messwerte dieses Sterns verursachten viel Aufregung, als Astronomen schließlich die Ursache dafür feststellten: unerklärliche Helligkeitsveränderungen mit ungewöhnlicher Frequenz – etwa ausgelöst durch umlaufende Exoplaneten? Oder womöglich durch ein extraterrestrisches Riesen-Raumschiff im fernen Orbit?

Die ersten Beobachtungen per Kepler-Teleskop führten zu der Annahme, dass die seltsamen Lichtschwankungen von einem Kometenschwarm herrühren. Nach weiteren Beobachtungen per Spitzer-Teleskop wurde diese Hypothese noch um einen Staubring erweitert. Konkrete Beweise dafür fehlen aber immer noch: Bisher ist keinesfalls komplett sicher, dass die aufgestellten Theorien ausreichen, um alle Veränderungen von Tabbys Stern zu erklären. Somit befürworten Wissenschaftler eine anhaltende Beobachtung, um dieses faszinierende und fast schon mysteriöse Himmelsobjekt schrittweise besser verstehen zu können.

STERNKLASSE
Hauptreihenstern

STERNBILD
Schwan (Cygnus)

MASSE
1,43 Sonnenmassen

TEMPERATUR
6750 K

RADIUS
1,58 Sonnenradien

ENTDECKUNGSMETHODE(N)
Kepler-Weltraumteleskop der NASA

ZEITPUNKT DER ENTDECKUNG
2016 durch ungewöhnliches Verdunkeln

ENTFERNUNG ZUR SONNE
1470 Lichtjahre

STERNKLASSE
Veränderlicher Stern

STERNBILD
Stier (Taurus)

MASSE
2,12 Sonnenmassen (N);
0,53 Sonnenmassen (S)

TEMPERATUR
Unbekannt

RADIUS
Unbekannt

ENTDECKUNGS-METHODE(N)
Optisches Teleskop

ZEITPUNKT DER ENTDECKUNG
1852

ENTFERNUNG ZUR SONNE
600 Lichtjahre

T Tauri (Mitte) innerhalb einer Scheibe aus Staub und Gas

T Tauri

Dieser veränderliche Stern ist der Prototyp seiner eigenen stellaren Kategorie. Er hilft Astronomen dabei, die Jugendjahre von Sternen und eventuell sogar deren Entstehung besser zu verstehen.

Wie sieht ein Stern bei seiner Geburt aus? Welches Gesicht hatte die Sonne vor der Bildung ihrer Exoplaneten? Antworten auf diese Fragen liefert vielleicht T Tauri, der sich gerade in Hind's Variable Nebula (NGC 1555) entwickelt. T Tauri ist der Prototyp seiner eigenen stellaren Kategorie (TTS) und gehört wohl zu einem Mehrfachsystem mit dem Hauptstern T Tauri N und mindestens zwei Begleitern (T Tauri Sa und Sb). Letztere existieren bisher nur hypothetisch, vermutlich entwickeln sie sich noch unentdeckt.

Sonnenartige Sterne wie T Tauri gelten heute als jung, da sie weniger als ein paar Millionen Jahre alt sind und sich somit noch im frühen Entwicklungsstadium befinden. Wie in Hind's Variable Nebula nehmen solche neuen Systeme ihren Anfang, indem die Gravitation eine Gaswolke komprimiert. Ein Teil des einwärts fließenden Gases erhitzt sich durch Teilchenkollision so stark, dass es sofort wieder als stellarer Wind ausgestoßen wird. Millionen Jahre später wird die komprimierte Innenzone dann heiß genug für eine Kernfusion. Bis dahin ist ein Großteil der umgebenden Materie bereits eingesaugt oder vom stellaren Wind weggeblasen worden. Nun erstrahlt das neue Objekt am Himmel und tritt seine nächste Phase als Hauptreihenstern an, eventuell begleitet von Nachbarsternen mit niedrigerem Evolutionsstand. All das könnte auch bei T Tauri eintreten. Somit lässt dieses faszinierende System auf weitere Momentaufnahmen von der Sternentwicklung hoffen.

Künstlerische Darstellung des Quasars ULAS J1120+0641

ULAS J1120+0641

ULAS J1120+0641 zählt zu den am weitesten entfernten Objekten, die bisher entdeckt wurden. Er zeugt von einem supermassereichen Schwarzen Loch aus den frühesten Tagen des Universums.

ULAS J1120+0641 wurde mit einem Infrarotteleskop entdeckt. Dessen abgekürzte Bezeichnung ergibt zusammen mit den entsprechenden Himmelskoordinaten den Namen dieses Objekts. Bei seiner Entdeckung 2011 war es der entfernteste Quasar, der bis dahin aufgespürt wurde. Seit 2017 hält aber nun ULAS J1342+0928 den Distanzrekord.

Beobachtungen zufolge wiegt das supermassereiche Schwarze Loch im Zentrum von ULAS J1120+0641 ca. 2 Mrd. Sonnenmassen. Die Anhäufung einer solch hohen Masse kurz nach dem Urknall ist schwer zu erklären. Theorien zum Wachstum dieser Schwarzen Löcher sprechen von einem recht langsamen Entstehungstempo: Das zunächst kompakte Objekt legt schrittweise an Masse zu, indem es Materie aus seiner Umgebung konsumiert. ULAS J1120+0641 wuchs aber in sehr kurzer Zeit extrem stark an. Entsprechend hell (wohl $6,3 \times 10^{13}$-fache Sonnenhelligkeit) ist der Quasar, der von dem Schwarzen Loch mit Energie versorgt wird. Der Quasar enthält einen großen Anteil (10 bis 15%) von neutralem bzw. nicht ionisiertem Wasserstoff. Dies deutet auf eine frühe Stufe der Galaxiebildung hin.

Das 2011 registrierte Licht von ULAS J1120+0641 wurde nur 770 Mio. Jahre nach dem Urknall abgesondert, brauchte aber 12,9 Mrd. Lichtjahre bis zur Erde. Das Schwarze Loch sieht daher nun ganz anders aus, aber wie wird wohl nicht festzustellen sein. Trotz alledem entspricht seine Beobachtung aber einer Zeitreise in ein früheres Universum.

STERNKLASSE
Quasar

STERNBILD
Löwe (Leo)

MASSE
$2^{+1,5}_{-0,7} \times 10^9$ Sonnenmassen

TEMPERATUR
Unbekannt

RADIUS
Unbekannt

ENTDECKUNGS-METHODE(N)
Infrarotteleskop (UKIDSS Large Area Survey)

ZEITPUNKT DER ENTDECKUNG
2011

ENTFERNUNG ZUR SONNE
$12,9 \times 10^9$ Lichtjahre

STERNKLASSE
Roter Hyperriese

STERNBILD
Schild (Scutum)

MASSE
7–10 Sonnenmassen

TEMPERATUR
3365 K

RADIUS
1708 Sonnenradien

ENTDECKUNGS-METHODE(N)
Optisches Teleskop

ZEITPUNKT DER ENTDECKUNG
1860

ENTFERNUNG ZUR SONNE
5100 Lichtjahre

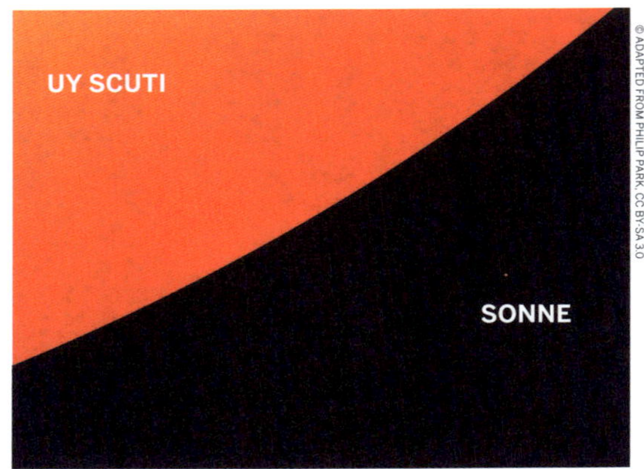

Der Hyperriese UY Scuti ist schätzungsweise 1700-mal größer als unsere Sonne.

UY Scuti

Inmitten eines Haufens von kleineren Sternen prunkt UY Scuti, der größte Stern, der bislang entdeckt wurde. Dieses Objekt sorgt jedoch für allerlei Zweifel und Diskussionen.

Was muss ein stellares Objekt bieten, um den Titel als „größter bekannter Stern des Universums“ zu gewinnen? Diesbezüglich ganz oben rangiert aktuell der Rote Hyperriese UY Scuti mit dem fast 2000-fachen Durchmesser unserer Sonne. Wenn sich dieser Gigant im Zentrum unseres Sonnensystems befände, würde er über die Umlaufbahn des Jupiters hinausreichen!

Deutsche Astronomen entdeckten UY Scuti in den 1850er-Jahren. Kurz darauf erkannten sie, dass es sich hierbei um einen veränderlichen Stern mit einer Periode von 740 Tagen handelt. Seitdem wird auch vermutet, dass eine wolkenartige Staubhülle das Leuchten von UY Scuti periodisch verdunkelt.

Aufgrund des ungewöhnlichen Verhaltens wird der genannte Größenrekord von UY Scuti immer wieder angezweifelt: Die Dimensionen des Sterns könnten die momentanen Schätzwerte durchaus unterbieten, denn angesichts der Entfernung von über 5100 Lichtjahren lassen sich Details zu Zusammensetzung und Umgebung des Objekts nur sehr schwer verifizieren. Einige andere Riesensterne (z. B. VY Canis Majoris) könnten UY Scuti deklassieren. Doch momentan ist der Hyperriese noch der Titelträger. Übrigens: Obwohl UY Scuti den vielfachen Durchmesser der Sonne hat, ist seine Masse vergleichsweise nur 30-mal höher – aufgrund ihrer Ausdehnung sind solche Titanen weitaus weniger dicht als Hauptreihensterne.

© NIKITAROYTMAN PHOTOGRAPHY/SHUTTERSTOCK

Wissenschaftliches Astro-Foto der Vega (hellster Punkt) im Sternbild Leier

Vega

Die ständige Schlagseite der Erde macht Vega zu einem der bedeutendsten und am besten erforschten Sterne der Menschheitsgeschichte.

Der fünfthellste Stern am Nachthimmel ist auch das strahlendste Objekt des Sternbilds Leier und der hellste Teil eines Asterismus: des Sommerdreiecks, das von drei hellen Sternen aus drei verschiedenen Konstellationen gebildet wird. Vega ist fast 3-mal so groß wie die Sonne, liegt ca. 25 Lichtjahre von der Erde weg und spielt eine spannende Rolle in der Astronomiegeschichte: Vor ca. 14 000 Jahren war sie noch der Nordstern, der von allen anderen Sternen umkreist wird – bis der heutige Polarstern Vega ablöste.

Vor 4000 Jahren war Vega als „Ma'at" bekannt. Dies ist nur ein Beispiel für das große astronomische Wissen, das die Menschen im Altertum ohne die Hilfe von Teleskopen erlangten. In weiteren 12 000 Jahren wird Vega wieder zum Polarstern. Ihr Name ist arabischen Ursprungs und bedeutet „herabstoßender Adler". Vega ist auch einer der beiden Sterne, die in der chinesischen Qixi-Legende von einem unglücklichen Liebespaar symbolisiert werden. China feiert die Sage alljährlich mit einem Sommerfest.

Rund um Vega erstreckt sich eventuell ein Asteroidengürtel, der dem Haupt- oder Kuipergürtel entsprechen könnte. Zudem gibt es Hypothesen, die im Umkreis des Sterns auch lebensfreundliche Planeten mit Flüssigwasser für möglich halten. Astronomen analysieren die Vega weiterhin, um deren Struktur und die Beschaffenheit des umliegenden Sonnensystems genauer zu ermitteln. So ist Vega ein Forschungsobjekt für die Zukunft, aber auch ein mythologisches Bindeglied zu Vergangenheit und Gegenwart.

STERNKLASSE
Hauptreihenstern

STERNBILD
Leier (Lyra)

MASSE
2,135 Sonnenmassen

TEMPERATUR
9602 K

RADIUS
2,362 Sonnenradien

ENTDECKUNGS-METHODE(N)
Mit bloßem Auge

ZEITPUNKT DER ENTDECKUNG
In der Antike

ENTFERNUNG ZUR SONNE
25,04 Lichtjahre

STERNKLASSE
Roter Hyperriese

STERNBILD
Großer Hund (Canis Major)

MASSE
17 Sonnenmassen

TEMPERATUR
3490 K

RADIUS
1420 Sonnenradien

ENTDECKUNGSMETHODE(N)
Optisches Teleskop

ZEITPUNKT DER ENTDECKUNG
1801

ENTFERNUNG ZUR SONNE
3820 Lichtjahre

VY Canis Majoris im sichtbaren Lichtspektrum

VY Canis Majoris

VY Canis Majoris zählt zu den größten bekannten Sternen im Universum. Durch seine Erforschung studieren Astronomen eine Sternklasse, die eine geringere Lebenserwartung als unsere Sonne hat.

VY Canis Majoris zählt zu den größten bisher entdeckten Sternen: Der Rote Hyperriese reicht fast an UY Scuti heran. Er ist fast 1500-mal größer als die Sonne und 100 000-mal heller, was ihn zu einem der leuchtstärksten Sterne der Milchstraße macht. VY Canis Majoris sondert aber auch Gas ab und hat im Lauf seines Lebens einen Reflexionsnebel erzeugt, der ihn verdunkelt. Somit handelt es sich um einen veränderlichen Stern. Zudem schickt der Gigant noch Materieströme ins All. Diese entsprechen Sonneneruptionen, sind aber kraftvoller und unberechenbarer.

Als Riese verströmt VY Canis Majoris jede Menge Energie. So hat er eine geringere Lebenserwartung als Gelbe Zwerge (z. B. die Sonne), die Milliarden Jahre alt werden können. Nach seiner finalen Supernova-Explosion werden Gas und Materie im umliegenden Nebel potenziell dazu beitragen, dass das System neue Sterne und Planeten generiert. Aber Geduld: VY Canis Majoris wird noch ein paar Millionen Jahre lang weiterleuchten, bis etwas davon eintritt. Sein Tod wird mehr Energie als 100 Supernovas und enorme Mengen von Gammastrahlung freisetzen.

Letzteres kann andere stellare Objekte im Umkreis gefährden – nicht nur Sterne: Theoretisch wird die Strahlung stark genug sein, um eventuelles Leben auf Planeten zu vernichten, falls diese zu nahe am Explosionsort liegen. Doch das Schicksal von VY Canis Majoris wird uns zum Glück nicht betreffen, da die Distanz zur Erde zu groß ist.

© COURTESY NASA/JPL-CALTECH

Spitzer-Foto des Nebels W40

W40

Die aktive Sternwiege, der Nebel Westerhout 40, erinnert optisch etwas an einen roten Schmetterling.

W40 ist eine riesige Gas- und Staubwolke, in der potenziell Hunderte von neuen Sternen entstehen. Die „Flügel" sind riesige Blasen aus interstellarem Heißgas, das von den heißesten und massereichsten Sternen in der Region kommt. Die wolkenartigen Filamente des Nebels haben dichte Gaskerne, die oft durch Gravitation kollabieren und sich dann in neue Sterne verwandeln. W40 ist aber auch ein gutes Beispiel dafür, wie Sterne bei ihrer Geburt die Wolken zerstören, aus denen sie entstanden sind. Innerhalb interstellarer Riesenwolken aus Gas und Staub wird die Materie durch Gravitation zu dichten Klumpen komprimiert. Wenn dann ein kritischer Dichtewert erreicht wird, können sich neue Sterne in deren Kernen bilden. Mitunter entstehen innerhalb des Nebels auch Blasen aus Strahlung und stellaren Winden – abgesondert von den massereichsten Sternen der Wolken. Einen Beitrag zur Blasenbildung liefert auch die Materie, die bei der finalen Explosion dieser massereichen Sterne ins All katapultiert wird. Die Prozesse produzieren auch Gas und Staub, brechen Klumpen auf und hemmen bzw. stoppen die Entwicklung neuer Sterne.

Die Flügel von W40 bestehen aus Materie, die von dem dazwischen befindlichen Sternhaufen stammt. Der heißeste, massereichste der Sterne liegt nahe dem Zentrum des Haufens. Die Distanz zwischen W40 und der Sonne beträgt ca. 1400 Lichtjahre. Etwa gleich weit von der Sonne weg schwebt der Orionnebel, jedoch fast gegenüber von W40. Diese Nebel sind wohl die nächstgelegenen Regionen, die massereiche Sterne mit mehr als 10-facher Sonnenmasse hervorbringen. Das Herz von W40 ist noch sehr jung.

STERNKLASSE
Diffuser Nebel

STERNBILD
Schwanz der Schlange (Serpens Cauda)

MASSE
104 Sonnenmassen

TEMPERATUR
Rund 250 000 K

GRÖSSE
8 Bogenminuten

ENTDECKUNGSMETHODE(N)
Herschel Space Observatory

ZEITPUNKT DER ENTDECKUNG
2009

ENTFERNUNG ZUR SONNE
1400 Lichtjahre

GALAXIEN

Künstlerische Darstellung des durch Gravitationslinseneffekte optisch veränderten Galaxienhaufens SDSS J1110+6459

Einführung

Geht man über Sonnensysteme und Sternhaufen „hinaus", zeigt sich, dass unser Universum von einer unermesslichen Zahl von Galaxien unterschiedlichen Alters und unterschiedlicher Masse gebildet wird.

Unsere Galaxie, die Milchstraße (auch „Galaxis" genannt), besteht aus hunderten Milliarden Sternen, genug Gas und Staub, um unzählige Milliarden mehr entstehen zu lassen und mindestens zehnmal so viel Dunkle Materie wie alle Sterne und Gase zusammen – und alles wird von der Schwerkraft zusammengehalten. Die Milchstraße umfasst unser eigenes Sonnensystem, unsere nächsten Nachbarsterne sowie 1,9 Billionen Sonnenmassen und ist dabei nur eine von rund 2 Billionen Galaxien im beobachtbaren Universum.

Wie über zwei Drittel der bekannten Galaxien hat auch die Milchstraße Spiralform. In ihrem Zentrum entsteht viel Energie, und ab und zu kommt es zu starken Helligkeitsausbrüchen. Aufgrund der immensen Schwerkraft, die die Sterne bewegt, und der ausgestoßenen Energie geht man davon aus, dass sich im Zentrum fast aller Galaxien ein riesiges Schwarzes Loch befindet. Andere Galaxien sind elliptisch, ungewöhnlicher sind zahnstocher- und ringförmige Varianten. Das Hubble Deep Field (HDF), das einen kleinen Teil des Sternenhimmels über zehn Tage beobachtete, zeigte rund 3000 Galaxien jeder Größe, Form und Farbe. Zudem offenbarte es, dass Galaxien große Galaxienhaufen sowie Superhaufen aus 50–50 000 durch die Schwerkraft verbundene Galaxien, bilden.

Top-Highlights

Andromedagalaxie
1 Die der Milchstraße nächste große Spiralgalaxie gibt wertvolle Einblicke in die Entwicklung von Galaxien.

Blackeye-Galaxie
2 Die wunderschöne dunkle Galaxie voller abdunkelndem Staub hat einen Außenbereich, der in entgegengesetzter Richtung zum Kern rotiert.

Supernova 1993J
3 Bodes Galaxie beherbergt die Überreste dieser Supernova mit Doppelstern.

Canis-Major-Zwerggalaxie
4 Die der Milchstraße nächstgelegene bekannte Galaxie ist ein Teil des Monoceros-Rings.

Zigarrengalaxie
5 Aufgrund der vielen Sterne wird die Spiralgalaxie als Starburst-Galaxie eingestuft.

Condor-Galaxie
6 Mit einem Durchmesser von über 522 000 Lichtjahren ist diese Galaxie fünfmal größer als die Milchstraße.

Hoags Objekt
7 Wie die alten roten Sterne im Zentrum und jungen blauen Sterne im Außenring dieser Ringgalaxie entstanden, ist noch unklar.

Magellansche Wolken
8 Bei der Großen und Kleinen Magellanschen Wolke handelt es sich um Galaxien und die größten Satelliten der Milchstraße.

M87
9 Das supermassereiche Schwarze Loch dieser Galaxie konnte als erstes überhaupt dargestellt werden und birgt viele wissenschaftliche Geheimnisse.

Feuerradgalaxie
10 Die schöne feuerradförmige Galaxie weist eine Supernova auf.

Antennen-Galaxien
11 Die kollidierenden, einst spiralförmigen Galaxien sind in einer ewigen Umarmung miteinander verschmolzen.

Virgo-Superhaufen
12 Selbst das Sonnensystem, die Milchstraße und die Lokale Gruppe erblassen angesichts des Virgo-Superhaufens mit fast 50 000 Galaxien.

Das zusammengesetzte NASA-Bild zeigt die Feuerradgalaxie oder M101; die Spiralgalaxie ist 70 % größer als die Milchstraße.

OBJEKTTYP
Balkenspiralgalaxie

DURCHMESSER
250 000 Lichtjahre

STERNBILD
Andromeda

SCHEINBARE HELLIGKEIT
3,4

ENTFERNUNG ZUM SONNENSYSTEM
2,5 Mio. Lichtjahre

ENTDECKT
Erstmals 964 vom persischen Astronomen Abd Ar-Rahman As-Sufi beschrieben

Andromeda weist die Charakteristika einer Spiralgalaxie auf.

Andromedagalaxie

Die Andromedagalaxie, auch Messier 31 genannt, ist der nächste große Nachbar der Milchstraße.

Die majestätische Spirale mit 1 Billion Sterne ist etwa so groß wie die Milchstraße. Andromeda ist nur 2,5 Mio. Lichtjahre entfernt und in einer dunklen Nacht mit bloßem Auge zu erkennen. Hoch im Herbsthimmel wirkt die Nachbargalaxie wie ein zigarrenförmiger Lichtstreifen im nördlichen Sternbild Andromeda, dem sie ihren Namen verdankt.

Von Astronomen auch M31 genannt, ist Andromeda seit Jahrtausenden ein Fixpunkt am Nachthimmel. Tatsächlich kann man nicht sagen, wer sie zuerst entdeckt hat. Die erste bekannte Erwähnung findet sie im *Buch der Fixsterne* aus dem Jahr 964 des persischen Astronomen Abd ar-Rahman as-Sufi. Über Jahrhunderte verortete man die Galaxie in der Milchstraße.

Letztendlich wird sich dieser Irrglauben bewahrheiten: Aktuell befinden sich Milchstraße und Andromedagalaxie auf Kollisionskurs und werden in rund 4,5 Mrd. Jahren zu einer großen elliptischen Galaxie verschmelzen.

Top-Tipp

Wer Andromeda unbedingt besuchen möchte, jedoch nicht genug Treibstoff hat, lässt die Zeit für sich spielen: In mehreren Milliarden Jahren befindet sich unser Nachbar auf der Türschwelle der Milchstraße und erleuchtet auf dem Weg zu einer direkten Kollision mit unserer Galaxie den Nachthimmel. Alternativ taucht Andromeda an prominenter Stelle in bekannten Geschichten über Weltraumreisen und fremde Welten wie *Star Trek*, *Doctor Who*, *Superman* und dem Marvel-Universum auf.

An- & Weiterreise

Andromeda ist zwar die der Galaxis nächstgelegene große Galaxie, aber noch immer 2,5 Mio. Lichtjahre entfernt. Eine Boeing 747 bräuchte für die Strecke länger, als die Galaxie alt ist.

Highlights

Auf Kollisionskurs

1 Die Andromedagalaxie rast derzeit mit 400000 km/h auf die Milchstraße zu. Seit dem frühen 20. Jh. wissen Wissenschaftler, dass die zwei Galaxien miteinander kollidieren werden und verschiedene Teams forschen daran, wie und wann das passieren wird. Nach heutigem Kenntnisstand trifft Andromeda in rund 4,5 Mrd. Jahren auf die Milchstraße. Die zwei Galaxien werden zu diesem Zeitpunkt noch immer etwa 420 000 Lichtjahre voneinander entfernt sein, sodass ihre galaktischen Scheiben nicht miteinander interagieren, ihre Dunkle-Materie-Halos hingegen schon. Dann vollziehen sie eine Kehrtwendung, krachen ineinander und bewegen sich weiter. Bis sie schließlich zu einer neuen riesigen elliptische Galaxie verschmelzen, dauert es nochmal rund 1 Mrd. Jahre.

All das mag nach einem Katastrophenszenario klingeln, doch das All ist riesig und die Entfernung zwischen den Sternen groß, deshalb wird es kaum zu Sternkollisionen kommen. Falls es die Erde dann noch gibt, wird unser Himmel in bunten Farben erstrahlen, da durchmischte und komprimierte heiße Gase neue Sterne entstehen lassen.

Klare Sicht

2 Aufgrund einer scheinbaren Helligkeit von 3,4 kann man Andromeda in einer mondlosen Nacht selbst bei moderater Lichtverschmutzung mit bloßem Auge am Himmel erkennen. Im Herbst, wenn die Galaxie hoch oben am Nordhimmel steht, ist sie am besten zu sehen. Wäre die gesamte Galaxie sichtbar und nicht nur ein vager Lichtklecks, sähe man eine Art Spindel, die sechsmal länger als der Vollmond breit ist. Ein Fernglas oder ein kleines Teleskop verbessern die Sicht, wobei die Galaxie wohl dessen gesamtes Gesichtsfeld einnimmt.

Wie viele Schwarze Löcher?

3 Astronomen haben bisher 35 Schwarze Löcher in Andromeda entdeckt und somit die größte Anzahl Schwarzer Löcher, die, abgesehen von der Milchstraße, in einer Galaxie entdeckt wurden. 2013 verkündeten Astronomen, dass sie mittels des Chandra-Röntgenteleskops in einem Zeitraum von 13 Jahren 26 Schwarze Löcher gefunden haben. Im Gegensatz zu den gigantischen Kraftmaschinen in galaktischen Zentren bestehen diese Löcher aus einzelnen Sternenmassen und sind rund fünf- bis zehnmal schwerer als die Sonne. Sie entstehen, wenn riesige Sterne kollabieren und sterben. Die tatsächliche Zahl Schwarzer Löcher ist wahrscheinlich viel höher als die geschätzten 100 Mio. in der Milchstraße.

Die PHAT-Studie: galaktische Kartographie

4 Über drei Jahre kartographierten Wissenschaftler mithilfe von 7398 Bildern des Hubble-Weltraumteleskops in mühevoller Arbeit rund ein Drittel der Sterne Andromedas. Das Ergebnis nennt sich Panchromatic Hubble Andromeda Treasury (PHAT) und ist das schärfste Großbild, das je von unserem galaktischen Nachbarn erstellt wurde. Eindrucksvollerweise konnte Hubble Einzelsterne darstellen, was die NASA mit einem Strandfoto vergleicht, auf dem die einzelnen Sandkörner zu sehen sind.

Das Panoramabild erfasst über 61000 Lichtjahre der flachen Scheibe Andromedas und mehr als 100 Mio. Sterne, von denen sich manche in tausenden eingebetteten Sternhaufen sammeln. Das Bild fängt dicht gedrängte Sterne im Bulge (Zentralbereich) der Galaxie ein und schweift dann über Sternspuren und Staub weiter draußen bis zur kargeren Außenscheibe hinaus. Dort zeigen junge blaue Sterne die Lage von Sternhaufen und Sternentstehungsregionen an, während dunkle Silhouetten auf komplexe Staubstrukturen hinweisen.

Ein „Nebel"

5 Bis ins frühe 20. Jh. gingen Astronomen davon aus, dass unsere Galaxie, die Milchstraße, das gesamte Universum einnimmt und dass es sich bei Lichtern am Himmel wie Andromeda um Nebel innerhalb unserer Galaxie handelt. 1912 untersuchte Vesto Slipher den Lauf Andromedas am Himmel und fand heraus, dass sie auf uns zurast und zwar mit einer derartigen Geschwindigkeit, dass sie nicht zur Milchstra-

© COURTESY NASA/JPL-CALTECH

Die blauweiß leuchtenden Ringe der Andromedagalaxie beherbergen heiße junge Sternriesen.

ße gehören konnte. 1917 sah Heber Curtis eine Nova im Andromedanebel und kam zu dem Schluss, dass dieser aufgrund der Helligkeit der Explosion rund 500 000 Lichtjahre entfernt sein muss. Endgültig widerlegt war die Nebeltheorie 1925, als Edwin Hubble mithilfe von Cepheiden (veränderliche Sterne) die Entfernung Andromedas endgültig messen konnte und aufzeigte, dass es sich bei der unscharfen Sternenansammlung um eine eigene weit entfernte Galaxie handelt.

Riesiger gasförmiger Halo

6 Andromeda ist gewaltig, ist aber von einem noch größeren gasförmigen Halo umgeben, der sich über rund 1 Mio. Lichtjahre von seiner Galaxie entfernt erstreckt, bis etwa auf halbem Weg zur Milchstraße. Könnte man die immense Blase aus heißem diffusem Plasma sehen, würde sie hundertmal größer als der Vollmond erscheinen, tatsächlich ist sie jedoch so gut wie unsichtbar. Astronomen identifizierten mittels Hubble die riesige Gasblase, indem sie untersuchten, wie sie das Licht ferner heller Quasare filterte. Das ist in etwa so, als würde man das Licht einer Taschenlampe durch Nebel scheinen sehen.

Das Forscherteam schätzt, dass der Haloriese die Hälfte der Sternenmasse der Galaxie enthält und dass er zur selben Zeit wie Andromeda, also vor 10 Mrd. Jahren, entstand. Der Halo weist allerdings auch den chemischen Fußabdruck explodierender Sterne auf. Die Supernova genannten Explosionen in der Andromedagalaxie schleuderten schwere Elemente ins All und reicherten den Halo damit an.

M64 ist an dem absorbierenden Staub zu erkennen, der den hellen Kern verdunkelt.

OBJEKTTYP
Spiralgalaxie

DURCHMESSER
54 000–70 000 Lichtjahre

STERNBILD
Haar der Berenike

SCHEINBARE HELLIGKEIT
9,8

ENTFERNUNG ZUM SONNENSYSTEM
ca. 17 Mio. Lichtjahre

ENTDECKT
Edward Pigott, 1779

Blackeye-Galaxie

Charakteristisch für die Blackeye-Galaxie ist das spektakuläre Band dunklen absorbierenden Staubs, der einen Teil des hellen Kerns verdunkelt. Die Galaxie beherbergt rund 100 Mrd. Sterne und wird auch M64, NGC 4826 oder Evileye-Galaxie genannt.

Die Staubstreifen, die die schlafende Schönheit verdunkeln, bergen ein finsteres Geheimnis: Sie zeugen von einer Kollision mit einer kleinen Galaxie in jüngerer Vergangenheit, die die größere schließlich verschluckte, und die Gase von M64 durchwirbelte. Gas in den äußeren Regionen der Galaxie, das sich über 40 000 Lichtjahre vom Kern erstreckt, rotiert in entgegengesetzter Richtung zu den Gasen und Sternen im Inneren. So entsteht ein ungewöhnliches konzentrisches System gegenläufig rotierender Elemente. Im Grenzbereich dieser entgegengerichteten Ströme startet an den Punkten der höchsten Verdichtung die Kernfusion. Hier werden neue Sterne geboren.

Die Blackeye-Galaxie wurde 1779 vom englischen Astronomen Edward Pigott entdeckt und ist im nördlichen Sternbild Haar der Berenike (Coma Berenices) zu finden. Der Name geht auf Königin Berenike II. von Ägypten zurück, die während der ptolemäischen Dynastie herrschte. Der Legende nach verschwand eine Locke, die Berenike der Göttin Aphrodite geopfert hatte, aus dem Tempel und tauchte am Himmel wieder auf. Den besten Blick auf die Galaxie hat man im Mai, wobei ein mittelgroßes Teleskop ausreicht. Ihr Kern beherbergt junge heiße blaue Sterne sowie rosa Wolken aus leuchtendem Wasserstoffgas, die fluoreszieren, wenn sie dem ultravioletten Licht neuer Sterne ausgesetzt sind.

OBJEKTTYP
Spiralgalaxie

DURCHMESSER
90 000 Lichtjahre

STERNBILD
Großer Bär

SCHEINBARE HELLIGKEIT
6,94

ENTFERNUNG ZUM SONNENSYSTEM
11,8 Mio. Lichtjahre

ENTDECKT
Johann Elert Bode, 1774

Im Kern von Bodes Galaxie befinden sich ältere gelbe und in den Spiralarmen jüngere bläuliche Sterne.

Bodes Galaxie

Bodes Galaxie, auch M81 genannt, ist eine rund 12 Mio. Lichtjahre entfernte Spiralgalaxie. Da sie am Himmel relativ groß und hell erscheint, ist sie bei Hobbyastronomen aber auch professionellen Astronomen beliebt.

M81 wurde 1774 von dem deutschen Astronomen Johann Elert Bode entdeckt und ist mit einer scheinbaren Helligkeit von 6,9 eine der hellsten Galaxien am Nachthimmel. Neben mehreren gewundenen Staubstreifen schlängeln sich die Spiralarme bis tief hinein in den Kern der Galaxie. Die Spiralarme bestehen aus jungen bläulichen heißen Sternen, die erst in den letzten paar Millionen Jahren entstanden sind, und beherbergen außerdem Sterne, die auf eine Phase mit sehr hoher Sternentstehungsrate zurückgehen, die vor rund 600 Mio. Jahren ihren Anfang nahm.

Der zentrale Bulge der Galaxie weist sehr viel ältere rote Sterne als die Spiralarme auf und ist um einiges größer als der der Milchstraße. Mithilfe von Aufnahmen des Hubble-Weltraumteleskops fand man heraus, dass die Größe des Schwarzen Lochs im Kern einer Galaxie proportional zur Masse des Bulges ist. M81 ist dafür ein gutes Beispiel: Das Schwarze Loch im Zentrum weist mit 70 Mio. Sonnenmassen rund 15-mal mehr Masse als sein Pendant im Kern der Milchstraße auf.

M81 befindet sich im Sternbild Großer Bär (Ursa Major) und ist am besten im April zu sehen. Durch ein Fernglas betrachtet, erscheint die Galaxie wie ein schwacher Lichtfleck ganz in der Nähe von M82, der etwas lichtschwächeren Zigarrengalaxie; mit einem kleinen Teleskop lässt sich der Kern erkennen.

Highlights

Supernova 1993J

1 1993 entdeckten Astronomen in M81 eine Supernova, eine stellare Explosion, die das Ende eines massereichen Sterns markiert. Aufgrund des von ihr ausgestrahlten Lichts klassifizierten die Wissenschaftler sie als seltene ungewöhnliche Explosion des Typs IIb und nannten sie Supernova 1993J. Es handelt sich um das nächstgelegene bekannte Phänomen dieser Art; zurückgehen soll es auf einen sterbenden Stern mit Begleitstern.

Über zwei Jahrzehnte lang nahmen Astronomen das verblassende Licht der Supernova 1993 genau unter die Lupe. Sie suchten nach einem intakten Begleitstern, den sie versteckt im Restlicht der Explosion vermuteten. 2014 wurde er dann tatsächlich gefunden. Er ist extrem heiß, verstrahlt ultraviolettes Licht und bestätigt die These, dass diese besondere Art der Supernova entsteht, wenn ein Stern aufgrund einer tödlichen Umarmung mit einem Begleitstern explodiert und seine Masse ins All hinausschleudert.

Blaue Punkte

2 Eine feine, von mysteriösen blauen Punkten durchsetzte Brücke aus Gas spannt sich zwischen M81 und den zwei Galaxien NGC 3077 und M82, mit denen erstere kollidiert. Vor rund zehn Jahren fand man mithilfe des Hubble-Weltraumteleskops heraus, dass es sich um leuchtend blaue zehntausende Sonnenmassen schwere Sternhaufen handelt. Diese sind in intergalaktischen Gebieten, wo es an Zutaten für neue Sterne mangelt, äußerst selten.

Wissenschaftler schätzen, dass ein Großteil dieser Sterne jünger als 200 Mio. Jahre ist, manche sollen sogar weniger als 10 Mio. Jahre alt sein. Man geht davon aus, dass M81 mit den zwei Galaxien vor rund 200 Mio. Jahren zusammengestoßen ist und seinen Nachbarn Gas entzog. Im Innern dieser Gasströme sind die Bedingungen heiß und turbulent genug, damit junge Sterne entstehen können.

Pulsierende Sterne

3 Lange Zeit war die Entfernung von M81 ungewiss – Schätzungen schwankten zwischen 4,5 und 18 Mio. Lichtjahren. In den frühen 1990er-Jahren suchten Astronomen dann gezielt innerhalb der Galaxienscheibe nach speziellen pulsationsveränderlichen Sternen, Cepheiden genannt. Diese weisen in Zeiträumen von zehn bis 50 Tagen Helligkeitsschwankungen auf und pulsieren auf eine Art, die es Forschern ermöglicht, ihre absolute Helligkeit zu bestimmen und somit eine genaue Entfernungsmessung vorzunehmen. Da in M81 mittlerweile 30 Cepheiden gefunden wurden, können Astronomen die Entfernung der Galaxie mit 11,8 Mio. Lichtjahren sehr exakt bestimmen.

Top-Tipp

Bei einem Besuch von M81 bekommt man eventuell drei Galaxien für den Preis von einer: Die funkelnde Spirale interagiert mit ihren zwei nächsten Nachbarn und ist die größte von 34 Galaxien in der M81-Gruppe, einer Galaxiengruppe in unmittelbarer Nähe zu unserer Lokalen Gruppe. M81 sorgt für gravitationelle Störungen in den Galaxien NGC 3077 und M82 (der Zigarrengalaxie), wo durch diese galaktische Interaktion neue Sterne entstehen. Letztendlich werden die drei Galaxien miteinander verschmelzen.

An- & Weiterreise

Obwohl M81 mit einer Entfernung von 11,8 Mio. Lichtjahren noch verhältnismäßig nah liegt, hat das Licht, das uns von der Galaxie erreicht, eine 60-mal längere Reise hinter sich, als der *Homo sapiens* existiert.

OBJEKTTYP
Irreguläre Zwerggalaxie

DURCHMESSER
Unbekannt

STERNBILD
Großer Hund

ENTFERNUNG ZUM SONNENSYSTEM
25 000 Lichtjahre von der Sonne, 42 000 Lichtjahre vom galaktischen Zentrum

ENTDECKT
2003

Canis-Major-Zwerggalaxie

Diese Galaxie liegt der Milchstraße am nächsten und wurde dennoch erst 2003 entdeckt. Lange galten die Magellanschen Wolken als die nächstgelegenen bekannten Galaxien, 1994 identifizierten Astronomen dann die Sagittarius-Zwerggalaxie. Acht Jahre später fand man bei der Untersuchung der galaktischen Ebene in staubdurchdringendem Infrarotlicht zufällig die Canis-Major-Zwerggalaxie.

Die Zwerggalaxie mit gerade einmal 1 Mrd. Sterne hat eine etwa elliptische Form und wird zu großen Teilen in Milchstraßenebene von Staub verdeckt. Sie weist viele alte rote Riesensterne auf sowie einen zerfallenen Kern, der die Galaxie zu einer Art galaktischem Kadaver macht.

Tatsächlich befindet sich die Zwerggalaxie in Kollision mit der Milchstraße, deren Schwerkraft den Zwerg allmählich auflöst und nichts weiter als einen Sternstrom hinterlassen wird. Von der voranschreitenden Auflösung zeugen Überreste in Form einer 200 000 Lichtjahre langen glühenden Struktur aus Sternen, Gas und Staub. Dieser sogenannte Monoceros-Ring windet sich dreimal um die Milchstraße. (Im Grunde wurde man über den Monoceros-Ring überhaupt erst auf die Galaxie aufmerksam.) Schätzungen zufolge wird die Zwerggalaxie etwa in weiteren 1 Mrd. Jahren mit der Milchstraße verschmelzen.

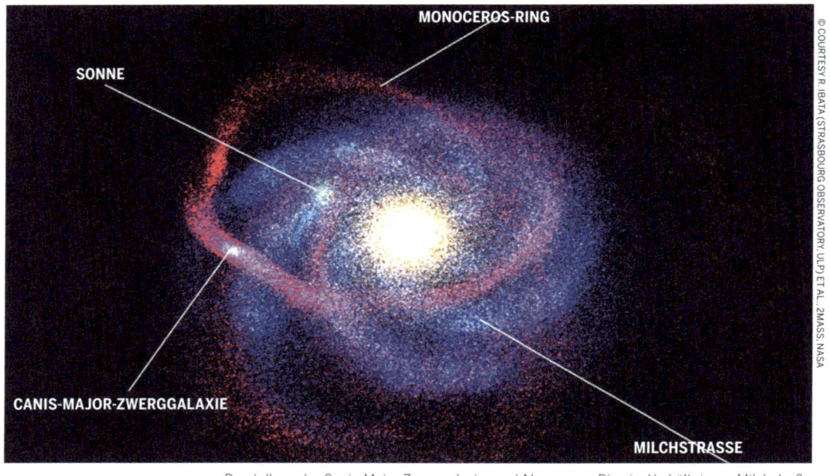

Darstellung der Canis-Major-Zwerggalaxie samt Monocerus-Ring im Verhältnis zur Milchstraße

Das Bild des Hubble-Weltraumteleskops kombiniert sichtbares und ultraviolettes Licht.

OBJEKTTYP
Linsenförmige/elliptische (aktive) Galaxie

DURCHMESSER
>60 000 Lichtjahre

STERNBILD
Zentaur

SCHEINBARE HELLIGKEIT
6,8

ENTFERNUNG ZUM SONNENSYSTEM
ca. 11 Mio. Lichtjahre

ENTDECKT
James Dunlop, 1826

Centaurus A

Mit einer Entfernung von nur elf bis zwölf Mio. Lichtjahren ist Centaurus A mit seiner eigentümlichen Form eine der Erde nächstgelegenen aktiven Galaxien und eine der stärksten Radioquellen am Himmel. Die auffällige elliptische Galaxie erstreckt sich über mehr als 60 000 Lichtjahre, wird auch NGC 5128 genannt und sieht aus wie ein heller Fleck aus Sternen, der von einem dunklen staubigen Band umwickelt ist.

Centaurus A entstand wahrscheinlich durch die Kollision zweier normaler Galaxien, die ein fantastisches Sternhaufengewirr und eindrucksvolle Staubstreifen zur Folge hatte. Nahe des Kerns der Galaxie werden ständig kosmische Überbleibsel von einem zentralem Schwarzen Loch „verschluckt“, dessen Masse über 1 Mrd.-mal größer ist als die der Sonne. Dabei wird starke Radio-, Röntgen- und Gammastrahlung freigesetzt, zudem schleudert das Schwarze Loch hochenergetische Partikelströme ins All, die über 1 Mio. Lichtjahre lang sind. Astronomen schätzen, dass sich Materie nahe der Basis dieser sogenannten kosmischen Jets etwa mit einem Drittel der Lichtgeschwindigkeit bewegt. Die Jets interagieren stark mit umliegenden Gasen und können die Sternentstehungsrate einer Galaxie beeinflussen. Dank ihnen ist Centaurus A zudem eine der ersten Radioquellen, die in einer Galaxie entdeckt wurde. Im Radiowellenbereich betrachtet, ist Centaurus A eines der größten und hellsten Objekte am Himmel und ist rund 20-mal größer als die scheinbare Größe des Vollmonds.

Als fünfthellste Galaxie am Himmel ist Centaurus A ein beliebtes Beobachtungsobjekt für Hobbyastronomen. Mit einem Fernglas oder einem kleinen Teleskop sind der zentrale Bulge und die verformten Staubstreifen zu sehen. Die beste Sicht auf die nahe aktive Galaxie hat man auf der Südhalbkugel und in niedrigen nördlichen Breitengraden.

OBJEKTTYP
Seyfertgalaxie

DURCHMESSER
1400 Lichtjahre

STERNBILD
Zirkel

SCHEINBARE HELLIGKEIT
12,1

ENTFERNUNG ZUM SONNENSYSTEM
13–14 Mio. Lichtjahre

ENTDECKT
1975

Helle Filamente (fadenförmige Strukturen) sind typisch für die Circinusgalaxie.

Circinusgalaxie

Die Circinusgalaxie erinnert an einen leuchtend dampfenden Hexenkessel und ist eine der Milchstraße am nächsten liegenden großen Galaxien. Sie ist aber größtenteils unerforscht, da sie sich hinter Gas und Staub versteckt.

Nur 13 bis 14 Mio. Lichtjahre entfernt im Sternbild Zirkel (Circinus), gehört die Circinusgalaxie zu den nächstgelegenen aktiven Galaxien. Das bedeutet, dass die Helligkeit größtenteils vom Kern erzeugt wird und weniger von den schimmernden Sternen der Galaxienscheibe – der Name verrät es: Aktive Galaxien verfügen über einen aktiven Galaxienkern. In der Circinusgalaxie entstehen nahe des Kerns in schneller Folge neue Sterne, die Staub und Filamente erzeugen. Auch diese erwärmen sich und leuchten in Infrarotlicht. Deshalb wird die Galaxie auch als Seyfertgalaxie eingestuft, d. h. eine aktive Galaxie mit charakteristischen Emissionslinien.

Der Kern besteht aus einem supermassiven Schwarzen Loch, dessen Masse die der Sonne um das millionen- oder gar milliardenfache übertrifft und das allmählich die umliegende Scheibe aus Gas und Staub verschluckt. Die Materie wird in das riesige Schwarze Loch im Herzen der Galaxie gezogen und beim Sturz hinein derart heiß, dass starke Röntgenstrahlung und ultraviolettes Licht ensteht. Diese Emissonen können als helles Leuchten wahrgenommen werden und erwärmen gleichzeitig Staub weiter draußen auf der Scheibe, der dann in Infrarotlicht glüht. Näher zum Rand der Galaxie hin gibt es noch ein kleineres Schwarzes Loch, das zur Klasse ultraleuchtkräftiger Röntgenquellen (ULX) gehört. Eine ULX entsteht, wenn ein Schwarzes Loch von einem Begleitstern Materie abzieht (Akkretion) und in sich aufnimmt. Diese ULX wurde vom Nuclear Spectroscopic Telescopic Array (NuSTAR) der NASA entdeckt. Weitere Forschungen mit anderen Teleskopen ergaben, dass das entferntere kleinere Schwarze Loch etwa hundertmal mehr Masse hat als die Sonne.

Ein bearbeitetes Bild der Condor-Galaxie, basierend auf ESO-Daten

OBJEKTTYP
Balkenspiralgalaxie

DURCHMESSER
522 000–700 000 Lichtjahre

STERNBILD
Pfau

SCHEINBARE HELLIGKEIT
12,7

ENTFERNUNG ZUM SONNENSYSTEM
212 Mio. Lichtjahre

ENTDECKT
John Herschel, Juni 1835

Condor-Galaxie

Die spektakuläre Balkenspiralgalaxie NGC 6872, auch Condor-Galaxie oder nur „The Condor“ genannt, gehört zu den ausgedehntesten Sternensystemen, die jemals beobachtet wurden. Der galaktische Riese erstreckt sich von der Spitze des einen Spiralarms zum anderen über rund 522 000 Lichtjahre und ist mehr als fünfmal so groß wie die Milchstraße.

So groß wie NGC 6872 sind nicht viele Galaxien: Ihr zentraler Balken misst 26 000 Lichtjahre und ist damit größer als so manch andere Galaxie insgesamt. Forscher führen die ungewöhnliche Größe und Form auf die Interaktion mit einer sehr viel kleineren Galaxie namens IC 4970 zurück, deren Masse ein Fünftel von NGC 6872 beträgt. Galaxien von normaler Größe, so auch unsere, wachsen über Milliarden von Jahren, indem sie kleinere Systeme absorbieren. In diesem Fall scheint das Gegenteil zu passieren. Interessanterweise könnte aus der gravitativen Interaktion von NGC 6872 und IC 4970 eine kleine neue Galaxie, ein sogenannter „Gezeitenzwerg“ (auch engl. als *tidal dwarf galaxy* bezeichnet) beim nordöstlichen Arm der Condor-Galaxie erwachsen.

Bei der Analyse der Energieverteilung nach Wellenlänge stießen Forscher auf ein Muster bezüglich des Sternenalters entlang der zwei auffälligen Spiralarme. Die jüngsten Sterne stehen innerhalb des Gezeitenzwergs, der in ultraviolettem Licht hell leuchtet und weniger als 200 Mio. Jahre alt ist. Richtung Galaxienkern werden die Sterne dagegen immer älter. Am südwestlichen Arm ist dasselbe Muster zu erkennen. Wahrscheinlich hängt dies mit Wellen der Sternentstehung zusammen, die von der galaktischen Kollision ausgelöst wurden. Entlang des zentralen Balkens gibt es keine Hinweise auf kürzlich entstandene Sterne, er ist also wohl schon vor ein paar Milliarden Jahren entstanden. Seine alten Sterne geben Zeugnis von der frühen Sternpopulation der Galaxie.

OBJEKTTYP
Spiralgalaxie

DURCHMESSER
60 000 Lichtjahre

STERNBILD
Dreieck

SCHEINBARE HELLIGKEIT
5,7

ENTFERNUNG ZUM SONNENSYSTEM
2,7 Mio. Lichtjahre

ENTDECKT
Giovanni Battista Hodierna, ca. 1654; später von Charles Messier, 1764

Der gewaltige Nebel NGC 604 befindet sich in der benachbarten Spiralgalaxie M33.

Dreiecksgalaxie

Die Dreiecksgalaxie, auch M33 oder Dreiecksnebel genannt, ist eine wunderschöne Spirale, die zur Lokalen Gruppe gehört. Als ihr kleinstes Mitglied liegt sie rund 3 Mio. Lichtjahre entfernt im gleichnamigen Sternbild.

Die Dreiecksgalaxie mit einem Durchmesser von nur 60 000 Lichtjahren beherbergt zwischen 10 und 40 Milliarden Sonnenmassen an Sternen. Sie hat weder einen hellen zentralen Bulge noch ist ein „Balken“ zu erkennen, dafür gibt es jedoch riesige Mengen an Gas und Staub, die Sterne schnell entstehen lassen. Aufgrund der gleichmäßigen Spiralform vermuten Astronomen, dass die Galaxie keine Interaktionen mit ihren Nachbarn hatte. Das könnte sich aber ändern. M33 ist nicht viel weiter von uns entfernt als die Andromedagalaxie und könnte auf deren Reise zur Milchstraße ihr gravitativer Begleiter sein. M33 wäre damit ein dritter Mitspieler bei der in über 4 Mrd. Jahren anstehenden Kollision zwischen Andromeda und Milchstraße.

Die Lokale Gruppe wird von Milchstraße, Andromeda und Dreiecksgalaxie dominiert. Als Juniormitglied dieses Spiralgalaxientrios liefert letztere wertvolle Vergleichswerte und Unterschiede, wie es nur ein naher Begleiter kann. Besonders bemerkenswert: Die Sternentstehungsrate der Dreiecksgalaxie ist zehnmal höher als in der benachbarten Andromedagalaxie. NGC 604 (siehe Bild oben) ist die größte Sternentstehungsregion von M33 und eine der größten Sternwiegen der Lokalen Gruppe überhaupt. Bei idealen Bedingungen ist die Dreiecksgalaxie mit bloßem Auge als unscharfes Objekt im Sternbild Dreieck zu erkennen, und ist damit eines der entferntesten Objekte, das ohne Hilfsmittel sichtbar ist.

OBJEKTTYP
Elliptische Zwerggalaxie

DURCHMESSER
10 000 Lichtjahre

STERNBILD
Schütze

SCHEINBARE HELLIGKEIT
4,5

ENTFERNUNG ZUM SONNENSYSTEM
70 000 Lichtjahre

ENTDECKT
Rodrigo Ibata, Gerry Gilmore, Mike Irwin, 1994

Die Elliptische Sagittarius-Zwerggalaxie ist so dunkel, dass sie erst 1994 entdeckt wurde.

Elliptische Sagittarius-Zwerggalaxie

Fast zehn Jahre lang galt die Elliptische Sagittarius-Zwerggalaxie (SagDEG, nicht mit der Irregulären Sagittarius-Zwerggalaxie zu verwechseln) als die der Milchstraße nächstgelegene bekannte Galaxie. Der kleine dunkle Sternhaufen ist nur 70 000 Lichtjahre vom Sonnensystem bzw. ein Drittel der Distanz zur Großen Magellanschen Wolke entfernt.

Die diffuse und größtenteils von Sternen der Milchstraße verdeckte Elliptische Sagittarius-Zwerggalaxie (SagDEG) konnte sich bis 1994 vor den Augen der Astronomen verstecken. Heute weiß man, dass es sich um eine Satellitengalaxie handelt, die die Milchstraße umkreist und dafür jeweils etwa 1 Mrd. Jahre benötigt. Wissenschaftler vermuten, dass die kleine Galaxie von der Schwerkraft der Milchstraße auseinandergerissen wird, genau wie die Canis-Major-Zwerggalaxie, die seit 2003 als nächstgelegene Galaxie gilt.

Die Elliptische Sagittarius-Zwerggalaxie beherbergt mehrere „Sterngrüppchen", die als Kugelsternhaufen bezeichnet werden. Dabei handelt es sich um uralte Sternansammlungen, die älter als die Milchstraße sind. Eine davon, M54, ist so hell und klar, dass Astronomen sie für den Rest des Kerns der Sagittarius-Zwerggalaxie halten, ein Relikt aus glanzvolleren Zeiten.

Die nahe Galaxie liegt von der Sonne aus auf der anderen Seite der Milchstraße rund 70 000 Lichtjahre von uns und 50 000 Lichtjahre vom Zentrum der Milchstraße entfernt. Tatsächlich befinden sich einige Sterne der SagDEG bereits in den äußersten Regionen der Milchstraße.

OBJEKTTYP
Spiralgalaxie

DURCHMESSER
170 000 Lichtjahre

STERNBILD
Großer Bär

SCHEINBARE HELLIGKEIT
7,9

ENTFERNUNG ZUM SONNENSYSTEM
20,87 Mio. Lichtjahre

ENTDECKT
Pierre Méchain, 1781

DATA: K.D. KUNTZ (GSFC), F. BRESOLIN (UNIVERSITY OF HAWAII), J. TRAUGER (JPL), J. MOULD (NOAO), AND Y.-H. CHU (UNIVERSITY OF ILLINOIS, URBANA); IMAGE PROCESSING: DAVIDE DE MARTIN (ESA/HUBBLE); CFHT IMAGE: CANADA-FRANCE-HAWAII TELESCOPE/J.-C. CUILLANDRE/COELUM; NOAO IMAGE: GEORGE JACOBY, BRUCE BOHANNAN, MARK HANNA/NOAO/AURA/NSF

Dieses Bild wurde aus Aufnahmen im Bereich des sichtbaren und des Infrarotlichts in einem Zeitraum von 10 Jahren zusammengestellt.

Feuerradgalaxie

M101, eine der eindrucksvollsten Galaxien am Himmel, wird auch Feuerradgalaxie oder Pinwheel-Galaxie genannt. Die riesige Spiralscheibe aus Sternen, Staub und Gas misst 170 000 Lichtjahre, hat nahezu den doppelten Durchmesser der Milchstraße.

In den majestätischen Spiralarmen der Feuerradgalaxie befinden sich große sternbildende Nebel und riesige Wolken aus molekularem Wasserstoff mit einer hohen Sternentstehungsrate. Hell leuchtende junge Haufen aus heißen blauen „neugeborenen" Sternen umgeben die Spiralarme. M101 soll mindestens 1 Billion Sterne beherbergen, also mehr als doppelt so viele wie unsere Heimatgalaxie. Dank des direkten Blicks auf ihre Scheibe kann man von der Erde aus die Galaxie in ihrer ganzen eindrucksvollen Pracht bewundern.

Pierre Méchain, ein Kollege von Charles Messier, entdeckte M101 1781. Die hohe Ziffer zeigt, dass es sich um einen der letzten Zugänge im Messier-Katalog handelte. Die Galaxie liegt 21 Mio. Lichtjahre von der Erde entfernt im Sternbild Großer Bär und hat eine scheinbare Helligkeit von 7,9. Um sie zu entdecken, hält man nach dem Großen Wagen, einem Teilsternbild des Großen Bären, Ausschau, und dort nach dem Knick in der Deichsel. In direkter Nähe liegt M101; ein kleines Teleskop ist ausreichend, und die beste Sicht hat man im April.

Highlights

Asymmetrie

1 M101 erinnert an ein Feuerrad, wenn auch an ein etwas krummes. Grund für die leicht schiefe Form der Galaxie sind Interaktionen mit nahen Galaxien, die interstellares Wasserstoffgas anziehen und komprimieren, wodurch in den Spiralarmen Sterne entstehen. M101 bildet dabei mit den fünf prominenten Begleitgalaxien NGC 5204, NGC 5474, NGC 5477, NGC 5585 und Holmberg IV ein Sextett, das den Großteil der M101-Galaxiengruppe ausmacht.

Gigantische Supernova

2 Im Jahr 2011 beobachteten Astronomen in M101 fast in Echtzeit eine Supernova. Als sich das Licht der Explosion nach außen bewegte, wurde ihnen bewusst, dass es sich um eine Supernova des Typs Ia handelt. Dies ist hilfreich, um zu verstehen, wie das Universum expandiert. Später gab die Erforschung der Supernova zudem Aufschlüsse über Sternexplosionen im Allgemeinen.

Diese Supernova, genannt 2011fe (oder PTF 11kly) war die der Erde nächstgelegene und hellste Explosion dieser Art seit 1987. Tatsächlich konnte man sie mit einem kleinen handelsüblichen Teleskop erkennen. Da Astronomen den Moment der Explosion miterlebten, bot sich ihnen erstmalig die Chance, die Anfangsstadien eines explodierenden Sterns zu erforschen. Supernovas des Typs Ia gehen auf Weiße Zwerge, kollabierte Überreste sonnenähnlicher Sterne, zurück. Detonieren diese Weißen Zwerge, erzeugen sie eine berechenbare Helligkeit.

Durch den Vergleich der beobachteten Helligkeit einer Supernova des Typs Ia mit der berechenbaren Helligkeit können Astronomen die Entfernung des Objekts sehr genau berechnen. Wissenschaftler verglichen die jeweilige Leuchtkraft von Dutzenden Supernovas des Typs Ia miteinander und fanden heraus, dass das Universum immer schneller expandiert. Anders gesagt: Entferntere Objekte entfernen sich schneller, als man erwartete. Diese Entdeckung steht in Verbindung mit der mysteriösen „Dunklen Energie“ und brachte den beteiligten Wissenschaftlern 2011 den Physik-Nobelpreis ein.

Warum genau Weiße Zwerge explodieren, ist noch nicht abschließend geklärt. Man weiß, dass sie detonieren, wenn ihnen zu viel Masse zugeführt wird, doch welcher Sternentyp ihnen diese tödliche Dosis abgibt, bleibt ein Rätsel. Die Untersuchung der Supernova 2011fe sorgte für noch mehr Unklarheit, da sie eine beliebte Theorie unwahrscheinlich machte. Man nimmt nun an, dass der Begleiter des todgeweihten Zwergs viel weniger Masse als unsere Sonne hat.

Top-Tipp

Sterne in M101 scheinen ungewöhnlich schnell zu entstehen und wieder zu sterben, davon zeugen vier Sternexplosionen, die in rund 100 Jahren beobachtet wurden. Astronomen schätzen, dass im Normalfall pro Galaxie und Jahrhundert etwa ein bis zwei Supernovas explodieren, M101 liegt also über dem Durchschnitt. Die Supernovas der Galaxie sind nach den Jahreszahlen, in denen sie auftraten, benannt: SN 1909A, SN 1951H, SN 1970G und SN 2011fe. Letztere war für die Astronomen ein besonderes Highlight (mehr dazu links).

An- & Weiterreise

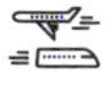

Aufgrund der Entfernung von 21 Mio. Lichtjahren bewundert man diese Galaxie besser nur aus der Ferne.

OBJEKTTYP
Irreguläre Zwerggalaxie

DURCHMESSER
14 000 Lichtjahre (G), 7000 Lichtjahre (K)

STERNBILD
Schwertfisch & Tafelberg (G); Tukan & Kleine Wasserschlange (K)

SCHEINBARE HELLIGKEIT
0 (G), 2 (K)

ENTFERNUNG ZUM SONNENSYSTEM
160 000 Lichtjahre (G), 200 000 Lichtjahre (K)

ENTDECKT
In der Antike

Die Bezeichnung „Wolken" geht auf die wolkenähnlichen dichten Gasnebel zurück.

Große und Kleine Magellansche „Wolke"

Die Magellanschen Wolken sind die zwei größten Satellitengalaxien der Milchstraße. Sie liegen rund 75 000 Lichtjahre voneinander entfernt und sind von der Südhalbkugel aus gut erkennbar.

Trotz ihrer recht moderaten Größe erscheinen die Galaxien wegen der geringen Entfernung am Himmel verhältnismäßig groß. Die über 160 000 Lichtjahre entfernte Große Magellansche Wolke (GMW) in den Sternbildern Schwertfisch und Tafelberg ist eines der auffälligsten Objekte des südlichen Nachthimmels und wirkt wie ein weggeworfenes Überbleibsel der Milchstraße. Doch auch wenn die GMW nur ein Zehntel der Masse der Milchstraße aufweist, ist sie eine eigene Galaxie mit rund 10 Mrd. Sonnenmassen an Sternen. Die GMW ist voll von Sternentstehungsregionen. Vom Tarantelnebel, einer der hellsten Sternenwiegen in unserer kosmischen Nachbarschaft, bis zu LHA 120-N 11, ist die kleine irreguläre Galaxie von leuchtenden Nebeln durchsetzt, dem offensichtlichsten Anzeichen für einen Entstehsort neuer Sterne.

Die Kleine Magellansche Wolke (KMW) ist, wie der Name schon sagt, kleiner als ihr Nachbar. Sie hat etwa den halben Durchmesser der GMW und enthält mit rund 7 Mrd. Sonnenmassen an Sternen etwa zwei Drittel ihrer Masse. Wie die GMW hat auch sie einen zentralen Sternbalken, jedoch keinen Spiralarm.

Rund 200 000 Lichtjahre von der Milchstraße entfernt, gehört die KMW in den Sternbildern Tukan und Kleine Wasserschlange zu den entferntesten Objekten, die noch mit dem bloßen Auge zu erkennen sind. Sie ist ebenfalls eine irreguläre Galaxie. Manche beschreiben sie als Balkenscheibe, verzerrt von den Gravitationskräften der Milchstraße.

Highlights

Cepheiden

1 Vor über einem Jahrhundert konnten Astronomen mithilfe von pulsationsveränderlichen Sternen in der KMW die Entfernung kosmischer Objekte bestimmen. 1912 fiel Henrietta Swan Leavitt auf, dass dort 25 Sterne, heute Cepheiden genannt, in ihrer Helligkeit schwankten. Sie maß die Pulsationsperiode jedes Sterns und stellte fest, dass mit der Helligkeit auch die Länge der Periode stieg. Heute wissen wir, dass Pulsation und Helligkeit der Cepheiden einander bedingen. Forscher messen die Perioden von bis zu 13 Mio. Lichtjahren entfernten Cepheiden, leiten daraus ab, wie hell sie tatsächlich sind, und können so die Entfernung bestimmen.

Tarantelnebel

2 Die GMW ist eine Art Nährboden für dynamische Sternentstehung. Die Galaxie ist reich an Gas und Staub und beherbergt rund 60 Kugelsternhaufen sowie 700 offene Sternhaufen. Eine der bedeutendsten Sternenwiegen ist der faszinierende Tarantelnebel, in dem in einem fast 1000 Lichtjahre breiten Gebiet riesige Gaswolken in sich zusammenfallen und neue Sterne bilden. Ein internationales Astronomenteam entdeckte in dem Nebel kürzlich neun Monstersterne, deren jeweilige Masse die der Sonne hunertmal übertrifft. Bis heute handelt es sich dabei um die größte Ansammlung von massiven Sternen, die jemals identifiziert wurde.

Der Tarantelnebel in der GMW hat einen Durchmesser von fast 1000 Lichtjahren.

Top-Tipp

Bis 1994 galten die Magellanschen Wolken als die unserer Galaxie am nächsten gelegenen bekannten Galaxien. Dann entdeckten Wissenschaftler die elliptische Sagittarius-Zwerggalaxie (die später von der Canis-Major-Zwerggalaxie als nächstgelegene Galaxie abgelöst wurde). Im Gegensatz zu näheren Sternhaufen sind die Magellanschen Wolken leicht am Südhimmel auszumachen. Ihr Name geht auf Ferdinand Magellan zurück, der sie angeblich bei seiner Weltumseglung als Navigationshilfe nutzte. Entdeckt wurden sie jedoch sehr viel früher von den australischen Aborigines, den neuseeländischen Maori und den Südpazifischen Insulanern.

An- & Weiterreise

Die Magellanschen Wolken gehören zu unseren nächsten Nachbarn, sind gut von der südlichen Halbkugel aus zu erkennen und gelten als die unserer Galaxie am nächsten gelegenen großen Galaxien, dennoch sind 160 000 Lichtjahre (bzw. 200 000 bis zur KMW) eine verdammt lange Strecke. Science-Fiction-Fans können weiterhin auf einen wissenschaftlichen Durchbruch hoffen.

Supernova 1987A

Vor drei Jahrzehnten machten Astronomen in der Großen Magellanschen Wolke einen der hellsten explodierenden Sterne in über 400 Jahren aus. Der Gigant namens Supernova 1987A (SN 1987A) strahlte nach seiner Entdeckung am 23. Februar 1987 über mehrere Monate mit der Kraft von 100 Mio. Sonnen. Und auch danach faszinierte SN 1987A Astronomen mit seiner spektakulären Lichtershow.

SN 1987A flammte auf, als ein blauer Überriese explodierte und starb. Über 30 Jahre lang ließen sich durch leistungsstarke Teleskope die Folgen der Explosion und die Bildung mehrerer leuchtender Ringe um den früheren Stern beobachten. Bilder des Hubble-Weltraumteleskops zeigen, dass der dichte Gasring um die Supernova etwa einen Durchmesser von einem Lichtjahr hat und im Bereich des sichtbaren Lichts leuchtet. Den Ring gab es schon mindestens 20000 Jahre vor der Sternexplosion, doch ein ultravioletter Lichtblitz während der Detonation übertrug Energie auf den Ring und ließ ihn jahrzehntelang leuchten.

Astronomen sind sich noch immer nicht sicher, ob der Riesenstern zu einem Schwarzen Loch oder einem Neutronenstern kollabierte. Aufgrund der Neutrinos, die bei der Explosion freigesetzt wurden, steht jedoch fest, dass irgendeine Art von dichtem kompakten Objekt übrig geblieben ist.

Verschmelzung

3 Rund 160000 Lichtjahre von der Erde entfernt, vollführt die Große Magellansche Wolke ein Art langen, langsamen Tanz um die Milchstraße herum, der allerdings nicht ewig dauern wird. Irgendwann werden beide miteinander verschmelzen. Neue Forschungen legen nahe, dass die GMW schwerer ist als angenommen und deshalb in ca. 2 Mrd. Jahren – also noch vor der Andromedagalaxie – mit der Milchstraße kollidieren und ausgelöscht werden wird. Die Kleine Magellansche Wolke ereilt wohl dasselbe Schicksal.

Intergalaktische Schlacht

4 Beim kosmischen Tauziehen zwischen den Magellanschen Wolken entzieht die Schwerkraft einer Galaxie der anderen riesige Mengen Gas. Die zerfledderte Gaswolke, Magellanscher Strom genannt, ist zwischen 1 und 2 Mrd. Jahren alt und wird von der Milchstraße verschluckt. Kürzlich fanden Wissenschaftler mithilfe des Hubble-Weltraumteleskops heraus, dass der magellansche Strom von der KMW stammt und Folge der andauernden „Schlacht“ mit der GMW ist.

Der gestohlene Flügel

5 „Der Flügel“ ist eine Struktur in der südöstlichen Region der KMW. Der faszinierende Nebel an ihrer Spitze erinnert an ein offenes Maul voller Sterne. Astronomen entdeckten kürzlich, dass Sterne im Flügel sich von der Zwerggalaxie wegbewegen. Da sie sich alle mit einer ähnlichen Geschwindigkeit gen GMW bewegen, geht man davon aus, dass die zwei Galaxien zusammengestoßen sind, vielleicht erst vor ein paar 100 Mio. Jahren.

Der offene Sternhaufen NGC 346 in der Kleinen Magellanschen Wolke

Von vorne betrachtet, ist die komplette Spirale von NGC 1232 sichtbar.

OBJEKTTYP
Spiralgalaxie

DURCHMESSER
200 000 Lichtjahre

STERNBILD
Eridanus

SCHEINBARE HELLIGKEIT
10,9

ENTFERNUNG ZUM SONNENSYSTEM
60 Mio. Lichtjahre

ENTDECKT
William Herschel, Oktober 1784

Große Spiralgalaxie

Die Große Spiralgalaxie oder auch NGC 1232 hat – wenig überraschend – die Form einer Spirale.

Die wunderschöne Spiralform von NGC 1232 ist von der Erde aus fast in ihrer ganzen Pracht zu sehen. Sie hat einen Durchmesser von etwa 200 000 Lichtjahren und wartet mit älteren rötlichen Sternen im Zentrum sowie mehrere Spiralarmen mit jungen blauen Sternen und Sternentstehungsregionen auf.

In der Nähe von NGC 1232 befindet sich eine deformierte Begleitgalaxie, deren Form an den griechischen Buchstaben Theta erinnert. Sie wird NGC 1232A oder PGC 11834 genannt und ist für eine Begleitgalaxie verhältnismäßig groß. Im Jahr 2013 entdeckten Forscher mithilfe des Chandra-Röntgenteleskops der NASA eine massive Wolke aus mehreren Millionen Grad heißem Gas in der großen Spirale, das wahrscheinlich bei einer Kollision mit einer kleineren Zwerggalaxie entstand. Solche Zusammenstöße erzeugen Schockwellen, die wiederum heiße Gase erzeugen. Bewegt sich die Galaxie weiter, produziert das heiße Gas eine kometenähnliche Spur. Die Masse des erhitzten Gases wird, je nachdem, wie es sich auf die Galaxie verteilt, auf 40 000 bis 1 Mio. Sonnenmassen geschätzt. Kollisionen schaffen zudem ideale Bedingungen für die Entstehung neuer Sterne.

Die Große Spiralgalaxie liegt südlich des Himmelsäquators im Sternbild Eridanus, das seit Ptolemäus bekannt ist. In der Antike wird Eridanus als gewundener Fluss dargestellt, heute ist das Sternbild das sechstgrößte und dehnt sich auf beide Hemisphären aus, vom Fuß des Orions nahe des Äquators bis zum Tukan.

OBJEKTTYP
Ringgalaxie

DURCHMESSER
100 000 Lichtjahre

STERNBILD
Schlange

SCHEINBARE HELLIGKEIT
16

ENTFERNUNG ZUM SONNENSYSTEM
600 Mio. Lichtjahre

ENTDECKT
Art Hoag, 1950

Hoags Objekt erinnert an eine Schlange, die sich selbst in den Schwanz beißt.

Hoags Objekt

Ein fast perfekter Ring aus heißen blauen Sternen kreist um den gelben Kern der ungewöhnlichen Galaxie Hoags Objekt.

Die komplette Struktur dieser besonderen Ringgalaxie hat einen Durchmesser von rund 100 000 Lichtjahren und ist somit etwas größer als die Milchstraße. Der bläulich leuchtende Ring wird von Ansammlungen junger massiver Sterne dominiert und steht in starkem Kontrast zum hellen gelben Kern aus vornehmlich älteren Sternen. Die auffällige Lücke, die die zwei Sternpopulationen trennt, enthält wahrscheinlich einige Sternhaufen, die zu blass sind, um sie zu erkennen.

Es wurden zwar bereits andere Galaxien gefunden, die Hoags Objekt ähneln, diese sind jedoch selten. Astronomen haben noch nicht abschließend geklärt, wie derartige bizarre Konstellationen zustande kommen. Nach einer These ist eine Kollision mit einer anderen Galaxie in ferner Vergangenheit verantwortlich, nach einer anderen die Gravitationswirkung eines schon lange verschwundenen zentralen Balkens, wie er auch im Kern mancher Spiralgalaxien vorkommt.

Interessanterweise ist in der Lücke auf der Ein-Uhr-Position ein Objekt zu erkennen, das Hoags Objekt verblüffend ähnelt. Wahrscheinlich handelt es sich um eine ringförmige Hintergrundgalaxie. Hoags Objekt selbst liegt rund 600 Mio. Lichtjahre entfernt im Sternbild Schlange. Der Name geht übrigens auf den Entdecker zurück: Der Astronom Art Hoag fand die faszinierende Galaxie im Jahr 1950.

OBJEKTTYP
Zerrissene Balken-spiralgalaxie

DURCHMESSER
195 000 Lichtjahre

STERNBILD
Drache

SCHEINBARE HELLIGKEIT
14,4

ENTFERNUNG ZUM SONNENSYSTEM
420 Mio. Lichtjahre

ENTDECKT
2002

Der langgezogene Schweif der Galaxie ist für ihren Spitznamen verantwortlich.

Kaulquappengalaxie

420 Mio. Lichtjahre entfernt, im nördlichen Sternbild Drache, schwimmt eine kosmische Kaulquappe durchs All. Arp 188 (UGC 10214), auch Kaulquappengalaxie genannt, zeigt einen auffälligen, rund 280 000 Lichtjahre langen Schweif und massenreiche, strahlend blau leuchtende Sternhaufen.

Der Schweif ist doppelt so lang wie die Milchstraße und die Folge einer Begegnung mit einer anderen Galaxie. Wissenschaftler vermuten, dass eine kompaktere Störgalaxie den Weg von Arp 188 kreuzte und dann infolge der gegenseitigen Anziehungskräfte hinter die Kaulquappengalaxie geschleudert wurde. Bei diesem Beinahezusammenstoß sog die Gravitation dann Sterne, Gas und Staub der Galaxie in den spektakulären Schweif. Das eindrucksvolle Merkmal ist rund 280 000 Lichtjahre lang und beinhaltet massereiche blau leuchtende Sternhaufen. Zwei auffällige Exemplare davon, die durch einen Spalt getrennt sind, werden sich wohl zu Zwerggalaxien entwickeln, die um den Halo von Arp 188 ihre Kreise ziehen.

Die Störgalaxie wird rund 300 000 Lichtjahre hinter der Kaulquappengalaxie vermutet und ist durch deren vordere Spiralarme zu erkennen. Wie ihr tierischer Namensvetter wird auch die Kaulquappengalaxie wahrscheinlich mit wachsendem Alter ihren Schwanz verlieren. Aus den dortigen Sternhaufen entwickeln sich dann kleinere Satelliten der großen Spiralgalaxie. Wissenschaftler stießen auf weitere ähnlich geformte Galaxien, die durch die Begegnung mit einer Störgalaxie verändert wurden.

OBJEKTTYP
Balkenspiralgalaxie

DURCHMESSER
100 000–170 000 Lichtjahre

STERNBILD
Walfisch

SCHEINBARE HELLIGKEIT
9,6

ENTFERNUNG ZUM SONNENSYSTEM
47 Mio. Lichtjahre

ENTDECKT
Pierre Méchain, 1780

Das Zentrum der Seyfertgalaxie M77 ist sehr aktiv und wird von Gas verdunkelt.

M77

Messier 77 wurde 1780 von dem französischen Astronomen Pierre Méchain fälschlicherweise als Nebel eingestuft und gehört zu den größten Galaxien des Messier-Katalogs. Die wunderschöne große Spirale befindet sich im Sternbild Walfisch, rund 45 Mio. Lichtjahre von der Erde entfernt.

Messier 77 (M77) gehört zu den bekanntesten und am besten erforschten Galaxien am Himmel. Entlang der Feuerradarme leuchten entstehende Sterne, während sich dunkle Staubstreifen über das energetische Zentrum erstrecken. Die Galaxie wird als Balkenspiralgalaxie eingestuft und ist das nächstgelegene und hellste Beispiel für eine sogenannte Seyfertgalaxie. Diese Galaxien enthalten jede Menge heißes, hoch ionisiertes Gas, das hell leuchtet, und haben einen Quasarähnlichen Kern mit starker Strahlung. Tatsächlich gilt M77 als Prototyp einer Seyfertgalaxie und als hellste ihrer Art.

Die Strahlung stammt von dem Schwarzen Loch im Zentrum von M77, das 15 Mio.-mal schwerer als unsere Sonne ist. Materie wird zum Schwarzen Loch hin gezogen, umrundet es, erhitzt sich dabei und leuchtet hell. Manchmal ist die Galaxie so zehntausendmal heller als eine ganz normale Galaxie.

M77 hat eine scheinbare Helligkeit von 9,6 und ist mit einem kleinen Teleskop zu sehen. Die beste Sicht herrscht im Dezember. Im November 2018 entdeckte man die erste Supernova in der Galaxie. Sie wies eine scheinbare Helligkeit von 15 auf und wurde SN 2018ivc getauft.

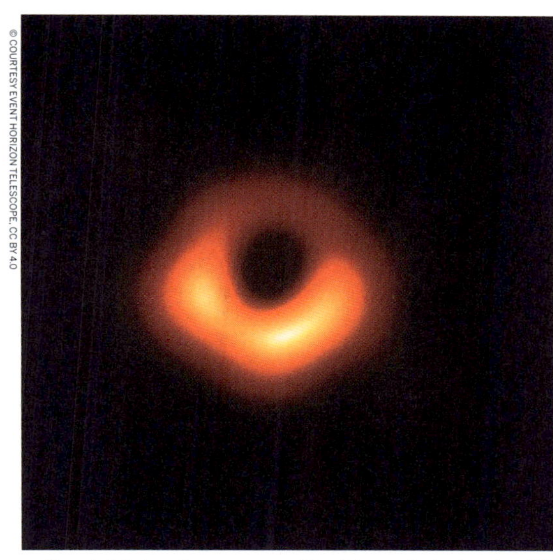

Die erste Aufnahme eines supermassereichen Schwarzen Lochs stammt aus M87.

OBJEKTTYP
Elliptische Galaxie

DURCHMESSER
Über 120 000 Lichtjahre

STERNBILD
Jungfrau

SCHEINBARE HELLIGKEIT
9,6

ENTFERNUNG ZUM SONNENSYSTEM
54 Mio. Lichtjahre

ENTDECKT
Charles Messier, 1781

M87

Die elliptische Galaxie M87 ist ein einziges Superlativ: Die Riesengalaxie beherbergt mehrere Billionen Sterne und 15 000 alte Sternhaufen, unsere Milchstraße weist im Vergleich nur ein paar hundert Milliarden Sterne und etwa 150 Kugelsternhaufen auf. Noch eindrucksvoller ist das zentrale Schwarze Loch von M87, das mehr als 3 Mrd. Sonnen wiegt. Das riesige verwirbelte Kraftzentrum schleudert einen leuchtenden massiven Jet energiereicher Teilchen ins All, der sich über mehr als 4000 Lichtjahre erstreckt.

M87 misst 120 000 Lichtjahre und ist das prominenteste Mitglied des Virgo-Galaxienhaufens. Als elliptische oder ovale Galaxie fehlt ihr (im Gegensatz zu Spiralgalaxien wie der Milchstraße) Gas und Staub, weshalb sich keine neuen Sterne bilden können. Stattdessen weist sie zufällig verteilte ältere Sterne auf, die für die charakteristische rötlich-gelbe Farbe sorgen.

Die Galaxie wurde 1781 von Charles Messier entdeckt und liegt 54 Mio. Lichtjahre von der Erde entfernt im Sternbild Jungfrau. Sie hat eine scheinbare Helligkeit von 9,6 und ist durch ein kleines Teleskop zu sehen. Die besten Bedingungen herrschen im Mai. Um das Schwarze Loch im Zentrum darzustellen, war dagegen das spezielle Event Horizon Telescope (EHT) vonnöten, das 2019 das erste Bild eines Schwarzen Lochs überhaupt aufnahm. Das EHT kombiniert Daten aus einem globalen Netz von Radioteleskopen. Mithilfe dieser Daten lässt sich der Ereignishorizont eines supermassereichen Schwarzen Lochs darstellen, was die Bezeichnung EHT erklärt. Aus dem Bereich hinter dem Ereignishorizont kann kein Licht mehr entkommen. Der 4000 Lichtjahre lange Plasmajet von M87 wird von dem zentralen Schwarzen Loch genährt.

Highlights

Turbulenter Kern

1 Eine spiralförmige Scheibe aus heißem Gas rotiert um den Kern von M87 und versteckt das zentrale supermassereiche Schwarze Loch im Herzen der Galaxie. Obwohl dieses mindestens 3 Mrd. Sonnen wiegt, konzentriert es sich auf ein Gebiet, das nicht größer als das Sonnensystem ist. Wegen seiner Größe und der relativen Nähe ist das Schwarze Loch von M87 ein beliebtes Studienobjekt für Astronomen, die wissen möchten, wie diese Objekte Galaxien mit Energie versorgen und beeinflussen. Röntgenstrahlen dringen aus dem Kern und zeugen von Ausbrüchen am Schwarzen Loch, zu erkennen an Schleifen und Blasen in heißem Gas. Zudem erstrecken sich schmale Filamente aus Röntgenstrahlen abgebendem Material, das wahrscheinlich aus in Magnetfeldern eingeschlossenen heißen Gasen stammt, über 100 000 Lichtjahre weit.

Event Horizon Telescope

2 Im April 2019 verkündete ein Team von Astronomen, dass sie erstmals das Bild eines Schwarzen Lochs aufgenommen hatten, und zwar den gewaltigen supermassereichen Riesen im Kern von M87. Die Forscher nutzten diverse Radioteleskope und Observatorien auf der ganzen Erde, um ein Bild des Lochs zu erzeugen. Das Projekt namens Event Horizon Telescope ist der erste wirkliche Versuch, die sonst nicht sichtbaren Objekte in Galaxienzentren zu fotografieren. Nächstes Ziel ist Sagittarius A*, das Schwarze Loch im Zentrum der Milchstraße.

Jet

3 Aus dem Zentrum von M87 schießt wie ein kosmischer Scheinwerfer eines der bemerkenswertesten Phänomene des Kosmos hervor: ein Jet aus stark erhitztem Gas und subatomaren Teilchen, der fast Lichtgeschwindigkeit erreicht und sich mehr als 4000 Lichtjahre weit ins All erstreckt. Als Heber Curtis den Jet 1918 entdeckte, beschrieb er ihn als „merkwürdigen geraden Strahl". Heute weiß man, dass er vom riesigen Schwarzen Loch von M87 gespeist wird. Gasförmiges Material aus dem galaktischen Zentrum fällt in das Loch, und die freigesetzte Energie generiert einen Strom an subatomaren Teilchen, die fast auf Lichtgeschwindigkeit beschleunigt werden.

Kugelsternhaufen

4 Astronomen vermuten, dass Riesengalaxien entstehen, indem sie kleinere Nachbarn verschlucken, M87 ist da keine Ausnahme. In und um die Galaxie findet sich eine ungewöhnlich hohe Zahl von alten Sterngruppen. Diese glitzernden Kugelsternhaufen wurden wahrscheinlich benachbarten Zwerggalaxien „gestohlen".

Top-Tipp

M87 birgt mit seinem massiven Schwarzen Loch, dem ersten, das jemals fotografiert wurde, das Astronomenhighlight der jüngeren Vergangenheit. Es ist 6,5 Mrd.-mal schwerer als die Masse der Sonne. Um seinen Schatten einzufangen, waren acht auf dem gesamten Globus verteilte Radioteleskope notwendig, die zu einem Teleskop von der Größe unserer Erde zusammengeschlossen wurden. So verlockend nah kam man Schwarzen Löchern noch nie, aber dennoch geben sie noch immer viele Rätsel auf: Warum, z. B., bekommen Teilchen rund um Schwarze Löcher einen so gewaltigen Energieschub, dass dramatische Jets entstehen, die sich fast mit Lichtgeschwindigkeit von den Löchern wegbewegen? Wenn Materie ins Schwarze Loch fällt, was geschieht dann mit der Energie?

An- & Weiterreise

M87 liegt rund 50 Mio. Lichtjahre entfernt im Sternbild Jungfrau. Hat man die Sterne Epsilon Virginis und Denebola erblickt, steuert man links am Mittelpunkt der beiden vorbei. Aber Vorsicht, dem zentralen supermassereichen Schwarzen Loch sollte man keinesfalls zu nahe kommen!

Das Bild des Hubble-Weltraumteleskops der NASA/ESA zeigt die LSB-Galaxie UGC 477.

OBJEKTTYP
Spiralgalaxie mit geringer Oberflächenhelligkeit (LSB)

DURCHMESSER
650 000–750 000 Lichtjahre

STERNBILD
Haar der Berenike

SCHEINBARE HELLIGKEIT
15,8

ENTFERNUNG ZUM SONNENSYSTEM
1,19 Mrd. Lichtjahre

ENTDECKT
David Malin, 1986

Malin 1

Malin 1 ist wegen ihrer fehlenden Helligkeit bemerkenswert. Die gigantische Spirale ist etwa siebenmal länger als die Milchstraße und gehört zur Klasse der Riesengalaxien mit geringer Oberflächenhelligkeit (LSB). Sie leuchtet so schwach, dass man sie erst 1986 entdeckte.

Riesengalaxien mit geringer Oberflächenhelligkeit sind so diffus und lichtschwach, dass sie nur schwer erforscht werden können. Man weiß nur wenig über sie, und obwohl Mike Disney 1976 die Existenz von LSB-Galaxien postulierte, bewies erst die Entdeckung von Malin 1 im Jahr 1986 durch David Malin, dass es diese Klasse von Galaxien tatsächlich gibt. Die massiven Objekte stellen eventuell sogar einen beträchtlichen Anteil der Galaxien im Universum, da Wissenschaftler die undeutlichen dunklen Strukturen übersehen haben könnten. Sie sind rund 250-mal lichtschwächer als gewöhnliche Galaxien. Neuere Teleskope und moderne Detektoren mit einer höheren Sensitivität für geringe Oberflächenhelligkeit könnten Aufschluss über die Entstehung und Entwicklung dieses Phänomens geben.

2016 untersuchten Wissenschaftler mittels des Canada-France-Hawaii-Teleskops Malin 1 in sechs verschiedenen Wellenlängen. Sie fanden heraus, dass die riesige Galaxienscheibe ein relativ geschützter Ort ist, an dem sich über Milliarden von Jahren Sterne langsam entwickeln konnten. Interessanterweise stellen die Ergebnisse eine lang gültige Theorie in Frage, nach der Riesengalaxien ihre gigantischen Ausmaße durch das Verschlucken und Assimilieren kleinerer Galaxien erreichen.

OBJEKTTYP
Seyfertgalaxie Typ 1

DURCHMESSER
Unbekannt

STERNBILD
Großer Bär

SCHEINBARE HELLIGKEIT
13,6

ENTFERNUNG ZUM SONNENSYSTEM
ca. 600 Mio. Lichtjahre

ENTDECKT
1969

Markarian 231 hat lange Gezeitenschweife und eine verzerrte Form.

Markarian 231

Markarian 231 (Mrk 231) ist die nächstgelegene Galaxie, die mit einem Quasar (Kurzform für „quasi-stellar object") aufwarten kann, einem aktiven aufgewühlten Kern, der aufgrund seiner Helligkeit einem Stern ähnelt. Die Galaxie hat lange Gezeitenschweife und ist stark verzerrt, was starke Interaktionen mit einer Nachbargalaxie nahelegt.

Markarian 231 zeigt sich derzeit als sehr aktive Starburstgalaxie. Ein Sternentstehungsring, in dem pro Jahr schätzungsweise Sterne mit insgesamt ca.100 Sonnenmassen gebildet werden, umkreist das Zentrum.

2015 studierten Wissenschaftler Markarian 231 mithilfe des Hubble-Weltraumteleskops genauer. Sie kamen dabei zu folgender Hypothese: Der Quasar wird von zwei supermassereichen Schwarzen Löchern, die stark miteinander wechselwirken, mit Energie versorgt. Das zentrale Schwarze Loch hat demnach die 150-millionenfache Masse unserer Sonne, während sein Begleiter (der Kern einer Galaxie, die Markarian 231 einst absorbierte) 4 Mio. Sonnenmassen aufweist. Das dynamische Duo umkreist sich alle 1,2 Jahre, setzt dabei riesige Energiemengen frei und hilft so dem Galaxienkern, die Milliarden von Sterne in Markarian 231 zu überstrahlen. Der dramatische Tanz wird jedoch nicht ewig dauern, da sich beide innerhalb von ein paar hunderttausend Jahren spiralförmig immer mehr annähern und schließlich miteinander verschmelzen.

Klingt spannend? Leider veröffentlichte das *Astrophysical Journal* später eine weitere Analyse, die davon ausgeht, dass nur ein Schwarzes Loch den Quasar nährt. Möglicherweise wird das Schwarze Loch durch Gravitationseffekte auf die andere Seite des Quasars „gespiegelt".

Ein heller Kernring umgibt das Zentrum der Galaxie NGC 1512.

OBJEKTTYP
Balkenspiralgalaxie

DURCHMESSER
35 000 Lichtjahre

STERNBILD
Pendeluhr

SCHEINBARE HELLIGKEIT
11,1

ENTFERNUNG ZUM SONNENSYSTEM
38 Mio. Lichtjahre

ENTDECKT
James Dunlop, 1826

NGC 1512

Die wunderschöne Balkenspiralgalaxie NGC 1512 liegt über 30 Mio. Lichtjahre entfernt im Sternbild Pendeluhr. Sie erstreckt sich über 35 000 Lichtjahre und hat eine doppelte Ringstruktur sowie einen komplexen Aufbau.

Die meisten Galaxien haben gar keine Ringe, warum hat diese dann gleich zwei? Der helle Kernring umgibt das Zentrum von NGC 1512 mit kürzlich entstandenen Sternen, doch ein Großteil der Sterne samt zugehörigem Gas und Staub umkreist das galaktische Zentrum in einem weiter außen liegenden Ring, der überraschenderweise innerer Ring genannt wird. Tatsächlich verbindet dieser die Enden eines diffusen Zentralbalkens, der horizontal durch die Galaxie verläuft.

Diese Ringstrukturen sind vermutlich auf Asymmetrien innerhalb von NGC 1512 bei einem sehr langwierigen Prozess, der als „säkulare Evolution“ bezeichnet wird, zurückzuführen. Durch die Gravitationskräfte, die infolge dieser Ungleichmäßigkeiten auch innerhalb des Zentralbalkens auftreten, fallen Gas und Staub vom inneren Ring zum Kernring, wodurch sich dort die Sternbildungsrate erhöht. Manche Spiralgalaxien haben sogar noch einen dritten Ring, der noch weiter draußen um die Galaxie kreist. Im Kernring von NGC 1512, der sich über 2400 Lichtjahre erstreckt, umgeben helle blaue Jungsterne den Galaxienkern. Durch diesen Ring führt der Balken der Galaxie, der wie eine Art Pipeline Gas und Staub vom größeren Außenring, der dunkler und diffuser als der Kernring ist, nach innen zieht.

Balken und Kernring sind teilweise vermutlich auf eine andauernde Interaktion zwischen der Riesengalaxie NGC 1512 und der benachbarten Zwerggalaxie NGC 1510 zurückzuführen. Die beiden trennen rund 45 000 Lichtjahre, der Verschmelzungsprozess dauert jedoch schon etwa 400 Mio. Jahre an. Letztendlich wird NGC 1512 seinen kleinen Begleiter schlucken.

OBJEKTTYP
Spiralgalaxie

DURCHMESSER
100 000 Lichtjahre

STERNBILD
Löwe

SCHEINBARE HELLIGKEIT
12,3

ENTFERNUNG ZUM SONNENSYSTEM
98 Mio. Lichtjahre

ENTDECKT
William Herschel, 1784

Vor weit entfernten Galaxien leuchtet die majestätische Spirale von NGC 3370.

NGC 3370

Größe und Form der majestätischen Staubspirale NGC 3370 ähneln denen der Milchstraße. Die verschlungenen Spiralarme sind mit heißen Sternentstehungsregionen und klar definierten Staubstreifen gespickt, der Kern dagegen erscheint seltsam unscharf.

Diese wunderschöne Spiralgalaxie überzeugt auch mit ihren inneren Werten, denn sie ist Schauplatz des immerwährenden Kreislaufs neu entstehender und sterbender Sterne. Im November 1994 beobachteten Astronomen das Licht eines Sterns, der in NGC 3370 explodierte und starb. Die Supernova überstrahlte kurz die anderen vielen Milliarden Sterne in der Galaxie. Sternexplosionen sind an sich nichts Ungewöhnliches, schließlich geschehen sie alle paar Sekunden irgendwo im Universum, diese war jedoch etwas Besonderes. SN 1994ae, so ihr Name, war damals eine der nächstgelegenen und am besten zu beobachteten Supernovae. Zudem wurde sie dem Typ Ia zugeordnet, mit dessen Hilfe die Astronomen Entfernungen messen und die Wachstumsrate des expandierenden Universums ermitteln können. Über zwei Wochen lang nahm man das Licht der Explosion genau unter die Lupe. Wenn Sterne so nahe zur Erde explodieren und sterben, hilft das, den komplexen Sterbevorgang besser zu verstehen und man bekommt zugleich Informationen zur genaueren Kartografierung des Kosmos. Das Licht von SN 1994ae und NGC 3370 hat bis zur Erde eine Reise von 94 Mio. Lichtjahren hinter sich. NGC 3370 wird auch Silverado-Galaxie genannt und befindet sich im Sternbild Löwe.

Die Sculptor-Galaxie liegt im namensgebenden Sternbild Bildhauer.

OBJEKTTYP
Spiralgalaxie

DURCHMESSER
90 000 Lichtjahre

STERNBILD
Bildhauer

SCHEINBARE HELLIGKEIT
8 (eine der hellsten Galaxien am Himmel)

ENTFERNUNG ZUM SONNENSYSTEM
11,42 Mio. Lichtjahre

ENTDECKT
Caroline Herschel, 1783

Sculptor-Galaxie

Die Sculptor-Galaxie, auch NGC 253 oder Silberdollargalaxie genannt, gehört zu einem Galaxienhaufen, der von der Südhalbkugel aus zu sehen ist. Sie hat spektakuläre verwirbelte Arme sowie einen zentralen Balken und gilt wegen der hohen Sternentstehungsrate im Kern als Starburstgalaxie.

Die neu entstandenen Sterne in NGC 253 erwärmen die umliegenden Staubwolken und lassen das Zentrum der Galaxie hell leuchten. Sie ist die nächstgelegene ihrer Art und gehört zu den hellsten und staubreichsten Galaxien am Himmel. Die Sculptor-Galaxie ist eine „Aktive Galaxie", d. h. ein beträchtlicher Teil der von ihr abgegebenen Energie stammt nicht von normalen Hauptreihensternen wie unserer Sonne. Stattdessen bilden wohl Radiowellen und Röntgenstrahlen die wichtigsten Energiequellen, was auf Akkretion durch Schwarze Löcher hinweist. Genauere Untersuchungen der Galaxie werden sicherlich noch aufsehenerregende Entdeckungen zu Tage bringen.

Die Sculptor-Galaxie wurde 1783 von Caroline Herschel entdeckt. Sie war die Schwester von Sir William Herschel, dem Entdecker der Infrarotstrahlung, mit dem sie zusammenarbeitete. Die Galaxie ist nach Andromeda am einfachsten zu beobachten. Sie befindet sich im Sternbild Bildhauer, nach dem sie auch benannt ist, und ist bei entsprechenden Bedingungen mit einem guten Fernglas von der Südhalbkugel aus sichtbar.

OBJEKTTYP
Lentikuläre Galaxie oder Spiralgalaxie

DURCHMESSER
50 000 Lichtjahre

STERNBILD
Jungfrau

SCHEINBARE HELLIGKEIT
8

ENTFERNUNG ZUM SONNENSYSTEM
28 Mio. Lichtjahre

ENTDECKT
Pierre Méchain, 1781

Das Bild des Hubble-Weltraumteleskops zeigt die Pracht der Sombrero-Galaxie.

Sombrero-Galaxie

Die Sombrero-Galaxie alias M104 sieht aus unserer Perspektive aus wie ein Hut. In Wirklichkeit hat sie einen ungewöhnlich großen, ausgedehnten zentralen Bulge aus Sternen, durch den dunkle Staubstreifen verlaufen.

Milliarden alter Sterne lassen den ausgedehnten zentralen Bulge diffus leuchten. Die gesamte Galaxie weist eine Masse von 800 Mrd. Sonnen auf und ist eines der massereicheren Objekte nahe des Virgo-Galaxienhaufens. Manche stufen sie als lentikuläre (linsenförmige) Galaxie, andere als Spiralgalaxie ein. Manchmal ist eine blasse Spirale zu sehen, wie sie bei ersterer üblich ist, weshalb sich die Astronomen nicht auf eine Kategorie einigen können. Die Gravitationskräfte anderer Galaxien können zudem zu einer sogenannten Gezeitenstörung führen und so die Klassifizierung einer Galaxie mit der Zeit ändern.

Bei vielen der Lichtquellen in M104 handelt es sich um alte Kugelsternhaufen. Ihre Zahl wird auf fast 2000 geschätzt, also auf zehnmal mehr als in der Milchstraße. Das Alter dieser Haufen ist mit 10 bis 13 Mrd. Jahren jedoch ähnlich.

Trotz einer relativ hohen scheinbaren Helligkeit von 8 ist die Sombrero-Galaxie mit bloßem Auge nicht erkennbar. Ein kleines Teleskop reicht aus, wobei die Sichtverhältnisse im Mai am besten sind. M104 befindet sich 28 Mio. Lichtjahre entfernt im Sternbild Jungfrau; die scheinbare Größe entspricht einem Fünftel des Vollmonds.

Auf dem Bild des Hubble-Weltraumteleskops sieht man junge blauweiße Riesensterne.

OBJEKTTYP
Flockige Spiralgalaxie

DURCHMESSER
100 000 Lichtjahre

STERNBILD
Jagdhunde (beim Großen Bär)

SCHEINBARE HELLIGKEIT
9,3

ENTFERNUNG ZUM SONNENSYSTEM
29,3 Mio. Lichtjahre

ENTDECKT
Pierre Mechain, 1779

Sonnenblumengalaxie

Der umgangssprachliche Name von M63 beruht auf der Ähnlichkeit mit einer Sonnenblume. Astronomen stufen sie als flockige Spiralgalaxie ein.

Die Entstehung von Sternen prägt die Entwicklung des Universums entscheidend. Sie spielt eine zentrale Rolle bei der Evolution von Galaxien – so entwickeln sich dabei nicht nur neue Sterne, sondern auch die Voraussetzungen für Planetensysteme. Dieser elementare Vorgang gibt Astronomen bis heute viele Rätsel auf. Die treibende Kraft, die hinter der Sternentstehung steht, ist für flockige Spiralgalaxien besonders wichtig. Im Gegensatz zu den sogenannten Grand-Design-Spiralgalaxien haben diese keine klar definierten Spiralarme, sondern viele unterbrochene. Zurückzuführen sind diese auf eine spezielle Art der Sternentstehung in Galaxien, die in einer als SSPSF-Modell (zufällige, sich selbst fortpflanzende Sternentstehung) bezeichneten Theorie beschrieben wird.

M63 ist eine solche flockige Spiralgalaxie. Obwohl sie nur zwei Arme hat, scheinen sich viele mehr um den gelben Kern zu winden. Die Strahlung junger blauer Sterne bringt sie zum Leuchten, wobei sie unter Infrarotlicht deutlicher zu erkennen sind.

Die Sonnenblumengalaxie befindet sich rund 27 Mio. Lichtjahre von der Erde entfernt im Sternbild Jagdhunde. Sie wurde 1779 von Pierre Méchain entdeckt und war das erste von 24 Objekten, die der französische Astronom zum Messier-Katalog beitrug. Mit einer scheinbaren Helligkeit von 9,3 wirkt sie durch ein kleines Teleskop betrachtet wie ein schwacher Lichtfleck. Im Mai ist die Sicht auf sie am besten. Das dominierende Mitglied einer Galaxiengruppe zeigt zudem blasse längliche Merkmale, wohl durch Gezeitenstörungen entstandene Sternströme von Satellitengalaxien. M63 leuchtet im ganzen elektromagnetischen Spektrum und soll einst intensive Sternentstehungsphasen durchlaufen haben.

OBJEKTTYP
Heiße, durch Staub verdunkelte Spiralgalaxie

DURCHMESSER
Unbekannt

STERNBILD
Wassermann

SCHEINBARE HELLIGKEIT
Unbekannt

ENTFERNUNG ZUM SONNENSYSTEM
12,4 Mrd. Lichtjahre

ENTDECKT
WISE-Durchmusterung, 2015

Die künstlerische Darstellung zeigt, wie die Galaxie W2246-0526 aussehen könnte.

W2246-0526

Die Galaxie mit dem nicht wirklich eingängigen Namen WISE J224607,55-052634,9 (kurz W2246-0526) ist die lichtstärkste bekannte Galaxie und leuchtet 350 Billionen-mal heller als die Sonne.

Die Galaxie absorbiert gerade gleich drei galaktische Nachbarn und ist mit einer Distanz von 12,4 Mrd. Lichtjahren zur Erde unglaublich weit entfernt. Wären alle Galaxien gleich weit von uns entfernt, wäre diese jedoch die hellste.

Mittels mehrerer zusammengeschalteter Teleskope in Chile konnten jüngst eine Reihe von Staubfahnen entdeckt werden, die in W2246-0526 hinein gezogen werden. Sie stammen von drei kleineren Nachbargalaxien und enthalten so viel Materie wie die Galaxien selbst. Bisher ist unklar, ob das Trio seinem Schicksal entrinnen kann oder komplett von dem leuchtenden Nachbarn verschluckt wird. Aktuell nutzt W2246-0526 das abgesaugte Material für die Bildung neuer Sterne und für die äußerst lichtstarke Wolke um das zentrale supermassereiche Schwarze Loch, das die Masse der Sonne 4 Mrd.-mal übertreffen soll.

Ein Großteil der rekordbrechenden Leuchtkraft stammt nicht nur von Sternen, sondern auch von der Ansammlung aus heißem Gas und Staub, die sich um das Galaxienzentrum konzentriert. Starke Gravitationskräfte lassen Materie mit hoher Geschwindigkeit Richtung Schwarzes Loch stürzen. Dort stößt sie zusammen, erhitzt sich auf mehrere Millionen Grad und strahlt mit ungeheurer Intensität – ein Quasar! Galaxien mit solchen leuchtstarken, von Schwarzen Löchern genährten Strukturen wird ein aktiver galaktischer Kern (AGN) zugeschrieben.

Wie bei einem Motor gilt auch für W2246-0526: Eine hohe Energieleistung erfordert einen hohen Brennstoffeinsatz. In diesem Fall nähren Gas und Staub neue Sterne und die Wolke um das zentrale Schwarze Loch. Die neue Untersuchung zeigt, dass die Materie, die WJ2246-0526 von den Nachbarn bezieht, ausreicht, um den Verbrauch zu decken und die enorme Leuchtkraft zu erhalten.

„Es ist möglich, dass dieser Fressrausch schon einige Zeit andauert und wir erwarten, dass die galaktische Orgie noch mindestens ein paar 100 Mio. Jahre weitergeht“, sagt Tanio Diaz-Santos von der Universidad Diego Portales in Santiago, Chile, der die Galaxie untersuchte. Diese Art des galaktischen Kannibalismus ist nicht unüblich. Kürzlich beobachteten Astronomen Galaxien, die mit kosmischen Nachbarn verschmolzen oder ihnen Materie entzogen. Das Galaxienpaar „Die Mäuse“ (NGC 4676A & 4676B) verdankt seinen Namen z. B. dem langen dünnen Schweif wachsender Materie, das es hinter sich herzieht.

W2246-0526 ist die entfernteste bekannte Galaxie, die Materie aus mehreren Quellen heranzieht. Das Licht der Galaxie benötigt 12,4 Mrd. Jahre, um zu uns zu gelangen, deshalb sehen die Astronomen das Objekt so, wie es war, als unser Universum nur ein Zehntel seiner aktuellen 13,8 Mrd. Jahre auf dem Buckel hatte. Aufgrund der Distanz sind die Materienströme von W2246-0526 besonders schwer zu erkennen.

W2246-0526 gehört zu einer speziellen Kategorie besonders leuchtstarker Quasare, genannt Hot DOGs (*hot, dust-obscured galaxies*; heiße, von Staub verdunkelte Galaxien). Man geht davon aus, dass die meisten Quasare ihren Brennstoff aus externen Quellen beziehen. Eine Möglichkeit ist, dass sie dem Bereich zwischen den Galaxien allmählich die (wenige) Materie entziehen, eine andere, dass sie wie W2246-0526 Galaxien verschlingen. Es ist unklar, ob W2246-0526 repräsentativ für andere verdunkelte Quasare ist (deren zentraler Motor von dichten Staubwolken verdunkelt wird) oder ob es sich um einen Einzelfall handelt. In jedem Fall hat die Galaxie eine Besonderheit: Das supermassereiche Schwarze Loch mit der 4 Mrd.-fachen Masse unserer Sonne. Das ist zweifellos gigantisch, man schätzt aber, dass die intensive Leuchtkraft von W2246-0526 ein Loch mit der dreifachen Masse erfordert. Für die Klärung dieses Widerspruchs sind weitere Forschungen vonnöten.

Letztendlich wird sich die Galaxie mit ihrer Unersättlichkeit wohl selbst schaden. Wissenschaftler nehmen an, dass Galaxien, die zu viel fremde Materie aufsaugen, Gas und Staub letztendlich wieder förmlich „ausspucken“.

Die künstlerische Darstellung zeigt W2246-0526 als einzelne Galaxie, die im Infrarotspektrum leuchtet.

OBJEKTTYP
Ringgalaxie

DURCHMESSER
150 000 Lichtjahre

STERNBILD
Bildhauer

SCHEINBARE HELLIGKEIT
15,2

ENTFERNUNG ZUM SONNENSYSTEM
ca. 500 Mio. Lichtjahre

ENTDECKT
Fritz Zwicky, 1941

Die Wagenradform der Galaxie ist die Folge einer gewaltigen galaktischen Kollision.

Wagenradgalaxie

Die charakteristisch geformte Wagenradgalaxie liegt fast 500 Mio. Lichtjahre entfernt im Sternbild Bildhauer und erinnert tatsächlich an ein explodierendes Wagenrad. In ihrem Zentrum befindet sich ein heller verwirbelter Kern, umgeben von einem funkelnden Außenring junger Sterne. Verbunden werden beide durch feine speichenähnliche Strukturen.

Wissenschaftler vermuten, dass eine fast frontale Kollision mit einer kleineren Galaxie für diese ungewöhnliche Form verantwortlich ist. Man nimmt an, dass die Wagenradgalaxie vor ungefähr 200 Mio. Jahren von der anderer Galaxie durchstoßen wurde. Dadurch wurden ringförmige Verdichtungswellen erzeugt, ähnlich wie wenn man einen Stein in einen Teich wirft. In den verdichteten Bereichen bildeten sich neue Sterne. Momentan befindet sich die Front der Verdichtung im Ring heller Sternriesen, die den Galaxienkern umkreisen. Vor der Kollision war die Wagenradgalaxie vermutlich eine Spiralgalaxie und ähnelte in ihrer Form der Milchstraße. Die Energie, die beim Zusammenstoß freigesetzt wurde, ist ein Grund für die Entstehung der vielen Sterne: Die Galaxie beherbergt wohl mehrere Milliarden junger Sterne und hat eine geschätzte Gesamtmasse von 3 Mrd. Sonnenmassen.

Heute ist die Wagenradgalaxie eines der hellsten Objekte am ultravioletten Himmel. Sie weist zudem einige helle Röntgenstrahlungsquellen auf, die meist mit Gas in Verbindung gebracht wird, das von einem Begleitstern in ein Schwarzes Loch stürzt. Eine plausible Erklärung, schließlich gedeihen Schwarze Löcher besonders gut in Gebieten, in denen massive Sterne schnell entstehen und wieder sterben, z. B. infolge eines galaktischen Zusammenstoßes. Zusammen mit den anderen Galaxien im Bild oben gehört die Galaxie zu einer Galaxiengruppe, die mindestens 400 Mio. Lichtjahre von unserem Sonnensystem entfernt ist.

Die Whirlpool-Galaxie und ihr Begleiter NGC 5195

OBJEKTTYP
Grand-Design-Spiralgalaxie

DURCHMESSER
60 000 Lichtjahre

STERNBILD
Jagdhunde

SCHEINBARE HELLIGKEIT
8,4

ENTFERNUNG ZUM SONNENSYSTEM
ca. 30 Mio. Lichtjahre

ENTDECKT
Charles Messier, 1773

Whirlpool-Galaxie

Die Whirlpool-Galaxie alias M51 war die erste Spiralgalaxie, die entdeckt wurde, und ist ein besonders schönes Exemplar.

Die majestätische Spiralgalaxie M51 erinnert an eine Wendeltreppe, wobei als Geländer zwei Arme aus Sternen und mit Staub versetztem Gas dienen. Derartig eindrucksvolle Arme sind Merkmale einer sogenannten Grand-Design-Spiralgalaxie, wofür M51 ein Musterbeispiel ist. Im massereichen Zentrum mit einem Durchmesser von ca. 80 Lichtjahren und einer Leuchtkraft von etwa 100 Mio. Sonnen liegt ein supermassereiches Schwarzes Loch.

Manche Astronomen glauben, dass die Arme wegen einer Begegnung mit NGC 5195, der kleinen gelblichen Galaxie an der Spitze eines Arms, so klar umrissen sind. Die kompakte Galaxie scheint an diesem Arm zu ziehen und Gezeitenkräfte freizusetzen, die neue Sterne entstehen lassen, was bei der Ausgestaltung der Spiralarme hilft. NGC 5195 liegt aktuell im Windschatten von M51 und folgt der Whirlpool-Galaxie bereits seit hunderten Millionen Jahren.

M51 liegt rund 31 Mio. Lichtjahre von der Erde entfernt im Sternbild Jagdhunde. Mit einer scheinbaren Helligkeit von 8,4 ist sie – besonders im Mai – mit einem kleinen Teleskop zu sehen. Die wunderschöne Perspektive, die man von der Erde auf die Whirlpool-Galaxie hat, und die Nähe dieser Galaxie machen ihre klassische Spiralstruktur und die Sternentstehungsprozesse zu beliebten Studienobjekten. Forschungsarbeiten fanden im sichtbarem Licht, im Infrarotlicht, das die ältesten und kältesten Sterne der Galaxie sichtbar macht, und im Röntgenlicht, das die Emissionen von Schwarzen Löchern und Neutronensternen offenbart, statt. Oft handelt es dabei um Doppelsternsysteme, in denen ein Schwarzes Loch oder ein Neutronenstern einen Hauptreihenstern wie unsere Sonne umkreist. Zudem erhitzen Supernovas das umliegende Gas auf Temperaturen von Röntgenstrahlen.

Supernova-Mekka

Die Whirlpool-Galaxie weist besonders viele Supernovas auf. Beobachtet wurden sie 1994, 2005 und 2011, kein schlechter Schnitt für eine einzige Galaxie! Die Supernova des Typs II im Juni 2011, SN 2011dh, erreichte eine Helligkeit von 12,7, die Supernova 2005cs, ebenfalls von Typ II, eine Helligkeit von 14,1. Zudem machen der eindrucksvolle Anblick und die leicht zu findende Position beim Großen Wagen die Galaxie zu einem beliebten Beobachtungsobjekt unter Hobbyastronomen. Der Stern von SN 2011 war eigentlich erst während seines spektakulären Endes zu sehen, doch die Schockwellen fielen erfahrenen Beobachtern auf, die das Erscheinungsbild der Galaxie genau kannten und die Entstehung eines neuen Objekts sofort bemerkten. Die Supernova SN 1994I (Typ 1c) wurde von den Astronomen Jerry Armstrong und Tim Puckett vom Atlanta Astronomy Club entdeckt. Sie wurde rasch bestätigt und von vielen anderen beobachtet – eine Supernova in solch einer prachtvollen Galaxie bleibt eben nicht unbemerkt!

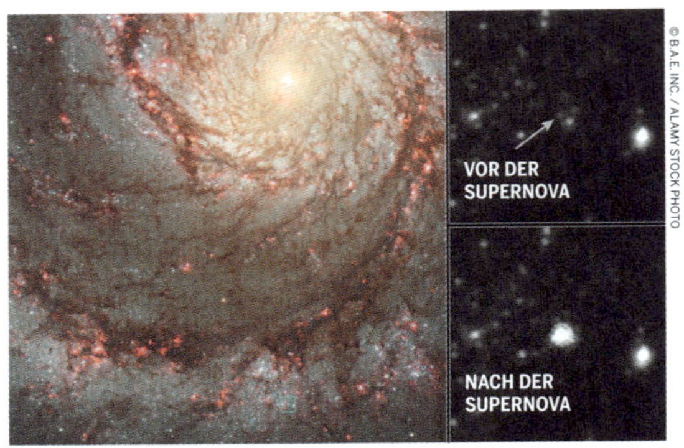

Eine Nahaufnahme der Supernova SN 2005cs

Das zusammengesetzte Bild kombiniert Röntgenstrahlungsdaten des Röntgensatellits Chandra mit optischen Daten des Hubble-Weltraumteleskops.

OBJEKTTYP
Spiral-(Edge-on-) Galaxie

DURCHMESSER
37 000 Lichtjahre

STERNBILD
Großer Bär

SCHEINBARE HELLIGKEIT
8,4

ENTFERNUNG ZUM SONNENSYSTEM
12 Mio. Lichtjahre

ENTDECKT
Johann Elert Bode, 1774

Ihren Namen verdankt die Galaxie ihrer langgestreckten, schmalen Form.

Zigarrengalaxie

Die spektakuläre Starburstgalaxie M82 wird wegen ihrer Spiralform, die, weil wir sie von der Seite her sehen, einer brennenden Zigarre ähnelt, Zigarrengalaxie genannt. Sie interagiert mit dem galaktischen Nachbarn M81, weshalb dieser neue Sterne in beachtlicher Geschwindigkeit erzeugt.

Um den Kern dieser Galaxie entstehen junge Sterne zehnmal häufiger als in der gesamten Milchstraße, weshalb sie auch als Starburstgalaxie (Galaxie mit außergewöhnlich hoher Sternentstehung) gilt. Dadurch werden Gase und Staub freigesetzt, die als rote Wolken über und unter der Galaxie erscheinen. Innerhalb von M82 komprimieren Strahlung und Energiepartikel von neuen Sternen genug Gas, um Millionen weitere Sterne entstehen zu lassen. Diese hohe Zahl reguliert sich jedoch selbst: Entstehen zu viele Sterne, wird die benötigte Materie aufgebraucht oder zerstört. Der Starburst verebbt, meist innerhalb von einigen zehn Millionen Jahren.

Die starken Winde der Galaxie, die Gas und Staub in den intergalaktischen Raum wehen, wurden vom Stratosphären-Observatorium für Infrarot-Astronomie (SOFIA) genauer untersucht. Die Forscher fanden heraus, dass der galaktische Wind aus dem Zentrum von M82 an einem Magnetfeld orientiert ist und Gas und Staub transportiert, die einer Masse von 50 bis 60 Mio. Sonnen entspricht. Sie gehen davon aus, dass die Winde, die mit dem Starburst-Phänomen in Zusammenhang stehen, daran beteiligt sind, Materie in den nahen intergalaktischen Raum zu bringen und dort ein Magnetfeld entstehen zu lassen. Wahrscheinlich beeinflussten ähnliche Vorgänge im frühen Universum die Entwicklung der ersten Galaxien.

M82 im Sternbild Großer Bär hat eine scheinbare Helligkeit von 8,4 und ist am besten im April zu sehen. Durch ein Fernglas betrachtet, wirkt die Galaxie wie ein Lichtfleck, größere Teleskope machen ihren Kern sichtbar.

Galaxien auf Kollisionskurs

Interagierende Galaxien sind ein echtes kosmisches Spektakel und gehören zu den eindrucksvollsten Anblicken des Weltalls.

Kommen sich zwei Galaxien nahe, werden sie durch ihre Anziehungskraft zueinander gezogen. Diese Kraft steigt mit sinkendem Abstand und schließlich vollführen sie einen schicksalhaften Tanz. Letztendlich verschmelzen die zwei Galaxien miteinander und aus dem Gemisch aus Sternen und Gas entsteht eine neue, größere Galaxie. Wenn das geschieht, kollidieren ihre zentralen supermassereichen Schwarzen Löcher und setzen so viel Energie frei, dass Gravitationswellen den Kosmos erschüttern.

Schon vor der Verschmelzung zweier Galaxien hinterlassen Interaktionen Spuren. Bewegen sie sich in direkter Nähe zueinander, setzt der zentrale galaktische Haufen Stern- und Gasströme frei, wodurch seltsame wellige kosmische Formen entstehen. Das kollidierende komprimierte Gas löst eindrucksvolle Sternentstehungsprozesse aus, die riesige Mengen an Hitze und Licht freisetzen. Solche Phänomene vermutet man in weit entfernten Galaxien, allerdings steuern Milchstraße und Andromedagalaxie auf eben jenes Schicksal zu und werden in rund 5 Mrd. Jahren miteinander kollidieren. Zuvor schrauben sie sich umeinander und werden dabei unseren Nachthimmel verändern.

Dieses zusammengesetzte Bild zeigt NGC 5256, ein Galaxienpaar im letzten Stadium der Verschmelzung.

Ein zusammengesetztes Bild der verwickelten Antennengalaxien

OBJEKTTYP
Interagierende Galaxien

DURCHMESSER
61000 Lichtjahre

STERNBILD
Rabe

ENTFERNUNG ZUM SONNENSYSTEM
65 Mio. Lichtjahre

ENTDECKT
William Herschel, 1765

Antennengalaxien

Die Antennengalaxien, auch NGC 4038 und NGC 4039 genannt, sind gefangen in einer tödlichen Umarmung.

Zwei normale, mit der Milchstraße vergleichbare Spiralgalaxien verbanden sich einst zu einem Paar interagierender Galaxien, die nun schon seit einigen 100 Mio. Jahren miteinander ringen. Der Zusammenprall ist so enorm, dass Sterne ihren Galaxien entrissen wurden und einen Strömungsbogen zwischen beiden bilden. Angesichts der hohen Sternentstehungsrate durchlaufen die Antennengalaxien eine Starburst-Periode, in der das gesamte Gas innerhalb der Galaxien für die Sternbildung genutzt wird. Diese Prozesse werden nicht ewig Bestand haben, ebenso wenig wie die zwei getrennten Galaxien. Irgendwann werden die Kerne verschmelzen und es wird eine große elliptische Galaxie entstehen. Die zwei Spiralgalaxien interagieren seit Hunderten Millionen Jahren miteinander, deswegen gelten die Antennengalaxien als eines der nächsten und jüngsten Beispiele für ein miteinander kollidierendes Galaxienpaar.

Bei fast der Hälfte der undeutlichen Objekte auf den meisten Bildern der Antennengalaxien handelt es sich um junge Haufen mit zehntausenden Sternen. Astronomen gehen davon aus, dass nur rund 10 % der neu gebildeten Supersternhaufen in den Antennengalaxien mehr als 10 Mio. Jahre alt werden. Die große Mehrheit, die während dieser Interaktion gebildet wurde, löst sich auf und die einzelnen Sterne werden sich um die Galaxie verteilen. Aus etwa 100 der massereichsten Haufen sollen sich hingegen gewöhnliche Kugelsternhaufen bilden, ähnlich denen in der Milchstraße.

Die Kollision, die noch immer andauert, hat zur Bildung von Millionen von Sternen in Staub- und Gaswolken in den Galaxien geführt. Die massereichsten dieser jungen Sterne haben sich rasant entwickelt und sind nach ein paar Millionen Jahren als Supernovae explodiert. Riesige Wolken aus heißem interstellarem Gas in den

Galaxien wurden mit Elementen aus diesen Explosionen angereichert. Dieses angereicherte Gas, das u. a. Sauerstoff, Eisen, Magnesium und Silizium enthält, wird bei der Entstehung neuer Sterne und Planeten helfen. Während der Starburst-Periode fällt zudem Materie in Schwarze Löcher und Neutronensterne, die Überbleibsel der massiven Sterne. Die Masse dieser Schwarzen Löcher ist teils hundertmal so groß wie die der Sonne. Warme Staubwolken in den Galaxien wurden durch neu geborene Sterne erhitzt, wobei die hellsten Wolken dort zu finden sind, wo sich die beiden Galaxien überschneiden. Alte Sterne und Sternentstehungsregionen bleiben erhalten und gehören zu Haufen mit tausenden Sternen. Auf Weitwinkelaufnahmen des Paares erschließt sich auch ihr Name: Weit verstreute Sterne und Gasströme verteilen sich auf das All und bilden lange Gezeitenschweife, die an Antennen erinnern. Sie sind das Ergebnis von Gezeitenkräften, hervorgerufen durch die Kollision. Diese Gezeitenschweife formierten sich während der Anfangsphase des Zusammenpralls vor rund 200 bis 300 Mio. Jahren. Sie geben einen Vorgeschmack auf das, was passieren wird, wenn in mehreren Milliarden Jahren Milchstraße und die benachbarte Andromedagalaxie aufeinanderprallen.

Die blauen Sternentstehungsregionen auf diesem Bild zeugen von der Starburst-Phase der Antennengalaxien.

Arp 148 besteht aus einer ringförmigen Galaxie und einer Begleitgalaxie mit Schweif.

OBJEKTTYP
Interagierende Galaxien

DURCHMESSER
65 000 Lichtjahre

STERNBILD
Großer Bär

ENTFERNUNG ZUM SONNENSYSTEM
450–500 Mio. Lichtjahre

ENTDECKT
Nicholas Mayall, 1940

Arp 148 (Mayall's Object)

Arp 148 oder Mayall's Object ist das faszinierende Nachspiel einer Begegnung zweier Galaxien, aus der eine verschlungene Ringgalaxie und eine Begleitgalaxie mit langem Schweif hervorgingen. Sie liegen im Sternbild Großer Bär rund 500 Mio. Lichtjahre entfernt.

Die Kollision zwischen zwei Muttergalaxien sorgte für einen Schockwelleneffekt, durch den Materie ins Zentrum gezogen wurde und sich dann nach außen zu einem Ring ausbreitete. Zugleich ist Arp 148 die Momentaufnahme einer Kollision, denn der Ring wird von einer langgezogenen Begleitgalaxie durchstochen. Das intensive blaue Licht des Rings zeugt von einer Region mit hoher Sternentstehungsrate. Der gelb erscheinende Kern des Rings hat zudem verdunkelnde Staubbänder. Interagierende Galaxien sind fruchtbare Komponenten des Universums; die Schockwellen machen sie äußerst aktiv, wobei die Anziehungskraft von einem interagierenden Galaxienpaar zum anderen variiert.

Folgerichtig wurde das Paar als Nummer 148 in den *Catalog of Peculiar Galaxies* des Astronomen Halton Arp aufgenommen. Der andere Name geht auf seinen Entdecker Nicholas U. Mayall zurück. Er studierte das Deep-Sky-Objekt vom Lick-Observatorium aus und leistete einen wichtigen Beitrag zum Verständnis des Alters des Universums und der Masse der Milchstraße. Mayall's Object befindet sich im Sternbild Großer Bär. Es ist zu weit entfernt und zu unscharf, um es mit einem Amateurteleskop zu erkennen.

OBJEKTTYP
Interagierende Galaxien

DURCHMESSER
Unbekannt

STERNBILD
Andromeda

ENTFERNUNG ZUM SONNENSYSTEM
300 Mio. Lichtjahre

ENTDECKT
Halton Arp, 1966

Die verzerrte Form von Arp 273 beruht auf interagierenden Gezeitenkräften.

Arp 273

Die sogenannte kosmische Rose oder auch Arp 273 besteht aus zwei entfernten Galaxien, die miteinander interagieren. Sie liegt im Sternbild Andromeda und ist rund 300 Mio. Lichtjahre von der Erde entfernt.

Die Scheibe der größeren Galaxie – UGC 1810 – des interagierenden Pärchens wurde wegen der Anziehungskraft der Begleitgalaxie darunter blumenförmig verzerrt. Der Streifen blauer funkelnder Punkte im oberen Teil ist das kombinierte Licht aus hellen heißen jungen Sternhaufen, die im ultravioletten Licht intensiv leuchten.

Im Kern des kleineren Gefährten namens UGC 1813, der aus unserer Perspektive von der Seite zu sehen ist, werden intensive Sternentstehungsprozesse vermutet, ausgelöst durch die Interaktion mit der anderen Galaxie. Eine dünne Materiebrücke verbindet beide Galaxien, die rund 100 000 Lichtjahre trennen.

Eine Serie ungewöhnlicher Spiralmuster in der großen Galaxie ist ein untrügliches Zeichen für Interaktion. Der große Außenarm erscheint teils als Ring, was typisch ist, wenn interagierende Galaxien einander durchqueren. Wahrscheinlich durchdrang der kleinere Begleiter UGC 1810 tief, aber außerhalb des Zentrums. Die inneren Spiralarme sind verzerrt, wobei einer hinter dem Bulge verläuft und auf der anderen Seite wieder hervortritt. Wie die beiden Spiralobjekte miteinander verbunden sind, ist nicht genau geklärt. Die größere Galaxie des UGC-1810-UGC-1813-Duos hat eine rund fünfmal höhere Masse als die kleinere. Bei ungleichen Paaren wie diesem sorgt das relativ schnelle Passieren einer Begleitgalaxie für die schiefe oder asymmetrische Struktur der Hauptspirale. Bei solchen Interaktionen beginnt die Starburst-Aktivität üblicherweise zuerst in den kleineren Galaxien.

Die zwei Spiralgalaxien NGC 2207 und IC 2163

OBJEKTTYP
Interagierende Galaxien

DURCHMESSER
Unbekannt

STERNBILD
Großer Hund

ENTFERNUNG ZUM SONNENSYSTEM
110 Mio. Lichtjahre

NGC 2207 & IC 2163

Zwei Spiralgalaxien gleiten nahe des Sternbilds Großer Hund wie majestätische Schiffe Seite an Seite durch die Nacht. Die größere massereichere Galaxie ist als NGC 2207 katalogisiert, die kleinere als IC 2163. Starke Gezeitenkräfte von NGC 2207 haben die Form von IC 2163 verzerrt sowie Sterne und Gas in rund 100 000 Lichtjahre lange Ströme gezogen.

Computersimulationen legen nahe, dass IC 2163 sich gegen den Uhrzeigersinn um NGC 2207 bewegt und dass sich die Galaxien vor 40 Mio. Jahren am nächsten kamen. Doch IC 2163 hat nicht genug Energie, um sich aus der Anziehungskraft von NGC 2207 zu lösen und wird in Zukunft wieder näher an die größere Galaxie herangezogen. In ein paar Milliarden Jahren werden beide dann schließlich zu einer massereicheren Galaxie verschmelzen.

In den letzten 15 Jahren kam es in dem Galaxienpaar zu drei Supernovaexplosionen, zudem generierte es eine der reichsten bekannten Ansammlungen ultraheller Röntgenstrahlen. Diese speziellen Objekte werden ultraleuchtkräftige Röntgenquellen (ULX; S. 564) genannt. Wissenschaftler, die das Phänomen studierten, haben einen Zusammenhang zwischen der Anzahl der Röntgenquellen in verschiedenen Regionen der Galaxien und der dortigen Sternentstehungsrate festgestellt.
Die Quellen konzentrieren sich auf die Spiralarme der Galaxien, wo sich große Mengen Sterne bilden.

Ultraleuchtkräftige Röntgenquellen (ULX)

In interagierenden Galaxien kommen ultraleuchtkräftige Röntgenquellen („ultraluminous X-ray source", ULX) besonders häufig vor. Sie wurden mit Hilfe des Chandra-Röntgenteleskops der NASA entdeckt und sind oft in so genannten Röntgendoppelsternen zu finden. In diesen bewegt sich ein Stern in nächster Nähe um einen Neutronenstern oder ein stellares Schwarzes Loch. Deren hohe Schwerkraft entzieht dem Begleitstern Materie. Wird diese Materie zum Neutronenstern oder Schwarzen Loch gezogen, wird sie viele Millionen Grad heiß und generiert starke Röntgenstrahlung.

ULX emittieren sehr viel hellere Röntgenstrahlen als „gewöhnliche" Röntgendoppelsterne. Über ihre Beschaffenheit herrscht noch Unklarheit, wahrscheinlich sind sie jedoch eine Sonderform des Röntgendoppelsterns. Die Schwarzen Löcher in manchen ULX sind wohl massereicher als stellare Schwarze Löcher. Nach einer unbestätigten Theorie könnte es sich dabei um eine mittelschwere Kategorie von Schwarzen Löchern handeln.

Wissenschaftler haben zwischen NGC 2207 und IC 2163 insgesamt 28 ULX ausgemacht. Zwölf davon verändern sich über einen Zeitraum von mehreren Jahren, darunter sieben, die zuvor nicht entdeckt worden waren, weil sie eine ruhige Phase durchlaufen hatten. Während dieser ruhigen Phasen zwischen Helligkeitsausbrüchen können Astronomen genauere Messungen des Partnersterns vornehmen, die Hinweise auf die Masse des Schwarzen Lochs oder Neutronensterns geben können. Bei den meisten ULX ist der Hauptreihenstern des Doppelsternsystems jung und massereich.

Kollidierende Galaxien wie dieses Paar sind für intensive Sternentstehung bekannt. Schockwellen, ähnlich dem Doppelknall bei Überschallflugzeugen, bilden sich bei dem Zusammenprall und lassen Gaswolken kollabieren und Sternhaufen entstehen. Tatsächlich gehen Forscher davon aus, dass Sterne, die von ULX beeinflusst sind, nur etwa 10 Mio. Jahre alt sind. Unsere Sonne hat im Vergleich dazu mit 5 Mrd. Jahren gerade mal die Hälfte ihrer Lebenszeit hinter sich. Weitere Analysen zeigen, dass Sterne unterschiedlicher Masse in dem Galaxienpaar entstehen. Vergleichbar ist diese mit der jährlichen Bildung von 24 Sternen der Masse unserer Sonne. Eine Galaxie wie die Milchstraße hat hingegen eine geschätzte Sternentstehungsrate von nur ein bis drei Sonnen pro Jahr.

Bei den eisblauen Augen handelt es sich um die Kerne der zwei verschmelzenden Galaxien NGC 2207 und IC 2163.

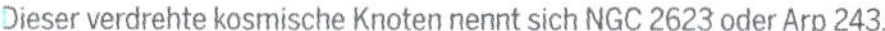

Dieser verdrehte kosmische Knoten nennt sich NGC 2623 oder Arp 243.

OBJEKTTYP
Interagierende Galaxien

DURCHMESSER
50 000 Lichtjahre

STERNBILD
Krebs

ENTFERNUNG ZUM SONNENSYSTEM
250 Mio. Lichtjahre

ENTDECKT
Édouard Jean-Marie Stephan, 1885

NGC 2623

Das komplexe spiralförmige Wirrwarr namens NGC 2623 oder Arp 243 verdankt seine ungewöhnliche Form einer heftigen Kollision und dem anschließenden Verschmelzen zweier Galaxien.

Der gewaltige Zusammenstoß, aus dem NGC 2623 hervorging, verdichtete Gaswolken in beiden Galaxien und wirbelte sie auf. Als Folge stieg die Sternentstehungsrate stark an, zu erkennen an hellblau gesprenkelten Streifen, die sich im Zentrum und entlang der Staub- und Gasspuren, die die kurvigen Bänder von NGC 2623 ausmachen, konzentrieren. Diese Bänder, Gezeitenschweife genannt, sind rund 50 000 Lichtjahre lang. Der auffällige untere Schweif ist dicht mit hellen Sternhaufen besiedelt, von denen 100 dokumentiert sind. Diese Sternhaufen könnten sich als Teil einer Schleife langgezogener Materie im Wechselspiel mit dem nördlichen Schweif entwickelt haben oder aus Überbleibseln, die zurück in den Kern fallen. Neben diesen aktiven Sternentstehungsregionen beherbergen beide galaktischen Arme sehr junge Sterne in sehr frühen Entwicklungsstadien.

Im Gegensatz zu anderen Kollisionen, die Forscher beobachten, befindet sich NGC 2623 in einer sehr frühen Phase der Verschmelzung. Die Milchstraße soll NGC 2623 in rund 5 Mrd. Jahren ähneln, wenn sie mit der benachbarten Andromedagalaxie kollidiert. Aufgrund des Zusammenpralls setzt NGC 2623 riesige Energiemengen frei – 400 Mrd. Mal mehr als die Energie der Sonne im Infrarotspektrum! An der Infrarotstrahlung ist intensive Sternentstehung zu erkennen, und deswegen gilt die Galaxie auch als ultraleuchtkräftige Infrarotgalaxie (ULIRG), die ihre immense Größe durch Kollisionen erreicht.

OBJEKTTYP
Interagierende Galaxien

DURCHMESSER
Unbekannt

STERNBILD
Segel des Schiffs

ENTFERNUNG ZUM SONNENSYSTEM
100 Mio. Lichtjahre

NGC 3256 ist das Ergebnis einer galaktischen Verschmelzung.

NGC 3256

NGC 3256 ist ein eindrucksvolles Beispiel einer besonderen Galaxie, geformt von einer früheren Kollision.

Als solche ist NGC 3256 ein ideales Studienobjekt für die Untersuchung von Starbursts, hervorgerufen durch Galaxienverschmelzung. Zwei verlängerte leuchtende Schweife und die verzerrte Form der Galaxie zeugen von dem Zusammenprall. Die Schweife sind mit jungen blauen Sternen gespickt, die in der heftigen, aber produktiven Kollision von Gas und Staub gebildet wurden.

NGC 3256 gehört zum Hydra-Centaurus-Superhaufen und bietet sich an, die Eigenschaften junger Sternhaufen in Gezeitenschweifen zu untersuchen. Zudem weist die zentrale Region einen Doppelkern und ein Gewirr aus Staubstreifen auf. Sie ist bei Forschern beliebt, dafür sorgen ihre Leuchtkraft, ihre Nähe und ihre Ausrichtung; letztere erlaubt es Astronomen, die Scheibe in ihrer ganzen Pracht zu studieren.

NGC 3256 liegt rund 100 Mio. Lichtjahre entfernt im Sternbild Segel des Schiffs und ist etwa so groß wie die Milchstraße. Die Schweife sollen sich vor 500 Mio. Jahren bei der ersten Begegnung der zwei Galaxien gebildet haben. Die zentrale Region von NGC 3256 wird von über 1000 Sternhaufen erleuchtet und weist kreuzende dunkle Staubketten und eine große Scheibe aus molekularem Gas auf, die sich um zwei Kerne – Überreste der zwei ursprünglichen Galaxien – bewegt. Ein Kern ist größtenteils verdunkelt und nur bei Infrarot-, Radio- und Röntgenwellenlängen zu erkennen.

Die zwei ursprünglichen Galaxien waren reich an Gas und hatten eine ähnliche Masse, davon zeugen die ausgeglichenen Wechselwirkungen. Ihre Spiralscheiben sind nicht mehr klar auszumachen und in ein paar hundert Millionen Jahren werden ihre Kerne verschmelzen. Schließlich wird aus beiden eine große elliptische Galaxie entstehen.

Galaxienhaufen

Galaxienhaufen enthalten tausende Galaxien jedes Alters, jeder Form und jeder Größe, deren Masse teils viele tausend Mal größer ist als die der Milchstraße. Die gigantischen Ansammlungen sind die größten Strukturen im Universum, die durch ihre eigene Schwerkraft zusammengehalten werden. Der Virgo-Galaxienhaufen allein umfasst über 1000 Galaxien.

Haufen eignen sich gut für die Untersuchung mysteriöser kosmischer Phänomene wie Dunkler Energie und Dunkler Materie, die das All deformieren können. Galaxienhaufen enthalten so viel Materie, dass ihre Schwerkraft sichtbare Auswirkungen auf die Umgebung hat. Die Gravitation der Haufen verzerrt die Struktur der Raumzeit und lässt Licht auf deformierten Wegen reisen. Dieses Phänomen kann einen vergrößernden Effekt haben, der verschwommene, von der Erde aus sonst nicht zu erkennende Objekte weit hinter dem Haufen sichtbar macht. Dieses Verhalten von Licht antizipierte Albert Einstein in seiner Allgemeinen Relativitätstheorie von 1915, nach der Objekte die Raumzeit verzerren. Umliegendes Licht wird abgelenkt und es kommt zum sogenannten Gravitationslinseneffekt, der nur bei sehr massereichen Objekten zu beobachten ist. Man weiß von ein paar hundert starken Gravitationslinseneffekten, die meisten sind jedoch zu weit entfernt, um die genaue Masse messen

Das Bild zeigt den Galaxienhaufen SDSS J033+0651.

zu können. Hubble-Beobachtungen haben die Annahmen der Relativitätstheorie erneut bestätigt.

Durch Hubble-Studien von sechs massereichen Galaxienhaufen im Rahmen des Frontier-Fields-Programms haben Astronomen nachgewiesen, dass Intracluster-Licht – das diffuse Leuchten zwischen Galaxien in einem Haufen — Dunkler Materie folgt. Dadurch kann deren Verteilung genauer dargestellt werden als durch das Beobachten von Röntgenstrahlung. Intracluster-Licht ist das Produkt von Interaktionen zwischen Galaxien, bei denen deren Struktur gestört wird. In dem Chaos lösen sich einzelne Sterne von der Anziehungskraft ihrer Muttergalaxie und richten sich nach dem Gravitationsfeld des Haufens aus. Hier findet sich auch der Großteil Dunkler Materie. Röntgenstrahlung zeigt, wo Galaxiengruppen kollidieren, gibt jedoch keine Aufschlüsse über die Struktur des Haufens, deswegen kann Dunkle Materie weniger präzise geortet werden. Durch das Beobachten der Bewegungen dieser Galaxienhaufen erweitert sich langsam unser Wissen über größere Strukturen des Universums. Im Rahmen des Hubble-Frontier-Fields-Programms wurden mittels des natürlichen Lupeneffekts der Schwerkraft des Galaxienhaufens die sehr fernen Galaxien dahinter sichtbar gemacht und somit Einblicke zum frühen (fernen) Universum und der Entwicklung von Galaxien seit jener Zeit gewonnen. Bei diesen Untersuchungen störte das diffuse Intracluster-Licht, da es die fernen Galaxien dahinter teils verdunkelte. Dafür könnte das schwache Leuchten rund um Galaxienhaufen Licht in eines der größten Mysterien der Astronomie bringen: die Beschaffenheit Dunkler Materie.

STERNBILD
Jungfrau

ENTFERNUNG
2,2 Mrd. Lichtjahre

GALAXIEN
~1000

MASSE
Etwa im Bereich von 1 Brd. Sonnen

Der Galaxienhaufen Abell 1689 in sichtbarem und Infrarotlicht

Abell 1689

Mit rund 1000 Galaxien und 1 Brd. Sonnenmassen an Sternen ist Abell 1689 einer der massereichsten bekannten Galaxienhaufen. Er liegt etwa 2 Mrd. Lichtjahre von der Erde entfernt im Sternbild Jungfrau und ist für seine Funktion als kosmische Linse bekannt.

Neuere Forschungen zeigten, dass Abell 1689 rund 10 000 Kugelsternhaufen umfasst – die vielleicht größte bekannte Anzahl dieser Ansammlungen. Einigen dieser Galaxien wird Materie entzogen, wodurch der Eindruck entsteht, sie würden förmlich auslaufen. Mittels des Chandra-Röntgenteleskops fanden Astronomen in Galaxienhaufen zudem Anzeichen für das Vorkommen extrem heißen Gases (über 100 Mio. Grad), was auf Verschmelzungen und Kollisionen schließen lässt.

Tatsächlich enthält Abell 1689 so viel Masse, dass Objekte dahinter größer erscheinen. Astronomen können deswegen weit entfernte Regionen des Weltalls studieren. Das Phänomen wird Gravitationslinseneffekt genannt. Auf vielen Bildern von Abell 1689 sind zwischen den Galaxien geschwungene Lichtbögen zu sehen. Bei diesen Bögen handelt es sich um Abbildungen von Galaxien im Hintergrund, die von der Masse des Haufens auseinandergezogen und verzerrt werden. 2014 machten Forscher mittels des Linseneffekts des Haufens 58 ferne Galaxien aus. Sie liegen hinter Abell 1689 und zählen zu den kleinsten lichtschwächsten und zahlreichsten Galaxien, die jemals in den weit entfernten Universumsregionen beobachtet wurden.

Das zusammengesetzte Bild zeigt den Galaxienhaufen 1E 0657-56, auch Bullet-Cluster.

STERNBILD
Schiffskiel

ENTFERNUNG
3,7 Mrd. Lichtjahre

GALAXIEN
40

MASSE
Unbekannt

Bullet-Cluster

Der „Geschosshaufen" ist nach seiner speziellen Form benannt, die auf einer Kollision zweier riesiger Galaxienhaufen beruht.

Geschwindigkeit und Form des Bullet-Clusters sowie andere Informationen legen nahe, dass vor rund 150 Mio. Jahren ein kleinerer Haufen den Kern eines größeren durchkreuzte, was zu einem der gigantischsten kosmischen Zusammenstöße seit dem Urknall führte.

Die zwei riesigen Haufen kollidierten mit einer Geschwindigkeit von mehreren Millionen km/h. Die Gewalt des Aufpralls trennte die sichtbare Materie des Haufens wie Sterne und Gas von der unsichtbaren sogenannten „Dunklen Materie". Die folgende Interaktion und Verschmelzung der Galaxien überstanden die Sterne unbeschadet. Das mag verwundern, da ihr helles Licht sie riesig und nah beieinander erscheinen lässt, was Zusammenstöße bei ihrer kosmischen Reise vermuten lassen würde. Tatsächlich sind die Sterne jedoch weit voneinander entfernt und passieren einander arglos wie Schiffe auf dem Ozean. Die Gaswolken der verschmelzenden Galaxien wurden dagegen mehr in Mitleidenschaft gezogen. Sie kollidierten, Gasmoleküle stießen aufeinander und sorgten für hohe Reibung. Diese verlangsamte die Wolken, während die darin enthaltenen Sterne weiterzogen. Bald entschlüpften die Galaxien den Gaswolken und machten sich ins freie All auf.

Dunkle Materie macht rund 25 % der Energiedichte des Universums aus und ist noch immer ein großes Mysterium. Sie interagiert nicht mit normaler Materie, Astronomen können ihre Existenz jedoch auf verschiedenen Wegen nachweisen. Die Tatsache, dass die Dunkle Materie des Bullet-Cluster von der sichtbaren getrennt wurde, weist auf die Heftigkeit der Kollision sowie auf die Existenz von Dunkler Materie überhaupt hin.

Was ist Dunkle Materie?

Mindestens 80 % des Universums sollen aus Dunkler Materie bestehen – wenn man nur wüsste, was das eigentlich ist! Tatsächlich weiß man eher, was Dunkle Materie nicht ist: Fest steht, dass sie nicht in Sternen und Planeten vorkommt, die wir im elektromagnetischen Spektrum sehen oder beobachten können, deswegen auch der Name. Ihre Existenz lässt sich deswegen nur davon ableiten, was von der Gesamtmasse des Universums fehlt. Untersuchungen zeigten, dass gemessen an Hochrechnungen viel zu wenig sichtbare Masse im All vorhanden ist. Dunkle Materie muss also dieses Loch schließen. Sichtbar ist „gewöhnliche" Materie, die aus Baryonen besteht. Baryonische Wolken und Objekte sind sichtbar, weil sie passierende Strahlung aufnehmen. Dunkle Materie ist keine Antimaterie, da wir keine Gammastrahlung sehen, die bei der Kollision von Materie mit Antimaterie entsteht. Galaxiengroße Schwarze Löcher werden mittlerweile auch nicht mehr als Dunkle Materie gehandelt.

Dunkle Materie im All vor computergeneriertem fraktalen Hintergrund

Die Unterhaufen von El Gordo kollidieren über 7 Mrd. Lichtjahre von der Erde entfernt.

STERNBILD
Phönix

ENTFERNUNG
7,2 Mrd. Lichtjahre

DURCHMESSER
7,72 Mio. Lichtjahre

GALAXIEN
Mehrere hundert

MASSE
3000 Bio. (3 Brd.) Sonnen

El Gordo

Der größte bekannte Galaxienhaufen im fernen Universum macht seinem Namen El Gordo (Spanisch für „der Dicke") alle Ehre.

Zwar findet man ähnlich massereiche Ansammlungen, z. B. das Bullet-Cluster, im näheren Universum, mit über 7 Mrd. Lichtjahren Entfernung ist El Gordo jedoch sehr viel weiter entfernt und älter. Seine aktuelle Größe hatte er bereits erreicht, als das Universum rund die Hälfte seiner geschätzten 13,8 Mrd. Lebensjahre aufwies.

Wie das Bullet-Cluster ist auch El Gordo das Ergebnis einer Kollision zweier großer Galaxienhaufen, die ihm eine besondere kometenartige Form inklusive zweier „Schweife" verleiht. Der gigantische Haufen weist einen Durchmesser von 7 Mio. Lichtjahren auf und Astronomen berechneten seine Masse 2014 auf rund 3 Brd. Sonnen. Dafür untersuchten sie, inwieweit die Schwerkraft des Haufens Bilder von Galaxien im fernen Hintergrund verzerrt. Wie Abell 1689 fungiert nämlich auch El Gordo als Linse, die Licht im Hintergrund streckt und verformt.

Ein Bruchteil der Masse (schätzungsweise 1%) ist in mehreren hundert Galaxien im Haufen gebunden, eine größere Menge in heißem Gas, das ihr Volumen bildet. Der Rest besteht aus Dunkler Materie, einer unsichtbaren Materieform, die den Großteil der Masse im Universum ausmacht. Das Verhältnis zwischen Sternen und Gas erinnert an Untersuchungen anderer massereicher Haufen. Wie beim Bullet-Cluster scheint auch hier gewöhnliche Materie, die hauptsächlich aus heißem, Röntgenstrahlung emittierenden Gas besteht, von der Dunklen Materie getrennt worden zu sein. Das heiße Gas in den Haufen wurde durch die Kollision verlangsamt, die Dunkle Materie nicht.

STERNBILD
Chemischer Ofen

ENTFERNUNG
65 Mio. Lichtjahre

DURCHMESSER
Radius 2,62–5,18 Mpc
~60 große Galaxien,
~60 Zwerggalaxien

MASSE
0,4–3,32x10^14
Sonnen

NGC 1316 ist eine Galaxie im Fornax-Galaxienhaufen.

Fornax-Galaxienhaufen

Das Objekt am Südhimmel ist (nach dem Virgo-Galaxienhaufen, unserem Nachbarn) der zweitreichste bekannte Galaxienhaufen innerhalb von 100 Mio. Lichtjahren.

Wie die meisten Haufen hat auch dieser keine klar definierten Grenzen, deswegen kann man nur schwer sagen, wo genau er beginnt und endet. Astronomen schätzen jedoch, dass das Zentrum des Fornax-Galaxienhaufens rund 65 Mio. Lichtjahre von der Erde entfernt ist, was ihn zu einem der nächsten seiner Art macht. Er umfasst fast 60 große Galaxien und ähnlich viele Zwerggalaxien.

Das Zentrum des Haufens wird von NGC 1399 dominiert, einer großen kugelförmigen Galaxie, deren Licht fast ausschließlich von alten Sternen stammt und deswegen blau erscheint. Das spektakulärste Mitglied von Fornax ist NGC 1365, eine riesige Balkenspiralgalaxie mit staubreichen Spiralarmen. Die Arme enthalten jüngere Sterne, die die in Staub gehüllten Wolken, in denen sie entstanden, erhitzen, wodurch diese im langwelligen Infrarot leuchten. Die Galaxie gehört zu den wenigen des Galaxienhaufens mit intensiver Sternbildung.

Galaxienhaufen wie dieser kommen häufig vor und veranschaulichen die starke Kraft der Gravitation. Selbst über große Distanzen zieht die Schwerkraft des Fornax-Galaxienhaufens die enormen Massen einzelner Galaxien an. Forscher haben eine große Galaxiengruppe am Rand des Haufens ausgemacht, die auf Kollisionskurs mit dem Kern zu sein scheint. Das Bewegungsmuster dieser Galaxien legt nahe, dass sie sich an einer langen unsichtbaren fadenförmigen Struktur befinden, die größtenteils aus Dunkler Materie besteht, die zu einem gemeinsamen Gravitationszentrum fließt. Der Haufen liegt im Sternbild Chemischer Ofen und ist von der Südhalbkugel aus zu sehen.

Highlights

Fornax Wall

1 Der Fornax-Galaxienhaufen gehört zu einer sehr viel größeren Struktur namens Fornax Wall. Solche Riesengebilde weisen eine längere und eine kürzere Achse auf und bestehen aus mehreren kleineren Galaxiengruppen. Neben dem Fornax-Galaxienhaufen findet sich hier die Dorado-Gruppe. Sie liegt ebenfalls am Südhimmel, umfasst eine lose Sammlung von Spiral- und elliptischen Galaxien und zählt – obwohl kleiner als ein Haufen – zu den reicheren nahen Galaxiengruppen.

Ein galaktischer Kannibale: NGC 1399

2 Im Zentrum des Fornax-Galaxienhaufens gibt es eine sogenannte D-Galaxie. Der galaktische Kannibale namens NGC 1399 erreichte durch das Schlucken kleinerer Galaxien seine Größe und ähnelt einer elliptischen Galaxie, ist jedoch größer und hat eine erweiterte blasse Hülle. Kürzlich stießen Forscher auf eine undeutliche Lichtbrücke zwischen NGC 1399 und der benachbarten kleineren Galaxie NGC 1387. Ihr Blau ist intensiver als das der Galaxien, da ihre jungen Sterne aus dem Gas ausbrechen, das NGC 1399 an sich reißt.

Eine bewegte Geschichte: NGC 1316

3 Mit einem supermassereichen Schwarzen Loch, dessen Masse der von 150 Mio. Sonnen entspricht, ist NGC 1316 ein besonderer Vertreter des Fornax-Galaxienhaufens. Das Loch schluckt Material aus seiner Umgebung und schickt wuchtige Jets ins All, was NGC 1316 zu einem der hellsten Objekte am Radiohimmel macht.
Die Struktur der Galaxie offenbart eine bewegte Vergangenheit, geprägt von der Absorption vieler kleinerer Galaxien. Diese hinterließ Schleifen, Bögen und Ringe in der sternbedeckten Außenhülle.

Heiße Gaswolke

4 Eine riesige Wolke aus 10 Mio. Grad heißem Gas umgibt den Fornax-Galaxienhaufen. 2003 beobachteten Forscher über 143 Stunden mittels des Chandra-Röntgenteleskops der NASA die Gaswolke und fanden heraus, dass sie eine zurückgeklappte kometenähnliche Form aufweist, die sich über eine halbe Mio. Lichtjahre erstreckt. Die Geometrie legt nahe, dass sich die riesige heiße Gaswolke durch eine größere, weniger dichte Gaswolke bewegt, was für intergalaktischen Gegenwind sorgt.

Gieriges Monster: NGC 1365

5 Die große Spiralgalaxie NGC 1365 ist ein eindrucksvoller Vertreter ihrer Art. Sie erstreckt sich über 200 000 Lichtjahre und hat einen dicken, auffälligen, durch den Kern führenden Sternenbalken mit Spiralarmen an den Enden. Zudem beeindrucken auch die inneren Werte: Als Seyfertgalaxie weist sie einen hellen aktiven Kern auf, der von einem supermassereichen Schwarzen Loch angetrieben wird, das gierig Sterne, Gas und Staub verschluckt.

Top-Tipp

Oftmals ist die zentrale Galaxie in einem Haufen die hellste, das gilt jedoch nicht für den Fornax-Galaxienhaufen. Seine leuchtstärkste Galaxie, NGC 1316, befindet sich an dessen Rand, ist auch als Fornax A bekannt und zählt zu den stärksten Radioquellen am Himmel. Radiowellen werden mit den schüsselförmigen Radioteleskopen beobachtet, welche diese Art der Strahlung registrieren. Letztere hat ihren Ursprung in zwei riesigen Lappen, die sich an beiden Seiten der sichtbaren Galaxie weit ins All erstrecken. Energie erhalten sie von einem supermassereichen Schwarzen Loch im Zentrum der Galaxie.

An- & Weiterreise

Mit einem nur 65 Mio. Lichtjahren entfernten Kern liegt der Fornax-Galaxienhaufen für kosmische Verhältnisse quasi vor unserer Haustür. Die Urlaubsplanung sollte man dennoch nicht umstellen.

STERNBILD
Alle

ENTFERNUNG
Wir sind mittendrin!

DURCHMESSER
10 Mio. Lichtjahre

GALAXIEN
Über 30

MASSE
Unbekannt

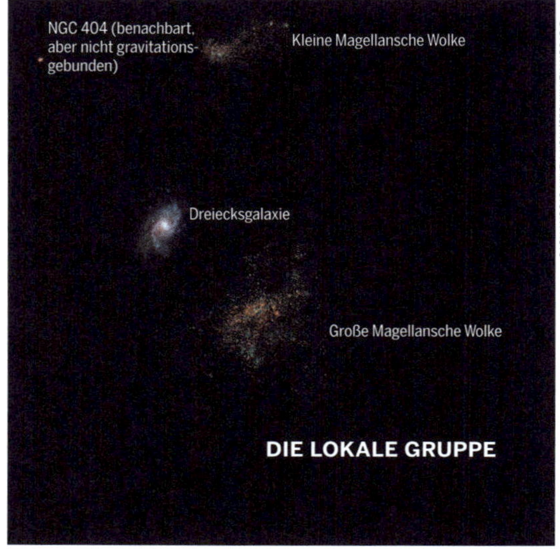

Kleinere Vertreter der Lokalen Gruppe (nicht maßstabsgetreu)

Lokale Gruppe

Die Milchstraße gehört zur passend benannten „Lokalen Gruppe". Sie besteht aus über 30 Galaxien, die durch die Schwerkraft miteinander verbunden sind, und weist einen Durchmesser von rund 10 Mio. Lichtjahren auf.

Die Andromedagalaxie ist der massereichste Vertreter dieser Gruppe und übertrifft in Sachen Größe und Masse die benachbarte Milchstraße. Auffällig sind außerdem Leo I, die Dreiecksgalaxie (M33) und die Große Magellansche Wolke, ein Satellit der Milchstraße, der viertmassivsten Galaxie der Lokalen Gruppe. Das Zentrum des Haufens liegt irgendwo zwischen Milchstraße und Andromeda, die beide mit Zwerggalaxien verbunden sind.

Die Struktur der Lokalen Gruppe wird sich ändern: In ferner Zukunft kollidieren Milchstraße und Andromeda und bilden eine riesige elliptische Galaxie im Kern des Haufens. Zudem wird die Lokale Gruppe mit ihren Galaxien vom Großen Attraktor angezogen und es könnte sein, dass sie eines Tages mit der nächsten großen Ansammlung, dem Virgo-Galaxienhaufen, verschmilzt.

Top-Tipp

Die Lokale Gruppe verdankt ihren Namen dem Astronomen Edwin Hubble, der sie 1936 als „typische kleine Gruppe von Nebeln, die frei im umgebenden Raum steht" beschrieb. Lange Zeit nannten Astronomen Galaxien „Nebel" und hielten sie fälschlicherweise für kleine Sternhaufen innerhalb der Milchstraße. Hubble half zu beweisen, dass Galaxien wie Andromeda nicht zur Milchstraße gehören, sondern weit entfernt liegen. Er ordnete der Lokalen Gruppe zwölf Galaxien zu, darunter Andromeda, Milchstraße, M33, die Magellanschen Wolken, M32, NGC 205, NGC 6822, NGC 185, IC 1613 und NGC 147.

Highlights

Intergalaktische Wolke

1 Eine Wolke aus neutralem Wasserstoff treibt vollkommen frei im All zwischen Andromeda und Dreiecksgalaxie. Die sogenannte Hochgeschwindigkeitswolke mit einem Durchmesser von rund 20 000 Lichtjahren ist 2,3 Mio. Lichtjahre entfernt, rast jedoch mit 330 km/s auf die Erde zu. Sie trägt den unpoetischen Namen HVC 127-41-330 und ist die erste ihrer Art, die Astronomen im intergalaktischen Raum entdeckten. Da rund 80 % der Wolkenmasse aus Dunkler Materie besteht, wird vermutet, dass es sich um eine Zwerggalaxie mit sehr geringer Masse handelt, die keine Sterne ausbilden kann.

Satelliten der Milchstraße

2 Dutzende kleine Galaxien bevölkern die Milchstraße. Die Satelliten sind gravitativ an unsere Galaxie gebunden und werden allmählich nach innen gezogen und zerrissen. Ein Teil hinterlässt bereits Überreste von Sternen in der Umlaufbahn der Milchstraße. Zu den Satellitengalaxien zählen die Große und Kleine Magellansche Wolke – zwei der größten Galaxien der Lokalen Gruppe – sowie die Sagittarius- und Canis-Major-Zwerggalaxien, zwei der nächsten Galaxien zu unserer.

Andromedas Satelliten

3 Andromeda ist unser nächster galaktischer Nachbar, rund 2,5 Mio. Lichtjahre entfernt und die größte Galaxie der Gruppe. Wie die Milchstraße hat auch Andromeda zahlreiche kleine gravitationsgebundene Satellitengalaxien. Zu dem guten Dutzend gehören M32 und M110 (die größten) und zwölf Galaxien, Andromeda I bis Andromeda XXII genannt. In etwa 4 Mrd. Jahren werden Andromeda und Milchstraße kollidieren und zu einer Galaxie verschmelzen.

Dreieck

4 Die spiralförmige Dreiecksgalaxie ist das drittgrößte Mitglied der Lokalen Gruppe und nur halb so groß wie die Milchstraße. Sie ist rund 3 Mio. Lichtjahre entfernt und könnte ein großer interagierender Begleiter der Andromedagalaxie sein. Der Logik nach befindet sich die Dreiecksgalaxie entweder auf einer mit 6 Mrd. Jahren unheimlich langen Umlaufbahn um Andromeda und kollidierte bereits in der Vergangenheit mit ihr oder sie ist gerade auf der ersten Reise in die sehr viel größere Galaxie. Die Bewegungsmuster einzelner Sterne lassen Wissenschaftler vermuten, dass letztere Theorie wahrscheinlicher ist.

Haufen, Superhaufen, Superduperhaufen

5 Die Lokale Gruppe gehört zum größeren Virgo-Superhaufen, der 2000 Galaxien im benachbarten Virgo-Galaxienhaufen, die Gruppen M66, M81 und M101 sowie eine Handvoll anderer Galaxienhaufen umfasst. Der Virgo-Superhaufen wiederum ist Teil des Laniakea-Superhaufens, der mit einer riesigen Ansammlung von über 100 000 Galaxien zu den größten Strukturen im bekannten Universum zählt.

In weiter Ferne

5 Die Irreguläre Sagittarius-Zwerggalaxie (nicht zu verwechseln mit der Elliptischen Sagittarius-Zwerggalaxie, einem Satelliten der Milchstraße) zählt zu den Galaxien der Lokalen Gruppe, die am weitesten vom Kern des Haufens entfernt sind. Sie umfasst nur 1500 Lichtjahre, ist über 3,5 Mio. Lichtjahre entfernt, gehört zu den metallärmsten bekannten Galaxien und enthält somit nur sehr wenige Elemente, die schwerer als Helium sind. Wissenschaftler gehen davon aus, dass die Galaxie sehr alt ist.

An- & Weiterreise

Die Anreise ist leicht, schließlich sind wir bereits mittendrin! In einer dunklen Nacht zeigt sich das Sternenband der Milchstraße über uns, und von der Südhalbkugel sind die Magellanschen Wolken, zwei weitere Mitglieder, gut zu sehen. Dennoch reicht die eigene Lebenszeit nicht aus, um einen Vertreter der Lokalen Gruppe zu besuchen.

STERNBILD
Krebs

ENTFERNUNG
5,23 Mrd. Lichtjahre

DURCHMESSER
8 Mio. Lichtjahre

GALAXIEN
Unbekannt

MASSE
Unbekannt

Musket Ball Cluster

Der „Musketenkugelhaufen" wurde erst 2012 entdeckt und ist das Ergebnis eines massiven galaktischen Auffahrunfalls vor rund 700 Mio. Jahren.

Das erst vor wenigen Jahren entdeckte System trägt seinen Namen, da die Kollision älter und langsamer als beim Bullet-Cluster ist, zu dem Ähnlichkeiten bestehen. Seine profanere Bezeichnung ist DLSCL J0916.2+2951.

Die zwei ursprünglichen Galaxienhaufen kollidierten so heftig miteinander, dass herkömmliche baryonische Materie, die u.a. Millionen Grad heißes Gas enthält, von Dunkler Materie getrennt wurde. Letztere ist nicht sichtbar und macht einen erheblichen Teil der Masse des Universums aus. Meist kommen beide Materiearten gemeinsam vor, so sind Galaxien von Halos aus Dunkler Materie umgeben. Der Aufprall scheint die Trennung verursacht zu haben, allerdings müssen Verschmelzungen dissoziativer Galaxienhaufen noch genauer untersucht werden.

Der Haufen ähnelt dem Bullet-Cluster, bei dem ebenfalls eine Kollision sichtbare Materie von Dunkler Materie trennte. Mit 700 Mio. Jahren hatte der Musket Ball Cluster jedoch mehr Zeit zum Regenerieren und gibt Forschern Einblicke in eine spätere Entwicklungsphase von Haufen. Unter Berücksichtigung von Schätzungenauigkeiten beim Alter ist die Verschmelzung, aus der das Musket Ball Cluster hervorging, zwei-

In diesem zusammengesetzten Bild ist von Chandra eingefangenes heißes Gas rot gefärbt; optische Hubble-Daten stellen Galaxien meist weiß/gelb dar.

bis fünfmal weiter fortgeschritten als in zuvor beobachteten Systemen. Zudem war die relative Geschwindigkeit der zwei Haufen, die kollidierten und das Musket Ball Cluster bildeten, geringer als bei vielen ähnlichen Objekten. Neben dem Bullet-Cluster wurden fünf weitere Beispiele verschmelzender Haufen mit getrennter herkömmlicher und Dunkler Materie beobachtet. Bei diesen Systemen soll die Kollision 170 bis 250 Mio. Jahre früher stattgefunden haben.

In zusammengesetzten Bildern des Musket-Ball-Cluster sind heiße Gase rot, Galaxien gelb und weiß sowie Dunkle Materie blau dargestellt.

Haufenfusionen

Die spezielle Umgebung von Galaxienhaufen, geprägt von Auswirkungen häufiger Kollisionen mit anderen Haufen oder Galaxiengruppen sowie dem Vorkommen großer Mengen an heißem intergalaktischem Gas, spielt wohl eine wichtige Rolle in der Evolution der jeweiligen Galaxien. Es bleibt jedoch unklar, ob Haufenfusionen fördernde, unterdrückende oder nur geringe Auswirkungen auf die Entstehung von Sternen haben. Der Musket Ball Cluster könnte Aufschluss darüber geben, zudem erlaubt er unabhängige Studien darüber, ob Dunkle Materie mit sich selbst interagiert. Diese Information ist wichtig bei der Eingrenzung des Partikeltyps, der für Dunkle Materie verantwortlich sein könnte. Wie das Bullet-Cluster und ähnliche Objekte liefert auch das Musket Ball Cluster keine Beweise für Selbstwechselwirkungen.

STERNBILD
Winkelmaß, Dreieck, Südliches Dreieck

ENTFERNUNG
222 Mio. Lichtjahre

DURCHMESSER
Unbekannt

GALAXIEN
Unbekannt

MASSE
1 Brd. Sonnen

Ein Blick Richtung Großer Attraktor

Norma-Galaxienhaufen

Mit einer Entfernung von rund 220 Mio. Lichtjahren ist Norma der nächste massive Galaxienhaufen zur Milchstraße. Er wird auch Abell 3627 genannt.

Aufgrund der enormen Masse, die sich in dem Galaxienhaufen konzentriert, und der daraus folgenden Anziehungskraft nennen Astronomen die Region Großer Attraktor. Sie dominiert unseren Teil des Universums, zählt zu den gewaltigsten näheren Galaxienhaufen und ist mit einer Entfernung von etwas mehr als 200 Mio. Lichtjahren für galaktische Verhältnisse relativ nah – dennoch ist der Norma-Haufen schwer zu beobachten. Von der Erde aus liegt die Galaxiengruppe nahe der Milchstraßenebene und wird von dichtem Smog aus kosmischem Staub verdunkelt. Ohne spezielle Hilfsmittel ist der Attraktor deswegen kaum zu erkennen. Die Milchstraßenebene, von der die vielen hellen Sterne auf obigem Bild stammen, überstrahlt durch Sterne und verdunkelt durch Staub einen großen Teil der Objekte dahinter. Ein paar Tricks, z. B. Infrarot- oder Radiostrahlung, ermöglichen den Blick dahinter, doch die Region hinter dem Zentrum der Milchstraße, wo der Staub am dichtesten ist, bleibt für Astronomen ein Mysterium.

Im Laufe der Jahre beobachteten mehrere Teleskope den Galaxienhaufen, der sich an der Grenze des Südlichen Dreiecks und des Winkelmaßes über drei Sternbilder am Südhimmel erstreckt. 2014 erspähte das Hubble-Weltraumteleskop eine große Spiralgalaxie namens ESO 137-001 im Herzen des Haufens. Die Galaxie bewegt sich durch das stark erhitzte Gas im Zentrum des Norma-Galaxienhaufens, wird dabei auseinandergerissen und hinterlässt helle blaue Sternenreste im All.

Sowohl die Milchstraße als auch die zugehörige Lokale Gruppe werden langsam in diese rätselhafte massereiche Region mit extrem hoher Gravitationskraft gezogen.

STERNBILD
Bildhauer

ENTFERNUNG
3,9 Mrd. Lichtjahre

DURCHMESSER
Unbekannt

GALAXIEN
Unbekannt

MASSE
Unbekannt

Vier kollidierte Galaxienhaufen bilden Pandora.

Pandora's Cluster

Pandoras Galaxienhaufen oder Abell 2744 ist eine gigantische Ansammlung von mindestens vier Galaxienhaufen, die über 350 Mio. Jahre lang miteinander verschmolzen.

Pandora's Cluster, auch Abell 2744 genannt, befindet sich fast 4 Mrd. Lichtjahre entfernt beim Sternbild Bildhauer am Südhimmel. Seine vier kleineren Galaxienhaufen kollidierten über einen Zeitraum von 350 Mio. Jahren miteinander.

Prallen riesige Galaxienhaufen aufeinander, birgt das resultierende Chaos für Astronomen jede Menge wertvolle Erkenntnisse. Teils sind diese problemlos durch Beobachtung nachzuvollziehen, z. B. die Anordnung der Galaxien, für andere trifft das weniger zu.

Die Galaxien von Pandora sind hell, umfassen aber weniger als 5 % der Masse des Haufens. Rund 20 % macht wohl Gas aus, das aufgrund der hohen Temperaturen nur im Bereich der Röntgenstrahlung leuchtet. Die restlichen 75 % bestehen aus unsichtbarer Dunkler Materie, deren Vorkommen Astronomen davon ableiten, wie sie den Weg von passierenden Photonen verzerrt und verändert.

Wie beim Bullet-Cluster und Musket Ball Cluster scheint die komplexe Kollision, die Pandoras Galaxienhaufen formte, Dunkle und gewöhnliche baryonische Materie wie Protonen und Neutronen (jedoch keine Elektronen oder andere Leptonen, subatomare Partikel, die auf schwache gravitative und elektromagnetische Kräfte reagieren) voneinander getrennt zu haben. Die Materienarten sind somit an unterschiedlichen Orten zu finden, wobei die Dunkle Materie nicht einmal in der Nähe der sichtbaren Galaxien vermutet wird.

Highlights

Dunkle Materie

1 Dunkle Materie gibt kein Licht ab, nimmt keines auf und reflektiert es nicht, macht sich jedoch durch gravitative Interaktionen bemerkbar. Zur Ortung dieser schwer fassbaren Substanz nutzen Wissenschaftler den Gravitationslinseneffekt. Das von Albert Einstein beschriebene Phänomen tritt auf, wenn Lichtstrahlen von fernen Galaxien das Gravitationsfeld von Dunkler Materie passieren und dabei abgelenkt werden. Durch das Studieren verräterischer Verzerrungen in Bildern jener fernen Galaxien können Wissenschaftler die Region orten, in denen die Masse eines Haufens von Dunkler Materie dominiert wird.

Gravitationslinse

2 2014 entdeckten Astronomen eine sehr kleine undeutliche alte Galaxie. Der rund 13 Mrd. Lichtjahre entfernte galaktische Zwerg weist einen Durchmesser von nur 850 Lichtjahren und eine Masse von 4 Mio. Sonnen auf. Solch winzige, weit entfernte Galaxien sind normalerweise nicht zu erkennen, doch die Astronomen hatten Pandora in der Hinterhand.

Der Galaxienhaufen voller Dunkler Materie verhält sich wie eine riesige kosmische Lupe und lenkt passierendes Licht ab. Dadurch werden Objekte im Hintergrund vergrößert, verstärkt und verzerrt, und Astronomen können undeutliche ferne Strukturen ausmachen, die sonst nicht zu erkennen sind.

Die winzige uralte Galaxie gehört zu diesen Objekten. Pandoras massive Gravitation produzierte drei vergrößerte Bilder der Galaxie, die sie jeweils zehnmal größer und heller darstellten. Astronomen glauben, dass solche Galaxien in den Anfangsjahren des Universums entstanden, als Sterne wuchsen und leuchteten, jedoch nicht genug Masse hatten, um abgegrenzte Konturen auszubilden.

Schuss durchs Herz

3 Nahe des Kerns von Pandora befindet sich ein geschossförmiges Konstrukt, das sich beim Zusammenstoß der Galaxienhaufen herausbildete. Heiße Gase stießen aufeinander und generierten eine charakteristische Schockwelle, die wie ein ballistisches Projektil geformt ist. Die Welle durchmischte und formte die heißen Gase, die Dunkle Materie überstand die Kollision hingegen unbeschadet. In einem anderen Teil der Galaxie gibt es Galaxien und Dunkle Materie, jedoch kein heißes Gas. Wissenschaftler glauben, dass dieses bei der Kollision isoliert wurde und nur eine schwache Spur hinterließ.

Mysteriöse Peripherie

4 Pandoras Herz mag schon bizarr anmuten, noch abenteuerlicher geht's jedoch in den äußeren Regionen zu. Eine davon enthält jede Menge Dunkle Materie, jedoch keine leuchtenden Galaxien oder heißen Gase. Stattdessen bildete sich ein einzelner gespenstischer Gasklumpen, die der zugehörigen Dunklen Masse nicht folgt, sondern ihr vorangeht. Dieses rätselhafte Phänomen könnte Astronomen Aufschlüsse über das Verhalten von Dunkler Materie und die Interaktion der verschiedenen Elemente des Universums geben.

Top-Tipp

Pandora verdankt seinen Namen der griechischen Sagengestalt, die durch das Öffnen einer Büchse das Böse in die Welt entließ. „Wir wählten den Namen, weil die Kollision so viele verschiedene und seltsame Phänomene auslöste. Manche davon waren niemals zuvor beobachtet worden", sagt Renato Dupke der University of Michigan, Mitglied des Teams, das die bemerkenswerte Geschichte des Haufens 2011 zusammentrug. Zu diesen bizarren Schätzen gehört die komplexe ungleichmäßige Verteilung verschiedener Materiearten, die Wissenschaftler als „äußerst ungewöhnlich und faszinierend" beschreiben

An- & Weiterreise

Wie man es dreht und wendet: Pandora ist schlichtweg unerreichbar. Selbst mit Lichtgeschwindigkeit würde die Reise fast 4 Mrd. Jahre dauern, wobei der Galaxienhaufen dann natürlich ganz anders aussehen würde.

Die „Bucht" im Perseushaufen

STERNBILD
Perseus

ENTFERNUNG
240,1 Mio. Lichtjahre

DURCHMESSER
11 Mio. Lichtjahre

GALAXIEN
~190

MASSE
660 Bio. Sonnen

Perseushaufen

Mit einer Entfernung von rund 235 Mio. Lichtjahren ist der Perseushaufen einer der nächsten zur Erde, im sichtbaren Licht jedoch schwer erkennbar.

Wie bei allen Galaxienhaufen besteht auch bei Abell 426 der Großteil der sichtbaren Materie aus vielen Millionen Grad heißem Gas. Dieses Gas durchdringt den Perseushaufen und ist so heiß, dass es nur im Röntgenspektrum leuchtet. Aufgrund der großen Masse und des Gasreichtums zählt Perseus im Röntgenlicht betrachtet zu den hellsten Objekten.

Der Haufen enthält 190 Galaxien und wird von der massereichen elliptischen Galaxie NGC 1275 dominiert. Zudem zählt er rund 30 elliptische Zwerggalaxien, die teils erst im letzten Jahrzehnt entdeckt wurden, und gehört zum gigantischen Perseus-Pisces-Superhaufen, der über 1000 Galaxien aufweist.

Beobachtungen mit dem Chandra-Röntgenteleskop lassen darauf schließen, dass der Perseushaufen einen Durchmesser von nur 11 Mio. Lichtjahren hat. Kürzlich fand ein Team der Oxford University zudem heraus, das Partikel Dunkler Materie in dem Haufen wohl Röntgenstrahlen absorbieren und abgeben. Bestätigen sich die neuen Erkenntnisse, könnten sie Wissenschaftlern dabei helfen, irgendwann die Beschaffenheit von Dunkler Materie zu ergründen. Die rätselhafte versteckte Substanz macht 85% des bekannten Universums aus.

Wie der Name schon sagt, liegt der Perseushaufen am Nordhimmel im Sternbild Perseus.

Highlights

Heiße galaktische Welle

1 Eine riesige heiße Gaswelle wälzt sich durch den Perseus-Galaxienhaufen. Mit einem Durchmesser von rund 200 000 Lichtjahren ist sie etwa doppelt so groß wie die Milchstraße. Wissenschaftler glauben, dass sie vor Milliarden von Jahren gebildet wurde, nachdem ein kleiner Galaxienhaufen mit einer rund tausendmal größeren Masse als die der Milchstraße Perseus streifte und das Zentrum um rund 650 000 Lichtjahre verfehlte. Die Schwerkraft des passierenden Haufens durchmischte das Gas in Perseus und ließ es über Milliarden von Jahren große Wellen bilden.

Zwerghaufen

2 Nahe des Zentrums des Perseushaufens gibt es vier Zwerggalaxien. Ihr gleichmäßiges kugelförmiges Erscheinungsbild lässt vermuten, dass sie nicht von der starken Anziehungskraft des Haufens gestört wurden. Größere umliegende Galaxien werden hingegen von ihren zerrenden und rempelnden Begleitern auseinandergerissen. Man vermutet, dass die vier Zwerge unbehelligt bleiben, weil sie in ein Kissen aus Dunkler Materie eingebettet sind, die sie vor der rüpelhaften Nachbarschaft schützt.

NGC 1275

3 Den Perseushaufen dominiert eine riesige elliptische Galaxie namens NGC 1275. Die aktive Galaxie nahe des Herzens des Haufens wird auch Perseus A genannt und beherbergt ein supermassives Schwarzes Loch mit der Masse von rund 800 Mio. Sonnen.
Sie wird von zahlreichen, jeweils 200 000 Lichtjahren langen Filamenten aus kaltem Gas umgeben. Nahe des Kerns von NGC 1275 befinden sich rund 50 Kugelsternhaufen.

Gigantische Kaltfront

4 Eine gigantische stabile „Kaltfront" rast durch den Perseushaufen. Das kosmische Wettersystem misst rund 2 Mio. Lichtjahre und bewegt sich seit über 5 Mrd. Jahren durchs All, also länger als das Sonnensystem alt ist. Die lange vertikale Struktur ist rund 482 000 km/h schnell und wird von Kollisionen zwischen Perseushaufen und kleineren Galaxiengruppen angetrieben. Wissenschaftler vermuten, dass magnetische Feldlinien um die Masse der Kaltfront ihre Kraft bewahren.

Mysteriöse Gasstrukturen

5 Daten des erdumkreisenden Chandra-Röntgenteleskops offenbarten unterschiedliche Strukturen im Gas des Perseushaufens. Dazu gehören gigantische rollende Wellen, große Blasen, die von dem supermassereichen Schwarzen Loch in der zentralen Galaxie des Haufens namens NGC 1275 aufgeworfen werden, eine mysteriöse konkave „Bucht" und eine enorme rätselhafte Kaltfront, die vom Zentrum ausgeht.

Top-Tipp

2002 entdeckten Wissenschaftler Klangwellen, die vom supermassereichen Schwarzen Loch im Herzen des Perseushaufens ausgehen. Der Ton ist der tiefste, der jemals gemessen wurde und entspricht einem B. Der Mensch kann diesen kosmischen Klang jedoch nicht hören. Seine Wellenlänge liegt 57 Oktaven unter dem eingestrichenen C und damit fast 1 Mrd. Mal tiefer, als das menschliche Ohr wahrnehmen kann. Forscher stießen aufgrund von Wellen im Gas des Perseushaufens auf den Ton. Diese zeugen von Klangwellen, die aus dem zentralen Schwarzen Loch stammen.

An- & Weiterreise

Der Perseushaufen mag der nächste helle Galaxienhaufen zur Milchstraße sein, doch selbst mit ¼ Lichtgeschwindigkeit dauert die Reise 1 Mrd. Jahre.

© NASA/CHANDRA SPACE TELESCOPE

Das Phoenix Cluster (hier gesehen durch Chandra) ist voller heißem Gas und Röntgenstrahlung.

STERNBILD
Phönix

ENTFERNUNG
5,7 Mrd. Lichtjahre

DURCHMESSER
1,5 Mio. Lichtjahre

GALAXIEN
Tausende

MASSE
2 Brd. Sonnen

Phoenix Cluster

Der 2010 entdeckte Phoenix-Galaxienhaufen beansprucht gleich mehrere Superlative für sich: Er gehört zu den hellsten am Röntgenhimmel beobachteten Objekten, ist mit einer Masse von 2 Brd. Sonnen einer der massivsten seiner Art und beherbergt eine Galaxie, die die höchste Sternentstehungsrate aufweist, die jemals in einem Haufen beobachtet wurde.

Im Herzen des Phoenix-Galaxienhaufens, auch bekannt als SPT-CLJ2344-4243, befindet sich eine gewaltige Galaxie mit einem aktiven galaktischen Kern, was für sich genommen schon bemerkenswert ist. Darüber hinaus beeindruckt er mit seiner Größe und seiner Kraft: Das zentrale supermassereiche Schwarze Loch gehört mit einer Masse von 20 Mrd. Sonnen zu einem der wuchtigsten überhaupt. Der Ereignishorizont soll sich über 39,5 AE bzw. bis zum Pluto erstrecken. Zudem durchlebt der Galaxienhaufen einen intensiven Starburst und produziert jedes Jahr ganze 740 Sonnenmassen an Sternen sowie eine starke Röntgenstrahlung. Zum Vergleich: In der Milchstraße entsteht ein Stern jährlich.

Diese Sterne bilden sich in langen Filamenten aus kosmischem Gas und Staub, die sich 160 000 bis 330 000 Lichtjahre vom Zentrum des Haufens entfernt erstrecken. Die Fäden umgeben große Hohlräume im heißen Gas, geformt von kraftvollen Energiejets, die in der Region rund um das Schwarze Loch der Galaxie ihren Ursprung haben. Weiter vom Zentrum des Haufens entfernte Hohlräume legen nahe, dass vor rund 100 Mio. Jahren starke Ausbrüche vom zentralen Schwarzen Loch ausgingen.

STERNBILD
Jungfrau

ENTFERNUNG
55 Mio. Lichtjahre

DURCHMESSER
10 Mio. Lichtjahre

GALAXIEN
1000–2000

MASSE
1,2 Brd. Sonnenmassen

NGC 4388 (oben) im Virgo-Galaxienhaufen wird von der Gravitation des Haufens angezogen.

Virgo-Galaxienhaufen

Der nur 50 Mio. Lichtjahre entfernte Virgo-Galaxienhaufen ist der nächste zu unserem eigenen. Er befindet sich im Sternbild Jungfrau, erstreckt sich über 15 Mio. Lichtjahre und umfasst ganze 2000 Galaxien. Seine Gravitation ist so stark, dass er Galaxien und Galaxiengruppen anzieht – so auch die Lokale Gruppe.

Zum Virgo-Galaxienhaufen gehören u. a. riesige elliptische Galaxien, Spiralen wie die Milchstraße und sehr viel kleinere Zwerggalaxien. Zwischen diesen Galaxien befinden sich heißes Gas, vom Weg abgekommene Sterne und jede Menge Dunkle Materie, die einen großen Teil der Masse ausmacht.

Der Virgo-Galaxienhaufen soll relativ jung sein, wobei kleine Subhaufen die größeren Galaxien Messier 87, Messier 86 und Messier 49 umgeben. Die Subhaufen werden erst in Zukunft verschmelzen und einen dichteren einheitlicheren Galaxienhaufen bilden. Dies ist einer der Gründe für die unregelmäßige Form des Virgo-Haufens, dessen rund 2000 Galaxien asymmetrisch angeordnet sind. Er gehört zum gewaltigen Laniakea-Superhaufen.

Top-Tipp

Obwohl der Virgo-Galaxienhaufen mit 10 bis 15 Mio. Lichtjahren fast denselben Durchmesser wie die Lokale Gruppe aufweist, umfasst er 50-mal mehr Galaxien. Die resultierende enorme Gravitation zieht andere Galaxiengruppen in einem Prozess namens *virgo-centric flow* an. Der Haufen bildet den Kern des Virgo-Superhaufens, der u. a. die Lokale Gruppe beherbergt. Jede Gruppe des Superhaufens bewegt sich in Richtung Virgo-Haufen, wobei manche mit diesem verschmelzen werden.

An- & Weiterreise

Mit einer Entfernung von rund 50 Mio. Lichtjahren ist der Virgo-Galaxienhaufen der nächste zur Lokalen Gruppe und nähert sich dieser immer weiter an.

Highlights

M87

1 Der Virgo-Haufen wird von M87 dominiert, einer wahrlich monströsen Galaxie. Sie liegt rund 53 Mio. Lichtjahre entfernt, umfasst mehrere Billionen Sterne sowie rund 15 000 Kugelsternhaufen und hat ein supermassereiches Schwarzes Loch, dessen Masse 6,5 Mrd. Sonnen entspricht. (Zum Vergleich: Die Milchstraße hat nur ein paar hundert Milliarden Sterne, etwa 150 Kugelsternhaufen und ein 4 Mio. Sonnen schweres Schwarzes Loch.) Das Schwarze Loch von M87 schickt kraftvolle Jets aus sehr energiereichen Partikeln ins All, die sich über mindestens 4000 Lichtjahre vom Zentrum der Galaxie entfernt erstrecken. Kürzlich erstellten Wissenschaftler mit dem Event Horizon Telescope ein Bild dieses gigantischen Lochs; es war das erste Mal, dass der Mensch den Schatten eines dieser mysteriösen Objekte zu sehen bekam.

M49

2 Die hellste Galaxie des Haufens ist der elliptische Riese M49, entdeckt im Jahr 1771 von Charles Messier. Er war das erste Objekt, das im Virgo-Galaxienhaufen entdeckt wurde, und die erste elliptische Galaxie, die außerhalb der Lokalen Gruppe beobachtet werden konnte. M49 enthält zudem fast 6000 Kugelsternhaufen. Die Galaxie ist mit einem Fernglas zu erkennen, wobei die Sichtverhältnisse im Mai am besten sind.

Die Hybridgalaxie NGC 4388

3 Galaxie NGC 4388 befindet sich rund 60 Mio. Lichtjahre entfernt im Virgo-Galaxienhaufen und durchläuft einen Transformationsprozess. Der gleichmäßige, unauffällige Außenbereich ist typisch für elliptische Galaxien, die markanten Staubstreifen in zwei symmetrischen Spiralarmen im Zentrum, die aus dem leuchtenden Galaxienkern stammen, sind hingegen klassische Merkmale einer Spiralgalaxie. Trotz der Widersprüche gilt NGC 4388 als Spiralgalaxie; Wissenschaftler führen ihre ungewöhnlichen Eigenschaften auf gravitative Interaktionen mit ihren Nachbarn zurück.

Galaktische Subklumpen

4 Der Virgo-Galaxienhaufen enthält drei große Subhaufen: Virgo A mit der riesigen Galaxie M87 als Kern, Virgo B mit M49, der hellsten Galaxie des gesamten Haufens, im Zentrum und einen dritten Klumpen rund um M86. Mehrere kleinere Gruppen umgeben diese prominenten Ansammlungen, wobei irgendwann alle zu einem einheitlichen Haufen verschmelzen werden. Aktuell dominiert die Masse von Virgo A den Haufen und zieht alles mit extrem hoher Geschwindigkeit ins Innere.

Markarjansche Kette

5 Nördlich von M87 im Virgo-Galaxienhaufen erstreckt sich die langgezogene Markarjansche Kette. Rund ein Dutzend Galaxien reihen sich dort wie Perlen auf einem kosmischen Band auf. Die Kette umfasst die hellen Galaxien M84 und M86 sowie mehrere interagierende Paare, zu denen ein bekanntes Duo gehört, das „Augen" genannt wird. Mindestens sieben der Galaxien bewegen sich gemeinsam durch den Kosmos, der Rest erscheint, von der Erde aus gesehen, in der Form einer Kette.

Intergalaktische Nebel

6 Durch gravitative Interaktion der Galaxien und das resultierende Ablösen von Sternen befinden sich ganze 10 % der Sterne im Virgo-Galaxienhaufen im intergalaktischen Raum. Ein Teil davon entwickelte wunderschöne feine Strukturen, von Astronomen planetarische Nebel genannt. Die faszinierenden Wolken sind die Folge von stellaren Todeszuckungen und können auch im benachbarten Haufen beobachtet werden. Astronomen nutzen die Bewegungsmuster planetarischer Nebel als eine Art Fossilbericht über die Geschichte des Haufens und um mehr über die Anzahl, Typen und Bewegungen von Sternen in verschiedenen Regionen zu erfahren.

Ein Altbekannter

7 Der Virgo-Galaxienhaufen ist seit Jahrhunderten bekannt, allerdings galt er nicht schon immer als massiver externer Galaxienhaufen. Ende des 18. Jhs. nahm der französische Astronom Charles Messier 16 Mitglieder des Haufens in seinen berühmten Katalog auf und klassifizierte sie als „Nebel ohne Sterne". Bereits 1784 bemerkte er eine ungewöhnliche Ansammlung solcher Nebel im Sternbild Jungfrau. Heute weiß man, dass diese Nebel eigenständige gravitationsgebundene Galaxien sind.

Der Sombrero – ein Virgo-Mitglied?

8 Die Sombrero-Galaxie oder M104, eine der imposantesten und fotogensten des Universums, befindet sich am südlichen Rand des Virgo-Galaxienhaufens. Sie scheint zu diesem zu gehören, befindet sich jedoch in dessen Vordergrund, rund 30 Mio. Lichtjahre von der Erde entfernt. Die Galaxie kennzeichnet ein heller weißer bauchiger Kern, umgeben von dichten Staubstreifen, die ihre Spiralstruktur umspannt. Der Name Sombrero geht auf die Ähnlichkeit mit einem breitkrempigen Hut zurück. M104 ist mithilfe eines kleinen Teleskops zu erkennen und gehört mit einer Masse von 800 Mrd. Sonnen zu einem der massivsten Objekte des Virgo-Galaxienhaufens.

NGC 4522 im Virgo-Galaxienhaufen wird von dessen Winden zusammengepresst.

GLOSSAR & REGISTER

Glossar

Albedo – Das Verhältnis von eingefallenem und reflektiertem Licht bei einem nicht selber leuchtenden Körper. Die Albedo-Werte liegen zwischen 0 (völlig schwarz) und 1 (vollständige Rückstrahlung).

Aphel – Sonnen-/sternenfernster Punkt einer Umlaufbahn um die Sonne/einen Stern

Asterismus – Eine Gruppe von Sternen am Himmel, die leicht wiederzuerkennen ist.

Asteroiden – Kleine Gesteinsobjekte, die die Sonne umkreisen wie Planeten, aber viel kleiner sind. Auch haben sie eine weniger runde Form. Früher wurden sie auch als kleine Planeten oder Planetoiden bezeichnet.

Asteroidengürtel – Ein Gebiet mit uraltem Trümmermaterial, das die Sonne innerhalb des Asteroidenhauptgürtels zwischen Mars und Jupiter umkreist. Asteroiden rangieren in der Größe zwischen der Vesta – mit einem Durchmesser von ca. 530 km – und kleinen Himmelskörpern mit weniger als 10 m Durchmesser. Die Gesamtmasse aller Asteroiden ist geringer als die Masse des Erdmonds.

Asteroseismologie – Das Studium des Pulsierens von Sternen

Astronomische Einheit (AE) – 1 AE entspricht dem durchschnittlichen Abstand der Erde von der Sonne. Die Astronomische Einheit (AE) wird von der IAU exakt mit 149 597 870 700 m definiert.

Atmosphäre – Die Gashülle um einen Planeten, die von dessen Schwerkraft nahe der Oberfläche gehalten wird.

Baryonische Materie – „Normale", aus Protonen, Neutronen und Elektronen bestehende Materie

Bogensekunde – Abgekürzt: ″ oder arcsec. Eine Winkeleinheit, die für Objekte am Himmel benutzt wird. 60 Bogensekunden bilden 1 Bogenminute und 3600 Bogensekunden 1 Grad. Eine Bogensekunde entspricht ungefähr 725 km auf der Sonne.

Cepheiden – Pulsationsveränderliche Sterne oder „Standardkerzen", deren Helligkeit periodisch schwankt. Damit können sie als kosmische Richtschnur für die Messung von Entfernungen bis zu einigen Millionen Lichtjahren dienen.

Doppelsterne – Sternensystem aus zwei Sternen. Meist haben beide Sterne eine elliptische Umlaufbahn um deren Massezentrum und kreisen in gebundener Rotation.

Dunkle Materie – Nichtbaryonische Materie; nicht völlig verstandene Komponente des Universums (ca. 27 % von dessen Materie)

Eisriese – Planetenklasse mit matschigem Eismantel unter atmosphärischen Wolken, die sich elementar von Gasriesen und Gesteinsplaneten (terrestrischen Planeten) unterscheidet. In unserem Sonnensystem gelten Uranus und Neptun als Eisriesen.

Ekliptikebene – Gedachte Ebene im Sonnensystem basierend auf der scheinbaren Sonnenbahn vor dem Fixsternhintergrund

Elektromagnetisches Spektrum – Bereich aller Arten elektromagnetischer Strahlung. Dazu zählen sichtbares Licht, Radiowellen, infrarotes und ultraviolettes Licht, Röntgenstrahlen und Gammastrahlen.

Erdnahe Asteroiden (Potentially Hazardous Asteroids; PHA) – Dies sind Himmelskörper, die der Erdbahn näher als 0,05 AE kommen und eine absolute Helligkeit (M) von bis zu 22,0 besitzen.

Ereignishorizont – „Oberfläche" eines Schwarzen Lochs; Bereich, in dem die benötigte Fluchtgeschwindigkeit die Lichtgeschwindigkeit übersteigt

Event Horizon Telescope (EHT) – Internationaler Verbund von acht auf der Erde stationierten Radioteleskopen und Observatorien, dem es 2019 erstmals gelang, ein Schwarzes Loch (M87) aufzunehmen.

Exomond – Mond, der einen Planeten außerhalb unseres Sonnensystems umkreist.

Exoplanet – Planet, der einen Stern außerhalb unseres Sonnensystems umkreist (ab und an auch extrasolarer Planet genannt).

Exzentrizität – Maß für Abweichungen einer Umlaufbahn von einer Kreisbahn bezogen auf den größten Durchmesser der Umlaufbahn

Fossae – Gräben, Täler oder Senken, auf Himmelskörpern unter atmosphärischer Einwirkung entstanden

Galoppierender Treibhauseffekt – Entsteht, wenn ein Planet mehr Energie von der Sonne absorbiert, als er in den Raum zurückstrahlt; Symptome: Abfall des Wärmeverlusts und steigende Oberflächentemperatur.

Gasriese – Großer Planet von relativ geringer Dichte, der vor allem aus Wasserstoff und Helium besteht; in unserem Sonnensystem gelten Jupiter und Saturn als Gasriesen.

Gebundene Rotation – Sie herrscht, wenn ein Himmelskörper dem Stern oder Planeten, den er umkreist, immer dieselbe Seite zukehrt, sodass auf der einen Seite immer Tag und der anderen immer Nacht ist.

Gesteinsplanet – Terrestrischer Planet; besteht hauptsächlich aus Silikatgestein oder Mineralien (wie Merkur und Erde).

Gravitationslinseneffekt – Die Schwerkraft massiver Galaxiehaufen, die Dunkle Materie enthalten, lenkt das Licht entfernterer Galaxien, die sich hinter dem Galaxiehaufen befinden, ab und verzerrt es.

Habitable Zone – Der Bereich um einen Stern, in dem auf der Oberfläche eines diesen Stern umkreisenden Planeten Wasser in flüssiger Form vorkommen kann.

Hauptreihenstern – Rund 90 % der Sterne, auch die Sonne, sind Hauptreihensterne. In deren Kernen werden Wasserstoffatome durch Fusion in Heliumatome umgewandelt; die Klassifizierung umfasst eine große Spannweite von Leuchtstärken und Farben, von Roten Zwergen bis hin zu Hyperriesen.

Heliopause – Äußere Grenze des Magnetfelds der Sonne und der nach außen gerichteten Strömung des Sonnenwinds.

Heliosphäre – Der Sonnenwind schafft eine Blase, die sich bis jenseits der Umlaufbahnen der Planeten ausdehnt.

Hot Jupiter – Gasförmige Exoplaneten von ähnlicher Masse wie der Jupiter, die aber wegen sehr enger Umlaufbahnen um ihren Stern weit heißer sind als dieser.

Hot Neptune – Eine Klasse riesiger Exoplaneten von ähnlicher Masse wie Uranus/Neptun, die ihren Stern eng, oft in einer Entfernung von weniger als 1 AE, umkreisen.

Hubble-Konstante – Gegenwärtige Rate der Expansion des Universums (beschrieben in Kilometern pro Sekunde mal Megaparsec oder nur pro Sekunde). Genaue Rate und Wirkungsweise sind umstritten.

Intergalaktischer Raum – Raum zwischen Galaxiehaufen

Internationale Astronomische Union (IAU) – Internationale Vereinigung von Profi-Astronomen, die Normen und Konventionen im astronomischen Bereich festlegt und astronomische Fragen diskutiert

Interstellarer Raum – Das Gebiet außerhalb der Heliosphäre der Sonne, in dem das Magnetfeld der Sonne aufhört, einen Einfluss auf die Umgebung auszuüben.

Komet – Kosmische Schneebälle aus gefrorenen Gasen, Gestein und Staub, die die Sonne umkreisen.

Kugelsternhaufen – Enge Ansammlung mehrerer Hunderttausend älterer Sterne

Kuipergürtel – Region voller Trümmer aus der Frühgeschichte des Sonnensystems, die sich zwischen Umlaufbahn des Neptuns und einem Sonnenabstand von 50 AE erstreckt und mehr einer dicken Scheibe (wie ein Donut) ähnelt als einem dünnen Gürtel.

Kuipergürtelobjekte (KBO) – Zwergplaneten, Asteroiden und Partikel aus gefrorenem Eis und Gestein im Kuipergürtel

Lichtjahr – Entfernung, die das Licht während eines Erdenjahrs zurücklegt; die Einheit, mit der Entfernungen im Universum gewöhnlich angegeben werden. Ein Lichtjahr sind ungefähr 9 Billionen Kilometer.

Magnetar – Magnetare sind Neutronensterne, deren Magnetfelder tausendmal stärker sind als die üblicher Neutronensterne, deren Magnetfeld eine Billiarde Gauß oder die Kraft von 100 Billionen Kühlschrankmagneten beträgt. Die Sonne hat nur ein Magnetfeld von etwa 5 Gauß. Magnetare brechen ohne Vorankündigung aus und strahlen für Stunden oder Monate, ehe sie sich abschwächen und verschwinden.

Masse – Masse bezeichnet die Materiemenge in einem Objekt. Es ist jene Eigenschaft eines Körpers, die ihm im Gravitationsfeld Gewicht gibt. Wichtig: Masse ist nicht von der Schwerkraft abhängig. Körper mit größerer Masse werden von der gleichen Kraft weniger beschleunigt als Körper mit geringerer Masse.

Mond – Auch bezeichnet als natürliche Satelliten; Himmelskörper, die einen Planeten oder Asteroiden umkreisen.

Nachtseite – Die seinem Zentralgestirn abgewandte Seite eines Planeten

Nebel – Riesige Wolken aus Staub und Gas im interstellaren Raum. Es gibt sie in vielen Formen: Gasnebel, die Licht emittieren oder reflektieren; Dunkelnebel, Überreste von Supernovae oder planetarische Nebel, abgestoßen von sterbenden Weißen Zwergen.

Neutronenstern – Der dichteste Sternentypus im Universum besteht aus einem kollabierten Stern, dessen Protonen und Elektronen zu Neutronen zerquetscht wurden.

Offene Sternhaufen – Gruppe von lose miteinander verbundenen Sternen, die aus der gleichen Riesen-Molekülwolke entstanden und ungefähr gleich alt sind.

Oortsche Wolke – Entlegene Region voller eisförmiger, kometenartiger Körper im Umkreis des Sonnensystems. Die meisten Kometen haben wohl hier ihren Ursprung.

Parsec – Entspricht 3,26 Lichtjahren; definiert als die Entfernung, unter der eine Astronomische Einheit unter einem Winkel von einer Bogensekunde erscheint.

Perihel – Punkt einer Umlaufbahn, der dem umkreisten Objekt, z. B. der Sonne, am nächsten liegt.

Planet – Runder Himmelskörper, der die Sonne oder einen anderen Stern umkreist.

Pulsar – Ein pulsierende Strahlung aussendender Neutronenstern

Quasar – Abkürzung für „Quasi-Stellar Radio source"; Quasare sind die entferntesten Objekte im Universum. Man glaubt, dass sie ihre Energie aus massiven Schwarzen Löchern im Zentrum ihrer Galaxien beziehen.

Satellit – Alle Objekte in einer Umlaufbahn, gleichgültig ob natürlich (Erde oder Mond) oder von Menschen gebaut

Scheinbare Helligkeit – Die Helligkeit, in der Sterne einem Beobachter erscheinen.

Schnellläufer – Sterne, die sich mit höherer Geschwindigkeit bewegen als die umgebende interstellare Materie und so das Gebiet ihrer Entstehung verlassen.

Schwarzes Loch – Gewaltige, stark verdichtete Materiemasse, die sich bildet, wenn Sterne kollabieren. Ergebnis ist ein Gravitationsfeld, dem nichts, nicht einmal Licht, entkommt. Schwarze Löcher können zu Supermassereichen Schwarzen Löchern verschmelzen, die sich im Zentrum vielleicht der meisten Galaxien befinden.

Seyfertgalaxien – Eine Klasse aktiver Spiralgalaxien mit einem Zentrum oder Kern, das sehr helles sichtbares Licht ausstrahlt.

Sichtbares Licht – Vom Auge wahrnehmbarer Bereich des elektromagnetischen Spektrums

Spektroskopie – Untersuchung der Wellenspektren. Sie ermöglicht Astronomen festzustellen, welche chemischen Elemente im Lichtspektrum eines Himmelsobjekts vorhanden sind.

Supererde – Exoplanet mit bis zu zehnfacher Größe der Erde, aber beträchtlich kleiner als ein Eisriese

Supernova – Explosion eines Sterns am Ende seines Lebens

Syzygie – Geradlinige Ausrichtung von mindestens drei Himmelskörpern (z. B. Transit, Eklipse oder Okkultation)

Tagseite – Dem Zentralgestirn zugewandte Planetenseite

Transit – Der Durchgang eines Planeten oder anderen Objekts vor der Scheibe der Sonne oder eines anderen Sterns

Transneptunische Objekte (TNO) – Objekte im Sonnensystem, deren Umlaufbahn jenseits der des Neptuns liegt.

Trojaner – Kleinere Himmelskörper, die sich die Umlaufbahn mit einem größeren teilen. Jupiter hat viele Trojaner.

Ultraleuchtkräftige Röntgenquellen (ULX) – Punktförmige Röntgenquellen, die mehr Röntgenstrahlen aussenden, als durch Akkretion auf einem Schwarzen Loch von stellarer Masse produziert werden kann, aber viel weniger als akkretierende Supermassereiche Schwarze Löcher.

Umlaufbahn – Sich wiederholende Bahn, die ein Objekt im Raum um ein anderes beschreibt. Umlaufbahnen sind elliptisch, können aber eher kreisförmig oder „gequetscht" sein.

Urknall – Die führende Theorie zum Ursprung des Universums postuliert ein 10 Mrd. Grad heißes Meer aus Neutronen, Protonen, Elektronen, Anti-Elektronen (Positronen), Photonen und Neutrinos. Das anfangs unglaublich kompakte Universum erlebte eine explosive Ausdehnung (Inflation). Nach der Abkühlung bildeten sich Sterne und Galaxien.

Veränderliche Sterne – Sterne, deren Helligkeit sich periodisch oder irregulär verändert.

Wechselwirkende Galaxien – Zwei oder mehr Galaxien, deren Gravitationsfelder sich wechselseitig beeinflussen.

Zentauren – Kleine Himmelskörper, die sich zwischen den Umlaufbahnen von Jupiter und Neptun um die Sonne bewegen. Zentauren sind ähnlich groß wie Asteroiden, ähneln ansonsten aber Kometen. Dieser Tatsache verdanken sie ihre Bezeichnung nach den Mischwesen der griechischen Mythologie, die zur Hälfte Mensch, zur Hälfte Pferd waren.

Zwergplanet – Himmelskörper, der die Sonne umkreist, kein Mond ist und genug Masse für eine fast runde Gestalt hat, aber zu wenig, um die Umlaufbahn zu bereinigen.

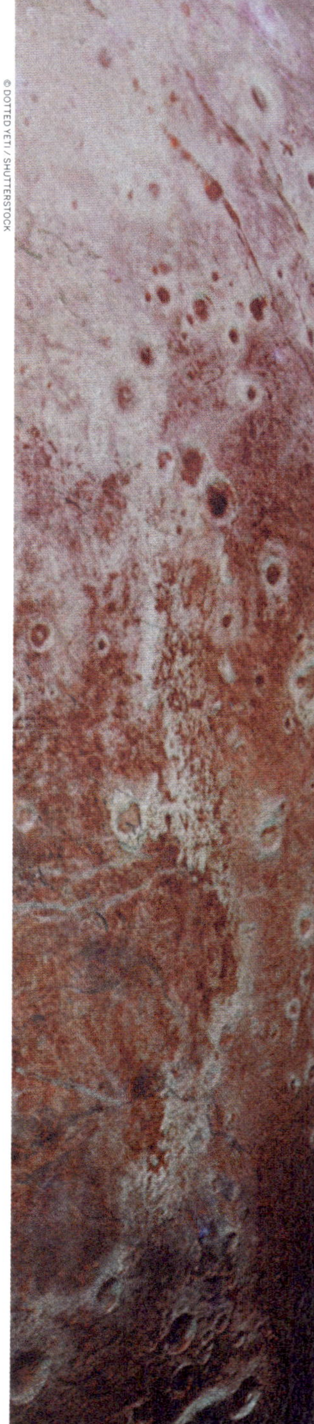

Register

N

O

P

R

S

T

U

V

W

Bildnachweis

Für alle Bilder: © auf der entsprechenden Seite.

Viele der Bilder in diesem Buch wurden mit freundlicher Genehmigung der NASA verwendet; mehr auf www.nasa.gov.

ESA-Bilder wurden unter der Lizenz CC BY-SA 3.0 IGO genutzt.

Creative-Commons-Bilder wurden unter folgenden Lizenzbedingungen genutzt:

Für alle Bilder unter CC BY 3.0 finden sich die vollständigen Lizenzbedingungen auf: https://creativecommons.org/licenses/by/3.0/legalcode

Für alle Bilder unter CC BY 4.0 finden sich die vollständigen Lizenzbedingungen auf: https://creativecommons.org/licenses/by/4.0/legalcode

Für alle Bilder unterCC BY-SA 3.0 finden sich die vollständigen Lizenzbedingungen auf: https://creativecommons.org/licenses/by-sa/3.0/legalcode

Für alle Bilder unter CC BY-NC 2.0 finden sich die vollständigen Lizenzbedingungen auf: https://creativecommons.org/licenses/by-nc/2.0/uk/legalcode

Für alle Bilder unter CC BY-SA IGO 3.0 finden sich die vollständigen Lizenzbedingungen auf: https://creativecommons.org/licenses/by-sa/3.0/igo/legalcode

Für alle Bilder unter CC BY 2.0 finden sich die vollständigen Lizenzbedingungen auf: https://creativecommons.org/licenses/by/2.0/uk/legalcode

Für alle Bilder unter CC BY-SA 4.0 finden sich die vollständigen Lizenzbedingungen auf: https://creativecommons.org/licenses/by-sa/4.0/legalcode

Für alle Bilder unter CC0 1.0 finden sich die vollständigen Lizenzbedingungen auf: https://creativecommons.org/publicdomain/zero/1.0/legalcode

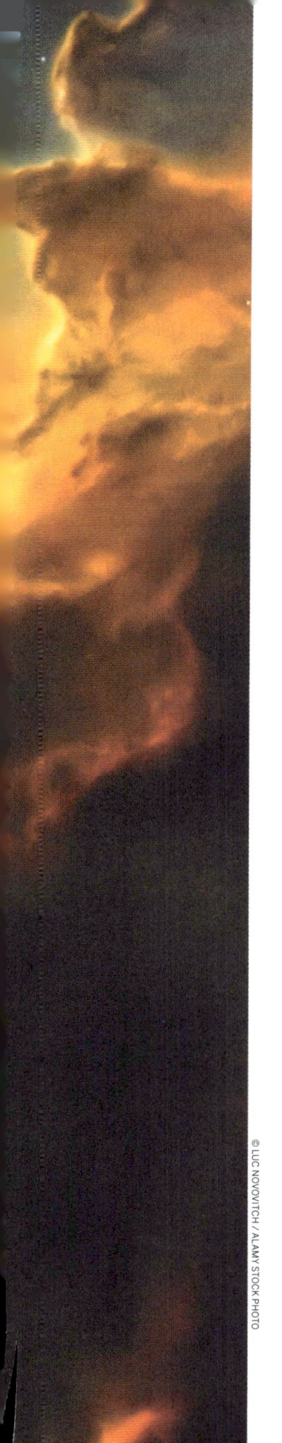

© LUC NOVOVITCH / ALAMY STOCK PHOTO

Die Autoren

Oliver Berry

Oliver Berry ist ein Schriftsteller, Fotograf und Filmemacher, der auf Reisen, Natur und Outdoor-Abenteuer spezialisiert ist. Er hat 69 Länder und 5 Kontinente bereist. Seine Arbeiten wurden in einigen der führenden Medien der Welt veröffentlicht, darunter bei Lonely Planet, der BBC, Immediate Media, John Brown Media, The Guardian und The Telegraph.

Dr. Mark A. Garlick

Dr. Mark A. Garlick stellte 1993 seine Dissertation zu Doppelsternen am Mullard Space Science Laboratory in Großbritannien fertig. Nach drei weiteren Forschungsjahren an der Sussex University sattelte er um und ist heute freiberuflicher Autor, Illustrator und Computeranimator mit Fokus auf Astronomie.

Mark Mackenzie

Der in London lebende Autor und Redakteur Mark Mackenzie gab 2019 für Lonely Planet auch die Anthologie *Curiosities and Splendour: An Anthology of Classic Travel Literature* heraus.

Valerie Stimac

Valerie Stimac ist eine in Oakland ansässige, astronomiebegeisterte Autorin. Sie gründete die Online-Adresse *Space Tourism Guide* und ist Autorin des Lonely Planets *Dark Skies. Ein praktischer Reiseführer für Himmelsbeobachter.*

Das Universum

Dies ist die 1. deutsche Auflage von *Das Universum*, basierend auf der 1. Auflage von *The Universe*.

The Universe wurde von folgendem Team betreut:

Geschäftsführer Verlag
Piers Pickard
Mitherausgeber Robin Barton
Leitende Redakteurin Nora Rawn
Register Nick Mee
Art Direction Daniel Di Paolo
Layout Gwen Cotter
Bildrecherche Ceri James
Herstellung Nigel Longuet

Besonderer Dank an Laura Lindsay, ohne die dieses Buch nicht entstanden wäre; Grace Dobell; Laurie Cantillo und Bert Ulrich bei der NASA; Dr. James Green, den leitenden Wissenschaftler der NASA, für seine Begeisterung für dieses Buchprojekt und sein Insiderwissen.

Lonely Planet Global Limited

Digital Depot, The Digital Hub,
Dublin D08 TCV4
Ireland

Verlag der deutschen Ausgabe:
MAIRDUMONT, Marco-Polo-Str. 1, 73760 Ostfildern,
www.lonelyplanet.de, www.mairdumont.com
lonelyplanet-online@mairdumont.com

Chefredakteurin deutsche Ausgabe: Birgit Borowski

Übersetzer: Julie Bacher, Berna Ercan, Tobias Ewert, Marion Gref-Timm, Stefanie Gross, Laura Leibold, Britt Maaß, Dr. Christian Rochow

Redaktion und Produktion: red.sign GbR (Annegret Gellweiler, Gerhard Junker, Susanne Junker, Frank Müller, Olaf Rappold, Julia Wilhelm, Stephanie Ziegler)

Fachliche Beratung: Hans Dschida

Das Universum

1. deutsche Auflage, November 2019, übersetzt von *The Universe*, Oktober 2019, Lonely Planet Global Limited

Printed in Poland